Regel-Transduktoren

Theorie und Anwendungen in der Regelungstechnik

Von

Dr.-Ing. Fritz Kümmel

Hamburg

Mit 312 Abbildungen

Springer-Verlag

Berlin/Göttingen/Heidelberg

1961

Alle Rechte, insbesondere das der Übersetzung in fremde Sprachen, vorbehalten
Ohne ausdrückliche Genehmigung des Verlages ist es auch nicht gestattet,
dieses Buch oder Teile daraus auf photomechanischem Wege
(Photokopie, Mikrokopie) zu vervielfältigen
© by Springer-Verlag OHG., Berlin/Göttingen/Heidelberg 1961
Softcover reprint of the hardcover 1st edition 1961

ISBN-13: 978-3-642-49054-5 e-ISBN-13: 978-3-642-92818-5
DOI: 10.1007/978-3-642-92818-5

Die Wiedergabe von Gebrauchsnamen, Handelsnamen, Warenbezeichnungen usw. in diesem Buch berechtigt auch ohne besondere Kennzeichnung nicht zu der Annahme, daß solche Namen im Sinne der Warenzeichen- und Markenschutz-Gesetzgebung als frei zu betrachten wären und daher von jedermann benutzt werden dürften

Vorwort

Die Fortschritte der Regelungstechnik werden mehr und mehr durch die Weiterentwicklung der Bauelemente wie Regler, Verstärker oder Stellglieder bestimmt. Unter den stetigen elektrischen Verstärkungselementen nimmt der Transduktor eine wichtige Stellung ein. Trotz all seiner Vorteile ist eine gewisse Zurückhaltung in Hinblick auf den Einsatz von Transduktoren in Regelanlagen festzustellen. Sie hat wohl darin ihre Ursache, daß der Transduktor, trotz seines einfachen Aufbaus, einer Reihe von Störeinflüssen ausgesetzt ist, die durch geeignete Dimensionierung und besondere Schaltmaßnahmen zu beseitigen sind. Für den projektierenden Ingenieur wird deshalb eine genauere Kenntnis der Technik dieses Verstärkerelementes notwendig, als es beim Einsatz von Maschinenverstärkern oder elektronischen Elementen (mit Ausnahme der Halbleiter) erforderlich ist. Eine sachgemäß ausgeführte Regelanlage mit Transduktoren zeichnet sich dann aber auch durch eine beispielhafte Zuverlässigkeit und Unempfindlichkeit gegenüber den rauhen Betriebsverhältnissen in der Industrie aus.

Der Transduktor ist ein sehr schneller, aber doch nicht trägheitsfreier Verstärker. Diese Tatsache ist bei der Bemessung des Regelkreises zu berücksichtigen. Sie wird aber oft auch überbewertet. Der mitunter so dramatisierte Kampf um die Millisekunde lohnt sich nur in Ausnahmefällen, wenn die Regelaufgabe besondere dynamische Anforderungen stellt. Vom Standpunkt der industriellen Verbraucher ist immer das einfachste Regelverfahren vorzuziehen, wenn es nur den durch den Arbeitsprozeß gestellten Anforderungen entspricht. Oft bringt hier die Kombination von Transduktoren mit Transistorverstärkern die optimale Lösung.

Der Transduktor besteht im wesentlichen aus nichtlinearen Gliedern. Deshalb ist seine mathematische Behandlung schwierig und unergiebig. Sie bleibt deshalb in diesem Buch auf die Fälle beschränkt, bei denen, trotz weitgehender Idealisierung, wichtige qualitative Aussagen gemacht werden können. Die physikalische Wirkungsweise steht dafür im Vordergrund der Betrachtungen. Sie wird für die wichtigsten Schaltungen möglichst lückenlos erklärt. Auch der Einfluß der technischen Hystereseschleife oder einer von reiner Wirklast abweichenden Belastung auf die statischen und dynamischen Betriebseigenschaften finden ihre Berücksichtigung.

Der jüngsten Entwicklung folgend, werden die dreiphasigen Transduktoren für große Leistungen eingehend behandelt und die bei der Ankerspeisung von Gleichstrommotoren auftretenden Probleme untersucht.

Der Verfasser hofft, ohne besondere mathematische oder physikalische Kenntnisse vorauszusetzen, eine leicht faßliche Darstellung der Technik des Transduktors und seines Einsatzes in der Regelungstechnik gegeben zu haben. Entsprechend der Zielsetzung einer ingenieurmäßigen Darstellung dieses schwierigen und der Anschauung so wenig zugänglichen Fachgebietes, stehen alle Betrachtungen unter dem Gesichtspunkt der Anwendungen. Dabei ist eine Vollständigkeit wegen der Mannigfaltigkeit der Transduktorschaltungen und Transduktoranwendungen nicht zu erreichen.

Das Schrifttum ist abschnittsweise am Ende des Buches zusammengefaßt. Im Hinblick auf den Lehrbuchcharakter werden im Text nur die Arbeiten zitiert, die Sonderfragen betreffen, deren Erklärung kurzgehalten werden mußte.

An dieser Stelle möchte der Verfasser allen seinen Mitarbeitern, in erster Linie Ing. E. Kutzer und Ing. H. Wissing danken, die eine Reihe der in diesem Buch verwerteten Untersuchungen durchgeführt haben. Darüber hinaus gebührt Dipl.-Ing. G. Prellwitz Dank für wertvolle Ratschläge bei der Abfassung des Textes und beim Lesen der Korrektur. Der *Hans Still AG* bin ich für ihre Unterstützung verbunden. Schließlich danke ich dem Verlag für sein Eingehen auf die mannigfachen Wünsche.

Hamburg, im Januar 1961

F. Kümmel

Inhaltsverzeichnis

Verzeichnis der Formelzeichen

a	Schenkelbreite
a_s	Aussteuergrad, bezogener Aussteuerbereich
A_e	Eisenquerschnitt
A_f	Fensterquerschnitt
A_g	wirksame Gleichrichterfläche
A_s	Aussteuerbereich
A_{sl}	Schenkelquerschnitt
A_{st}	Streuquerschnitt
B	Induktion
B_m	maximale Induktion
B_r	Remanenz
B_s	Steuerinduktion
B_{sg}	Sättigungsinduktion
B_{st}	Streuinduktion
B_μ	Restinduktion
C_k	Kompensations-Kondensator
d	Paketdicke, Durchmesser
d_a	Außendurchmesser
d_i	Innendurchmesser
e	Elektromotorische Kraft
EM	Elementarmagnet
f	Frequenz
f_{gr}	Grenzfrequenz
f_h	Speisefrequenz
f_s	Steuerfrequenz
F	Zugkraft
$F(\omega)$	Frequenzgang
$F_0(\omega)$	Frequenzgang des aufgeschnittenen Regelkreises
$F_r(\omega)$	Frequenzgang der Rückführung
g	Gegenspannungsverhältnis Gegenerregungsverhältnis
G	Gütefaktor
G_w	Wirbelstromdichte
h	Blechdicke, Fensterhöhe
H	magnetische Feldstärke
H_c	Koerzitivkraft
H_{cn}	Koerzitivkraft bei Nennfrequenz
H_m	Magnetisierungsfeldstärke
H_n	Feldstärke bei Nennstrom
I	Strom, Mittelwert
I_{eff}	Strom, Effektivwert
i	Strom, Augenblickswert
$\hat{I}$	Strom, Scheitelwert
I_m	Strom, Maximalwert
I_a	Arbeits-(Ausgangs-)strom
I_{ak}	Kurzschlußstrom
I_{an}	Nenn-Arbeitsstrom
$\bar{I}_a$	I_a/I_{am}
I_b	Bremsstrom
I_{bs}	Beschleunigungsstrom
I_c	Koerzitivstrom
I_c''	Koerzitivstrom bezogen auf N_a
I_{cn}	Koerzitivstrom bei Nennfrequenz
I_{c0}	Koerzitivstrom bei $f = 0$
I_d	Drosselstrom
I_e	Erregerstrom
I_{gd}	Gleichrichter-Durchlaßstrom
I_s	Steuerstrom
I_s''	Steuerstrom bezogen auf N_a
I_{III}	Strom der 3. Harmonischen
k_f	Formfaktor
k_r	Rückkopplungsfaktor
k_T	Zeitfaktor ($T/\Sigma\, m$)
k_w	Wickelfaktor
K_d	Drosselpreis
l_e	mittlere Eisenweglänge
l_l	Luftspaltlänge
l_{st}	mittlere Streuflußlänge
l_w	mittlere Windungslänge
L	Selbstinduktion
L_a	Belastungsinduktivität
L_h	Hauptinduktivität
L_s	Steuerinduktivität
L_{sg}	Sättigungsinduktivität
L_{st}	Streuinduktivität
L_μ	Restinduktivität
m	bezogener Steuerkreisleitwert $\frac{N_s^2}{R_s}$
M	Drehmoment
M_b	Bremsmoment
M_m	maximales Moment
n	Drehzahl
N	Windungszahl
N_a	Arbeitswicklung
N_{gk}	Gegenkopplungswicklung
N_k	Rückkopplungswicklung

N_s	Steuerwicklung
N_v	Vorstromwicklung
p	Heaviside-Operator
P_a	Ausgangsleistung
P_b	Bremsleistung
P_e	Erregerleistung
P_s	Steuerleistung
P_{td}	Transduktorleistung
P_{ty}	Typenleistung
P_v	Verlustleistung
P_{vd}	Gleichrichter-Durchlaßverluste
P_{vs}	Gleichrichter-Sperrverluste
P_{ve}	Eisenverluste
P_k	Kupferverluste, Oberwellenleistung
P_{ka}	Kupferverluste Arbeitswicklung
P_w	Wechselstromleistung
r_a	Widerstand Arbeitswicklung
r_g	Gleichrichter Durchlaßwiderstand
r_k	Kupferwiderstand
r_{ka}	Kupferwiderstand Arbeitswicklung
r_s	Kupferwiderstand Steuerwicklung
R_a	Arbeitswiderstand
R_{an}	Nenn-Arbeitswiderstand
R_{av}	Widerstand TD-Arbeitskreis
R_i	Innenwiderstand
R_k	Kompensationswiderstand
R_s	Steuerkreiswiderstand
s	Stromdichte
t	Zeit
T }	Zeitkonstante
T_{td} }	Transduktorzeitkonstante
T_a	Arbeitskreis-Zeitkonstante
T_{am}	Ankerzeitkonstante Motor
TD	Transduktor
T_e	Erregerzeitkonstante
T_h	Hauptzeitkonstante
T_m	mechanische Anlaufzeitkonstante
T_n	Zeitkonstante des Nacheilkreises, Nachstellzeitkonstante
T_r	Rückführzeitkonstante
T_{sg}	Sättigungszeitkonstante
T_{st}	Streuzeitkonstante
T_t	Totzeit
T_{ta}	äußere Totzeit
T_{ti}	innere Totzeit
T_v	Vorhaltzeitkonstante
U	Spannung, Mittelwert
U_{eff}	Spannung, Effektivwert
u	Spannung, Augenblickswert
$\hat{U}$	Spannung, Scheitelwert
U_m	Spannung, Maximalwert
U_a	Ausgangsspannung
U_d	Drosselspannung
U_{ak}	K-te Oberwelle d. Ausgangsspannung
U_{dsg}	Spannung an der gesättigten Drossel
U_g	Generatorspannung
U_{gd}	Gleichrichter-Durchlaßspannung
U_{gs}	Gleichrichter-Sperrspannung
U_h	Speisespannung
U_{ist}	Istspannung
U_s	Steuerspannung
U_{sl}	Schleusenspannung
U_{soll}	Sollspannung
U_t	Spannung der Tachometermaschine
U_z	Zusatzspannung
v	Geschwindigkeit
V, V_u	Spannungsverstärkung
V^*	kritische Verstärkung
V_0	Verstärkung des aufgeschnittenen Regelkreises
V_i	Kreisverstärkung I-Transduktor
V_m	maximale Verstärkung
V_p	Leistungsverstärkung
V_p	Proportionalverstärkung
V_{pd}	Kreisverstärkung PD-Transduktor
V_{td}	Transduktorverstärkung
V_Θ	Durchflutungsverstärkung
W	Wärmefluß
WB	Weißsche Bezirke
X_a	Arbeitsreaktanz
X_h	Hauptreaktanz
X_{sg}	Sättigungsreaktanz
X_{st}	Streureaktanz
X_w	Regelabweichung
X_μ	Restreaktanz
Z_a	Belastungsimpedanz
Z_i	innere Impedanz
α_1	Sättigungswinkel
α_2	Entsättigungswinkel
α_a	Phasenwinkel des Arbeitskreises
α_i	Stromflußwinkel
α_{th}	Wärmeübergangszahl
ε	Absorptionsverhältnis

η Wirkungsgrad
Θ Durchflutung
Θ_a Arbeitsdurchflutung
Θ_d Drosseldurchflutung
Θ_e Erregerdurchflutung
Θ_{ges} Gesamtdurchflutung
Θ_s Steuerdurchflutung
Θ_t Trägheitsmoment
Θ_{ta} Trägheitsmoment Arbeitsmaschine
Θ_{tm} Trägheitsmoment Motor
μ absolute Permeabilität
$\bar{\mu}$ mittlere Permeabilität
μ_0 Permeabilität des leeren Raumes
μ_a Anfangspermeabilität
μ_m maximale Permeabilität
μ_r relative Permeabilität
ϱ spezifischer Widerstand
Φ Fluß
$\hat{\Phi}$ Fluß, Scheitelwert
φ Fluß, Augenblickswert
$\Delta\Phi$ Flußaussteuerung
Φ_M Fluß-Mittelwert
Φ_s Steuerfluß
Φ_{sg} Sättigungsfluß
ω Kreisfrequenz

Kennzeichnung

Wickelsinn:

Strom in Richtung auf das durch einen Punkt gekennzeichnete Wicklungsende liefert positive Durchflutung

Steuerrichtung:

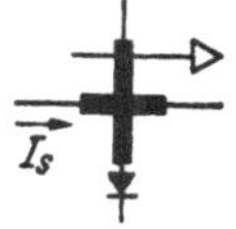

Anstieg des Steuerstromes in Richtung des unausgefüllten Pfeiles vergrößert den Stromflußwinkel (Ausgangsspannung)

1. Grundlagen der Magnetik

1.1 Grundgesetze

In der Umgebung eines stromdurchflossenen Leiters ist ein magnetisches Feld vorhanden. Das Feld wird durch Kraftlinien beschrieben, in deren Richtung sich in das Feld eingebrachte kleine Magnete stellen. Die Kraftlinien sind stets in sich geschlossene und konzentrisch zu dem stromführenden Leiter liegende Kreise. Wird der Leiter zu einer in Abb. 1.01a gezeigten Spule gewunden, so addieren sich die Kraftlinien der einzelnen Windungen und es ergibt sich im wesentlichen der in a gezeigte resultierende Verlauf. Auch hier sind die Kraftlinien über den Außenraum in sich geschlossen. Die Kraftliniendichte wird durch die Induktion B angegeben. Die Einheit der Induktion ist ein Gauss

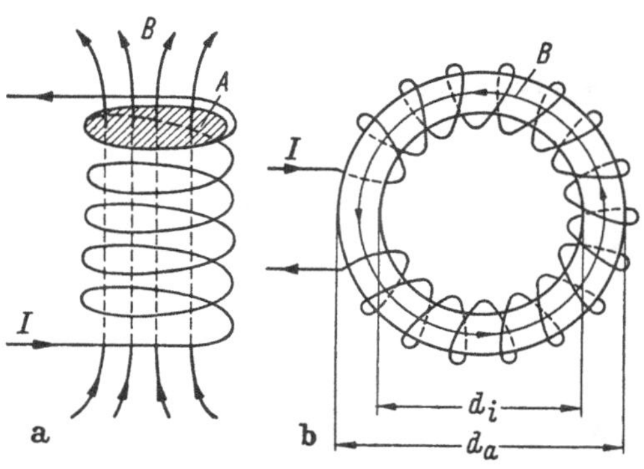

Abb. 1.01a u. b. Das magnetische Feld in einer Drossel

$$1\ [\mathrm{G}] = 10^{-8} \left[\frac{Vs}{\mathrm{cm}^2}\right].$$

Die Gesamtheit der Kraftlinien (der magnetische Fluß Φ) hat die Einheit 1 Maxwell

$$1\,[\mathrm{M}] = 1\,[\mathrm{G\ cm}^2] = 10^{-8}\,[Vs].$$

Durchdringen sämtliche Kraftlinien gleichmäßig den Querschnitt A, so ist

$$\Phi = A \cdot B. \tag{1.01}$$

Der stromdurchflossene Leiter soll nun, wie in Abb. 1.01b gezeigt, um einen ringförmigen Körper gewickelt sein. Werden wieder nur die mit allen Windungen verketteten Kraftlinien betrachtet, so ist die mittlere Länge der Kraftlinien gleich

$$l_e = \frac{\pi}{2}\,(d_a + d_i). \tag{1.02}$$

Der Zusammenhang zwischen dem Strom I, der Windungszahl N und der Induktion B wird durch das Durchflutungsgesetz

$$B \cdot l_e = \mu I N \tag{1.03}$$

hergestellt. Darin ist μ die absolute Permeabilität des Kernwerkstoffes, also eine Stoffkonstante, deren Einheit

$$1 \left[\frac{\text{G cm}}{A}\right] = 10^{-8} \left[\frac{Vs}{A\ \text{cm}}\right]$$

darstellt. Zweckmäßigerweise wird μ als Vielfaches μ_r von μ_0 der Permeabilität des leeren Raumes

$$\mu_0 = \frac{4\pi}{10} \left[\frac{\text{G cm}}{A}\right]$$

angegeben. Dann ist

$$\mu = \mu_r \mu_0 . \tag{1.04}$$

Die Durchflutung pro Längeneinheit der Kraftlinien wird als magnetische Feldstärke H bezeichnet. Nach Gl. (1.03) ergibt sich

$$B = \mu \frac{IN}{l_e} = \mu H . \tag{1.05}$$

Als Einheit der magnetischen Feldstärke dient 1 Oersted [Oe] oder 1 [A/cm]. Zwischen beiden besteht die Beziehung

$$1\ [\text{Oe}] = \frac{10}{4\pi} \left[\frac{\text{A}}{\text{cm}}\right].$$

Bisher wurden die Eigenschaften einer Spule bei der Erregung mit reinem Gleichstrom betrachtet. Es soll nun eine stromlose Spule, deren Fluß (Abb. 1.01a) eine zweite Spule liefert, untersucht werden. Ändert sich dieser Fluß z. B. infolge Ausschalten des Stromes der Erregerspule, so induziert er in der Meßspule eine Spannung e, deren Größe das Induktionsgesetz bestimmt

$$e = -N \frac{d\Phi}{dt} . \tag{1.06}$$

Für die induzierte Spannung ist es gleichgültig, ob die Flußänderung von außen oder durch den Strom in der Meßspule hervorgerufen wird. Die Gl. (1.06) liefert somit auch die Selbstinduktionsspannung. Sie ist immer so gerichtet, daß sie die vor der Stromänderung vorhandene Durchflutung zu erhalten sucht.

Die induzierte Spannung in Abhängigkeit von der Stromänderung ergibt sich zu

$$e = -L \frac{di}{dt} . \tag{1.07}$$

Die Induktivität wird definiert:

$$\mathrm{L} = N\frac{d\Phi}{di} = \mu\,\frac{A N^2}{l_e}. \tag{1.08}$$

Ihre Einheit ist 1 Henry [H]

$$1\,[\mathrm{H}] = 1\,[\Omega s].$$

In der Transduktortechnik wird oft von der an der Spule liegenden Spannung ausgegangen und nach dem Fluß gefragt. Dann eignet sich für die Berechnung besser das Induktionsgesetz in der Integralform

$$\Phi = -\frac{1}{N}\int_0^t e\,dt. \tag{1.09}$$

In Abb. 1.02a ist der zeitliche Verlauf der Spannung e, wenn ein linear ansteigender Strom über die Spule fließt, dargestellt. Nach Gl. (1.07) muß die induzierte Spannung während der Übergangszeit konstant sein. Als weiteres Beispiel für das Verhalten der Induktivität bei Gleichstrom zeigt Abb. 1.02b den Verlauf des Stromes beim Aufschalten einer Gleichspannung U. Ist der Kreiswiderstand $R = 0$, so steigt der Fluß und damit der Strom i nach Gl. (1.09) linear mit der Zeit an. Bei Berücksichtigung des Widerstandes ergibt sich der Strom aus der Differentialgleichung

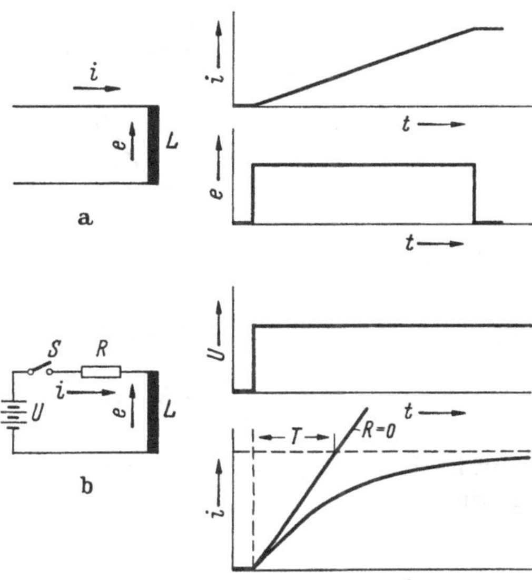

Abb. 1.02a u. b. Zeitverhalten bei Gleichstrom

$$U = Ri + L\frac{di}{dt} \tag{1.10}$$

mit der Lösung

$$i = \frac{U}{R}\left(1 - e^{-t/T}\right). \tag{1.11}$$

Die Zeitkonstante ist $T = L/R$.

Wird an die Spule eine sinusförmige Wechselspannung U gelegt, so haben alle elektrischen und magnetischen Größen, wenn die Permeabilität konstant ist, ebenfalls sinusförmigen Verlauf. Im einfachsten Fall einer verlustfreien Induktivität eilt, wie Abb. 1.03 zeigt, der Strom i sowie der Fluß Φ um $\pi/2$ hinter der induzierten Spannung e her.

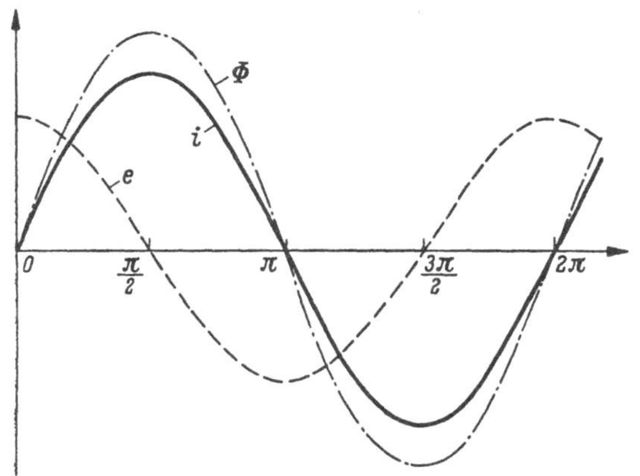

Abb. 1.03. Induktivität an sinusförmiger Spannung

Es soll sein

$$U = \hat{U} \sin \omega t = Im\, \dot{U} e^{j\omega t}. \quad (1.12)$$

Nach dem Induktionsgesetz Gl. (1.06) ist

$$U = N\omega \frac{d\Phi}{d\omega t}. \quad (1.13)$$

Für die Scheitelwerte gilt somit

$$\hat{U} = N\omega\hat{\Phi} = 2\pi f N A \hat{B}, \quad (1.14)$$

und für den Effektivwert der Spannung ergibt sich

$$U_{\text{eff}} = \frac{2\pi}{\sqrt{2}} f \cdot N A \hat{B} = 4{,}44 f \cdot N A \hat{B}. \quad (1.15)$$

Damit ist die Abhängigkeit der Induktion von der angelegten Spannung gegeben.

1.2 Theorie des Ferromagnetismus

Im Vergleich zu anderen Verstärkerarten besteht der Transduktor aus sehr einfachen Bauelementen. Eisengeschlossene Drosseln, Gleichrichter und Widerstände sind die wesentlichen Teile. Da das Verstärkerprinzip allein auf der nichtlinearen Abhängigkeit der Induktion von der magnetischen Feldstärke beruht, kommt den technologischen Gesichtspunkten eine besondere Bedeutung zu.

Die Betriebskenngrößen eines Transduktors, wie Verstärkungsfaktor und Zeitkonstante, können durch Wahl der Schaltung und Bemessung der Wicklungen variiert werden, aber schon der die Qualität kennzeichnende Gütefaktor ist im wesentlichen nur von dem Kernwerkstoff und den Gleichrichterkennlinien abhängig. Die günstigen Eigenschaften eines Kernwerkstoffes kommen hinsichtlich der Verstärkereigenschaften nur dann voll zur Geltung, wenn die besonderen Gesetze des Ferromagnetismus bei der Konstruktion der Drosseln berücksichtigt werden.

Für den Transduktor kommen als Kernwerkstoffe weichmagnetische Legierungen zur Anwendung. Hierunter sind solche Ferromagnetica zu verstehen, die im ungesättigten Zustand eine sehr hohe Permeabilität haben. In Abb. 1.04 ist voll gezeichnet die Hystereseschleife eines weichmagnetischen Werkstoffes angegeben. Im Vergleich zu der gestrichelt eingezeichneten Hystereseschleife von gewöhnlichem Dynamoblech fällt die hohe Flankensteilheit und der scharfe Knick, mit der die Schleife in den Sättigungsast einbiegt, auf. Den Forderungen der Transduktor-Technik entspricht am besten eine Schleife mit sehr großer Steigung der steilen Flanken und einem scharfen Knick bei der Sättigungsinduktion B_{sg}. Die besonderen, die Eigenschaften der Schleife kennzeichnenden Punkte sind: Die Feldstärke bei Induktion Null, die Koerzitivkraft H_c; die Induktion bei der Feldstärke Null, die Remanenz B_r und die Sättigungsinduktion B_{sg}. Die Sättigungsäste der Dynamoblech-Hystereseschleife erreichen etwa die gleiche Sättigungsinduktion, die die rechteckige Hystereseschleife bereits unmittelbar hinter dem Sättigungsknick aufweist, nur ist hierzu eine sehr große Feldstärke notwendig.

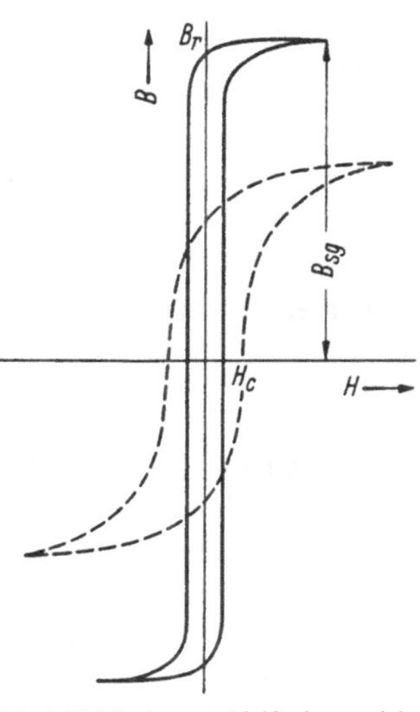

Abb. 1.04. Hystereseschleife eines weichmagnetischen Werkstoffes. Gestrichelt: Schleife von Dynamoblech

Zur Aufnahme der Schleife wird aus dem Kernwerkstoff ein Ringkern hergestellt, der nach Abb. 1.05 zwei Wicklungen erhält. Die statische

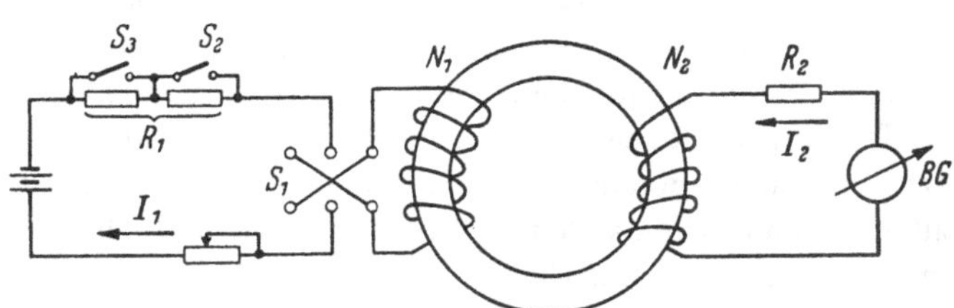

Abb. 1.05. Meßanordnung zur Aufnahme der statischen Hystereseschleife mit dem ballistischen Galvanometer

Hystereseschleife ergibt sich, wenn der Strom I_1 durch Schalten von Vorwiderständen im Stromkreis N_1 stufenweise um ΔI_1 verändert und dadurch die Schleife in vielen kleinen Schritten durchlaufen wird. Die

ΔI_1 entsprechende Feldstärkenänderung ist gleich:

$$\Delta H = \frac{\Delta I_1 N_1}{l_e} \tag{1.16}$$

l_e = mittlere Eisenweglänge.

Der zugehörige Induktionssprung $\Delta B = \mu \Delta H$ induziert in die Wicklung N_2 eine Spannung

$$e_2 = -N_2 A_e \frac{\Delta B}{\Delta t} \tag{1.17}$$

A_e = Eisenquerschnitt.

Nach Integration ergibt sich:

$$B = \frac{1}{N_2 A_e} R_2 \int I_2 dt = \frac{R_2}{N_2 A_e} Q \tag{1.18}$$

Der Ausschlag des Ballistischen Galvanometers (BG) ist, solange die Stoßdauer klein gegen die Eigenschwingdauer bleibt, proportional der Elektrizitätsmenge Q und damit ein Maß für die Induktion B.

Vom entmagnetisierten Zustand ausgehend, liefert die Messung zunächst die Neukurve, die schließlich in den Sättigungsast einbiegt. Wird nun die Feldstärke H stufenweise verkleinert, so bleibt bei weichmagnetischen Werkstoffen die Induktion im ersten Quadranten nahezu erhalten; der durch die vorangegangene Magnetisierung erzeugte magnetische Zustand ist sozusagen eingefroren. Erst eine Gegenmagnetisierung in der Größenordnung der Koerzitivkraft H_c läßt entlang des linken Astes der Hystereseschleife die Induktion durch Null gehen, das Vorzeichen wechseln und schließlich den negativen Sättigungswert erreichen. Um wieder die positive Sättigung zu erlangen, muß die Feldstärke abermals das Vorzeichen ändern.

Zur Erklärung der Hystereseschleife ist von dem Atomaufbau auszugehen. Ein Atom besteht aus einem Atomkern und einer mehr oder weniger großen Anzahl Elektronen, die den Kern in mehreren Schalen umkreisen. Jede innere Schale ist mit einer bestimmten Anzahl Elektronen besetzt. Besondere Bedeutung für die magnetischen Eigenschaften hat die äußere Schale. Die auf der äußeren Schale befindlichen Elektronen bestimmen wesentlich die Eigenschaften des Elementes. Die Elektronen vollführen neben ihrer Hauptbewegung zusätzlich Drehungen um ihre eigene Achse. Dadurch ergibt sich ein bestimmtes magnetisches Moment. Es wird als Elektronenspin bezeichnet. Je nach ihrer Drehrichtung liegt ein positives oder negatives Elektronenspin vor. Bei allen ferromagnetischen Elementen ist auf der äußeren Schale die Anzahl der positiven und der negativen Spins ungleich, so daß nach außen ein positiver oder negativer Überschuß wirkt. Die unkompensierten Spins üben auf die entsprechenden der Nachbaratome Kräfte aus, deren Größe von dem Atomabstand abhängt. Je näher die Atome liegen, um so größer sind die Kräfte und damit die Austauschenergie. Die Elektronenspins suchen sich in Antiparallelstellung zu bringen. Übersteigt der Abstand einen bestimmten kritischen Wert, so sind die Elektronenspins bestrebt, sich parallel auszurichten und das Element zeigt die Eigenschaften eines Ferromagnetikums.

Die Ausrichtung der Elektronenspins benachbarter Atome erstreckt sich über kleine Bereiche von höchstens 10^{-8} cm^3, die sogenannten WEISSschen Bezirke (WB), an die sich Bezirke mit anderen Orientierungsrichtungen anschließen. Bei den folgenden Betrachtungen sollen die aufeinander wirkenden Elektronenspins als Elementarmagneten (EM) bezeichnet und damit die atomaren Austauschkräfte durch einen magnetischen Dipol anschaulicher dargestellt werden. Jeder Elementarmagnet ist stets bis zu seiner Sättigung magnetisiert und bestimmt durch seine Lage einen Induktionsvektor.

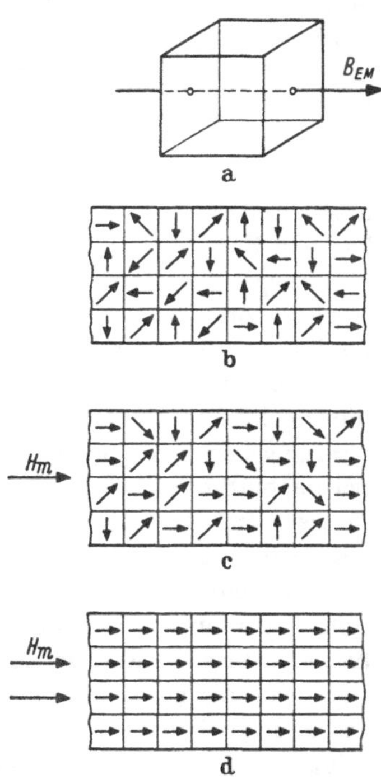

Abb. 1.06a–d. Ausrichtung der Elementarmagneten durch eine äußere Feldstärke H_m

Die Wirkung einer äußeren Magnetisierung auf die WEISSschen Bezirke veranschaulicht ein stark vereinfachtes Modell. Die Abb. 1.06a zeigt einen WB, mit dem durch die parallel ausgerichteten Elementarmagneten definierten Induktionsvektor. Wie in b dargestellt, liegen bei einem unmagnetisierten Material die einzelnen Bezirke ungeordnet. Alle Richtungen kommen im Mittel gleich oft vor, so daß sie sich gegenseitig in ihrer Wirkung aufheben. Erfolgt nun von außen eine Magnetisierung des betrachteten Teilstükkes mit einer Feldstärke H_m, (Abb. 1.06c), so haben die einzelnen Bezirke das Bestreben, sich in Magnetisierungsrichtung auszurichten. Dem wirken aber Kräfte entgegen, die die einzelnen Bezirke in ihrer ursprünglichen Lage festhalten. Von deren Natur und Größe ist noch zu sprechen. Bei mäßiger Magnetisierung kann nur ein Teil der Bezirke ausgerichtet werden (c). Erst bei großen Feldstärken ist die in d dargestellte vollständige Ausrichtung der WB und damit die Sättigung erreicht.

Alle ferromagnetischen Elemente und Legierungen haben ein kristallines Gefüge. In dem Kristallgitter sind den einzelnen Atomen feste

Plätze zugeordnet, außerdem wird durch die Kristallenergie die Richtung der Induktionsvektoren der Elementarmagneten vorgeschrieben. Beim Eisenkristall liegen die Vorzugsrichtungen in den Würfelkanten, beim Nickelkristall fallen sie mit den Raumdiagonalen zusammen. Alle Vorzugslagen sind einander gleichwertig, so daß durch den Übergang eines Elementarmagneten von einer Vorzugslage in die andere die Energiebilanz des Kristalles nicht geändert wird. Infolge der nie ganz zu beseitigenden inneren Spannungen werden aber immer eine oder einige Vorzugslagen dominieren. Die Größe der Kristallenergie — sie stellt ein Maß für die Kraft dar, mit der die EM in ihren Vorzugslagen festgehalten werden — unterscheidet sich bei den einzelnen ferromagnetischen Elementen und Legierungen. Während sie bei Eisen $4 \cdot 10^5$ [erg/cm^3] ist, liegt sie bei Nickel mit $0{,}5 \cdot 10^5$ [erg/cm^3] wesentlich tiefer. Noch geringer ist sie bei der Nickel/Eisenlegierung Permalloy.

Unter dem Einfluß der Feldstärke H_m suchen sich die Elementarmagneten in Richtung des Feldes zu stellen. Die Richtungsänderung kann in Form einer kontinuierlichen Drehung oder durch ein plötzliches Umklappen erfolgen. Die Voraussetzungen für die Drehung der Induktionsvektoren sind wesentlich ungünstiger als für ein Umklappen, da die Drehung gegen die Kristallkräfte durchgeführt werden muß und deshalb eine hohe Feldstärke erfordert. Alle Vorgänge in der Hystereseschleife, die bei kleinen Feldstärken ablaufen, können deshalb nicht auf einer Drehung beruhen. Die bei reinem Eisen zu beobachtende hohe Anfangspermeabilität kann unter Berücksichtigung der hohen Kristallenergie dieses Elementes nicht in einem Drehprozeß seine Ursache haben. Sie läßt sich aber durch sogenannte „Wandverschiebungen" erklären.

Betrachtet man zwei Bereiche, von denen das eine in Magnetisierungsrichtung orientiert ist, während der Induktionsvektor des anderen eine hiervon abweichende Richtung hat, so kann das Umklappen des zweiten Bereiches als eine Verschiebung der Trennwand zwischen beiden angesehen werden; es liegt eine Wandverschiebung vor. Die Abb. 1.07a zeigt zwei Bereiche mit senkrecht zueinander stehender spontaner Magnetisierung. Die Lage der Trennwand zwischen beiden wird durch die Bedingung des kleinsten Energieinhaltes bestimmt. Eine Verschiebung der Trennwand nach links oder rechts erfordert deshalb eine Energiezufuhr (Lage Null). In b ist über der x-Koordinate des betrachteten Materialstreifens die Differenz zwischen der Energie bei x-Orientierung (E_x) und bei der y-Orientierung (E_y) aufgetragen. Links von dem Punkt Null ist demnach die x-Lage günstiger, da sie eine kleinere Energie erfordert als die y-Lage. Rechts davon erfordert dagegen die y-Lage einen geringeren Energieaufwand.

Wird nun das Gebiet durch eine Feldstärke H_{m1} magnetisiert, so verschiebt sich das Gleichgewicht zugunsten der x-Lage, da die Energie

E_{xm} zugeführt wird. Dadurch wandert die Wand nach rechts bis nach 1. Bei einer Vergrößerung der Magnetisierungsfeldstärke bis nahe an H_{m2} bleibt die Wandverschiebung reversibel, d. h. bei Wegnahme der Magnetisierung geht die Wand in ihre ursprüngliche Lage zurück. Für den Wert H_{m2} ergibt sich nach der in b dargestellten Energiekurve die Besonderheit, daß für zwei verschiedene Lagen der Trennwand bei 2 und 2′ die Energien gleich sind. Hiervon ist allerdings nur die rechte Lage stabil. Die Wand springt deshalb von 2 in die Lage 2′. Eine weitere Erhöhung der Magnetisierungsfeldstärke auf H_{m3} läßt die Wand nach 3 wandern. Wird nunmehr die Magnetisierungsfeldstärke wieder zu Null gemacht, so kann die Wand nur bis zur Lage 4 zurücklaufen, da sie das Energiemaximum 2 ohne äußere Energiezufuhr nicht überschreiten kann. Es bleibt somit eine irreversible 90°-Wandverschiebung von 0 nach 4. In a ist schematisch die Lage der Trennwand in den fünf Magnetisierungsphasen angegeben.

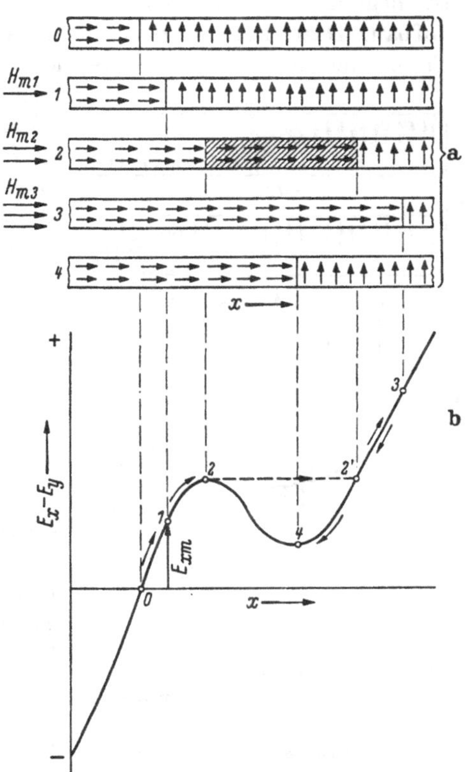

Abb. 1.07 a u. b. Erklärung einer irreversiblen 90°-Wandverschiebung nach R. Becker, W. Döring [18]

Das Umklappen der Weissschen Bezirke wird als Barkhausen-Sprung bezeichnet. Die Barkhausen-Sprünge können in der Meßanordnung Abb. 1.05, wenn in dem Sekundärkreis das ballistische Galvanometer durch einen empfindlichen Verstärker ersetzt wird, mit einem Lautsprecher als Knackgeräusche akustisch wahrgenommen werden.

Die Orientierung der einzelnen Elementarmagneten, die ja durch die Vorzugslage im Kristall maßgeblich bestimmt wird, fällt oft nicht mit der Magnetisierungsrichtung zusammen. Es werden dann immer die Vorzugslagen begünstigt, die mit der Magnetisierungsrichtung den kleinsten Winkel einschließen.

Neben den 90°-Wandverschiebungen haben die 180°-Wandverschiebungen große Bedeutung. Während die Drehung eines Elementarmagneten um 90°, wegen der Verschiebung des Energiegleichgewichtes, eine gewisse Magnetisierung erfordert, müßte ein Umklappen um 180°, da beide Lagen energetisch vollkommen gleichwertig sind, ohne jeden Magnetisierungsaufwand möglich sein. Der wesentlichste Grund, daß doch eine Magnetisierung zum Vorwärtstreiben einer Wand notwendig ist, liegt in den immer vorhandenen Ungleichmäßigkeiten im Kristallaufbau. Dazu kommt, daß die Vorstellung einer unendlich dünnen Trennwand zwischen zwei Bereichen entgegengesetzter Magnetisierung, nicht zutrifft. Vielmehr hat sie, wie Abb. 1.08a zeigt, eine endliche Breite, in der sich die Induktionsvektoren stetig um 180° drehen. Die Dicke der Wand wird durch zwei einander entgegenwirkende Kräfte bestimmt, einerseits die Austauschenergie in ihrem Bestreben die Antiparallelstellung durch Verbreiterung der Wand zu beseitigen und andererseits die Kristallenergie, die einem Herausdrehen des Elementarmagneten aus den Vorzugslagen entgegenwirkt und damit eine Verschmälerung der Wand erstrebt.

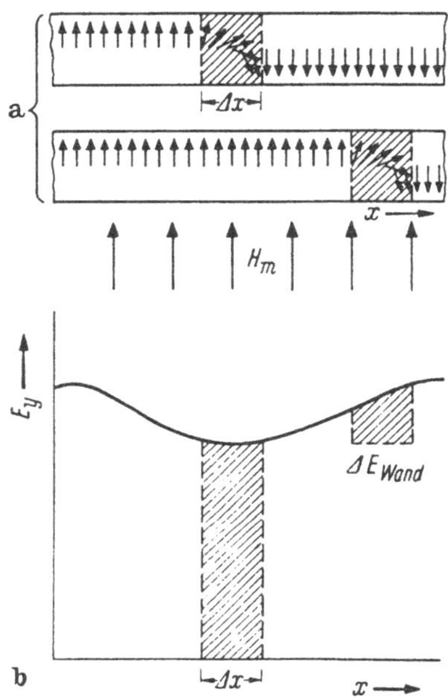

Abb. 1.08a u. b.
Erklärung einer 180°-Wandverschiebung nach M. KERSTEN [17]

In Abb. 1.08b ist die Energie bei y-Lage über der x-Koordinate aufgetragen. Die Energie ändert sich infolge von Ungleichmäßigkeiten des Werkstoffes — z. B. hervorgerufen von inneren Spannungen — in Abhängigkeit von x. Die Wand habe die Dicke Δx. In der Lage 1 entspricht dem Energieinhalt der Wand die gestrichelte Fläche. Wirkt nun eine Feldstärke H_m auf die beiden Bezirke, so wird der linke mit H_m gleichgerichtete Bezirk auf Kosten des rechten vergrößert und die Wand verschiebt sich nach rechts. In der neuen Lage wird, wie b zeigt, bei gleicher Wanddicke der Energieinhalt der Wand um ΔE vergrößert. Damit erklärt sich die Notwendigkeit einer zusätzlichen Magnetisierung. Die Verschiebung der Wand erfolgt mit endlicher Geschwindigkeit, die im wesentlichen durch die von dem Umklappvorgang ausgelösten Wirbelströme bestimmt wird. Die Startfeldstärke, die den Umklappvorgang auslöst, ist bei Werkstoffen mit rechteckiger Magnetisierungskennlinie gleich der Koerzitivkraft H_c. Auch bei kleinerer Magnetisierung kann eine Wandverschiebung ausgelöst werden, wenn nur an einer Stelle des Ummagnetisierungsgebietes die Startfeldstärke erreicht wird.

Die Wandverschiebungen lassen sich am besten anhand von Messungen an Einkristallen nachweisen. In Abb. 1.09a ist das Kristallgitter von Eisen angegeben. Die kurzen Pfeile zeigen die in Richtung der Würfelkanten liegenden Vorzugsrichtungen. Wirkt die Magnetisierungsfeldstärke in Richtung einer Würfelkante (Richtung 100), so können alle Elementarmagneten durch 180°-Wandverschiebungen und 90°-Wandverschiebungen in Richtung des Magnetisierungsvektors umklappen. Die zugehörige, in Abb. 1.09b dargestellte Magnetisierungskennlinie 100 verläuft sehr steil und knickt fast rechtwinklig in den Sättigungsast ab. Wirkt die Magnetisierung in Richtung einer Flächendiagonale 110, so klappen die Elementarmagneten zunächst in Richtung der beiden günstigsten Vorzugslagen um, die mit dem Magnetisierungsvektor den kleinsten Winkel einschließen. Zur absoluten Sättigung, d. h. Ausrichtung in Magnetisierungsrichtung, ist danach aber noch eine Drehung notwendig, die gegen die Kristallkräfte erfolgen muß und deshalb eine große Feldstärke notwendig macht. Die Magnetisierungskennlinie 110 zeigt deshalb bei 15 kG — bei dieser Induktion sind die Wandverschiebungen beendet — einen Knick, oberhalb dessen sie sich in einem flachen Ast fortsetzt. Noch ungünstiger sind die Magnetisierungsbedingungen, wenn H_m in Richtung der Raumdiagonalen 111 wirkt. Drei Vorzugslagen schließen jetzt den kleinsten Winkel mit der Magnetisierungsrichtung ein. Bereits bei 12 kG sind die Wandverschiebungen abgeschlossen und die restliche Ausrichtung muß in Form von Drehungen erfolgen. Im vorliegenden Fall sind sämtliche Wandverschiebungen irreversibel.

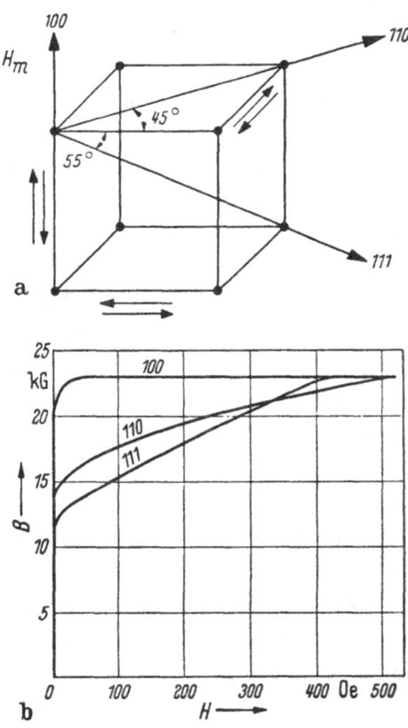

Abb. 1.09a u. b. Abhängigkeit der Magnetisierungskennlinie von der Magnetisierungsrichtung in bezug auf das Kristallgitter nach R. Becker [17]

Die 90°-Wandverschiebungen können reversibel oder irreversibel sein. Die 180°-Wandverschiebungen sind dagegen fast immer irreversibel. In einem Kernwerkstoff mit zwei um 180° versetzten Vorzugslagen, treten nur irreversible Wandverschiebungen auf. Die in entgegengesetzter Richtung magnetisierten Bezirke klappen alle gleichzeitig in Magnetisierungsrichtung um. Da in diesem Falle kein Drehprozeß auftritt, ist die Remanenz B_r gleich der Sättigungsinduktion B_{sg}. Der Übergang von positiver auf negative Sättigung und umgekehrt, erfolgt in einem einzigen Barkhausensprung.

Die Drehprozesse, wie sie nach erfolgter Wandverschiebung zur Ausrichtung der Elementarmagneten in Magnetisierungsrichtung auftreten, sind fast alle reversibel. Die für die Drehung notwendige Feldstärke richtet sich nach der Kristallenergie.

Die Aufeinanderfolge der einzelnen Vorgänge beim Durchlaufen einer Hystereseschleife ist folgende: Ausgehend von dem entmagnetisierten Zustand laufen auf der Neukurve reversible Wandverschiebungen ab, die mit steigender Feldstärke in irreversible Wandverschiebungen übergehen. Danach folgen Drehungen gegen die Kristallenergie, bis bei sehr großer Feldstärke alle Bezirke in Magnetisierungsrichtung ausgerichtet sind und die vollständige Sättigung erreicht ist. Wird nunmehr die Magnetisierung wieder verkleinert, so gehen zunächst die Drehungen und anschließend die Mehrzahl der reversiblen und irreversiblen 90°-Wandverschiebungen zurück, dagegen bleiben die 180°-Wandverschiebungen erhalten. Im Remanenzpunkt liegen alle Elementarmagneten in den Vorzugslagen, doch sind nicht alle Lagen gleichmäßig besetzt, da immer die bevorzugt werden, die mit der vorangegangenen Magnetisierung den kleinsten Winkel einschließen. Eine Magnetisierung in entgegengesetzter Richtung läßt schließlich die 180°-Wandverschiebungen zurückgehen und bringt darüber hinaus ein Umklappen in die der jetzt wirksamen Magnetisierung zugeordnete Richtung. Daran anschließend laufen die 90°-Wandverschiebungen ab, die schließlich durch Drehungen abgelöst werden. Die negative Sättigung ist erreicht. Der Rücklauf nach positiver Sättigung erfolgt in analoger Weise.

Während die für die Drehungen notwendige Feldstärke im wesentlichen durch die Kristallenergie bestimmt wird, haben auf die Wandverschiebungen innere und äußere Spannungen einen großen Einfluß. Beide Kräfte müssen zur Erzielung einer rechtwinkligen Magnetisierungskennlinie möglichst klein gehalten werden. Innere Spannungen entstehen bei zu schneller Abkühlung des wärmebehandelten Werkstoffes; sie können aber auch in Störungen des Kristallgitters durch Fremdatome ihre Ursache haben. Sie sind besonders groß, wenn im Verlauf der Abkühlung einer Legierung Ausscheidungen erfolgen. Der Kleinstwert der inneren Spannungen wird durch die unvermeidliche Magnetostriktion bestimmt. Die Magnetostriktion beruht auf der Tatsache, daß die Magnetisierung immer mit einer Volumenänderung verbunden ist, wie anderseits auch eine durch äußere Kräfte erzwungene Volumenänderung zu einer Änderung der Induktion führt.

Während innere Spannungen eine unkontrollierte und unerwünschte Beeinflussung der Hystereseschleife bringen, kann durch äußere Spannungen eine Ausrichtung der Elementarmagneten erzielt werden, vorausgesetzt, die Kristallenergie ist so gering, daß hierzu eine Spannung unterhalb der Streckgrenze ausreicht. Bei reinem Eisen müßte für eine Drehung der Elementarmagneten ein so großer Zug aufgebracht werden, daß die Streckgrenze überschritten wird. Anders verhält es sich bei Elementen und Legierungen mit kleiner Kristallenergie, wie bei Nickel oder der Nickel-Eisenlegierung Permalloy.

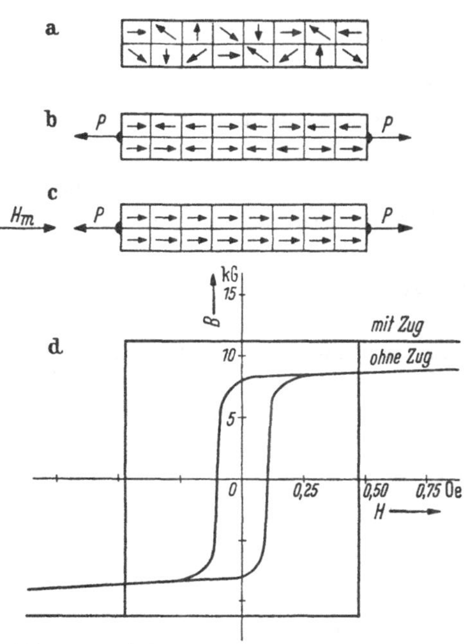

Abb. 1.10a–d. Einfluß einer Zugspannung auf die Hystereseschleife eines Permalloy-Drahtes nach K. Sixtus [17]

Für die Ausrichtung der einzelnen Bezirke durch eine Zugspannung gilt folgende Regel: Wird ein Draht einem Zug ausgesetzt, so erfolgt eine solche Drehung, daß die der neuen Stellung der Elementarmagneten zugeordnete Magnetostriktion die von der äußeren Spannung herrührende Dehnung noch vergrößert. Die Abb. 1.10a zeigt schematisch die Orientierung der einzelnen Bezirke in einem Permalloydraht. Die zugehörige Hystereseschleife ist in d aufgetragen. Unter dem Einfluß der Zugspannung P werden die einzelnen Elementarmagneten wie in b angegeben, alle in Zugrichtung gedreht. Eine äußere Feldstärke H_m braucht dann die der Magnetisierungsrichtung entgegenwirkenden Bezirke durch eine 180°-Wandverschiebung nur noch in Magnetisierungsrichtung umklappen zu lassen (c). Die Wandverschiebung erfolgt bei allen Bezirken gleichzeitig, so daß sich, wie in d gezeigt, eine rechteckige Hystereseschleife ergibt. Unter dem Einfluß der Zugspannung erfolgt der Übergang von positiver auf negative Sättigung und umgekehrt in einem einzigen Barkhausensprung. Mit zunehmendem Zug werden die Hystereseschleifen immer breiter, da die Elementarmagneten fester in ihren erzwungenen Vorzugslagen festgehalten werden, und deshalb eine größere Feldstärke zur Auslösung der Wandverschiebung notwendig ist.

Die Erzeugung einer rechtwinkligen Hystereseschleife durch äußere Spannungen hat keine praktische Bedeutung, da es konstruktiv sehr schwierig ist, einen magnetischen Kern unter einer konstanten Zugspannung zu halten. Die gewünschte Kennlinie läßt sich aber auch durch metallurgische Maßnahmen erreichen. Im einzelnen müssen bei der Wahl des Ausgangsmaterials und bei der Herstellung folgende Voraussetzungen erfüllt werden:

1. Die Ausgangslegierung soll eine geringe Kristallenergie haben, damit die Drehprozesse bei kleiner Feldstärke ablaufen.

2. Die einzelnen Kristalle sollen gleich orientiert sein.

3. Die inneren Spannungen müssen vernachlässigbar sein, dadurch, daß unerwünschte Beimengungen vermieden werden und die Magnetostriktion klein ist.

4. Äußere Spannungen dürfen nicht auftreten.

5. Wirbelströme sind durch möglichst feine Unterteilung des Kernes klein zu halten.

Wie überall in der Technik, sind auch hier Kompromisse zu schließen. In manchen Fällen, z. B. bei gestanzten Blechen, ist die Kristallorientierung unerwünscht. In anderen Fällen muß im Interesse niedriger Werkstoffkosten auf eine Verwendung der günstigen Nickel-Eisenlegierung mit ihrer niedrigen Kristallenergie verzichtet werden. Die gewünschte hohe Permeabilität läßt sich dann nur durch Ausrichtung der Kristalle erreichen.

1.3 Weichmagnetische Werkstoffe

Es stehen heute eine Reihe weichmagnetischer Werkstoffe zur Verfügung, die dem Ideal eines Werkstoffes mit rechteckiger Hystereseschleife sehr nahe kommen. Die magnetischen Eigenschaften konnten im Laufe der Zeit durch Verfeinerung der Fertigungsverfahren laufend verbessert werden. Bei der Herstellung ist die allergrößte Sorgfalt auf die Reinheit der Ausgangselemente zu legen. Die Aufnahme von Kohlenstoff und Sauerstoff ist während der Verarbeitung zu vermeiden. Die Glühzeiten sind genau einzuhalten und müssen, je nach Form und Größe des herzustellenden Kernes, variiert werden. Bei Werkstoffen mit Kristallorientierung sind Kaltwalzarbeitsgänge vorgesehen, in denen das vorbearbeitete Blech auf einen bestimmten Prozentsatz seiner Ausgangsdicke ausgewalzt wird. Mit der Erhöhung der Permeabilität ist immer eine Vergrößerung der Verarbeitungskosten verbunden, so daß in vielen Anwendungsfällen aus wirtschaftlichen Gründen ein weniger guter, aber billigerer Werkstoff gewählt werden muß.

Abb. 1.11. Die wichtigsten weichmagnetischen Werkstoffe

Bezeichnung		Name	Hersteller[1]	Legierungsbestandteile	Kristallorientierung	μ_a	μ_m	H_c [Oe]	B_r [G]	B_{sg} [G]	ϱ $\left[\frac{\Omega\,mm^2}{m}\right]$
IA	Permalloy	Ultraperm 10	V	18% Fe, 75% Ni	O	70000	300000	0,007	5000	8000	0,60
IA	Permalloy	Hyperm Maximum	K	14% Fe, 79% Ni	O	80000	250000	0,006	4600	8000	0,53
IA	Permalloy	Supermalloy	A	16% Fe, 79% Ni	O		250000	0,004	3400	8000	0,65
IB	Permalloy	Mumetall	V	18% Fe, 75% Ni	O	30000	70000	0,03	5500	8000	0,50
IB	Permalloy	Hyperm 800	K	19% Fe, 74% Ni	O	20000	65000	0,01		7200	0,53
IIA	50% Nickel-Eisen	Permenorm 5000 H 2	V	50% Fe, 50% Ni	O	4000	50000	0,12	13000	15500	0,45
IIA	50% Nickel-Eisen	Hyperm 50	K	50% Fe, 50% Ni	O	3400	30000	0,06	12000	15000	0,45
IIB	50% Nickel-Eisen	Permenorm 5000 Z	V	50% Fe, 50% Ni	↑→	rechteckige Hystereseschleife		0,20	15500	15500	0,45
IIB	50% Nickel-Eisen	Hyperm 50 T	K	50% Fe, 50% Ni	↑→				15000	15000	0,40
III	Silizium-Eisen	Trafoperm N 2	V	97% Fe, 3% Si	→	1000	35000	0,25	14500	20000	0,40
III	Silizium-Eisen	Hyperm 5T	K	97% Fe, 3% Si	→	400	7000	0,20	14500	20000	0,50
III	Silizium-Eisen	Oriented M5	A	97% Fe, 3% Si	→	1000	70000	0,30	16000	20000	0,40
IV	Kobalt-Eisen	Supermendur	A	49% Fe, 49% Co 2% V	→		65000	0,26	21000	24000	0,26

[1]) V: Vakuumschmelze, Hanau K: Krupp Widia, Essen A: USA-Hersteller

Die Transduktoren lassen sich in Vortransduktoren und Leistungstransduktoren unterteilen. Bei Vortransduktoren, die nur kleine Ausgangsleistungen und damit kleine Drosseln haben, spielt der Preis der Kerne keine ausschlaggebende Rolle, dagegen werden optimale Verstärkereigenschaften gefordert. Leistungstransduktoren lassen sich nur mit einem billigen Kernwerkstoff, dessen Preis in der gleichen Größenordnung wie der von Transformatorblech liegt, wirtschaftlich fertigen.

In Abb. 1.11 (Tabelle) sind einige Vertreter der wichtigsten Gruppen weichmagnetischer Werkstoffe zusammengestellt. Sie sind entsprechend dem wesentlichsten Legierungsbestandteil geordnet. In der Fertigung ist mit einer erheblichen Streuung der magnetischen Eigenschaften zu rechnen. Zwischen dem Hersteller und dem Abnehmer werden deshalb meist Prüfvorschriften vereinbart. Sie enthalten die Toleranzen der für den betreffenden Verwendungszweck wichtigsten magnetischen Kenngrößen. In der Tabelle sind angegeben:

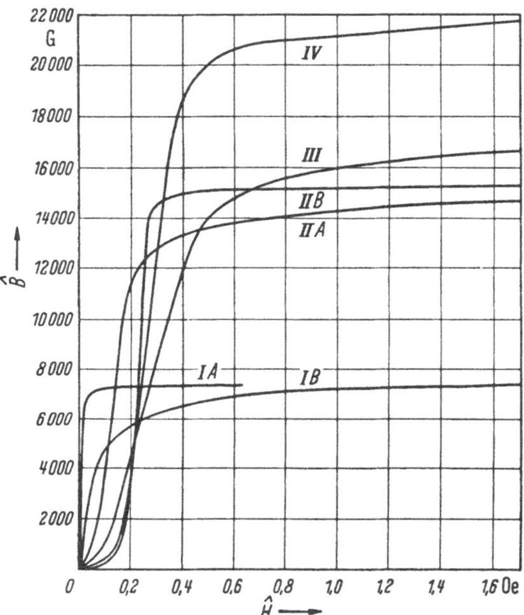

Abb. 1.12. Wechselstrom-Magnetisierungskennlinien der weichmagnetischen Werkstoffe nach Abb. 1.11 (Tabelle)

Die Anfangspermeabilität μ_a: Sie ist für den Transduktor von geringer Bedeutung, da immer mit großen Induktionsamplituden gearbeitet wird.

Die Maximalpermeabilität μ_m: Sie kann als Wertmesser für den Werkstoff hinsichtlich seiner Brauchbarkeit für Verstärkerzwecke angesehen werden.

Die Koerzitivkraft H_c: Sie bestimmt wesentlich die Arbeitskennlinie des Transduktors. Von besonderer Bedeutung ist ihre Abhängigkeit von der Ummagnetisierungsgeschwindigkeit bzw. von der Frequenz.

Die Remanenz B_r: Sie soll möglichst gleich der Sättigungsinduktion sein. Die Hystereseschleife hat dann Rechteckform.

Die Sättigungsinduktion B_{sg}: Sie bestimmt die Scheinleistung der Verstärkerdrossel und soll im Interesse kleiner Baugröße möglichst hoch liegen.

Der spezifische Widerstand ϱ: Er beeinflußt die Wirbelströme. Seine Größe ist durch die nach magnetischen Gesichtspunkten gewählten Legierungsbestandteile festgelegt.

In Abb. 1.12 sind für die einzelnen Werkstoffgruppen charakteristische Wechselstrom-Magnetisierungskennlinien aufgetragen. Zur Aufnahme dieser Kennlinien wird ein Probekern mit einer Wicklung versehen, an Wechselspannung gelegt und die Stromaufnahme gemessen. Aus Strom und Spannung läßt sich die Feldstärke und die Induktion

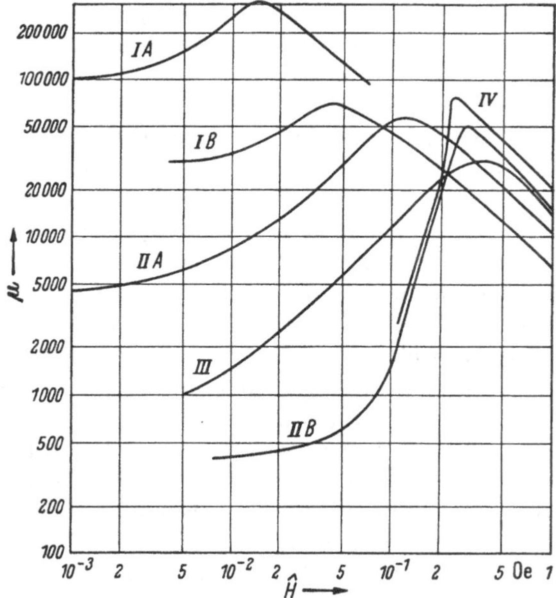

Abb. 1.13. Wechselstrom-Permeabilität in Abhängigkeit von der Feldstärke der weichmagnetischen Werkstoffe nach Abb. 1.11 (Tabelle)

berechnen. Wegen der Sättigung ist die Feldstärke nicht sinusförmig. Es sind deshalb in Abb. 1.12 die Scheitelwerte von Induktion und Feldstärke angegeben.

In Abb. 1.13 ist die Permeabilität $\mu = \hat{B}/\hat{H}$ über $\hat{H}$ aufgetragen. Die weichmagnetischen Werkstoffe lassen sich hinsichtlich ihrer Legierungsbestandteile in vier Gruppen unterteilen. Jede Gruppe für sich zeigt typische magnetische Eigenschaften. Das Diagramm 1.13 zeigt deutlich die Unterschiede zwischen den einzelnen Gruppen.

Die Permalloy-Gruppe (I) enthält zum überwiegenden Prozentsatz Nickel. Der hohe Nickelgehalt erklärt die geringe Sättigungsinduktion von ca. 8000 G. Sie weist eine große Anfangspermeabilität und eine große Maximalpermeabilität auf. Die magnetischen Eigenschaften sind unabhängig von der Magnetisierungsrichtung, so daß Permalloy in jeder gewünschten Form, also auch als gestanzte Bleche, verwendet werden kann. Der Standard-Qualität IB entsprechen die Legierungen Mumetall und Hyperm 800. Bei den Legierungen der Gruppe IA ist es gelungen, durch Verfeinerung des Herstellungsverfahrens unter Ausnutzung aller die Permeabilität erhöhenden Möglichkeiten, Maximalpermeabilitäten von 300000 zu erzielen. Diese hohe Permeabilität von Ultraperm 10 und Hyperm Maximum bleibt allerdings nur erhalten, wenn keine äußeren Spannungen auf den Kern einwirken. Sie werden deshalb fast ausschließlich als Ringkerne eingesetzt, die in Kunststofftrögen liegen und so gegen äußere Einflüsse geschützt sind. Beachtenswert ist die extrem kleine Koerzitivkraft von ca. 0,007 Oe.

Die 50% Nickel-Eisengruppe (II) besitzt durch den höheren Eisenanteil eine größere Sättigungsinduktion von 15000 G. Die Eigenschaften dieser Legierung hängen, wegen der immer notwendigen Kaltwalzung, sehr von der Bearbeitung ab. Es sind zwei Ausführungsformen zu unterscheiden. Zur ersten (IIA) gehören die Legierungen Permenorm 5000 H2 und Hyperm 5. Ihre magnetischen Eigenschaften sind unabhängig von der Magnetisierungsrichtung. Bei der zweiten Gruppe dagegen, unter die Permenorm 5000 Z und Hyperm 50 fallen, ist eine fast vollständige Ausrichtung der Kristalle erfolgt. Die Vorzugsrichtungen sind nach den drei Würfelkanten des Eisenkristalles gerichtet. In der Blechebene liegen in Walzrichtung und senkrecht hierzu zwei Vorzugsrichtungen, so daß der Werkstoff auch als Blechschnitt verwendet werden kann. Die Schenkel- und die Jochabschnitte müssen entsprechend orientiert sein.

An dieser Stelle ist noch etwas über den Einfluß der Kristallorientierung auf die Magnetisierungskennlinie bzw. auf die Hystereseschleife zu sagen. Die Ausrichtung der Kristalle bewirkt, daß die Magnetisierungsrichtung mit einer Vorzugslage zusammenfällt. Im Kristallgitter existieren 6 Vorzugslagen, die im Mittel alle gleich stark besetzt sind. In Magnetisierungsrichtung liegt somit nur ein Sechstel aller Elementarbezirke. Wird die anliegende Feldstärke von Null aus gesteigert, so klappt nur ein weiteres Sechstel in Form einer 180°-Wandverschiebung um, so daß die Anfangspermeabilität gering ist. Erst bei einer gewissen Schwellfeldstärke setzen die 90°-Wandverschiebungen ein, welche die senkrecht zur Magnetisierungsrichtung orientierten Bezirke umklappen lassen. Die Permeabilität und damit die Steigung der Magnetisierungskennlinie ist entsprechend groß. Im Gegensatz hierzu kann bei willkürlicher Orientierung der einzelnen Bezirke bereits bei kleinen Feldstärken ein erheblicher Teil der Elementarmagneten zur Induktion beitragen und deshalb eine höhere Anfangspermeabilität ergeben.

Wie bereits gesagt, ist die Verwendung der nickelhaltigen weichmagnetischen Werkstoffe wegen ihres hohen Preises beschränkt auf

Transduktoren kleiner Leistungen. Für Leistungstransduktoren kommen deshalb die in der Abb. 1.11 aufgeführten Gruppen III und IV in Frage. Die Entwicklung von hochpermeablen siliziumhaltigen Blechen wurde durch die Starkstromtechnik angeregt. Sie entsprang dem Wunsch, die Verluste von leerlaufenden oder teilbelasteten Leistungstransformatoren zu verkleinern. Die Fortschritte wurden sowohl durch Verbesserung der Ausgangselemente als auch durch neue Bearbeitungsverfahren erzielt. Während die üblichen Transformatorbleche immer noch 0,03% Kohlenstoff enthalten, wird bei den siliziumhaltigen Blechen Trafoperm N 2, Hyperm 5T und Oriented M 7x der Kohlenstoffgehalt auf weniger als 0,01% verringert. Messungen an einem Kohlen-Eisen-Einkristall zeigen, daß für eine Induktion von 15000 G in der Richtung leichtester Magnetisierung (100) nur eine Feldstärke von 0,1 Oe notwendig ist, während sie in Richtung schwerster Magnetisierung eine solche von 100 Oe erfordert. Durch Orientierung der einzelnen Kristalle läßt sich deshalb die Permeabilität erheblich erhöhen. Hierzu wird das Blech kalt auf weniger als 15% seiner ursprünglichen Dicke ausgewalzt und dabei das Kristallgefüge zerstört. Bei einer anschließenden Glühung bei 1100 °C in Stickstoff-Wasserstoffgas bilden sich die Kristalle zurück, und zwar so, daß eine 100-Richtung mit der Walzrichtung zusammenfällt. In Walzrichtung befindet sich eine Vorzugslage.

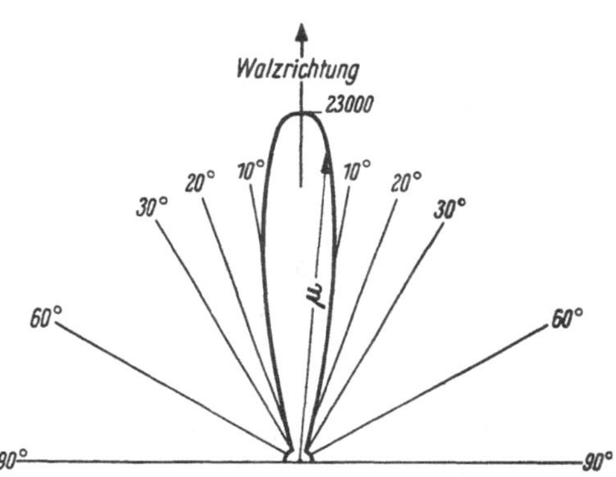

Abb. 1.14. Permeabilität in Abhängigkeit von der Magnetisierungsrichtung von kornorientiertem Siliziumblech nach Armco-Firmenschrift

In Abb. 1.14 ist für ein kaltgewalztes Siliziumblech die Permeabilität in Abhängigkeit von der Magnetisierungsrichtung aufgetragen. Für jede von der Walzrichtung abweichende Magnetisierungsrichtung wird die Permeabilität wesentlich kleiner als bei der in Walzrichtung, da dann zur Sättigung Drehprozesse erforderlich sind. Die starke Richtungsabhängigkeit der magnetischen Eigenschaften muß beim Aufbau des magnetischen Kreises berücksichtigt werden. Gestanzte Bleche aus kornorientiertem Siliziumeisen haben ungünstige Eigenschaften, da zumindest die Joche nicht in Richtung einer Vorzugslage liegen.

1.4 Wirbelstromeinfluß

In Abschn. 1.2 wurde gezeigt, daß zwischen Induktion und Feldstärke eine nichtlineare Abhängigkeit besteht und außerdem der magnetische Zustand durch die irreversiblen Wandverschiebungen auch von der zeitlich vorangegangenen Magnetisierung abhängt. Der Magnetisierungszyklus wird vollständig durch die Hystereseschleife beschrieben. Um die Vorgänge möglichst einfach darzustellen, wurde angenommen, daß beim Durchlaufen der Hystereseschleife die Feldstärke in kurzen Schritten geändert wird. Das kann in der Meßanordnung Abb. 1.05 durch eine stufenweise Veränderung des Widerstandes R_1 erfolgen. Dabei erhalten wir die statische Hystereseschleife, d. h. die Schleife, die sich ohne oder bei sehr kleinen Wirbelströmen einstellt.

Bereits bei der Betrachtung der Wandverschiebungen wurde festgestellt, daß sie durch Wirbelströme abgebremst werden und deshalb mit endlicher Geschwindigkeit ablaufen. Bei einer schnellen Änderung der Magnetisierungsfeldstärke werden die Richtungsänderungen der Elementarmagneten, durch Wandverschiebungen oder Drehungen, zwangsläufig beschleunigt und dadurch die Wirbelströme vergrößert. Die Wirbelströme wirken bei der Drossel wie der Strom in einer kurzgeschlossenen Sekundärwicklung und bedingen eine Zunahme des von der Drossel aufgenommenen Stromes. Die Hystereseschleife wird damit abhängig von dem zeitlichen Verlauf von Induktion und Feldstärke.

Für die Form der Schleife bei Wechselstrommagnetisierung, der dynamischen Hystereseschleife, ist die Ummagnetisierungszeit von Bedeutung. Darunter wird die Zeit verstanden, in welcher der Kern von einem Sättigungszustand in den entgegengesetzten übergeht. Bei Aussteuerung bis in Sättigung ist bei einer sinusförmigen Induktion der Feldstärkeverlauf stark verzerrt, während bei sinusförmiger Feldstärke der zeitliche Verlauf der Induktion Oberwellen zeigt. Im zweiten Fall wird der Ummagnetisierungsbereich in kürzerer Zeit durchlaufen als bei sinusförmiger Induktion, so daß auch stärkere Wirbelströme auftreten. Im folgenden soll immer die Magnetisierung bei sinusförmiger Induktion erfolgen.

Die Abb. 1.15a zeigt die statische Hystereseschleife einer Spitzenlegierung aus der Permalloygruppe (IA). Die Koerzitivkraft ist mit 0,01 Oe sehr klein. Einen wesentlich anderen Verlauf zeigt die in Abbildung 1.15b dargestellte dynamische Hystereseschleife für 50 Hz. Die Schleife hat sich auf mehr als das Vierfache verbreitert, bei gleichzeitiger Neigung der steilen Flanken. Durch die Wirbelströme erfolgt eine ganz wesentliche Verschlechterung der Kerneigenschaften, sie ist relativ um so größer, je schmaler und rechtwinkliger die statische Hystereseschleife verläuft.

Die gleichen Erscheinungen sind bei den anderen weichmagnetischen Werkstoffen zu beobachten. Die Abb. 1.16 zeigt die statische Schleife und die dynamischen Schleifen einer kristallorientierten 50% Nickel-Eisen-Legierung (Gruppe IIB). Die dynamische Schleife, hier wesentlich breiter als die der Permalloy-Legierungen, erfährt mit steigender Frequenz eine zunehmende Ausweitung infolge der immer kürzer werdenden Ummagnetisierungszeiten. Auch hier gehen die senkrechten Flanken verloren und werden verschliffen.

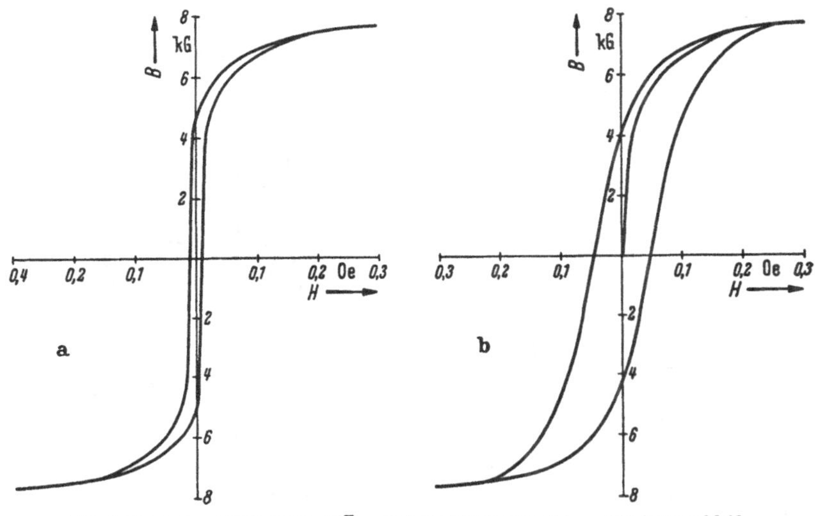

Abb. 1.15a u. b. Gleichstrom (a) und Wechselstrom (b) Hystereseschleife eines Permalloy-Werkstoffes

Da der Wirkwiderstand der weichmagnetischen Legierungen, wie Abb. 1.11 zeigt, nur wenig beeinflußt werden kann, ist das wirkungsvollste Mittel zur Verkleinerung der Wirbelströme, eine möglichst feine Unterteilung des Kernes. Ein Ringkern wird aus dünnem Band gewickelt, ein Schichtkern aus dünnen Blechen aufgebaut. Es lassen sich Bänder bis zu einer Dicke von 0,01 mm auswalzen. Allerdings hat eine derartig feine Unterteilung auch Nachteile. Neben dem schlechten Füllfaktor ist hier besonders die größere Empfindlichkeit gegen mechanische Beschädigung zu erwähnen, gegen die ein den Ringkern umschließender Kunststofftrog keinen absolut wirksamen Schutz darstellt. Bei Schichtkernen können Bleche dünner als 0,01 mm kaum noch verarbeitet werden, da zum Einführen in die Spulenkörper eine Mindeststeifheit erforderlich ist. Es muß somit in jedem Fall untersucht werden, welche Blechstärke mit Rücksicht auf die Verschleifung der Hystereseschleife tragbar ist. Richtwerte hierfür lassen sich aus der allgemeinen Wirbelstromtheorie gewinnen.

In Abb. 1.17 ist ein einzelnes Blech mit der Breite b und der Dicke h_0 dargestellt. Es wird in Längsrichtung durch eine Feldstärke H magneti-

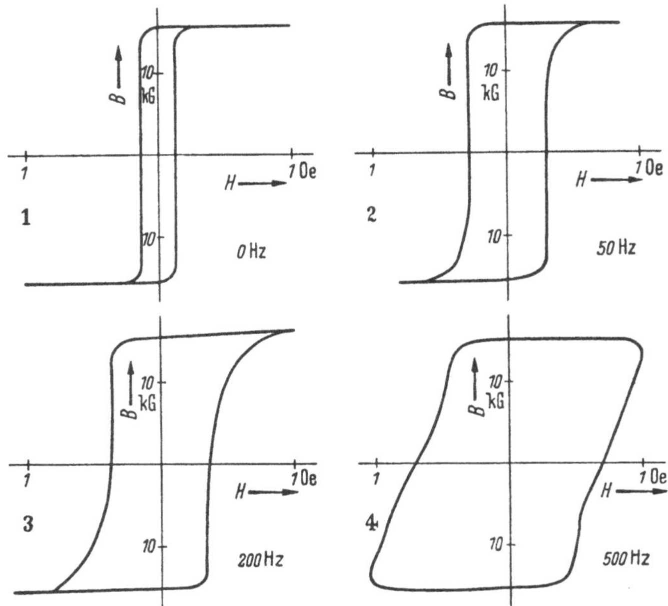

Abb. 1.16. Abhängigkeit einer rechteckigen Hystereseschleife von der Frequenz nach Vacuumschmelze [21]

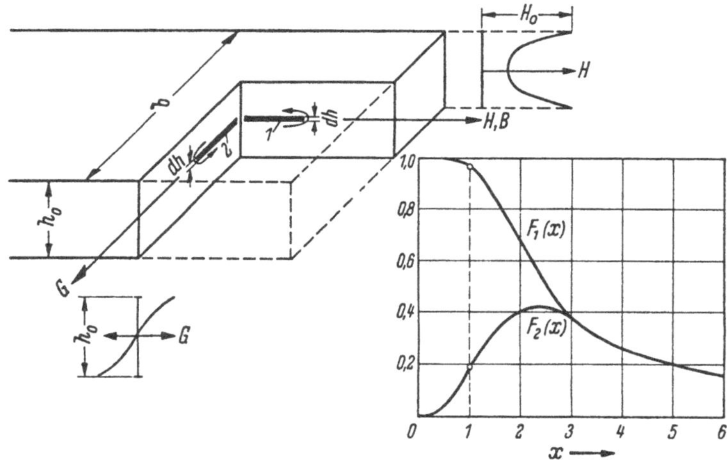

Abb. 1.17. Wirbelströme in einem Blech nach K. KÜPFMÜLLER [16]

siert. In dem Blech werden zwei schmale Rechtecke mit der Höhe dh betrachtet, die in Magnetisierungsrichtung und senkrecht dazu liegen. Wie noch gezeigt werden soll, ist die Feldstärke H über dem Querschnitt nicht konstant, so daß sich die Feldstärken an der Ober- und der Unterseite des betrachteten Rechteckes (1) um dH unterscheiden. Das Durchflutungsgesetz ergibt, wenn sich H sinusförmig ändert

$$-\frac{dH}{dh} = G_w \tag{1.19}$$

Hierin ist G_w die Wirbelstromdichte. Da auch G_w nicht über die Blechstärke h_0 konstant ist, sind die Spannungsabfälle entlang der langen Seite des Rechteckes (2) verschieden groß. Das Induktionsgesetz auf dieses Rechteck angewendet ergibt

$$j\omega\mu H = -\varrho\frac{dG}{dh}. \tag{1.20}$$

ϱ ist der spezifische Widerstand. Die Gl. (1.19) differenziert und in Gl. (1.20) eingesetzt liefert die Differentialgleichung

$$\frac{d^2H}{dh^2} = j\frac{\omega\mu}{\varrho}H. \tag{1.21}$$

Die Lösung der Differentialgleichung 1.21 ergibt die in Abb. 1.17 gezeigte Verteilung der Feldstärke H. Durch die Wirbelströme werden die Kraftlinien nach außen gedrängt, so daß in der Mitte des Bleches ein Gebiet geringerer Feldstärke entsteht.

Alle vorstehenden Beziehungen waren unter der Annahme konstanter Permeabilität aufgestellt worden. Die in der Hystereseschleife zum Ausdruck kommende komplizierte Abhängigkeit der Induktion von der Feldstärke macht es praktisch unmöglich, die der Feldstärkenverteilung entsprechende Induktionsverteilung exakt zu berechnen.

Aus dem untersuchten Blech wird nun eine Drossel aufgebaut. Sie hat unter der Annahme konstanter Permeabilität bei Gleichstrom die Induktivität L_0. Die bei Wechselstrommagnetisierung in Erscheinung tretenden Eisenverluste können im Ersatzschaltbild durch einen Widerstand R_e in Reihe mit der Induktivität L_0 berücksichtigt werden. Durch die steigenden Eisenverluste wird L_0 verkleinert und R_e vergrößert. Es soll sein

$$L = L_0F_1(x) \tag{1.22}$$

$$R_e = \omega L_0F_2(x), \tag{1.23}$$

wobei $x = h\sqrt{\pi f\mu/\varrho}$ ist. Die beiden Funktionen $F_1(x)$ und $F_2(x)$ zeigt Abb. 1.17. Bei großen Werten von x nimmt die Induktivität, d. h. die scheinbare Permeabilität stark ab. Die Induktivitätsminderung erfolgt bei um so kleineren Frequenzen, je höher μ ist. Kernwerkstoffe mit rechteckiger Magnetisierungslinie erfordern deshalb eine besonders feine Unterteilung. Der Grenzwert, bei dem ein wesentlicher Abfall der Permeabilität einsetzt, liegt ungefähr bei $x = 1$. Die für diesen Punkt definierte Grenzfrequenz ist dann

$$f_{gr} = \frac{\varrho}{\pi\mu h^2}. \tag{1.24}$$

Die mit der großen Permeabilität verbundene niedrige Grenzfrequenz macht es notwendig, die Betriebsfrequenz von Transduktoren im allgemeinen unter 1000 Hz zu legen.

2. Transduktordrosseln

2.1 Wahl der Bauform

Die in dem vorhergehenden Abschnitt angegebenen Eigenschaften der weichmagnetischen Werkstoffe setzen eine ideale Drosselform voraus. Sie läßt sich in der praktischen Ausführung fast nie verwirklichen. Wie bei allen technischen Geräten, müssen auch bei den Transduktordrosseln Kompromisse geschlossen werden, die, je nach Anwendung, die eine oder andere Forderung hintenansetzen, um besonders wichtige Gesichtspunkte voll berücksichtigen zu können.

Bei Vortransduktoren, die mit sehr kleiner Leistung ausgesteuert werden, steht die Erhaltung der rechteckigen Hystereseschleife im Vordergrund, während Werkstoff- und Herstellungskosten eine untergeordnete Rolle spielen. Im Gegensatz hierzu sind bei Leistungstransduktoren die einfache und billige Herstellung des Kernes, sowie die leichte Abfuhr der Verlustwärme von besonderer Bedeutung.

Die Erhaltung der Magnetisierungskennlinie des Kernwerkstoffes erfordert im wesentlichen fünf Maßnahmen:

1. Der Eisenquerschnitt muß längs des Eisenweges konstant sein.

2. Die Wirbelströme sind durch Lamellierung weitgehend zu unterdrücken.

3. Jeder Luftspalt oder Verengung des Eisenquerschnittes ist zu vermeiden.

4. Die Wicklungen sollen zur Verkleinerung der Streuung möglichst gleichmäßig über den Eisenweg verteilt sein.

5. Auf den Eisenkern dürfen keine mechanischen Kräfte wirken, da durch mechanische Spannung eine Scherung der Magnetisierungskennlinie erfolgt.

Sie sind in Einklang zu bringen mit folgenden praktischen Forderungen:

a) Bei der Herstellung weichmagnetischer Werkstoffe sind bestimmte Abmessungen einzuhalten. Zum Beispiel kann die Lamellierung nicht soweit getrieben werden, wie es in manchen Fällen zur Unterdrückung der Wirbelstromeinflüsse wünschenswert wäre.

b) Der Magnetische Kern muß einfach und ohne Schädigung des Kernwerkstoffes herzustellen sein.

c) Die Wicklungen müssen sich leicht auf den Kern aufbringen lassen, dabei soll der Kupferfüllfaktor groß sein.

d) Die Oberfläche, die die Verlustwärme der Wicklung an die Luft abgibt, hat möglichst groß zu sein.

e) Die Drosseln müssen mechanisch widerstandsfähig sein und dürfen durch mechanische Belastung nicht ihre magnetischen Eigenschaften verändern.

2.2 Ringkerndrosseln

Die magnetisch günstigste Kernform hat der Ringkern. Er kann, wie in Abb 2.01a gezeigt, durch Ausstanzen von Blechringen hergestellt werden, die übereinandergeschichtet einen Ringkern ohne jeden Luftspalt ergeben. Hierfür lassen sich nur Werkstoffe ohne Kornorientierung — bei denen die magnetischen Eigenschaften unabhängig von der Magnetisierungsrichtung sind — verarbeiten. Nachteilig ist der verhältnismäßig große Materialabfall, der beim Ausstanzen der Blechringe anfällt.

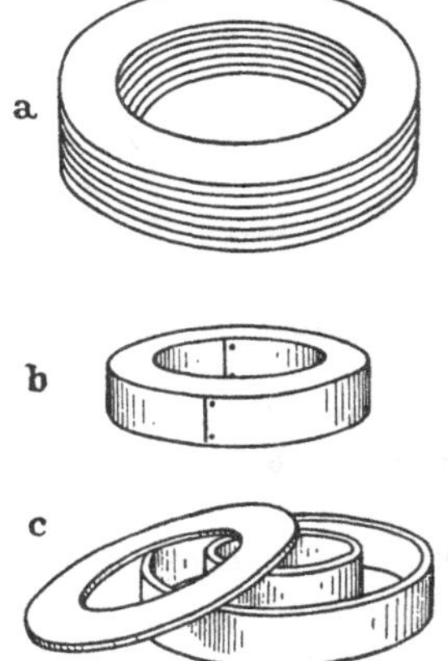

Abb. 2.01a—c. Ringkerne: a) gestanzt, b) gewickelt, c) Ringkerntrog

Ringkerne werden deshalb fast ausschließlich durch Aufwickeln von dünnen Bändern hergestellt (Abb. 2.01 b). Der magnetische Fluß verläuft nur in Bandrichtung, so daß sich auch kornorientierte Legierungen einsetzen lassen. Beim Betrieb der Drosseln mit höheren Frequenzen kann es im Interesse kleiner Wirbelströme zweckmäßig sein, dünne Bänder bis 0,01 mm Dicke zu verwenden. Nach Möglichkeit sind jedoch derartig dünne Bänder wegen ihrer mechanischen Empfindlichkeit zu vermeiden. Die einzelnen Bandlagen werden durch dünne Isolationsschichten voneinander getrennt. Dadurch geht der Eisenfüllfaktor zurück. Er beträgt bei 0,1 mm Banddicke 87%, bei 0,01 mm Banddicke nur noch 50%.

Wickel aus hochwertigen Kernstoffen mit Banddicken bis herauf zu 0,1 mm werden zum mechanischen Schutz in Schutztrögen (Abb. 2.01 c) untergebracht. Das sind nach einer Seite offene Ringtröge, in die das aufgerollte Band lose eingelegt wird. Ein Deckel schließt den Ring nach außen ab. Der Schutztrog verkleinert den für die Wicklung zur Verfügung stehenden Raum. Es ist deshalb naheliegend zu versuchen, den Trog durch eine Kunststoffeinbettung zu ersetzen. Diese Lösung ist in der praktischen Ausführung nicht ganz einfach, da der Kunststoff beim Aushärten sein Volumen verändert und den Kern unter Spannung setzt [*25*].

In Abb. 2.02 ist gestrichelt die Hystereseschleife des Kernwerkstoffes (*A*) angegeben. Die Kurve (*B*) zeigt die Veränderung der Hystereseschleife nach Tränkung mit dem üblichen Lack. Die magnetischen Eigenschaften

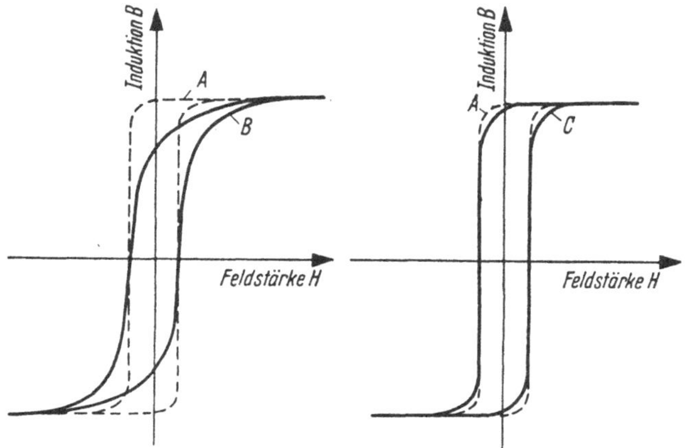

Abb. 2.02. Verformung der Hystereseschleife durch Eingießen in Kunststoff nach R. BOLL [25]

verschlechtern sich um so mehr, je höher die Permeabilität des Kernwerkstoffes und je größer das Kunststoffvolumen im Verhältnis zum Eisenvolumen ist. Durch Wahl geeigneter Kunststoffe mit möglichst kleiner Schrumpfung läßt sich aber, wie aus Kurve C ersichtlich, die Schädigung des Kernwerkstoffes in engen Grenzen halten.

Auch bei Ringkernen ist die wirksame Magnetisierungskennlinie nicht vollständig mit der des Kernwerkstoffes identisch, sondern von den räumlichen Abmessungen des Kernes abhängig. Der Kern weist über den Eisenquerschnitt verschieden große Eisenweglängen auf. Denkt man sich den Kern in eine große Anzahl sehr dünner Zylinder von der Dicke Δr unterteilt, so ist die Eisenweglänge l_e in dem innersten Zylinder am kleinsten und in dem äußersten Zylinder am größten. Dadurch ergibt sich bei einer Durchflutung $\Theta = I \cdot N$ in dem innersten Zylinder die größte Feldstärke $H = I \cdot N / l_{e\,min}$. Hier wird die Sättigung bei einer kleineren Durchflutung erreicht, als in den äußeren Zonen. Die Magnetisierungskennlinien haben deshalb, in bezug auf den Erregerstrom, unterschiedliche Steilheit. Nach außen tritt eine Magnetisierungskennlinie in Erscheinung, die gleich der Summe der Einzelkennlinien ist.

Die resultierende Kennlinie verläuft flacher als die Magnetisierungs-Kennlinie des Kernwerkstoffes. Ein Teilzylinder mit dem Durchmesser d hat die Magnetisierungskennlinie:

$$B = f(H) = f(\Theta/\pi d) = f(1/q) \tag{2.01}$$

mit

$$q = \frac{\pi d}{\Theta}.$$

Die wirksame Induktion des Kernes B' ergibt sich aus dem Integral über alle Induktionen der Teilzylinder.

$$B' = \frac{1}{q_a - q_i} \int_{q_a}^{q_i} f(1/q)\,dq. \tag{2.02}$$

d_a ist der Außendurchmesser und d_i der Innendurchmesser des Ringkernes. Das Integral wird am einfachsten graphisch gelöst. Für verschiedene Werte von H lassen sich entsprechend dem gegebenen Verhältnis $d_a/d_i = q_a/q_i$ für die Grenzen q_a und q_i aus der Integralkurve von $B = f(H)$ die Werte entnehmen, deren Differenz durch $q_a - q_i$ dividiert, die mittlere Induktion an der Stelle H ergibt.

In den Abb. 2.03a und b sind die wirksamen Magnetisierungskennlinien der Nickeleisenlegierungen Permenorm 5000 Z und Ultraperm 10 für verschiedene Durchmesserverhältnisse dargestellt. Der Kernquerschnitt ist konstant. Bei dem ersten Kernwerkstoff hat die Kernform einen erheblichen Einfluß auf die Magnetisierungskennlinie. Infolge der großen Schwellfeldstärke H_{sch} wird der Betrag der Feldstärke groß gegen die Feldstärkenänderung, die notwendig ist, um den steilen Ast der Magnetisierungskennlinie zu überstreichen. Geringe Feldstärkenunterschiede in den einzelnen Zylindern werden deshalb zu erheblichen Induktionsabweichungen führen. Durchmesserverhältnisse größer als $d_a/d_i = 1{,}4$ bringen eine spürbare Verschleifung und sind deshalb möglichst zu vermeiden.

Nicht so kritisch ist die Kernform bei Werkstoffen, deren Magnetisierungskennlinien keinen ausgeprägten Schwellwert haben. Wie aus Abb. 2.03b ersichtlich, unterscheiden sich bei Ultraperm 10 die Kennlinien $d_a/d_i = 1$, das heißt vernachlässigbare Ringkerndicke und für $d_a/d_i = 2$ nur unwesentlich. Bei diesem Werkstoff kann unbedenklich ein großes Durchmesserverhältnis gewählt werden.

Der wesentlichste Nachteil der Ringkerne tritt bei dem Aufbringen der Wicklungen in Erscheinung. Das Bewickeln der Kerne muß mit einer besonderen Ringwickelmaschine erfolgen. Nach Einlegen des Ringkernes in ein teilbares Ringmagazin wird auf dieses durch Drehen des Magazins Draht aufgespult. Das Drahtende wird durch eine Führung nach innen gezogen und an dem Kern befestigt. Durch Drehen des Ringmagazins in entgegengesetzter Richtung wickelt sich der Draht vom Magazin auf den Kern ab. In der Mitte des Ringkernes verbleibt ein

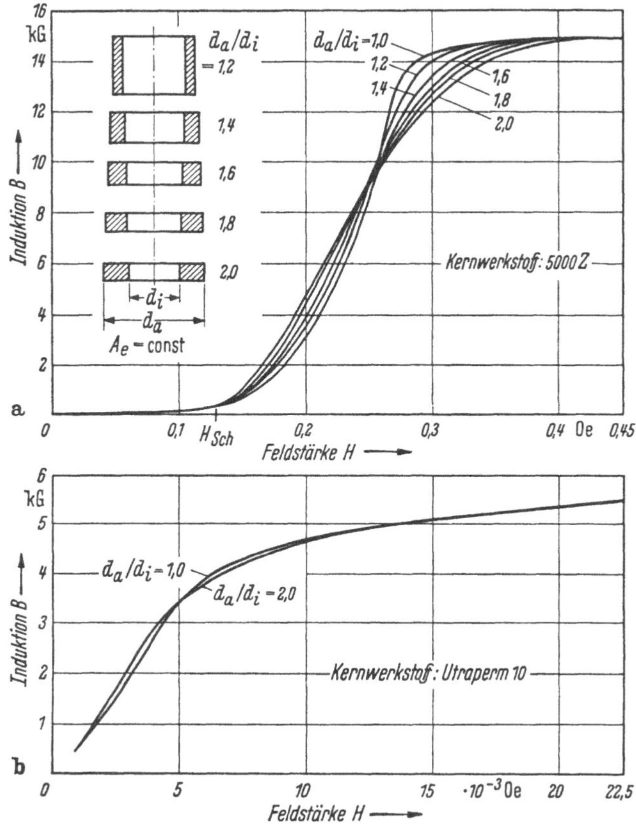

Abb. 2.03a u. b. Einfluß des Durchmesserverhältnisses d_a/d_i auf die Magnetisierungskennlinie von Ringkernen

Restloch, das so groß sein muß, daß sich das Ringmagazin noch frei drehen kann. Wegen der Krümmung des Magazins ist das Restloch um so größer, je höher der fertig bewickelte Ring ist.

Eine Verstärkerdrossel besitzt meist eine Arbeitswicklung N_a und eine oder mehrere Steuerwicklungen N_s. Die Drosseln werden fast immer paarweise verwendet. Steuer- und Arbeitswicklungen lassen sich dann gegeneinander schalten, damit bei fehlender Vormagnetisierung von den an Wechselspannung liegenden Arbeitswicklungen in den Steuerkreis kein Wechselstrom induziert werden kann, beide Kreise somit entkoppelt sind. Neben der Gegeneinanderschaltung der Steuerwicklungen ist es aber auch möglich, die Steuerwicklungen um beide Ringkerne gemeinsam zu legen. Die Arbeitswicklungen werden so gepolt, daß sich die Wechselflüsse in der Steuerwicklung zu null ergänzen. Die Abb. 2.04

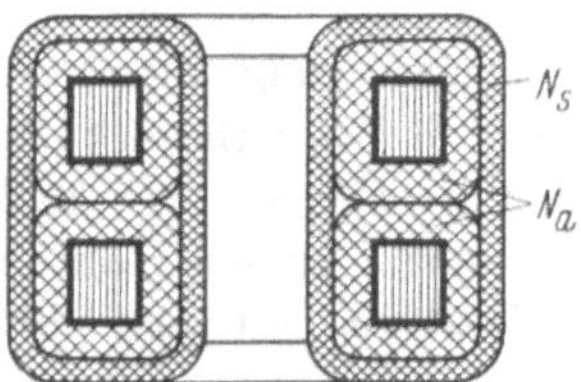

Abb. 2.04. Doppelringkern mit gemeinsamen Steuerwicklungen

Abb. 2.05. In Kunststoff eingegossener Doppelringkern (Werkaufnahme H. Still AG.)

zeigt den Schnitt durch ein derartiges Drosselpaar. Die Anordnung hat den Vorteil, daß die Steuerwicklung nicht für die Wechselspannungen isoliert zu werden braucht und sich dadurch der Wickelraum besser ausnützen läßt.

Das Drosselpaar kann zum Schutz gegen mechanische Beanspruchung ohne Bedenken einen Kunstharzüberzug erhalten, da zwischen dem Kunststoff und dem druckempfindlichen Kern die Wicklungsisolation als elastische Schicht liegt. Die Abb. 2.05 zeigt die Ansicht einer solchen Drosseleinheit.

2.3 Schnittbandkerne

Beim Ringkern steht großen magnetischen Vorteilen, wie konstantem Eisenquerschnitt und fehlendem Luftspalt, vor allen Dingen der Nachteil gegenüber, daß die Wicklung recht kostspielig mit einer Ringwickelmaschine aufgebracht werden muß. Es hat nicht an Versuchen gefehlt, diesen Nachteil selbst auf Kosten der magnetischen Eigenschaften zu umgehen. Ein derartiger Vorschlag sieht vor, die Wicklung auf Spulenkörpern, die die Form von Kreissegmenten haben, anzuordnen, und das den Kern bildende Band durch die Segmente fädelnd aufzuwickeln. Die praktische Durchführung ist bei hochwertigen weichmagnetischen Werkstoffen nicht möglich, da schon die kleinsten Deformationen oder Verspannungen ihre magnetische Eigenschaft verschlechtern.

Eine gewisse Bedeutung für Transduktoren hat dagegen der Schnittbandkern erlangt. Bei ihm wird das Magnetband um eine runde oder rechteckig geformte Schablone gewickelt und danach zerschnitten. Vorher erfolgt eine Verfestigung des Wickels mit Kunstharz. Die Schnittflächen werden geschliffen, so daß nach dem Zusammenbau der beiden Hälften nur ein ganz geringer Restluftspalt verbleibt. Die Abb. 2.06 zeigt einen Schnittbandkern.

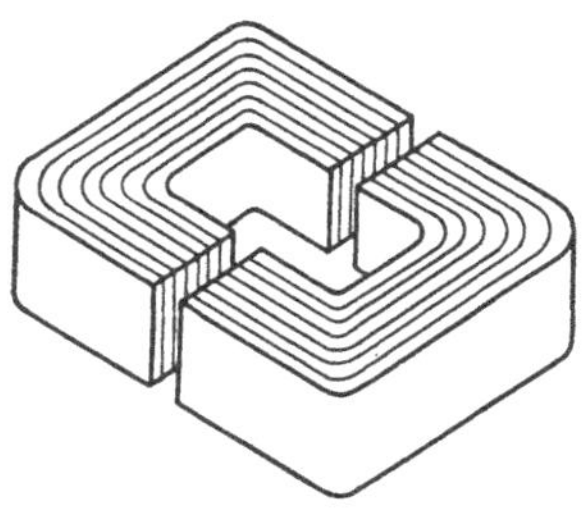

Abb. 2.06. Schnittbandkern

Je nach Bearbeitungsgüte beträgt der Restluftspalt $l_l = 0{,}005 \cdots 0{,}03$ mm. Trotz seiner Kleinheit beeinflußt der Luftspalt infolge der hohen Permeabilität des Kernwerkstoffes μ_r wesentlich die resultierende Magnetisierungskennlinie. Ist ohne Luftspalt bei der Induktion B_1 die magnetische Feldstärke H_1 vorhanden, so ergibt sich bei einer Luftspaltlänge l_l und einer Eisenweglänge l_e die Feldstärke des magnetischen Kreises mit Luftspalt:

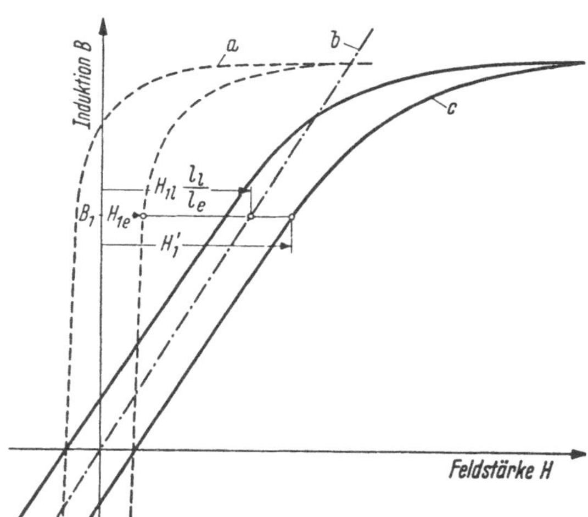

Abb. 2.07. Scherung der Hystereseschleife durch einen Luftspalt

$$H_1' = \frac{\Theta}{l_e} = \frac{l_l B_1}{l_e \mu_0} + \frac{B_1}{\mu_0 \mu_r}, \tag{2.03}$$

$$H_1' = H_{1l}\,\frac{l_l}{l_e} + H_1. \tag{2.04}$$

Die Abb. 2.07 zeigt gestrichelt die Hystereseschleife ohne Luftspalt. Die Luftspaltgerade $B = f(H_{1l} l_l / l_e)$ ist strichpunktiert eingetragen. Die Abszissenwerte der beiden Kurven nach Gl. (2.04) addiert, ergeben die voll ausgezogene gescherte Hystereseschleife. Gl. (2.03) kann auch in der Form geschrieben werden:

$$H_1' = \frac{B_1}{\mu_0 \mu_r}\left(\frac{l_l}{l_e}\,\mu_r + 1\right) = H_1\left(\frac{l_l}{l_e}\,\mu_r + 1\right). \tag{2.05}$$

Der Restluftspalt wirkt sich relativ um so stärker aus, je größer die Permeabilität und je kleiner die Eisenweglänge ist.

In Abb. 2.08 ist für Mumetall die Permeabilität über der Feldstärkeamplitude aufgetragen. Die oberste Kennlinie gilt für den Kern ohne Luftspalt, die beiden unteren für Luftspalte von 0,006 bzw. 0,025 mm. Bei dem Mumetall-Schnittbandkern muß gegenüber dem Ringkern mindestens mit einer Verminderung der Permeabilität auf die Hälfte gerechnet werden.

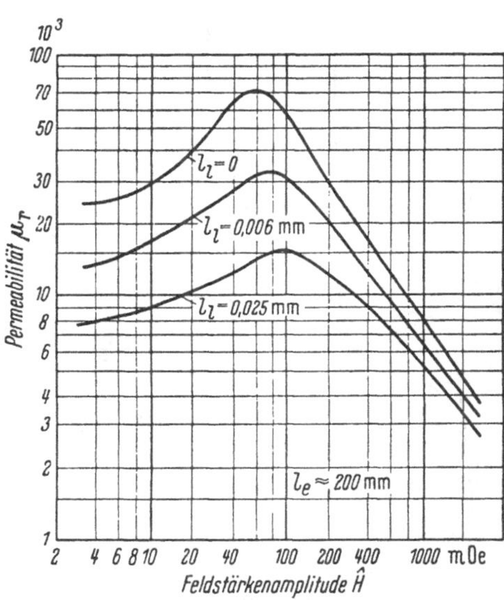

Abb 2.08. Permeabilität eines Mumetall-Schnittbandkernes für verschiedene Restluftspalte nach Vakuumschmelze [21]

Der Vorteil des Schnittbandkernes besteht darin, daß die Spulenkörper sich mit normalen Wickelmaschinen bewickeln lassen. Die bewickelten Spulen werden auf die Schenkel des einen Halbkernes geschoben und der magnetische Kreis durch den zweiten Halbkern geschlossen. Ein Metallband, das sie umschlingt, preßt die beiden Hälften fest aufeinander. Bei siliziumhaltigen Kernwerkstoffen besteht die Gefahr, daß sich im Laufe der Zeit der Luftspalt durch Korrosion vergrößert. Die mechanische Empfindlichkeit infolge des Luftspaltes beschränkt den Schnittbandkern auf mittlere Drosselgrößen. Der magnetische Einfluß des Restluftspaltes läßt die Verwendung von magnetischen Spitzenlegierungen als unzweckmäßig erscheinen. Bei einer Permeabilität von 300000, einer Eisenweglänge von 100 mm und einem Restluftspalt von 0,006 mm wird z. B. die Magnetisierungsfeldstärke auf das 19fache ihres ursprünglichen Wertes vergrößert.

2.4 Geschichtete Drosseln

Am Anfang der Transduktorentwicklung wurden für Verstärkerdrosseln die üblichen Blechschnitte verwendet. Sehr bald zeigte es sich jedoch, daß hiermit keine befriedigenden Verstärkereigenschaften erzielt werden können. Als praktisches Beispiel für die Scherung der Magnetisierungskennlinie durch ungeeignete Kernform zeigt Abb. 2.09a einen M-Schnitt. Zum Einlegen der bewickelten Spule muß der Mittelschenkel aufgetrennt (Trennschnitt) werden. Der verbleibende Luftspalt ist nach dem Zurückbiegen groß genug, um eine erhebliche Scherung der Magnetisierungskennlinie zu bewirken. Der Einfluß läßt sich durch wechselseitiges Schichten der Bleche, bei dem auf einen Luftspalt ein unzerschnittenes Blech zu liegen kommt, verkleinern. Für kleine Induktionen ist damit der Luftspalt kurzgeschlossen. Bei Induktionen, die den halben Sättigungswert überschreiten, geht die „Luftgitterzone" in Sättigung und läßt die Magnetisierungsfeldstärke wesentlich ansteigen. In Abb. 2.09b sind die Magnetisierungskennlinien eines ungeschnittenen M-Schnittes (1), eines Kernes, dessen Luftspalte übereinander liegen (3) und eines wechselseitig geschichteten Kernes (2) wiedergegeben. Die Differenzfeldstärke zwischen (1) und (2) bzw. (3) wird zur Magnetisierung des Luftspaltes benötigt.

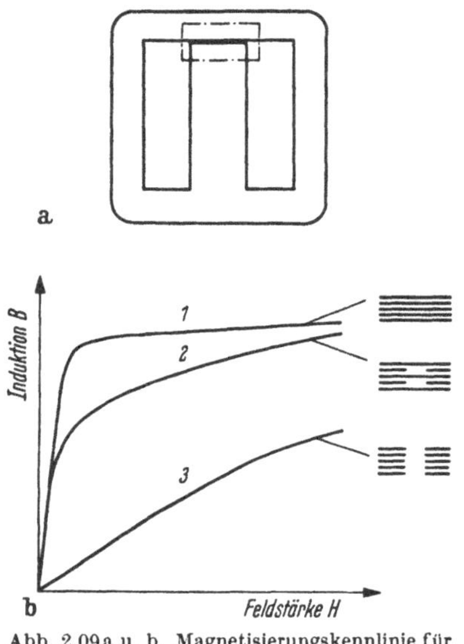

Abb. 2.09a u. b. Magnetisierungskennlinie für Drossel mit Luftgitter (2)

Beim Verbiegen des Mittelschenkels zum Einfädeln der Bleche erfolgt eine Verfestigung des Zungengrundes, die an dieser Stelle eine Verminderung der Permeabilität bringt. Der Kernwerkstoff wird um so mehr geschädigt, je dicker das Blech im Verhältnis zum Biegewinkel ist. Bei kleinen Schnitten müssen deshalb sehr dünne Bleche verwendet werden. Die aufgezeigten Schwierigkeiten machen es notwendig, für Transduktordrosseln Sonderschnitte zu entwickeln, die besser den besonderen Anforderungen entsprechen. Dabei kann auch der Tatsache Rechnung getragen werden, daß sich für Leistungstransduktoren kornorientierte Bleche mit nur einer Vorzugsrichtung anbieten.

Bei der Wahl der Drosselform stehen magnetische und thermische Gesichtspunkte gleichberechtigt nebeneinander. Die rechtwinklige Hystereseschleife des Kernwerkstoffes bleibt erhalten, wenn ein Luftspalt längs des Eisenweges vermieden wird und keine Einschnürung des Eisenquerschnittes, wie sie in der Luftgitterzone nach Abb. 2.09 vorhanden ist, erfolgt. Bei einer rechteckigen Drosselform wird in den Ecken immer der Eisenquerschnitt größer als im übrigen Eisenweg sein. Die Drosselabmessungen müssen deshalb so gewählt werden, daß der Bereich konstanten Eisenquerschnittes möglichst groß und der Bereich ungleichmäßigen Eisenquerschnittes möglichst klein ist. Dadurch ergeben sich hohe schlanke Drosseln mit langen Schenkeln und kurzen Jochen.

Diese Drosselform kommt auch der thermischen Forderung nach einer großen Wicklungsoberfläche, zur Abführung der Kupfer-Verlustwärme an die Luft, entgegen. Die den hohen Sättigungsstrom führende Arbeitswicklung ist im allgemeinen im äußeren Teil des Wickelraumes untergebracht. Die Verlustwärme kann dann unmittelbar dort, wo sie entsteht, an die Luft abgegeben werden.

Die sich bei den einzelnen Schichtungsverfahren ergebenden luftspaltlosen Kerne weisen gegenüber den üblichen Schichtungsarten wesentliche, nicht zu umgehende, Nachteile auf. Es ergeben sich größere Schichtungszeiten. Die verwendeten Blechteile sind in ihrer Form schwieriger herzustellen, oder bei Verwendung von rechteckigen Blechteilen ist der Eisenfüllfaktor klein. Diese Nachteile wiegen aber nicht den Vorteil auf, daß sich mit ihnen annähernd gleichwertige Hystereseschleifen bzw. Magnetisierungskennlinien ergeben, wie bei einem Ringkern.

Der einfachste luftspaltlose Schichtkern besteht aus schmalen rechteckigen Blechstreifen, deren Längsseiten mit der magnetischen Vorzugsrichtung zusammenfallen und die im Rechteck gelegt mit ihren Enden einander überlappen. Der magnetische Fluß verläuft an den Überlappungsstellen senkrecht zur Blechoberfläche. Wegen des großen Querschnittes ist trotzdem der magnetische Widerstand der Übergangsstellen klein. Die Magnetisierungskennlinie des Kernwerkstoffes bleibt nahezu erhalten. Im Schenkel und im Joch folgt auf ein Blech immer eine Lücke, so daß der Eisenfüllfaktor kleiner als 0,5 wird.

Günstiger erscheint der in Abb. 2.10a_1 gezeigte U-Schnitt. Er besteht aus U-förmig gestanzten Blechen, bei denen die kurze Seite (Joch) doppelt so breit ist, wie die beiden Schenkel. Werden diese Bleche wechselseitig aufeinandergelegt, so ergeben sie einen magnetischen Kreis, der längs der Schenkel einen konstanten Querschnitt bei großem Füllfaktor hat und keine Einschnürung längs des Joches oder der Übergangsstellen zeigt. Allerdings läßt sich dieser Schnitt nur bei Kernwerkstoffen anwenden, die keine Kornorientierung oder wie Permenorm 5000 Z zwei senkrecht zueinanderliegende Vorzugsrichtungen haben.

Der U-Schnitt ist auch bei Kernwerkstoffen mit nur einer Vorzugsrichtung brauchbar, wenn, wie in Abb. 2.10a_2 gezeigt, der Schnitt aus drei Teilen zusammengesetzt wird, die ein in den Winkeln diagonal geschnittenes U ergeben. Da die Trennfugen im Jochbereich liegen, in dem wegen der doppelten Höhe nur die halbe Blechzahl notwendig ist, findet auch hier keine Einschnürung des Querschnittes statt. Die Herstellung der Teile ist mit ausreichender Genauigkeit nur durch Stanzen mit Komplettschnitten möglich. Die Herstellung von Rechteckstreifen ist einfacher.

Die Schichtkerne Abb. 2.10b_1, b_2, b_3 werden aus rechteckigen Blechstreifen aufgebaut. Die Anordnung b_1 sieht eine Stufung der Jochblechbreite vor, damit sich die Luftspalte gleichmäßig über einen größeren Bereich verteilen. In dem Kern sind keine Lücken vorhanden und der Eisenfüllfaktor ist groß. Die Verteilung der Luftspalte auf n Zonen bedingt, daß in den Luftspaltebenen der Querschnitt im Verhältnis $\frac{(n-1)}{n}$ geringer ist. Bei der Induktion $B = \left(\frac{n-1}{n}\right) B_{sg}$ muß deshalb die Magnetisierungskennlinie abknicken und damit eine Verschleifung des Sättigungsknicks eintreten.

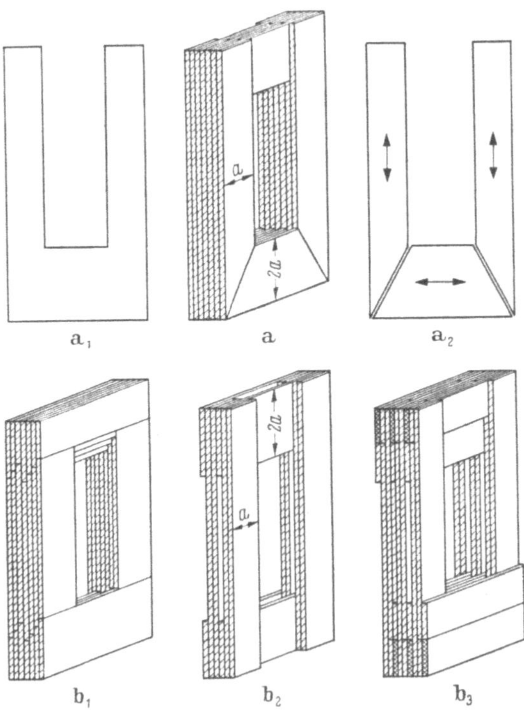

Abb. 2.10a u. b. Schichtungsverfahren für luftspaltlose Drosseln aus weichmagnetischen Kernwerkstoffen mit Vorzugsrichtungen

Die Schichtungsart b_2 liefert wieder einen luftspaltlosen Kern. Hier werden zwei Schenkelbleche von einem doppelt so breiten rechteckigen Jochblech überlappt. In dem Schenkel folgt auf zwei Bleche eine Lücke, der Füllfaktor ist somit kleiner als 66%. Den gleichen Füllfaktor hat die Schichtung b_3, bei der jedem Schenkelblech ein Jochblech zugeordnet ist. Die einzelnen sich aus zwei Joch- und zwei Schenkelblechen zusammensetzenden Lagen sind in Richtung der Schenkel so verschoben, daß die Jochbleche der einen Lage hinter die Schenkelbleche der benachbarten Lagen zu liegen kommen. Die freien Plätze innerhalb des Joches werden durch in Abb. 2.10 kariert gekennzeichnete Zwischenlagen ausgefüllt. Gegenüber der Anordnung b_2 werden kürzere Schenkelbleche benötigt, so daß sich bei gleichen Drosselabmessungen das Eisengewicht um 7...10% verringert. Auch hier ist der Füllfaktor kleiner als 66%. Werden die Lagen auf drei Ebenen verteilt, so läßt sich nahezu ein Füllfaktor von 75% erreichen. Außer den in Abb. 2.10 gezeigten Schichtungsarten sind Anordnungen bekannt, die unter Verwendung verschieden langer Schenkelbleche einen gleichen oder größeren Füllfaktor liefern [*30*].

Abb. 2.11 zeigt die sich mit den Schichtungen nach Abb. 2.10 b_2 und b_3 ergebenden Wechselstrom-Magnetisierungskennlinien (b) von kornorientiertem Siliziumblech. Zum Vergleich ist die Kennlinie eines Ringkernes (a) aus dem gleichen Werkstoff eingezeichnet. Die Kennlinie der Schichtkerne (b) weicht im Knickbereich nur unwesentlich von der des Ringkernes ab. Die restliche Verschleifung erklärt sich dadurch, daß der Fluß beim Übertritt von einem Blech zum anderen, senkrecht zur Vorzugsrichtung verläuft und daß in den Ecken der Drossel der Eisenquerschnitt nicht konstant ist.

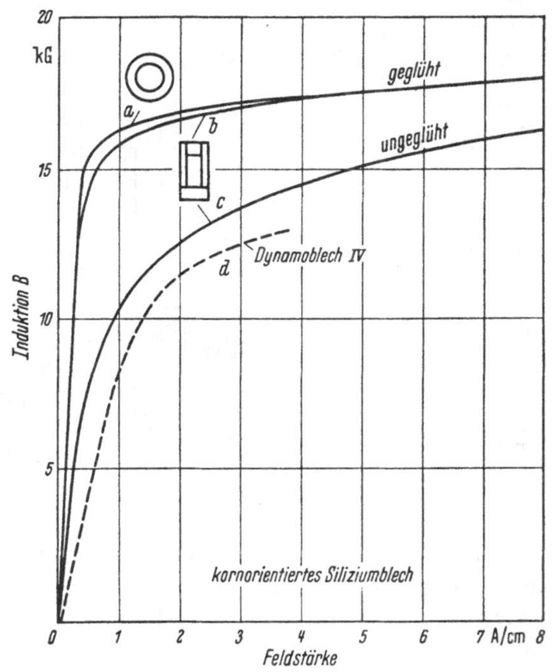

Abb. 2.11. **Magnetisierungskennlinie von Schichtkernen aus kornorientiertem Siliziumblech**

Durch das Stanzen oder Schneiden der Blechstreifen werden die Ränder der Bleche verfestigt. Dadurch sinkt die Permeabilität in den Randzonen. Ein Schichtkern mit diesen Blechen geschichtet liefert die Magnetisierungskennlinie c. Sie verläuft nur wenig günstiger als die von Dynamoblech IV. Bei diesem Kernmaterial sind deshalb die Bleche nach der Bearbeitung in Schutzgas magnetischweich zu glühen. Die große Empfindlichkeit des kornorientierten Siliziumbleches gegenüber mechanischer Beanspruchung ist auch beim Schichten der Bleche zu berücksichtigen. Die Befestigungswinkel dürfen die Bleche nicht verbiegen oder durch zu großen Druck deformieren. Da Bohrungen für die Spannschrauben nicht vorgesehen werden können, müssen die Schrauben, wie aus Abb. 2.12 zu ersehen ist, außerhalb des Blechpakets sitzen. Zur Vermeidung von Kantenpressung der Bleche sind die Spannschrauben gleichmäßig mit Drehmomentschlüsseln anzuziehen.

Bei der Bemessung des Schichtkernes war von der Forderung ausgegangen worden, daß der Eisenquerschnitt möglichst konstant sein soll. In den Ecken des rechteckigen Kernes ist diese Forderung nicht zu erfüllen, hier ändert sich der Querschnitt stetig um einen gewissen Betrag.

Die Sättigungsflüsse der einzelnen Eisenquerschnitte sind dadurch ebenfalls verschieden. Dazu kommt, daß in den Ecken der Fluß nicht in der Vorzugsrichtung verläuft. Beide Einflüsse führen in erster Linie zu der aus Abb. 2.11 ersichtlichen geringen Verschleifung des Sättigungsknicks.

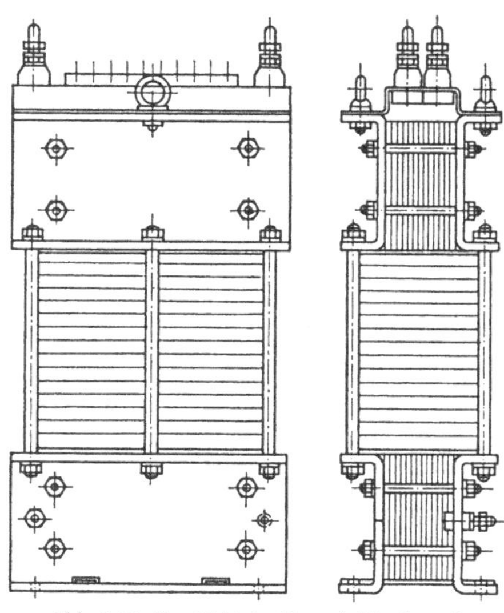

Abb. 2.12. Geschichtete Transduktordrossel, Typenleistung 24 kVA

Eine gewisse Verbesserung läßt sich dadurch erzielen, daß der gesamte Eisenweg in einen Sättigungsteil und einen Rückschlußteil aufgeteilt wird. Der Rückschlußteil erhält einen größeren Querschnitt, so daß er ständig ungesättigt bleibt. Die Sättigung erfolgt in den Schenkeln. Voraussetzung ist, daß die Schenkel lang sind, damit im gesättigten Zustand ihr magnetischer Widerstand ausreicht, um die Sättigungsreaktanz klein zu halten.

Abb. 2.13 zeigt die Verstärkerkennlinie eines durchflutungsgesteuerten Transduktors, der nach Abb. 2.10 b_3 geschichtete Drosseln enthält. Es sind zwei Kennlinien, die die Abhängigkeit der Ausgangsspanung von der Steuerdurchflutung zeigen, angegeben; die gestrichelte gilt für Drosseln mit in Schenkel und Joch gleich breiten Blechen und die voll ausgezogene für Drosseln, bei denen der Jochquerschnitt um 20% größer als der Schenkelquerschnitt ist. Durch die Verbreiterung des Joches wird die Transduktorkennlinie steiler und erlangt einen größeren Maximalwert. Die Sättigung erfolgt bei überdimensioniertem Joch nur in den Schenkeln. Hier ist der Querschnitt vollständig gleichmäßig. Der Sättigungsknick wird nicht

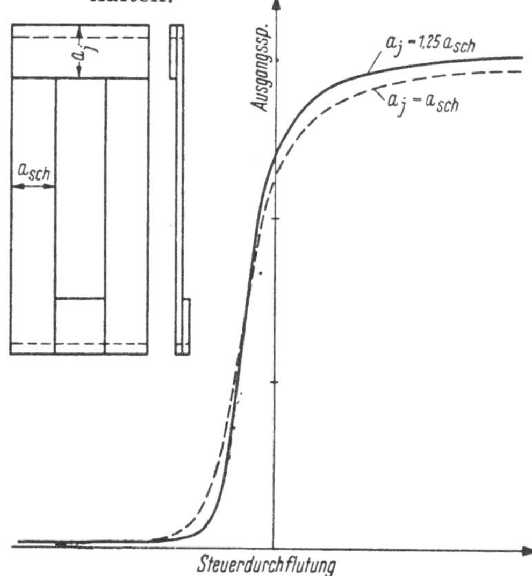

Abb. 2.13. Einfluß einer Verbreitung des Joches auf die Arbeitskennlinie eines Transduktors

verschliffen und die Sättigungsreaktanz, an der ein Teil der Ausgangsspannung abfällt, bleibt klein.

Der grundsätzliche Aufbau der Transduktordrosseln wird, unabhängig von der Leistung, immer der gleiche sein. Um bei allen Leistungsstufen gleiche Magnetisierungskennlinien und damit gleiche Verstärkereigenschaften zu erhalten, empfiehlt es sich, eine Drosseltype aus der vorhergehenden durch maßstabgerechte Vergrößerung aller Grundmaße abzuleiten. Die Abb. 2.14 zeigt die Ansicht einer Typenreihe, bestehend aus

Abb. 2.14. Transduktor-Drossel-Typenreihe mit Typenleistungen von 0,25 bis 80 kVA (Werkaufnahme H. Still AG.)

14 Drosseln, die in ihrer Typenleistung einen Bereich von 0,25 kVA bis 80 kVA überstreichen. Es genügen dabei 6 Maßstabssprünge. In jeder Größenklasse ist durch Variation der Paketdicke eine weitere Leistungsstufung möglich. Die Notwendigkeit, die Spannschrauben außerhalb des Blechpaketes anbringen zu müssen, macht bei den schwereren Drosseln eine sorgfältige Halterung der Spannbleche notwendig. Bei den größten Drosseln sind auch in der Mitte der Spannbleche Spannbolzen angebracht, die durch Auseinanderrücken der Jochbleche Platz finden.

Auch bei geschichteten Drosseln lassen sich zwei Drosseln zu einer Einheit mit einer gemeinsamen Steuerwicklung zusammenfassen. Eine derartige Anordnung bringt den Vorteil, daß für einen Transduktor nur ein Bauteil notwendig ist und damit an Montage- und Verdrahtungskosten gespart werden kann. Es sind im wesentlichen zwei Anordnungen bekannt. Bei der ersten, in Abb. 2.15a dargestellten, stehen die mit ihren Arbeitswicklungen N_a versehenen Drosseln hintereinander. Um die benachbarten Schenkel werden die gemeinsamen Steuerwicklungen N_s gelegt. Die Arbeitswicklungen, in denen nahezu die gesamten Kupferverluste auftreten, sind dabei von den Steuerwicklungen abgedeckt, so daß die Wärmeabgabe an die Luft etwas behindert wird [29].

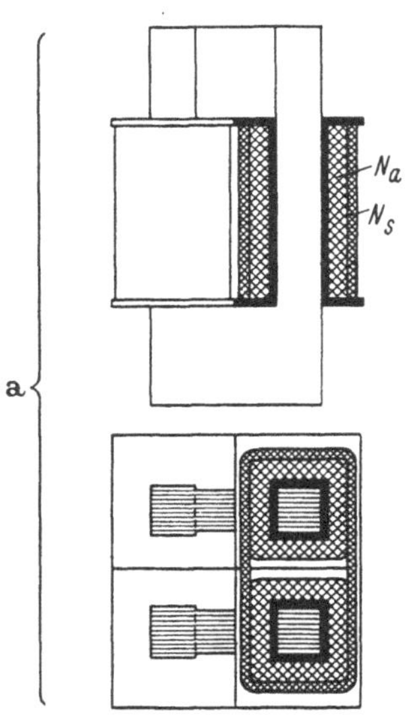

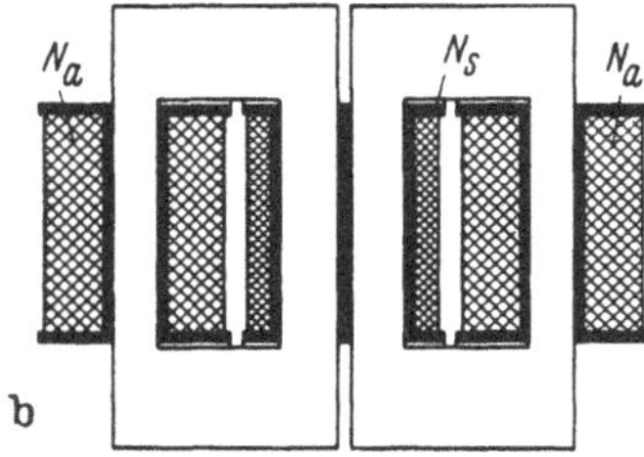

Abb. 2.15a u. b. Doppeldrosseln mit geschichteten Kernen
a) Drosseln hintereinander angeordnet.
b) Drosseln nebeneinander stehend (Mittelschenkel verbreitert).

Abb. 2.15b zeigt die zweite Anordnung, bei der die Drosseln nebeneinander stehen. Auf den beiden Außenschenkeln sind die Arbeitswicklungen aufgebracht, während die Steuerwicklungen die beiden Innenschenkel umschließen. Die Arbeitswicklungen können hier ihre Wärme unmittelbar an die Luft abgeben. Sie nehmen aber den überwiegenden Teil des Wickelraumes ein. Dadurch ergibt sich, im Verhältnis zur abkühlenden Oberfläche, eine große Wickelhöhe, die es auch hier notwendig macht, die Stromdichte unter dem Wert der Einzeldrosseln zu halten. Durch die Anordnung der Steuer- und Arbeitswicklungen auf verschiedenen Schenkeln ist, trotz der hohen Permeabilität des Kernstoffes, die Streuung erheblich. Sie läßt sich wesentlich verkleinern, wenn die Mittelschenkel, auf denen sich die Steuerwicklungen befinden, gegenüber den Außenschenkeln vergrößert werden. Die Sättigung erfolgt allerdings dann nur in den Arbeitsschenkeln, während die Steuerschenkel als magnetischer Rückschluß wirken. Gehen die Außenschenkel in Sättigung, so wird in dem restlichen Teil des magnetischen Kreises die Sättigungsinduktion noch nicht erreicht. Der magnetische Widerstand der gesättigten Außenschenkel ist aber genügend groß, um die Sättigungsreaktanz klein zu halten [26].

2.5 Typenleistung und Bauform

Bei Transduktordrosseln stehen einer Vielzahl an Bauformen einheitliche und einfache Bemessungsregeln gegenüber. Die Bemessung der Wicklungen unterscheidet sich bei Vortransduktoren und Leistungstransduktoren. Bei Vortransduktoren, die im allgemeinen nur kleine Leistungen haben, wird in vielen Fällen das Kupfer thermisch nicht ausgenutzt, da sich der Drahtquerschnitt aus mechanischen Gründen nicht unter einen bestimmten Wert verkleinern läßt. Die Abkühlungsverhältnisse spielen keine entscheidende Rolle. Die Verwendung des in thermischer Beziehung besonders ungünstigen Ringkernes erscheint bei Vortransduktoren deshalb vertretbar. Hier sollen in erster Linie Leistungstransduktor-Drosseln betrachtet werden, bei denen aus einem bestimmten Drosselvolumen ein Maximum an Leistung herauszuholen ist. Die Aufgabenstellung stimmt mit der bei Leistungstransformatoren überein, nur sind zusätzlich die besonderen magnetischen Forderungen zu erfüllen.

Die magnetische Ausnutzung wird durch die Sättigungsinduktion B_{sg} begrenzt. Die Belastbarkeit des Kupfers hängt von der Wärmeabfuhr und damit von der Bauform ab. Die abkühlende Oberfläche muß möglichst groß gewählt werden. Deshalb empfehlen sich hohe, schlanke Drosseln.

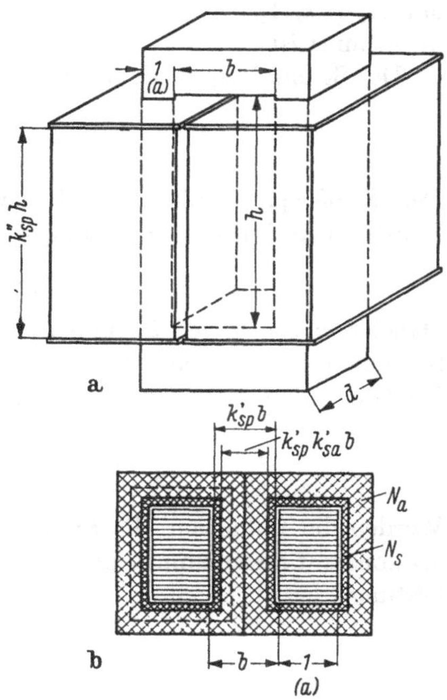

Abb. 2.16a u. b. Wicklungsanordnung der Transduktordrossel

Abb. 2.16 zeigt den Aufbau einer Transduktordrossel. Die Wicklungen sind gleichmäßig auf beide Schenkel verteilt. Bei voller Ausnutzung des Wickelraumes erfolgt in dem Raum zwischen beiden Spulen keine Wärmeabfuhr. Infolge der einfachen Herstellbarkeit der Drosseln, die im Gegensatz zu elektrischen Maschinen keine umfangreichen Fertigungseinrichtungen benötigen, ist es wirtschaftlich zulässig, zwischen den einzelnen Drosseln einer Typenreihe verhältnismäßig kleine Leistungssprünge zu wählen.

Es soll zunächst die Typenleistung der Drossel in Abhängigkeit von den geometrischen Abmessungen ermittelt werden. Sie ist das Produkt aus der Wechselspannung, die einer vorgegebenen Induktion zugeordnet ist und dem Strom, der bei vollständig gesättigter Drossel mit Rücksicht auf die Erwärmung noch zugelassen werden kann.

Die Verluste in den Steuerwicklungen können unberücksichtigt bleiben. Es brauchen nur die Verluste in der Arbeitswicklung, die nahezu den gesamten Wickelraum in Anspruch nimmt, betrachtet werden. Ist $U_{h\,\mathrm{eff}}$ die an der Drossel liegende Spannung und $I_{a\,\mathrm{eff}}$ der über die Drossel fließende Strom, so folgt für die Typenleistung

$$P_{ty} = U_{h\,\mathrm{eff}} \cdot I_{a\,\mathrm{eff}}. \tag{2.06}$$

Wird der Scheitelwert der Wechselinduktion gleich $\hat{B} = n B_{sg}$ (n kleiner als 1) gewählt, so ergibt sich nach dem Induktionsgesetz:

$$U_{h\,\mathrm{eff}} = \frac{2\pi}{\sqrt{2}} n B_{sg} A_e N_a f \tag{2.07}$$

mit $A_e = k_e A_{sl}$ (wobei k_e der Eisenfüllfaktor und A_{sl} der Schenkelquerschnitt ist).

Der Strom $I_{a\,\mathrm{eff}}$ durch die Stromdichte s ausgedrückt wird:

$$I_{a\,\mathrm{eff}} = \frac{A_{ka}}{N_a} s. \tag{2.08}$$

Den Kupferquerschnitt der Arbeitswicklung A_{ka} erhalten wir aus dem Fensterquerschnitt $A_f = b \cdot h$ nach

$$A_{ka} = k'_{sp} k''_{sp} k_{sa} \cdot k_w A_f. \tag{2.09}$$

Dabei berücksichtigen k'_{sp} und k''_{sp} nach Bild 2.16 den Platzbedarf des Spulenkörpers, k_{sa} den der Steuerwicklungen und k_w den Wickelfaktor. Die Gln. (2.07), (2.08), (2.09), in Gl. (2.06) eingesetzt ergibt:

$$P_{ty} = \frac{2\pi}{\sqrt{2}} n B_{sg} f k_e k'_{sp} k''_{sp} k_{sa} k_w \cdot A_{sl} A_f A s. \tag{2.10}$$

Werden die Induktion, die Frequenz und die folgenden fünf Faktoren als konstant angenommen und zu k' zusammengefaßt, so ist die Typenleistung

$$P_{ty} = k' A_{sl} A_f s \tag{2.11}$$

nur von dem Schenkelquerschnitt A_{sl}, dem Fensterquerschnitt A_f und der Stromdichte s abhängig.

Nach Abb. 2.16 sind sämtliche Maße auf die Schenkelbreite a bezogen. Es ist:

$$A_{sl} = d a^2 \qquad \text{und} \qquad A_f = b h a^2$$

in Gl. (2.11) eingesetzt

$$P_{ty} = k' d b h \cdot a^4 s. \tag{2.12}$$

Innerhalb einer Typenreihe werden b und h meist konstant gehalten, während d zur weiteren Leistungsstufung für jede Schenkelbreite a jeweils mehrere Werte erhält.

Um einen Überblick über die praktisch verwendeten Drosselformen zu geben, sind in Abb. 2.17 die Blechschnitte einiger, auf dem deutschen Markt befindlicher Transduktordrosseln, angegeben. Die Schnitte sind mit gleicher Schenkelbreite gezeichnet. Die Drosseln a und d haben im Verhältnis zur Eisenfläche eine kleine Fensterfläche A_f, so daß das Eisengewicht größer als das Kupfergewicht ist. Die Drosseln b und c besitzen dagegen ein größeres Fenster. Hiervon hat die Drossel b wegen der langen Schenkel eine magnetisch und thermisch günstigere Form.

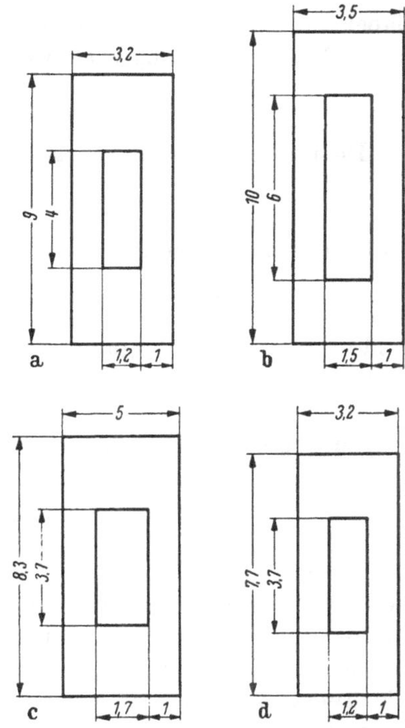

Abb. 2.17a–d. Kernquerschnitte ausgeführter Drosseltypen

Die Berechnung der Typenleistung P_{ty} nach Gl. (2.12) setzt die Kenntnis der zulässigen Stromdichte s voraus. Zur Ermittlung der abgeführten Verlustwärme läßt sich die Wicklungsanordnung in der in Abbildung 2.18a gezeigten Form idealisieren. Als wärmeabgebend werden die Außenfläche (Abb. 2.16)

$$A_1 = 2(2 + 3b + d)hk''_{sp} \cdot a^2 \quad (2.13)$$

und die dem Blechpaket zugewendeten Innenflächen

$$A_2 = 4(d + 1)hk''_{sp} \cdot a^2 \quad (2.14)$$

in Rechnung gesetzt. Der Faktor k''_{sp} berücksichtigt den Platzbedarf des Spulenkörpers und dessen Abstand vom Eisenpaket. Nach außen muß die Luft über die Fläche A_1 die Verlustwärme übernehmen, während nach innen das durch die Eisenverluste nur mäßig erwärmte Eisen den Wärmetransport übernimmt.

Die Eisenerwärmung bleibt gering, da die Eisenverluste der ungesättigten Drossel wegen des weichmagnetischen Kernwerkstoffes und die der gesättigten Drossel wegen der kleinen Induktionsamplitude vernachlässigbar sind. Das gilt jedoch nur bei Netzfrequenz. Werden die Drosseln mit Mittelfrequenz betrieben, so sind die Eisenverluste bei der Ermittlung der Gesamterwärmung zu berücksichtigen.

Die Kupferverluste der Arbeitswicklung sind, wenn mit r_{ka} der Kupferwiderstand der Arbeitswicklung bezeichnet wird, gleich:

$$P_{ka} = I^2_{a\,\mathrm{eff}}\, r_{ka} \tag{2.15}$$

$$\text{mit} \quad I_{a\,\mathrm{eff}} = s\,\frac{A_{ka}}{N_a} \quad \text{und} \quad r_{ka} = \varrho\,\frac{l_{wa}}{A_{ka}}\,N_a^2,$$

dabei ist ϱ der spezifiische Widerstand, l_{wa} die mittlere Windungslänge. In Gl. (2.15) eingesetzt wird:

$$P_{ka} = \varrho\,A_{ka}\,l_{wa}\,s^2. \tag{2.16}$$

Die mittlere Windungslänge ergibt sich nach Abb. 2.16 zu:

$$l_{wa} = 2[(1 + d) + b(2 - k'_{sp}k_{sa})]a \tag{2.17}$$

In Gl. (2.16) eingesetzt:

$$P_{ka} = 2\varrho\,A_{ka}[(1 + d) + b(2 - k'_{sp}k_{sa})]s^2a \tag{2.18}$$

und unter Berücksichtigung von Gl. (2.09)

$$P_{ka} = 2\varrho\,k'_{sp}k_{sa}k_w k''_{sp}\,b\,h[(1 + d) + b(2 - k_{sp}k_{sa})]s^2a^3. \tag{2.19}$$

Daraus ergibt sich die Stromdichte zu

$$s = \sqrt{\frac{P_{ka}}{2\varrho\,k'_{sp}k''_{sp}k_{sa}k_w\,b\,h\,[(1 + d) + b\,(2 - k'_{sp}k_{sa})]}}\cdot a^{-1,5}. \tag{2.20}$$

Die Verlustleistung P_{ka} muß an die Luft abgegeben werden. Die abgeführte Wärmemenge hängt ab von der Lufttemperatur ϑ_l, der Eisentemperatur ϑ_e, der Temperatur der Wicklung ϑ_k und den Wärmeübergangswiderständen R_{th}. Die Verlustleistung ist so zu wählen, daß die Temperatur der Wicklung den durch die Erwärmungsklasse bestimmten Grenzwert nicht überschreitet.

Die in Abb. 2.18a gezeigte idealisierte Spulenform erlaubt die Erwärmung an Hand des in Abb. 2.18b angegebenen Schemas zu untersuchen. Die Spulen wurden aufgeschnitten und in eine Ebene geklappt. Ein Schnitt, senkrecht zur Oberfläche, ergibt die Anordnung b. Der linke schraffierte Bereich I mit der Dicke $k'_{sp}k_{sa}b/2$ stellt die Arbeitswicklung dar, in der die Verlustleistung entsteht. An sich besteht die Wicklung aus mehreren Lagen Kupferleiter und Isolationsschichten. Das durch die Isolation und die Lufträume zwischen den Leitern bedingte Wärmegefälle kann aus folgenden Gründen vernachlässigt werden: Der Kupferfüllfaktor ist wegen der großen Leiterquerschnitte, die unter Umständen sogar Rechteckform haben, groß. Außerdem läßt der hohe Wärmeübergangswiderstand zwischen Leiter und ruhender Luft kein wesentliches Temperaturgefälle innerhalb der Wicklung zu. Werden die Drosseln dagegen durch einen Luftstrom hoher Luftgeschwindigkeit gekühlt, so ist das Temperaturgefälle innerhalb der Wicklung zu berücksichtigen.

Die Steuerwicklung wird in eine Kupferschicht II und eine Isolationsschicht III, die auch den Spulenkörper enthält, aufgespalten. Sämtliche Luftzwischenräume, vor allen Dingen der zwischen Spulenkörper und Eisenpaket, werden in dem Luftspalt IV zusammengefaßt.

Bei der vorliegenden eindimensionalen Anordnung ist der durch die ebene Wand bei einer Temperaturdifferenz $\vartheta_1 - \vartheta_2$ an die Luft abgegebene Wärmefluß W

$$W = a_{th}(\vartheta_1 - \vartheta_2)\left[\frac{W}{\text{m}^2}\right]. \quad (2.21)$$

Darin ist α_{th} [W/m^2 °C] die Wärmeübergangszahl, die sowohl den unmittelbaren Wärmeaustausch (Konvektion) α_k als auch die Wärmestrahlung α_s berücksichtigt.

$$\alpha_{th} = \alpha_k + \alpha_s. \quad (2.22)$$

Es gilt annähernd

$$\alpha_k = 10\sqrt[4]{\frac{T_k - T_l}{T_l \cdot h}}. \quad (2.23)$$

In Gl. (2.23) ist einzusetzen T_k, T_l die Temperaturen von Kupfer und Luft in [°K] und die Höhe der Wand h in [m]. Für die Strahlung besteht die Beziehung:

$$\alpha_s = \frac{5{,}8\,\varepsilon}{T_k - T_l}\left[\left(\frac{T_k}{100}\right)^4 - \left(\frac{T_l}{100}\right)^4\right]. \quad (2.24)$$

Das Absorptionsverhältnis ε hängt von der Oberflächenbeschaffenheit der Wand ab und liegt für Wicklungen bei $\varepsilon = 0{,}6 \ldots 0{,}9$.

Für den Wärmefluß in Richtung Eisen sind mehrere Schichten verschiedener Wärmeleitfähigkeit λ hintereinander geschaltet. Haben die einzelnen Schichten die Dicke δ_1, δ_2 und δ_3, so ergibt sich die resultierende Wärmeübergangszahl zu:

$$\alpha_{th} = \frac{\lambda_1\lambda_2\lambda_3}{\delta_1\lambda_2\lambda_3 + \delta_2\lambda_1\lambda_3 + \delta_3\lambda_1\lambda_2}. \quad (2.25)$$

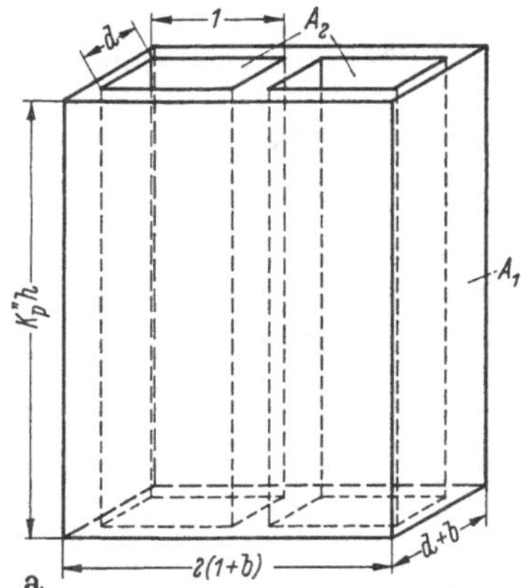

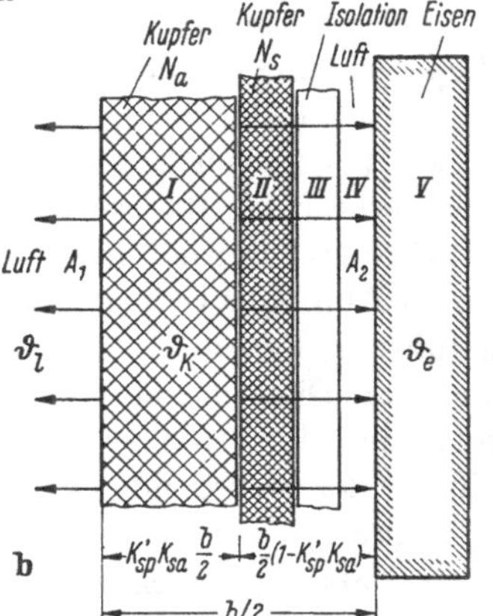

Abb. 2.18a u. b. Abführung der Kupfer-Verlustwärme. a) Wärme abgebende Wicklungsoberfläche, b) Thermische Ersatzanordnung

Die über die Flächen A_1 und A_2 abgegebene Verlustleistung ist demnach

$$P_{ka} = A_1 W_1 + A_2 W_2 \qquad (2.26)$$

$$= 2 h k''_{sp}[(2 + 3b + d) W_1 + 2(d + 1) W_2] a^2. \qquad (2.27)$$

In Gl. (2.20) eingesetzt wird

$$s = \sqrt{\frac{(2 + 3b + d) W_1 + 2(1 + d) W_2}{\varrho k'_{sp} k_{sa} k_w b[(1 + d) + b(2 - k'_{sp} k_{sa})]}} \frac{1}{\sqrt{a}}. \qquad (2.28)$$

Gl. (2.28) in Gl. (2.12) eingesetzt, ergibt

$$P_{ty} = \frac{n B_{sg} f k_e k'_{sp} k''_{sp} k_{sa} k_w}{\sqrt{\varrho k'_{sp} k_{sa} k_w}} h d \sqrt{b \frac{(2 + 3b + d) W_1 + 2(1 + d) W_2}{1 + d + b(2 - k'_{sp} k_{sa})}} a^{3,5}. \qquad (2.29)$$

Der erste Quotient enthält nur Konstanten, die von der Baugröße der Drossel annähernd unabhängig sind; er wird zu einem Faktor k_p zusammengefaßt

$$k_p = n B_{sg} f k_e k''_{sp} \sqrt{\frac{k'_{sp} k_{sa} k_w}{\varrho}}, \qquad (2.30)$$

damit wird

$$P_{ty} = k_p h d \sqrt{b \frac{(2 + 3b + d) W_1 + 2(1 + d) W_2}{1 + d + b(2 - k'_{sp} k_{sa})}} a^{3,5}. \qquad (2.31)$$

Bei konstantem Seitenverhältnis (ähnliche Drosseln) wächst die Typenleistung mit der 3,5ten Potenz der Schenkelbreite. Sie ist außerdem proportional der Fensterhöhe h und annähernd proportional der Paketdicke d, dagegen nimmt sie weniger zu bei einer Vergrößerung der Fensterbreite b, da, wegen der größeren Winkelhöhe, die Stromdichte herabgesetzt werden muß.

In Abb. 2.19 ist die Typenleistung der Verstärkerdrosseln einer ausgeführten Typenreihe in Abhängigkeit von Schenkelbreite a wiedergegeben. Die Schenkelbreite der kleinsten Drossel wurde zu $a_0 = 1$ gesetzt und die Schenkelbreiten a der anderen Drosseln darauf bezogen. Um bei der vorliegenden Typenreihe die Zahl der Schnitte möglichst klein zu halten, werden zwei oder mehr Drosseln mit gleicher Schenkelbreite, aber unterschiedlicher Paketdicke ausgeführt. Mit 15 Drosselgrößen wird ein Leistungsbereich von 1 : 400 überstrichen. Strichpunktiert ist das sich aus Gl. (2.31) für konstante Wurzel ergebende Wachstumsgesetz

$$P_{ty} = P_{ty0} \left(\frac{a}{a_0}\right)^{3,5} \qquad . (2.32)$$

eingetragen. Je nach Paketdicke liegt die Leistung oberhalb oder unterhalb des Gl. (2.32) entsprechenden Wertes.

Für den Einsatz von Transduktoren für große Leistungen ist der Preis der Verstärkerdrosseln von entscheidender Bedeutung. Der Herstellungspreis setzt sich aus dem Materialpreis und dem Arbeitslohn zusammen. Die Fertigungsprobleme sind etwa die gleichen, wie bei einem Transformator, nur ist das Schichten des Blechkernes aufwendiger. Der höhere Preis des kornorientierten Siliziumbleches wird das optimale

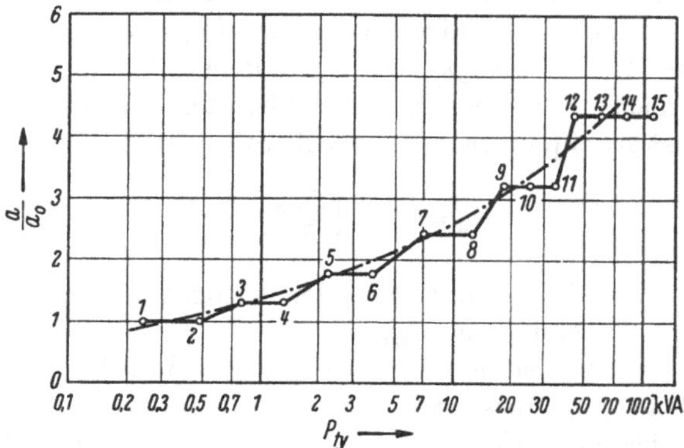

Abb. 2.19. Abhängigkeit der Schenkelbreite von der Typenleistung für ähnliche Drosseln einer Typenreihe

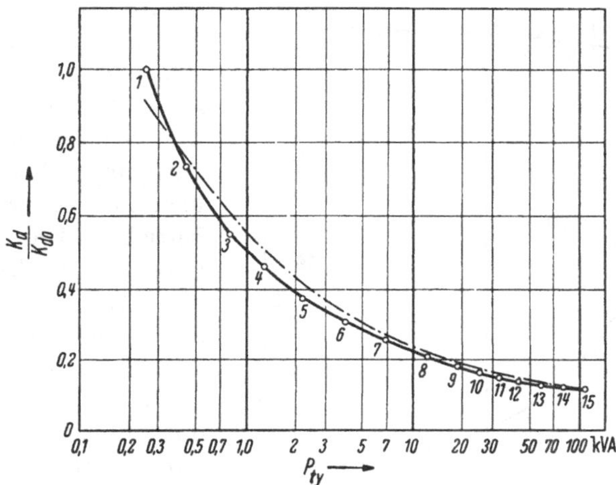

Abb. 2.20. Bezogener Preis der Transduktordrosseln einer Typenreihe in Abhängigkeit von der Typenleistung

Verhältnis von Kupfer- und Eisengewicht (niedrigste Materialkosten) gegenüber dem Verhältnis beim Transformator, etwas zugunsten des Kupfergewichtes verschieben.

Betrachten wir wieder die Typenreihe ähnlicher Drosseln. Die Paketdicke sei bei allen Drosseln proportional der Schenkelbreite. Dann ist das Materialgewicht in erster Näherung proportional dem Drosselvolumen und damit proportional a^3. Die Typenleistung nimmt dagegen mit der 3,5ten Potenz von a zu. Es ist somit zu erwarten, daß das Verhältnis von Gewicht zu Scheinleistung mit zunehmender Drosselgröße immer günstiger wird. Die Herstellungskosten pro kVA (K_d), bezogen auf die der kleinsten Drossel K_{d0}, sind in Abb. 2.20 über der Typenleistung für eine Drosseltypenreihe, aufgetragen. Die stetige Kurve fällt stark ab. Der bezogene Herstellungspreis K_d[DM/kVA] der größten Drossel beträgt nur noch 11 % von dem der kleinsten Drossel. In die Abbildung 2.20 ist strichpunktiert das Wachstumsgesetz

$$K_d = K_{dm} \left(\frac{P_{tym}}{P_{ty}}\right)^{0,35} \tag{2.33}$$

eingezeichnet. Dabei bedeutet K_{dm} der bezogene Preis der größten Drossel mit der Typenleistung P_{tym}.

Die Typenleistung stellt eine Rechengröße dar. Im ungesättigten Zustand liegt an der Drossel zwar die volle Spannung, aber der Strom bleibt vernachlässigbar klein, während bei voller Sättigung die Drossel Nennstrom führt, sich aber gleichzeitig an ihr nur eine Restspannung befindet. Soll der Transduktor voll schließen können, muß die Windungszahl der Arbeitswicklung so gewählt werden, daß bei Nennspannung die Sättigungsinduktion nicht überschritten wird. Für betriebsmäßige Überspannungen soll nach Gl. (2.07) durch Wahl von $n < 1$ ein Sicherheitsabstand vorgesehen werden.

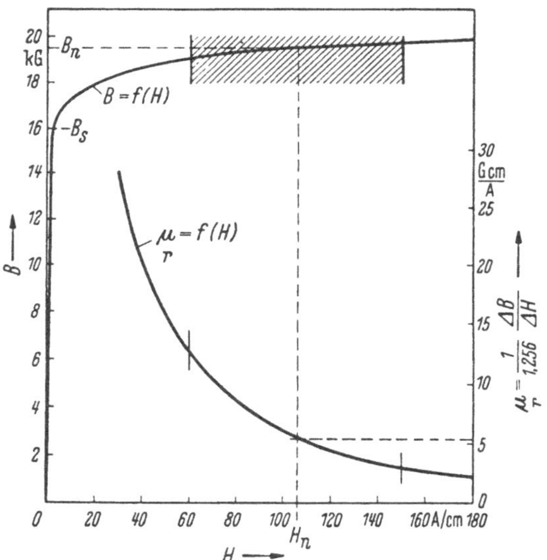

Abb. 2.21 Aussteuerung der Magnetisierungskennlinie bei Nennbelastung der Transduktordrossel

Im Idealfall ist die Induktivität der gesättigten Drossel null. Abb. 2.21 zeigt die Wechselstrom-Magnetisierungskennlinie von kaltgewalztem Siliziumblech. Bei voller Aussteuerung kann angenommen werden, daß die Steuerfeldstärke den Arbeitspunkt bis auf $B_s =$ 16 kG anhebt. Der Steuerfeldstärke überlagert sich die Feldstärke, die bei der Belastung des Transduktors durch den Arbeitsstrom erzeugt wird. In die Magnetisierungskennlinie ist schraffiert der Bereich eingezeichnet, in dem der Arbeitspunkt bei Nennstrom liegt. Ähnliche Drosseln vorausgesetzt, gilt die obere Grenze des schraffierten Bereiches für große und die untere Grenze für kleine Drosseln. Ist B_s die Steuerinduktion, B_n die Maximalinduktion und B_h die Betriebsinduktion, so ergibt sich die an der Drossel liegende Restspannung zu

$$U_{dsg} = \frac{U_h}{2\hat{B}_h}(B_n - B_s). \tag{2.34}$$

Für den in Abb. 2.21 eingezeichneten Fall ist:

$$U_{dsg} = \frac{U_h}{31}(19{,}5 - 16) = 0{,}12\,U_h \tag{2.35}$$

ca. 12% der Netzspannung (Streuung vernachlässigt) liegen bei Nennstrom an der Drossel.

Wie wir aus der in Abb. 2.21 eingezeichneten Kennlinie $\mu_r = f(H)$ ersehen können, nimmt im Nennarbeitspunkt die Permeabilität des Eisens sehr kleine Werte an. Deshalb kann hier bereits der Streufluß merklich sein und muß im Überstrombereich, z. B. bei Kurzschluß, maßgeblich den Strom beeinflussen.

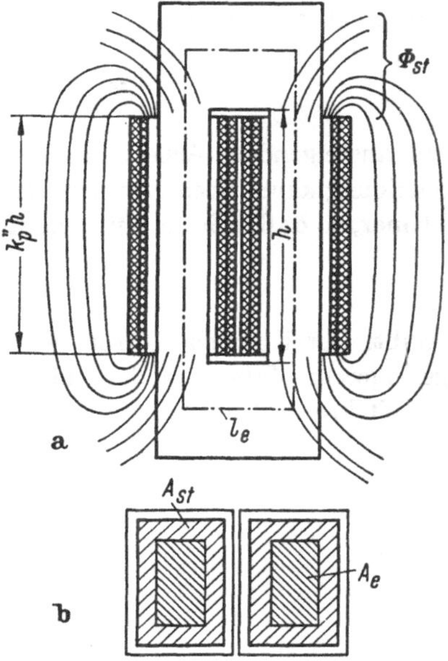

Abb. 2.22a u. b. Streufluß einer geschichteten Transduktordrossel

Infolge der Streuung schließt sich ein Teil der Kraftlinien nicht über den Eisenweg, sondern verläuft außerhalb der beiden Spulenkörper in Luft. Hier steht den Kraftlinien ein sehr großer Querschnitt zur Verfügung. Es genügt deshalb bei der Berechnung der Streureaktanz, den magnetischen Widerstand innerhalb des Spulenkörpers zu berücksichtigen. Die Arbeitswicklung denken wir uns, wie in Abb. 2.22a durch dicke Striche angedeutet, in der Mitte ihres Wickelraumes konzentriert. Als wirksame Fläche des Streuflusses wird, nach Abb. 2.22b, der Spulenquerschnitt in halber Wicklungshöhe A_{st} angesetzt. Mit dem Eisenquerschnitt A_e ergibt sich die mittlere Permeabilität $\bar{\mu}$ über den Querschnitt A_{st} zu:

$$A_{st}\bar{\mu} = 1(A_{st} - A_e) + \mu_e A_e \tag{2.36}$$

$$\bar{\mu} = 1 + \frac{A_e}{A_{st}}(\mu_e - 1). \tag{2.37}$$

Die wirksame Weglänge des Streuflusses l_{st} liegt für eine Spule zwischen $l_e/2$ und h. Deshalb wird gesetzt

$$l_{st} = \frac{l_e/2 + h}{2}. \tag{2.38}$$

Damit ergibt sich die Streuinduktivität der gesamten Drossel zu

$$L_{st} = \bar{\mu} N_a^2 \frac{A_{st}}{2 l_{st}} = \bar{\mu} N_a^2 \frac{A_{st}}{l_e/2 + h}. \tag{2.39}$$

Die hohe, schlanke Drosselform ist somit in Hinblick auf eine kleine Streureaktanz günstig. Die Streureaktanz einer Verstärkerdrossel liegt, je nach Konstruktion, in dem Bereich

$$X_{st} = \omega L_{st} = (0{,}07 \ldots 0{,}12) \frac{U_h}{I_{an}}. \tag{2.40}$$

Dabei soll U_h/I_{an} als Arbeitsreaktanz X_h^* bezeichnet werden. Die Sättigungsreaktanz ist somit

$$X_{sg} = X_{st} + X_h^* \frac{B_m - B_s}{2 \hat{B}_h}. \tag{2.41}$$

Mit ansteigendem Arbeitsstrom nimmt X_h^* ab, während B_m wegen der Sättigung kaum noch ansteigt. Das zweite Glied in Gl. (2.41) wird immer kleiner, so daß sich im Kurzschlußfall

$$I_a = I_{ak} \qquad X_{sg} \approx X_{st} \tag{2.42}$$

ergibt. Der Kurzschlußstrom wird wesentlich von der Streuung und in geringerem Maße von dem hier vernachlässigten Wirkwiderstand des Arbeitskreises bestimmt.

3. Gleichrichter

3.1 Gleichrichter in Transduktoren

Der Transduktor erlangte erst praktische Bedeutung, nachdem neben geeigneten weichmagnetischen Kernwerkstoffen, auch hochwertige Trockengleichrichter zur Verfügung standen. Es gibt Transduktoren, wie den stromsteuernden Transduktor mit Wechselstromausgang, die keine Gleichrichter benötigen. Größere praktische Bedeutung haben aber die Schaltungen, die ihre wertvollen Eigenschaften erst durch die Kombination der weichmagnetischen Drosseln mit Gleichrichtern erhalten. Die Gleichrichter sollen dabei nicht nur einen Wechselstrom gleichrichten, eine Aufgabe, bei der keine zu hohen Anforderungen gestellt werden, sondern über sie erfolgt auch der Rückkopplungs- oder Selbstsättigungseffekt, der die Arbeitskennlinie des Transduktors maßgeblich bestimmt.

Der technische Gleichrichter unterscheidet sich vom idealen Gleichrichter durch den oft nicht zu vernachlässigenden Durchlaßwiderstand und den endlichen Sperrwiderstand. Infolge des Durchlaßwiderstandes ruft der Gleichstrom im Gleichrichter Verluste hervor, die den Wirkungsgrad des Transduktors herabsetzen und die als Wärme abgeführt werden müssen. Der endliche Sperrwiderstand dagegen läßt auch in Sperrichtung einen kleinen Strom fließen, der die Verstärkereigenschaften des Transduktors beeinflußt. Wie noch gezeigt werden soll, setzt sich der Steuerstrom eines Transduktors mit Selbstsättigung aus dem Strom, der zur Vormagnetisierung der weichmagnetischen Kerne benötigt wird und einem Strom zusammen, der den Sperrstrom kompensiert. Ein großer Sperrstrom vergrößert deshalb den Steuerstrom und setzt die Empfindlichkeit des Transduktors herab.

Nicht alle ungesteuerten Gleichrichter eignen sich für den Einsatz in Transduktoren. In elektronischen Geräten fanden bis vor einigen Jahren viel Hochvakuumdioden mit geheizter Kathode Anwendung. Sie erfordern eine potentialfreie Heizung; außerdem besitzen sie einen großen Durchlaßwiderstand und lassen sich nicht für große Leistungen bauen. Der Sperrwiderstand ist unendlich, da ein Elektronentransport in Sperrrichtung nicht erfolgen kann. Eine nennenswerte Verwendung in der Transduktortechnik haben sie, wegen der genannten Nachteile, nicht gefunden. Große Bedeutung hat dagegen der Selengleichrichter. Er läßt sich durch Vergrößerung der Gleichrichterplatten jedem Strom und durch Hintereinanderschaltung mehrerer Platten jeder Spannung anpassen. Sein Durchlaßwiderstand ist nicht zu vernachlässigen. Die Sperreigenschaften wurden im Laufe der Entwicklung immer mehr verbessert, so daß sein Rückstrom einen erträglichen Einfluß auf die Transduktoreigenschaften hat. Bei größeren Leistungen machen sich die großen Abmessungen der Selengleichrichter störend bemerkbar.

So brachten die in jüngster Zeit entwickelten Kristallgleichrichter der Transduktortechnik wesentliche Vorteile. Die Kristallgleichrichter zeichnen sich durch einen sehr kleinen Durchlaßwiderstand und eine im Verhältnis zu Selengleichrichtern hohe Sperrspannung bei großem Sperrwiderstand aus. Die kleinen Eigenverluste ermöglichen in dem Gleichrichter hohe Stromdichten. Dadurch lassen sich die äußeren Abmessungen erheblich verkleinern. Damit ist allerdings der Nachteil verbunden, daß die Kristallgleichrichter eine geringe Wärmeträgheit besitzen und deshalb gegen Überlastung sehr empfindlich sind. Es sind besondere Schutzmaßnahmen vorzusehen. Nach dem Grundwerkstoff wird zwischen Germaniumgleichrichter und Siliziumgleichrichter unterschieden. Von beiden hat der Germaniumgleichrichter etwas bessere Durchlaßeigenschaften als der Siliziumgleichrichter, dagegen ist dessen Sperrspannung größer und die Temperaturabhängigkeit geringer. Im ganzen überwiegen die Vorteile des Siliziumgleichrichters, so daß er in Zukunft der in der Transduktortechnik bevorzugte Gleichrichter werden dürfte.

In den folgenden Ausführungen sollen nur die Selengleichrichter und die Siliziumgleichrichter behandelt werden. Dem Selengleichrichter ist der Kupferoxydulgleichrichter, dem Siliziumgleichrichter der Germaniumgleichrichter ähnlich, so daß die qualitativen Aussagen auch für diese gelten.

3.2 Selengleichrichter

Den Aufbau einer Selenplatte zeigt Abb. 3.01. Wegen des hohen spezifischen Widerstandes von etwa 10^2 bis $10^3 \Omega$ cm des für die Gleichrichter verwendeten Selens, muß die Selenschicht möglichst dünn (10^{-2} bis 10^{-1} mm) sein. Um dem Gleichrichter die nötige mechanische Festigkeit zu geben, ist deshalb eine Trägerplatte (1), die aus Eisen oder Aluminium besteht, erforderlich. Auf die Trägerplatten (1) wird eine Zwischenschicht (2) aufgebracht. Sie besteht bei der Aluminium-Trägerplatte aus Wismut, bei Eisen-Trägerplatten aus Nickel. Durch die Zwischenschicht wird der Übergangswiderstand von der Trägerplatte zum Selen herabgesetzt und die Ausbildung einer Sperrschicht unterbunden. An die Reinheit des Ausgangsselens werden hohe Anforderungen gestellt. Um dem Selen eine genügende Leitfähigkeit zu erteilen, behandelt man es vor dem Aufbringen auf die Trägerplatte mit Chlor, Brom oder Halogenverbindungen. Die Selenschicht (3) wird im Vakuum aufgedampft und schlägt sich in kristalliner Form nieder. Durch eine nachträgliche Wärmebehandlung oberhalb von 200 °C erhöht sich die Leitfähigkeit, gleichzeitig entsteht die Sperrschicht (4). Die freie Selenoberfläche wird meist noch Spezialbehandlungen unterworfen, um die Sperrschicht zu verstärken. Schließlich erfolgt das Aufspritzen der Gegenelektrode (5).

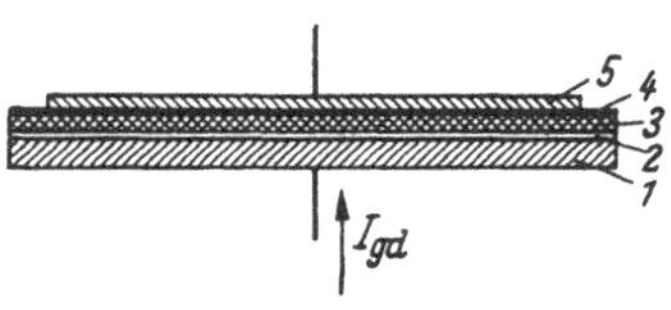

Abb. 3.01. Schnitt durch einen Selengleichrichter

Die Gleichrichterwirkung findet in der äußerst dünnen Sperrschicht statt. Mit Rücksicht auf die zulässige Feldstärke ist nur eine verhältnismäßig kleine Sperrspannung von 20 V bis 40 V zulässig. Die Eigenschaften des Selengleichrichters kennzeichnen am besten die in Abb. 3.02 gezeigten Durchlaß- und Sperrkennlinien. Die Durchlaßkennlinie stellt die Abhängigkeit des auf die wirksame Gleichrichterfläche A_g bezogenen Durchlaßstromes I_{gd} von der am Gleichrichter liegenden Spannung U_{gd} dar. Die Durchlaßkennlinie zeigt einen deutlichen Knick. Die Durchlaßspannung muß einen Grenzwert, die Schleusenspannung U_{sl} übersteigen, ehe ein nennenswerter Strom fließt.

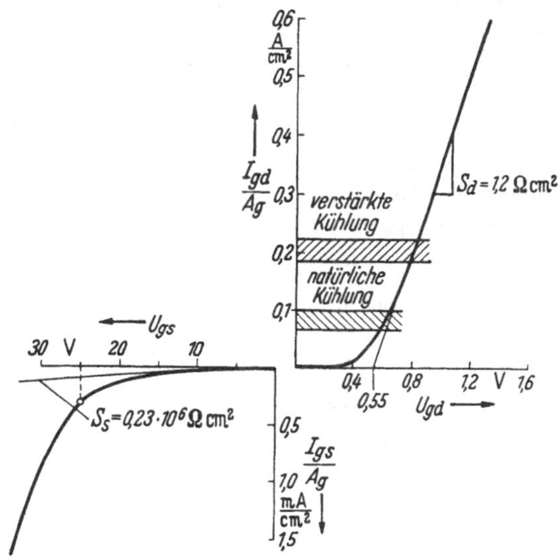

Abb. 3.02. Durchlaß- und Sperrkennlinie eines Selengleichrichters

In Abb. 3.02 beträgt die Schleusenspannung 0,55 V. Der steile Ast der Durchlaßkennlinie verläuft bis auf den Anfangsbereich annähernd linear. Er läßt sich durch eine Gerade annähern, deren Neigung $S_d = 1{,}2\,[\Omega\ \mathrm{cm}^2]$ beträgt. Die Durchlaßspannung ist somit

$$U_{gd} = U_{sl} + S_d \cdot \frac{I_{gd}}{A_g}. \tag{3.01}$$

Im vorliegenden Fall erhalten wir

$$U_{gd} = 0{,}55 + 1{,}2\,\frac{I_{gd}}{A_g}\,[V].$$

Daraus ergeben sich die Durchlaßverluste, die bei Nennbetrieb groß gegen die Sperrverluste sind, zu

$$P_{vd} = U_{sl} I_{gd} k_f + \frac{S_d}{A_g} I_{gd}^2 k_f^2, \tag{3.02}$$

k_f = Formfaktor.

Die Erwärmung der Platte infolge dieser Verlustleistung darf 85 °C nicht überschreiten. Die Schleusenspannung nimmt mit steigender Temperatur etwas zu, während gleichzeitig S_d kleiner wird. Solange die Sperrverluste vernachlässigt werden können, nehmen deshalb die Durchlaßverluste mit der Temperatur leicht ab. Die maximale Stromdichte in der Gleichrichterplatte muß so gewählt werden, daß die zulässige Grenztemperatur nicht überschritten wird. Sie ist abhängig von der Kühlung.

In Abb. 3.02 sind die üblichen Stromdichten für natürliche und für verstärkte Kühlung (Gleichrichterplatten durch Lüfter angeblasen) eingetragen. Die oberen Grenzen der Bereiche gelten für kleine, die unteren Grenzen für große Gleichrichterplatten.

Die Sperrkennlinie zeigt die Abhängigkeit des auf die Flächeneinheit bezogenen Sperrstromes I_{gs}/A_g von der angelegten Wechselspannung U_{gs}. Die Nennspannung beträgt bei der in Abb. 3.02 gezeigten Kennlinie 25 V. Im Nennpunkt erfolgt bereits ein deutliches Abknicken der Kennlinie. In Anwendungsfällen, bei denen ein besonders hoher Sperrwiderstand gefordert wird, z. B. die Selbstsättigungsgleichrichter in spannungssteuernden Transduktoren, ist deshalb die Herabsetzung der

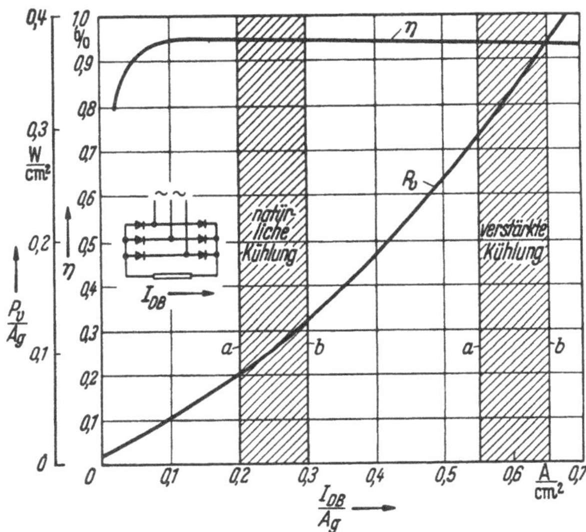

Abb. 3.03. Wirkungsgrad und Verlustleistung eines Selengleichrichters

Sperrspannung auf ca. 18 V zweckmäßig. Die Neigung der Sperrkennlinie in dem durch die Gerade angenäherten Bereich beträgt $S_s = 230 \cdot 10^3$ $[\Omega\ \mathrm{cm}^2]$. Die Sperrverluste betragen somit

$$P_{vs} = \frac{A_g}{S_s} U_{gs}^2 k_f^2 . \tag{3.03}$$

Die Gesamtverluste sind gleich der Summe von Durchlaß- und Sperrverlusten

$$P_v = P_{vd} + P_{vs} . \tag{3.04}$$

Ist P_w die von dem Gleichrichter aufgenommene Leistung, so ergibt sich der Wirkungsgrad zu

$$\eta = \frac{P_w - P_v}{P_w} . \tag{3.05}$$

In Abb. 3.03 sind für eine Drehstrom-Brückenschaltung die Verluste P_v und der Wirkungsgrad η über den auf die Fläche eines Gleichrichterelementes bezogenen Gleichstrom der Drehstrombrücke, aufgetragen. Bei natürlicher Kühlung wird $\eta = 0{,}94$ erreicht. Der Wirkungsgrad geht bei verstärkter Kühlung infolge der größeren Durchlaßverluste auf $\eta = 0{,}92$ herunter.

Der Wirkungsgrad des Selengleichrichters ist im Verhältnis zu anderen Drehstrom-Gleichstrom-Umformern, wie der von einem Drehstrommotor angetriebene Gleichstromgenerator, hoch. Trotzdem bereitet bei größeren Leistungen die Abführung der 8% Verlustleistung Schwierigkeiten. Wird von einer aufwendigen Ölkühlung abgesehen, so werden große Lüfter und entsprechende Luftführungen benötigt. Die Abb. 3.04 zeigt die Ansicht eines 180-kW-Transduktors mit Selengleichrichter. Der Selengleichrichter ist im oberen Teil der im linken Feld angeordneten Luftführung, an deren unterem Ende sich der Lüfter befindet, untergebracht. Das Gleichrichteraggregat benötigt nahezu einen genauso großen Platz, wie die Transduktordrosseln. Die Gleichrichterverluste liegen in der gleichen Größenordnung wie die der Transduktordrosseln, so daß eine Anhebung des Gleichrichterwirkungsgrades entscheidend den Gesamtwirkungsgrad des Transduktors verbessert.

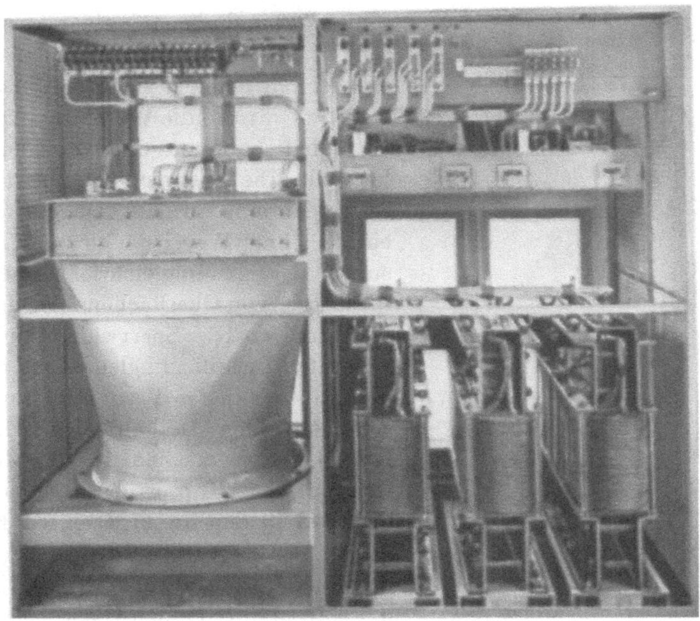

Abb. 3.04. Transduktor mit Selengleichrichter für eine Ausgangsleistung von 180 kW (Werkaufnahme H. Still AG.)

3.3 Siliziumgleichrichter — Wirkungsweise

Einen Fortschritt hinsichtlich der Abmessungen und des Wirkungsgrades brachten die Germanium- und Siliziumgleichrichter. Infolge der wesentlich größeren Stromdichten hat der Kristallgleichrichter einen ganz anderen mechanischen Aufbau als der Selengleichrichter. Abb. 3.05a zeigt den Aufbau eines Siliziumgleichrichters. Der Gleichrichter ist auf einer Molybdänplatte (1) aufgebaut. Er besteht aus einem Siliziumplättchen (3), das unten mit einer Aluminiumschicht (2) und oben mit einer Antimonschicht (4) versehen ist. Auf der Antimonschicht befindet sich die Abnahmeelektrode (5), die die Verbindung zu der vakuumdicht herausgeführten Zuleitung herstellt. Die Grenzschicht, an der die Sperrspannung auftritt, ist gestrichelt eingezeichnet. Wegen der kleinen Abmessungen der Siliziumgleichrichter besteht die Gefahr von Oberflächenableitungen; hierdurch wird der Sperrwiderstand herabgesetzt. Der Siliziumgleichrichter muß deshalb vor jeder Verunreinigung geschützt werden. Deshalb wird, wie aus Abb. 3.05b zu ersehen ist, der Gleichrichter in einer Kapsel (6) untergebracht. Sie wird in den in c gezeigten Kühlkörper (7) eingeschraubt. Die als Litze ausgebildete Zuführung (8) ist, gegen die Kapsel durch einen Glasring (9) isoliert, vakuumdicht herausgeführt.

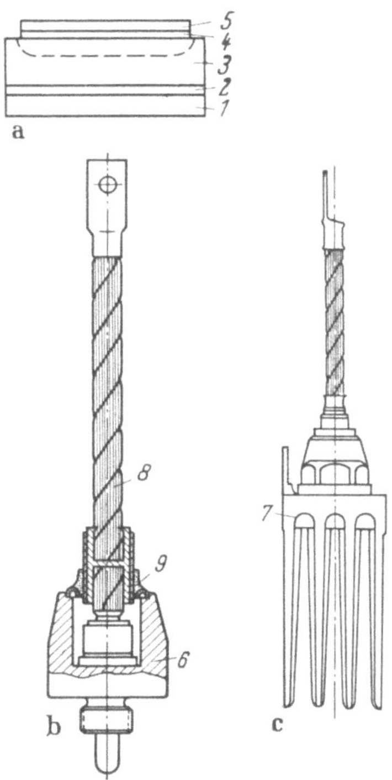

Abb. 3.05a – c. Schnitt durch einen Siliziumgleichrichter nach J. PFAFFENBERGER [36]

Das Siliziumplättchen schneidet man aus einem Einkristall heraus. Dabei wird eine extreme Reinheit des Kristalles gefordert. Diese Bedingung läßt sich beim Germanium leichter als beim Silizium erfüllen, das chemisch reaktionsfreudig ist und dabei stabile Verbindungen bildet. Im Silizium darf z. B. auf 10^9 Siliziumatome ein Fremdatom kommen. Sowohl Germanium wie auch Silizium kristallisieren im Diamantgitter. In ihm hat jedes Atom vier Nachbarn, mit denen es über seine vier Valenzelektronen verbunden ist. Ein vollständig reines Kristall stellt einen Isolator dar. Werden dagegen in das Kristall Atome anderer Wertigkeit eingebracht, so ändert sich die Leitfähigkeit.

Die beiden Oberflächen des Siliziumplättchens sind mit dem fünfwertigen Antimon und dem dreiwertigen Aluminium bedeckt. Bei der folgenden Wärmebehandlung wandern Fremdatome in das Siliziumkristall und nehmen Plätze im Kristallgitter ein. Dabei entstehen sogenannte Störstellen. Den fünf Valenzelektronen des Antimon stehen nur vier Valenzelektronen des Siliziums gegenüber. Ein Elektron ist deshalb nicht gebunden und wird freigegeben. Das Antimonatom hat dann eine positive Ladung. Da jedes Antimonatom ein Leitungselektron liefert, steigt die Leitfähigkeit des Kristalles mit der Zahl der eingebauten Antimonatome. Da es sich um die Leistung durch negative Elektronen handelt, liegt eine n-Leitung vor. Umgekehrt hat das in das Silizium-Kristallgitter eingebrachte Aluminiumatom ein Elektron zu wenig, so daß ein Valenzelektron des benachbarten Siliziumatoms unkompensiert bleibt und deshalb an der Störstelle eine negative Ladung vorhanden ist. Die Störstelle kann sich durch das Kristall bewegen, indem aus der benachbarten Bindung ein Elektron herausgerissen und die ursprüngliche Lücke beseitigt wird. Wiederholt sich dieser Vorgang immer wieder, so wandern die unbesetzten Plätze durch das Kristall. Das entspricht dem Transport einer positiven Ladung. Jede Aluminium-Störstelle liefert ein positives Defektelektron. Die p-Leitfähigkeit ist also proportional der Zahl der eingebrachten Aluminiumatome.

Das p-leitende Gebiet wird von dem n-leitenden Gebiet durch die Grenzschicht getrennt. Die Ladungsverteilung in der Grenzschicht ist nicht konstant, sondern wird von der Polung der außen an den Gleichrichtern angelegten Spannung bestimmt. Abb. 3.06 zeigt einen schematischen Schnitt durch das Siliziumkristall, wenn die äußere Spannung in Sperrichtung (a) bzw. in Durchlaßrichtung (b) wirkt. Für beide Fälle ist die Verteilung der positiven und negativen Ladungsträger angegeben.

Wird an die p-leitende Seite der negative und an die n-leitende Seite der positive Pol der äußeren Spannungsquelle angeschlossen, so werden die Ladungsträger nach außen abgesaugt und in der Mitte entsteht eine Zone, in der bewegliche Ladungsträger fehlen und die deshalb einen hohen Widerstand hat. Die ladungsträgerfreie Zone bestimmt das Sperrverhalten des Gleichrichters. In ihr entstehen durch thermische Anregung paarweise Ladungsträger verschiedener Vorzeichen, die unter dem Einfluß des äußeren Feldes, entsprechend ihren Vorzeichen, nach beiden Richtungen abgesaugt werden und den Sperrstrom ergeben. Die Breite der ladungsträgerfreien Zone wächst mit dem spezifischen Widerstand und damit mit der Reinheit des verwendeten Halbleiterwerkstoffes.

Durch das äußere Feld werden nur die freien Ladungsträger abgesaugt; die Störstellen selbst bleiben in der Grenzschicht erhalten. Ihre negativen (Aluminiumatom) und positiven (Antimonatom) Restladungen sind nun nicht mehr durch die freien Ladungsträger neutralisiert. Die beiden Schichten bauen dadurch ein Potentialgefälle auf, welches im wesentlichen gleich der angelegten Spannung ist. Der Sperrstrom steigt stark an, wenn bei Silizium die Feldstärke, also der Potentialgradient im Übergangsgebiet 500000 V/cm überschreitet. Dieser Wert wird bei

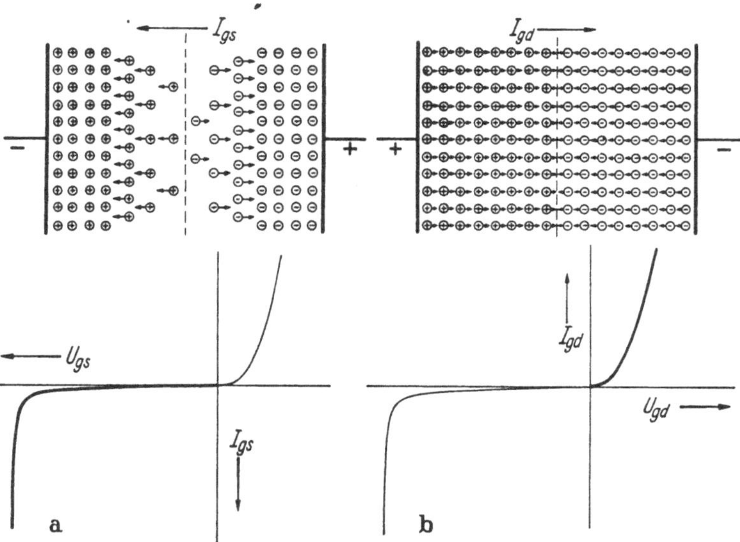

Abb. 3.06a u. b. Verteilung der freien Ladungsträger im Siliziumgleichrichter für den gesperrten (a) und den geöffneten (b) Betriebszustand nach E. SPENKE [35]

einer um so größeren Spannung erreicht, je geringer die Zahl der Störstellen ist. Andererseits nimmt bei einer Verringerung der Störstellen der Durchlaßwiderstand zu. Die Sperrspannung läßt sich auch dadurch erhöhen, daß zwischen dem p- und dem n-Bereich eine Zone mit wenig Störstellen eingebaut wird. Ist die an Störstellen arme Zone nicht zu breit, so hat sie auf die Durchlaßeigenschaften des Gleichrichters praktisch keinen Einfluß, während die Sperrspannung durch Verteilung des Spannungsgefälles auf eine größere Strecke erhöht werden kann.

Hat die äußere Spannung die in Abb. 3.06b gezeigte Polung, so zeigt der Gleichrichter Durchlaßeigenschaften. Das äußere Feld bewirkt in der Grenzzone eine Zusammenballung der positiven und negativen Ladungsträger, die sich durch Rekombination (Auffüllung der Löcher durch die Elektronen) ausgleichen. Von der äußeren Spannungsquelle werden ständig Ladungsträger nachgeliefert, so daß ein entsprechend großer Strom fließt. Die bereits erwähnte, mit wenigen Störstellen versehene Zwischenschicht hat keine nachteiligen Folgen, da sie von beiden Seiten her mit Ladungsträgern überschwemmt wird.

Bei der Festlegung der zulässigen Sperrspannung ist die starke Temperaturabhängigkeit des Sperrstromes und damit der Sperrverluste zu berücksichtigen. Hier zeigt sich der Vorteil des Siliziumgleichrichters, der gegenüber dem Germaniumgleichrichter wesentlich kleinere Sperrströme hat. Schon bei 80 °C werden bei Germanium die Sperrströme so groß, daß sie nicht mehr zugelassen werden können. Beim Siliziumgleichrichter läßt sich die Arbeitstemperatur (140 °C) genügend weit entfernt halten von der kritischen Temperatur (200 °C), bei der der Sperrstrom stark temperaturabhängig wird.

Die günstigen Betriebseigenschaften des Siliziumgleichrichters gehen aus den in Abb. 3.07 gezeigten Durchlaß- und Sperrkennlinien hervor. Die Kennlinien gelten für 140 °C. Die hohe Betriebstemperatur erlaubt es, mit verhältnismäßig kleinen Kühlflächen auszukommen, da die an die Luft abgegebene Wärmemenge von dem Temperaturgefälle abhängt. Trotzdem läßt sich das Kühlungsproblem beim Kristallgleichrichter wesentlich schwieriger befriedigend lösen als beim Selengleichrichter. Die Verlustwärme ist beim Selengleichrichter über eine große Fläche gleichmäßig verteilt, und der Wärmetransport von der Grenzschicht bis zur Außenluft ist kurz. Im Siliziumgleichrichter dagegen fällt die Verlustwärme in einem dünnen Plättchen von beispielsweise 0,5 cm² Oberfläche an und muß auf den in Abb. 3.05c gezeigten Kühlkörper übertragen werden. Der lange Wärmetransport bis zur abkühlenden Oberfläche macht sich vor allen Dingen bei kurzzeitigen, stoßartigen Überlastungen störend bemerkbar. Dann besteht die Gefahr, daß das Kristall kurzzeitig

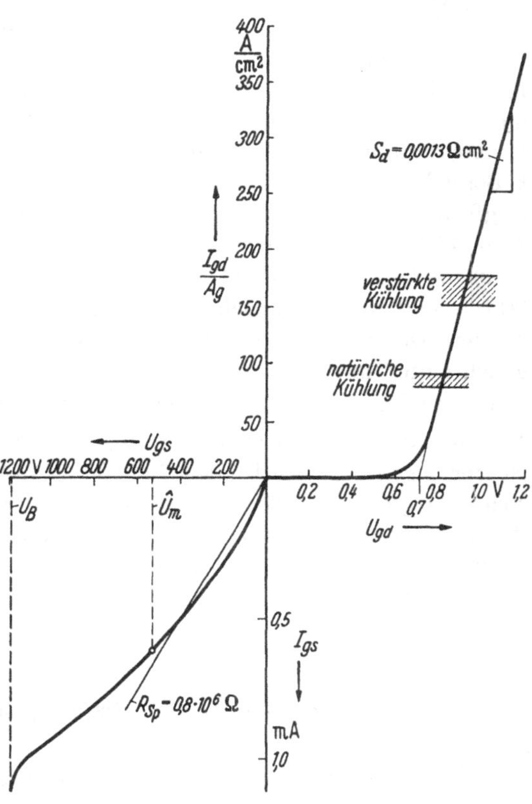

Abb. 3.07. Durchlaß- und Sperrkennlinie eines Siliziumgleichrichters

die zulässige Grenztemperatur überschreitet und durch einen sehr großen Anstieg der Sperrverluste zerstört wird.

Nach der Durchlaßkennlinie Abb. 3.07 ist die Schleusenspannung mit $U_{sl} = 0{,}7$ größer als beim Selengleichrichter. Dagegen bleibt der innere Durchlaßwiderstand mit $S_d = 0{,}0013\ \Omega\ \mathrm{cm}^2$ rund 1000mal kleiner als der des Selengleichrichters. In die Kennlinie sind schraffiert die Stromdichten für natürliche und verstärkte Kühlung (Luftgeschwindigkeit 6 m/s) eingezeichnet. Die Stromdichte ist rund 100mal größer als die im Selengleichrichter zulässige. Bei Verkleinerung der Betriebstemperatur steigt die Schleusenspannung bis auf $U_{sl} = 0{,}9$ V an.

Für das Sperrverhalten läßt sich keine annähernd allgemeingültige Kennlinie angeben. Der Sperrstrom I_{gs} ist nicht proportional dem Durchmesser des Gleichrichterkristalls. Im Falle einer kreissymmetrischen Halbleiteranordnung erreicht die Grenze zwischen dem p- und dem n-Bereich, an der in Sperrichtung die gesamte Sperrspannung anliegt, ringförmig die Halbleiter-Oberfläche. Da der Siliziumgleichrichter, nach Abb. 3.07 einen Sperrwiderstand in der Größenordnung von $10^6\,\Omega$ hat, kann die Oberflächenableitung durch chemische und physikalische Verfahren und durch Kapselung zwar herabgesetzt, nicht aber beseitigt werden. Die in Abb. 3.07 gezeigte Sperrkennlinie gilt für einen Siliziumgleichrichter mit einer wirksamen Oberfläche von $0{,}5\ \mathrm{cm}^2$. Die eingezeichnete Gerade entspricht einem Sperrwiderstand von $R_{sp} = 0{,}8 \cdot 10^6\,\Omega$. Die maximale Scheitelspannung $\hat{U}_m$, die in Sperrichtung am Gleichrichter liegen darf, wird mit $\sqrt{2} \cdot 380 = 540$ V festgelegt. Damit ergibt sich eine große Sicherheit gegenüber der Durchbruchspannung U_B, bei der der Sperrstrom stark ansteigt. Dieser Sicherheitsabstand erscheint notwendig, da die Sperrkennlinie mehr als die Durchlaßkennlinie temperaturabhängig ist.

3.4 Schutz der Siliziumgleichrichter

Wegen des schnellen Anstieges des Sperrstromes und damit der Sperrverluste beim Überschreiten der Grenztemperatur, muß der Siliziumgleichrichter sorgfältig gegen Überlastung geschützt werden. Eine Überspannung kann bei mehrphasigen Schaltungen in jeder Periode beim Übergang von der Durchlaßrichtung in die Sperrichtung erfolgen. Die im Kristallinneren vorhandenen Ladungsträger, die in der Durchlaßphase dem Stromtransport dienen, verschwinden nicht sofort bei der Spannungsumkehr der anliegenden Wechselspannung. Sie kehren ihre Bewegungsrichtung um und verursachen dadurch einen zusätzlichen Sperrstrom. Dieser Sperrstrom reißt in dem Augenblick plötzlich ab, in dem alle Ladungsträger aus der Sperrzone heraustransportiert sind. Die einem Schaltvorgang vergleichbare Stromänderung bewirkt zusammen mit den Kapazitäten und Induktivitäten des Stromkreises Schwingungen, deren hohe Spannungsspitzen sich der normalen Sperrspannung überlagern und dadurch den Gleichrichter zusätzlich in Sperrichtung be-

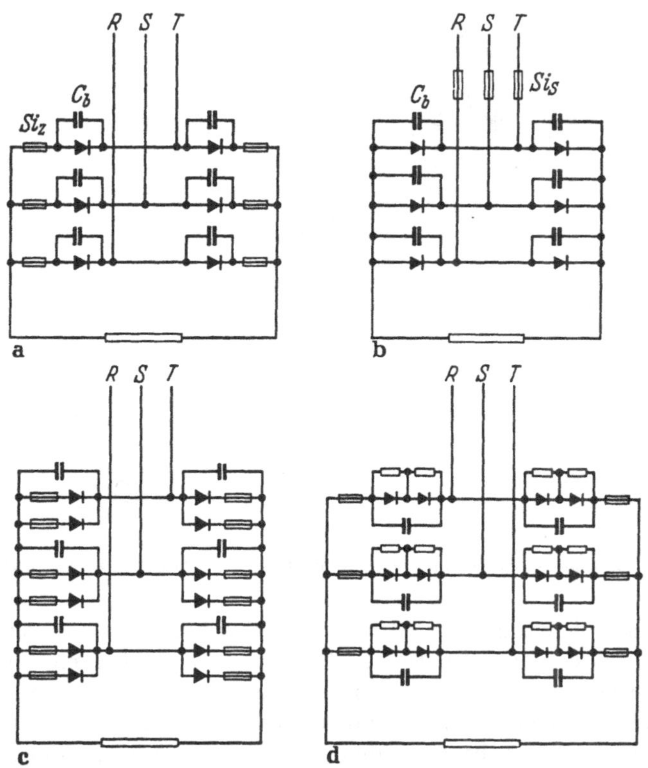

Abb. 3.08a–d. Drehstrombrücke aus Siliziumgleichrichtern mit Sicherungen und Beschaltungskondensatoren

anspruchen. Die Überspannungen können durch Kondensatoren parallel zu jedem Gleichrichterelement unterdrückt werden. Abb. 308 zeigt die Anordnung der Beschaltungskondensatoren C_b in der Drehstrombrücke.

Der Siliziumgleichrichter hat nicht die Hauptnachteile des Selengleichrichters: die erheblichen Verluste und die großen Abmessungen. Mit Siliziumgleichrichtern lassen sich Wirkungsgrade größer als 99% erreichen. Den Größenvergleich zwischen einem Selengleichrichter und einem Siliziumgleichrichter gleicher Leistung zeigt Abb. 3.09. Zu den Siliziumgleichrichtern werden allerdings Beschaltungskondensatoren und gegebenenfalls Sicherungen benötigt. Die geringe Baugröße ist, wie bereits gesagt, mit einer geringen Überlastbarkeit des Gleichrichters verbunden. Das ist bei der Bemessung des Gleichrichters im Aussetzbetrieb zu berücksichtigen. Der Laststrom wird dabei periodisch entsprechend der Spieldauer T_{SD} während der Einschaltdauer T_{ED} eingeschaltet.

Abb. 3.09. Größenvergleich zwischen Selen- und Siliziumgleichrichtern gleicher Leistung

Bezieht man den zulässigen Strom I auf den Nennstrom I_n bei Dauerbelastung, so ergeben sich für die Selen- und die Siliziumgleichrichter bei einer Spieldauer von 10 min, die in Abb. 3.10 gezeigten Überlastungskennlinien. Bei einer Einschaltdauer von 5% der Spieldauer läßt sich z. B. der Selengleichrichter mit dem 3,5fachen Nennstrom, der Siliziumgleichrichter dagegen nur mit dem 1,9fachen Nennstrom belasten. Wird die Spieldauer länger als $T_{SD} = 10$ min gewählt, so fällt der Vergleich für den Siliziumgleichrichter noch ungünstiger aus.

Neben der gewollten Überlastung im Aussetzbetrieb können auch ungewollte Überlastungen des Gleichrichters auftreten. Sie werden durch den Verbraucher oder durch Fehler innerhalb der Anlage hervorgerufen. Bei Selengleichrichtern erfolgt die Abschaltung eines unzulässigen Überstromes durch flinke Schmelzsicherungen; Siliziumgleichrichter lassen sich durch die gleichen Sicherungen nicht schützen. In Abb. 3.11 ist stark ausgezogen der zulässige Grenzstrom in Abhängigkeit von der Stromflußdauer aufgetragen. Hierbei handelt es sich um einen Gleichrichter mit natürlicher Kühlung. Der doppelte Nennstrom darf danach 15 s anstehen, während bei dem dreifachen Nennstrom nur noch 1 s zulässig ist. Das Diagramm zeigt gestrichelt die Auslösecharakteristik der passenden flinken Schmelzsicherung. Sie liegt im ganzen Bereich rechts der Siliziumkennlinie, d. h. die Auslösezeiten sind zu groß und ein Schutz ist über den ganzen Überstrombereich nicht gegeben. Zum Schutz werden besonders schnelle Sicherungen benötigt. Die Auslösecharakteristik einer derartigen Schmelzsicherung ist in Abb. 3.11 strichpunktiert eingezeichnet. Durch die Sicherung wird der Siliziumgleichrichter bei jedem Überstrom geschützt. Die Kennlinien gelten nach Vorbelastung mit Nennstrom. Wird von Leerlauf, also dem kalten Zustand ausgegangen, so verschieben sich sowohl Gleichrichterkennlinie und Sicherungskennlinie nach rechts. Auch dann dürfen sich die beiden Kennlinien nicht schneiden, soll ein Vollschutz gewährleistet sein.

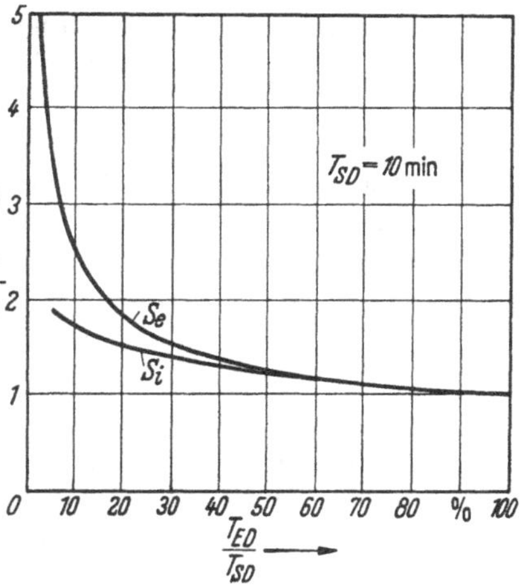

Abb. 3.10. Vergleich der Überlastbarkeit von Selen- und Siliziumgleichrichtern gleicher Leistung bei Aussetzbetrieb für eine Spieldauer von 10 min

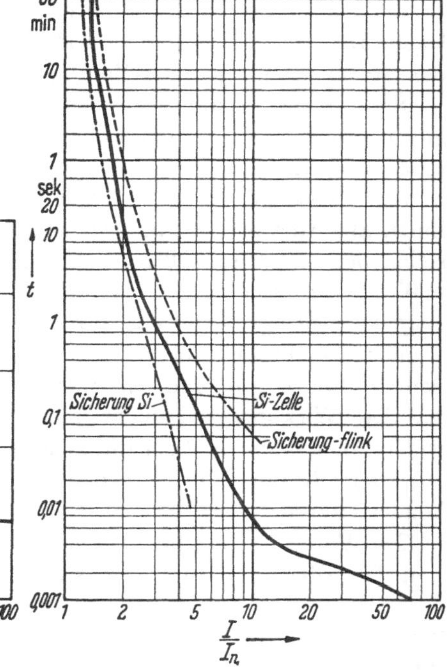

Abb. 3.11 Überlastbarkeit des Siliziumgleichrichters in Abhängigkeit von der Zeit im Verhältnis zu den Auslösecharakteristiken einer flinken Sicherung und einer Spezialsicherung

Die Anordnung der Sicherungen in der Drehstrombrückenschaltung zeigt Abb. 3.08. Die Sicherungen können entweder in jedem Zweig (a) unmittelbar vor jeder Siliziumdiode liegen (Si_z) oder, wie in (b) gezeigt, in die Netzzuleitungen als Strangsicherungen eingeschleift sein (Si_s). Beide Sicherungsarten sind einander gleichwertig. Für hohe Gleichströme kann es, wie in Abb. 3.08c gezeigt, notwendig sein, mehrere Gleichrichterzellen parallel zu schalten. Bei vollständig gleichen Durchlaßkennlinien würde sich der Strom gleichmäßig auf die parallel liegenden Zellen aufteilen. Da in Wirklichkeit die Durchlaßkennlinien streuen, muß im Hinblick auf die zu erwartende Schieflast der Gesamtstrom um beispielsweise 20% herabgesetzt werden. Bei sehr unterschiedlichen Zellen ist es sogar notwendig, vor die einzelnen Gleichrichter Widerstände zu legen. Den Zellensicherungen wird bei der Parallelschaltung gegenüber den Strangsicherungen der Vorzug gegeben.

Sind höhere Spannungen als die Nennspannung der Gleichrichter gleichzurichten, so müssen mehrere Zellen in jedem Zweig in Reihe geschaltet werden. Die gleichmäßige Aufteilung der Sperrspannung auf die in Reihe geschalteten Zellen hängt von der Gleichheit der Sperrkennlinien ab. Eine erhebliche Streuung der Sperrkennlinien läßt sich aber selbst bei der gleichmäßigsten Fertigung nicht vermeiden. Eine gleichmäßige Spannungsaufteilung wird aber durch die in Abb. 3.08d gezeigten Parallelwiderstände erreicht. Die Parallelwiderstände müssen kleiner als ein Zehntel der mittleren Sperrwiderstände sein. Die um den Faktor 10 größeren Sperrströme sind immer noch so klein, daß sie den Wirkungsgrad nicht merklich verschlechtern. Die Parallelwiderstände können auch durch Kondensatoren ersetzt werden. Dann entfallen die in Abb. 3.08 d gezeigten gemeinsamen Beschaltungskondensatoren.

Die Vorzüge des Siliziumgleichrichters ermöglichen erst den Einsatz von Transduktoren für Gleichstromleistungen größer als 100 kW. Da die Gleichrichterverluste zu vernachlässigen sind, liegt der Gesamtwirkungsgrad des Hochleistungstransduktors höher als bei jedem anderen Drehstrom-Gleichstrom-Umformer. Durch seine kleinen Abmessungen und die geringe Wärmeentwicklung, läßt sich der Siliziumgleichrichter leicht in jede Schaltanlage einfügen. Abb. 3.12 zeigt die Ansicht eines Siliziumgleichrichters in Drehstrom-Brückenschaltung mit verstärkter Kühlung, mit einer Nennleistung von 110 kW. Die Kühlkörper der sechs Zellen sind nach innen gerichtet und liegen im Luftstrom des darüber befindlichen Lüfters. Im oberen Teil des Feldes sind die drei Strangsicherungen angeordnet.

Bei einer einfachen Gleichrichteranordnung ist der Laststrom, da die Wechselspannung sich betriebsmäßig nur wenig ändert, eine Funktion des Lastwiderstandes. Es genügt deshalb, den Siliziumgleichrichter so groß zu bemessen, daß er bei dem kleinsten Lastwiderstand nicht überlastet wird. Bei dem Transduktor kommt die Abhängigkeit des Laststromes von der Aussteuerung hinzu. Unter Aussteuerung wird dabei das Verhältnis seiner augenblicklichen Ausgangsspannung zur maximalen Ausgangsspannung verstanden. Im allgemeinen läßt sich nicht der gesamte Aussteuerbereich ausnutzen, da die Arbeitskennlinie (die Abhängigkeit der Ausgangsspannung vom Steuerstrom) im oberen Bereich stark gekrümmt ist. Trotzdem muß der Gleichrichter, wenn keine sichere Aussteuerungsbegrenzung vorhanden ist, für den Strom bei der maximalen Aussteuerung bemessen sein.

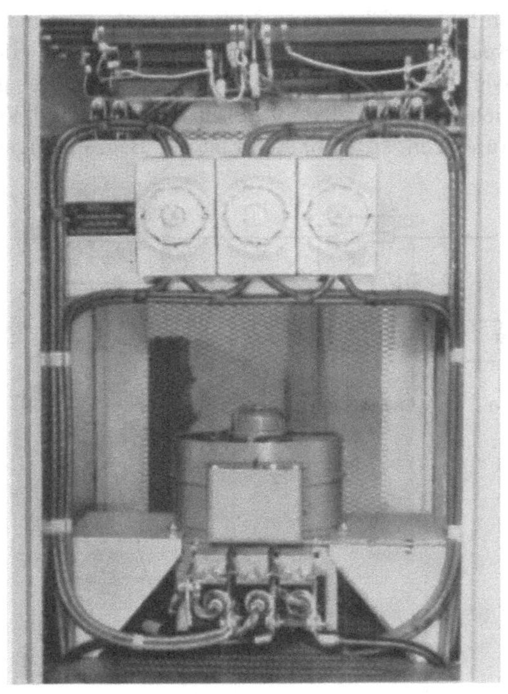

Abb. 3.12. Dreiphasiger Siliziumsatz mit Lüfter und Sicherungen
(Werkaufnahme H. Still AG.)

Von noch größerer Bedeutung ist eine ausreichende Überbemessung der Siliziumgleichrichter bzw. ihr Vollschutz durch Sicherungen, wenn der Transduktor einen Gleichstrommotor im Anker speist. Der Gleichstromkreis hat dann einen niedrigen Schließungswiderstand, und der Strom wird im wesentlichen durch die drehzahlabhängige Gegen-EMK des Motors bestimmt. Ein Überstrom kann nicht nur bei einer großen Motorbelastung auftreten, sondern ist auch bei einer plötzlichen Vergrößerung der Ausgangsspannung möglich. Der Motor kann, bedingt durch sein Trägheitsmoment, in seiner Drehzahl nicht schnell genug folgen. Den Überstrom nimmt der Motor als Beschleunigungsstrom auf. Hier ist deshalb entweder der Gleichrichter für ein Vielfaches des Nennstromes zu bemessen oder die Änderungsgeschwindigkeit der Ausgangsspannung zu begrenzen. Das ist in fast allen Anwendungsfällen möglich. Bei Schwerantrieben, wie sie z. B. für Walzwerke benötigt werden, muß der Siliziumgleichrichter und sein Vollschutz auf das große Losbrechmoment beim Anfahren der Arbeitsmaschine abgestimmt sein.

3.5 Schwellwertgleichrichter

Der Gleichrichter stellt ein nichtlineares Glied dar, das im Idealfall in Durchlaßrichtung den Widerstand null und in Sperrichtung einen unendlich großen Widerstand besitzt. Der Siliziumgleichrichter hat zusätzlich als charakteristische Größe die Durchbruchsspannung U_B, bei der die Sperrwirkung verlorengeht. Diese Eigenschaften werden in der Transduktortechnik für besondere Schaltaufgaben verwertet. Mit der einfachen Siliziumdiode kann z. B. eine in Durchlaßrichtung wirkende Spannung überwacht werden. Sobald sie die Schleusenspannung übersteigt, fließt über die Diode ein Strom. Bei größerer Meßspannung läßt sich der Schwellwert durch eine negative Vorspannung der Diode heraufsetzen. In Abb. 3.13a ist der Begrenzungsmeßkreis für einen Strom I_a wiedergegeben. Die an dem Shunt R_{sh} liegende Spannung $U_{sh} = I_a R_{sh}$ öffnet, wie Abb. 3.13b zeigt, die Diode, sobald $U_{sh} > U_{sl} + U_{bg}$ wird. Der Strom I_{bg} steuert dann über die Steuerwicklung N_s einen Transduktor im Sinn einer Verkleinerung von I_a. Die in b dargestellte Begrenzungskennlinie (R_k Gesamtwiderstand des Begrenzungskreises) ist nur dann vorhanden, wenn I_a und U_{bg} keine Wechselkomponente enthalten und vom Transduktor über N_s keine Wechselspannungen in den Meßkreis induziert werden. Überlagert sich I_a, wie fast immer in Transduktorkreisen, ein Wechselstrom, so ist das in Abb. 3.13c gezeigte Glättungsglied ($C D_1$) vorzusehen. Die Steuerwicklung liegt an dem im Meßkreis befindlichen Widerstand R. Der Steuerwechselstrom wird durch die Drossel D_2 unterdrückt.

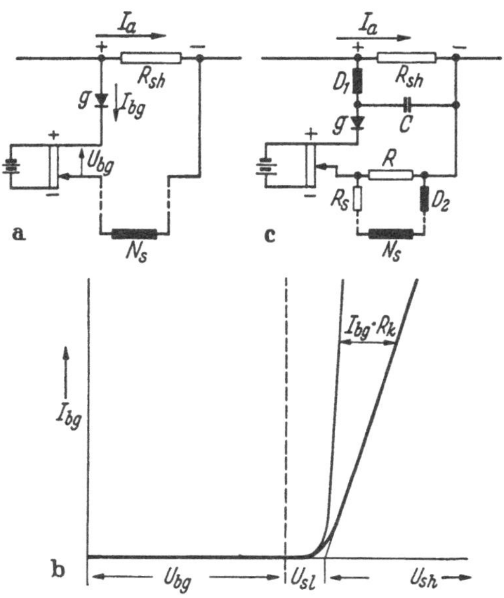

Abb. 3.13a—c. Schwellwertbildung durch negativ vorgespannte Dioden

Die negativ vorgespannte Diode benötigt eine konstante Hilfsspannung. Die gleichen Aufgaben lassen sich mit ZENER-Dioden lösen. Es handelt sich hierbei um Siliziumgleichrichter, bei denen die Durchbruchsspannung als eingeprägter Spannungswert benutzt wird. Die Kennlinie einer ZENER-Diode zeigt Abb. 3.14a. Die Sperrkennlinie knickt bei U_B ab. Der Betrieb auf dem abgeknickten Ast ist zulässig, solange nicht die eingezeichnete Verlusthyperbel überschritten wird. Durch Gegeneinanderschalten zweier ZENER-Dioden ergibt sich die in Abb. 3.14b gezeigte symmetrische Kennlinie. Die ZENER-Spannung hat nur eine geringe Temperaturabhängigkeit (0,06%/°C), so daß sie sich gut zur Stabilisierung von Gleichspannungen eignet. Abb. 3.14c zeigt eine einfache Stabilisierschaltung. Die Spannung U_2 wird bei Änderung von U_1

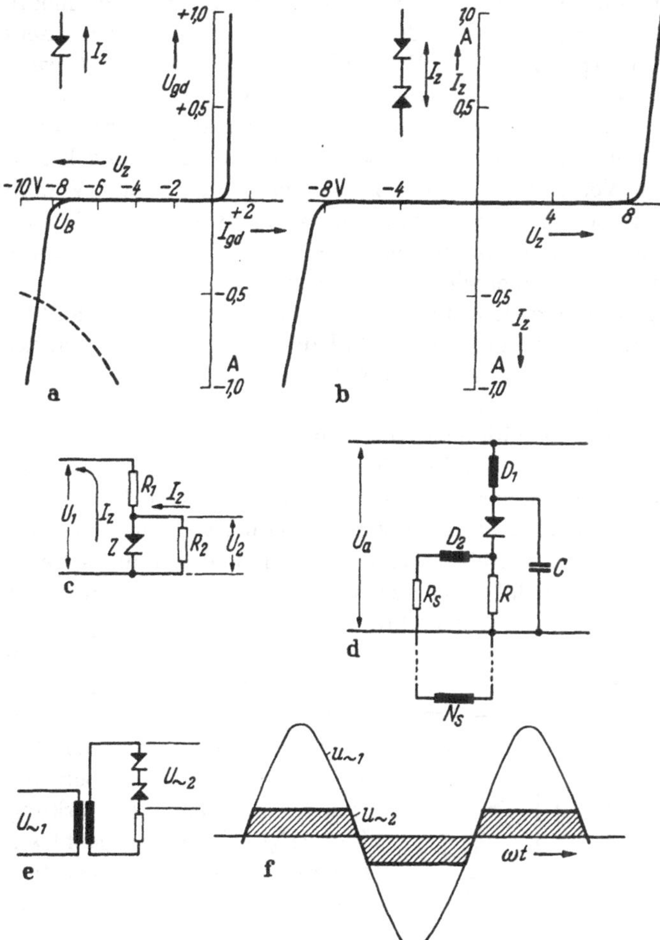

Abb. 3.14a–f. Kennlinie der ZENER-Diode und ihre Anwendung

konstant gehalten, solange $I_z > 0$ bleibt. In d ist wieder eine Begrenzungsschaltung wiedergegeben, die U_a überwacht. Zwei gegeneinandergeschaltete ZENER-Dioden können in der Schaltung Abb. 3.14e, wie in f gezeigt, eine sinusförmige Spannung in eine Trapezspannung umformen.

4. Stromsteuernde Transduktoren

Der Transduktor ist eine Anordnung, bestehend aus nichtlinearen Drosseln und gegebenenfalls Gleichrichtern, in der die nichtlinearen magnetischen Eigenschaften der Drosselkerne zur Steuerung der Ströme und Spannungen in einem Wechselstromkreis ausgenutzt werden. Ist mit dieser Steuerung eine Leistungsverstärkung verbunden, so spricht man auch von magnetischen Verstärkern oder Magnetverstärkern [300].

Die Eigenschaften eines Verstärkers werden allgemein gekennzeichnet durch den Verstärkungsfaktor V, die sein dynamisches Verhalten beschreibende Zeitkonstante T und seinen Innenwiderstand R_i. Der Innenwiderstand bestimmt im wesentlichen das Lastverhalten des Verstärkers. Bei kleinem Innenwiderstand liegt eine Konstant-Spannungsquelle, bei sehr großen, eine Konstant-Stromquelle vor. Im ersten Fall bleibt die Ausgangsspannung, im anderen Fall der Ausgangsstrom von der Größe des Belastungswiderstandes R_a annähernd unabhängig. Der verbreitetste Verstärker der Starkstromtechnik, der fremderregte Gleichstromgenerator, stellt im Idealfall eine Konstantspannungsquelle dar.

Der Transduktor ist in seiner einfachsten Form eine Konstant-Stromquelle. Die Steuergröße hält, unabhängig von der Belastung R_a, den Ausgangsstrom I_a fest. Er wird deshalb als stromsteuernder Transduktor bezeichnet. Durch einfache Schaltmaßnahmen unter Verwendung von Gleichrichtern läßt sich der stromsteuernde Transduktor in einen spannungssteuernden Transduktor (Konstant-Spannungsquelle), bei dem durch die Steuergröße die Ausgangsspannung bestimmt wird, verwandeln.

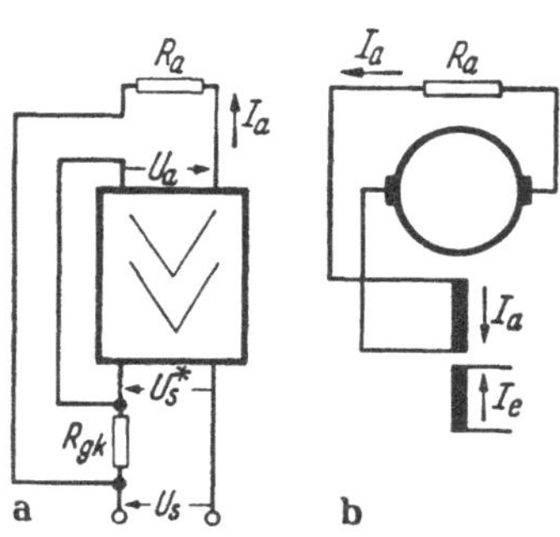

Abb. 4.01 a u. b. Stromgegengekoppelter Verstärker

Wie läßt sich die eine Verstärkerart in die andere überführen? Betrachten wir in Abb. 4.01 a einen beliebigen Verstärker mit dem Verstärkungsfaktor $V = \Delta U_a / \Delta U_s^*$ und vernachlässigbarem Innenwiderstand. Die Konstant-Spannungsquelle soll dadurch in eine Konstant-Stromquelle umgewandelt werden, daß über den Widerstand R_{gk} eine dem Ausgangsstrom proportionale Gegenspannung in den Steuerkreis eingeführt wird. Dann ist

$$U_s = U_s^* + I_a R_{gk} = \frac{U_a}{V} + I_a R_{gk} \tag{4.01}$$

mit

$$U_a = I_a \cdot R_a . \tag{4.02}$$

Gl. (4.02) in Gl. (4.01) eingesetzt ergibt

$$U_s = I_a\left(\frac{R_a}{V} + R_{gk}\right).$$

Für sehr großen Verstärkungsfaktor ($V \to \infty$) wird

$$U_s \approx I_a R_{gk}. \tag{4.03}$$

Jetzt ist der Ausgangsstrom proportional der Steuerspannung. Durch eine Stromgegenkopplung wird somit ein spannungssteuernder Verstärker in einen stromsteuernden Verstärker umgewandelt. Auch bei dem fremderregten Gleichstromgenerator kann, wie Abb. 4.01 b zeigt, durch eine Gegen-Reihenschlußwicklung das gleiche erreicht werden.

4.1 Transduktoren mit einer Drossel

Die Verstärkerwirkung einer eisengeschlossenen Drossel beruht auf der Nichtlinearität der Magnetisierungskennlinie. Je stärker die Nicht-

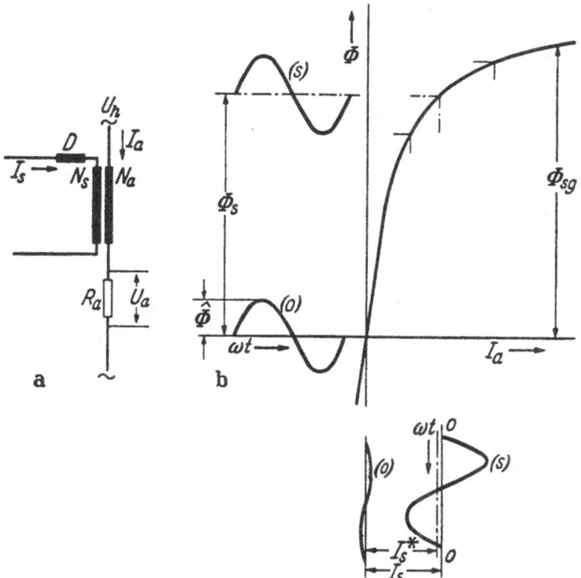

Abb. 4.02a u. b. Gleichstromvormagnetisierte Drossel mit kleiner Flußaussteuerung

linearität ausgeprägt ist, d. h. je mehr sich die Magnetisierungskennlinie der Rechteckform nähert, um so besser ist die Drossel für Transduktoren geeignet.

In den Anfängen der Transduktorentwicklung standen als Kernwerkstoff nur die normalen Transformatorbleche zur Verfügung. Abb. 4.02 b zeigt eine entsprechende Magnetisierungskennlinie. Der Übergang in den Sättigungsast erfolgt nur allmählich. Eine derartige Drossel kann als lineare Induktivität aufgefaßt werden, wenn die anliegende Wechselspannung U_h genügend klein ist, so daß der von dem Wechselfluß ausgesteuerte Teil der Kennlinie annähernd geradlinig verläuft. Ihr Blindwiderstand ist eine Funktion der Vormagnetisierung. Der Wechselstrom i_a hat dann ebenfalls Sinusform.

Die Schaltung zeigt Abb. 4.02a. Die Vormagnetisierung erfolgt über die Steuerwicklung N_s. In dem Steuerkreis liegt eine Sperrdrossel D zur Unterdrückung des Wechselstromes. Die Ausgangsspannung U_a wird als Spannungsabfall des Stromes I_a am Widerstand R_a abgenommen. Den Strom i_a erhalten wir nach Abb. 4.02b durch Spiegelung des Wechselflusses $\varphi = \hat{\Phi} \sin \omega t$ an der Magnetisierungskennlinie. Die gewählte Flußamplitude ist klein gegen den Sättigungsfluß Φ_{sg}, aber doch so groß, daß beim Steuerfluß Φ_s eine Verzerrung der Kurvenform des Stromes auftritt. Diese bewirkt, daß für Φ_s nicht der zugehörige Vormagnetisierungsstrom I_s^*, sondern der Strom I_s als Mittelwert des Wechselstromes notwendig ist. Das Verhältnis I_s/I_s^* nimmt um so mehr zu, je größer das Verhältnis $\hat{\Phi}/\Phi_{sg}$ gewählt wird. Es zeigt sich bereits hier, daß die Zuordnung von Steuerstrom und Steuerfluß nicht allein von der Magnetisierungskennlinie, sondern auch von dem Wechselstrom bestimmt wird. Der Ausgangsstrom i_a wirkt auf den Steuerstrom zurück wie eine Gegenkopplung mit dem Betrag $(I_s - I_s^*)$. Die beschriebene Anordnung findet praktisch keine Anwendung mehr, da die Drossel infolge der kleinen Flußamplitude sehr schlecht ausgenutzt ist.

Es soll deshalb im folgenden nur der Fall $\hat{\Phi} = \Phi_{sg}$ betrachtet werden. Die Wechselspannung U_h wird so bemessen, daß ohne Vormagnetisierung die Drossel gerade noch nicht in Sättigung geht. Abb. 4.03 zeigt die Schaltung, die mit der nach Abb. 4.02 übereinstimmt. In Diagrammen a ist der zeitliche Verlauf des Flusses mit Vormagnetisierung und ohne Vormagnetisierung (gestrichelt) wiedergegeben. Für den Fluß gilt die Beziehung:

$$\varphi = \frac{\hat{U}_h}{\omega N_a} \int \sin \omega t \, d\, \omega t = - \frac{\hat{U}_h}{\omega N_a} \cos \omega t = - \Phi_{sg} \cos \omega t \,. \qquad (4.04)$$

Zur Vereinfachung wird nach Abb. 4.03a eine ideale rechtwinklige Magnetisierungskennlinie, die unterhalb des Sättigungsknicks eine unendlich große und oberhalb des Sättigungsknicks eine zu vernachlässigende Permeabilität hat, angenommen. Eine derartige Drossel wirkt wie ein Schalter, der für $\varphi < \Phi_{sg}$ geöffnet (ungesättigt) und für $\varphi \geqq \Phi_{sg}$ geschlossen (gesättigt) ist.

Betrachten wir nacheinander die beiden Betriebszustände:

Drossel ungesättigt:

Die sich aus der Steuerdurchflutung Θ_s und der Arbeitsdurchflutung Θ_a zusammensetzende Gesamtdurchflutung Θ_d ist null

$$\Theta_d = \Theta_s + \Theta_a = 0\,. \tag{4.05}$$

Der Steuerstrom stellt wegen der Drossel D einen reinen Gleichstrom dar. Nach Gl. (4.05) muß dann der Arbeitsstrom ebenfalls konstant sein. Der

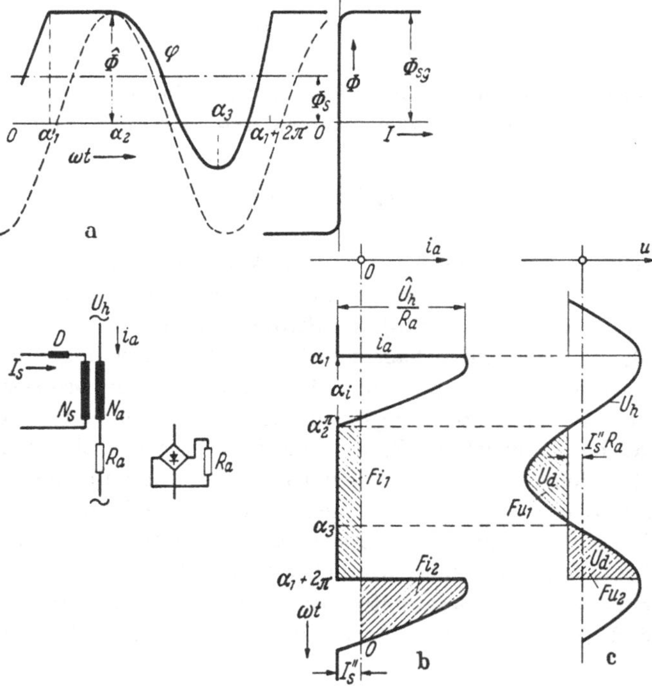

Abb. 4.03. Gleichstromvormagnetisierte Drossel mit großer Flußaussteuerung

Steuerstrom wird auf die Windungszahl der Arbeitswicklung umgerechnet und mit $I_s'' = I_s N_s/N_a$ bezeichnet. Dann läßt sich Gl. (4.05) auch in der Form schreiben

$$i_d = I_s'' + i_a = 0, \tag{4.06}$$

$$i_a = -I_s'' = \text{konst.}$$

Bei ungesättigter Drossel ist somit der Strom in der Arbeitswicklung gleich dem auf die Arbeitswindungszahl umgerechten Steuerstrom.

Drossel gesättigt:

Den Ausgangsstrom bestimmt allein der Arbeitswiderstand R_a. Somit wird

$$i_a = \frac{u_h}{R_a} = \frac{\hat{U}_h}{R_a} \sin \omega t. \tag{4.07}$$

Der Fluß ist mit $\varphi = \Phi_{sg}$ konstant.

In dem Arbeitskreis wirkt nur eine Wechselspannung, deshalb kann der Arbeitsstrom keine Gleichstromkomponente besitzen. Also ist

$$\int_0^{2\pi} i_a \, d\,\omega t = 0. \tag{4.08}$$

Auch die Spannung an der Drossel kann keine Gleichspannungskomponente enthalten, denn ihr Gleichstromwiderstand ist null. Somit gilt

$$\int_0^{2\pi} u_a \, d\,\omega t = 0. \tag{4.09}$$

Mit den Gln. (4.04) bis (4.09) wird der in Abb. 4.03 dargestellte Magnetisierungsvorgang vollständig bestimmt. Im einzelnen ist in Abb. 4.03 der zeitliche Verlauf des Flusses (a), der Ströme (b) und der Spannungen (c) dargestellt. Zunächst wird Diagramm b betrachtet. Wir fragen nach dem dem Steuerstrom I_s'' zugehörigen Arbeitsstrom i_a. Der Drosselstrom i_d ist, wie es die Magnetisierungskennlinie vorschreibt, im Sättigungsbereich α_1 bis α_2 gleich u_h/R_a und im Magnetisierungsbereich α_2 bis $(2\alpha + \alpha_1)$ gleich null. Dieser Strom hat einen von null abweichenden Mittelwert, der nach Gl. (4.08) nicht von dem Arbeitskreis geliefert werden kann. Er fließt im Steuerkreis als Steuerstrom I_s'. Oder anders ausgedrückt, es fließt immer ein solcher Arbeitsstrom i_a, daß die Gleichstromkomponente des Gesamtstromes i_d gleich dem Steuerstrom I_s'' ist. Damit sind Steuerstrom und Arbeitsstrom fest miteinander gekoppelt.

Mit
$$\left.\begin{aligned} i_d &= \frac{\hat{U}_h}{R_a} \sin \omega t && \text{für } \alpha_1 < \omega t < \alpha_2 \\ i_d &= 0 && \text{für } \alpha_2 < \omega t < 2\pi + \alpha_1 \end{aligned}\right\} \tag{4.10}$$

wird
$$\left.\begin{aligned} I_s'' &= \frac{\hat{U}_h}{R_a} \frac{1}{2\pi} \int_{\alpha_1}^{\alpha_2} \sin \omega t \, d\,\omega t \\ &= \frac{\hat{U}_h}{R_a} \frac{1}{2\pi} (\cos \alpha_1 - \cos \alpha_2). \end{aligned}\right\} \tag{4.11}$$

Da I_s'' die Gleichstromkomponente des Gesamtstromes i_d darstellt, müssen in Abb. 4.03b die schraffierten Flächen F_{i1} und F_{i2} einander gleich sein.

Die Abkürzung $I_s'' R_a/\hat{U}_h = a_s$ wird als Aussteuergrad bezeichnet. Gl. (4.11) hat dann die Form

$$a_s = \frac{1}{2\pi}(\cos\alpha_1 - \cos\alpha_2)\,. \tag{4.12}$$

Der Einsatzwinkel α_2, bei dem die Drossel aus der Sättigung kommt, läßt sich aus dem Diagramm b ablesen:

$$\frac{\hat{U}_h}{R_a}\sin\alpha_2 = -I_s''. \tag{4.13}$$

Daraus ergibt sich für den interessierenden Bereich mit guter Näherung

$$\alpha_2 = \pi + a_s. \tag{4.14}$$

In Gl. (4.12) eingesetzt erhalten wir die Beziehung zwischen Aussteuergrad a_s und Sättigungswinkel α_1

$$\cos\alpha_1 = 2\pi\, a_s - \cos a_s \tag{4.15}$$

$$\cos\alpha_1 \approx 2\pi\, a_s - 1 \tag{4.16}$$

Für $\alpha_1 = 0$ (maximale Aussteuerung) wird $a_s = \frac{1}{\pi}$, so daß sich a_s in den Grenzen 0 bis 0,32 bewegt.

In Abb. 4.03c ist die Speisespannung u_h aufgetragen. An der Drossel liegen nur im Magnetisierungsbereich ($i_a = I_s''$) die schraffierten Spannung-Zeit-Flächen F_{u1} und F_{u2}. Da der Fluß zum Beginn der Magnetisierung (α_2) und zum Ende der Magnetisierung ($2\pi + \alpha_1$) gleich Φ_{sg} ist, muß $F_{u1} = F_{u2}$ sein. Der zeitliche Verlauf des Flusses ergibt sich aus den Spannungs-Zeitflächen in Abb. 4.03c

$$\begin{aligned}\varphi &= \frac{1}{\omega N_a}\int (u_h + I_s'' R_a)\, d\,\omega t \\ &= \frac{\hat{U}_h}{\omega N_a}\int (\sin\omega t + a_s)\, d\,\omega t \quad \text{für } \alpha_2 < \omega t < (2\pi + \alpha_1)\,.\end{aligned} \tag{4.17}$$

Der Fluß ist in Abb. 4.03a eingetragen. Den Verlauf des Flusses ohne Vormagnetisierung zeigt die gestrichelte Kurve.

In Abb. 4.04 sind der Arbeitsstrom $i_d = i_a$ und der dazugehörige Steuerstrom I_s'' für kleinen (a), mittleren (b) und großen (c) Aussteuergrad a_s aufgetragen. Der Steuerstrom stellt die Gleichstromkomponente des Gesamtstromes dar.

Von Interesse ist der Mittelwert von i_a, wenn, wie in Abb. 4.03 angedeutet, R_a nicht direkt, sondern über einen Gleichrichter in Brückenschaltung im Wechselstromkreis liegt. Die in Abb. 4.04c unterhalb der Abszisse 0 — 0 liegende Stromamplitude klappt dadurch nach oben.

Dann erhalten wir den Mittelwert des Arbeitsstromes in Näherung zu:

$$I_a = \frac{1}{2\pi}\left[\frac{\hat{U}_h}{R_a}\int_{\alpha_1}^{\pi}\sin\omega t\, d\,\omega t + I_s''(\pi+\alpha_1)\right]. \tag{4.18}$$

Nach dem Lösen des Integrals lautet die Gleichung

$$\frac{I_a}{\hat{I}_a} = \frac{1}{2\pi}\left[\cos\alpha_1 + 1 + a_s(\pi+\alpha_1)\right]. \tag{4.19}$$

Den Sättigungswinkel nach Gl. (4.16) eingesetzt ergibt

$$\frac{I_a}{\hat{I}_a} = \frac{a_s}{2}\left[3 + \frac{1}{\pi}\,\mathrm{arc\,cos}\,(2\pi a_s - 1)\right]. \tag{4.20}$$

In Abb. 4.04d ist die Kennlinie nach Gl. (4.20) aufgetragen. Bei dem größten möglichen Aussteuergrad $a_{sm} = 1/\pi$ wird der Steuerfluß Φ_s, der die Gleichkomponente des Drosselflusses darstellt, gleich Φ_{sg}. Der Sättigungsbereich erstreckt sich nur über eine Halbwelle der Speisespannung.

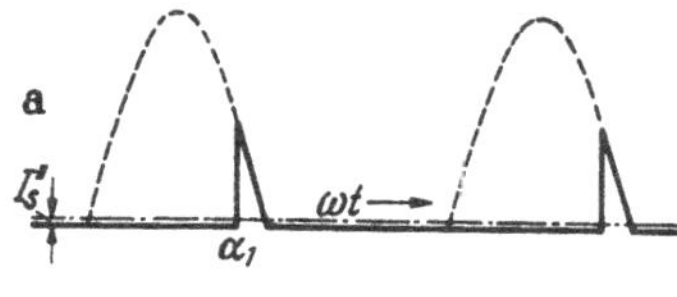

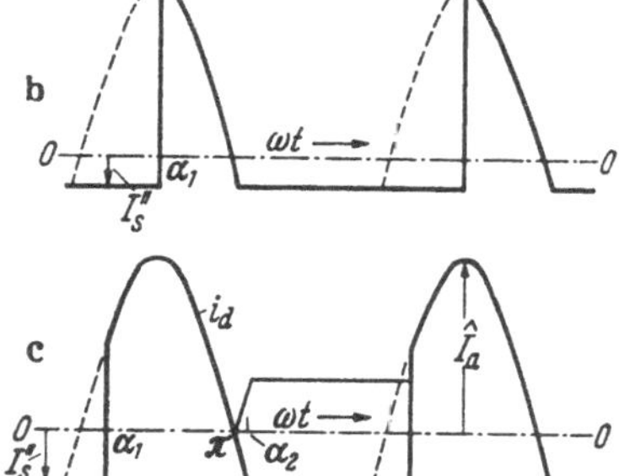

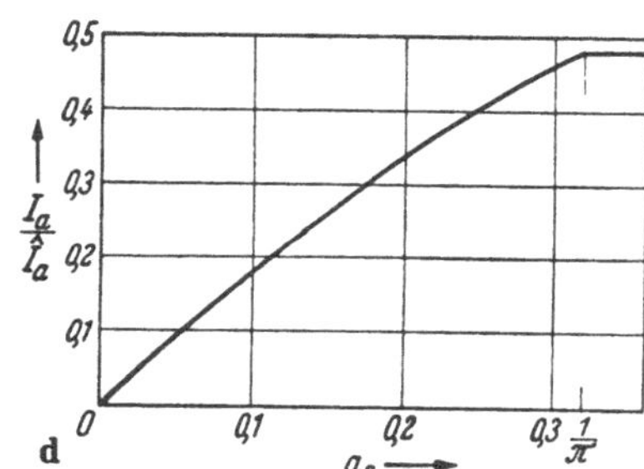

Abb. 4.04a–d. Drossel mit großer Flußaussteuerung. Kurvenform des Drosselstromes und Steuerkennlinie (d)

Der stromsteuernde Transduktor mit einer Drossel hat neben dem Vorteil großer Einfachheit vor allen Dingen den Nachteil, daß er im Steuerkreis eine Sperrdrossel benötigt. Die Anordnung hat deshalb eine große Zeitkonstante.

4.2 Drosselparallelschaltung

Bei Verwendung von zwei Drosseln wird die Sperrinduktivität überflüssig. Die Steuerwicklungen werden, wie in Abb. 4.05 gezeigt, so gegeneinander geschaltet, daß die in sie induzierten Wechselspannungen sich gegenseitig aufheben. Werden die Arbeitswicklungen bei der Drosselparallelschaltung in zwei gleiche Hälften unterteilt und die Teilungspunkte kreuzweise verbunden, so kann der Steuerstrom hier zugeführt werden uud eine besondere Steuerwicklung erübrigt sich.

Es wird eine rechtwinklige Magnetisierungskennlinie angenommen. Weiterhin bleiben zunächst die Kupferwiderstände der beiden Arbeitswicklungen unberücksichtigt. In Abb. 4.05 sind in a die Schaltung, in b der zeitliche Verlauf des Flusses, in c die Drosselströme und in d die Drosselspannungen angegeben.

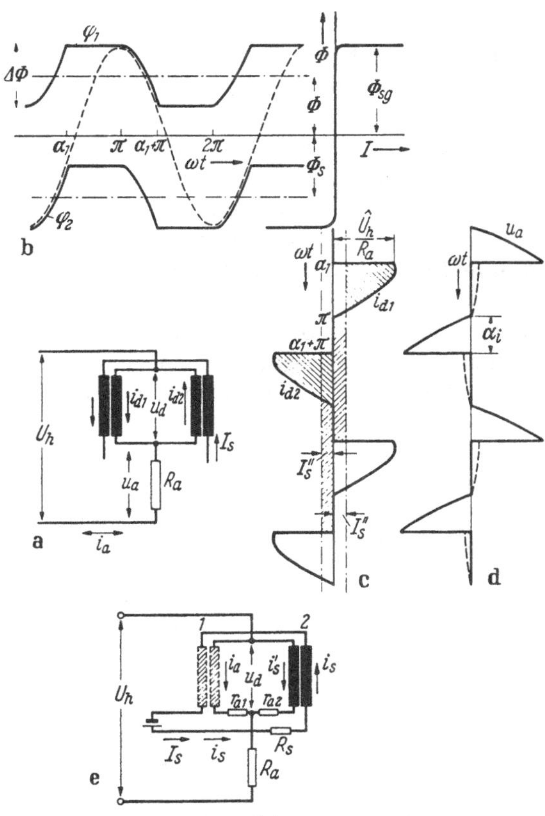

Abb. 4.05a – e. Magnetisierungsvorgang bei der Drosselparallelschaltung

Die beiden Arbeitswicklungen N_a liegen parallel, deshalb sind unabhängig von dem magnetischen Zustand der beiden Drosseln auch die in die Steuerwicklungen induzierten Wechselspannungen einander gleich. Es ist somit immer eine vollständige Entkopplung von Arbeits- und Steuerkreis vorhanden; der Steuerkreis bleibt frei von Wechselstrom. Wegen $U_{d1} = U_{d2} = U_d$ muß nach dem Induktionsgesetz

$$\frac{d\varphi_{d1}}{d\omega t} = \frac{d\varphi_{d2}}{d\omega t} \tag{4.21}$$

sein. Der Drosselfluß φ_d setzt sich aus einer Gleichkomponente, dem Steuerfluß Φ_s und einer Wechselkomponente φ zusammen.

$$\varphi_{d1} = \varphi_1 + \Phi_{sg}$$

$$\varphi_{d2} = \varphi_2 - \Phi_{sg}.$$

Nach Gl. (4.21) muß $\varphi_1 = \varphi_2 = \varphi$ und da $I_s N_{s1} = I_s N_{s2}$ ist, auch $\Phi_{s1} = \Phi_{s2} = \Phi_s$ sein.

An der Drosselparallelschaltung liegt die Spannung

$$U_h = \frac{2}{\pi} \omega N_a \Phi_{sg}. \tag{4.22}$$

Wie die gestrichelte Kurve in Abb. 4.05b zeigt, wird die Magnetisierungskennlinie von Sättigungsknick bis Sättigungsknick ausgesteuert. Durch den Steuerfluß Φ_s werden die Flußkurven nach oben bzw. unten verschoben, so daß im Bereich α_1 bis π die erste Drossel und im Bereich $\alpha_1 + \pi$ bis 2π die zweite Drossel in Sättigung geht. Während sich eine Drossel in Sättigung befindet, muß — wie durch Gl. (4.21) vorgeschrieben — auch an der zweiten, gerade ungesättigten Drossel die Spannung null und deshalb der Fluß konstant sein.

Wir fragen nun nach dem Steuerstrom I_s, der den Steuerfluß Φ_s liefert. Auf Grund der Magnetisierungskennlinie müßte hierfür ein unendlich kleiner Steuerstrom genügen. Zwischen der Flußaussteuerung $\Delta\Phi$ und dem Steuerfluß besteht die Beziehung

$$\Phi_s = \Phi_{sg} - \frac{\Delta\Phi}{2}. \tag{4.23}$$

Nach dem Induktionsgesetz ist $\Delta\Phi$ proportional der in Abb. 4.05d gezeigten, an den Drosseln liegenden Spannungs-Zeit-Fläche.

$$\Delta\Phi = \frac{\hat{U}_h}{\omega N_a} \int_0^{\alpha_1} \sin \omega t = \Phi_{sg}(1 - \cos \alpha_1) \tag{4.24}$$

Gl. (4.24) in Gl. (4.23) eingesetzt ergibt

$$\Phi_s = \frac{\Phi_{sg}}{2} (1 + \cos \alpha_1). \tag{4.25}$$

Die Drossel 1 ist von α_1 bis π gesättigt. In diesem Bereich fließt, wie Abb. 4.05c zeigt, der Sättigungsstrom $i_{d1} = i_a = \frac{u_h}{R_a}$.

Die Drossel 2 bleibt in dieser Zeit stromlos. Nach einer Halbperiode vertauschen die beiden Drosseln ihre Rolle, nun führt Drossel 2 den Sättigungsstrom. Der Gesamtstrom jeder Drossel hat die Gleichstromkomponente

$$I_{d1} = I_{d2} = \frac{\hat{U}_h}{R_a} \frac{1}{2\pi} \int_{\alpha_1}^{\pi} \sin \omega t \, d\,\omega t \tag{4.26}$$

$$I_{d1} = \frac{1}{2\pi} \hat{I}_a (1 + \cos \alpha_1). \tag{4.27}$$

Dieser Gleichstrom muß von der Steuerspannungsquelle geliefert werden, da der Wechselstromkreis hierzu nicht imstande ist. Also ist

$$I_s'' = I_s \frac{N_s}{N_a} = I_{d1}. \tag{4.28}$$

Andererseits erhalten wir den Mittelwert des über den Arbeitswiderstand R_a fließenden Gesamtstromes zu

$$I_a = I_{d1} + I_{d2} = 2 I_d. \tag{4.29}$$

Damit wird das Verhältnis von Arbeitsstrom zu Steuerstrom

$$I_a = 2 \frac{N_s}{N_a} I_s = 2 I_s''. \tag{4.30}$$

Aus den Gln. (4.25), (4.27) und (4.28) ergibt sich die gesuchte Abhängigkeit des Steuerflusses Φ_s vom Steuerstrom I_s'' zu

$$\Phi_s = \Phi_{sg} \pi \frac{I_s''}{I_a} = \frac{R_a}{2 f N_a} I_s''. \tag{4.31}$$

Die betrachtete Schaltung zeigt die Eigenschaften eines Gleichstromwandlers, der den Steuerstrom I_s in einen proportionalen Wechselstrom entsprechend Gl. (4.30) übersetzt.

Es soll nun untersucht werden, ob die Schaltung echte Stromwandlereigenschaften hat. Darunter ist zu verstehen, daß das Verhältnis von Steuer- und Arbeitsstrom in gewissen Grenzen unabhängig von Änderungen der übrigen Betriebsparameter, wie Speisespannung U_h, Frequenz f oder Arbeitswiderstand R_a konstant bleibt. Das Übersetzungsverhältnis $\ddot{u}$ ist unter Berücksichtigung von Gl. (4.27), (4.29) und (4.30)

$$\ddot{u} = \frac{I_a}{I_s} = 2 \frac{N_s}{N_a} = \frac{1}{\pi} \frac{N_s}{N_a} \frac{\hat{U}_h}{I_s'' R_a} (1 + \cos \alpha_1)$$

$$\ddot{u} = \frac{1}{\pi} \frac{N_s}{N_a} \frac{1}{a_s} (1 + \cos \alpha_1) = \text{const} \tag{4.32}$$

mit dem Aussteuergrad $a_s = \dfrac{I_s'' R_a}{\hat{U}_h}$.

Der Sättigungswinkel α_1 stellt sich bei gegebenem I_s immer so ein, daß Gl. (4.32) erfüllt wird. Eine Vergrößerung des Aussteuergrades durch Verkleinerung von $\hat{U}_h$ oder Vergrößerung von R_a verschiebt automatisch die Sättigung nach einem früheren Zeitpunkt; der Sättigungswinkel α_1 wird kleiner. Eine entgegengesetzte Änderung von $\hat{U}_h$ und R_a vergrößert dagegen den Sättigungswinkel.

Die Extremwerte sind:

$$I_s'' = 0 \qquad a_s = 0 \qquad \alpha_1 = \pi$$

$$I_{sm}'' = \frac{1}{\pi}\,\frac{\hat{U}_h}{R_a} \qquad a_s = \frac{1}{\pi} \qquad \alpha_1 = 0\,. \tag{4.33}$$

Bei den Betrachtungen blieben Störungseinflüsse durch den Kupferwiderstand der Arbeitswicklungen r_a oder die Abweichung der technischen Magnetisierungskennlinie von der idealen, rechtwinkligen Form unberücksichtigt. Der Kupferwiderstand der Arbeitswicklung beseitigt teilweise die wechselstrommäßige Entkopplung von Arbeitskreis und Steuerkreis.

Abb. 4.05e zeigt die Drosselparallelschaltung unter Berücksichtigung von r_a. In der Abbildung ist gerade die Drossel 1 gesättigt. Der Sättigungsstrom $i_a \doteq \hat{U}_h/R_a$ erzeugt an r_{a1} den in Abb. 4.05d gestrichelt eingezeichneten Spannungsabfall $i_a \cdot r_a$, der auch an der Arbeitswicklung der ungesättigten Drossel 2 liegt. Sie stellt mit ihrer Steuerwicklung einen Transformator dar, über den in dem Steuerkreis, dessen Schließungswiderstand R_s ist, der Wechselstrom

$$i_s = \frac{N_s}{N_a}\,\frac{i_a\,r_a}{R_s + r_a\left(\frac{N_s}{N_a}\right)^2} \tag{4.34}$$

induziert wird. In der nächsten Halbwelle vertauschen die beiden Drosseln ihre Rolle. Jetzt ist die Drossel 2 gesättigt und Drossel 1 überträgt den Spannungsabfall auf den Steuerkreis. Infolge der Gegeneinanderschaltung der beiden Steuerwicklungen fließt in der zweiten Halbperiode der Steuerstrom i_s in der gleichen Richtung wie in der ersten Halbperiode. Der Steuerwechselstrom enthält somit durch zwei teilbare Harmonische des Wechselstromes. Der Wechselstrom überlagert sich dem Steuer-Gleichstrom.

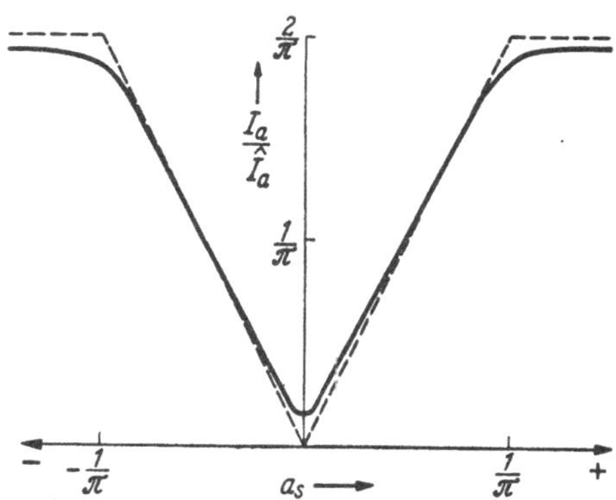

Abb. 4.06. Steuerkennlinie der Drosselparallelschaltung

Abb. 4.06 zeigt die technische Arbeitskennlinie der Drosselparallelschaltung. Gestrichelt ist der ideale Verlauf eingezeichnet. Der endliche Anstieg des steilen Astes der technischen Magnetisierungskennlinie bewirkt, daß auch ohne Steuerstrom ein kleiner Arbeitsstrom fließt. Die Kennlinie $I_a/\hat{I}_0 = f(a_s)$ geht deshalb nicht durch null (positive Abweichung). Von der Steuerspannungsquelle muß für den Steuerfluß Φ_s ein zusätzlicher Magnetisierungsstrom $I_{s\mu}$ aufgebracht werden, der sich zu dem Steuerstrom I_s'' nach Gl. (4.30) addiert. $I_{s\mu}$ nimmt vor allen Dingen bei großer Aussteuerung, bei der Φ_s bereits in die Sättigungskrümmung der Magnetisierungskennlinie fällt, stark zu (negative Abweichung). Schließlich ist die Permeabilität der gesättigten Drossel nicht vernachlässigbar klein, so daß auch bei voller Aussteuerung ein kleiner Teil der Speisespannung an den voll gesättigten Drosseln abfällt Der Ausgangsstrom erreicht deshalb nicht den theoretischen Maximalwert.

Der Arbeitsstrom I_a zeigt sich, wie aus Abb. 4.06 zu ersehen, unabhängig von dem Vorzeichen des Steuerstromes. Eine Vorzeichenumkehr ändert nur die Zuordnung der Sättigungsbereiche der beiden Drosseln zu den Spannungshalbwellen.

Neben der statischen Kennlinie interessieren die dynamischen Eigenschaften des betrachteten stromsteuernden Transduktors. Dabei soll zunächst der Einfluß des Arbeitskreises unberücksichtigt bleiben. Wird an die Steuerwicklung des Transduktors eine Spannung U_s gelegt, so nimmt der Steuerstrom und damit der Arbeitsstrom annähernd nach einer e-Funktion zu. In einer linearen Induktivität L_s mit dem Widerstand R_s steigt der Strom I_s beim Zuschalten einer Spannung U_s exponentiell an:

$$i_s = \frac{U_s}{R_s}\left(1 - e^{-t/T}\right). \tag{4.35}$$

Dabei ist die Zeitkonstante $T = L_s/R_s$. Bei dem stromsteuernden Transduktor läßt sich die Induktivität L_s nicht aus der Magnetisierungskennlinie ableiten, da sich die Permeabilität des Kernwerkstoffes in einer Periode extrem ändert. Wird aber angenommen, daß sich die Änderung des Steuerstromes über mehrere Perioden der Wechselspannung erstreckt, somit $T \gg 1/f$ ist, so kann für die Berechnung der Steuerinduktivität der Mittelwert des Flusses, also Φ_s, herangezogen werden. Es ist

$$L_s = 2N_s\frac{d\Phi_s}{dI_s}, \tag{4.36}$$

Gl. (4.31) differenziert und in Gl. (4.36) eingesetzt ergibt

$$L_s = \frac{R_a}{f}\left(\frac{N_s}{N_a}\right)^2 = \frac{R_a'}{f}. \tag{4.37}$$

R_a' ist der auf die Steuerwindungszahl bezogene Arbeitswiderstand.

Betrachten wir den Übergangsvorgang für den Fall, daß in Abb. 4.07a der Steuerkreis über den Schalter S geschlossen wird. Der Arbeitskreis beeinflußt wesentlich die Zeitkonstante der Drosselparallelschaltung. In den parallel geschalteten Arbeitswicklungen, die einen Kurzschlußkreis mit dem Schließungswiderstand $2r_a$ darstellen, wird ein Ausgleichsstrom i_{ak} induziert, der, wie in Abb. 4.07d gezeigt, i_s entgegenwirkt und die Änderung des Drosselflusses verzögert. Das Verhalten der Schaltung unmittelbar nach dem Schließen des Schalters S beschreibt die Ersatzschaltung Abb. 4.07b. Der Steuerstrom I_s springt danach im ersten Augenblick, wenn r'_a der auf N_s bezogene Kupferwiderstand einer Arbeitswicklung ist, auf

$$I_{s0} = \frac{U_s}{R_s + 2\,r'_a}, \qquad (4.38)$$

wird aber durch einen gleich großen Kurzschlußstrom I_{ak} kompensiert, der dann exponentiell mit der Zeitkonstanten des Transduktors abnimmt.

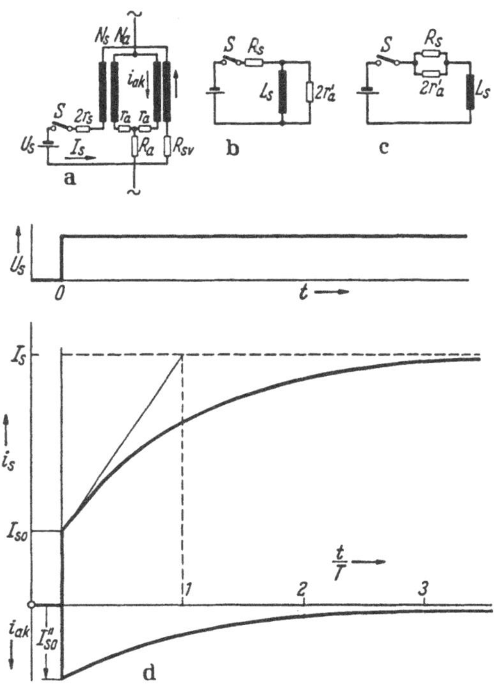

Abb. 4.07a – d. Ausgleichsstrom in den Arbeitswicklungen

Der weitere Verlauf des Flusses ergibt sich aus dem Ersatzschaltbild 4.07c. Es läßt sich die Zeitkonstante ablesen:

$$T = L_s \frac{R_s + 2\,r'_a}{R_s \cdot 2\,r'_a} = \frac{L_s}{R_s} + \frac{L_s}{2\,r'_a} = T_s + T_a. \qquad (4.39)$$

Gl. (4.37) in Gl. (4.39) eingesetzt ergibt

$$T = \frac{1}{f}\left[\frac{R_a}{R_s}\left(\frac{N_s}{N_a}\right)^2 + \frac{R_a}{2\,r_a}\right]. \qquad (4.40)$$

Nach Gl. (4.40) läßt sich die Zeitkonstante des Transduktors durch Vergrößerung des Steuerkreiswiderstandes R_s nicht beliebig verkleinern. Die durch den Arbeitskreis bestimmte Komponente T_a bestimmt den Kleinstwert der Transduktorzeitkonstante. Infolge der schlechten dynamischen Eigenschaften ist die Drosselparallelschaltung beschränkt verwendbar. Sie kommt nur in Frage, wo das Zeitverhalten ohne Bedeutung ist oder eine große Zeitkonstante sogar gewünscht wird.

4.3 Drosselreihenschaltung mit freier Magnetisierung

Bei der Drosselreihenschaltung liegen, wie in Abb. 4.08a gezeigt, die beiden Drosseln und der Arbeitswiderstand R_a in Reihe an der Speisespannung U_h. Die Steuerwicklungen sind gegeneinander geschaltet, so daß sich ohne Vormagnetisierung die in die Steuerwicklungen induzierten Wechselspannungen aufheben. Fließt der Steuerstrom in der gezeichneten Pfeilrichtung, so wird die Drossel 1 in der positiven Flußhalbwelle, die Drossel 2 in der negativen Flußhalbwelle gesättigt. Genau wie bei der Drosselparallelschaltung ist immer nur eine Drossel gesättigt, während sich der Arbeitspunkt der anderen auf dem steilen Ast der Magnetisierungskennlinie befindet. Da die Arbeitswicklungen in Reihe geschaltet sind, muß sich der Steuerkreis an der Wechseldurchflutung beteiligen.

Der Magnetisierungsvorgang hängt aus diesem Grund davon ab, wie weit der Steuerkreis für Wechselstrom offen oder gesperrt ist. Im ersten Fall können sich die durch die Flüsse bestimmten Durchflutungen frei ausbilden, man spricht deshalb von „freier Magnetisierung". Im anderen Fall ist der Steuerkreis für Wechselstrom gesperrt und es wird ein Wechselstrom erzwungen, der die Magnetisierungsbedingungen einer gesättigten und einer ungesättigten Drossel miteinander in Einklang bringt. Dieser Betriebszustand soll als „erzwungene Magnetisierung" bezeichnet werden.

Zunächst wenden wir uns der Drosselreihenschaltung mit freier Magnetisierung zu. In dem Steuerkreis liegt ein Widerstand R_s, der so klein sein soll, daß er den Magnetisierungsvorgang nicht wesentlich beeinflußt. Dann ist

$$u_{d1} - u_{d2} = N_a \frac{d(\varphi_1 - \varphi_2)}{dt} = 0, \tag{4.41}$$

und die Flüsse beider Drosseln haben gleiche Form. Es soll eine ideale, rechtwinklige Magnetisierungskennlinie vorliegen. Wie Abb. 4.08b zeigt, verschiebt der Steuerstrom I_s die Flußkurven nach oben bzw. nach unten, so daß die Drossel 1 von α_1 bis π, die Drossel 2 von $(\pi + \alpha_1)$ bis 2π in Sättigung gehen.

Ist eine der Drosseln in Sättigung, so fließt der Sättigungsstrom $i_a = u_h/R_a$ über die ungesättigte Drossel. Für diese muß aber wegen der steilen Magnetisierungskennlinie die Summe der Durchflutungen null sein

$$i_a N_a + i_s N_s = 0. \tag{4.42}$$

Das ist erfüllt, wenn i_a transformatorisch in den Steuerkreis als $i_s = i_a'$ übertragen wird. Der Kompensationsstrom i_s kann fließen, da die Reaktanz der anderen, gesättigten Drossel null ist. Nach einer Halbwelle vertauschen die beiden Drosseln ihre Rolle. Jetzt transformiert Drossel 2 den Sättigungsstrom in den Steuerkreis. Da die Steuerwicklungen aber gegeneinander geschaltet sind, hat i_s die gleiche Richtung wie in der ersten Halbperiode. In Abb. 4.08c ist der zeitliche Verlauf des Arbeits-

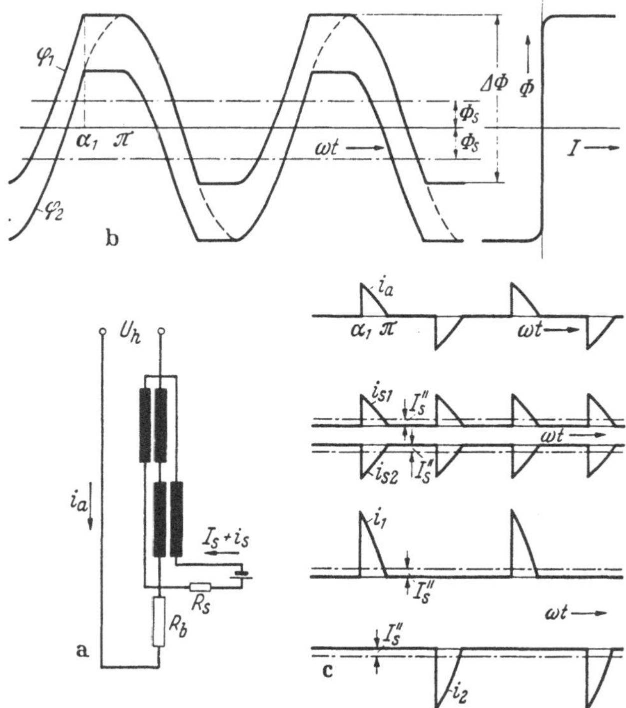

Abb. 4.08a–c. Drosselreihenschaltung mit freier Magnetisierung

stromes i_a und des Steuerwechselstromes i_s aufgetragen. In bezug auf den Wickelsinn der Arbeitswicklung hat der Steuerstrom i_{s1} gegenüber i_{s2} entgegengesetzte Richtung. Der Gesamtstrom der Drosseln, bezogen auf den Arbeitskreis, ist

$$\begin{aligned} i_1 &= i_a + i_s'' \\ i_2 &= i_a - i_s''. \end{aligned} \tag{4.43}$$

Den zeitlichen Verlauf der Gesamtströme zeigt ebenfalls Abb. 4.08c. Die Gleichstromkomponente von i_s muß von der Steuerspannungsquelle U_s geliefert werden. Es ergibt sich deshalb

$$I_s = \frac{1}{\pi}\int_{\alpha_1}^{\pi} i_s\, d\,\omega t = \frac{1}{\pi}\int_{\alpha_1}^{\pi} i_a'\, d\,\omega t = \frac{\hat{U}_h}{\pi R_a}\,\frac{N_a}{N_s}\int_{\alpha_1}^{\pi} \sin\omega t\, d\,\omega t \tag{4.44}$$

$$I_s = \frac{\hat{U}_h}{\pi R_a}\,\frac{N_a}{N_s}\,(1 + \cos\alpha_1)\,. \tag{4.45}$$

Da andererseits der Mittelwert von i_a (nach erfolgter Gleichrichtung) gleich i_s ist, gilt

$$I_a = \frac{N_s}{N_a} I_s = I_s''. \tag{4.46}$$

Das Durchflutungsgleichgewicht nach Gl. (4.46) bleibt auch erhalten, wenn sich die Speisespannung U_h oder der Arbeitswiderstand R_a ändert. Dem Absinken des Arbeitsstromes infolge einer Verkleinerung von U_h oder Vergrößerung von R_a begegnet der Transduktor durch eine entsprechende Vergrößerung des Sättigungsbereiches $\alpha_1 \ldots \pi$. Die Drosselreihenschaltung hat genau wie die Drosselparallelschaltung echte Stromwandlereigenschaften, da weder eine Änderung der Speisespannung noch des Arbeitswiderstandes den Arbeitsstrom beeinflußt.

Der Wechselstrom wird allein durch den Steuerstrom bestimmt. Die Proportionalität zwischen Arbeitsstrom und Steuerstrom bleibt erhalten bis jede Drossel während einer Halbperiode gesättigt und $\alpha_1 = 0$ wird. Der maximale Steuerstrom ist

$$I_{sm} = \frac{2}{\pi} \frac{\hat{U}_h}{R_a} \frac{N_a}{N_s} = \frac{2}{\pi} \hat{I}_a'. \tag{4.47}$$

Es sind nun wieder die dynamischen Eigenschaften der Drosselreihenschaltung zu untersuchen. Zunächst soll die Abhängigkeit des Steuerflusses vom Steuerstrom ermittelt werden. Die Speisespannung ist so gewählt, daß ohne Vormagnetisierung der Wechselfluß die Magnetisierungskennlinie vom oberen Sättigungsknick bis zum unteren Sättigungsknick aussteuert. Dann ergibt sich:

$$\hat{U}_h = 2\omega N_a \Phi_{sg}. \tag{4.48}$$

Nach dem Induktionsgesetz ist die Flußaussteuerung $\Delta\Phi$ in einer Halbperiode der Speisespannung

$$\Delta\Phi = 2\,(\Phi_{sg} - \Phi_s) = \frac{\hat{U}_h}{2\,\omega N_a} \int_0^{\alpha_1} \sin \omega t \, d\,\omega t \tag{4.49}$$

$$= \frac{\hat{U}_h}{2\,\omega N_a} (1 - \cos\alpha_1) = \Phi_{sg}(1 - \cos\alpha_1). \tag{4.50}$$

Aus Gl. (4.49) wird der Steuerfluß zu

$$\Phi_s = \frac{\Phi_{sg}}{2} (1 + \cos\alpha_1). \tag{4.51}$$

Mit Gl. (4.45) und (4.51) ergibt sich die Induktivität des Steuerkreises

$$L_s = 2 N_s \frac{d\Phi_s}{dI_s} = \frac{R_a}{4f} \left(\frac{N_s}{N_a}\right)^2 = \frac{R_a'}{4f} \tag{4.52}$$

und damit die Zeitkonstante

$$T = \frac{L_s}{R_s} = \frac{1}{4f}\,\frac{R_a}{R_s}\left(\frac{N_s}{N_a}\right)^2. \tag{4.53}$$

Nun soll ein weiterer Begriff eingeführt werden. Es ist zweckmäßig, Kenngrößen zu definieren, die es ermöglichen, Transduktoren in bezug auf ihre Betriebseigenschaften zu vergleichen. Dabei wird man bemüht sein, solche Faktoren zu eliminieren, die, wie die Windungszahlen der Wicklungen, individuell bemessen werden. Mit einem Transduktor soll eine bestimmte Leistungsverstärkung V_p bei möglichst kleiner Zeitkonstante erreicht werden. Es ist deshalb zweckmäßig, als Kenngröße das Verhältnis von Leistungsverstärkung zur Zeitkonstanten zu wählen und, um eine dimensionslose Zahl zu erhalten, noch durch die Betriebsfrequenz zu dividieren. Diese Kenngröße wird als Gütefaktor

$$G = \frac{V_p}{f\,T} \tag{4.54}$$

bezeichnet. Die Leistungsverstärkung ist, wenn man nur die Gleichstromkomponente des Arbeitsstromes betrachtet, bei einer Änderung von I_s um ΔI_s:

$$V_p = \frac{(I_a + \Delta I_a)^2 - I_a^2}{(I_s + \Delta I_s)^2 - I_s^2}\,\frac{R_a}{R_s} = \frac{(\Delta I_a)^2 + 2\Delta I_a I_a}{(\Delta I_s)^2 + 2\Delta I_s I_s}\,\frac{R_a}{R_s}. \tag{4.55}$$

Ist $\Delta I_a \gg I_a$, d. h. wird vom nahezu geschlossenen Verstärker ausgegangen, so vereinfacht sich Gl. (4.55) zu

$$V_p = \frac{(\Delta I_a)^2}{(\Delta I_s)^2}\,\frac{R_a}{R_s}. \tag{4.56}$$

Die Gl. (4.53) und (4. 56) in Gl. (4.54) eingesetzt ergibt

$$\begin{aligned} G &= \frac{(\Delta I_a)^2 R_a\, 4 f R_s}{(\Delta I_s)^2 R_s\, f R_a}\left(\frac{N_a}{N_s}\right)^2 \\ G &= 4\left(\frac{\Delta \Theta_a}{\Delta \Theta_s}\right)^2 = 4\,. \end{aligned} \tag{4.57}$$

Die Arbeitsdurchflutung Θ_a und die Steuerdurchflutung Θ_s sind einander gleich. Der Gütefaktor ist unabhängig von den Windungszahlen der Wicklungen gleich 4.

4.4 Drosselreihenschaltung mit erzwungener Magnetisierung

Es wird nun der Fall betrachtet, daß der Steuerkreis für Wechselstrom gesperrt ist. Im Schaltbild Abb. 4.09a dient hierzu die Sperrdrossel D. Es genügt aber auch ein großer Steuerkreiswiderstand, der die Bedingung $R_s \gg R_a (N_s/N_a)^2$ erfüllt. Auch hier erfolgt die Sättigung der beiden Drosseln in verschiedenen Halbperioden. Eine gesättigte und eine ungesättigte Drossel liegen in Reihe, ohne daß über die Steuerwicklung ein Ausgleich möglich ist.

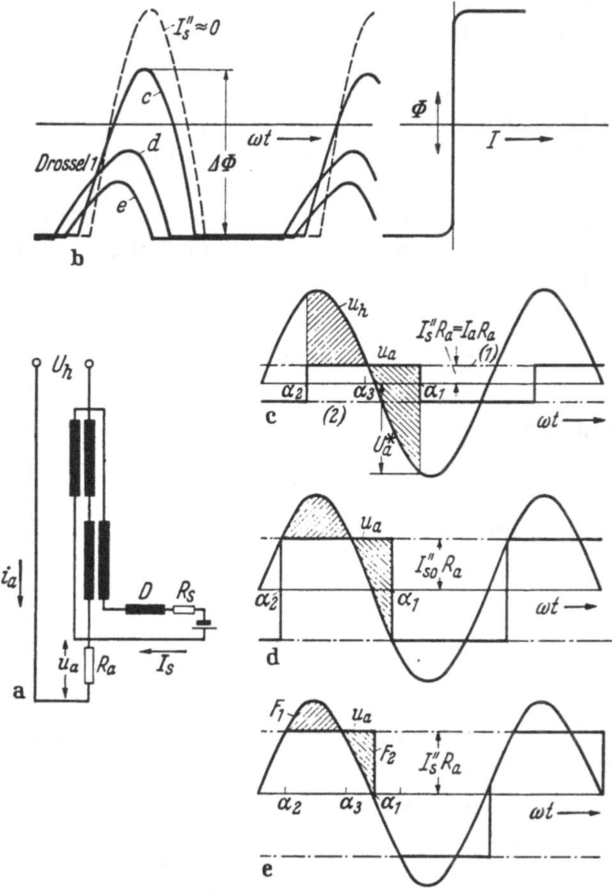

Abb. 4.09a–e. Drosselreihenschaltung mit erzwungener Magnetisierung

Zunächst wird der Arbeitskreis untersucht und angenommen, daß der Steuerstrom I_s fließt, der auf die Arbeitswicklung bezogen, den Wert $I_s'' = I_s N_s/N_a$ hat. Infolge der rechtwinkligen Magnetisierungskennlinie muß bei ungesättigter Drossel, und es ist immer eine Drossel ungesättigt, die Summe der Durchflutungen null sein.

$$I_s N_s + I_a N_a = 0$$

oder

$$|I_a| = |I_s''| . \tag{4.58}$$

Auf diesem Wert wird der Arbeitsstrom gehalten bis die betrachtete Drossel in Sättigung geht. Die zweite Drossel hat in dieser Zeit wegen ihres Sättigungszustandes auf den Strom keinen Einfluß. Abb. 4.09c zeigt den Verlauf der Speisespannung. Die strichpunktierten Geraden kennzeichnen den Spannungsabfall des Arbeitsstromes nach Gl. (4.58) am Arbeitswiderstand R_a. Die Gerade (1) gilt für die Drossel 1, die Gerade (2) für die Drossel 2. Größere Ausgangsspannungen als $U_a = I_a \cdot R_a$ können nicht auftreten, da die ungesättigte Drossel keine weitere Stromänderung zuläßt. Die Drossel 1 kommt im Winkel α_2 aus der Sättigung. Danach liegt an ihr die im Diagramm c gestrichelte Spannung-Zeitfläche. Infolge der positiven Spannung-Zeitfläche nimmt, wie aus Bild 4.09b zu ersehen, der Fluß von $-\Phi_{sg}$ ausgehend zu, bis von α_3 ab die schraffierte negative Spannung-Zeitfläche wirkt und den Fluß zum Sättigungswert zurückbringt. Es ist

$$\Delta\Phi = \frac{\hat{U}_h}{\omega N_a} \int_{\alpha_2}^{\alpha_1} \left(\sin\omega t - \frac{I_a'' R_a}{\hat{U}_h}\right) d\,\omega t = 0\,. \tag{4.59}$$

Daraus erhalten wir

$$\cos\alpha_2 - \cos\alpha_1 - a_s(\alpha_1 - \alpha_2) = 0\,. \tag{4.60}$$

Aus Symmetriegründen ist $\alpha_1 = \alpha_2 + \pi$.

In Gl. (4.60) eingesetzt ergibt sich

$$a_s = \frac{2}{\pi}\cos\alpha_2\,. \tag{4.61}$$

Im Winkel α_1 geht die Drossel 1 wieder in Sättigung und die Ausgangsspannung U_a des Transduktors würde ohne den Einfluß der zweiten immer noch gesättigten Drossel 2 den Wert U_a^* annehmen. Sobald aber die Spannung an R_a den Wert $-I_s'' R_a$ erreicht hat, ist für Drossel 2 das Durchflutungsgleichgewicht erfüllt, sie kommt aus der Sättigung und unterbindet jedes weitere Anwachsen der Ausgangsspannung. In jeder Halbperiode erfolgt somit ein sprunghafter Übergang der Strombegrenzerfunktion von einer Drossel auf die andere.

Es wird nun I_s'' soweit vergrößert, daß der in Abb. 4.09d dargestellte Grenzfall, $I_s'' = I_{s0}''$ vorliegt, bei dem im Umschlagwinkel α_2 der Augenblickswert von U_h gleich $I_{s0}'' R_a$ ist. In α_2 kann U_h gerade noch den zum Durchflutungsgleichgewicht der Drossel 2 notwendigen Strom $i_a = -I_{s0}''$ liefern.

$$\hat{U}_h \sin\alpha_2 = I_{s0}'' R_a \tag{4.62}$$

$$\sin\alpha_2 = a_{s0}\,.$$

In Gl. (4.61) eingesetzt, erhalten wir

$$a_{s0} = \frac{2}{\pi} \sqrt{1 - a_{s0}^2}$$
$$a_{s0} = \frac{1}{\sqrt{1 + \pi^2/_4}} = 0{,}54\,. \qquad (4.63)$$

Im Bereich $a_s = 0 \ldots 0{,}54$ gilt für den Arbeitsstrom das Durchflutungsgleichgewicht Gl. (4.58), außerdem haben, wie die Diagramme c und d zeigen, I_a und U_a Rechteckform. Aus Gl. (4.63) ergibt sich

$$I_{s0}'' = 0{,}54 \frac{\hat{U}_h}{R_a} = 0{,}54\,\hat{I}_a\,. \qquad (4.64)$$

Eine Änderung der Speisespannung oder des Arbeitswiderstandes bleibt ohne Einfluß auf I_a, solange $a_s \leqq a_{s0}$ ist. Dieser Teil der Aussteuerung soll als Proportionalbereich und a_{s0} als Proportionalitätsgrenze bezeichnet werden.

Abb. 4.09e gilt für eine Aussteuerung oberhalb des Proportionalbereiches. Auch hier erfolgt die Begrenzung durch die in Ummagnetisierung befindliche Drossel auf den Wert $i_a = I_s''$. Zum Unterschied gegenüber dem Proportionalbereich ist jedoch im Zeitpunkt, da die Drossel 1 bei α_1 in Sättigung geht, der Augenblickswert von U_h so klein, daß die Arbeitsdurchflutung nicht ausreicht, in Drossel 2 die Steuerdurchflutung zu kompensieren und damit diese Drossel sofort in den ungesättigten Zustand zu überführen. Von α_1 bis $\pi + \alpha_2$ sind deshalb beide Drosseln gesättigt. Erst bei $\alpha_2 + \pi$ wird $i_a = I_s''$ und die Begrenzungswirkung von Drossel 2 setzt ein. Der Arbeitsstrom hat jetzt nicht mehr reine Rechteckform, sondern folgt zeitweise der sin-Kurve.

Im Übersteuerungsbereich ist wie aus Abb. 4.09e abzulesen:

$$U_a = \frac{1}{\pi}\left[I_s'' R_a(\alpha_1 - \alpha_2) + \hat{U}_h \int_{\alpha_1}^{\alpha_2 + \pi} \sin \omega t \, d\,\omega t\right]$$
$$= \frac{\hat{U}_h}{\pi}\,[a_s(\alpha_1 - \alpha_2) - \cos\alpha_2 - \cos\alpha_1]\,. \qquad (4.65)$$

Gl. (4.60) in Gl. (4.65) eingesetzt ergibt

$$U_a = \frac{2}{\pi}\,\hat{U}_h \cos\alpha_1\,. \qquad (4.66)$$

Für $\alpha_1 = \pi$ wird $U_a = U_{am} = (2/\pi)\,\hat{U}_h$. Den Magnetisierungswinkel $\alpha_1 = \pi$ in Gl. (4.60) eingesetzt, liefert unter Berücksichtigung von

$$\sin\alpha_2 = a_s \qquad (4.67)$$

den maximalen Aussteuergrad $a_{sm} = 0{,}72$

und damit

$$I''_{sm} = 0{,}72\,\frac{\hat{U}_h}{R_a} = 0{,}72\,\hat{I}_a\,. \tag{4.68}$$

Eine weitere Vergrößerung von I''_s ändert nicht mehr den Betrag von U_a bzw. I_a. Die schraffierten Spannung-Zeitflächen werden nun immer kleiner, so daß sich Arbeitsstrom und Arbeitsspannung immer mehr der Sinusform nähern; der Mittelwert der Ausgangsgrößen bleibt konstant.

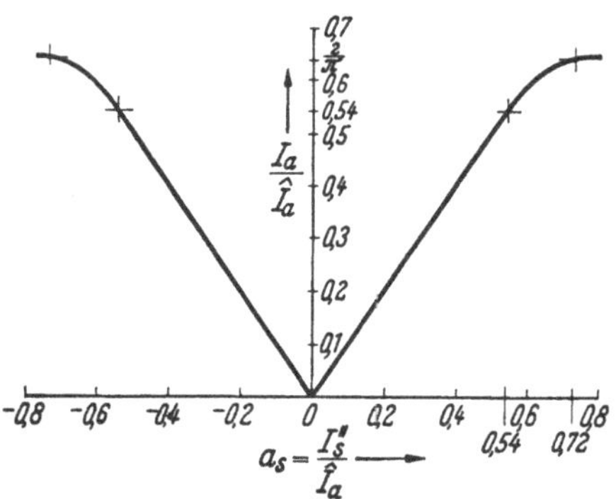

Abb. 4.10. Steuerkennlinie der Drosselreihenschaltung

Abb 4.10 zeigt die Transduktorkennlinie $I_a/\hat{I}_a = f(a_s)$. Der Linearitätsbereich erstreckt sich bis $a_{s0} = 0{,}54$. Daran schließt sich der Übersteuerungsbereich an, in dem die Kennlinie gekrümmt ist und stetig in den Grenzwert $\frac{I_a}{\hat{I}_a} = \frac{2}{\pi} = 0{,}64$ einläuft. Der Arbeitsstrom bleibt auch hier unabhängig von dem Vorzeichen des Steuerstromes.

Wie bereits gesagt, läßt sich der Zustand der erzwungenen Magnetisierung durch eine Sperrdrossel im Steuerkreis oder durch einen großen Steuerkreiswiderstand R_s erreichen. Bei schnellen Transduktoren werden durch Induktivitäten möglichst nur Kreise mit konstanter oder langsam veränderbarer Durchflutung gesperrt, während der Hauptsteuerkreis mit aufgedrücktem Strom arbeitet.

Die wichtigste Anwendung des stromsteuernden Transduktors mit erzwungener Magnetisierung sind die Gleichstromwandler. Der Meßstrom wird meist nur in einer Windung durch die Transduktordrosseln geführt. Die Induktivität der Steuerwicklung ist dann gegenüber den im Meßkreis befindlichen Widerständen so klein, daß sie keinen Einfluß auf den zeitlichen Verlauf des Meßstromes hat. Eine Zeitkonstante im Sinn von Gl. (4.53) ist deshalb nicht angebbar, doch kann, je nach Arbeitspunkt, eine kleine Verzögerung zwischen Steuerstrom I_s und Arbeitsstrom vorhanden sein.

Betrachten wir eine plötzliche Änderung von I_s um ΔI_s. Im Zeitpunkt des Sprunges ist eine der beiden Drosseln gesättigt, während die andere als Strombegrenzer arbeitet. Während der Ummagnetisierung nimmt die begrenzende Drossel die in Abb. 4.09c schraffierte Spannung-Zeitfläche auf. Liegt der Sprung von I_s auf $I_s + \Delta I_s$ unmittelbar nach α_1, so erfolgt, infolge der Störung des Durchflutungsgleichgewichtes, die Begrenzung sofort mit dem den neuen Steuerstrom kompensierenden größeren Arbeitsstrom; vorausgesetzt, der Augenblickswert der Speisespannung ist genügend groß, um sofort den neuen Arbeitsstrom abgeben zu können. Liegt der Steuerstromsprung ΔI_s unmittelbar nach α_3, so wird auch hier durch die Steuerstromerhöhung eine sofortige Sättigung der in Ummagnetisierung befindlichen Drossel erzwungen. Der Strom steigt aber allmählich — beide Drosseln sind jetzt gesättigt — nach Maßgabe der Speisespannung an, bis $u_h/R_a = (I_s + \Delta I_s)''$ wird und damit der neue stationäre Strom erreicht ist. Es ist deshalb zweckmäßig, mit einer Zeit von $1/4f$ zu rechnen, in der I_a dynamisch von I_s'' abweicht.

4.5 Einfluß der technischen Magnetisierungskennlinie

Den bisherigen Betrachtungen lag immer die Annahme einer idealen, rechtwinkligen Magnetisierungskennlinie zugrunde. Die Verschiebung des Arbeitspunktes auf der Magnetisierungskennlinie erfordert dann nur eine unendlich kleine Magnetisierungsdurchflutung. Die Steuerdurchflutung hat nur die Rückwirkung des Arbeitsstromes auf den Magnetisierungsvorgang zu kompensieren. Der ideale stromsteuernde Transduktor stellt einen Verstärker mit unendlichem Verstärkungsfaktor, aber einer starken Stromgegenkopplung dar.

Wir betrachten die Drosselreihenschaltung mit freier Magnetisierung, aber diesmal unter Verwendung eines Kernwerkstoffes, dessen Magnetisierungskennlinie nach Abb. 4.11a von der idealen Rechteckform abweicht. Die Permeabilität im steilen Ast der Kennlinie bleibt endlich, der Übergang in die Sättigung erfolgt allmählich und die Sättigungs-Permeabilität ist nicht vernachlässigbar klein. Für die Größe des Arbeitswiderstandes R_a sind jetzt gewisse Grenzen gesetzt. Hat R_a einen zu kleinen Wert so fällt ein Teil der Speisespannung an der gesättigten Drossel ab, ist er zu groß, so beeinträchtigt er die Ummagnetisierung im Magnetisierungsbereich. Bei richtiger Wahl des Arbeitswiderstandes unterscheiden sich die Flußkurven in Abb. 4.11a wenig von denen in Abb. 4.08.

Die Gesamtströme der beiden Drosseln $i_1 = i_a + i_s''$, $i_2 = i_a - i_s''$ ergeben sich aus den Flußkurven durch Spiegelung an der Magnetisierungskennlinie. Sie sind in Abb. 4.11b gestrichelt gekennzeichnet. Die Drosselströme lassen sich durch Fourieranalyse in einen Gleichstrom $\hat{I}_s''$ die Grundwelle $\hat{I}_{\mathrm{I}}$ und die Oberwellen zerlegen. Es wird:

$$i_1 = I_s'' + \hat{I}_{\mathrm{I}} \sin(\omega t - \alpha_{\mathrm{I}}) + \hat{I}_{\mathrm{II}} \sin(2\,\omega t - \alpha_{\mathrm{II}}) + \hat{I}_{\mathrm{III}} \sin(3\,\omega t - \alpha_{\mathrm{III}}) + \cdots \qquad (4.69)$$

Der Strom der zweiten Drossel ist dann

$$i_2 = -I''_s - \hat{I}_{\mathrm{I}} \sin(\omega t - \pi - \alpha_{\mathrm{I}}) - \hat{I}_{\mathrm{II}} \sin(2\omega t - 2\pi - \alpha_{\mathrm{II}}) - \hat{I}_{\mathrm{III}} \sin(3\,\omega t - 3\,\pi - \alpha_{\mathrm{III}}) - \cdots \tag{4.70}$$

$$i_2 = -I''_s + \hat{I}_{\mathrm{I}} \sin(\omega t - \alpha_1) - \hat{I}_{\mathrm{II}} \sin(2\,\omega t - \alpha_{\mathrm{II}}) + \hat{I}_{\mathrm{III}} \sin(3\omega t - \alpha_{\mathrm{III}}) - + \cdots \tag{4.71}$$

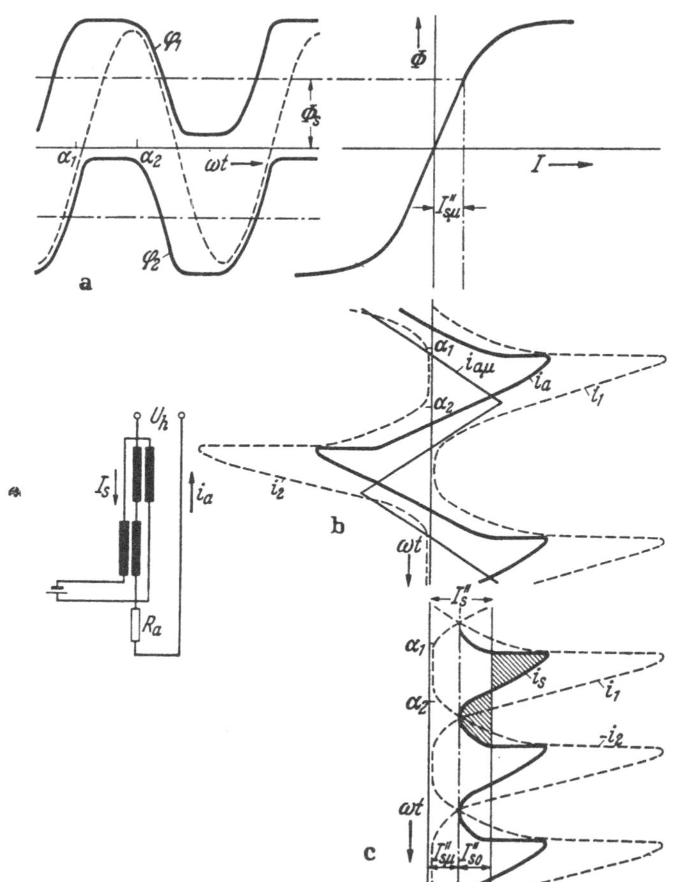

Abb. 4.11 a – c. Drosselreihenschaltung mit verschliffener Magnetisierungskennlinie

Der Arbeitsstrom i_a ergibt sich dann aus den Gl. (4.69) und (4.71) zu

$$i_a = \frac{i_a + i''_s + i_a - i''_s}{2} = \frac{i_1 + i_2}{2} \tag{4.72}$$

$$i_a = \hat{I}_{\mathrm{I}} \sin(\omega t - \alpha_1) + \hat{I}_{\mathrm{III}} \sin(3\,\omega t - \alpha_{\mathrm{III}}) + \hat{I}_{\mathrm{V}} \sin(5\,\omega t - \alpha_{\mathrm{V}}) \cdots \tag{4.73}$$

Im Arbeitskreis fließen die Grundwelle und die ungeradzahligen höheren Harmonischen. Der Steuerstrom ist dagegen gleich

$$i_s'' = \frac{i_a + i_s'' - i_a + i_s''}{2} = \frac{i_1 - i_2}{2} \tag{4.74}$$

$$i_s'' = I_s'' + \hat{I}_{\text{II}} \sin(2\,\omega t - \alpha_{\text{II}}) + \hat{I}_{\text{IV}} \sin(4\,\omega t - \alpha_{\text{IV}}) + \cdots \tag{4.75}$$

Im Steuerkreis fließen die Gleichstromkomponente und die geradzahligen Harmonischen der Grundfrequenz.

Wie aus Abb. 4.11 b zu ersehen, besteht i_a nicht aus Sinussegmenten. Die Stromlücken werden durch den Magnetisierungsstrom der ungesättigten Drossel ausfüllt. Den Arbeitsstrom i_a erhalten wir nach Gl. (4.72) durch Addition der gestrichelten Drosselströme i_1, i_2 und Halbierung der Amplitude. Abb. 4.11 c zeigt die graphische Konstruktion des Steuerstromes i_s nach Gl. (4.74). Die beiden Gesamtströme werden voneinander subtrahiert und die Differenz halbiert. Wir erhalten dann die stark ausgezogene Kurve i_s, deren Mittelwert I_s'' ist. Die beiden schraffierten Flächen sind gleich. Im Ummagnetisierungsbereich α_2 bis $\alpha_1 + \pi$ ist i_s nicht mehr null. Es bleibt ein Steuerstrom $I_{s\mu}''$, der benötigt wird, um den Steuerfluß Φ_s zu halten. Dazu kommt der Strom I_{s0}'', der dem Steuerstrom bei idealer Magnetisierungskennlinie entspricht und die Gleichstromkomponente des Steuerstromes ohne Magnetisierungsstrom $I_{s\mu}''$ darstellt. Der Strom I_{s0} ist abhängig von der Krümmung der Magnetisierungskennlinie. Bei einem geradlinigen Verlauf wäre $I_{s0} = 0$ und ein Maximum bei rechtwinkligem Abknicken der Kennlinie. Also wird I_{s0} bei der technischen Magnetisierungskennlinie kleiner sein als bei idealem Kernwerkstoff.

Der Einfluß der Verschleifung der Magnetisierungskennlinie auf die Arbeitskennlinie $I_a = f(I_s'')$ nach Abb. 4.06 läßt sich wie folgt abschätzen: Der kleinste Arbeitsstrom wird durch den Magnetisierungsstrom $i_{a\mu}$ der ungesättigten Drosseln bestimmt. Die Abweichung der Kennlinie gegenüber der Geraden $I_a = I_s''$ nimmt mit wachsendem Steuerstrom zunächst ab, da auch der Steuerkreis zur Vergrößerung von Φ_s einen zusätzlichen Strom $I_{s\mu}$ aufbringen muß. Mit größer werdender Aussteuerung nimmt $I_{s\mu}$ immermehr zu und bewirkt, daß schließlich $I_s'' > I_a$ wird.

Die Unabhängigkeit des Arbeitsstromes von der Speisespannung geht bei einer verschliffenen Magnetisierungskennlinie zum Teil verloren. Der Abb. 4.12 liegt die Annahme zugrunde, daß die Speisespannung im Verhältnis 1 : 3,5 geändert wird und bei unverändertem R_a der Ausgangsstrom konstant gehalten werden soll. Bei voller Aussteuerung der Magnetisierungskennlinie durch den Wechselfluß ($U_h = U_h^*$) ist für einen Arbeitsstrom I_a^* ein gewisser Stromflußwinkel $\alpha_i^* = \alpha_2 - \alpha_1$

notwendig. Wird die Spannung nun auf $U_h^{**} = U_h^*/3{,}5$ verkleinert, so kann der Strom I_a^* nur bei einer Vergrößerung des Stromflußwinkels von α_i^* auf α_i^{**} weiter fließen. Das ist aber nur durch die Vergrößerung

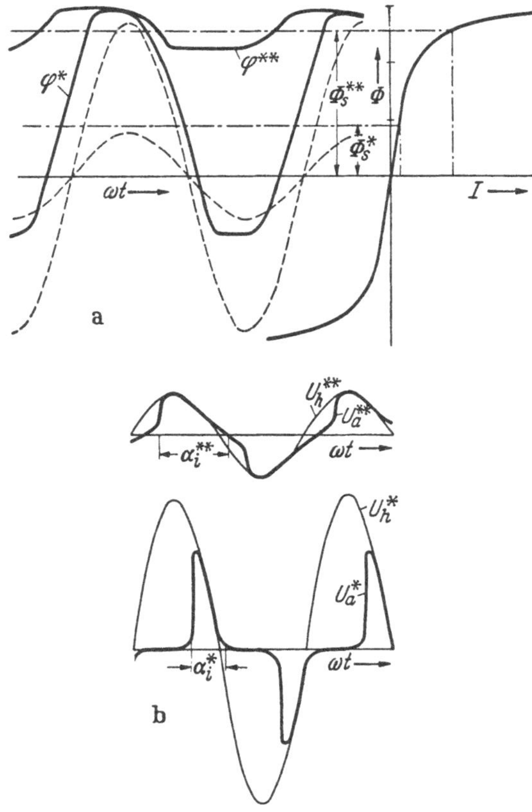

Abb. 4.12a u. b. Einfluß einer Änderung der Speisespannung auf den Magnetisierungsvorgang bei verschliffener Magnetisierungskennlinie

des Steuerflusses von Φ_s^* auf Φ_s^{**} möglich. Der Fluß Φ_s^{**} liegt dann aber bereits im Sättigungsknick, so daß ein großer Magnetisierungs-Steuerstrom $I_{s\mu}$ notwendig wird. Der Arbeitsstrom I_a kann nur dann auf einem konstanten Betrag gehalten werden, wenn gleichzeitig mit der Verkleinerung der Speisespannung der Steuerstrom zunimmt.

Abb. 4.13a zeigt das Kennlinienfeld eines stromsteuernden Transduktors, dessen Drosseln aus Nickel-Eisen-Blechen aufgebaut sind. Die einzelnen Kennlinien gelten für konstanten Steuerstrom. Bei idealem Kernwerkstoff würden die Kennlinien vertikale Geraden sein. Die Kurven gehen asymptotisch oben und unten in zwei parallele Geraden über, deren Steigung proportional R_a ist, da sie den Spannungsabfall des

Arbeitsstromes am Arbeitswiderstand bei vollgesättigten Drosseln berücksichtigen. Für drei Speisespannungen, in Abb. 4.13a durch strichpunktierte Geraden gekennzeichnet, sind in Abb. 4.13b die Arbeits-

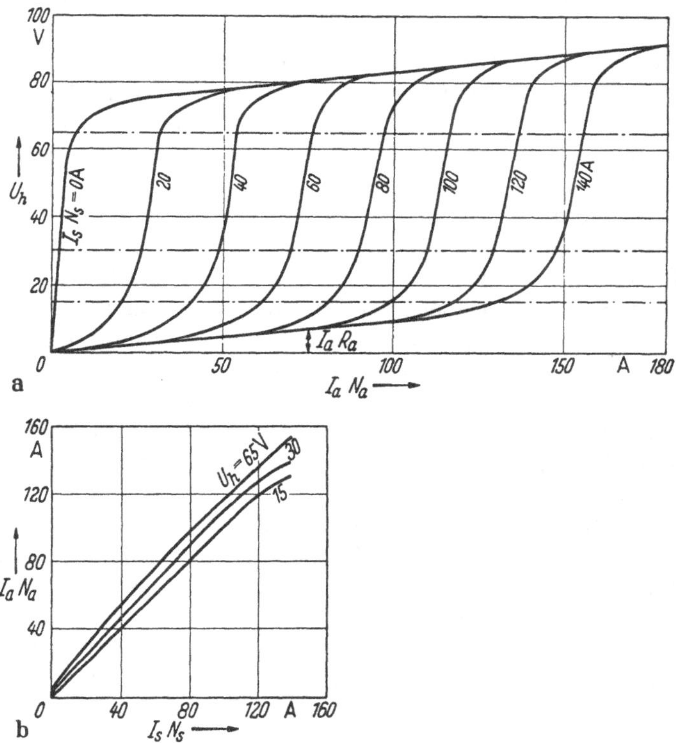

Abb. 4.13a u. b. Kennlinienfeld (a) und Durchflutungskennlinie (b) der Drosselreihenschaltung

kennlinien $\Theta_a = f(\Theta_s)$ aufgetragen. Bei einer Änderung der Speisespannung um $+120\%$ bzw. um -50% gegenüber $U_h = 30$ V ändert sich der Arbeitsstrom um weniger als 10%.

5. Rückgekoppelte Transduktoren

Bei den stromgesteuerten Transduktoren sind Arbeits- und Steuerdurchflutung einander gleich; für jede ist der halbe Wickelraum vorzusehen. Wegen des Durchflutungsgleichgewichtes ist die Leistungsverstärkung klein. Stromsteuernde Transduktoren werden deshalb fast ausschließlich als Gleichstromwandler eingesetzt, bei denen ein Gleichstrom in einen anderen mit konstantem Übersetzungsverhältnis überführt werden soll. Hierbei ist die Unabhängigkeit des Übersetzungsverhältnisses von Störgrößen wie Schwankungen der Speisespannung oder der Frequenz sehr wertvoll.

In den meisten Anwendungsfällen lautet die Aufgabenstellung des Transduktors anders. Eine größere Gleich- oder Wechselstromleistung ist mit einer kleinen Gleichstromleistung zu steuern. Das Schwergewicht liegt hier somit auf der Leistungsverstärkung. Die Zeitkonstante soll dabei so klein als irgend möglich sein, was eine große Güte bedingt. Der stromsteuernde Transduktor ist für diese Aufgabe wegen seiner kleinen Leistungsverstärkung und geringen Güte schlecht geeignet. Es muß vielmehr ein Transduktortyp eingesetzt werden, der zur vollen Aussteuerung mit einer kleineren Steuerdurchflutung auskommt. Die große Steuerdurchflutung des stromsteuernden Transduktors wird fast vollständig zur Kompensation der Arbeitsdurchflutung im Magnetisierungsbereich benötigt. Gelingt es, die Rückwirkung des Sättigungsstromes auf den Magnetisierungsvorgang zu beseitigen, so läßt sich die Steuerdurchflutung auf den durch die Magnetisierungskennlinie bedingten Rest verkleinern.

Vergleichen wir den stromsteuernden Transduktor mit einem Gleichstromgenerator, der ein starkes Gegen-Reihenschlußfeld besitzt. Der Erregerkreis muß zusätzlich zu der Magnetisierungsdurchflutung die vom Ankerstrom abhängige Durchflutung aufbringen. Die Wirkung des Gegen-Reihenschlußfeldes kann durch ein zusätzliches Mit-Reihenschlußfeld kompensiert werden oder anders ausgedrückt: Die Gegenkopplung des Ankerstromes kompensiert ein gleich starker Rückkopplungsstrom. Auch bei dem Transduktor läßt sich die innere Stromgegenkopplung durch eine äußere Strommitkopplung verkleinern oder sogar kompensieren. Daneben besteht die Möglichkeit, die Stromgegenkopplung dadurch zu beseitigen, daß der Arbeitsstrom im Magnetisierungsbereich null gemacht wird. Das kann, wie im Abschn. 6 (S. 97ff.) gezeigt werden soll, durch einen in Reihe mit den Arbeitswicklungen liegenden Gleichrichter erfolgen.

Abb. 5.01 zeigt drei rückgekoppelte Transduktoren. In der Schaltung a richtet der Gleichrichter g den Arbeitsstrom i_a gleich und liefert an den Widerstand R_k die stromproportionale Spannung U_k. Diese ist in den Steuerkreis eingeschleift und der Steuerspannung U_s gleichgerichtet. Der Arbeitsstrom liefert somit eine zusätzliche Steuerspannung, so daß durch die Rückkopplung der Steuerstrom I_s nicht verändert, aber die Steuerspannung U_s um die rückgekoppelte Spannung verkleinert wird. Soll die Ausgangsspannung U_a eine Gleichspannung sein, so ist an Stelle von R_a der Arbeitswiderstand R_a^* in den Gleichstromzweig des Gleichrichters zu legen. Der Gleichrichter muß dann für die volle Ausgangsspannung bemessen werden. Diese Rückkopplungsschaltung wird selten angewendet, da sie einen wesentlichen Nachteil hat. Der Rückkopplungsgrad ist von dem Steuerkreiswiderstand R_s, der den Kupferwiderstand der Wicklung und den Innenwiderstand der Steuerspannungsquelle ent-

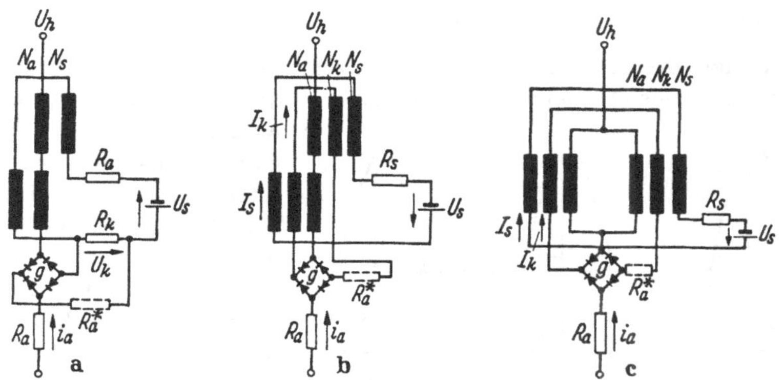

Abb. 5.01a–c. Rückkopplungsschaltungen

hält, abhängig. Da R_s nie genau konstant gehalten werden kann, wird die Arbeitskennlinie von der Temperatur oder der Stellung des Spannungsteilers, der z. B. U_s liefert, beeinflußt.

Eine andere Form der Strom-Rückkopplung zeigt Abb. 5.01b. Der gleichgerichtete Arbeitsstrom durchfließt eine weitere Steuerwicklung N_k (Rückkopplungswicklung) und unterstützt den Steuerstrom I_s. Entsprechend dem Durchflutungsgleichgewicht im Magnetisierungsbereich $\sum \Theta = 0$ gilt die Beziehung:

$$i_a N_a - i_a N_k - i_s N_s = 0 \tag{5.01}$$

$$i_a (N_a - N_k) - i_s N_s = 0\,. \tag{5.02}$$

Es wird dabei eine ideale, rechtwinklige Magnetisierungskennline angenommen. Für $N_k = N_a$ geht der Steuerstrom gegen Null. Bei einer technischen Magnetisierungskennlinie hat die Steuerspannungsquelle den Vormagnetisierungsstrom zu liefern, der notwendig ist, um den Arbeitspunkt auf der Magnetisierungskennlinie zu verschieben. Der Arbeitsstrom wirkt dagegen nicht auf den Steuerkreis zurück.

Es soll nun der Verlauf der Arbeitskennlinie ermittelt werden, wenn $N_k < N_a$ und damit der Rückkopplungsfaktor $k_r = N_k/N_a$ kleiner als 1 ist. Gl. (5.02) durch N_a dividiert liefert die Gleichung:

$$\begin{aligned} i_a - k_r i_a - i_s \frac{N_s}{N_a} &= 0\,, \\ i_a - k_r i_a - i_s'' &= 0\,. \end{aligned} \tag{5.03}$$

Daraus ergibt sich, da alle Ströme gleiche Kurvenform haben, für die Mittelwerte

$$I_s'' = (1 - k_r) I_a . \tag{5.04}$$

Im Sättigungsbereich dagegen ist die Summe der Ströme

$$i_a + k_r i_a + i_s'' = i_d \tag{5.05}$$

gleich dem Drosselstrom. Die Abb. 5.02a zeigt den zeitlichen Verlauf von i_d. Die zugehörigen Stromkomponenten i_a, $i_k = k_r i_a$ und i_s sind in b, c und d aufgetragen. Der Sättigungsbereich der betrachteten Drossel liegt zwischen α_1 und π. Alle Ströme haben in dem Gebiet gleiche Polarität und addieren sich. Eine Halbwelle weiter liegt zwischen $(\alpha_1 + \pi)$ und 2π der Sättigungsbereich der anderen Drossel. Die Ströme haben jetzt eine solche Polarität, daß ihre Summe nach Gl. (5.03) Null wird. Der von der Steuerspannungsquelle gelieferte Steuergleichstrom I_s'' ist gleich dem Mittelwert von i_s''.

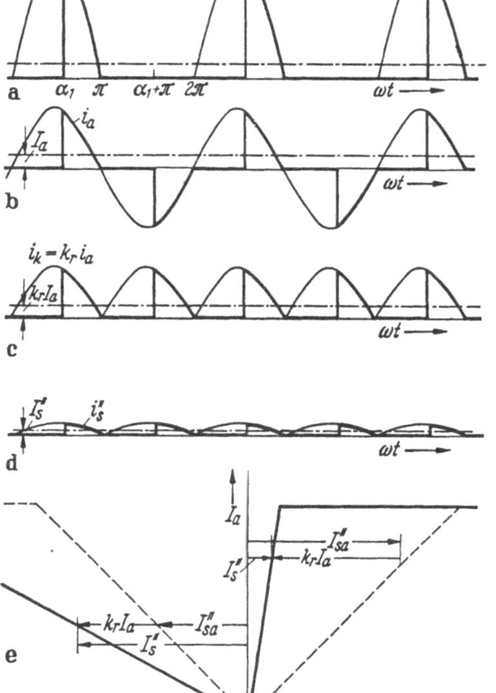

Abb. 5.02a–e. Zuordnung von Arbeits- und Rückkopplungsstrom bei der Drosselreihenschaltung mit Rückkopplung

Abb. 5.02e zeigt die Arbeitskennlinie $I_a = f(I_s'')$ der Drosselreihenschaltung mit Rückkopplung. Gestrichelt ist die Kennlinie ohne Rückkopplung eingezeichnet. Dabei wurde wieder eine ideale Magnetisierungskennlinie angenommen. Durch die Rückkopplung erfolgt eine Aufrichtung des positiven Astes und eine Neigung des negativen Astes. Für I_{sa}'', den Steuerstrom ohne Rückkopplung, hat die Steuerstromquelle bei positiver Aussteuerung nur die Differenz zwischen I_{sa}'' und dem Rückkopplungsstrom $I_k = k_r I_a$ aufzubringen. Bei negativer Aussteuerung ist I_k, da der Rückkopplungsstrom unabhängig von dem Vorzeichen des Steuerstromes seine Richtung behält, so gerichtet, daß vom Steuerkreis die Summe von I''_{sa} und I_k aufgebracht werden muß.

Im negativen Steuerbereich gilt somit:

$$I''_s = I_a + k_r I_a = I_a(1 + k_r). \tag{5.06}$$

Die Steilheit des wichtigen positiven Astes der in e gezeichneten Arbeitskennlinie läßt sich über den Rückkopplungsfaktor k_r einstellen. Das kann durch Anzapfung an der Rückkopplungswicklung oder mit Hilfe eines parallel zum Rückkopplungskreis liegenden Widerstandes erfolgen.

Die Leistungsverstärkung ergibt sich nach Gl. (5.04) zu

$$V_p = \frac{\Delta I_a^2 R_a}{\Delta I_s''^2 R_s} \frac{N_s^2}{N_a^2} = \frac{\Delta I_a^2 R_a}{\Delta I_a^2 (1 - k_r)^2 R_s} \frac{N_s^2}{N_a^2} \tag{5.07}$$

$$V_p = \frac{R_a}{R_s} \left(\frac{N_s}{N_a}\right)^2 \frac{1}{(1 - k_r)^2}. \tag{5.08}$$

Die Leistungsverstärkung ist um so größer, je mehr sich k_r dem Wert 1 nähert. Für $k_r = 1$ wird bei idealer Magnetisierungskennlinie $V_p = \infty$. In Wirklichkeit bleibt die Leistungsverstärkung endlich, da bei der technischen Magnetisierungskennlinie von der Steuerspannungsquelle der Vormagnetisierungsstrom aufgebracht werden muß.

Welchen Einfluß hat die Rückkopplung auf die Güte? Die Beantwortung dieser Frage macht die Kenntnis der Zeitkonstante notwendig. Zur Ermittlung der Zeitkonstante gehen wir vom Steuerfluß aus. Die Abhängigkeit des Steuerflusses Φ_s vom Sättigungswinkel α_1 wird durch die Rückkopplung nicht beeinflußt. Wir können somit Gl. (4.51) übernehmen.

$$\Phi_s = \frac{\hat{U}_h}{4\,\omega N_a} (1 + \cos\alpha_1). \tag{5.09}$$

Der Steuerstrom ergibt sich aus Gl. (5.04) zu

$$I_s = \frac{N_a}{N_s} (1 - k_r) I_a \tag{5.10}$$

$$= \frac{N_a}{N_s} (1 - k_r) \frac{1}{\pi} \frac{\hat{U}_h}{R_a} \int_{\alpha_1}^{\pi} \sin\omega t \, d\omega t \tag{5.11}$$

$$= \frac{1}{\pi} \frac{\hat{U}_h}{R_a} \frac{N_a}{N_s} (1 - k_r)(1 + \cos\alpha_1). \tag{5.12}$$

Die Induktivität des Steuerkreises ist

$$L_s = 2\,N_s \frac{d\Phi_s}{dI_s}. \tag{5.13}$$

Die Gl. (5.09) und (5.12) in Gl. (5.13) eingesetzt ergibt

$$L_s = \frac{1}{4f} R_a \left(\frac{N_s}{N_a}\right)^2 \frac{1}{1 - k_r} \tag{5.14}$$

und die Zeitkonstante

$$T = \frac{1}{4f} \frac{R_a}{R_s} \left(\frac{N_s}{N_a}\right)^2 \frac{1}{1 - k_r}. \tag{5.15}$$

Nun können wir mit Gl. (5.08) und (5.15) den Gütefaktor G berechnen

$$G = \frac{V_p}{fT} = \frac{4}{1 - k_r}. \tag{5.16}$$

Der Gütefaktor wird also gegenüber der einfachen Drosselreihenschaltung im Verhältnis $1/(1 - k_r)$ vergrößert, da die Zeitkonstante um den gleichen Faktor zunimmt, während die Leistungsverstärkung mit $1/(1 - k_r)^2$ ansteigt.

Die Gl. (5.15) der Zeitkonstanten gilt strenggenommen nur für eine Änderung im Sinne einer Vergrößerung der Ausgangsspannung. Der Rückkopplungskreis ist induktiv mit dem Steuerkreis gekoppelt. Bei einer Vergrößerung des Steuerstromes wird in den Rückkopplungskreis eine Spannung induziert, die in Sperrichtung der Gleichrichter wirkt. Eine Verkleinerung des Steuerstromes induziert dagegen eine in Durchlaßrichtung der Gleichrichter wirkende Spannung. Es kann ein Ausgleichsstrom fließen, der dem Steuerstrom entgegenwirkt und die Zeitkonstante des Transduktors vergrößert. Wird dagegen nach Abb. 5.01b an Stelle des Widerstandes R_a der Widerstand R_a^* vorgesehen (Gleichspannungsausgang), so unterdrückt der Arbeitswiderstand weitgehend den Ausgleichsstrom, und in beiden Änderungsrichtungen sind die Zeitkonstanten annähernd gleich.

Die gleiche Rückkopplung ist — wie aus Abb. 5.01c zu ersehen — bei der Drosselparallelschaltung möglich. Da die Rückkopplungswicklung von I_a, die Arbeitswicklung dagegen von $I_a/2$ durchflossen wird, muß $N_K \leqq N_a/2$ sein. Auch bei dem rückgekoppelten Transduktor in Parallelschaltung bewirkt der aus den beiden Arbeitswicklungen gebildete Kurzschlußkreis eine erhebliche Vergrößerung der Zeitkonstante, und zwar in beiden Änderungsrichtungen.

Mit der Beseitigung der Stromgegenkopplung gewinnen die magnetischen Eigenschaften des Kernwerkstoffes entscheidenden Einfluß auf den Verlauf der Arbeitskennlinie. Abb. 5.03a zeigt die Arbeitskennlinie eines stromsteuernden Transduktors. Durch die Rückkopplung neigt sich die Nullinie des Steuerstromes, wie die strichpunktierte Gerade angibt. Dadurch wird der Steuerstrom $+I_s''$ des positiven Astes verkleinert und der Steuerstrom $-I_s''$ des negativen Astes vergrößert. Da die Arbeitskennlinie nicht durch Null geht, vielmehr der minimale Arbeitsstrom $I_{a\,\mathrm{min}}$ übrigbleibt, kann die Kennlinie nicht mit der Rückkopplungsgeraden zur Deckung gebracht werden. Die Arbeitskennlinie des rückgekoppelten Transduktors — wie sie sie sich nach der in a eingezeichneten Rückkopplungsgeraden ergibt — ist in Abb. 5.03b aufgetragen. Die minimale Ausgangsspannung liegt bei einem negativen Steuerstrom.

Der rückgekoppelte Transduktor stellt in der Entwicklung der Transduktortechnik eine Übergangsphase dar. Er bietet Vorteile bei Drosseln

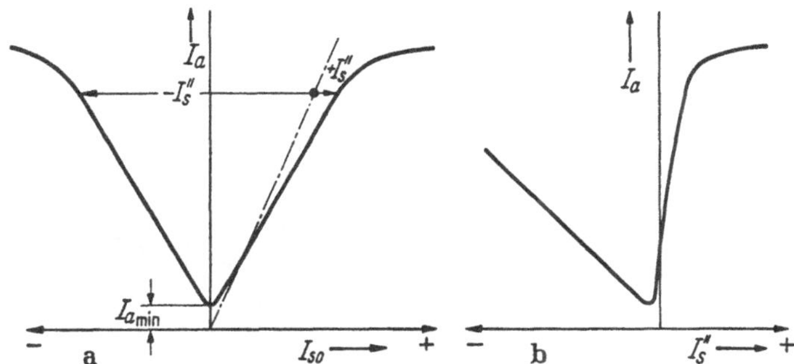

Abb. 5.03a u. b. Aufrichtung der Arbeitskennlinie durch die Rückkopplung

mit sehr schlechten weichmagnetischen Eigenschaften, da durch Erhöhung der Windungszahl der Rückkopplungswicklung ein Teil des Magnetisierungsanteiles des Steuerstromes von dem Arbeitskreis aufgebracht werden kann. Bei den hochwertigen weichmagnetischen Kernwerkstoffen hat sich allgemein der im nächsten Abschnitt zu behandelnde durchflutungsgesteuerte, spannungssteuernde Transduktor durchgesetzt. Die Anwendung von Rückkopplungswicklungen beschränkt sich auf Kipptransduktoren, die nur zwei stabile Zustände, voll geöffneter und voll geschlossener Transduktor, besitzen. Das wird durch eine überkritische Rückkopplung erreicht. Die Rückkopplungsgerade ist dann stärker geneigt als die in Abb. 5.03a gezeigte Arbeitskennlinie.

6. Durchflutungsgesteuerte, spannungssteuernde Transduktoren

6.1 Wirkungsweise

6.11 Grundschaltungen

Das Kennzeichen des stromsteuernden Transduktors ist die feste Zuordnung von Steuerstrom und Arbeitsstrom. Jede Änderung des Steuerstromes bewirkt eine proportionale Änderung des Arbeitsstromes.

Dieser Transduktor-Typ hat damit Stromwandlereigenschaften, daneben aber die Nachteile kleiner Leistungsverstärkung und geringer Güte. Die Leistungsverstärkung kann, wie im vorhergehenden Abschnitt gezeigt wurde, durch die Rückkopplung des Arbeitsstromes über eine zusätzliche Steuerwicklung erhöht werden. Damit gehen allerdings auch die Stromwandlereigenschaften verloren. Große Ähnlichkeit mit den Rückkopplungsschaltungen haben die nun zu betrachtenden durchflutungsgesteuerten, spannungssteuernden Transduktoren. Wie ihr

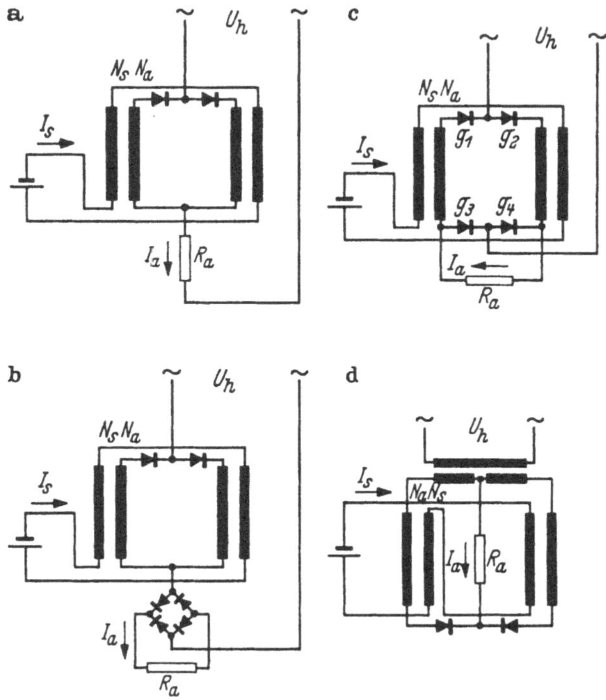

Abb. 6.01 a–d. Grundschaltungen durchflutungsgesteuerter, spannungssteuernder Transduktoren

Name aussagt, erfolgt die Vormagnetisierung durch eine, die Ausgangsspannung bestimmende, Steuerdurchflutung. Der Ausgangs- oder Arbeitsstrom dagegen stellt sich nach Maßgabe des Arbeitswiderstandes ein. Wir haben eine steuerbare Spannungsquelle vor uns, die sich durch besonders einfachen Schaltungsaufbau auszeichnet und unter Berücksichtigung ihrer besonders günstigen Betriebseigenschaften die verbreitetste Transduktorform darstellt.

Die wichtigsten Schaltungen der durchflutungsgesteuerten, spannungssteuernden Transduktoren zeigt Abb. 6.01. Allen Schaltungen ist gemeinsam, daß in Reihe mit der Arbeitswicklung jeder Drossel ein

Gleichrichter liegt, der den Strom nur in einer Richtung durchläßt. Der über die Arbeitswicklung fließende Strom kann deshalb einen von Null abweichenden Mittelwert haben. Er stimmt dann mit der Magnetisierungsbedingung der gleichstromvormagnetisierten Drossel überein, die nur in der Sättigungshalbwelle einen großen Strom zuläßt. Wir erinnern uns, daß bei den stromsteuernden Transduktoren, die im Arbeitskreis keinen Gleichrichter haben, der größte Teil der Steuerdurchflutung zur Kompensation der Arbeitsdurchflutung im Magnetisierungsbereich erforderlich ist. Diese Kompensationsdurchflutung wird hier nicht benötigt, da der vorgeschaltete Gleichrichter dafür sorgt, daß der Strom während der Ummagnetisierung praktisch Null ist. Der spannungssteuernde Transduktor erfordert deshalb eine wesentlich kleinere Steuerdurchflutung, als der stromsteuernde Transduktor.

Abb. 6.01a zeigt eine Drosselparallelschaltung — auch Verdopplerschaltung genannt — bei der die Selbstsättigungsgleichrichter so gepolt sind, daß die beiden Arbeitswicklungen in verschiedenen Halbperioden Sättigungsstrom führen. Der Arbeitswiderstand R_a liegt in Reihe mit der Speisespannung U_h. Die Ausgangsspannung ist deshalb eine Wechselspannung. Wird die Ausgangsgröße als Gleichspannung benötigt, so muß der Arbeitswiderstand, wie in Abb. 6.01b gezeigt, über eine Gleichrichterbrückenschaltung in den Arbeitskreis gelegt werden.

Der Transduktor in Brückenschaltung nach Abb. 6.01c benötigt nur vier Gleichrichterelemente, die wie eine normale Gleichrichterbrücke geschaltet sind. In zwei Brückenzweigen liegen die Arbeitswicklungen der beiden Verstärkerdrosseln. Der Arbeitswiderstand R_a wird hier von einem welligen Gleichstrom durchflossen. Ebenfalls aus der Gleichrichtertechnik wurde die in Abb. 6.01d gezeigte Mittelpunktschaltung entnommen, die mit nur zwei Gleichrichterelementen auskommt. Sie benötigt allerdings einen Transformator mit sekundärer Mittelanzapfung. Die Steuerwicklungen sind bei allen vier Schaltungen so miteinander verbunden, daß sich bei kurzgeschlossenen Gleichrichtern die in dem Steuerkreis induzierten Wechselspannungen gegenseitig aufheben.

Das Element, aus dem sich die durchflutungsgesteuerten, spannungssteuernden Transduktoren einheitlich aufbauen, besteht aus der Reihenschaltung einer Transduktordrossel und des Selbstsättigungsgleichrichters. Es soll deshalb im folgenden von diesem Element ausgegangen werden.

6.12 Transduktorelement mit idealisierter Magnetisierungskennlinie

Zunächst wird, um möglichst einfache Verhältnisse zu schaffen, eine stetig ansteigende Magnetisierungskennlinie mit einem waagerechten Sättigungsast vorausgesetzt. Wir nehmen damit an, daß die Breite der

Hystereseschleife und die Sättigungspermeabilität vernachlässigbar klein sind. In Abb. 6.02a ist die Schaltung eines Transduktorelementes wiedergegeben. Im Steuerkreis liegt zur Unterdrückung von Wechsel-

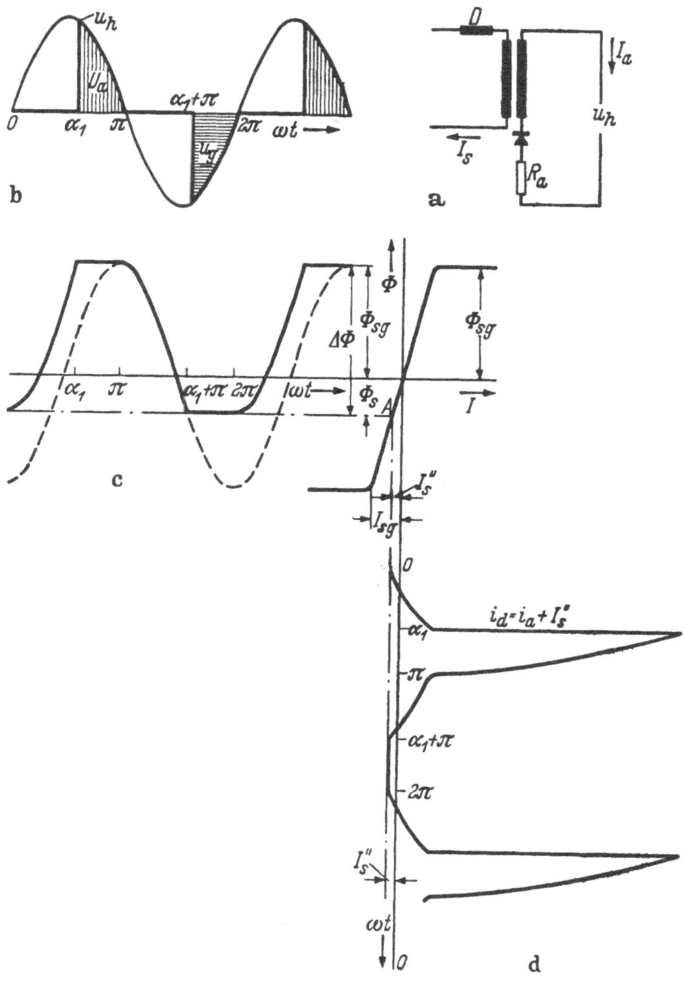

Abb. 6.02a—d. Magnetisierung eines Selbstsättigungselementes

strömen die Sperrdrossel D. Das Diagramm b zeigt den zeitlichen Verlauf der Spannungen und das Diagramm c den des Flusses, während in d der Drosselstrom dargestellt ist.

Die Steuerwindungszahl N_s kann frei gewählt werden. Um Ergebnisse zu erhalten, die unabhängig von dem Windungsverhältnis N_a/N_s sind, wollen wir auch hier mit dem auf die Arbeitswindungszahl N_a

umgerechneten Steuerstrom $I_s'' = I_s N_s / N_a$ rechnen. Fließt in der Steuerwicklung der Steuerstrom I_s'', so wird — wie aus Abb. 6.02c zu ersehen — durch die Magnetisierungskennlinie der Steuerfluß Φ_s festgelegt. Da der Gleichrichter vor der Arbeitswicklung keinen negativen Arbeitsstrom zuläßt, kann der Gesamtstrom $i_d = i_a + I_s''$ niemals den Wert I_s'' unterschreiten. Die Flußaussteuerung ist somit

$$\Delta\Phi = \pm\Phi_s + \Phi_{sg}. \qquad (6.01)$$

Mit Hilfe des Steuerstromes läßt sich der Arbeitspunkt A, der nach Gl. (6.01) die untere Grenze des vom Wechselfluß ausgesteuerten Teiles der Magnetisierungskennlinie festlegt, längs der Magnetisierungskennlinie verschieben. Die Amplitude des Wechselflusses ist am größten für $I_s'' = -I_{sg}$. Dabei ist I_{sg} der dem Sättigungsknick zugeordnete Magnetisierungsstrom. Die Wechselspannung U_h wird so bemessen, daß die Drossel bei dieser Aussteuerung gerade noch nicht in Sättigung geht. Dann gilt:

$$\begin{aligned} \Delta\Phi_m &= 2\,\Phi_{sg} = \frac{\hat{U}_h}{\omega N_a}\int_0^{\pi} \sin\omega t \, d\,\omega t = \frac{2\,U_h}{\omega N_a} \\ U_h &= \frac{2}{\pi}\,\omega N_a \Phi_{sg}. \end{aligned} \qquad (6.02)$$

Die Drossel ist für $I_s'' = +I_{sg}$ über die ganze Halbperiode gesättigt. Zum vollen Durchsteuern der Arbeitskennlinie wird eine Änderung des Steuerstromes um $\Delta I_s'' = 2\,I_{sg}$ benötigt. Der Steuerstrom ist nur noch von der Steilheit der Magnetisierungskennlinie abhängig. Eine Stromgegenkopplung, wie sie der stromsteuernde Transduktor hat, tritt nicht in Erscheinung.

Verfolgen wir nun einen Magnetisierungszyklus. Im Winkel 0 hat der Fluß seinen niedrigsten, durch I_s'' festgelegten Wert. Danach steigt φ an. Die Drossel geht nach Erreichen von Φ_{sg} bei α_1 in Sättigung. Die in b senkrecht schraffierte Spannung-Zeitfläche liegt dann am Arbeitswiderstand R_a. Die Sättigung findet bei π ihr Ende, da anschließend die Speisespannung ihr Vorzeichen ändert und der Fluß kleiner wird. Die Ausgangsspannung ist deshalb:

$$U_a = \hat{U}_h \frac{1}{\pi}\int_{\alpha_1}^{\pi} \sin\omega t\, d\,\omega t = \frac{\hat{U}_h}{\pi}\,(\cos\alpha_1 + 1). \qquad (6.03)$$

Im Winkel $\alpha_1 + \pi$ hat der Fluß wieder den Wert $-\Phi_s$ erreicht. Ein noch weiteres Absinken des Flusses würde, da dann der Arbeitspunkt A unterschritten wird, einen negativen Arbeitsstrom notwendig machen. Das aber läßt der Gleichrichter nicht zu, er sperrt. Die in b waagerecht schraffierte Spannung-Zeitfläche liegt deshalb am Gleichrichter als Sperrspannung.

Der zeitliche Verlauf des Stromes ergibt sich aus der Flußkurve, durch Spiegelung an der Magnetisierungskennlinie. Im Sättigungs-

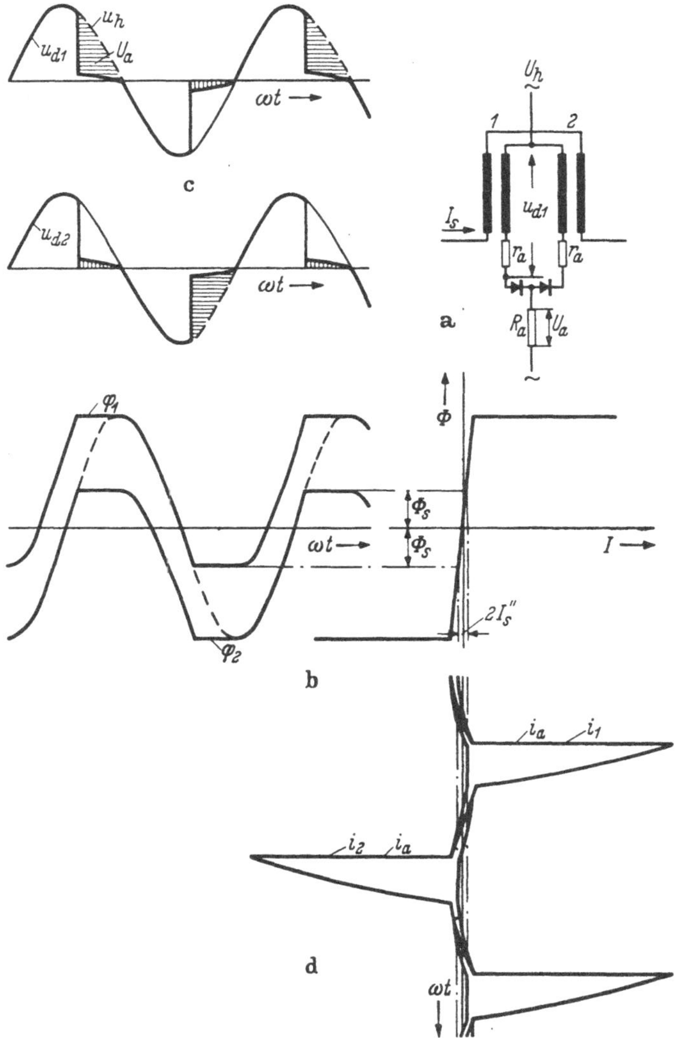

Abb. 6.03a–d. Verdopplerschaltung

bereich α_1 bis π wird der Arbeitsstrom allein von der Größe des Arbeitswiderstandes R_a bestimmt und hat die gleiche Kurvenform wie die Speisespannung. Die strichpunktierte Gerade ist die Nullachse für den

Arbeitsstrom i_a. Im Sperrbereich des Gleichrichters $\alpha_1 + \pi$ bis 2π fließt kein Arbeitsstrom, die Kurve des Gesamtstromes liegt auf der strichpunktierten Nullgeraden.

Durch Parallelschaltung von zwei Drosseln, die auf einen gemeinsamen Arbeitswiderstand arbeiten, ergibt sich die Schaltung nach Abb. 6.01a. Hier muß, um für die Gleichrichter eindeutige Spannungsverhältnisse zu schaffen, der Kupferwiderstand r_a der Arbeitswicklungen berücksichtigt werden. Er liegt — wie in Abb 6.03a gezeigt — in Reihe mit den Gleichrichtern. Die Kurvenform des Flusses ist die gleiche wie die der Einzeldrossel. Der Steuerstrom I_s'' legt auch hier den Bereich des Wechselflusses fest. Die Flußkurve der Drossel 1 ist, wie aus Abb. 6.03b zu ersehen, in positiver Richtung, die der Drossel 2 in negativer Richtung gegenüber der Zeitachse verschoben, so daß in der ersten Halbwelle der Speisespannung die Drossel 1, in der zweiten Halbwelle die Drossel 2 in Sättigung kommt. In den Diagrammen c sind stark ausgezogen die Spannungen u_{d1} und u_{d2} eingezeichnet. Infolge des Spannungsabfalles des Sättigungsstromes an dem Kupferwiderstand, bleibt auch im Sättigungsbereich an der gesättigten Drossel eine Restspannung erhalten.

Die Restspannung liegt, wegen der Parallelschaltung, auch an der nicht gesättigten Drossel. Sie wirkt in Sperrichtung des zugehörigen Gleichrichters. Die am Arbeitswiderstand R_a abfallende Spannung wurde in den Diagrammen *c* waagerecht und die Sperrspannung senkrecht schraffiert. Wir stellen somit fest, daß, gegenüber der Schaltung mit einer Drossel, hier an den Gleichrichtern eine wesentlich kleinere Sperrspannung auftritt. Die Sperrspannung ist um die Spannung am Arbeitswiderstand kleiner als die Speisespannung.

In Abb 6.03d sind die Drosselströme nach Richtung und Phase aufgetragen. Die Summe von i_1 und i_2 ergibt den Ausgangsstrom i_a.

Unter Annahme der gleichen Magnetisierungskennlinie, soll nun die in Abb. 6.01d gezeigte Mittelpunktschaltung betrachtet werden. In Abb. 6.04a ist die Schaltung noch einmal mit Strom- und Spannungspfeilen wiedergegeben. Die Gleichrichter g_1 und g_2 sind so gepolt, daß sie in verschiedenen Spannungshalbwellen die Speisespannung durchlassen. Durch die gegenphasigen Speisespannungen u_{h1} und u_{h2} sind auch die Flüsse gegenphasig. Der Steuerstrom legt auch hier über den Steuerfluß Φ_s die Flußaussteuerung in einer Halbperiode $\Delta\Phi$ fest.

An den Drosseln verbleibt, wie aus c zu ersehen, im Sättigungsbereich der Spannungsabfall des Sättigungsstromes am Kupferwiderstand r_a. Besonders hohe Anforderungen werden bei dieser Schaltung an die Gleichrichter gestellt. Im Diagramm d ist, stark gezeichnet, die am Arbeitswiderstand R_a liegende Ausgangsspannung U_a angegeben. In der ersten Halbwelle liegt zwischen α_1 und π der Sättigungsbereich der Drossel 1. Gleichzeitig sperrt der Gleichrichter g_2 die Drossel 2. In diesem Bereich sind U_{h2} sowie U_a gleichgerichtet und beanspruchen, wie in Abb. 6.04d gestrichelt gezeichnet, g_2 in Sperrichtung. Die Gleichrichter müssen in ihrer Sperrspannung für $2\,\hat{U}_h$ bemessen werden. In der

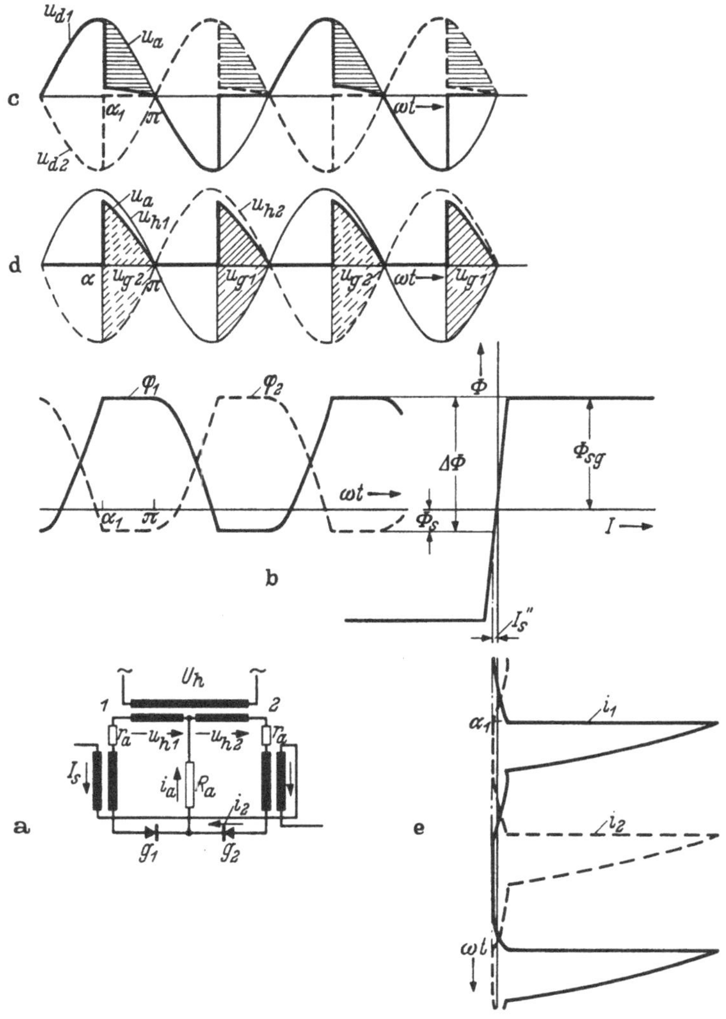

Abb. 6.04 a – e. Mittelpunktschaltung

zweiten Halbwelle führt der Gleichrichter g_2 Strom und U_{h2} liegt vermindert um den Spannungsabfall am Kupferwiderstand r_k an R_a, während der Gleichrichter g_1 sperrt.

Durch Spiegelung der Flußkurven φ_1 und φ_2 an der Magnetisierungskennlinie erhalten wir die im Diagramm e gezeigten Stromkurven, wobei im Sättigungsbereich α_1 bis π die Stromspitze nur durch den Arbeitswiderstand bestimmt wird. Die Summe von i_1 und i_2 ergibt den Ausgangsstrom i_a.

6.13 Transduktorelement mit rechteckiger Hystereseschleife

Bei der im vorigen Abschnitt angenommenen Magnetisierungskennlinie ist der zum vollen Durchsteuern der Arbeitskennlinie notwendige Steuerstrom von der Steilheit der Magnetisierungskennlinie abhängig. Bei rechteckiger Magnetisierungskennlinie würde sich ein unendlich kleiner Steuerstrom ergeben. Dem widerspricht die Erfahrung, daß bei einem derartigen Kernwerkstoff trotzdem ein endlicher Steuerstrom notwendig ist. Wollen wir eine bessere Übereinstimmung zwischen den theoretischen Überlegungen und den praktischen Ergebnissen erhalten, so muß bei hochwertigen weichmagnetischen Werkstoffen von der Hystereseschleife ausgegangen werden. Dabei ist besonderes Augenmerk der Remanenz und der Koerzitivkraft zuzuwenden.

Während die Remanenz B_r praktisch eine Konstante darstellt, ist, wie bereits in Abschn. 1 (S. 22f.) gezeigt, die Koerzitivkraft H_c sehr von den Magnetisierungsbedingungen abhängig. Die Koerzitivkraft wird um so größer, je schneller die Ummagnetisierung des Kernes von einem Sättigungsast bis zum anderen Sättigungsast erfolgt. Die Verbreiterung der Hystereseschleife bei schneller Ummagnetisierung wird vor allen Dingen durch die Wirbelströme hervorgerufen.

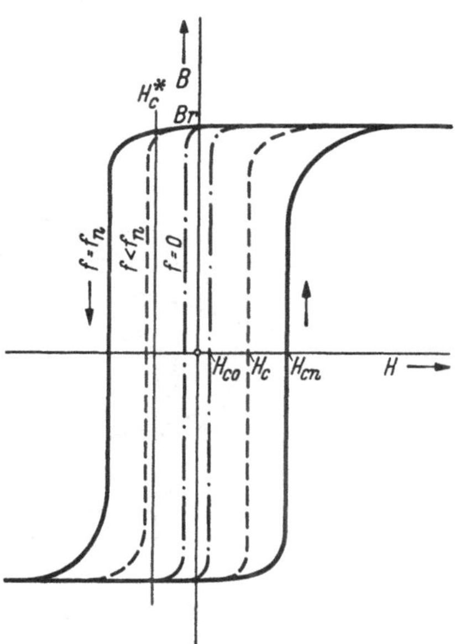

Abb. 6.05. Abhängigkeit der Koerzitivkraft von der Frequenz

Abb. 6.05 zeigt strichpunktiert die statische Hystereseschleife einer Nickel-Eisen-Legierung mit der Koerzitivkraft H_{c0}. Wird der Kern durch einen Wechselstrom mit der Frequenz f magnetisiert, so stellt sich die gestrichelte Hystereseschleife ein. Wird die Frequenz bis auf ihren Nennwert f_n vergrößert, so verbreitert sich die Schleife weiter und erreicht schließlich die Koerzitivkraft H_{cn}. Durch die Frequenz, die die Ummagnetisierungsgeschwindigkeit bestimmt, läßt sich die Koerzitivkraft verändern. Es ist aber auch umgekehrt möglich, die Ummagnetisierungsgeschwindigkeit über die Koerzitivkraft einzustellen. Auf diese Zusammenhänge hat vor allen Dingen H. W. Lord [53] hingewiesen. Wir denken uns dazu einen Kern bis zur Remanenz $+B_r$ magnetisiert. Lassen wir nun auf den Kern eine äußere Feldstärke $-H_c^*$ wirken, wobei $|H_c^*| > |H_{c0}|$ sein soll, so würde ohne den Einfluß der

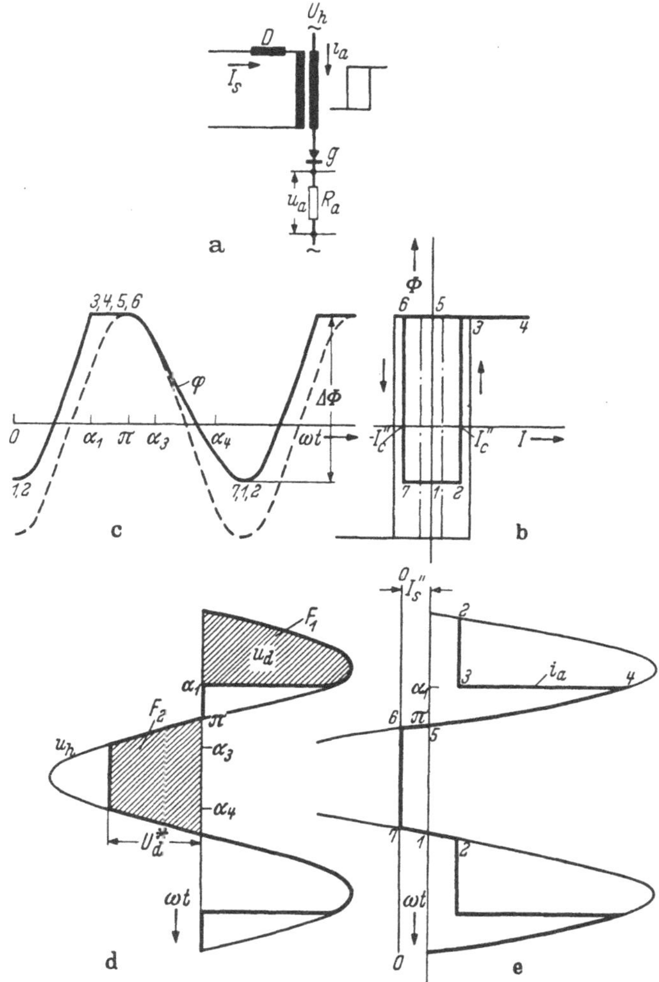

Abb. 6.06a—e. Selbstsättigungselement mit rechteckiger Hystereseschleife

Wirbelströme die Ummagnetisierung augenblicklich vor sich gehen. Unter dem Einfluß der Wirbelströme verbreitert sich die Hystereseschleife augenblicklich. Es ergibt sich eine Ummagnetisierungsgeschwindigkeit, bei der die Koerzitivkraft der zugehörigen Hystereseschleife gleich der äußeren Feldstärke ist ($|H_c| = H_c^*$). Mit einer äußeren

Feldstärke läßt sich somit die Ummagnetisierungsgeschwindigkeit einstellen.

Wir betrachten nun die in Abb. 6.06a dargestellte Einwegschaltung. Die Hystereseschleife soll die in Abb. 6.06b gezeigte ideale rechteckige Form haben. Strichpunktiert ist die statische und dünn voll ausgezogen die dynamische Hystereseschleife für den Fall eingezeichnet, daß der Wechselfluß sich von Sättigungsast bis Sättigungsast erstreckt. Die Drossel wird mit dem Gleichstrom I_s vormagnetisiert. Es soll dann die in b stark gezeichnete Hystereseschleife wirksam sein. Wir stellen fest, daß sie gegenüber der schwach gezeichneten Schleife durch die Vormagnetisierung um einen noch zu ermittelnden Betrag verkürzt erscheint und ihre Koerzitivkraft H_c kleiner als H_{cn} ist. Bei den folgenden Betrachtungen wollen wir die Koerzitivkraft immer durch den auf die Windungszahl der Arbeitswicklung bezogenen Koerzitivstrom

$$I_c'' = H_c \frac{l_e}{N_a} \tag{6.04}$$

ausdrücken. Während einer Periode der Speisespannung wird die Schleife einmal durchlaufen. Die ausgezeichneten Punkte des Magnetisierungszyklus sind durch Zahlen gekennzeichnet.

Verfolgen wir nun einen Magnetisierungszyklus, wobei wir mit dem Nulldurchgang der Spannung beginnen. Den Verlauf des Flusses zeigt das Diagramm c, aus dem sich durch Spiegelung an der Hystereseschleife der in e dargestellte Verlauf des Stromes ergibt. Für $\omega t = 0$ befindet sich der Arbeitspunkt auf der Hystereseschleife im unteren Remanenzpunkt bei 1. Vor Ansteigen des Flusses muß zunächst der Arbeitsstrom den dem Koerzitivstrom $+ I_c''$ entsprechenden Wert annehmen und damit den Punkt 2 durchlaufen. Danach kann sich erst der Fluß ändern. Im Winkel α_1 wird mit Punkt 3 die Sättigung erreicht. Der Arbeitspunkt wandert dann im Sättigungsbereich nach 4 und kehrt beim Winkel π nach dem oberen Remanenzpunkt 5 zurück. Zur Abmagnetisierung ist der negative Ast der Hystereseschleife zu durchlaufen. Da in dem Arbeitskreis wegen des Gleichrichters g kein negativer Strom fließen kann, muß er vom Steuerkreis aufgebracht werden. Der Steuerstrom muß deshalb $I_s'' = - I_c''$ sein. Dann kann der Arbeitspunkt von 6 durch Rückmagnetisierung über 7 nach 1 zurückwandern.

Damit ergibt sich der in Abb. 6.06e gezeigte zeitliche Verlauf der Ströme. Der Steuerstrom I_s'' bleibt durch die im Steuerkreis liegende Drossel D konstant. Der Arbeitsstrom i_a ist im Aufmagnetisierungsbereich 0 bis α_1 gleich der Breite der Hystereseschleife $2 I_c''$, da die Wirkung des Steuerstromes kompensiert und der positive Koerzitivstrom aufgebracht werden muß. Im Sättigungsbereich wird, da die Restinduktivität der Drossel vernachlässigt werden kann, der Arbeitsstrom nur durch den Arbeitswiderstand begrenzt. Im Abmagnetisierungsbereich dagegen muß der Arbeitsstrom Null sein. Die zum Durchlaufen dieses Teiles der Schleife benötigte Magnetisierungsdurchflutung liefert allein der Steuerkreis.

Wir wollen nun den zeitlichen Verlauf des Flusses φ und der Drosselspannung U_d betrachten. Im Aufmagnetisierungsbereich liegt — wie aus Abb. 6.06d zu ersehen — die Speisespannung U_h voll an der Drossel. Zwischen α_1 und π ist $U_d = 0$, da sich die Drossel in Sättigung befindet. Der Steuerstrom I_s'' beeinflußt den Magnetisierungsvorgang ausschließlich über die Abmagnetisierung. Da $I_s'' < I_{cn}$ ist, muß die Abmagnetisierung mit verminderter Geschwindigkeit erfolgen. Der Fluß kann sich nur so langsam ändern, daß der durch die Wirbelströme vergrößerte Koerzitivstrom den Steuerstrom nicht übersteigt. Durch I_s'' wird somit die Abmagnetisierungsgeschwindigkeit

$$\begin{aligned} \frac{d\Phi}{d\omega t} &= \frac{1}{\omega N_a} u_d \\ \Phi &= \frac{1}{\omega N_a} \int u_d \cdot d\omega t = \frac{1}{\omega N_a} F_2 \end{aligned} \tag{6.05}$$

bestimmt. Dabei folgt — wie aus Diagramm d zu ersehen — u_d zunächst u_h. Da u_h allmählich von Null anwächst, ist nach Gl. (6.05) die Ummagnetisierungsgeschwindigkeit $d\Phi/d\omega t$ anfänglich kleiner als durch I_s'' vorgeschrieben. u_d kann andererseits nicht größer als u_h werden, da sonst der Gleichrichter g geöffnet und in der Arbeitswicklung ein Strom induziert wird, der I_s'' entgegenwirkt.

Im Winkel α_3 hat die Speisespannung einen Wert erreicht, der der durch I_s'' festgelegten maximalen Abmagnetisierungsgeschwindigkeit entspricht. Die Drosselspannung kann deshalb nicht weiter der Speisespannung folgen, sondern bleibt mit U_d^* konstant bis bei α_4 die Spannung U_h unter diesen Grenzwert sinkt und nun u_d wieder durch u_h begrenzt wird. Die in d schraffierten Spannung-Zeitflächen F_1 und F_2 der Drosselspannung müssen nach

$$\int_0^{2\pi} u_d \, d\omega t = 0 \tag{6.06}$$

einander gleich sein. Die Flußkurve verschiebt sich so weit nach oben, daß die Sättigung bei α_1 erfolgt und Gl. (6.06) erfüllt ist.

Der Fluß φ hat entsprechend der anliegenden Drosselspannung zwischen π und α_3 sinusförmigen Verlauf. Danach ändert er sich linear und nimmt nach α_4 wieder Sinusform an.

Die Steuerung der Drossel erfolgt über die Abmagnetisierungsgeschwindigkeit. Wir nehmen an, der Steuerstrom erfährt gegenüber dem in Abb 6.06 zugrunde liegenden Wert eine Vergrößerung um einen kleinen Betrag $\Delta I_s''$. Die Abmagnetisierung kann dann etwas schneller erfolgen, da wegen $I_s'' = I_c''$ der größere Steuerstrom auch eine breitere Hystereseschleife zuläßt. Die schnellere Abmagnetisierung läßt nach Gl. (6.05) den Maximalwert der Drosselspannung in der negativen Halbwelle ansteigen. Die Flußaussteuerung $\Delta\Phi$ wird in der für die Abmagnetisierung zur Verfügung stehenden Halbwelle dadurch vergrößert. Wegen der Gleichheit der positiven und der negativen Spannung-Zeitfläche der Drosselspannung, verschiebt sich der Sättigungswinkel α_1 in Richtung auf π und die an R_a abfallende Ausgangsspannung wird kleiner. Umgekehrt erzwingt ein kleinerer Steuerstrom eine schmalere Hystereseschleife, die mit einer kleinen Abmagnetisierungsgeschwindigkeit verbunden ist. Dadurch werden die in d schraffierten Spannungs-Zeitflächen kleiner und der Sättigungswinkel verschiebt sich im Sinne einer Vergrößerung des Sättigungsbereiches α_i.

Die Wirbelströme bestimmen bei einer rechteckigen Hystereseschleife, durch ihren Einfluß auf die Koerzitivkraft und die Abmagnetisierungsgeschwindigkeit, die Steilheit der Transduktor-Kennlinie. Mit abnehmendem Wirbelstromeinfluß wird auch die Steuerdurchflutung, die zum Durchsteuern der Transduktor-Kennlinie notwendig ist, kleiner. Ist der Wirbelstromeinfluß vernachlässigbar klein, so befindet sich der Transduktor bei Annahme einer rechteckigen Hystereseschleife im labilen Gleichgewicht, da eine sehr kleine Steuerdurchflutung ausreicht, den Transduktor zu öffnen oder zu schließen.

Zwei Transduktordrosseln sollen nun wieder zu der in Abb. 6.01a gezeigten Verdopplerschaltung mit Wechselstromausgang zusammengefaßt werden. Die Hystereseschleife zeigt Abb. 6.07b. Die Schleifen der beiden Drosseln werden durch den Steuerstrom I_s'' nach entgegengesetzten Seiten verschoben. Die Schleife der einen Drossel ist durch Schraffur hervorgehoben. Betrachten wir zuerst die in Abb. 6.07d gezeigten Drosselspannungen. Von 0 bis α_1 erfolgt die Aufmagnetisierung der Drossel 1 und die Abmagnetisierung der Drossel 2. Dabei liegt die Speisespannung voll an den Drosseln. Danach geht Drossel 1 in Sättigung und auch an Drossel 2 bricht die Spannung, wegen der Parallelschaltung, bis auf den dem Spannungsabfall des Sättigungsstromes am Kupferwiderstand r_a entsprechenden Teil zusammen. Da die positive und die negative Spannung-Zeitfläche von u_d gleich sind, muß u_d in der positiven und der negativen Halbwelle annähernd gleiche Kurvenform haben. Während der Rückmagnetisierung zeigt u_d annähernd sinusförmigen Verlauf. Hierfür wird ein Steuerstrom notwendig, der eine so breite Hystereseschleife zuläßt, daß die durch den Scheitelwert von u_d bestimmte maximale Abmagnetisierungsgeschwindigkeit möglich ist. Unter Berücksichtigung der zwischen $\alpha_1 + \pi$ und 2π wirksamen Spannung-Zeitfläche (Spannungsabfall am Kupferwiderstand) wird die maximale Abmagnetisierungsgeschwindigkeit nicht ganz benötigt.

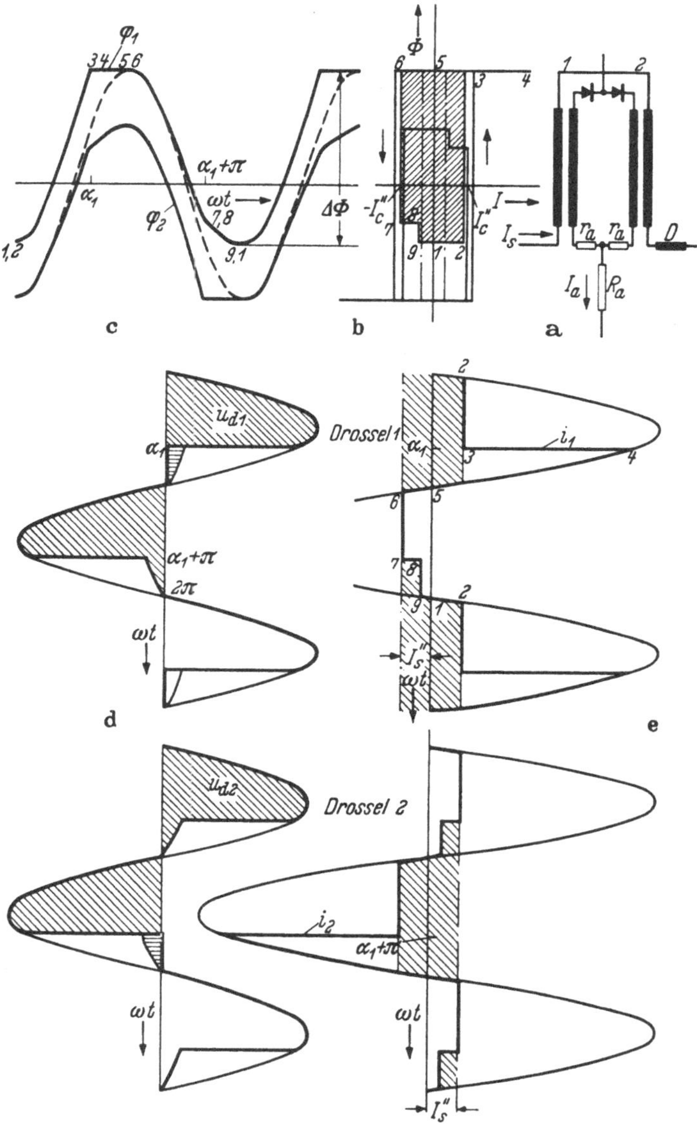

Abb. 6.07a–e. Verdopplerschaltung mit rechteckiger Hystereseschleife nach H. W. LORD [53]

Wir stellen also gegenüber der Einwegschaltung fest, daß an den Drosseln in beiden Halbwellen nur während eines Teiles der Halbperiode in den Magnetisierungsbereichen Spannung liegt. Der Steuerstrom muß so groß sein, daß die Drosseln mit der durch u_h bestimmten Geschwindigkeit abmagnetisiert werden.

Verfolgen wir nun anhand der Hystereseschleife einen Magnetisierungszyklus. Zur Zeit $\omega t = 0$ befindet sich die Drossel 1 im unteren Remanenzpunkt 1. Zur Aufmagnetisierung springt der Arbeitsstrom nach 2. Danach kann sich der Fluß ändern. Bei 3 ist der Sättigungsknick erreicht. Während der Sättigung verbleibt der Arbeitspunkt in 4. Im Winkel π liegt der Arbeitspunkt im oberen Remanenzpunkt 5. Daran schließt sich die Abmagnetisierung an, die über 6 nach Punkt 7 verläuft. In diesem Zeitpunkt bricht die Spannung an der in Abmagnetisierung befindlichen Drossel zusammen, da die zweite Drossel in Sättigung geht. Die verbleibende Spannung U_d ist so gering, daß sich der Fluß nur noch sehr langsam ändert. Die Wirbelströme sind entsprechend klein, so daß die wirksame Hystereseschleife nahe bei der statischen Schleife liegt. Daraus erklärt sich der Absatz in der Hystereseschleife. Der Koerzitivstrom springt von 7 nach 8 zurück. Danach ändert sich der Fluß noch geringfügig von 8 nach 9 und erreicht schließlich wieder den unteren Remanenzpunkt 1.

Der Verlauf der beiden Drosselströme i_1 und i_2 zeigt Abb. 6.07e. Die Kurvenform des Stromes ist der Einwegschaltung ähnlich, nur mit der Abweichung, daß in dem Bereich $(\alpha_1 + \pi)$ bis 2π der Arbeitsstrom von Null auf einen Wert springt, der dem Unterschied von I_c'' und I_{c0}'' entspricht. Der Arbeitsstrom kompensiert den überschüssigen Teil des Steuerstromes. Der Magnetisierungsanteil von i_1 ist durch Schraffur hervorgehoben. Die Flüsse φ_1 und φ_2 zeigt das Diagramm c. Während der Aufmagnetisierung haben sie entsprechend der an den Drosseln liegenden Spannung-Zeitfläche sinusförmigen Verlauf. Während der Aberregung ist die Flußkurve zwischen den Punkten 7 und 8 wegen der durch den Kupferwiderstand bedingten Restspannung-Zeitfläche verschliffen.

Die Einwegschaltung und die Verdopplerschaltung unterscheiden sich hinsichtlich ihres Steuerverhaltens vor allen Dingen durch die verschiedene Abmagnetisierung. Während bei der Einwegschaltung die Abmagnetisierungsgeschwindigkeit elastisch ist und sich entsprechend der Größe des Steuerstromes frei einstellen kann, ist bei der Verdopplerschaltung die Abmagnetisierungsgeschwindigkeit im wesentlichen durch die Speisespannung vorgeschrieben. Der wirksame Koerzitivstrom I_c'' unterscheidet sich nur dadurch von I_{cn}'', daß mit kleinerer Flußamplitude $\Delta\Phi$ auch bei sinusförmiger Magnetisierung die Koerzitivkraft etwas abnimmt. Für einen bestimmten Sättigungswinkel ist bei der Verdopplerschaltung ein größerer Steuerstrom und zum vollständigen Durchsteuern des Transduktors eine kleinere Steuerstromänderung notwendig als bei der Einwegschaltung.

6.14 Einphasenbrückenschaltung

Von den in Abb. 6.01 gezeigten durchflutungsgesteuerten, spannungssteuernden Transduktoren hat die Brückenschaltung die größte Bedeutung. An ihr soll deshalb der Unterschied zwischen erzwungener Magnetisierung und freier Magnetisierung untersucht werden. Es wird dabei wieder eine rechteckige Hystereseschleife zugrunde gelegt. Die Kupferwiderstände bleiben unberücksichtigt und es werden ideale Gleichrichter mit zu vernachlässigendem Durchlaßwiderstand und unendlichem Sperrwiderstand angenommen.

Die Brückenschaltung unterscheidet sich von der Verdopplerschaltung nur durch die beiden Lastgleichrichter g_3 und g_4. Wir werden aber sehen, daß sich hierdurch eine ganz andere Arbeitskennlinie ergibt. Während sich bei der Verdopplerschaltung die an R_a liegende Ausgangsspannung außerhalb der Parallelschaltung der Drosseln befindet, liegt

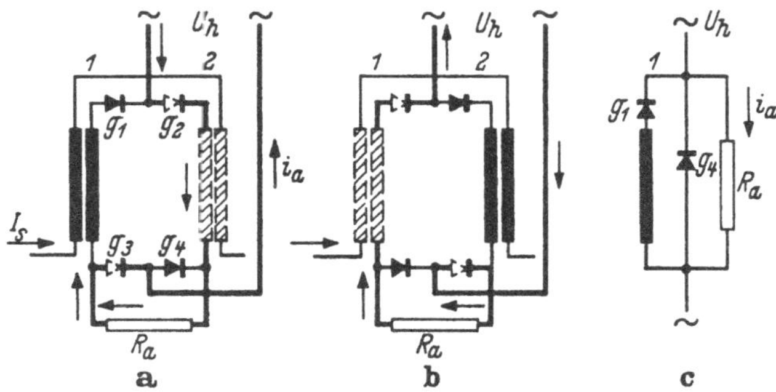

Abb. 6.08a–c. Brückenschaltung, Sperrung der ungesättigten Drossel durch die Ausgangsspannung

U_a bei der Brückenschaltung durch die Lastgleichrichter parallel zu der nicht gesättigten Drossel und sperrt den ihr vorgeschalteten Gleichrichter. Die in Abmagnetisierung befindliche Drossel ist während der ganzen Halbperiode infolge des gesperrten Selbstsättigungsgleichrichters frei in ihrer Spannung. Im Gegensatz dazu hatten wir gesehen, daß bei der Verdopplerschaltung in dem Sättigungsbereich α_1 bis π der Gleichrichter der in Abmagnetisierung befindlichen Drossel nur durch den Spannungsabfall des Sättigungsstromes an r_a schwach negativ vorgespannt ist, so daß die Spannung an der Drossel nur klein sein kann.

Betrachten wir in Abb. 6.08 den Zustand der Gleichrichter, wenn eine Drossel gesättigt ist. Die Abb. a und b zeigen getrennt für beide Spannungshalbwellen stark gezeichnet die vom Sättigungsstrom durchflossenen Zweige. Die in diesem Weg liegenden Gleichrichter sind gestrichelt, während die in Sperrichtung beaufschlagten Gleichrichter voll gezeichnet sind. Dem Schaltbild a liegt die Sättigung von Drossel 2 zugrunde, während bei der in Schaltbild b gezeigten Stromrichtung

Drossel 1 gesättigt ist. Werden die gesättigten Drosseln und die in Durchlaßrichtung durchflossenen Gleichrichter fortgelassen, so vereinfacht sich das Schaltbild a zu der Ersatzschaltung c. Dabei wirkt U_h in Sperrichtung

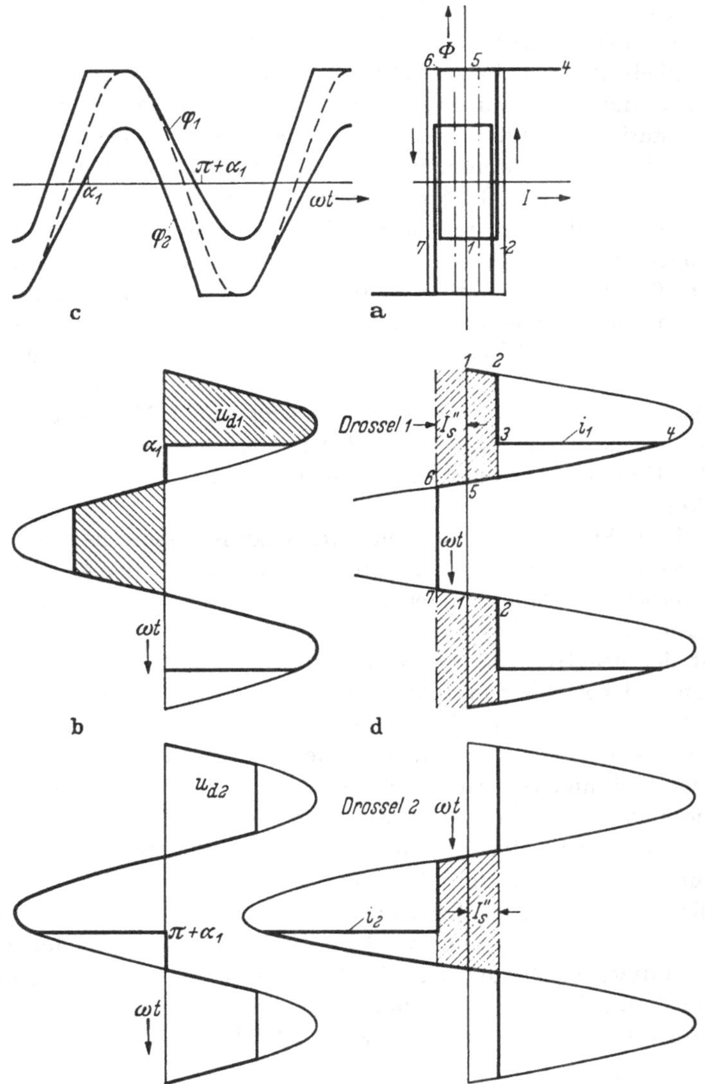

Abb. 6.09a–d. Brückenschaltung – Magnetisierungsvorgang bei erzwungener Magnetisierung

der Gleichrichter g_1 und g_4. Es ist somit sichergestellt, daß während der Abmagnetisierungshalbwelle in der Arbeitswicklung kein Strom fließen kann. Die Abmagnetisierung bestimmt allein der Steuerstrom. Damit sind, wenn der Steuerkreis für Wechselstrom gesperrt ist, die gleichen Voraussetzungen vorhanden, wie bei der Einwegschaltung mit einer Drossel.

Die Abb. 6.09 zeigt den Magnetisierungsvorgang bei erzwungener Magnetisierung, wenn im Steuerkreis kein Wechselstrom fließen kann. Unterschiede der von beiden Drosseln in den Steuerkreis induzierten Wechselspannungen können sich nicht ausgleichen. Aus Diagramm a sind die statische und dynamische Hystereseschleife, sowie die Schleifen bei einer Vormagnetisierung, welche die Drossel 1 im Winkel α_1 in Sättigung führt, zu ersehen. In b sind die Speisespannung und der zeitliche Verlauf der an den Drosseln liegenden Spannung u_{d1} angegeben. Die Spannung-Zeitflächen sind die gleichen, wie bei der Einwegschaltung (Abb. 6.06). Durch die sichere Sperrung des Selbstsättigungsgleichrichters der in Abmagnetisierung befindlichen Drossel und durch die Sperrung des Steuerkreises für Wechselstrom sind die beiden Drosseln gegenseitig vollständig entkoppelt und verhalten sich, wie zwei unabhängige Einwegschaltungen. Den Verlauf der Flüsse zeigt Abb. 6.09c. Da die an der Drossel liegende Spannung während der Abmagnetisierung über einen Teil der Halbperiode konstant ist, nimmt der Fluß in diesem Bereich geradlinig ab.

Auch die Ströme in Steuer- und Arbeitskreis entsprechen denen der Einwegschaltung. Während der Aufmagnetisierung — der Arbeitspunkt läuft hierbei von Punkt 2 nach 3 — muß der Arbeitsstrom gleich der gesamten Breite der Hystereseschleife sein. Der Steuerstrom I_s'' entspricht der negativen Koerzitivkraft. Während der Abmagnetisierung dagegen — der Arbeitspunkt läuft von Punkt 6 nach 7 — ist der Arbeitsstrom Null, da der vorgeschaltete Gleichrichter sperrt. Die Abmagnetisierungsgeschwindigkeit wird nur von dem Steuerstrom bestimmt.

Wesentlich anders verhält sich die Brückenschaltung bei freier Magnetisierung. Der Steuerkreis hat einen sehr niedrigen Schließungswiderstand, oder die Steuerspannungsquelle ist durch einen die Wechselspannung kurzschließenden Kondensator überbrückt. Die Hystereseschleifen zeigt Abb. 6.10a. Die Kurvenform von u_d muß wegen des Kurzschlusses der beiden gegeneinandergeschalteten Steuerwicklungen in beiden Halbwellen die gleiche sein. Dann ergibt sich der in c gezeigte zeitliche Verlauf beider Drosselflüsse φ_1 und φ_2. Im Sättigungsbereich α_1 bis π ist die Spannung an den Drosseln Null und die Flüsse sind konstant.

Der Verlauf des Drosselstromes soll anhand eines Magnetisierungszyklus in der Drossel 1 nach Diagramm d betrachtet werden. Für $\omega t = 0$ befindet sich die Drossel 1 im unteren Remanenzpunkt 1. Vor Beginn der Aufmagnetisierung muß der Arbeitsstrom auf den der positiven Koerzitivkraft entsprechenden Wert I_c'' ansteigen, er nimmt aber den

Wert $+2I_c''$ an. Während in dem Bereich 0 bis α_1 die Drossel 1 aufmagnetisiert wird, befindet sich die Drossel 2 in Abmagnetisierung. In der

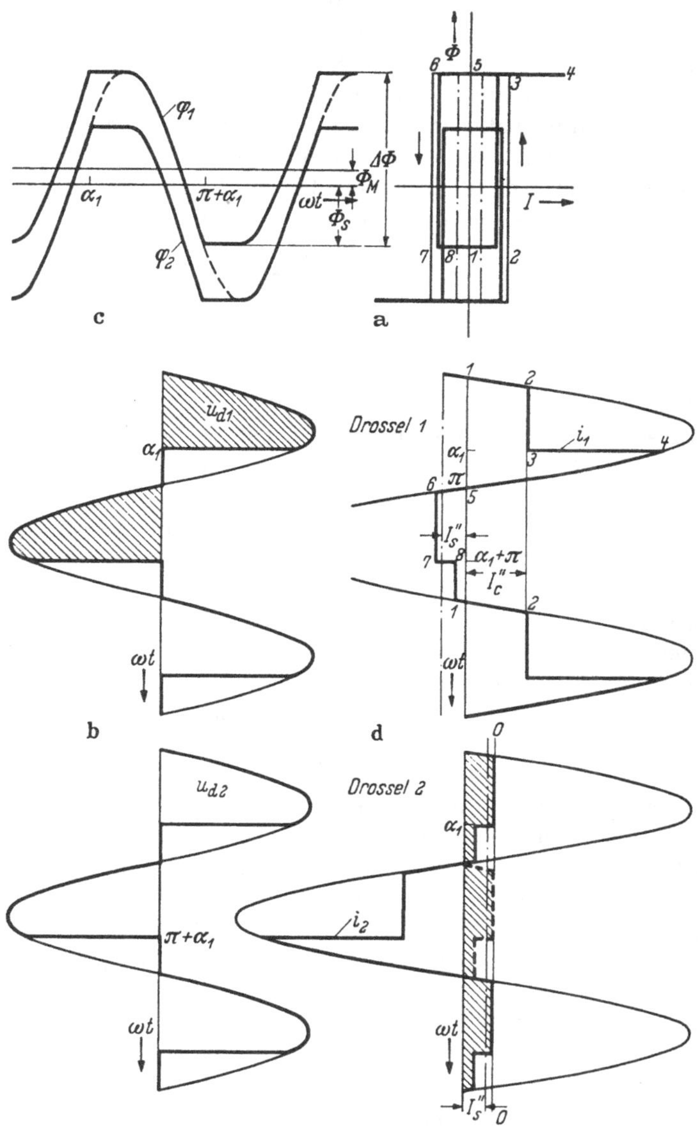

Abb. 6.10a–d. Brückenschaltung – Magnetisierungsvorgang bei freier Magnetisierung nach LORD [53]

Drossel 2 führt der Arbeitskreis, infolge Sperrung des vorgeschalteten Selbstsättigungsgleichrichters, keinen Strom. Der zur Abmagnetisierung notwendige Koerzitivstrom — I_c'' kann aber über den Steuerkreis geliefert werden, indem die in Aufmagnetisierung befindliche Drossel 1 als Transformator wirkt und den von Drossel 2 benötigten Magnetisierungsstrom in den Steuerkreis transformiert. Die in Aufmagnetisierung befindliche Drossel führt deshalb einen Magnetisierungsstrom, welcher der ganzen Breite der Hystereseschleife entspricht. Die eine Hälfte davon wird für die Aufmagnetisierung der eigenen Drossel, die zweite Hälfte durch Übertragung in den Steuerkreis zur Abmagnetisierung der zweiten Drossel verwendet. Anschließend geht Drossel 1 in Sättigung.

Nach Durchlaufen des oberen Remanenzpunktes 5 bleibt von π bis $\alpha_1 + \pi$ die Arbeitswicklung von Drossel 1 stromlos. Den Magnetisierungsstrom zur Abmagnetisierung von 6 nach 7 liefert, wie beschrieben, die andere Drossel, die ihrerseits bei $\alpha_1 + \pi$ in Sättigung geht. Danach bleibt auch in Drossel 1 der Fluß konstant. Für den Rest der Halbperiode ist jetzt die statische Hystereseschleife maßgeblich. Der Arbeitsstrom springt deshalb zwischen 8 und 1 auf einen Wert, der dem Unterschied des Koerzitivstromes der dynamischen und der statischen Hystereseschleife entspricht. Der Fluß in der Drossel 1 muß von $\alpha_1 + \pi$ bis 2π konstant sein, da wegen des zu vernachlässigenden Schließungswiderstandes des Steuerkreises sich keine Differenz zwischen den beiden Drosselspannungen halten kann.

Nun läßt sich der, dem Sättigungswinkel α_1 zugehörige Steuerstrom I_s'' bestimmen. Im Diagramm d ist für Drossel 2 schraffiert der Strom im Steuerkreis angegeben. In der 1. und 3. Halbwelle wird er von Drossel 1 in den Steuerkreis induziert, während in der 2. Halbwelle Drossel 2 sich in Aufmagnetisierung befindet und von sich aus die Hälfte des aufgenommenen Stromes in den Steuerkreis überträgt. Infolge der Gegeneinanderschaltung der Steuerwicklungen sind die von beiden Drosseln induzierten Spannungen gleichgerichtet. Dadurch tritt eine Gleichstromkomponente auf, die nicht vom Arbeitskreis geliefert werden kann. Der Steuerstrom I_s'' muß gleich der in d strichpunktiert gezeichneten Gleichstromkomponente sein. Verschiebt sich der Sättigungswinkel α_1 in Richtung auf 0, so wird der Bereich, in dem der Fluß konstant und damit $I_c'' = I_{c0}''$ ist, größer, so daß auch der Mittelwert I_s'' abnimmt. Bei voll gesättigten Drosseln ist $I_s'' = I_{c0}''$. Soll keine Sättigung erfolgen, muß dagegen $I_s'' = I_{cn}''$ sein.

Wir wollen nun abschätzen, wie sich Abweichungen der Hystereseschleife von der idealen rechteckigen Form auf die Betriebseigenschaften des Transduktors in Brückenschaltung auswirken. Die technischen Hystereseschleifen unterscheiden sich von der idealisierten Schleife in drei Punkten:

1. Die steilen Seiten der Schleife haben eine endliche Steigung d. h. die maximale Permeabilität ist endlich.

2. Der Sättigungsast verläuft nicht waagerecht, sondern steigt noch mehr oder weniger an. Die Sättigungspermeabilität ist nicht zu vernachlässigen.

3. Der Übergang von dem steilen Ast in den Sättigungsast und umgekehrt erfolgt allmählich, die Ecken sind somit verschliffen.

Der dritte Punkt bleibt unberücksichtigt, da über die Auswirkung der Verschleifung keine bestimmte qualitative Aussage gemacht werden kann. Die Abweichung 2 bewirkt, daß an der gesättigten Drossel eine Restspannung verbleibt, die auch an der Steuerwicklung wirksam wird und geeignet ist, die Magnetisierungsverhältnisse merklich zu beeinflussen. Die Sättigungspermeabilität ist bei den Nickel-Eisen-Legierungen sehr klein, dagegen bei den für Leistungs-Transduktoren verwendeten kernorientierten Siliziumblechen verhältnismäßig groß. Abb. 6.11a zeigt eine trapezförmige Hystereseschleife, sie berücksichtigt die Abweichung 1. Strichpunktiert sind die Sättigungsäste, bei nicht zu vernachlässigender Sättigungspermeabilität, eingezeichnet.

Zunächst betrachten wir die Brückenschaltung bei erzwungener Magnetisierung. Der Steuerkreis ist also für Wechselstrom gesperrt. Den zeitlichen Verlauf der Spannung und des Flusses einer Drossel zeigt Abb. 6.11b. Die Aufmagnetisierungsspannung-Zeitfläche wird von der Neigung der Hystereseschleife nicht beeinflußt. Sie wirkt sich dagegen auf die der Abmagnetisierung zugeordnete negative Spannung-Zeitfläche aus.

Nach Abb. 6.11b ist u_d nicht wie bei rechteckiger Hystereseschleife über einen Teil der negativen Halbperiode konstant, sondern ändert sich in diesem Abschnitt linear. Nach dem Induktionsgesetz nimmt nach α' die Magnetisierungsgeschwindigkeit gleichmäßig ab. Das erklärt sich aus der Lage des linken Astes der Hystereseschleife, zu der in Abb. 611a gestrichelt gezeichneten Geraden. Die Gerade kennzeichnet die Steuerfeldstärke.

Infolge der Neigung der Schleife liegt im oberen Teil der linke Schleifenast rechts von der Steuergeraden. In jeder Phase der Abmagnetisierung ändert sich der Fluß gerade so schnell, daß die linke Seite der Hystereseschleife mit der Steuergeraden zusammenfällt. Deshalb wird gegenüber den Verhältnissen bei einer rechteckigen Hystereseschleife zunächst die Abmagnetisierung schneller vor sich gehen, gegen Ende des Abmagnetisierungsbereiches aber langsamer erfolgen. Hier muß wegen der Neigung der Flanken, bei konstantem Steuerstrom die wirksame Hystereseschleife schmaler werden.

Den Einfluß der Neigung der Hystereseschleife bei freier Magnetisierung zeigt Abb. 6.11c. Es ist der Gesamtstrom i_1 einer Drossel aufgetragen. Während der Aufmagnetisierung zwischen 0 und α_1 steigt der

Magnetisierungsstrom entsprechend der Neigung des durchlaufenen Schleifenastes an. Gleichzeitig nimmt auch — wie aus den gestrichelten Kurven zu entnehmen ist — der von der zweiten Drossel benötigte und

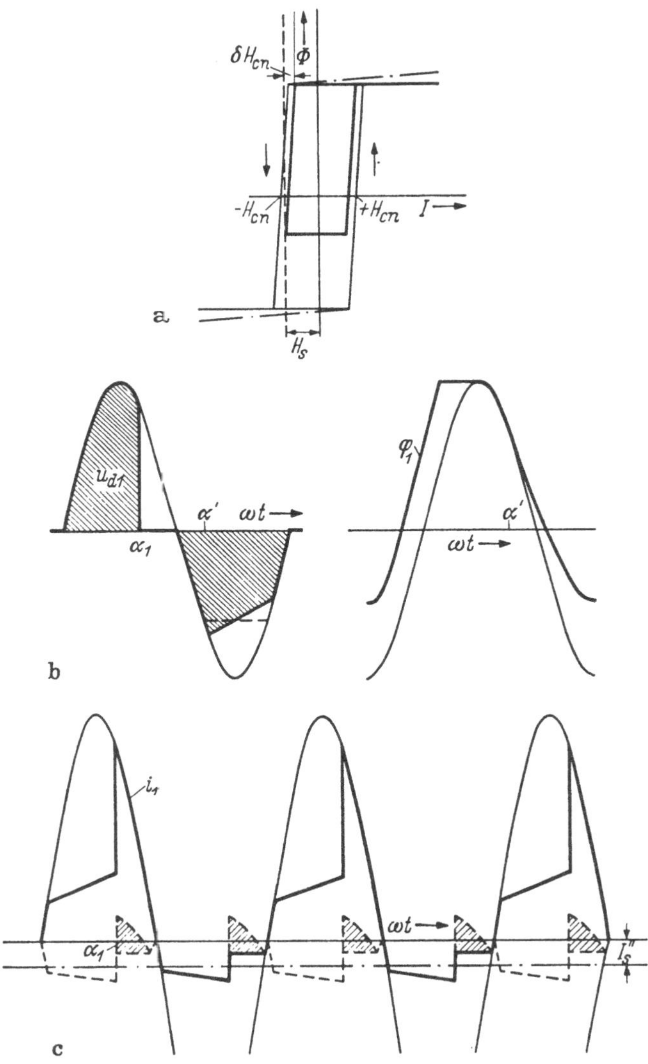

Abb. 6.11 a—c. Einfluß einer Scherung der Hystereseschleife auf den Magnetisierungsvorgang

von der ersten Drossel transformatorisch in den Steuerbereich übertragene Magnetisierungsstrom zu. Der Steuergleichstrom ist nach wie vor gleich dem Mittelwert des Steuerstromes.

Wir wollen nun noch den Einfluß einer nicht zu vernachlässigenden Sättigungspermeabilität abschätzen. Sie bewirkt, daß im Sättigungsbereich α_1 bis π die Spannung an der Drossel 1 nicht vollständig zusammenbricht, sondern eine Restspannung erhalten bleibt, die in dem Steuerkreis den in Abb. 6.11c schraffierten Strom induziert. Deshalb bleibt der Magnetisierungsstrom, der eben abmagnetisierten Drossel, nicht auf den der statischen Koerzitivkraft entsprechenden Wert begrenzt, sondern kann Null werden oder sogar das entgegengesetzte Vorzeichen annehmen.

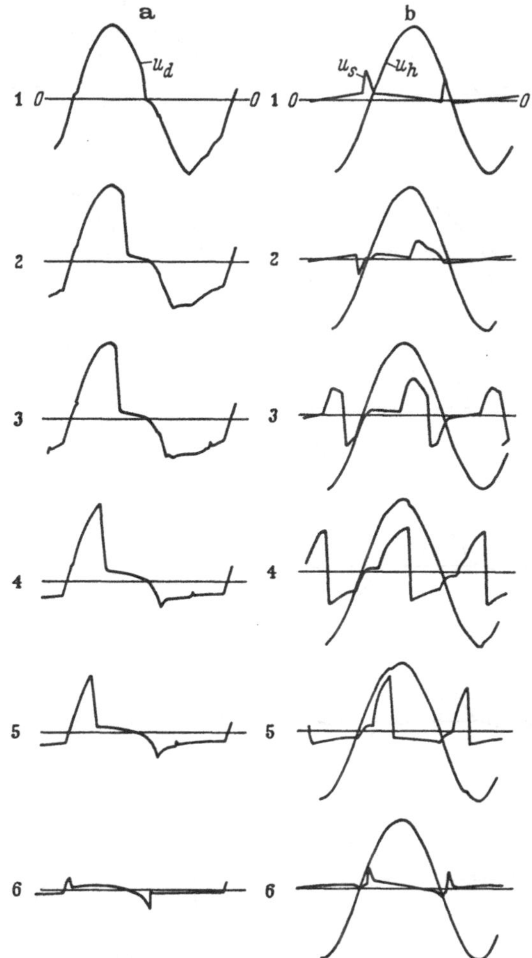

Abb. 6.12. Brückenschaltung mit erzwungener Magnetisierung. Kurvenform von u_d und u_s für verschiedene Aussteuerungen

Der theoretische Magnetisierungsvorgang des Transduktors in Brükkenschaltung bestätigt sich bei den folgenden Oszillogrammen. Abbildung 6.12 zeigt Oszillogramme, die an einem Transduktor in Brükkenschaltung mit Kernen aus dem Nickeleisen Permenorm 5000 Z bei erzwungener Magnetisierung aufgenommen wurden. Die Oszillogramme a zeigen den zeitlichen Verlauf der Spannung u_d einer Drossel, wobei die Nummer 1 für voll geschlossenen Transduktor ($U_a \approx 0$), die Nummer 6 für voll geöffneten Transduktor ($U_a = U_{am}$) und die dazwischenliegenden Oszillogramme für verschiedene Zwischenaussteuerungen gelten. Bei 1 liegt nahezu die volle Speisespannung an der Drossel. In der Abmagnetisierungshalbwelle ist aber bereits eine gewisse Schrägung festzustellen. Bei den nächsten Oszillogrammen 2 bis 5 wird der Sättigungszeitpunkt immer mehr nach links verschoben, während sich in der negativen Halbwelle die Spitze der Sinuskurve abbaut und u_d annähernd Rechteckform annimmt. Mit kleiner werdender Drosselspannung nimmt die Abmagnetisierungsgeschwindigkeit ab, denn infolge des kleiner werdenden Steuerstromes muß sich im negativen Bereich die Hystereseschleife der statischen Schleife nähern.

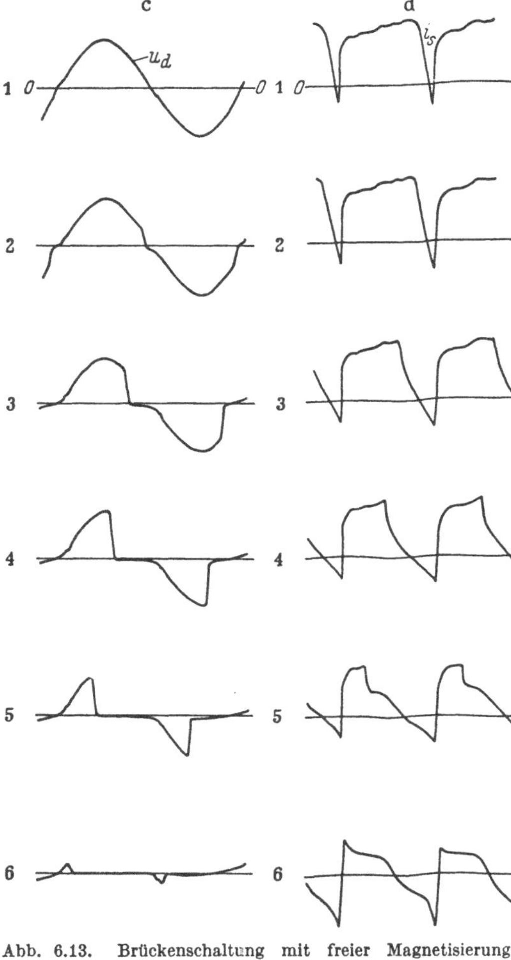

Abb. 6.13. Brückenschaltung mit freier Magnetisierung, Kurvenform von u_d, i_s für verschiedene Aussteuerungen

Die Oszillogramme b zeigen die in den Steuerkreis induzierte Wechselspannung u_s und die Speisespannung u_h. Im Interesse der Deutlichkeit ist u_s mit einem wesentlich größeren Amplitudenmaßstab geschrieben als die Speisespannung u_h. Das Oszillogramm 1 gilt wieder für voll geschlossenen Transduktor, das Oszillogramm 6 für voll geöffneten Transduktor. Die dazwischen liegenden Aufnahmen wurden für Teilaussteuerung mit stufenweise vergrößerter Ausgangsspannung aufgenommen. Infolge der Gegeneinanderschaltung der Steuerwicklungen ist u_s gleich der Differenz der Spannungen beider Drosseln. Den Sprung in u_s kennzeichnet den Sättigungszeitpunkt α_1. Vor α_1 ist die Spannung der in Aufmagnetisierung befindlichen Drossel größer, danach überwiegt die Spannung der abmagnetisierten Drossel. Die Steuerwechselspannung wechselt daher im Sättigungswinkel α_1 sein Vorzeichen.

An dem gleichen Transduktor, aber bei freier Magnetisierung, wurden die in Abb. 6.13 wiedergegebenen Oszillogramme aufgenommen. Die

Serie c zeigt wieder die Spannung u_d einer Drossel. Bei voll geschlossenem Transduktor ($U_a = 0$) ist die Drosselspannung praktisch mit der Speisespannung identisch. Mit kleiner werdendem Steuerstrom gewinnt u_d die charakteristische Form zur Zeitachse symmetrischer Sinussegmente. Die beiden Halbwellen müssen gleich sein, da sich wegen des niedrigen Schließungswiderstandes in dem Steuerkreis keine Wechselspannung halten kann. Die Oszillogramme d zeigen den zeitlichen Verlauf des Steuerstromes. Die größte Amplitude ist bei geschlossenem Transduktor (d_1) vorhanden. Der Steuerstrom steigt im Magnetisierungsbereich nach Maßgabe der Neigung der Hystereseschleife an. Wird der Steuergleichstrom I_s'' verkleinert, so bleibt die Amplitude des Steuerstromes annähernd erhalten, nur werden die im Sättigungsbereich liegenden Lücken breiter. Im Sättigungsbereich unterschreitet der Steuerstrom unter dem Einfluß der Restspannung der gesättigten Drossel sogar die Nullinie. Erst bei sehr kleinem Steuerstrom, d. h. großer Aussteuerung des Transduktors (d_5 und d_6) verbleibt der Steuerstrom für eine gewisse Zeit auf dem der negativen Koerzitivkraft der statischen Hystereseschleife entsprechenden Wert.

6.2 Wirkbelastung

Die vorstehenden Ausführungen zeigen den Einfluß des Kernwerkstoffes auf den Magnetisierungsvorgang. Für einen empfindlichen Transduktor, der mit einer möglichst kleinen Steuerdurchflutung ausgesteuert werden soll, genügt nicht die Verwendung eines Kernwerkstoffes mit rechteckiger Hystereseschleife, wenn nicht gleichzeitig der Wirbelstromeinfluß klein ist. Es wurde zwischen freier und erzwungener Magnetisierung unterschieden. Beide Fälle können im praktischen Betrieb, je nach Beschaffenheit der Steuerspannungsquelle, auftreten.

Es soll nun der Verlauf der Arbeitskennlinie untersucht werden. Sie gibt die Abhängigkeit der Ausgangsspannung von der Steuergröße an. Dabei müssen neben dem Innenwiderstand der Steuerspannungsquelle zusätzliche Einflüsse, wie die Größe des Arbeitswiderstandes, die Sättigungsreaktanz, die Eigenschaften der Gleichrichter usw. Berücksichtigung finden.

6.21 Arbeitskennlinien

Als Eingangsgröße des Transduktors können der Steuerstrom, die Steuerdurchflutung oder die Steuerfeldstärke gewählt werden, während sich als Ausgangsgröße nur die Ausgangsspannung anbietet. Der Verlauf der Arbeitskennlinie wird in erster Linie von den magnetischen Eigenschaften des Kernwerkstoffes und dem Durchlaß-Rückstromverhältnis der Gleichrichter bestimmt. Ihre Vorausberechnung ist nur bei weitgehender Idealisierung möglich. Deshalb sollen zunächst ideale Gleichrichter und ein Kernwerkstoff mit rechteckiger Hystereseschleife angenommen werden. Weiterhin wollen wir voraussetzen, daß die Koerzitivkraft der statischen Schleife klein gegen die der dynamischen Schleife ist, damit im Sättigungsbereich der Augenblickswert des Steuerstromes vernachlässigt werden kann.

Dann ist nach Abb. 6.10 für den Transduktor in Brückenschaltung und freier Magnetisierung der Steuergleichstrom

$$I_s'' = + I_c'' \cdot \frac{\alpha_1}{\pi}, \tag{6.07}$$

da nur im Magnetisierungsbereich ein Steuerstrom $I_s'' = I_c''$ fließt. Im Arbeitskreis sind zwei Ströme zu berücksichtigen:

Der im Magnetisierungsbereich fließende Strom $I_{a\mu}$ und der Sättigungsstrom I_{asg}. Sie setzen sich aus den Strömen beider Drosseln zusammen. Es genügt daher, eine Halbwelle zu betrachten, in der immer nur eine der Drosseln Magnetisierungs- bzw. Sättigungsstrom führt, während die andere zur Abmagnetisierung über den Steuerkreis ihren Magnetisierungsstrom erhält. Es ist somit

$$I_a = I_{asg} + I_{a\mu} \tag{6.08}$$

mit

$$I_{asg} = \frac{\hat{U}_h}{R_a \pi} \int_{\alpha_1}^{\pi} \sin \omega t \, d\omega t = \frac{\hat{U}_h}{R_a \pi} (1 + \cos \alpha_1) \tag{6.09}$$

und

$$I_{a\mu} = \frac{2 I_c'' \alpha_1}{\pi} \tag{6.10}$$

Gl. (6.09) und (6.10) in Gl. (6.08) eingesetzt:

$$I_a = \frac{\hat{U}_h}{R_a \pi} (1 + \cos \alpha_1) + \frac{2 I_c'' \alpha_1}{\pi}. \tag{6.11}$$

Der Sättigungswinkel α_1 kann nach Gl. (6.07) durch I_s'' ersetzt werden. Dann ergibt sich

$$I_a = \frac{\hat{U}_h}{R_a \pi} \left(1 + \cos \pi \frac{I_s''}{I_c''}\right) + 2 I_s'' \tag{6.12}$$

und die Arbeitskennlinie $U_a = f(I_s'')$

$$U_a = \frac{\hat{U}_h}{\pi} \left(1 + \cos \pi \frac{I_s''}{I_c''}\right) + 2 I_s'' R_a. \tag{6.13}$$

Sie ist in Abb. 6.14 gestrichelt (a') eingezeichnet. Im Vergleich hierzu ist mit der Kurve (a) die gemessene Kennlinie eines Transduktors in Brückenschaltung bei freier Magnetisierung wiedergegeben, dessen Drosseln Kerne aus der Nickel-Eisen-Legierung Permenorm 5000 Z enthalten. Das zweite Glied in Gl. (6.13) bestimmt die Restspannung U_{a0} des voll geschlossenen Transduktors

$$U_{a0} = 2\,R_a H_C \frac{l_e}{N_a} = R_a I_{a0}\,. \tag{6.14}$$

Bei gegebener Koerzitivkraft wird I_{a0} umgekehrt proportional der Windungszahl der Arbeitswicklung. Im vorliegenden Fall ist N_a groß, so daß der Transduktor fast vollständig schließt. Als Gleichrichter wurden Siliziumdioden verwendet, deren Rückstrom zu vernachlässigen ist. Die Abweichung der gemessenen Kennlinie (a) vom theoretischen Verlauf (a') erklärt sich aus der Form der technischen Magnetisierungskennlinie. Während die Sättigungspermeabilität von Permenorm 5000 Z vernachlässigt werden kann, ist die Steigung der steilen Flanken endlich, so daß nach Abb. 6.11a der Steilheitsfaktor $\delta \neq 0$ ist. Die Feldstärke ΔH_s wird für die Magnetisierung längs der steilen Flanken der Hystereseschleife benötigt.

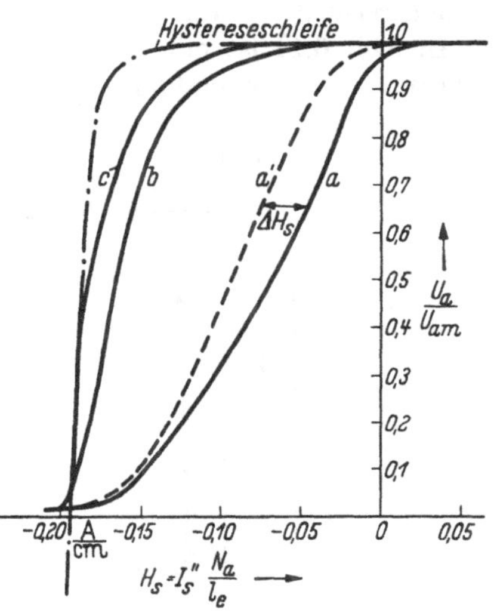

Abb. 6.14. Arbeitskennlinien:
a) Brückenschaltung mit freier Magnetisierung
b) Brückenschaltung mit erzwungener Magnetisierung
c) Verdopplerschaltung

Wird der gleiche Transduktor mit erzwungener Magnetisierung betrieben, so ergibt sich die in Abb. 6.14 gezeigte Arbeitskennlinie (b). Sie ist gegenüber der Kennlinie für freie Magnetisierung (a) in Richtung größeren negativen Steuerstromes verschoben und verläuft gleichzeitig steiler. Dieser Unterschied erklärt sich aus den verschiedenen Magnetisierungsbedingungen. Während bei freier Magnetisierung der Steuerstrom im Sättigungsbereich nahezu Null ist, muß bei erzwungener Magnetisierung im selben Bereich der Steuerstrom gleich I_c'' sein. Allerdings wird I_s'' bei erzwungener Magnetisierung dadurch verkleinert, daß die Abmagnetisierung mit verminderter Geschwindigkeit vor sich geht, so daß der linke Ast der dynamischen Hystereseschleife schmaler als der entsprechende Ast der dynamischen Hystereseschleife bei freier Magnetisierung ist. Die Kennlinie (b) verläuft deshalb zwischen dem in Abb. 6.14 strichpunktiert eingezeichneten linken oberen Ast der Hystereseschleife und der Kennlinie (a). Die Kurven (a) und (b) kennzeichnen die Grenzen, zwischen denen bei allen praktischen Betriebsfällen die Kennlinien des Transduktors in Brückenschaltung verlaufen. Der Steuerkreiswiderstand ist im allgemeinen durch die vor dem Transduktor liegenden Schaltglieder oder durch die gewünschte Leistungsverstärkung festgelegt und so bemessen, daß ein zwischen freier und erzwungener Magnetisierung liegender Betriebsfall vorliegt. Das Auseinanderlaufen der beiden Kennlinien (a) und (b) zeigt, daß es möglich ist, den Transduktor ohne Steuerspannung nur durch Veränderung des Steuerkreiswiderstandes zu steuern.

In Abb. 6.14 ist mit (c) auch die Arbeitskennlinie der Verdopplerschaltung bei Verwendung der gleichen Verstärkerdrosseln eingezeich-

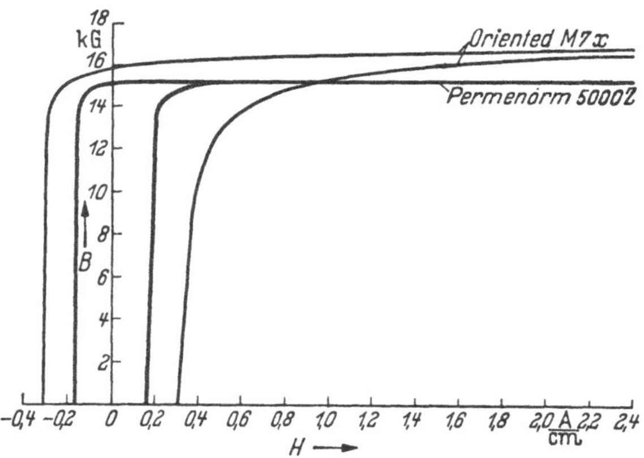

Abb. 6.15. Hystereseschleifen von Permenorm 5000 Z und von Oriented M 7

net. Bei dieser Schaltung erfolgt, unabhängig von dem Steuerkreiswiderstand, Auf- und Abmagnetisierung annähernd mit gleicher Geschwindigkeit, so daß die normale dynamische Hystereseschleife wirkt. Die Arbeitskennlinie deckt sich deshalb im unteren Teil mit dem Ast der Schleife. Der obere Teil der Arbeitskennlinie weicht von der linken Flanke der Hystereseschleife ab, da bei großer Vormagnetisierung die Breite der wirksamen Schleife etwas kleiner wird.

Es ist noch zu erwähnen, daß der durchflutungsgesteuerte spannungssteuernde Transduktor bei großem negativem Steuerstrom wieder öffnet. Hierzu muß I_s die Gleichstromkomponente des Arbeitsstromes kompensieren und außerdem eine dem stromsteuernden Transduktor entsprechende Durchflutung aufbringen (siehe Kennlinie Abb. 5.02e für $k_r = 1$).

Für Leistungs-Transduktoren lassen sich Nickel-Eisen-Legierungen mit rechteckiger Hystereseschleife, wegen ihres hohen Preises, nicht verwenden. Hierfür steht kaltgewalztes, kornorientiertes Siliziumblech zur Verfügung. Vergleichen wir die Hystereseschleife dieses Kernwerkstoffes in Abb. 6.15 mit der von Nickel-Eisen, so zeigt sich, daß die Maximalpermaebilität — gekennzeichnet durch die Steigung der steilen Äste der Schleifen — in der gleichen Größenordnung liegt. Dagegen ist die Sättigungspermeabilität des Silizium-Eisens wesentlich größer als die des Nickeleisens.

Wir wollen nun das Betriebsverhalten eines Leistungs-Transduktors in Brückenschaltung, dessen Kern aus kornorientiertem Siliziumblech

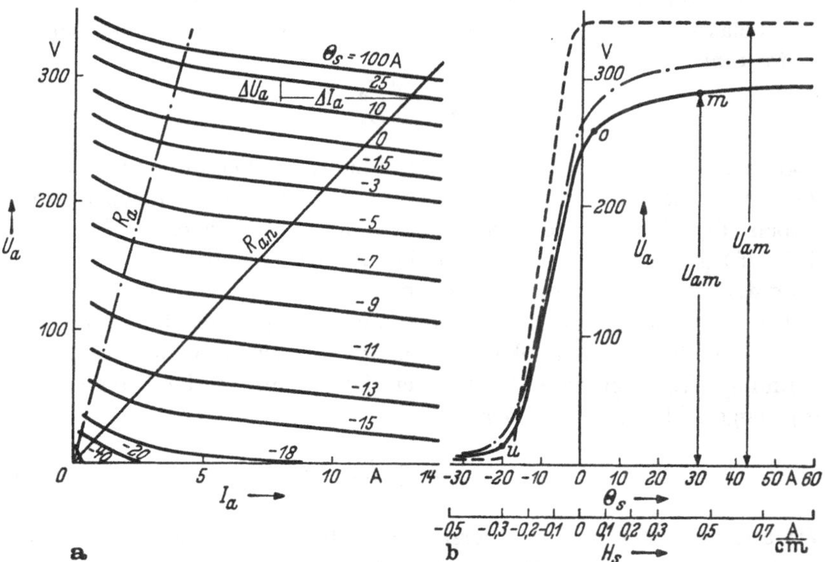

Abb. 6.16a u. b. Einphasen-Brückenschaltung: a) $U_a - I_a$-Kennlinienfeld, b) Arbeitskennlinie

besteht, untersuchen. Da der Arbeitswiderstand R_a meist nicht frei wählbar ist, erscheint es zweckmäßig, eine Darstellungsart zu wählen, aus der für alle Arbeitswiderstände die wirksame Arbeitskennlinie entnommen werden kann. Das ist bei dem in Abb. 6.16a dargestellten $(I_a - U_a)$-Kennlinienfeld möglich, bei dem die einzelnen Kennlinien für konstante Steuerdurchflutung Θ_s die Abhängigkeit der Ausgangsspannung U_a vom Arbeitsstrom I_a zeigen.

Die Arbeitskennlinie $U_a = f(\Theta_s)$ läßt sich aus dem Kennlinienfeld durch die Schnittpunkte der Widerstandsgeraden $R_a = \text{const}$ mit den Kennlinien $\Theta_s = \text{const}$ entnehmen. An dem Transduktor liegt die Speisespannung $U_{h\,eff} = 380$ V, bei der der Wechselfluß die Hystereseschleife von Sättigungsast bis Sättigungsast durchläuft. Die in Abb. 6.16b voll gezeichnete Widerstandsgerade gilt für den Nennarbeitswiderstand R_{an}, bei dem der voll ausgesteuerte Transduktor Nennstrom führt. Der untere Knick (u) entspricht recht genau der negativen Koerzitivkraft der dynamischen Hystereseschleife. Gestrichelt ist die sich nach Gl. (6.13) ergebende theoretische Kennlinie eingezeichnet. Die strichpunktierte Arbeitskennlinie gehört zu der im Diagramm a in gleicher Weise gekennzeichneten Widerstandsgeraden und zeigt das Betriebsverhalten des Transduktors bei Teilbelastung.

Die Arbeitskennlinie setzt sich aus einem annähernd geradlinigen Teil ($u - o$) und einem gekrümmten, flachen Teil ($o - m$) zusammen. Der Punkt m kennzeichnet bei dem Nenn-Arbeitswiderstand die thermische Grenzbelastung. Bei vielen Anwendungen muß die Durchflutungsverstärkung

$$V_\Theta = \frac{\Delta U_a}{\Delta \Theta_s} \tag{6.15}$$

möglichst konstant sein. In diesem Fall kann die Kennlinie nur bis zum Punkt 0 ausgenutzt werden. Bei großen Leistungen ist dagegen anzustreben, den Transduktor bis m auszusteuern. Wie noch in Abschn. 9 (S. 235ff.) gezeigt werden soll, läßt sich durch Gegenkopplung die Krümmung der Arbeitskennlinie verringern.

Die gemessene Arbeitskennlinie und die gestrichelt gezeichnete theoretische Kennlinie weichen voneinander ab. Die maximale Ausgangsspannung U_{am} liegt wesentlich unter der Spannung der unbelasteten einphasigen Gleichrichterbrücke.

$$U'_{am} = \frac{2}{\pi} \hat{U}_h . \tag{6.16}$$

Wie aus dem Verlauf der obersten Kennlinie $\Theta_s = 100$ A des Kennlinienfeldes Abb. 6.16a zu ersehen ist, wird die Differenz zwischen U'_{am} und U_{am} durch den Spannungsabfall des Ausgangsstromes am Innenwiderstand R_i des Transduktors hervorgerufen.

Abgesehen von dem Bereich sehr kleiner Belastung ist der Innenwiderstand

$$R_i = \frac{\Delta U_a}{\Delta I_a} \tag{6.17}$$

nahezu konstant, da die einzelnen Kennlinien im wesentlichen geradlinig sind und praktisch parallel verlaufen.

Das Lastverhalten des Transduktors in Brückenschaltung und damit sein Innenwiderstand ist nun näher zu untersuchen. Es wird maximale Aussteuerung angenommen, die Drosseln sind voll gesättigt. In Abb. 6.17a ist der Arbeitskreis wiedergegeben. Der Steuerkreis wurde fortgelassen, da er in diesem Zusammenhang nicht interessiert. Ist Drossel 1 gesättigt, so fließt der Sättigungsstrom den stark gezeichneten Weg. Die gesperrten Gleichrichter sind gestrichelt. Die innere Impedanz des Transduktors setzt sich aus dem Kupferwiderstand r_k, der Restreaktanz X_μ, der Streureaktanz X_{st} und dem Durchlaßwiderstand r_g des Gleichrichters zusammen. Da die am Gleichrichter abfallende Spannung U_g sich nur wenig mit dem Durchlaßstrom ändert — denn mit größer werdender Stromamplitude nimmt der Durchlaßwiderstand stark ab —, ist es zweckmäßig, die Wirkung der Gleichrichter durch eine Gegenspannung U_g zu berücksichtigen.

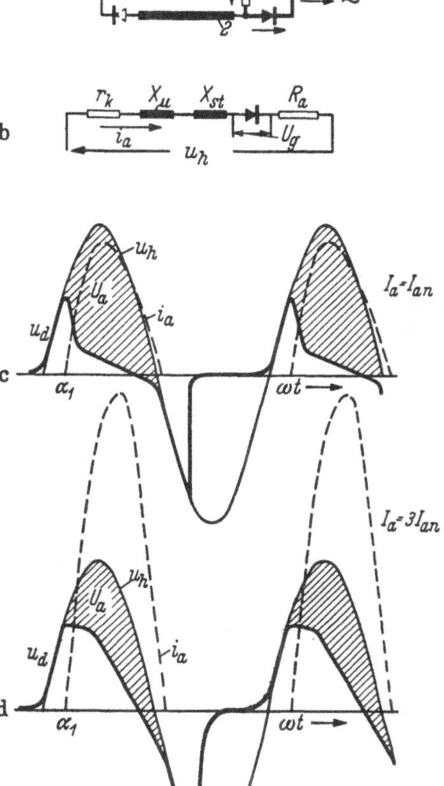

Abb. 6.17a—d. Ersatzschaltung des vollausgesteuerten Transduktors (a, b). Drosselspannung bei voller Aussteuerung für Nennstrom (c) und dreifachem Nennstrom (d)

Der Einfluß der Gleichrichter auf die maximale Ausgangsspannung U_{am} des Transduktors ist von der Gleichrichterart abhängig. Beim Einsatz von Selengleichrichtern sind die beiden Gleichrichterzweige verschieden zu bemessen. Die Sperrwiderstände der in Abb. 6.17a auf der linken Seite gezeichneten Selbstsättigungsgleichrichter müssen sehr hoch sein, da ein Sperrstrom wie eine die Steuerdurchflutung vergrößernde Stromgegenkopplung wirkt. Der Sperrstrom steigt — wie in Abschnitt 2 gezeigt — ab einem Grenzwert mit der an der Selenplatte liegenden Spannung stark an. Es ist deshalb zweckmäßig, die Platten nicht bis zu ihrer Nenn-Sperrspannung zu belasten. Die beiden rechten Lastgleichrichter dienen dagegen nur zur Gleichrichtung der Ausgangsspannung. Ihr Durchlaß-Sperrstromverhältnis ist deshalb für den Verlauf der Arbeitskennlinie unkritisch. Bei einer Speisespannung von

$U_h = 380$ V enthalten die in Abb. 6.17a stark gezeichneten, vom Ausgangsstrom durchflossenen Gleichrichter 20 + 16 Platten. Liegt bei Nennstrom an jeder Platte 0,75 V, so ist $U_g = 0{,}75 \times 36 = 27$ V. Werden dagegen Siliziumgleichrichter vorgesehen, so genügt für jeden Zweig eine Zelle an der bei Nennstrom 1,0 V abfällt. Damit ergibt sich $U_g = 2$ V.

Zur Ermittlung der maximalen Ausgangsspannung U_{am} gehen wir von dem Ersatzschaltbild Abb. 6.17b aus. Enthält der Transduktor Siliziumgleichrichter, so kann die Gegenspannung U_g der Gleichrichter vernachlässigt werden. Auch der Kupferwiderstand r_k ist fast immer klein gegen die beiden Ersatzreaktanzen X_μ und X_{st}, doch soll er bei den folgenden Betrachtungen berücksichtigt werden. Der Innenwiderstand wird im wesentlichen durch die Rest- und die Streureaktanz gebildet. Beide sind nicht linear, da die zugehörigen Flüsse teilweise bzw. ganz im Eisen verlaufen. Es verursacht aber keinen großen Fehler, wenn die Streuinduktivität als konstant angenommen wird, zumal im Sättigungsbereich die Permeabilität des Eisenweges sehr niedrig ist und ein großer Teil des Streuflusses innerhalb der Spule in Luft verläuft. Die Nichtlinearität der Sättigungsreaktanz ist dagegen zu berücksichtigen.

6.22 Überlastverhalten

Die Abb. 6.17c zeigt den zeitlichen Verlauf der Spannung u_d an einer Drossel und die Ausgangsspannung U_a, wenn sich der Arbeitspunkt im oberen Knick der Arbeitskennlinie befindet und der Arbeitswiderstand R_a so bemessen ist, daß Nennstrom fließt. Das Oszillogramm d gilt für den gleichen Arbeitspunkt, nur wurde R_a so weit verkleinert, daß der dreifache Nennstrom vorhanden ist. Während bei c im Sättigungswinkel die Spannung an der Drossel zusammenbricht, hält sie sich in d auch nach der Sättigung zunächst in voller Höhe aufrecht. Die Ausgangsspannung U_a wird hierdurch entsprechend verkleinert. Die Abhängigkeit der Drosselspannung u_d von der Belastung bei verschiedener Aussteuerung des Transduktors ist aus Abb. 6.18 zu ersehen. Die Oszillogramme zeigen den Verlauf der Drosselspannung für die Ausgangsspannungen $U_a/U_{am} = 1{,}0$; 0,9; 0,75 und 0,5 bei verschiedener Belastung. Sie wurde durch Veränderung des Arbeitswiderstandes eingestellt. Übersteigt der Arbeitsstrom I_a wesentlich den Nennstrom I_{an}, so wächst die Spannung an der Drossel nach erfolgter Sättigung so stark an, daß Magnetisierungs- und Sättigungsbereich ineinander übergehen.

Die maximale Ausgangsspannung U_{am} ist bei der Steuerinduktion $B_s \geqq 2B_{sg}$ gegeben. Die noch vorhandene Wechselinduktion steuert dann, wie Abb. 6.19b zeigt, nur noch den Sättigungsast der Magnetisierungskennlinie aus. Im Arbeitspunkt wirkt bei Nennstrom die Feldstärke

$$H_n = I_{an} \frac{N_a}{l_c}. \tag{6.18}$$

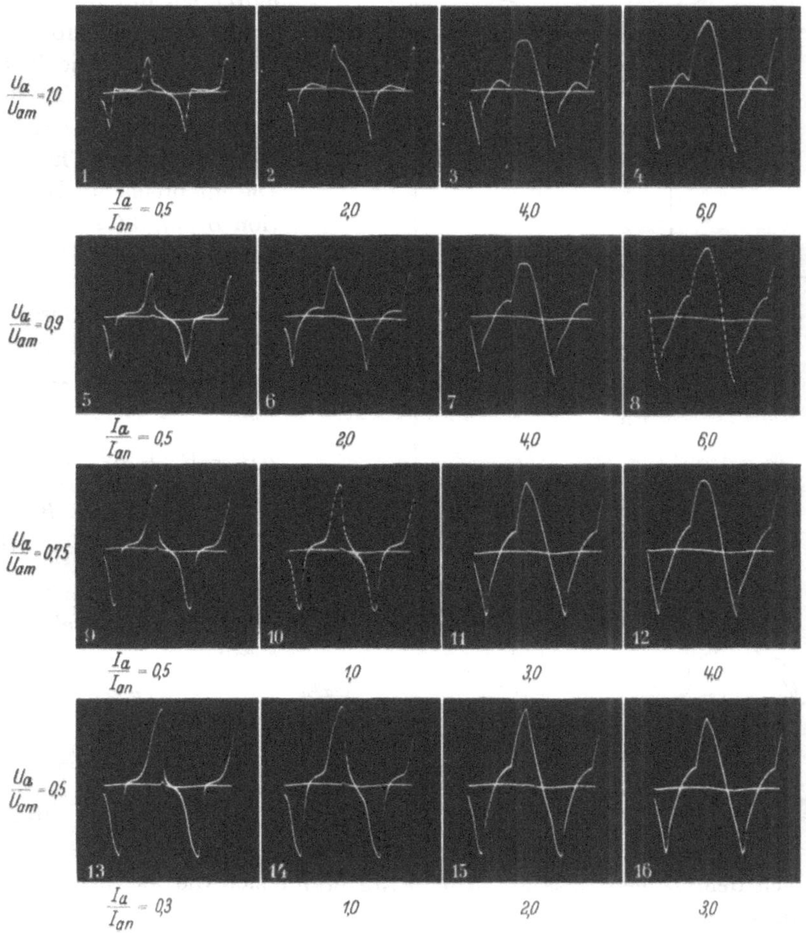

Abb. 6.18. Drosselspannung u_d in Abhängigkeit von der Aussteuerung (U_a/U_{am}) und der Strombelastung (I_a/I_{an})

In diesem Betriebszustand liegt nahezu die gesamte Speisespannung U_h an R_a. Der Arbeitswiderstand bestimmt deshalb den Arbeitsstrom und der Drossel wird die in Abb. 6.19a gezeigte sinusförmige Feldstärke aufgedrückt. Durch Spiegelungen an der Magnetisierungskennlinie ergibt sich der in c stark gezeichnete zeitliche Verlauf der Induktion B_μ.

Sie weicht wegen der Krümmung der Magnetisierungskennlinie von der Sinusform ab. Wird der von der Wechselinduktion ausgesteuerte Ast durch die strichpunktierte Gerade angenähert, so erhalten wir in c die strichpunktierte sinusförmige Induktion B_μ. Die Feldstärke H_n ruft außer der Magnetisierung des Eisens einen Streufluß hervor. Die entsprechende Induktion B_{St} ergibt sich durch Spiegelung von H_{an} an der in d gezeigten Streukennlinie. Die Gesamtinduktion ΔB ist gleich der Summe von B_μ und B_{St}.

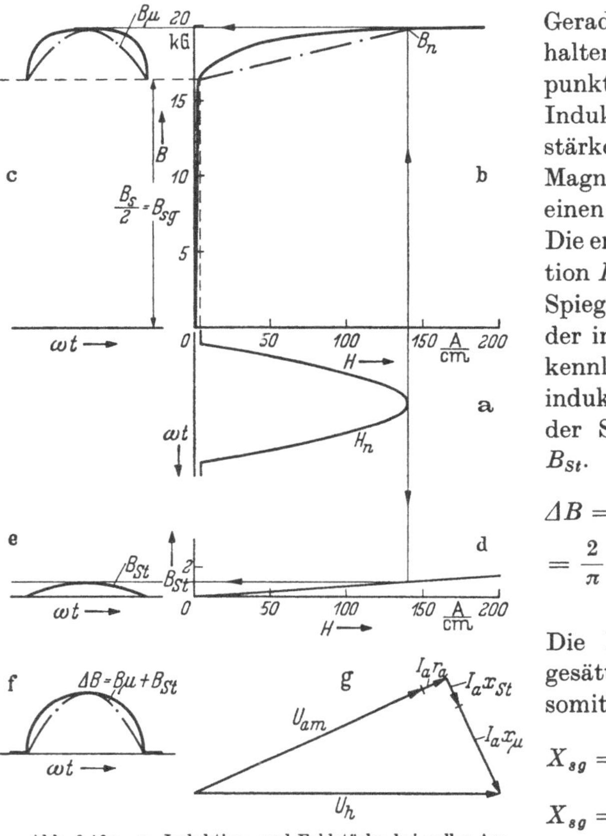

Abb. 6.19a–g. Induktion und Feldstärke bei voller Aussteuerung und Nennstrom

$$\Delta B = B_\mu + B_{St} = \\ = \frac{2}{\pi}\,(B_n - B_{sg} + \hat{B}_{St})\,. \tag{6.19}$$

Die Ersatzreaktanz der gesättigten Drossel wird somit:

$$X_{sg} = N_a \omega \frac{d\Phi}{dI_a}\,. \tag{6.20}$$

$$X_{sg} = X_{St} + X_\mu = \\ = \omega \frac{A_e}{l_e} N_a^2 \frac{\Delta B}{H_n}\,. \tag{6.21}$$

Nach dem Zeigerdiagramm Abb. 6.19g ergibt sich die maximale Ausgangsspannung zu

$$U_{am} = \sqrt{\left(\frac{2}{\pi}\,\hat{U}_h\right)^2 - (I_{an} X_{sg})^2} - I_a r_a\,. \tag{6.22}$$

Wie aus Abb. 6.19c und e zu ersehen ist, bestimmt im Arbeitsbereich in erster Linie die Steigung des Sättigungsastes und damit B_μ den inneren Spannungsabfall. Der Streuspannungsabfall ist dagegen nur klein. Das Verhältnis ändert sich, wenn durch Verkleinerung des Arbeitswiderstandes der Ausgangsstrom über I_{an} ansteigt. Die Magnetisierungskennlinie wird dadurch noch weiter in die Sättigung ausgesteuert. Da für größere Feldstärken der Sättigungsast immer flacher verläuft, erfolgt durch den Überstrom kaum eine Vergrößerung von B_μ. Die in Abbildung 6.19d dargestellte Streukennlinie verläuft dagegen geradlinig, so daß B_{St} proportional H zunimmt.

In Abb. 6.20a ist über der Feldstärke H nach oben die Streuinduktion B_{St} und nach unten die Induktion B_μ aufgetragen. Die Summe von beiden ergibt die stark gezeichnete Induktion ΔB. Wir sehen, daß für große H-Werte die Induktion B_μ praktisch konstant ist. Daraus folgt: Die Restreaktanz X_μ geht proportional dem Verhältnis I_{an}/I_{ak} herunter, während die Streureaktanz konstant bleibt. Der Kurzschlußstrom wird somit im wesentlichen durch die Streureaktanz und den Kupferwiderstand bestimmt. Der Spannungsabfall an den Siliziumgleichrichtern kann wieder vernachlässigt werden.

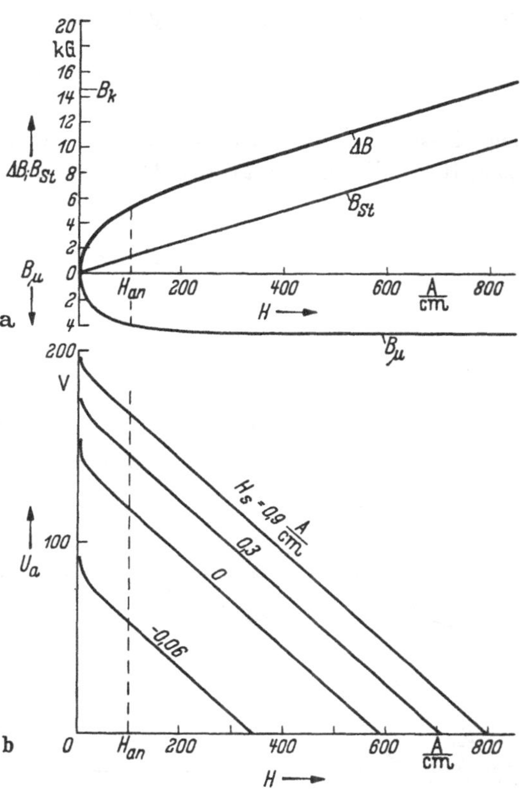

Abb. 6.20. Überlastverhalten der Einphasen-Brückenschaltung: a) Induktionsaussteuerung im Überlastbereich, b) Kurzschlußkennlinien

Der Kurzschlußstrom ergibt sich somit zu:

$$I_{ak} = \frac{2}{\pi} \hat{U}_h \cdot \frac{1}{\sqrt{r_a^2 + \left(X_{St} + X_\mu \dfrac{I_{an}}{I_{ak}}\right)^2}}. \tag{6.23}$$

In Abb. 6.20b ist für den Übersteuerungsbereich über der Feldstärke die Ausgangsspannung U_a aufgetragen. Als Parameter dient die Steuerfeldstärke H_s. Die Kennlinien verlaufen annähernd parallel. Ist der Transduktor nur zum Teil ausgesteuert und damit $B_s < 2B_{sg}$ (Abbildung 6.19b), so steht als treibende Spannung nur

$$U_{ao} = \frac{2}{\pi} \hat{U}_h \left(1 - \frac{B_{sg} - \dfrac{B_s}{2}}{B_{sg}}\right) \tag{6.24}$$

zur Verfügung, und es fließt der Kurzschlußstrom

$$I'_{ak} \approx \frac{2}{\pi} \hat{U}_h \frac{B_s}{2 B_{sg}} \frac{1}{\sqrt{r_a^2 + \left(X_{St} + X_\mu \frac{I_{an}}{I_{ak}}\right)^2}}. \tag{6.25}$$

Nach den gemessenen Kennlinien (Abb. 6.20b) ergibt sich im vorliegenden Fall bei voller Aussteuerung der Kurzschlußstrom

$$\frac{I_{ak}}{I_{an}} = \frac{H_k}{H_n} = 8.$$

Die Messung wurde an Drosseln mit Rechteckschnitten nach Abb. 2.10 b_3 ausgeführt. Bei gleich großen Drosseln mit Diagonalschnitt nach Abbildung 2.10a ergab sich demgegenüber ein Kurzschlußstrom von $I_{ak}/I_{an} = 11$. Der Kurzschlußstrom liegt hier höher, da die Drossel mit Diagonalschnitt infolge des größeren Eisenfüllfaktors kleinere Abmessungen und dadurch eine kleinere Streuung hat.

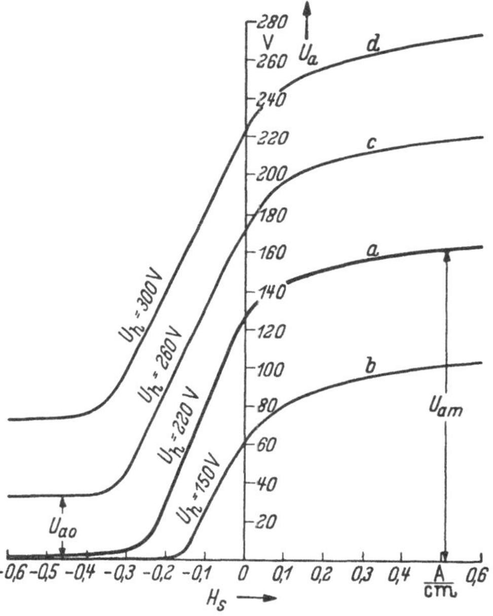

Abb. 6.21. Abhängigkeit der Arbeitskennlinie von der Speisespannung

Der Transduktor wird im allgemeinen mit einer Speisespannung betrieben, bei der der Wechselfluß die gesamte Magnetisierungskennlinie aussteuert. In Abb. 6.21 gilt die stark gezeichnete Kennlinie a für diese Bemessung. Eine Verkleinerung der Speisespannung beeinflußt die minimale Ausgangsspannung nur wenig. Dagegen geht die maximale Ausgangsspannung, wie die Kennlinie b zeigt, proportional U_h zurück. Gleichzeitig wird der lineare Bereich eingeschränkt. Die Verschleifung des Sättigungsknicks der Hystereseschleife wirkt sich um so mehr aus, je kleiner die Amplitude des Wechselflusses im Verhältnis zum Sättigungsfluß ist.

Der Transduktor läßt sich auch mit einer zu großen Speisespannung betreiben. Die Spannung-Zeitfläche der Speisespannung kann dann selbst bei genügend negativer Steuerdurchflutung nicht ganz von den Drosseln aufgenommen werden. An dem Arbeitswiderstand bleibt ein Teil der Speisespannung stehen. Die Ausgangsspannung U_a läßt sich durch den Steuerstrom nur zwischen einem unteren Wert U_{a0} und dem Maximalwert U_{am} ändern. Abb. 6.21 zeigt die Kennlinien c und d für 40 bzw. 80 V Überspannung. Die Kennlinien werden einfach um den Betrag der Überspannung nach oben verschoben. Eine derartige Bemessung ist zweckmäßig, wenn die von dem Transduktor abgegebene Speisespannung nur in gewissen Grenzen eingestellt zu werden braucht, wie es bei Batterieladegeräten der Fall ist.

Bei konstanter Speisespannung, aber abweichender Frequenz, bleibt die maximale Ausgangsspannung praktisch unverändert. Die minimale Ausgangsspannung wird bei einer Frequenzerhöhung um ein geringes kleiner, nimmt dagegen bei einer Frequenzerniedrigung stark zu. Die Amplitude des Flusses steigt automatisch an und die von der Drossel aufnehmbare Spannung-Zeitfläche wird kleiner. Durch die Frequenzabhängigkeit der Koerzitivkraft erfolgt eine zusätzliche Beeinflussung der Arbeitskennlinie. Von Sonderfällen abgesehen, werden Transduktoren immer mit Netzspannung betrieben, deren Frequenz sehr konstant ist. Auf die Frequenzabhängigkeit braucht deshalb nicht näher eingegangen zu werden.

6.23 Zeitverhalten

Wie beim stromsteuernden Transduktor folgt auch die Ausgangsspannung des spannungssteuernden Transduktors mit einer gewissen Verzögerung einer Änderung der an die Steuerwicklung gelegten Steuerspannung U_s. Der Transduktor läßt sich näherungsweise durch eine lineare Induktivität L_s ersetzen. Wird die Ersatzinduktivität L_s über den Widerstand R_s an U_s gelegt, so steigt der Strom I_s exponentiell mit der Zeitkonstanten T an. Die Ausgangsspannung soll verzögerungsfrei I_s folgen. Die Zeitkonstante $T = L_s/R_s$ kann über den Steuerkreiswiderstand R_s oder die Windungszahl der Steuerwicklung N_s beeinflußt werden.

In beiden Fällen wird die Magnetisierungsbedingung des Transduktors geändert. Durch Verkleinerung der Windungszahl N_s oder Vergrößerung von R_s, nähern wir uns dem Betrieb mit erzwungener Magnetisierung. Umgekehrt verbessert eine Vergrößerung der Steuerwindungszahl oder Verkleinerung des Steuerkreiswiderstandes die Voraussetzungen für freie Magnetisierung. Die erzwungene Magnetisierung läßt sich durch zwei Maßnahmen erreichen, die ganz verschiedene dynamische Eigenschaften des Transduktors mit sich bringen. Wird der Wechselstrom im Steuerkreis durch eine Drossel gesperrt, so geht die Transduktor-Zeitkonstante gegen unendlich. Wird der Wechselstrom dagegen durch einen genügend großen Vorwiderstand unterdrückt, so geht die Zeitkonstante gegen Null.

Die in Abb. 6.01 gezeigten Grundschaltungen sind hinsichtlich ihrer dynamischen Eigenschaften nicht gleichwertig. Die Verdopplerschaltung a und die davon abgeleitete Verdopplerschaltung mit Gleichstromausgang b lassen sich gemeinsam betrachten. Wie bereits anhand der Drosselparallelschaltung mit Abb. 4.07 gezeigt wurde, beeinflußt der aus der Parallelschaltung der beiden Arbeitswicklungen gebildete Kurzschlußkreis maßgeblich das Zeitverhalten. Hier kann ein Ausgleichsstrom fließen, der dem Steuerstrom entgegenwirkt. Die in dem Kurzschlußkreis liegenden Selbstsättigungsgleichrichter sperren nur den Ausgleichsstrom, wenn sich der Steuerstrom im Sinne einer Vergrößerung der Ausgangsspannung ändert. In der entgegengesetzten Änderungsrichtung fließt dagegen der Ausgleichsstrom in Durchlaßrichtung der Gleichrichter. Die Verdopplerschaltung a und b haben deshalb beim Öffnen des Transduktors eine kleinere Zeitkonstante als beim Schließen. Die Brückenschaltung c und die Mittelpunktschaltung d zeigen diesen Unterschied nicht. Bei der Brückenschaltung liegt in dem Arbeitskreis mit R_a ein genügend großer Widerstand. Deshalb kann kein merklicher Ausgleichsstrom auftreten. In der Mittelpunktschaltung bleibt immer einer der beiden Gleichrichter gesperrt. Ein Kreisstrom wird dadurch verhindert.

Wir wollen das Zeitverhalten der Brückenschaltung bei freier oder zumindest nahezu freier Magnetisierung untersuchen. Dieser Betriebsfall liegt in den meisten Anwendungsfällen vor. Den Magnetisierungsvorgang zeigte Abb. 6.10. Dabei soll angenommen werden, daß der Übergang der Ausgangsspannung U_a bei einer plötzlichen Änderung der Steuerspannung U_s in einem Zeitraum erfolgt, der groß gegen eine Periode der Speisewechselspannung ist, dann genügt es, die Mittelwerte zu betrachten. Bei einem Steuerstromsprung ΔI_s, der den mittleren Fluß Φ_M um $\Delta\Phi_M$ ändert, ist im Steuerkreis eine Induktivität

$$L_s = 2 N_s \frac{\Delta\Phi_M}{\Delta I_s} \tag{6.26}$$

wirksam. Der Fluß schwankte vor dem Schaltaugenblick (1) zwischen Φ_{s1} und Φ_{sg} und danach (2) zwischen Φ_{s2} und Φ_{sg}. Der Mittelwert ändert sich also um

$$\Delta\Phi_M = 0{,}5(\Phi_{s1} - \Phi_{s2})\,. \tag{6.27}$$

Die Änderung der mittleren Spannung am Arbeitswiderstand R_a beträgt im Zeitraum einer Halbperiode der Betriebsfrequenz

$(\Delta t = 1/2f)$:

$$\Delta U_a = U_{a1} - U_{a2} = U_h - N_a \frac{\Delta\Phi_1}{1/2f} - U_h + N_a \frac{\Delta\Phi_2}{1/2f} \tag{6.28}$$

mit

$$\Delta\Phi_1 = \Phi_{sg} - \Phi_{s1} \tag{6.29}$$

und

$$\Delta\Phi_2 = \Phi_{sg} - \Phi_{s2}. \tag{6.30}$$

Damit ergibt sich Gl. (6.28) zu

$$\Delta U_a = 2N_a f(\Phi_{sg} - \Phi_{s2} - \Phi_{sg} + \Phi_{s1}) = 2N_a f(\Phi_{s1} - \Phi_{s2}) \tag{6.31}$$

andererseits ist

$$\Delta U_a = \Delta I_a R_a \tag{6.32}$$

mit Gl. (6.32) und Gl. (6.31) ergibt sich:

$$\Phi_{s1} - \Phi_{s2} = \frac{\Delta I_a R_a}{2N_a f}. \tag{6.33}$$

Die Gl. (6.33) und (6.27) in Gl. (6.26) eingesetzt liefern die Steuerkreisinduktivität

$$L_s = \frac{1}{2f}\frac{N_s}{N_a}\frac{\Delta I_a}{\Delta I_s} R_a \tag{6.34}$$

und die Zeitkonstante

$$T = \frac{1}{2f}\frac{N_s}{N_a}\frac{1}{R_s}\frac{\Delta U_a}{\Delta I_s}. \tag{6.35}$$

Von den parallel geschalteten Arbeitswicklungen führt immer nur eine Sättigungsstrom, während die andere sich in Rückmagnetisierung befindet. Damit ergibt sich zwischen dem Steuerstrom I_s und dem auf den Arbeitskreis umgerechneten Steuerstrom $2\,I_s''$ das Durchflutungsgleichgewicht

$$I_s \cdot 2N_s = 2\,I_s'' \cdot N_a. \tag{6.36}$$

In Gl. 6.35 wird I_s durch I_s'' mit Hilfe von Gl. 6.36 ersetzt und ergibt

$$T = \frac{1}{f}\left(\frac{N_s}{N_a}\right)^2 \frac{1}{R_s}\frac{\Delta U_a}{2\Delta I_s''}. \tag{6.37}$$

Das letzte Glied in Gl. (6.37) ist die Steigung der Arbeitskennlinie. Nur in dem geradlinigen Teil ist die Zeitkonstante konstant, während sie im Bereich der oberen und der unteren Krümmung mit kleiner werdender Kennliniensteigung kleiner wird.

Für freie Magnetisierung hatten wir die Abhängigkeit der Ausgangsspannung U_a von dem Steuerstrom I_s'' in Gl. (6.13) gefunden. Das zweite Glied berücksichtigt den Spannungsabfall des Magnetisierungsstromes am Arbeitswiderstand. Bei Netzfrequenz kann wegen der hohen Arbeitswindungszahl dieses Glied meist vernachlässigt werden. Dann verbleibt:

$$U_a = \frac{\hat{U}_h}{\pi}\left(1 - \cos\pi\frac{I_s''}{I_c''}\right). \tag{6.38}$$

Gl. (6.38) differenziert:

$$\frac{d\,U_a}{d\,I_s''} = \frac{\hat{U}_h}{I_c''}\sin\left(\pi\,\frac{I_s''}{I_c''}\right) \tag{6.39}$$

und in Gl. (6.37) eingesetzt ergibt:

$$T = \frac{1}{f}\left(\frac{N_s}{N_a}\right)^2 \frac{1}{R_s}\,\frac{\hat{U}_h}{2\,I_c''}\sin\left(\pi\,\frac{I_s''}{I_c''}\right). \tag{6.40}$$

Die Zeitkonstante ist bei halber Aussteuerung, d. h. für $\frac{I_s''}{I_c''} = \frac{1}{2}$ am größten, da dort die Steilheit der Kennlinie ihr Maximum durchläuft.

Wegen des großen Einflusses den der Kernwerkstoff, die Drosselform und die Gleichrichtercharakteristik auf den Verlauf der Arbeitskennlinie haben, wird fast immer bei der Ermittlung der Zeitkonstanten von gemessenen Arbeitskennlinien ausgegangen. Um von der Steuerwindungszahl unabhängig zu sein, wird die Ausgangsspannung U_a über der Steuerdurchflutung Θ_s aufgetragen. Gl. (6.35) formen wir deshalb um in

$$T = \frac{1}{2\,f N_a}\cdot\frac{N_s^2}{R_s}\,\frac{\Delta\,U_a}{\Delta\,\Theta_s}. \tag{6.41}$$

Der erste und der letzte Faktor sind bei einem gegebenen Transduktor nicht zu beeinflussen. Der zweite Faktor, er stellt den auf eine Windung bezogenen Leitwert des Steuerkreises dar, kann durch Wahl verschiedener Steuerwicklungen oder verschiedener Widerstände verändert werden. Mit der schon früher verwendeten Abkürzung $N_s^2/R_s = m$ erhalten wir

$$T = \frac{1}{2\,f N_a}\,\frac{\Delta\,U_a}{\Delta\,\Theta_s}\,m. \tag{6.42}$$

Zur Ermittlung des Gütefaktors benötigen wir noch die Leistungsverstärkung

$$V_p = \frac{(\Delta\,I_a)^2 R_a}{(\Delta\,I_s)^2 R_s} = \left(\frac{\Delta\,U_a}{\Delta\,\Theta_s}\right)^2 \frac{N_s^2}{R_a R_s} = \left(\frac{\Delta\,U_a}{\Delta\,\Theta_s}\right)^2 \frac{m}{R_a}. \tag{6.43}$$

Mit Gl. (6.42) und (6.43) ergibt sich der Gütefaktor G zu

$$G = \frac{V_p}{f\,T} = \frac{\Delta\,U_a}{\Delta\,\Theta_s}\,\frac{2\,N_a}{R_a}. \tag{6.44}$$

Mit $2\,\Theta_{ad} = I_a N_a$ erhalten wir

$$G = 4\,\frac{\Theta_{ad}}{\Theta_s}. \tag{6.45}$$

Die Güte des Transduktors ist somit proportional dem Verhältnis von Arbeitsdurchflutung Θ_{ad} zur Steuerdurchflutung Θ_s einer Drossel. Die Arbeitsdurchflutung Θ_{ad} bestimmt den notwendigen Wickelraum. Legen wir bei der Drossel die einfachste geometrische Form, den Ringbandkern mit dem Durchmesser d zugrunde, so ist Θ_a proportional d^2, die Steuerdurchflutung Θ_s dagegen porportional der Eisenlänge und damit d. Für den Gütefaktor gilt somit die Proportionalität $G \sim d$. Bei gleichem Kernwerkstoff ist die Güte der Drossel umso höher, je größer der Kerndurchmesser und damit die Drosselleistung ist (ähnliche Kerne vorausgesetzt). Die Zunahme der Güte mit der Nennleistung ist in Wirklichkeit geringer, da bei Vergrößerung des Wickelraumes im allgemeinen auch die Stromdichte herabgesetzt werden muß.

In Abschn. 2 (S. 39ff.) wurde eine Typenreihe von ähnlichen geschichteten Drosseln genauer untersucht. Alle Abmessungen wurden auf die Schenkelbreite a bezogen. Nach Gl. (2.28) muß die Stromdichte annähernd proportional $a^{-1/2}$ gewählt werden, um in allen Leistungsstufen eine gleiche Kupfererwärmung zu erhalten. Die Arbeitsdurchflutung wächst deshalb nur proportional $a^{3/2}$, so daß wegen $\Theta_s \sim a$ die Güte mit der Schenkelbreite im Verhältnis $a^{1/2}$ zunimmt.

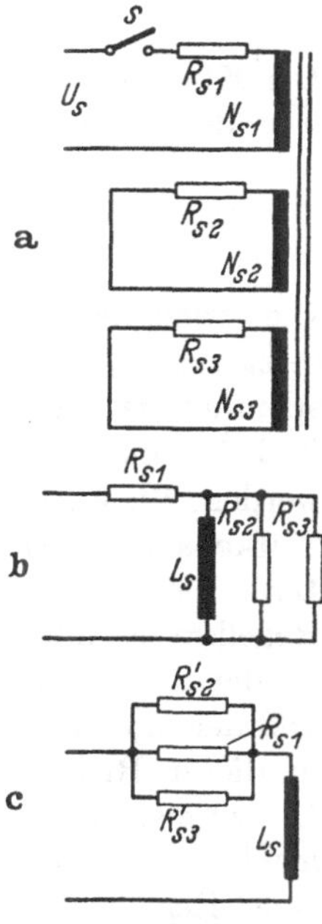

Abb. 6.22a–c. Ersatzsteuerkreis

Nach Gl. (6.41) ist die Zeitkonstante umgekehrt proportional der Speisefrequenz f. Die dynamischen Eigenschaften lassen sich deshalb durch Erhöhung der Frequenz verbessern. Es kommen hierfür Frequenzen bis 1000 Hz in Frage. Eine Erhöhung der Speisefrequenz bleibt nicht ohne Rückwirkung auf die Arbeitskennlinie und ihre Steilheit $\Delta U_a/\Delta I_s$. Bei einer Drossel mit rechteckiger Hystereseschleife wird die Arbeitskennlinie maßgeblich von den Wirbelströmen beeinflußt. Bei Speisung mit Mittelfrequenz vergrößert sich der Wirbelstromeinfluß. Es ergeben sich deshalb flachere Arbeitskennlinien. Die breitere Hystereseschleife läßt auch den Anteil des Magnetisierungsstromes am Gesamtstrom ansteigen.

Ein Transduktor besitzt im allgemeinen mehrere Steuerwicklungen, über die gleichzeitig die Ausgangsspannung beeinflußt werden kann. Mit dem Hauptsteuerkreis sind dadurch mehrere andere Kreise induktiv gekoppelt, die alle das Zeitverhalten des Transduktors mit beeinflussen. Abb. 6.22a zeigt die Steuerkreise eines Transduktors. Wir fragen nach seinem Zeitverhalten, wenn die Spannung U_s durch Schließen des Schalters s auf die Hauptsteuerwicklung N_{s1} geschaltet wird. Die in den anderen Kreisen vorhandenen Gleichspannungen können wir uns kurzgeschlossen denken. Nach Umrechnung der Widerstände auf N_{s1}

$$R'_{s2} = R_{s2}\left(\frac{N_{s1}}{N_{s2}}\right)^2 \qquad R'_{s3} = R_{s3}\left(\frac{N_{s1}}{N_{s3}}\right)^2 \tag{6.46}$$

läßt sich das Verhalten des Transduktors unmittelbar nach dem Schaltaugenblick durch die Ersatzschaltung b kennzeichnen. Für den anschließenden Anstieg des Steuerstromes i_s ist die Ersatzschaltung c gültig. Der Ersatzwiderstand des Hauptsteuerkreises ist dann:

$$R'_s = \frac{1}{1/R_{s1} + 1/R'_{s2} + 1/R'_{s3}}. \tag{6.47}$$

Gl. (6.47) in Gl. (6.41) für R_s eingesetzt ergibt

$$T = \frac{1}{2 f N_a} \frac{\Delta U_a}{\Delta \Theta_s} \left(\frac{N_{s1}^2}{R_{s1}} + \frac{N_{s2}^2}{R_{s2}} + \frac{N_{s3}^2}{R_{s3}}\right) = \frac{1}{2 f N_a} \frac{\Delta U_a}{\Delta \Theta_s} m. \tag{6.48}$$

Der Klammerausdruck ist wieder der auf eine Windung bezogene Leitwert des Ersatz-Steuerkreises. Es ist somit allgemein

$$m = \sum^{n} \frac{N_{sn}^2}{R_{sn}}. \tag{6.49}$$

Die vorstehende Berechnung des Zeitverhaltens des Transduktors setzt voraus, daß die Zeitkonstante groß gegen eine Periode der Speisespannung ist. In diesem Falle kann während einer Periode der Steuerfluß als annähernd konstant angesehen und mit dem Mittelwert gerechnet werden. Viele Anwendungsfälle erfordern dagegen eine möglichst kleine Zeitkonstante. Hierzu zählen — wie wir noch sehen werden — in erster Linie die Regeltransduktoren. Im Interesse einer guten Stabilität des Regelkreises und einer hohen Regelgenauigkeit sollen alle Regelkreisglieder möglichst trägheitsfrei sein. Das Zeitverhalten der Regelstrecke und der in dem Regelkreis enthaltenen elektrischen Maschinen läßt sich in dieser Richtung nur in sehr beschränktem Umfang beeinflussen. Um so mehr ist anzustreben, die Verstärkerglieder möglichst schnell zu machen. Das schließt nicht aus, einzelne oder alle Transduktorstufen eines Regelkreises mit nachgebenden oder verzögerten Rückführungen zu versehen und ihnen ein genau definiertes Zeitverhalten zu erteilen. Derartige Rückführungen sind umso wirksamer, je kleiner die Zeitkonstante des Transduktors ist.

Nach den Gleichungen (6.48) und (6.49) läßt sich eine kleine Zeitkonstante nicht durch entsprechende Bemessung des Hauptsteuerkreises erzielen, wenn die bezogenen Leitwerte der anderen Steuerkreise groß sind.

Die Möglichkeit zur Verkleinerung der Transduktor-Zeitkonstanten sind aus Gl. (6.48) zu ersehen. Die Frequenz, im allgemeinen die Netzfrequenz, ist gegeben. Auf eine höhere Speisefrequenz wird man wegen der damit verbundenen Nachteile nur in besonderen Fällen übergehen. Weiterhin ist in Gl. (6.48) die Durchflutungssteilheit enthalten. Im Interesse einer hohen Güte soll dieser Faktor immer so groß als möglich sein. Eine hohe Durchflutungssteilheit erfordert die Verwendung von hochwertigen, weichmagnetischen Kernwerkstoffen und die Anwendung geeigneter Schichtungsverfahren, außerdem den Einsatz von Gleichrichtern mit kleinem Durchlaß und hohem Sperrwiderstand. Mit den Kernabmessungen und der Speisespannung liegt auch die Windungszahl der Arbeitswicklung N_a fest. Wir müssen uns deshalb zur Beeinflussung der Zeitkonstanten auf eine Verkleinerung des Faktors m beschränken.

6.24 Restübergangszeit

Mit kleiner werdender Zeitkonstante verliert Gl. (6.48) an Gültigkeit, da sie ja unter der Voraussetzung abgeleitet wurde, daß $T \gg 1/f$ ist. Kommt T in die Größenordnung einer Periode, so muß jede Halbperiode für sich betrachtet werden.

Wir wollen den Übergangsvorgang unter der Annahme einer so großen Steuerspannung U_s untersuchen, daß die Aussteuerung des Transduktors in wenigen Perioden erfolgt. Der Einfachheit halber soll die Steuerspannung während des ganzen Ausgleichsvorganges konstant an den Steuerwicklungen liegen, d. h. der Spannungsabfall am Steuerkreiswiderstand R_s wird vernachlässigt. Gehen wir von dem unteren Knick der Arbeitskennlinie und damit dem ungesättigten Zustand aus, so wird der Transduktor durch die angenommene Steuerspannung bis in den oberen Knick der Arbeitskennlinie ausgesteuert. Das Ende des Überganges bestimmt die vollständige Sättigung der Verstärkerdrosseln. Es liegt ein integraler Verstärker vor, der mit einer von der Steuerspannung abhängigen Geschwindigkeit in die Endlage läuft.

Wir wählen für die Untersuchung die Verdopplerschaltung nach Abb. 6.01a. Der Kupferwiderstand der Wicklungen sowie der Durchlaßwiderstand der Gleichrichter werden vernachlässigt. Innerhalb einer Periode der Speisespannung sind abwechselnd beide oder eine Drossel ungesättigt. Infolge der Parallelschaltung beider Arbeitswicklungen bricht im Sättigungsbereich, auch an der ungesättigten Drossel, die Spannung zusammen. Während in diesem Bereich die Arbeitswicklung der ungesättigten Drossel gesperrt ist, liegt ihre Steuerwicklung weiter an der Steuerspannung. Im Ummagnetisierungsbereich, in dem beide Drosseln ungesättigt sind, teilt sich die Steuerspannung auf beide Steuerwicklungen auf. Im Sättigungsbereich dagegen liegt an der ungesättigten Drossel die gesamte Spannung.

Der Magnetisierungsvorgang soll anhand von Abb. 6.23 erklärt werden. Das Diagramm a zeigt den Verlauf der Speisespannung U_h und der Steuerspannung U_s. Die Steuerspannung wird im Zeitpunkt S eingeschaltet und bleibt danach konstant. Die Diagramme b und c zeigen den zeitlichen Verlauf der Flüsse beider Drosseln. Wir gehen von dem ungesättigten Zustand aus, in dem der Wechselfluß die Magnetisierungskennlinie von Sättigungsknick bis Sättigungsknick aussteuert. Wird im Zeitpunkt S die Steuerspannung U_s eingeschaltet, so erzeugt U_s einen Steuerfluß

$$\Phi_s = \frac{1}{2\,\omega N_a}\int U_s\,d\,\omega t = \frac{U_s}{2\,\omega\,N_a}\,\omega\,t\,.$$

Der Aussteuerbereich der Wechselflüsse φ_1 und φ_2 erstreckt sich nun nicht mehr über $2\Phi_{sg}$, sondern wird durch den linear ansteigenden

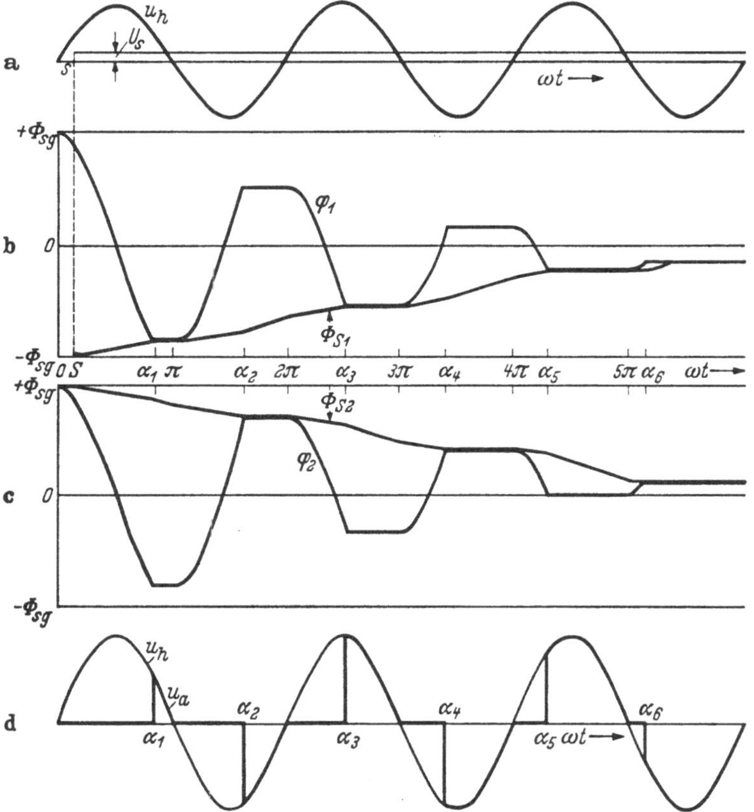

Abb. 6.23a–d. Zeitverhalten der Verdopplerschaltung bei linear ansteigendem Steuerfluß

Steuerfluß Φ_{s1} bzw. Φ_{s2} auf $(2\Phi_{sg} - \Phi_s)$ eingeschränkt. Bei dem angenommenen Einschaltzeitpunkt ändert sich an dem ungesättigten Zustand der beiden Drosseln zunächst nichts. Erst im Schnittpunkt der den Steuerfluß kennzeichnenden Geraden mit φ_1 geht die Drossel 1 bei α_1 in Sättigung. Danach wird ihr Fluß auf den Wert $(-\Phi_{sg} + \Phi_{s1})$ festgehalten. Auch der Wechselfluß φ_2 bleibt konstant, da an der zugehörigen

Arbeitswicklung keine Spannung liegt. Die Steuerspannung U_s wirkt nun voll auf die Steuerwicklung der Drossel 2. Für diese Drossel hat sich somit jetzt die wirksame Steuerspannung verdoppelt. Dadurch verläuft die Steuerflußgerade mit doppelter Steigung, bis bei π die Drossel 1 aus der Sättigung kommt. Nun wiederholt sich der Vorgang an Drossel 2. Bei α_2 schneidet die Steuerflußgerade den Wechselfluß der Drossel 2, so daß diese Drossel in Sättigung geht. Gegenüber der ersten Halbperiode hat sich der Sättigungsbereich vergrößert. Nun wirkt die ganze Steuerspannung an der Drossel 1, bei der sich deshalb der Steuerfluß doppelt so schnell ändert, bis bei 2π die Drossel 2 aus der Sättigung kommt und wieder beide Drosseln ummagnetisiert werden. In der dritten Halbperiode erfolgt die Sättigung bei α_3 wieder in Drossel 1. Wie aus Diagramm b und c zu ersehen ist, dehnen sich die Sättigungsbereiche immer mehr aus.

Nachdem mit Hilfe des Flusses die Sättigungsbereiche ermittelt wurden, kann der zeitliche Verlauf der Ausgangsspannung angegeben werden. Im Diagramm d ist die Speisespannung U_h aufgetragen und stark ausgezeichnet die Teilspannung hervorgehoben, die an dem Arbeitswiderstand R_a abfällt. Sie ist durch die Sättigungsbereiche festgelegt. Aus dem Diagramm d läßt sich die Verschiebung des Sättigungszeitpunktes erkennen. Nach dem Übergang sind beinahe während der ganzen Halbperiode die Drosseln gesättigt. In allen praktischen Fällen bleibt die Steuerspannung U_s während des Übergangsvorganges nicht konstant, sondern nimmt infolge des Spannungsabfalles an R_s exponentiell auf Null ab. Die Steigung der Steuerflußgeraden wird dadurch auch von Periode zu Periode kleiner, so daß die Vergrößerung der Sättigungsbereiche allmählicher erfolgt und der Übergangsvorgang sich über mehr Perioden erstreckt.

Die Übergangszeit der Ausgangsspannung U_a kann durch Vergrößerung der Steuerspannung gegenüber Abb. 6.23 noch weiter verkleinert werden. Dabei gewinnt die Totzeit, die zwischen dem Schaltaugenblick und der Sättigung der ersten Drossel liegt $(0 \ldots \alpha_1)$, an Bedeutung. Die Totzeit ist von der Phase der Wechselspannung, in der geschaltet wird, abhängig. Sie läßt sich nur wenig durch Verkleinerung der Steuerkreiszeitkonstanten oder Vergrößerung der Steuerspannung herabdrücken.

Betrachten wir nun die Übergangsfunktion der Einphasenbrückenschaltung bei kleinen bezogenen Steuerkreisleitwerten m. Bei Aufnahme des Oszillogrammes Abb. 6.24a arbeitet der Transduktor infolge eines großen Steuerkreiswiderstandes praktisch mit aufgedrücktem Strom, wie der Verlauf von i_s zeigt. Trotzdem braucht der Transduktor nach einer Totzeit von ca. 0,7 Perioden weitere vier Perioden, bis die Ausgangsspannung U_a, die im Interesse der Deutlichkeit leicht geglättet wurde, ihren Endwert erreicht. Diese Restübergangszeit wird durch den in der Vorstromwicklung fließenden Ausgleichsstrom hervorgerufen.

Wird der Vorstromkreis geöffnet und damit gesorgt, daß die Steuerdurchflutung nicht durch eine Ausgleichsdurchflutung kompensiert

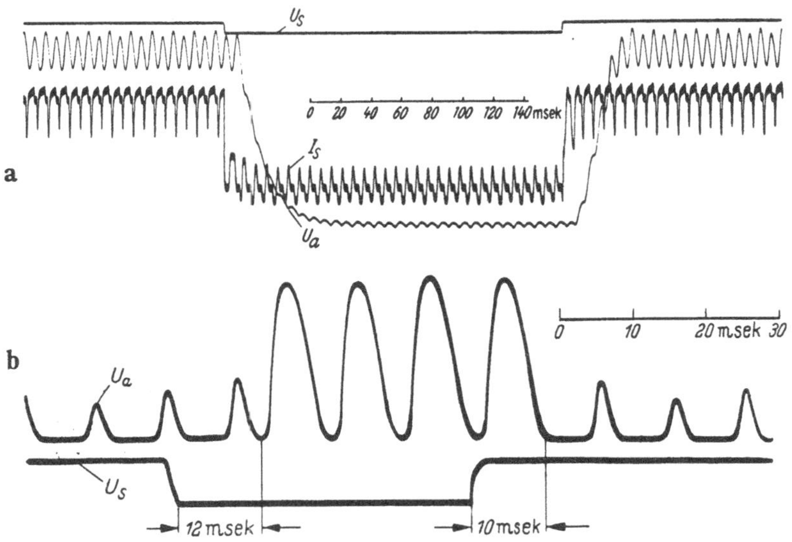

Abb. 6.24 a u. b. Stoßübergangsfunktion der Einphasen-Brückenschaltung bei vernachlässigbarer Steuerkreiszeitkonstanten

werden kann, so ergibt sich die in Abb. 6.24b wiedergegebene Übergangsfunktion. Die Ausgangsspannung nimmt jetzt nach einer Totzeit von 10 bis 12 ms augenblicklich ihren neuen Endwert an.

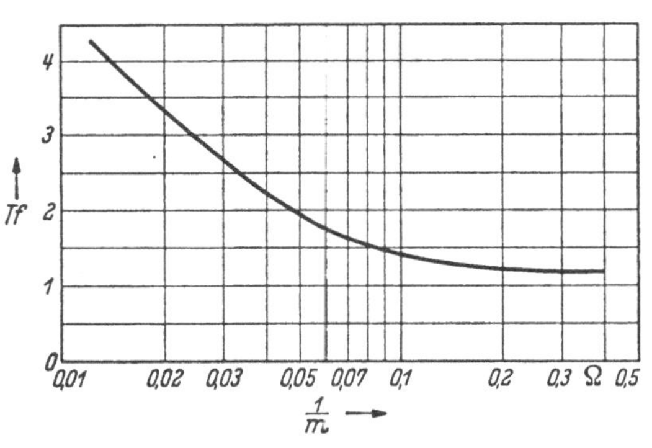

Abb. 6.25. Zeitkonstante der Einphasen-Brückenschaltung in Abhängigkeit vom bezogenen Steuerkreiswiderstand

In Abb. 6.25 ist für einen Transduktor in Brückenschaltung die Abhängigkeit der auf eine Periode der Speisespannung bezogenen Zeitkonstanten von dem Kehrwert des bezogenen Steuerkreisleitwertes angegeben. Eine Verkleinerung von m unter den Wert 20 vermindert die Zeitkonstante nur noch unwesentlich. Die Leistungsverstärkung wird bei noch kleinerem m herabgesetzt, ohne wesentliche Verbesserung der dynamischen Eigenschaften des Transduktors. Einphasige durchflutungsgesteuerte, spannungssteuernde Transduktoren werden deshalb fast immer mit Zeitkonstanten größer als $1{,}5/f$ betrieben.

6.3 Verstärkereigenschaften bei induktiver Belastung

6.31 Nacheilstrom

Reine Wirkbelastung ist bei Transduktoren selten vorhanden. Sie bleibt im wesentlichen auf die Regelung der Temperatur bei Widerstandheizung beschränkt. Hierbei findet die Verdopplerschaltung mit Wechselstromausgang Anwendung. Die Schaltungen mit Gleichstromausgang arbeiten dagegen fast immer auf Verbraucher, die eine wesentliche induktive Komponente enthalten. Hierbei wird z.B. an die Feldwicklung einer elektrischen Maschine, die Erregerwicklung eines Hubmagneten oder eines Relais gedacht. Die induktive Komponente bleibt im allgemeinen nicht über dem Aussteuerbereich konstant, sondern ändert sich in gewissen Grenzen.

Der Einfluß der Belastungsinduktivität auf das Betriebsverhalten der Transduktoren erklärt sich schon daraus, daß infolge des abwechselnd ungesättigten und gesättigten Zustandes der Drosseln der Stromkreis wie durch einen Schalter periodisch geöffnet und geschlossen wird. Die Sperrwirkung der ungesättigten Drossel ist im Gegensatz zu einem Schaltkontakt nicht ideal, da sie keinen Gleichstrom sperren kann. Durch den Steuerstrom wird ein großer, aber doch endlicher Blindwiderstand geschaltet. Die Induktivität der Belastung wirkt den Schaltvorgängen entgegen, indem sie beim Schließen des Stromkreises den Anstieg des Stromes verlangsamt, beim Ausschalten dagegen den Strom stützt.

Betrachten wir zunächst die Mittelpunktschaltung nach Abb. 6.01d. Abb. 6.26a zeigt die Schaltung mit der Belastung durch den Widerstand R_a und die Induktivität L_a. Der Steuerkreis wird über den Widerstand R_s und die Steuerspannungsquelle U_s, deren Innenwiderstand vernachlässigbar klein ist, geschlossen. Das Diagramm b zeigt den zeitlichen Verlauf der Spannungen an einer Drossel und dem ihr vorgeschalteten Gleichrichter bei reiner Wirkbelastung. Von 0 bis α_1, dem Sättigungswinkel liegt die Speisespannung U_h an der Drossel. Danach geht die Spannung, da wir ideale Drosseln annehmen, auf den Arbeitswiderstand R_a über. Die schraffierte positive Spannung-Zeitfläche liegt somit an R_a. Bei π geht U_h durch null. Danach wird die Drossel bis α_3 abmagnetisiert. Anschließend sperrt der Gleichrichter und an ihm liegt die doppelte Speisespannung.

Bei Wirkbelastung sind Arbeitsstrom und Ausgangsspannung in Phase und haben gleiche Kurvenform. Hat die Belastung eine induktive Komponente, so wird der zeitliche Verlauf des Arbeitsstromes davon wesentlich beeinflußt. Bei einphasigen Transduktoren sind die Sätti-

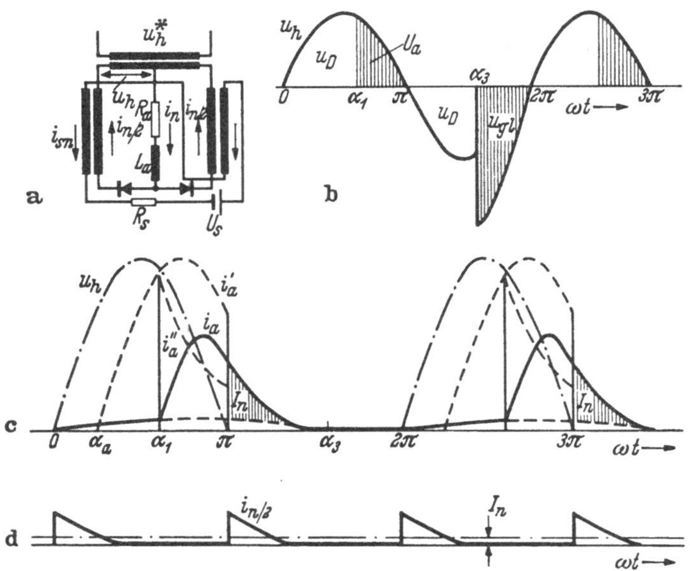

Abb. 6.26a–d. Nachheilstrom in der Mittelpunktschaltung bei induktiver Belastung

gungsbereiche der beiden Drosseln durch Abschnitte getrennt, in denen kein Strom fließt. Jede Drosselsättigung ruft einen Einschaltvorgang, jeder Übergang in den ungesättigten Zustand, einen Ausschaltvorgang hervor. In Abb. 6.26c wird für induktive Belastung der zeitliche Verlauf des über die Drossel fließenden Stromes i_a wiedergegeben. Strichpunktiert ist die Speisespannung U_h eingezeichnet, und zwar die Halbwellen, in denen die betrachtete Drossel in Sättigung geht. Bis zum Winkel α_1 bleibt i_a praktisch Null. Im Sättigungszeitpunkt kann wegen der Induktivität der Sättigungsstrom nicht plötzlich auf einen hohen Wert springen, sondern steigt allmählich an. Der Strom wird auch nicht bei π zusammen mit der Speisespannung null. Er hat in diesem Zeitpunkt einen endlichen Wert und verschwindet erst wesentlich später. Der Teil des Arbeitsstromes, der nach dem Winkel π fließt, soll als Nacheilstrom I_n bezeichnet werden. Er ist im Diagramm c schraffiert gezeichnet.

Liegt die Wechselspannung U_h unmittelbar an der Last, so fließt der Strom

$$i_a' = \frac{\hat{U}_h}{\sqrt{R_a^2 + X_a^2}} \sin(\omega t - \alpha_a) \tag{6.50}$$

mit

$$\operatorname{tg} \alpha_a = \frac{\omega L_a}{R_a} = \omega T_a. \tag{6.51}$$

Zur Vereinfachung werden ideale Drosseln und Gleichrichter angenommen. Der innere Spannungsabfall der gesättigten Drossel und der Durchlaßwiderstand des Gleichrichters bleiben somit unberücksichtigt. Bei dem eingestellten Steuerstrom wird der Strom i_a im Winkel α_1 eingeschaltet. Der stationäre Strom i_a' hat nach Gl. (6.50) den Anfangswert

$$i_a' \Big|_{\alpha_1} = \frac{\hat{U}_h}{\sqrt{R_a^2 + X_a^2}} \sin(\alpha_1 - \alpha_a). \tag{6.52}$$

Da der Gesamtstrom stetig ansteigt, muß ein Ausgleichsglied i_a'' mit gleichem Anfangswert auftreten. Es klingt mit der Zeitkonstanten T_a ab.

$$i_a'' = \frac{\hat{U}_h}{\sqrt{R_a^2 + X_a^2}} \sin(\alpha_1 - \alpha_a)\, e^{-\frac{\omega t - \alpha_1}{\omega T_a}}. \tag{6.53}$$

Die Gl. (6.52) gilt in den Grenzen $\alpha_1 \leqq \omega t \leqq \pi$.

Dann ist der Arbeitsstrom

$$i_a = i_a' - i_a'' = \frac{\hat{U}_h}{\sqrt{R_a^2 + X_a^2}} \left[\sin(\omega t - \alpha_a) - \sin(\alpha_1 - \alpha_a)\, e^{-\frac{\omega t - \alpha_1}{\omega T_a}}\right]. \tag{6.54}$$

Im Winkel π kommt die Drossel 1 aus der Sättigung. Der Arbeitsstrom hat den Wert

$$i_a \Big|_{\pi} = \frac{\hat{U}_h}{\sqrt{R_a^2 + X_a^2}} \left[\sin \alpha_a - \sin(\alpha_1 - \alpha_a) e^{-\frac{\pi - \alpha_1}{\omega T_a}}\right] = \hat{I}_n. \tag{6.55}$$

Dabei stellt $\hat{I}_n$ den Maximalwert des Nacheilstromes dar. Die treibende Spannung liefert jetzt die Induktivität L_a, die über R_a und einen zusätzlichen Wirkwiderstand kurzgeschlossen ist. Der Nacheilstrom muß somit exponentiell gegen Null gehen. Der zeitliche Verlauf des Nacheilstromes ergibt sich aus

$$i_n = \hat{I}_n e^{-\frac{\omega t - \pi}{\omega T_n}}. \tag{6.56}$$

Mit T_n wird die Zeitkonstante des Stromkreises, in dem i_n fließt, bezeichnet. Der Mittelwert I_n des Nacheilstromes ergibt sich nach den Gl. (6.55) und (6.56) zu

$$I_n = \hat{I}_n \frac{1}{2\pi} \int_{\pi}^{\infty} e^{-\frac{\omega t - \pi}{\omega T_n}}\, d\omega t = \frac{\omega T_n}{2\pi} \hat{I}_n \tag{6.57}$$

$$I_n = \frac{1}{2\pi} \frac{\hat{U}_h}{R_a} \frac{\omega T_n}{\sqrt{1 + (\omega T_a)^2}} \left[\sin \alpha_a - \sin (\alpha_1 - \alpha_a)\, e^{-\frac{\pi - \alpha_1}{\omega T_a}}\right]. \qquad (6.58)$$

Der Nacheilstrom ist proportional der Zeitkonstanten T_n.

In dem Bereich π bis α_3 befinden sich beide Drosseln in der Ummagnetisierung. Sie sind ungesättigt und die Gleichrichter leitend. Der Nacheilstrom kann sich nur über die Arbeitswicklungen der Verstärkerdrosseln schließen. Andererseits haben die ungesättigten Drosseln eine große Reaktanz. Die beiden Drosseln stellen für den Nacheilstrom zwei Transformatoren dar, deren Primärwicklungen N_a parallel und deren Sekundärwicklungen N_s in Reihe geschaltet sind. Der über die beiden Arbeitswicklungen fließende Strom $i_n/2$ wird durch einen in den Steuerkreis induzierten Strom $i_{sn} = \frac{i_n}{2} \frac{N_a}{N_s}$ kompensiert, so daß die großen Drosselreaktanzen auf den Nacheilstrom keinen Einfluß haben. In den Steuerkreis kann nur die Wechselstromkomponente i_{sn} übertragen werden. Die Gleichstromkomponente von i_n [Gl. (6.58)] fließt im Arbeitskreis und erzeugt eine zusätzliche Vormagnetisierung.

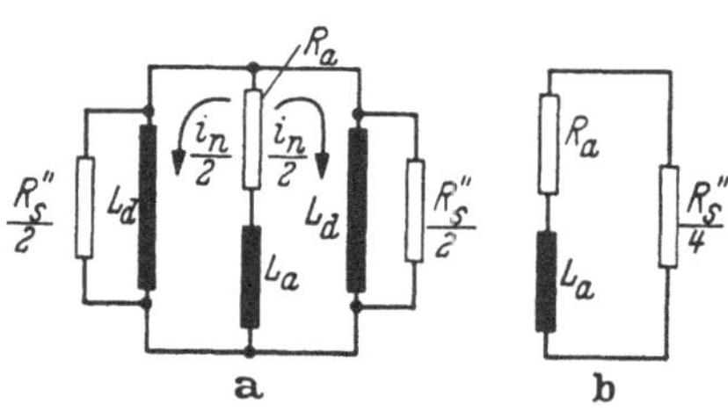

Abb. 6.27 a u. b. Mittelpunktschaltung: Ersatzkreis für den Nacheilstrom

Den Nacheilstrom bestimmt maßgeblich der Steuerkreiswiderstand R_s. Ist er unendlich, so wird i_n durch die Drosseln gesperrt, ist er Null, so sind die Drosseln in bezug auf i_n praktisch kurzgeschlossen. Für i_n können wir deshalb die Drosseln durch den auf die Arbeitswindungszahl bezogenen Steuerkreiswiderstand ersetzen. Es ergibt sich dann das in Abb. 6.27a gezeigte Ersatzschaltbild. Die beiden parallel liegenden Arbeitskreise können — wie aus Abb. 6.27b zu ersehen — zu einem zusammengefaßt werden. Die Zeitkonstante des Nacheilstromes ist somit

$$T_n = \frac{L_a}{R_a + \frac{R_s''}{4}}. \qquad (6.59)$$

Der auf die Arbeitswindungszahl bezogene Steuerkreiswiderstand R_s'' ist im allgemeinen groß gegen R_a, so daß sich ergibt

$$T_n = 4 \frac{L_a}{R_s} \left(\frac{N_s}{N_a}\right)^2. \qquad (6.60)$$

Da der Mittelwert des Nacheilstromes I_n nach Gl. (6.58) proportional T_n ist, kann er — wie Gl. (6.60) zeigt — durch einen großen Steuerkreiswiderstand R_s oder eine gegenüber der Arbeitswicklung kleinen Windungszahl der Steuerwicklung kleingehalten werden. Es ist auch möglich, i_{sn} durch eine in den Steuerkreis gelegte Induktivität zu unterdrücken.

6.32 Kippbereich

In Abb. 6.26d ist der zeitliche Verlauf des Nacheilstromes $i_n/2$ für sich herausgezeichnet. Die strichpunktierte Gerade kennzeichnet den Mittelwert I_n, mit dem die Drosseln im positiven Sinn vormagnetisiert werden. Betrachten wir nun den Einfluß des Nacheilstromes auf die Arbeitskennlinie. Bei gegebenem T_a und T_n läßt sich für jeden Sättigungswinkel α_1 aus Gl. (6.54) der Arbeitsstrom I_a und nach Gl. (6.58) der Nacheilstrom I_n errechnen. In Abb. 6.28a ist unter der Annahme

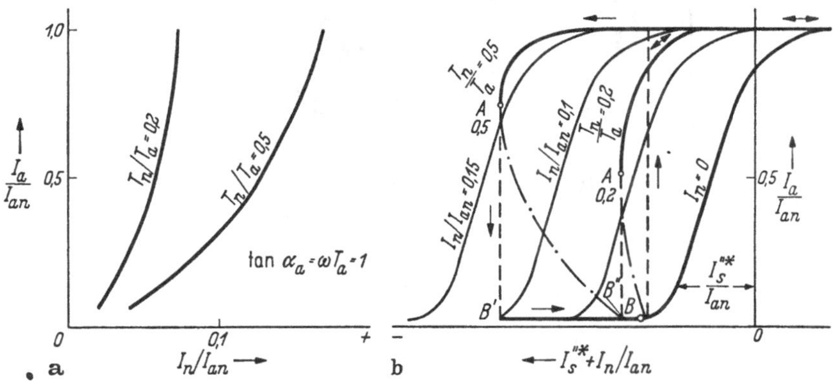

Abb. 6.28 a u. b. Konstruktion der Kippkennlinien

$\operatorname{tg} \alpha_a = 1$ für $T_n/T_a = 0{,}2$ und $0{,}5$ der Arbeitsstrom I_a/I_{an} über dem Nacheilstrom I_n/I_{an} aufgetragen. Die beiden Kurven kennzeichnen die Abhängigkeit des Nacheilstromes von dem Arbeitsstrom. Durch Verkleinerung der Nacheilzeitkonstanten (Vergrößerung von R_s) wird — wie ein Vergleich der beiden Kennlinien zeigt — der Nacheilstrom vor allen Dingen bei großer Aussteuerung erheblich herabgesetzt.

Wie bereits gesagt, wirkt der Nacheilstrom wie ein zusätzlicher von dem Ausgangsstrom abhängiger Steuerstrom. Er ist somit einer Stromrückkopplung vergleichbar. Im Diagramm b ist zunächst die Arbeitskennlinie bei Wirkbelastung $I_a/I_{an} = f(I_s''^*/I_{an})$ aufgetragen ($I_n = 0$). Angenommen der Nacheilstrom wäre über den Aussteuerbereich konstant, so würden hierdurch die Kennlinien um den Nacheilstrom parallel nach links verschoben. Dünn eingezeichnet sind drei Kennlinien für $I_n/I_{an} = 0{,}05 : 0{,}10 : 0{,}15$. In Wirklichkeit ändert sich I_n über den Aussteuerbereich. Die stark ausgezogenen, wirksamen Arbeitskennlinien erhalten wir durch Addition von I_n aus Diagramm a zu $I_s''^*$. Da der Nacheilstrom mit kleiner werdendem Arbeitsstrom abnimmt, verläuft im oberen Bereich die Arbeitskennlinie steiler als die für Wirkbelastung, um schließlich — wie der strichpunktierte Ast zeigt — negative Steigung anzunehmen.

In diesem Bereich ist die Kennlinie nicht stabil. Der Arbeitspunkt springt vielmehr bei einer kleinen Vergrößerung des Steuerstromes von Punkt A auf Punkt B', bzw. B'', während umgekehrt bei einer Verkleinerung des Steuerstromes auf den dem Punkt B zugeordneten Wert der Transduktor sofort voll öffnet. Anstelle der stetigen Kennlinie bei

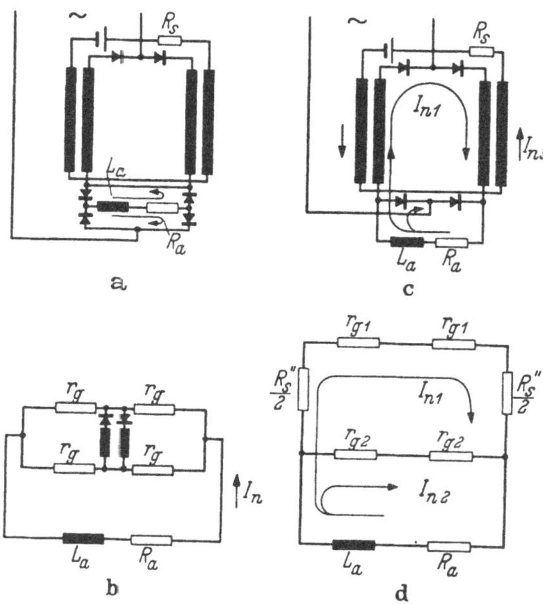

Abb. 6.29a—d. Stromkreis des Nacheilstromes in der Verdopplerschaltung (a, b) und in der Brückenschaltung (c, d)

Wirkbelastung tritt eine Schleife, die nur zwei stabile Arbeitspunkte bei voll geschlossenem bzw. geöffnetem Transduktor besitzt. Bei dem kleineren Verhältnis der Zeitkonstanten $T_n/T_a = 0{,}2$ ist der stabile Arbeitsbereich etwas größer, doch bleibt auch hier der größte Teil der Kennlinie instabil.

Wir hatten bisher nur die Mittelpunktschaltung betrachtet und festgestellt, daß die Unterdrückung des Nacheilstromes durch einen großen Steuerkreiswiderstand möglich ist. Nun sollen die anderen Transduktorschaltungen auf ihr Verhalten bei induktiver Belastung untersucht werden. Abb. 6.29a zeigt die Verdopplerschaltung mit Gleichstromausgang. Diese Schaltung ist sehr unempfindlich gegenüber induktiver Belastung.

Der Nacheilstrom schließt sich — wie die eingezeichneten Pfeile angeben — über zwei parallel liegende Zweige des Lastgleichrichters. Nach dem Ersatzschaltbild b fließt über die Drossel nur ein Strom, wenn die Durchlaßwiderstände r_g der vier Elemente des Lastgleichrichters ungleich sind.

Nicht ganz so günstig liegen die Verhältnisse bei der Brückenschaltung. Nach den in Abb. 6.29c eingezeichneten Pfeilen findet für I_n eine Stromverzweigung statt. Die Stromkomponente I_{n1} fließt über die Verstärkerdrosseln, während I_{n2} über die Arbeitsgleichrichter kurzgeschlossen wird. Zum Unterschied gegenüber der Mittelpunktschaltung fließt hier nur ein Teil des Nacheilstromes über die Drosseln. Nach dem Ersatzschaltbild d ist

$$I_{n1} = I_n \frac{2\, r_{g2}}{R_s'' + 2\,(r_{g1} + r_{g2})} \tag{6.61}$$

mit r_{g1} = Durchlaßwiderstand eines Selbstsättigungsgleichrichters, r_{g2} = Durchlaßwiderstand eines Lastgleichrichters. Auch hier kann die wirksame Komponente des Nacheilstromes I_{n1} durch einen großen Steuerkreiswiderstand kleingehalten werden.

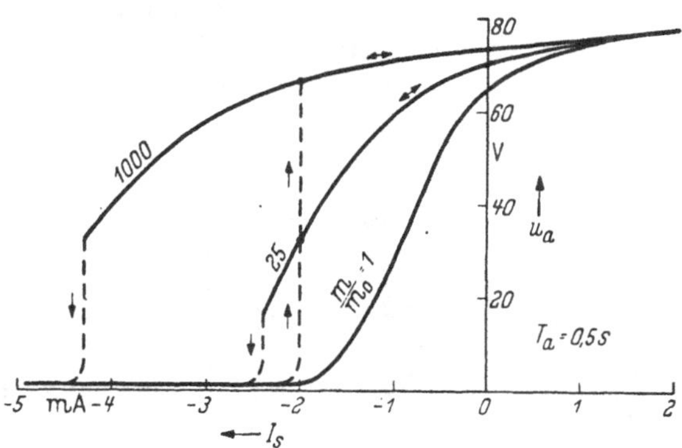

Abb. 6.30. Abhängigkeit des Kippbereiches von dem bezogenen Steuerkreisleitwert

Den Einfluß des Steuerkreiswiderstandes auf die Arbeitskennlinie zeigen die in Abb. 6.30 wiedergegebenen, gemessenen Kennlinien. Die Kennlinien wurden an einem Transduktor in Brückenschaltung bei induktiver Belastung aufgenommen. Die Zeitkonstante der Belastung war $T_a = 0{,}5$ s. Der bezogene Leitwert des Steuerkreises, bei dem die Kennlinie noch stabil ist, soll $m_0 = N_s^2/R_{s0}$ sein. Wird R_s auf $m = 25 \cdot m_0$ verkleinert, so ist ein eindeutiger Kippbereich mit Schleifenbildung festzustellen. Bei einer weiteren Verkleinerung von R_s auf $m = 1000\, m_0$ erstreckt sich der Kippbereich nahezu über die ganze Kennlinie.

Die Lastgleichrichter leiten bei der Brückenschaltung einen großen Teil des Nacheilstromes ab. Hätten die Gleichrichterelemente einen vernachlässigbaren Durchlaßwiderstand, so wäre I_{n1} praktisch null und die Belastungsinduktivität ohne Einfluß auf die Arbeitskennlinie. Diesem Idealfall kommen die Siliziumgleichrichter recht nahe. Abb. 6.31 zeigt zwei Arbeitskennlinien, bei deren Aufnahme der Lastgleichrichter mit 5 Selenplatten und im anderen Fall mit 10 Selenplatten ausgerüstet wurde. Im zweiten Fall ist der Durchlaßwiderstand doppelt so groß. Dadurch wird der Kippbereich wesentlich vergrößert.

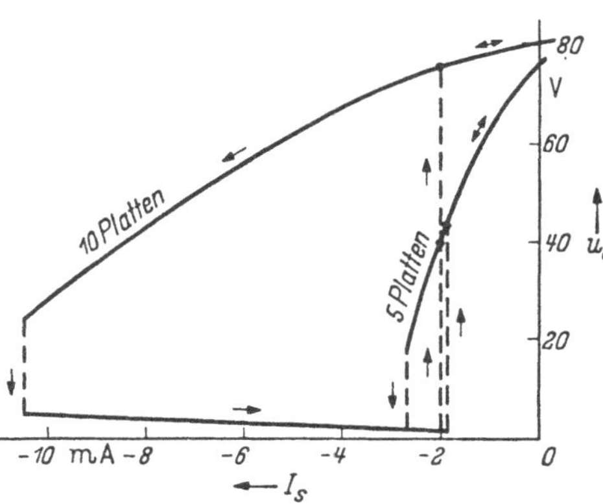

Abb. 6.31. Abhängigkeit des Kippbereiches der Brückenschaltung von der Plattenzahl des Lastgleichrichters

In vielen Fällen kann der Steuerkreiswiderstand nicht so groß gewählt werden, daß die Kennlinie über den ganzen Aussteuerbereich stabil ist. Der restliche Kippbereich läßt sich dann dadurch beseitigen, daß dem Nacheilstrom ein Kurzschlußweg geschaffen wird.

Nach Abb. 6.32 a kann das bei der Mittelpunktschaltung durch einen Gleichrichter geschehen, der parallel zur Belastung liegt und so gepolt ist, daß er vom Nacheilstrom in Durchlaßrichtung durchflossen wird. Am häufigsten wendet man die in Abbildung 6.31 b gezeigte Stabilisiermöglichkeit an. Hier liegt parallel zur Belastung die Reihenschaltung eines Widerstandes R_k und eines Kondensators C_k.

Abb. 6.32 a u. b. Stabilisierung des Transduktors bei induktiver Belastung (a) durch Nulldiode, (b) durch Kompensationsglied

Auch bei reiner Wirkbelastung kann der Transduktor kippen, da die Sättigungsinduktivität die gleiche Wirkung wie L_a haben kann. Diese Schwierigkeit tritt vor allen Dingen auf, wenn der Transduktor mit einem gegenüber dem Nennbelastungswiderstand kleineren R_a betrieben wird.

Eine derartige Bemessung kann zweckmäßig sein, wenn kurzzeitig durch volle Aussteuerung des Transduktors ein gewisser Überstrom abgegeben werden soll.

6.4 Wirklast und Gegenspannung

Es ist nun das Verhalten des Transduktors für den Fall zu untersuchen, daß die Belastung neben einem Wirk-Widerstand eine Gegenspannung enthält. Dieser Belastungsfall ist gegeben, wenn der Transduktor zum Laden einer Batterie eingesetzt wird. Gegenüber dem Betrieb mit einer Wirk- oder einer Blindbelastung hängt der Sättigungsbereich nicht allein von dem Sättigungswinkel α_1, sondern zusätzlich noch von der Größe der Gegenspannung U_z ab.

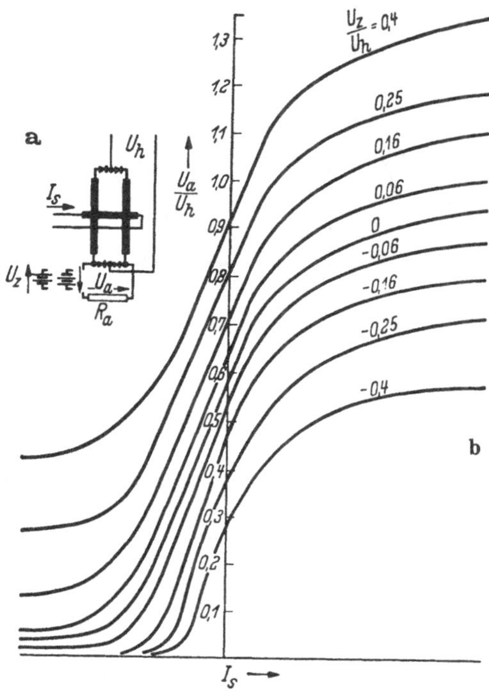

Abb. 6.33 a u. b. Einfluß einer positiven oder negativen Zusatzspannung auf die Arbeitskennlinie

Abb. 6.33 a zeigt eine Einphasen-Brückenschaltung mit Wirkbelastung, bei der in dem Arbeitskreis die Zusatzspannung U_z eingefügt ist. Die Zusatzspannung kann sowohl in Richtung der Ausgangsspannung des Transduktors als auch dieser entgegengerichtet sein. Bei einer Gegenspannung sind die Gleichrichter negativ vorgespannt. Durch die Belastung R_a kann deshalb nur ein Strom fließen, wenn der Augenblickswert der Ausgangsspannung des Transduktors größer als die Gegenspannung U_z ist. In Abb. 6.33 b sind die Arbeitskennlinien eines Transduktors für verschiedene Zusatzspannungen dargestellt. Ausgegangen wird von der Kennlinie für reine Wirkbelastung, d. h. $U_z/U_h = 0$. Durch die Gegenspannung werden die Kennlinien in senkrechter Richtung verschoben. Da ein Teil der Ausgangsspannung zur Kompensation der Gegenspannung benötigt wird, nimmt U_{am} mit größer werdendem U_z ab. Hat U_z dagegen in bezug auf die Transduktorspannung ein positives Vorzeichen, so verschiebt sich die Kennlinie nach oben.

Eine Batterie soll z. B. mit einem bestimmten Strom geladen werden. Der Transduktor wird dann so weit geöffnet, daß der von dem Verbraucher benötigte Strom fließen kann. Infolge des kleinen Innenwiderstandes der Batterie genügen kleine Änderungen der Ausgangsspannung des Transduktors, um den Strom wesentlich zu beeinflussen. Zur Festlegung des Nennstromes I_{an} und des Maximalstromes I_{am} vergleichen wir in Abb. 6.34 die Kurvenformen der Ausgangsspannung u_a und des

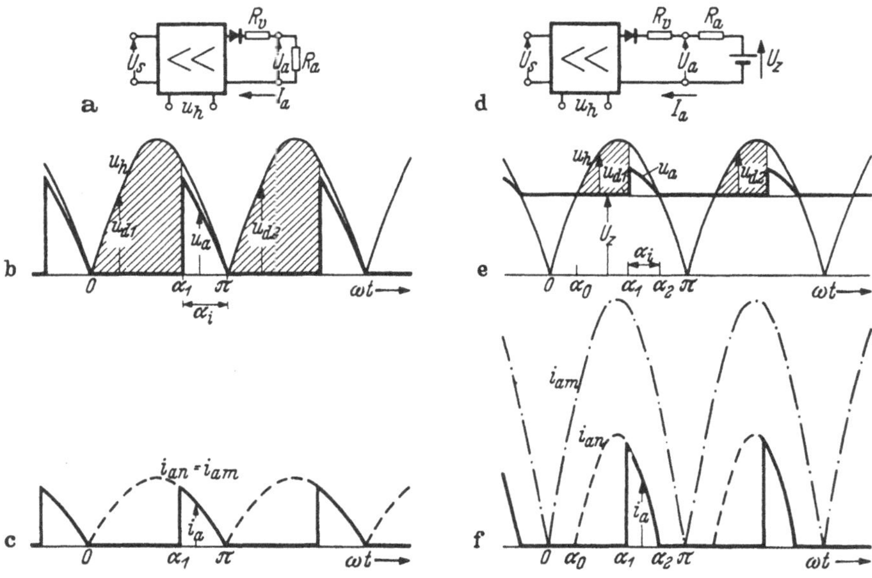

Abb. 6.34 a—f. Ausgangsspannung und Ausgangsstrom des Transduktors bei Belastung mit Gegenspannung

Ausgangsstromes i_a des Transduktors ohne und mit Gegenspannung. Sein Innenwiderstand berücksichtigt der Widerstand R_v. Der Transduktor ist in Abb. 6.34a durch einen Block dargestellt. Der im Ausgang eingezeichnete Gleichrichter soll zum Ausdruck bringen, daß in dem Ausgangskreis nur ein Strom in Durchlaßrichtung des Ersatzgleichrichters fließen kann. In dem Spannungsdiagramm b ist die an den beiden Drosseln liegende Spannung schraffiert gezeichnet. Nach dem Sättigungswinkel α_1 muß die an dem Widerstand R_a abfallende Spannung u_a um den Spannungsabfall des Ausgangsstromes an R_v kleiner als u_h sein. Strom und Spannung sind wie in c angegeben in Phase und haben gleiche Kurvenform. Nennstrom I_{an} fließt, wenn sich der Sättigungsbereich über die ganze Periode erstreckt also $\alpha_1 = 0$ ist. Ein größerer Strom kann nicht fließen. Es ist somit $I_{am} = I_{an}$.

Das Ersatzschaltbild für den Fall der Belastung mit Gegenspannung zeigt Abb. 6.34d. Bei geschlossenem Transduktor kann die Gegenspannung keinen Strom in dem Arbeitskreis erzeugen, da der Transduktor nur in einer Richtung für Gleichstrom durchlässig ist. Wird der Augenblickswert der Ausgangsspannung u_a größer als die Gegenspannung u_z, so fließt ein Strom. Damit ein Ausgangsstrom fließen kann, sind somit jetzt zwei Bedingungen zu erfüllen:

1. Der Augenblickswert der Speisespannung muß größer als die Gegenspannung sein.

2. Eine Drossel muß sich im Sättigungszustand befinden.

In dem Spannungsdiagramm e ist zwischen 0 und α_0, u_h kleiner als u_z, sämtliche Gleichrichter sind gesperrt. In diesem Bereich erfolgt keine Aufmagnetisierung der Drossel. Diese kann erst nach α_0 einsetzen. Aufmagnetisierend wirkt die schraffierte Spannung-Zeitfläche, die bei α_1 schließlich die Sättigung herbeiführt. Danach liegt die Spannung an dem Verbraucher. Die Ausgangspannung u_a ist um den Spannungsabfall des Arbeitsstromes an R_a größer als die Gegenspannung U_z. Der Sättigungsbereich endet bereits bei α_2, da hier wieder die Speisespannung unter den Spannungswert der Gegenspannung sinkt.

Bei Gegenspannung steht somit dem Transduktor ein kleinerer Stromflußwinkel $\alpha_i = \alpha_2 - \alpha_1$ zur Verfügung als bei Wirkbelastung. Dadurch ergeben sich — wie im Stromdiagramm *f* gezeigt wird — schmale, hohe Stromimpulse. Der Nennstrom I_{an} fließt, wenn bei der Nenn-Gegenspannung U_{zn} die Drosseln voll gesättigt sind. Als Maximalstrom I_{am} soll der Strom bezeichnet werden, der bei der Gegenspannung null und voller Sättigung fließt. Der Stromflußwinkel ist dann gleich π. Der Maximalstrom ist in Abb. 6.34f strichpunktiert eingezeichnet. Diesem Maximalstrom I_{am} entspricht bei reiner Wirkbelastung der Nennstrom I_{an}.

Der Maximalstrom ergibt sich zu

$$I_{am} = \frac{2\,\hat{U}_h}{\pi} \cdot \frac{1}{R_v + R_a}. \tag{6.70}$$

Eine wichtige Kenngröße ist der auf den Maximalstrom I_{am} bezogenen Nennstrom I_{an}. Er soll mit I_{an}^+ bezeichnet werden. Allgemein gilt

$$I_a^+ = \frac{I_a}{I_{am}}. \tag{6.71}$$

Der für den Nennstrom notwendige Stromflußwinkel α_i ist von dem Innenwiderstand des Transduktors und dem Innenwiderstand der

Batterie, d. h. von der Größe des Maximalstromes abhängig. Im theoretischen Grenzfall eines vernachlässigbar kleinen Wirkwiderstandes ($R_v + R_a \approx 0$) wird der Maximalstrom sehr groß. Gleichzeitig genügt für den Nennstrom ein unendlich kleiner Stromflußwinkel. Es ergeben sich nadelförmige Stromimpulse, zwischen denen der Strom null bleibt. Der bezogene Nennstrom I_{an}^+ bestimmt die Kurvenform des Ausgangsstromes. Zu einem kleinen I_{an}^+ gehört ein kleiner Stromflußwinkel α_i.

Die Kurvenform des Arbeitsstromes i_a ist für die Bemessung des Transduktors, im Hinblick auf die Belastung der Gleichrichter und die Erwärmung der Arbeitswicklungen von Bedeutung. Die hohen Stromspitzen können den Gleichrichter gefährden. Selengleichrichter sind wegen ihrer großen Wärmekapazität, gegenüber kurzzeitigen Überlastungen, verhältnismäßig unempfindlich. Bei Kristallgleichrichtern dagegen — hier wird in erster Linie an Siliziumgleichrichter gedacht — ist nicht nur der Mittelwert des Stromes zu betrachten, sondern die Gleichrichtertype muß so gewählt werden, daß der Scheitelwert des Stromes den für den Siliziumgleichrichter zulässigen Wert nicht überschreitet. Für die Erwärmung der Arbeitswicklung ist der Effektivwert des Drosselstromes maßgeblich. Er errechnet sich aus dem Mittelwert über den Formfaktor $k_f = I_{d\,\mathrm{eff}}/I_d$. Der Formfaktor steigt mit kleiner werdendem Nenn-Stromflußwinkel α_{in} stark an.

Es soll nun die Abhängigkeit des Formfaktors von I_a^+ untersucht werden. Für den Formfaktor gilt die Beziehung:

$$k_f = \frac{I_{a\,\mathrm{eff}}}{I_a} = \sqrt{\pi}\sqrt{\frac{\int\limits_{\alpha_1}^{\alpha_2} i_a(\alpha)^2\,d\alpha}{\left[\int\limits_{\alpha_1}^{\alpha_2} i_a(\alpha)\,d\alpha\right]^2}} = \sqrt{\pi}\sqrt{\frac{\int\limits_{\alpha_1}^{\alpha_2} i_a^+(\alpha)^2\,d\alpha}{\left[\int\limits_{\alpha_1}^{\alpha_2} i_a^+(\alpha)\,d\alpha\right]^2}}\,. \tag{6.72}$$

In den Grenzen α_1 bis α_2 wird der Ausgangsstrom:

$$i_a(\alpha) = \frac{1}{R_v + R_a}(\hat{U}_h \sin\omega t - U_z)\,. \tag{6.73}$$

Mit dem Gegenspannungsverhältnis

$$g = U_z/\hat{U}_h$$

und

$$i_a^+(\alpha) = i_a/I_{am}$$

ergibt sich Gl. (6.73) zu:

$$i_a^+(\alpha) = \sin\omega t - g\,. \tag{6.74}$$

Wird Gl. (6.74) in Gl. (6.72) eingesetzt, so erhalten wir den Formfaktor in Abhängigkeit vom Gegenspannungsverhältnis. Für den bezogenen Mittelwert des Arbeitsstromes ergibt sich

$$I_a^+ = \frac{I_a}{I_{am}} = \frac{1}{\pi} \cdot \frac{\pi}{2} \int_{\alpha_1}^{\alpha_2} (\sin \omega t - g)\, d\omega t \qquad (6.75)$$

$$I_a^+ = \frac{1}{2} \left[\cos \alpha_1 - \cos \alpha_2 - g(\alpha_2 - \alpha_1)\right]. \qquad (6.76)$$

Er bewegt sich zwischen 0 und I_{an}^+. Aus Gl. (6.76) folgt für $\alpha_1 = \alpha_0$

$$I_{an}^+ = \frac{1}{2} \left[\cos \alpha_0 - \cos \alpha_2 - g(\alpha_2 - \alpha_0)\right]. \qquad (6.77)$$

Mit

$$\sin \alpha_0 = g \qquad (6.78)$$

und

$$\alpha_2 = \pi - \alpha_0 \qquad (6.79)$$

wird

$$I_{an}^+ = \sqrt{1 - g^2} - g \cdot \left(\frac{\pi}{2} - \operatorname{arc} \sin g\right). \qquad (6.80)$$

In Abb. 6.35 ist der Formfaktor k_f in Abhängigkeit von I_a^+ aufgetragen. Die Kurven enden in dem Nennarbeitspunkt bei I_{an}^+ mit dem Stromflußwinkel $\alpha_{in} = \alpha_2 - \alpha_0$. Die Nennarbeitspunkte sind durch die gestrichelte Kurve verbunden. Mit größer werdendem Gegenspannungsverhältnis nimmt danach der Formfaktor zu.

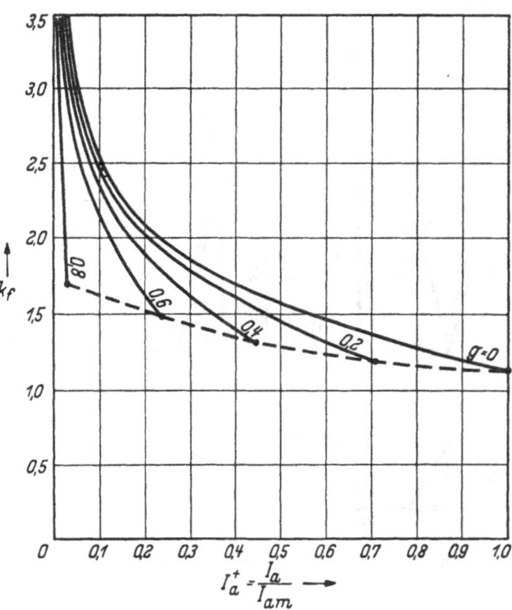

Abb. 6.35. Formfaktor des Ausgangsstromes in Abhängigkeit vom bezogenen Ausgangsstrom und dem Gegenspannungsverhältnis beim einphasigen Transduktor

6.5 Induktive Blindlast mit Gegenspannung

Wird der Transduktor durch einen Gleichstrommotor belastet, so muß das Ersatzschaltbild um die Ankerinduktivität L_m ergänzt werden. Die Ankerinduktivität hat auf den Transduktor ähnliche Rückwirkungen, wie wir sie bei induktiver Belastung kennengelernt haben.

Andererseits sorgt die Induktivität dafür, daß die hohen Stromimpulse bis zu einem gewissen Grade abgebaut werden bei gleichzeitiger Vergrößerung des Stromflußwinkels. Der Formfaktor wird dadurch verkleinert. Dieser Einfluß der Ankerinduktivität ist für den praktischen Betrieb von besonderer Bedeutung, da der wellige Ankerstrom in dem Motor zusätzliche Verluste hervorruft. Daneben erschwert der wellige oder sogar lückende Arbeitsstrom die Kommutierung des Motors. Es kann deshalb, vor allen Dingen bei einphasigen Transduktoren, zweckmäßig sein, in dem Ankerkreis eine Glättungsdrossel vorzusehen.

Wir wollen nun den zeitlichen Verlauf der Ausgangsspannung u_a und des Ausgangsstromes i_a für den Fall einer rein induktiven Belastung und einer induktiven Belastung mit Gegenspannung vergleichen.

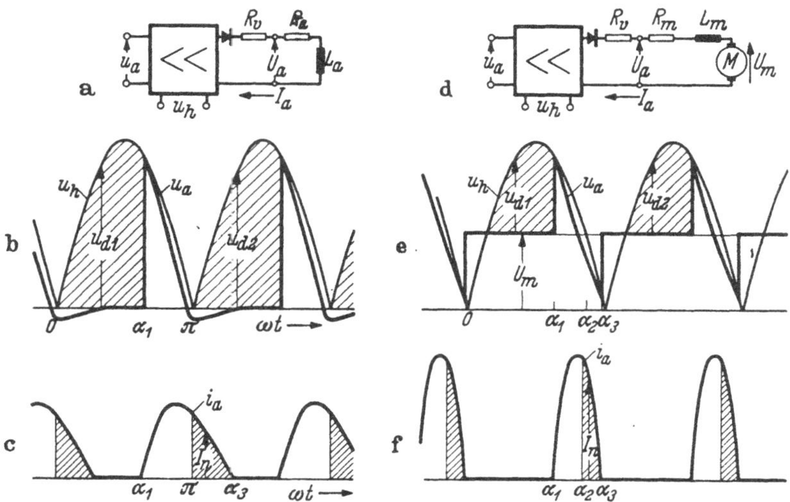

Abb. 6.36 a–f. Ausgangsspannung und Ausgangsstrom des Transduktors bei induktiver Belastung mit Gegenspannung

In Abb. 6.36a und d sind die Ersatzschaltbilder angegeben. Wie das Diagramm b zeigt, ist im Sättigungsbereich α_1 bis π die Ausgangsspannung etwas kleiner als die Speisespannung, da ein Teil der Spannung an R_v abfällt. Bei π wird durch die Induktivität L_a die Ausgangsspannung u_a nicht mit der Speisespannung u_h null. Die Induktivität liefert eine kleine negative Spannung u_a, die ausreicht, den Nacheilstrom über die Arbeitsgleichrichter bzw. die beiden Arbeitswicklungen zu treiben. Der Nacheilstrom ist in dem Stromdiagramm c schraffiert angegeben.

Eine andere Kurvenform zeigt die Ausgangsspannung, wenn zu der Belastungsinduktivität L_m noch eine Gegenspannung U_m kommt. Betrachten wir das Spannungsdiagramm e und das Stromdiagramm f, so sehen wir, daß der Stromflußwinkel durch die Induktivität L_m auch hier von $\alpha_2 - \alpha_1$ auf $\alpha_3 - \alpha_1$ vergrößert wird, da zwischen α_2 und α_3 der Nacheilstrom fließt. Daraus ergibt sich der zeitliche Verlauf der Ausgangsspannung U_a. Zwischen α_1 und α_3 muß U_a unterhalb der Speisespannung u_h liegen, da nur dann die in dem Arbeitskreis befindlichen Gleichrichter geöffnet sind und ein Strom fließen kann. Die Induktivität L_m liefert somit eine Zusatzspannung, welche die Gegenspannung U_m aufhebt. Wird im Winkel α_3 der Strom zu null, so springt die Spannung U_a sofort auf den Wert der Gegenspannung U_m. Für den Ankerkreis gilt die Differentialgleichung:

$$\hat{U}_h(\sin \omega t - g) = i_a R_a + L_a \frac{d i_a}{d t}. \tag{6.81}$$

Darin bedeutet $R_a = R_v + R_m$ der gesamte Wirkwiderstand des Ankerkreises, dessen Phasenwinkel α_a ist. Für α_a besteht die Beziehung:

$$\tan \alpha_a = \frac{\omega L_a}{R_a} \tag{6.82}$$

$$\cos \alpha_a = \frac{R_a}{\sqrt{R_a^2 + (\omega L_a)^2}}. \tag{6.83}$$

Die Differentialgleichung (6.81) hat die Lösung:

$$i_a = \frac{\hat{U}_h}{R_a} \left\{ \cos \alpha_a \cdot \sin(\omega t + \alpha_1 - \alpha_a) - g + \right.$$
$$\left. + \left[g - \cos \alpha_a \sin(\alpha_1 - \alpha_a) \right] \cdot e^{-\frac{\omega t}{\tan \alpha_a}} \right\} \tag{6.84}$$

aus der auch der Löschwinkel $\omega t_3 = \alpha_3$, bei dem der Ankerstrom null wird, bestimmt werden kann. Die Bestimmungsgleichung für α_3 lautet

$$\cos \alpha_a \sin(\alpha_3 + \alpha_1 - \alpha_a) - g + [g - \cos \alpha_a \sin(\alpha_1 - \alpha_a)] e^{-\frac{\alpha_3}{\tan \alpha_a}} = 0. \tag{6.85}$$

Den Formfaktor erhalten wir durch Einsetzen von i_a aus Gl. (6.84) in Gl. (6.72). Es interessiert nun die Abhängigkeit des Formfaktors von dem auf den Kurzschlußstrom bezogenen Ankerstrom. Aus Gl. (6.84) ergibt sich der bezogene Ankerstrom zu

$$I_a^+ = \int_{\alpha_1}^{\alpha_3} \left\{ \cos \alpha_a \cdot \sin(\omega t + \alpha_1 - \alpha_a) - g + \right.$$
$$\left. + \left[g - \cos \alpha_a \sin(\alpha_1 - \alpha_0) \right] e^{-\frac{\omega t}{\tan \alpha_a}} \right\} d\,\omega t \tag{6.86}$$

In Abb. 6.37 ist der Formfaktor k_f über dem bezogenen Ankerstrom aufgetragen. Als Parameter dient der Leistungsfaktor des Ankerkreises $\cos \alpha_a$. Der Formfaktor kann in Abhängigkeit vom Leistungsfaktor für den Betrieb ohne Gegenspannung und für ein Gegenspannungsverhältnis

$g = 0{,}4$ aus dem Kennlinienfeld entnommen werden. Der als Bezugswert gewählte maximale Ankerstrom I_{am} stellt sich bei voll geöffnetem

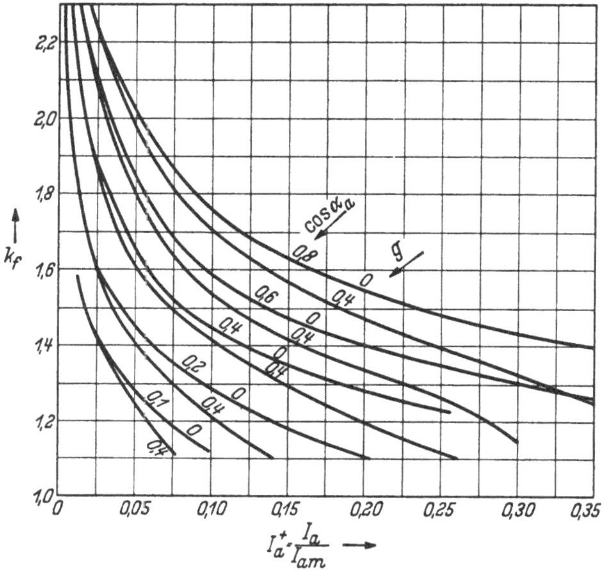

Abb. 6.37. Formfaktor des Ausgangsstromes in Abhängigkeit vom bezogenen Ausgangsstrom und dem Gegenspannungsverhältnis bei induktiver Belastung mit Gegenspannung beim einphasigen Transduktor

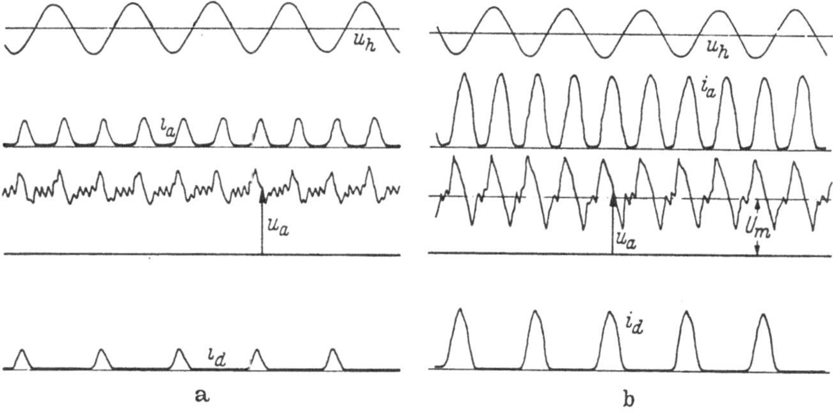

Abb. 6.38 a u. b. Kurvenform der Ausgangsspannung und des Ausgangsstromes bei Ankerspeisung eines Gleichstrommotors durch einen einphasigen Transduktor. a) kleine Belastung, b) große Belastung

Transduktor und fest gebremstem Motoranker ein. Wir sehen, daß unter dem Einfluß der Induktivität das Gegenspannungsverhältnis g auf den Formfaktor einen verhältnismäßig kleinen Einfluß ausübt. Der Formfaktor läßt sich dagegen sehr wirkungsvoll durch eine Vergrößerung der Ankerkreisinduktivität, (Verkleinerung von cos α_a) herabsetzen.

Abb. 6.38 zeigt zwei Oszillogramme, die an einem einphasigen Transduktor, der einen 1 kW-Gleichstrommotor speist, aufgenommen wurden. Das Gegenspannungsverhältnis beträgt $g = 0{,}4$. Das Oszillogramm a gilt für kleine, das Oszillogramm b für große Motorbelastung. Im ersten Fall ist wegen des kleinen Ankerstromes und kleinen Stromflußwinkels die Welligkeit der Ankerspannung u_a gering. Der Ankerstrom enthält große Lücken. Der große Ankerstrom bei der Belastung b läßt die Welligkeit der Ankerspannung stark ansteigen. Der durch die Ankerinduktivität erzeugte, für den Nacheilstrom notwendige Spannungseinbruch, nach dem Nulldurchgang der Speisespannung, ist deutlich zu erkennen. Die Welligkeit der Ankerspannung in den stromlosen Bereichen wird durch die Nutoberwelligkeit der Gleichstrommaschine erzeugt.

7. Spannung-Zeitflächen gesteuerte Transduktoren

7.1 Grundschaltung

Die in den vorhergegangenen Abschnitten betrachteten stromsteuernden und spannungssteuernden Transduktoren sind durchflutungsgesteuert. Bei ihnen wird die Ausgangsspannung durch einen Steuerstrom bestimmt, der über eine besondere Wicklung den magnetischen Zustand der Drossel verändert. Diese Art der Steuerung bringt für den praktischen Betrieb wesentliche Vorteile. Die Windungszahl der Steuerwicklung ist in weiten Grenzen frei wählbar. Dadurch läßt sich der Transduktor dem Innenwiderstand der Steuerspannungsquelle leicht anpassen. Die isolierte Steuerwicklung macht den Eingang des Transduktors vollkommen potentialfrei. Die Steuerspannungsquelle kann auf einem ganz anderen Spannungsniveau als die Speisespannung oder der Verbraucher liegen. Das erleichtert den Einsatz des Transduktors vor allen Dingen in Regelkreisen. Auch seine Beeinflussung durch mehrere Steuergrößen ist ohne weiteres möglich, wenn jeder Steuergröße eine besondere Steuerwicklung zugeordnet wird. Industriell gefertigte Transduktordrosseln werden nicht für eine spezielle Anwendung bemessen. Vielmehr stellen sie Einheitsausführungen dar. Sie besitzen mehrere Steuerwicklungen unterschiedlicher Windungszahlen und sind dadurch universell einsetzbar.

Die durchflutungsgesteuerten Transduktoren zeigen allerdings den Nachteil, daß die Ausgangsspannung nicht verzögerungsfrei der Steuerspannung folgt. Die Zeitkonstante kann durch eine Vergrößerung des Steuerkreiswiderstandes oder Verkleinerung der Steuerwindungszahl herabgesetzt werden. Beide Maßnahmen vergrößern die Steuerleistung. Bei vorgegebener Steuerleistung ist unter Umständen auf einen zweistufigen Transduktor überzugehen. Wir werden auf die Reihenschaltung mehrerer Stufen und ihren Einfluß auf das Zeitverhalten noch später zurückkommen.

Es gibt aber ein Steuerverfahren, bei dem keine Verzögerung des Transduktors auftritt. Die bisher untersuchten Transduktorschaltungen zeigen, daß die Abmagnetisierung den Sättigungswinkel und damit die Aussteuerung des Transduktors bestimmt. Diese ist abhängig von der an der Drossel liegenden negativen Spannung-Zeitfläche. Eine große Flußänderung in Abmagnetisierungsrichtung erfordert auch während der Aufmagnetisierung eine große Flußänderung bis zur Sättigung. Die damit gekoppelte positive Spannung-Zeitfläche nimmt dann den überwiegenden Teil der positiven Halbwelle der Speisespannung in Anspruch, so daß an dem Arbeitswiderstand nur die kleine Restspannung liegt.

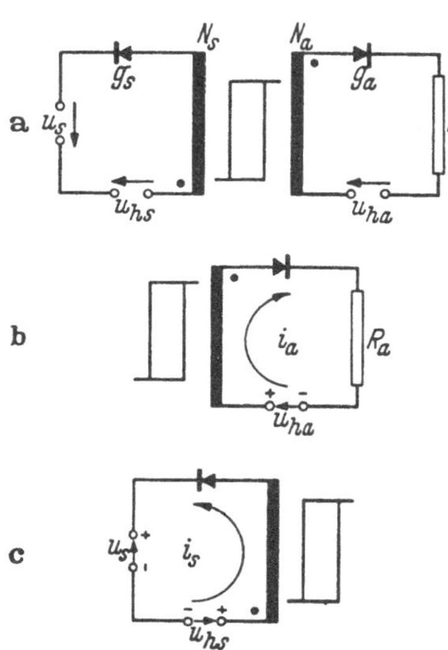

Abb. 7.01 a – c. Grundschaltung des Spannung-Zeitflächen gesteuerten Transduktors

Bei der Durchflutungssteuerung wird durch die Steuergröße U_s nicht der Fluß unmittelbar, sondern die Durchflutung beeinflußt. Der Steuerstrom folgt der Steuerspannung mit der Zeitkonstante des Transduktors. Die Verzögerung liegt somit zwischen Steuerspannung und Steuerstrom. Die Zeitkonstante läßt sich umgehen, wenn der Fluß unmittelbar durch die Steuerspannung beeinflußt wird.

Eine hierfür geeignete Schaltung zeigt Abb. 7.01a. Sie besteht aus einer Drossel mit rechteckiger Hystereseschleife, die zwei Wicklungen N_s und N_a besitzt. Die beiden Wicklungen haben, entsprechend den eingezeichneten Punkten, entgegengesetzten Wicklungssinn. Ein von unten nach oben gerichteter Strom in N_a magnetisiert die Drossel im positiven Sinn; ein in gleicher Richtung in N_s fließender Strom magnetisiert die Drossel dagegen in Richtung des negativen Sättigungsknicks. Die beiden Speisespannungen u_{ha} und u_{hs} haben gleiche

Frequenz und gleiche Phasenlage. Sie werden zweckmäßigerweise zwei Sekundärwicklungen des Speisetransformators entnommen. Die Schaltung Abb. 7.01a kommt auch ohne eine besondere Steuerwicklung aus, wenn in entgegengesetzter Polung g_s und u_s parallel zu g_a und R_a geschaltet werden. Die Hilfsspannung u_{hs} erübrigt sich. Man ist dann allerdings in der Wahl der Steuerspannnng u_s nicht mehr frei.

Durch die Gleichrichter kann in den beiden Stromkreisen nur während einer Halbwelle der Speisespannung Strom fließen. Der rechte Stromkreis führt in der positiven oder Sättigungshalbwelle, der linke Stromkreis in der negativen oder Rückmagnetisierungshalbwelle, Strom. In Abb. 7.01b ist der in der ersten, der Sättigungshalbwelle, eingeschaltete Arbeitsstromkreis nochmal gesondert gezeichnet. Es fließt der Strom i_a (Aufmagnetisierung und Sättigung). Der zweite Stromkreis kann unberücksichtigt bleiben, da in dieser Halbwelle g_s gesperrt ist. In der zweiten Halbwelle dagegen führt der Arbeitskreis keinen Strom, dafür liegt, wie in Abb. 7.01c gezeigt, in dem Rückmagnetisierungskreis die Spannung u_{hs} in Durchlaßrichtung des Gleichrichters g_s und es fließt der Strom i_s (Rückmagnetisierung). Die Flußänderung in Abmagnetisierungsrichtung ist dabei abhängig von der in der zweiten Halbwelle an der Drossel liegenden Spannung-Zeitfläche. Sie läßt sich durch die Steuerspannung u_s beeinflussen.

7.2 Wechselspannungs-Steuerung

An Hand von Abb. 7.02 betrachten wir nun einen Magnetisierungszyklus. Die Steuerspannung wird der Einfachheit halber zunächst als wellige Gleichspannung angenommen, wie sie sich bei einer sinusförmigen Steuerspannung u_s am Ausgang einer Zweiweg-Gleichrichterschaltung ergibt. Das Diagramm a zeigt die dynamische Hystereseschleife schwach ausgezogen, ohne Vormagnetisierung und stark ausgezogen, mit Vormagnetisierung. Die Flußaussteuerung geht bei Vormagnetisierung von $2\Phi_{sg}$ auf $\Delta\Phi$ zurück. Dabei entspricht $\Delta\Phi$ der in Abb. 7.02b schraffiert gezeichneten positiven Spannung-Zeitfläche. Die eingezeichneten Zahlen kennzeichnen die einzelnen Phasen des Ummagnetisierungszyklus, wenn von dem negativen Remanenzpunkt ausgegangen wird. Von $\omega t = 0$ angefangen, wirkt auf die Drossel zunächst die schraffierte positive Spannung-Zeitfläche, unter deren Einfluß der Fluß um $\Delta\Phi$ ansteigt und bei α_1 die Drossel in Sättigung führt. Nachdem die Speisespannungen bei π ihr Vorzeichen geändert haben, wird durch die nun negative Speisespannung u_{ha} der Arbeitskreis gesperrt, während der Rückmagnetisierungskreis öffnet. In diesem Kreis wirken zwei Spannungen; die strichpunktiert gezeichnete Steuerspannung u_s und die schwach ausgezogene Speisewechselspannung u_{hs}. Beide sind gegeneinandergeschaltet, so daß sich die schraffierte Spannung-Zeitfläche ergibt. Sie muß gleich der positiven Spannung-Zeitfläche sein, da in einer Periode der Fluß wieder auf seinen Anfangswert zurückgeht.

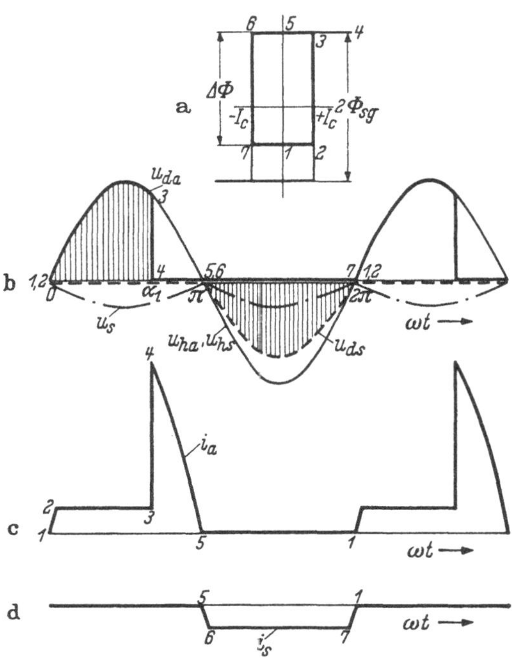

Abb. 7.02 a–d. Magnetisierungsvorgang bei Steuerung mit synchronen Sinushalbwellen

Das Diagramm c zeigt den zeitlichen Verlauf des Arbeitsstromes i_a, der von 1 bis 2 auf den Betrag des Koerzitivstromes $+I_c$ springt. Er bleibt während der Aufmagnetisierung konstant und steigt bei 3 schließlich sehr stark an. Die Drossel geht in Sättigung und der Arbeitswiderstand bestimmt den Strom. Beim Nulldurchgang der Spannung in der Phase 5 wird der Arbeitskreis gesperrt und bleibt geschlossen, bis wieder eine positive Spannung-Zeitfläche wirkt. Der Rückmagnetisierungsstrom i_s steigt dagegen bei 5 schnell auf $-I_c$ an, um während der Rückmagnetisierung konstant zu bleiben.

Den Magnetisierungsstrom liefern abwechselnd der Arbeitskreis und der Steuerkreis. Die an der Steuerwicklung wirkende sinusförmige negative Spannung-Zeitfläche hat eine kleinere Amplitude, als die positive Spannung-Zeitfläche. Da beide gleich groß sind, muß die positive bei α_1 abbrechen. Die Flußänderung in der Sättigungshalbwelle ist gleich

$$\Delta\Phi_2 = \frac{1}{\omega N_a}\int_0^{\alpha_1} u_{ha}\, d\,\omega t = \frac{\hat{U}_{ha}}{\omega N_a}\int_0^{\alpha_1} \sin\omega t\, d\,\omega t \tag{7.01}$$

$$\Delta\Phi_2 = \frac{\hat{U}_{ha}}{\omega N_a}(1 - \cos\alpha_1)\,. \tag{7.02}$$

Die Flußänderung in der Abmagnetisierungshalbwelle ergibt sich dagegen zu

$$\Delta\Phi_1 = \frac{1}{\omega N_a}\int_{\pi}^{2\pi}(u_{hs} - u_s)\,d\omega t = \frac{\hat{U}_{hs} - \hat{U}_s}{\omega N_s}\int_{\pi}^{2\pi}\sin\omega t\,d\omega t \qquad (7.03)$$

und damit

$$\Delta\Phi_1 = 2\,\frac{\hat{U}_{hs} - \hat{U}_s}{\omega N_s}. \qquad (7.04)$$

Da $\Delta\Phi_1$ und $\Delta\Phi_2$ einander gleich sind, gilt

$$\frac{\hat{U}_{ha}}{N_a}(1 - \cos\alpha_1) = 2\,\frac{\hat{U}_{hs} - \hat{U}_s}{N_s}. \qquad (7.05)$$

Der Mittelwert der Ausgangsspannung, die zwischen α_1 und π gleich der Speisespannung u_{ha} ist, ergibt sich zu

$$U_a = \frac{\hat{U}_{ha}}{2\pi}\int_{\alpha_1}^{\pi}\sin\omega t\,d\omega t = \frac{\hat{U}_{ha}}{2\pi}(\cos\alpha_1 + 1). \qquad (7.06)$$

$\cos\alpha_1$ läßt sich nach Gl. (7.06) durch die Ausgangsspannung U_a ausdrücken

$$\cos\alpha_1 = \frac{2\pi}{\hat{U}_{ha}}U_a - 1. \qquad (7.07)$$

Gl. (7.07) in Gl. (7.05) eingesetzt ergibt

$$U_a = \frac{\hat{U}_{ha}}{\pi} - \frac{\hat{U}_{hs}N_a}{\pi N_s} + \frac{N_a}{N_s\pi}\hat{U}_s. \qquad (7.08)$$

Soll die Ausgangsspannung U_a für die Steuerspannung $\hat{U}_s = 0$ ebenfalls null sein, so müssen die ersten beiden Glieder in Gl. (7.08) verschwinden. Es muß also gewählt werden:

$$\frac{\hat{U}_{ha}}{\hat{U}_{hs}} = \frac{N_a}{N_s}. \qquad (7.09)$$

Dann vereinfacht sich Gl. (7.08) zu

$$U_a = \frac{1}{\pi}\frac{N_a}{N_s}\hat{U}_s. \qquad (7.10)$$

Die Ausgangsspannung ist somit proportional der Steuerspannung. Das Verhältnis von Ausgangsspannung und Steuerspannung läßt sich über das Windungszahlverhältnis N_a/N_s frei wählen, nur muß Gl. (7.09) erfüllt sein. In Abb. 7.04 ist die sich aus Gl. (7.10) für Wechselspannungssteuerung (*U* ∼ — *St.*) ergebende Gerade gestrichelt eingezeichnet. Die Steuerspannung und die Ausgangsspannung sind auf die Werte bei maximaler Aussteuerung bezogen. Voll ausgezogen ist eine gemessene Arbeitskennlinie angegeben. Die Drossel enthält als Kernwerkstoff Permenorm 5000 Z. Die Kennlinie stimmt, bis auf den endlichen Anfangswert, gut mit dem theoretischen Verlauf überein. Es ist nur dafür Sorge zu tragen, daß u_s und u_{hs} genau in Phase liegen, da sonst der Steuerkreis während eines Teils der Sättigungshalbwelle geöffnet wird und i_s stark ansteigt.

7.3 Gleichspannungs-Steuerung

Eine größere praktische Bedeutung hat die Steuerung des Transduktors durch eine reine Gleichspannung. Für diesen Fall ist der Magnetisierungsvorgang in Abb. 7.03 dargestellt. In der Sättigungshalbwelle hat sich, gegenüber der Aussteuerung mit welligen Gleichspannungen, nichts geändert. Zwischen null und α_1 liegt die volle Spannung an der Drossel und sorgt für die Aufmagnetisierung bis zur Sättigung. In der Abmagnetisierungshalbwelle dagegen kann unmittelbar nach π keine Rückmagnetisierung erfolgen. Die Steuergleichspannung, die den Gleichrichter g_s negativ vorspannt, ist zunächst größer als u_{hs}. Erst wenn nach dem Winkel α_2 die Speisespannung u_{hs} gegenüber U_s überwiegt, öffnet der Gleichrichter und die Differenzspannung $(u_{hs} - U_s)$ magnetisiert die Drossel zurück. Die negative Spannung-Zeitfläche — sie ist in Abb. 7.03 gestrichelt eingezeichnet — endet bei α_3. In diesem Winkel wird der Augenblickswert der Speisespannung kleiner als die Steuerspannung. Anschließend sind zwischen α_3 und 2π sowohl der Steuer- als auch der Arbeitskreis gesperrt. Dabei befindet sich die Drossel in ihrem unteren Remanenzpunkt. Das Diagramm a gilt für geringe, das Diagramm b für große Aussteuerung. Wie aus b zu ersehen ist, wird mit größer werdender Aussteuerung der Abmagnetisierungsbereich α_2 bis α_3 stark eingeengt.

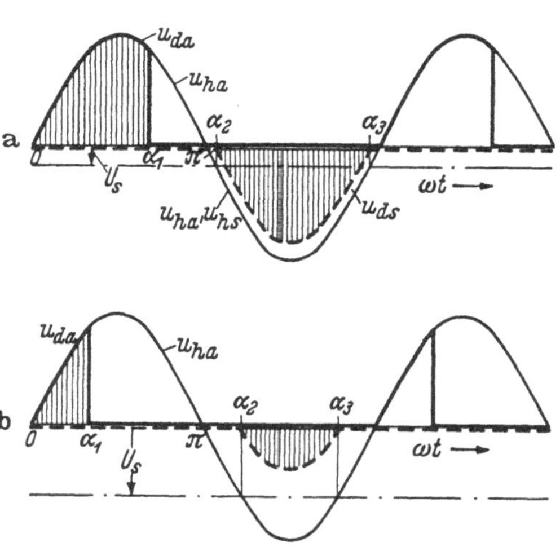

Abb. 7.03 a u. b. Magnetisierungsvorgang bei Gleichspannungssteuerung

Auch für die Steuerung des Transduktors mit reiner Gleichspannung läßt sich leicht die Arbeitskennlinie berechnen. Die Spannung-Zeitflächen in beiden Halbwellen sind einander gleich. Dann gilt:

$$\frac{1}{\omega N_a}\int_0^{\alpha_1} u_{ha}\, d\,\omega t = \frac{1}{\omega N_s}\int_{\alpha_2}^{\alpha_3} (u_{hs} - U_s)\, d\,\omega t. \tag{7.11}$$

Der linke Ausdruck stellt dabei die Spannung-Zeitfläche in der Sättigungshalbwelle, der rechte die Spannung-Zeitfläche in der Abmagnetisierungshalbwelle dar. Der Integrationsbereich wird begrenzt durch den Winkel α_2, in dem der Steuergleichrichter leitend wird und α_3, in dem er wieder sperrt. Nach der Integration erhalten wir

$$\frac{\hat{U}_{ha}}{N_a}(1 - \cos\alpha_1) = \frac{\hat{U}_{hs}}{N_s}\left[\cos\alpha_3 - \cos\alpha_2 - \frac{U_s}{\hat{U}_{hs}}(\alpha_3 - \alpha_2)\right]. \tag{7.12}$$

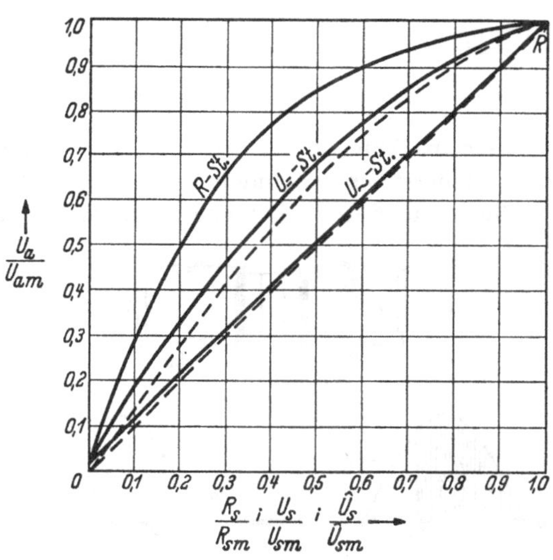

Abb. 7.04. Arbeitskennlinien des Spannung-Zeitflächen-gesteuerten Transduktors für Wechselspannungs-, Gleichspannungs- und Widerstandssteuerung

Die Steuergleichspannung wird auf den Scheitelwert der Steuerspeisespannung bezogen und die Abkürzung eingeführt:

$$-\frac{U_s}{\hat{U}_{hs}} = u_s^*. \tag{7.13}$$

Zwischen α_2, α_3 und u_s^* bestehen die folgenden Beziehungen

$$\sin\alpha_2 = u_s^*, \tag{7.14}$$

$$\cos\alpha_2 = -\sqrt{1 - u_s^{*2}}, \tag{7.15}$$

$$\cos\alpha_3 = +\sqrt{1 - u_s^{*2}}. \tag{7.16}$$

Werden die Gln. (7.13) bis (7.16) in Gl. (7.12) eingesetzt, so erhalten wir

$$\frac{\hat{U}_{ha}}{\hat{U}_{hs}}\frac{N_s}{N_a}\left(1 - \frac{\pi}{\hat{U}_{ha}}U_a\right) = 2\sqrt{1 - u_s^{*2}} + u_s^*\left(2\arccos\sqrt{1 - u_s^{*2}} - \pi\right). \tag{7.17}$$

Nach Umformung ergibt sich mit der Abkürzung $\frac{\pi \cdot U_a}{\hat{U}_{ha}} = \frac{U_a}{U_{ha}} = u_a^*$ und unter Berücksichtigung von Gl. (7.09):

$$u_a^* = 1 - \sqrt{1 - u_s^{*2}} - u_s^* \left(\arc\cos \sqrt{1 - u_s^{*2}} - \frac{\pi}{2}\right). \tag{7.18}$$

Die Arbeitskennlinie für Gleichspannungsaussteuerung ($U_{=}$ — *St.*) nach Gl. (7.18) zeigt Abb. 7.04 gestrichelt. Die gemessene Kennlinie ist voll ausgezogen. Der theoretische und praktische Verlauf stimmen gut überein.

7.4 Widerstands-Steuerung

Wie aus Abb. 7.01 c zu entnehmen ist, sind die Steuerspannungen und der Steuerstrom einander entgegengerichtet. Die Steuerspannungsquelle braucht deshalb keine Leistung abzugeben. Sie bekommt sogar Leistung zurückgeliefert, die die Speisespannungsquelle u_{hs} aufbringen muß. Deshalb ist es möglich, überhaupt auf eine Steuerspannung zu verzichten und als Steuerglied einen veränderlichen Widerstand R_s zu verwenden. Diese Schaltung zeigt Abb. 7.05a. Die Steuerung des Transduktors durch den Widerstand R_s erfolgt über den Spannungsabfall, den der Steuerkreisstrom i_s am Widerstand R_s erzeugt. Um diesen Spannungsabfall vermindert sich die wirksame Spannung-Zeitfläche gegenüber der Speisespannung u_{hs}. Der in dem Steuerkreis während der Abmagnetisierung fließende Strom ist gleich dem Koerzitivstrom $-I_c$. An dem Steuerkreiswiderstand liegt deshalb die Spannung $I_c R_s$. Die verbleibende Spannung-Zeitfläche wurde in Abb. 7.05b waagerecht schraffiert.

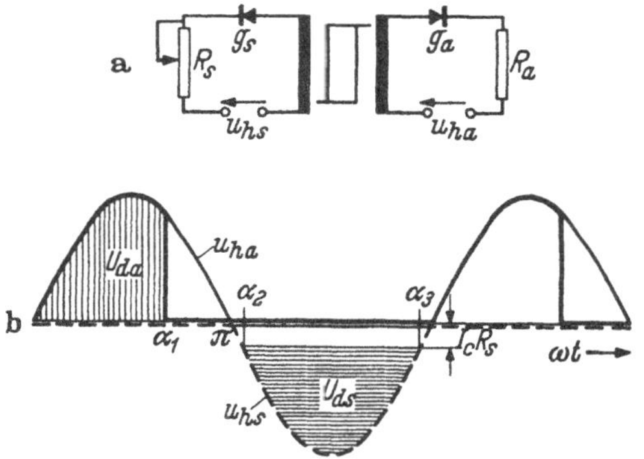

Abb. 7.05 a u. b.
Spannung-Zeitflächen bei Widerstandsteuerung

Die beiden Flächen U_{da} und U_{ds} sind einander gleich. Eine Vergrößerung des Steuerwiderstandes R_s bedingt eine Verkleinerung der Spannung-Zeitfläche U_{ds}. Der Koerzitivstrom I_c soll zunächst unabhängig von R_s konstant sein. Da $U_{da} = U_{ds}$ ist verschiebt sich α_1 nach links und die Ausgangsspannung nimmt zu. Ein Vergleich von Abb. 7.03 und Abb. 7.05 läßt vermuten, daß sich die Kennlinien bei Gleichspannungssteuerung und bei Widerstandssteuerung decken. Tatsächlich zeigt die gemessene Arbeitskennlinie des widerstandsgesteuerten Transduktors, nach Abb. 7.04, (*R* — *St.*) einen davon abweichenden Verlauf. Bei großer Aussteuerung verläuft die Arbeitskennlinie wesentlich flacher. Diese gegenüber der Aussteuerung mit Gleichspannung größere Krümmung der Kennlinie wird durch die Änderung des Koerzitiv-

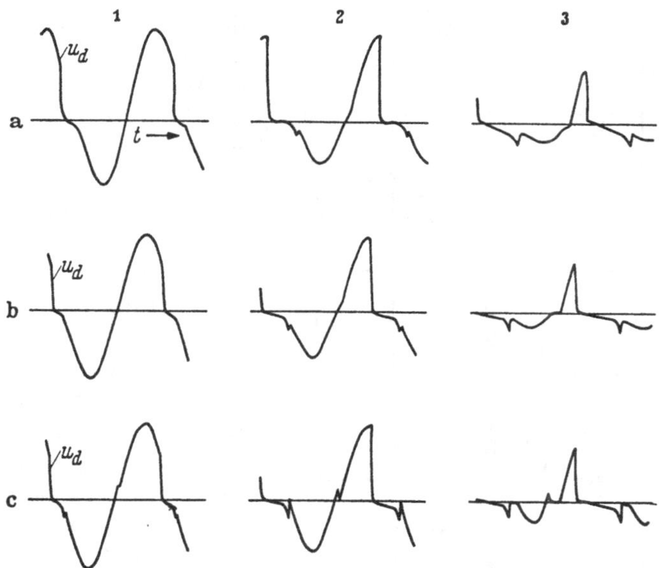

Abb. 7.06 a—c. Drosselspannung u_d eines Spannung-Zeitflächengesteuerten Transduktors für drei Aussteuergrade bei Aussteuerung durch: a) Wechselspannung b) Gleichspannung c) Widerstand

stromes hervorgerufen. Die Breite der Hystereseschleife und damit der Koerzitivstrom sind wegen des Wirbelstromeinflusses von der Änderungsgeschwindigkeit des Flusses abhängig und damit nach dem Induktionsgesetz auch von der Größe der anliegenden Spannung.

Abb. 7.06 zeigt Oszillogramme der Drosselspannung u_d eines Spannung-Zeitflächen gesteuerten Transduktors. Als Steuergröße diente a eine Wechselspannung, b eine Gleichspannung und c ein Widerstand. Die Drosselspannung ist für kleine (1), mittlere (2) und große Aussteuerung (3) wiedergegeben. Die Aufmagnetisierungs-Zeitfläche hat bei allen Steuerarten gleiche Form. Die Abmagnetisierungs-Zeitflächen sind dagegen leicht verschieden.

7.5 Doppelwegschaltung

Der Transduktor nach Abb. 7.01 stellt eine Einwegschaltung dar. Sowohl im Arbeits- wie auch im Rückmagnetisierungskreis wird immer nur eine Halbwelle ausgenutzt. Während der zweiten Halbwelle sperrt der im Kreis liegende Gleichrichter. Für Transduktoren mit Gleichstromausgang ist diese Anordnung wenig geeignet, da, infolge des Halbwellenstromes, die Ausgangsspannung eine große Welligkeit besitzt. Zwei Einwegschaltungen lassen sich, nach Abb. 7.07a, zu einer Zweiwegschaltung zusammenfassen. Sie besteht aus zwei gleichen parallel geschalteten Verstärkerdrosseln. Der Arbeitskreis ist wie der eines spannungssteuernden, durchflutungsgesteuerten Transduktors aufgebaut. Die Gleichrichter g_{a1} und g_{a2} entsprechen dabei den Selbstsättigungsgleichrichtern. Der Steuerkreis enthält die schon bei der Einwegschaltung kennengelernten Ventile g_{s1} und g_{s2} und zwei Gleichrichter, die die Speisespannung, je nach Polarität mit dem einen oder anderen Pol der Steuerspannung u_s verbinden.

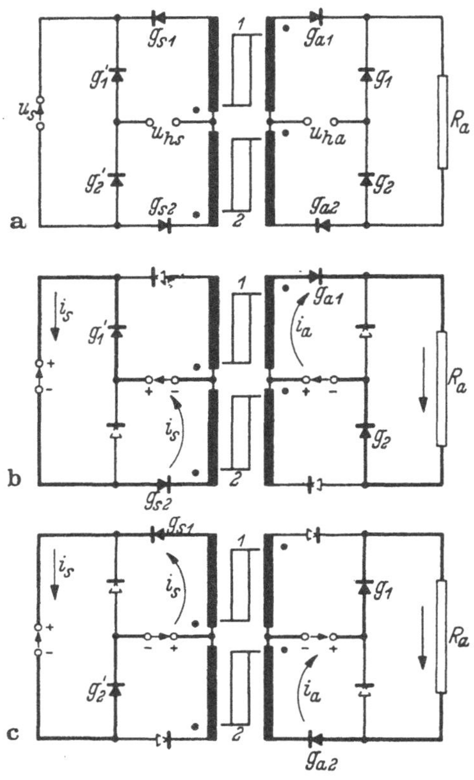

Abb. 7.07 a – c.
Spannung-Zeitflächen gesteuerter Zweiwegtransduktor

Die in den beiden Halbwellen der Speisespannung Strom führenden Kreise zeigen die Schaltbilder 7.07b und c. Die gesperrten Gleichrichter sind gestrichelt gezeichnet. In der ersten Halbwelle haben die Speisespannungen die in Abb. 7.07b eingezeichnete Polarität. Die Drossel 1 befindet sich in dieser Halbperiode in der Aufmagnetisierung, da die Speisespannung u_{ha} in Durchlaßrichtung des Gleichrichters g_{a1} wirkt. Der Arbeitsstrom fließt über die Arbeitswicklung der Drossel 1, den Gleichrichter g_{a1}, den Arbeitswiderstand R_a und zurück über den Gleichrichter g_2 zur Speisespannungsquelle. Gleichzeitig wird die Drossel 2 zurückmagnetisiert. Der Strom i_s fließt hierbei über den Gleichrichter g_1', die Steuerspannungsquelle und zurück über den Gleichrichter g_{s2}, sowie die Steuerwicklung der Drossel 2.

In der zweiten Halbwelle vertauschen — wie aus Abb. 7.07c zu ersehen ist — die beiden Drosseln ihre Rollen. Jetzt wird Drossel 2 aufmagnetisiert und die Drossel 1 erfährt ihre Rückmagnetisierung. Infolge g_1 und g_2 fließt der Arbeitsstrom i_a in beiden Halbwellen in gleicher Richtung über den Arbeitswiderstand R_a, so daß an R_a eine wellige Gleichspannung abfällt. Im Steuerkreis wirkt die Speisespannung u_{hs} immer der Steuerspannung u_s entgegen.

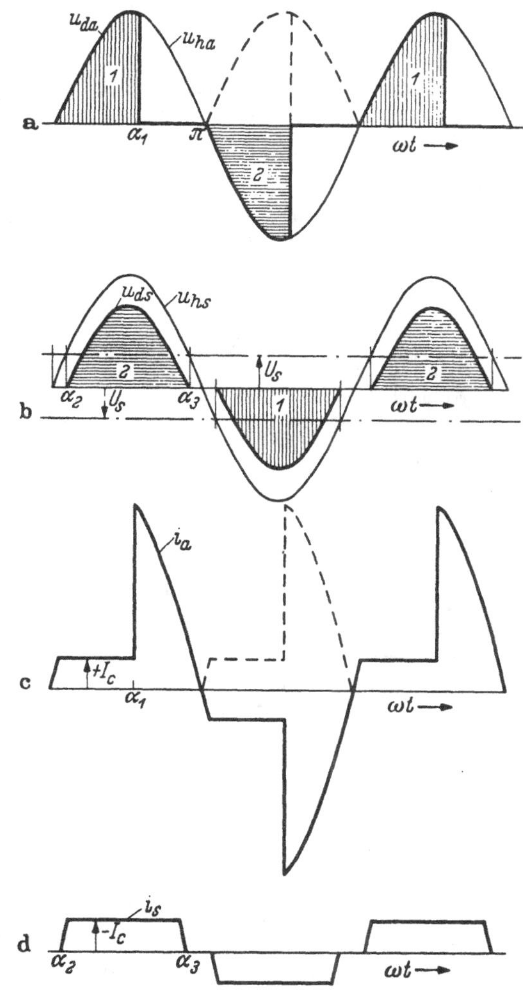

Abb. 7.08 a—d. Magnetisierungsvorgang des Zweiwegtransduktors bei Gleichspannungssteuerung

In der Abb. 7.08 ist für die in Abb. 7.07 gezeigte Zweiwegschaltung der zeitliche Verlauf der Spannungen und Ströme dargestellt. Das Diagramm a zeigt die Speisespannung des Arbeitskreises u_{ha}. Im Bereich null bis α_1 übernimmt die Drossel 1 die Spannung und gibt sie bei α_1 an den Arbeitswiderstand ab. Nach dem Nulldurchgang bei π wird die Drossel 2 aufmagnetisiert. An ihr liegt jetzt u_{ha}, bis sie bei $\alpha_1 + \pi$ in Sättigung geht und danach die Spannung an dem Arbeitswiderstand abfällt. Die Speisespannung im Steuerkreis u_{hs} zeigt das Diagramm b. Als Steuergröße wirkt eine reine Gleichspannung U_s. Den Einsatz der Abmagnetisierung bestimmen die Gleichrichter g_{s1} bzw. g_{s2}. Sie werden leitend, sobald die Speisespannung größer als die Steuerspannung wird. Der

Abmagnetisierung der Drossel 2 folgt in der zweiten Halbwelle die Abmagnetisierung der Drossel 1. Der Verlauf des Arbeitsstromes i_a ist in c dargestellt. Im Aufmagnetisierungsbereich null bis α_1 muß i_a gleich dem Koerzitivstrom I_c sein. Danach fließt der Sättigungsstrom. Die zweite Halbwelle hat die gleiche Kurvenform, nur daß jetzt die Drossel 2 Strom führt. Um den über den Arbeitswiderstand R_a fließenden Strom zu erhalten, ist, wie gestrichelt eingezeichnet, die zweite Halbwelle nach oben zu klappen. Im Steuerkreis wechselt, wie Abb. 7.08d zeigt, der Strom zwischen dem Wert null und dem Koerzitivstrom $-I_c$. Der Koerzitivstrom fließt in dem Rückmagnetisierungsbereich α_2 bis α_3.

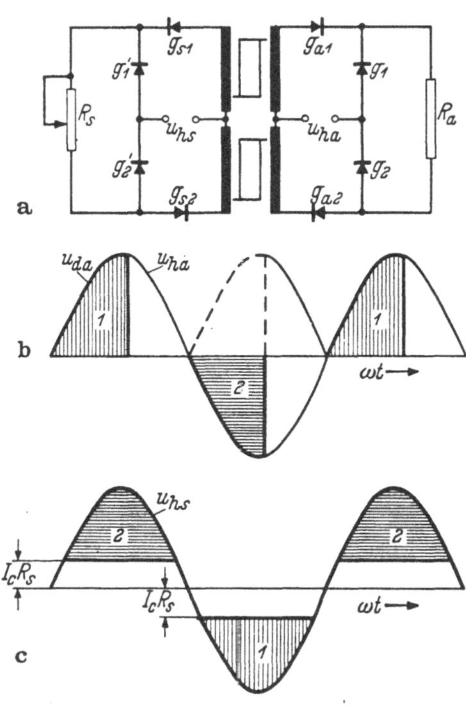

Abb. 7.09 a – c. Magnetisierungsvorgang des Zweiwegtransduktors bei Widerstandssteuerung

Abb. 7.09 zeigt die Zweiwegschaltung mit Widerstandssteuerung. Der Austausch der Steuerspannungsquelle durch einen Widerstand ändert an dem Arbeitskreis nichts. Zwischen 0 und α_1 liegt die Speisespannung U_{ha} auch hier an der Drossel, während sie danach am Arbeitswiderstand R_a abfällt. Die Steuerung des Transduktors durch den Widerstand R_s erfolgt wie bereits gesagt, über den Spannungsabfall, den der Steuerkreisstrom i_s am Widerstand R_s erzeugt. Um diesen Spannungsabfall ist die Spannung-Zeitfläche kleiner als das Integral über der Speisespannung u_{hs}. Die größte Flußaussteuerung $\Delta \Phi$, während der Abmagnetisierung, erfolgt bei kurzgeschlossenem Widerstand R_s. In diesem Fall wird die Magnetisierungskennlinie von dem negativen bis zum positiven Sättigungsknick ausgesteuert. In dem Maße, in dem der Widerstand R_s zunimmt, verkleinert sich die zur Abmagnetisierung zur Verfügung stehende Spannung-Zeitfläche.

7.6 Schaltung mit Hilfskreis

Bisher wurde eine rechtwinklige Magnetisierungskennlinie angenommen. Diese Voraussetzung ist nicht bei allen weichmagnetischen Werkstoffen erfüllt. Abb. 7.10 zeigt drei typische Hystereseschleifen. Die Schleife a hat nahezu Rechteckform. Die Koerzitivkraft ist verhältnismäßig groß und die steilen Äste verlaufen fast senkrecht. Die Schleife b erfüllt schon schlechter die Bedingung. Die steilen Äste haben eine endliche Steigung und der Übergang in den Sättigungsast erfolgt verschliffen. Der Kernwerkstoff *c* hat, infolge seiner kleinen Koerzitivkraft, eine kleine Remanenz. Die Induktion ist hier annähernd proportional der Feldstärke.

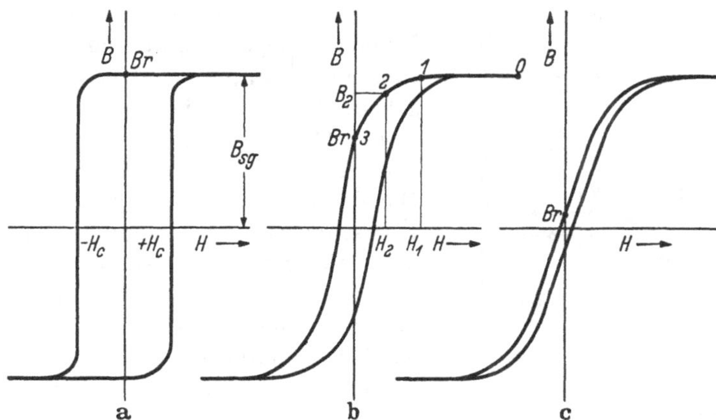

Abb. 7.10 a–c. Typische Hystereseschleifen weichmagnetischer Werkstoffe nach HOUSE [78]

Das wichtigste Kriterium der Brauchbarkeit des Kernwerkstoffes für die bereits beschriebenen Spannung-Zeitflächen gesteuerten Transduktoren ist das Verhältnis der Remanenz B_r zu der Sättigungsinduktion B_{sg}. Bei einem Verhältnis B_r/B_{sg} wesentlich kleiner als 1, erfolgt bereits in der Sättigungshalbwelle über den Arbeitskreis eine Abmagnetisierung. Die Restspannung

$$U_{dr} = U_{ha} \frac{B_{sg} - B_r}{B_{sg}} \tag{7.19}$$

bleibt an der Drossel liegen. Um U_{dr} wird dann die maximale Ausgangsspannung kleiner als bei der Verwendung eines idealen Kernwerkstoffes. Die Arbeitskennlinie knickt vorzeitig ab. In noch stärkerem Maße ist das bei der Hystereseschleife c der Fall. Die unerwünschte Abmagnetisierung kann durch eine konstante Hilfsdurchflutung herabgesetzt werden, die die Hystereseschleife in Abb. 7.10b nach links verschiebt. Auf eine andere Möglichkeit hat HOUSE hingewiesen.

Die aus der zu niedrigen Remanenz der Hystereseschleife resultierende Rückwirkung auf die Arbeitskennlinie läßt sich durch die Einführung eines Hilfskreises beseitigen [78]. Abb. 7.11a zeigt die Einwegschaltung mit Hilfskreis. Zu dem Arbeitskreis a und dem Steuerkreis s kommt noch ein zusätzlicher Kreis h. Er ist wie der Arbeitskreis geschaltet. Seine Speisespannung u_{hh} hat aber entgegengesetzte Polarität wie u_{ha}.

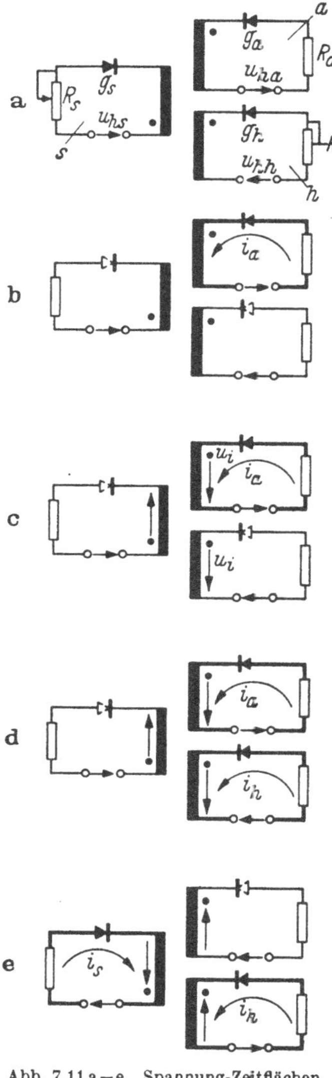

Abb. 7.11a–e. Spannung-Zeitflächen gesteuerter Transduktor mit Hilfskreis. Stromverlauf während einer Periode nach HOUSE [78]

Die Wirkung des Kreises h läßt sich am besten an Hand eines Magnetisierungszyklus verfolgen. Es wird von dem Winkel ausgegangen, in dem die Speisespannungen u_{ha}, u_{hs} und u_{hh} durch null gehen. Kurz nachher soll u_{ha} die in Abb. 7.11b eingezeichnete Polarität haben, so daß der Gleichrichter g_a öffnet. Die Drossel wird aufmagnetisiert. Nach Überschreiten des Sättigungswinkels α_1 liegt die gesamte Spannung an dem Arbeitswiderstand R_a. Dabei fließt der Strom i_a. Die Drossel selbst hat — die Sättigungsreaktanz wird vernachlässigt — keine Spannung. Der Steuerkreis ist gesperrt, da die dort wirkende Speisespannung u_{hs} in Sperrichtung des Gleichrichters wirkt. Auch der Hilfskreis sperrt, denn hier wirkt die Speisespannung u_{hh} entgegen der Durchlaßrichtung des Gleichrichters g_h. Gegen Ende der Sättigungshalbwelle nimmt der Augenblickswert der Speisespannung u_{ha} schließlich so weit ab, daß der Strom i_a auf den Wert absinkt, welcher der Feldstärke H_1 der Hystereseschleife in Abb. 7.10b entspricht.

Eine weitere Verkleinerung des Stromes bedingt eine Änderung des Flusses, deshalb wirkt nun in der Drossel eine Spannung U_i, die nach Abb. 7.11c in dem Arbeitskreis in Richtung der Speisespannung gerichtet ist und der Stromänderung entgegenarbeitet. Der Steuer- oder Rückmagnetisierungskreis bleibt weiter gesperrt. Die in ihm induzierte Spannung vergrößert nur die Sperrspannung. In dem Hilfskreis dagegen wirkt die induzierte Spannung in Durchlaßrichtung. Sie ist aber zunächst kleiner als die in Sperrrichtung wirkende Speisespannung u_{hh}, so daß der Gleichrichter g_h auch weiterhin gesperrt bleibt.

Im Zuge der weiteren Abmagnetisierung wird der Zeitpunkt erreicht, in dem die in den Hilfskreis induzierte Spannung gegenüber der Speisespannung u_{hh} überwiegt. Dadurch öffnet der Gleichrichter g_h, und in dem Hilfskreis fließt der Strom i_h (Abb. 7.11d). Auf der Hystereseschleife in Abb. 7.10b soll gleichzeitig der Punkt 2 erreicht sein. Der Hilfskreis stellt, während des nun folgenden Restes der Sättigungshalbwelle, einen über den Widerstand R_h geschlossenen Sekundärkreis dar. Er macht es möglich, daß in dem Arbeitskreis der Strom i_a auf den Wert null heruntergehen kann, ohne das gleichzeitig die Induktion auf B_r absinkt. In dem Maße, wie die von dem Arbeitskreis gelieferte Feldstärke unter den Wert H_2 absinkt, liefert der Hilfskreis die Feldstärke, indem der Hilfsstrom i_h entsprechend ansteigt. Am Ende der Sättigungshalbwelle wird die Induktion ein wenig kleiner als B_2 sein.

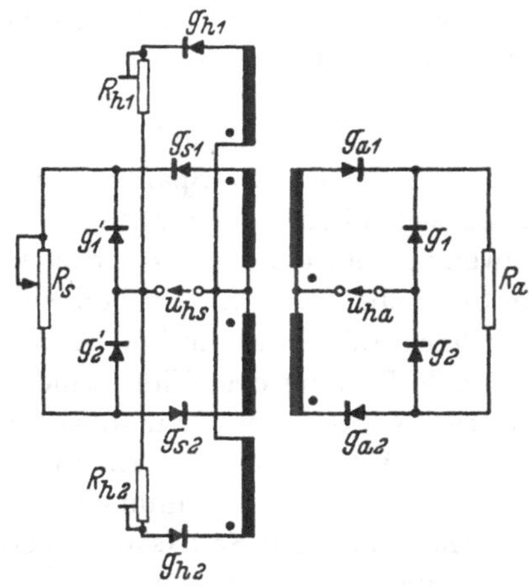

Abb. 7.12. Spannung-Zeitflächen gesteuerter Zweiwegtransduktor mit Hilfskreis nach HOUSE [78]

Während also ohne Hilfskreis, nach Gl. (5.19) eine der Induktionsänderung $(B_r - B_1)$ entsprechende Spannung-Zeitfläche an der Drossel liegen bleibt, ist der Spannungsabfall jetzt im Verhältnis $(B_1 - B_2)/(B_1 - B_3)$ kleiner. In gleichem Maße steigt die maximale Ausgangsspannung an. Nach dem Nulldurchgang der Speisespannung beginnt die Rückmagnetisierungshalbwelle (Abb. 7.11e). Die Spannung u_{hs} ist so gerichtet, daß der Gleichrichter g_s in Durchlaßrichtung beaufschlagt wird, und im Steuerkreis der Rückmagnetisierungsstrom fließen kann. Auch im Hilfskreis wirkt die Speisespannung u_{hh} in Durchlaßrichtung des Gleichrichters g_h, so daß der Hilfsstrom während der ganzen Rückmagnetisierungshalbwelle fließt. Da die Steuerdurchflutung und die Hilfsdurchflutung einander entgegenwirken, bedingt der Hilfskreis einen größeren Steuerstrom. Er muß über den durch den Koerzitivstrom $-I_c$ bestimmten Wert vergrößert werden.

Die Zweiwegschaltung des Spannung-Zeitflächen gesteuerten Transduktors mit Hilfskreis zeigt Abb. 7.12. Die Widerstände R_{h1} und R_{h2} werden so eingestellt, daß der Transduktor seine volle Ausgangsspannung erreicht. Sind die beiden Widerstände zu klein gewählt, d. h. der Hilfsstrom i_h zu groß, so wird die Steuerdurchflutung unnötig vergrößert, ohne eine weitere Erhöhung der Ausgangsspannung zu erreichen.

Der wesentliche Vorteil des Spannung-Zeitflächen gesteuerten Transduktors sind seine dynamischen Eigenschaften. Durch die unmittelbare Beeinflussung der Rückmagnetisierung gibt es keine Zeitverzögerung zwischen der Steuergröße und der Ausgangsgröße. Wird der Steuerkreiswiderstand R_s gerade in dem Zeitpunkt verändert, in dem die Sättigungshalbwelle begonnen hat, so muß, da während dieser Halbwelle der Steuerkreis gesperrt ist, erst eine Halbwelle vergehen, bis sich der neue Steuerkreiswiderstand auswirkt. Der zeitliche Abstand zwischen der Änderung der Steuergröße und der Änderung der Ausgangsgröße beträgt somit höchstens eine Halbperiode der Wechselspannung.

Die Vorteile des Spannung-Zeitflächen gesteuerten Transduktors lassen sich nicht immer ausnutzen. Er eignet sich von vornherein für Anwendungen, bei denen die Steuergröße mechanischer Natur ist, z. B. ein Stellhebel, mit dem ein Stellwiderstand verändert werden kann. Die nichtlineare Arbeitskennlinie bei Widerstandssteuerung läßt sich, durch geeignete Teilung des Widerstandes, in Abhängigkeit vom Verstellweg linearisieren. Schwieriger wird es, wenn die Steuergröße rein elektrischer Natur ist. Es liegt in dem Prinzip dieses Transduktors, daß er verhältnismäßig große Steuerspannungen benötigt. Dagegen liefern Meßwertumformer oder die Soll-Istwert-Vergleichskreise von Regelungseinrichtungen kleine Spannungen. In diesen Fällen muß ein Vorverstärker vorgesehen werden, dessen Ausgangsspannung entweder eine reine Gleichspannung oder eine Wechselspannung von der Frequenz der Speisespannungsquelle des Transduktors ist. Hierfür eignet sich der elektronische Verstärker. Er muß für die notwendige Spannungsverstärkung bemessen sein. Der nachgeschaltete Transduktor liefert dann die Leistungsverstärkung.

8. Dreiphasige Transduktoren

8.1 Anwendungsbereich

Einphasige Transduktoren werden im wesentlichen für Vorverstärker und kleinere Leistungsverstärker eingesetzt. Für größere Leistungen oberhalb von 5 bis 10 kW finden dagegen fast nur dreiphasige Transduktoren Anwendung. Mit größer werdender Transduktorleistung gewinnt die Frage der Belastbarkeit der Speisespannungsquelle an Bedeutung. Bei der einphasigen Schaltung werden eine oder zwei Phasen des Dreiphasensystems belastet. Infolge der kleinen Eigenzeitkonstante wird sich bei einer Änderung der Aussteuerung die Netzbelastung plötzlich ändern. Die dadurch hervorgerufenen Spannungsschwankungen übertragen sich auf andere Verbraucher und rufen dort Störungen hervor. Besonders kritisch ist diese Rückwirkung, wenn mehrere Transduktoren aus einem Versorgungsnetz gespeist werden. Eine Aussteuerung des einen Transduktors beeinflußt dann auch den Arbeitspunkt des anderen Transduktors.

Der aufgenommene Strom weicht von der Sinusform ab. Über den Spannungsabfall des Stromes an den Leitungswiderständen und Streureaktanzen der vorgeschalteten Transformatoren wird die Spannungskurve verzerrt. Sie weist bei einphasiger Belastung unter Umständen erhebliche Oberwellen auf. Auch auf der Gleichstromseite stellen sich dem Einsatz einphasiger Transduktoren für größere Leistungen Schwierigkeiten entgegen. Die große Welligkeit der Ausgangsspannung muß in den meisten Anwendungen durch zusätzliche Glättungsglieder auf ein zulässiges Maß herabgesetzt werden. Besonders schwierig ist das Oberwellenproblem bei Belastung mit einem Gleichstrommotor. Durch die Gegenspannung wird die Gleichspannungskomponente fast vollständig kompensiert und der Verbraucher erhält einen stark lückenden Strom. Der oberwellenhaltige Gleichstrom beeinträchtigt die Kommutierung des Motors. Durch eine in den Ankerkreis geschaltete Drossel sind die Stromlücken auszugleichen. Die dann vorhandene induktive Belastung beeinträchtigt, wie gezeigt wurde, die Stabilität des Transduktors. Um ein Kippen zu vermeiden, muß die Leistungsverstärkung herabgesetzt und bei induktiver Belastung ein Kompensationsglied parallel zur Last vorgesehen werden.

Die vorstehend genannten Schwierigkeiten sind bei dem dreiphasigen Transduktor in weit geringerem Maße vorhanden. Die Belastung des Drehstromnetzes verteilt sich gleichmäßig auf alle drei Phasen. Vor allen Dingen aber ist die Welligkeit auf der Gleichstromseite wesentlich geringer. Die restlichen Oberwellen haben eine höhere Ordnungszahl, wodurch die Glättung erleichtert wird. Zur weiteren Verkleinerung der Restwelligkeit könnte man daran denken, auf noch höhere Phasenzahlen überzugehen. Derartige Transduktoren sind bisher kaum angewendet worden. Ein sechsphasiger Transduktor benötigt einen Transformator, während die Drehstrom-Brückenschaltung ohne einen solchen auskommt. Auch würde der innere Spannungsabfall wegen der größeren Zahl der Kommutierungsvorgänge, je Periode, zunehmen.

Der mehrphasige Transduktor wird — von Ausnahmefällen abgesehen — fast nur für größere Leistungen gebaut. Deshalb hat nur die Speisung mit Netzfrequenz praktische Bedeutung.

8.2 Dreiphasige Gleichrichtung

Es wird ein symmetrisches Dreiphasensystem angenommen. Abb. 8.01 zeigt das Dreiphasensystem im Zeigerdiagramm und im Liniendiagramm. Die Augenblickswerte der Phasen- und Verketteten-Spannungen ergeben sich aus dem Zeigerdiagramm als Projektion der Zeiger auf die strichpunktiert eingezeichnete, sich im Uhrzeigersinn drehende, Zeitachse. Die Phasen- und die verketteten Spannungen haben untereinander eine Phasenverschiebung von 120°.

An das betrachtete Dreiphasensystem wird nun ein Gleichrichter in Drehstrom-Brückenschaltung angeschlossen. Seine Schaltung zeigt Abb. 8.02a. Bei dieser Gleichrichteranordnung werden alle drei Phasen gleichmäßig belastet, ohne daß der Nullpunkt *MP* in Anspruch genommen wird. An jeder Phase sind zwei Gleichrichter entgegengesetzter Polarität angeschlossen. Es werden beide Halbwellen der Wechselspannung ausgenutzt. In dem Zeigerdiagramm Abb. 8.02c sind deshalb außer den verketteten Spannungen U_{RS}, U_{ST}, U_{TR} auch ihre negativen Werte eingetragen.

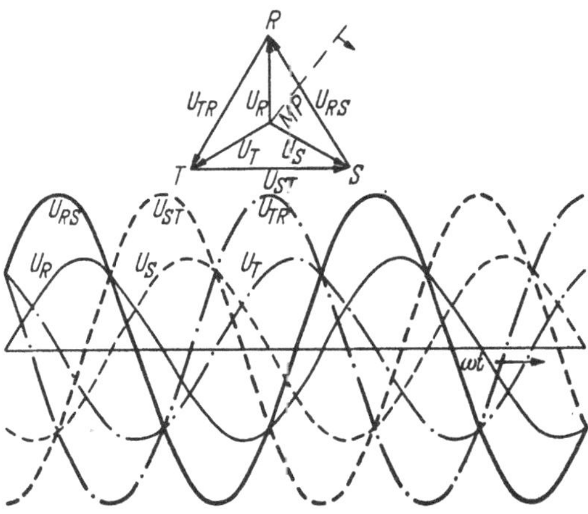

Abb. 8.01. Das symmetrische Dreiphasensystem

Der Strom fließt von einer Phase über einen der in positiver Richtung geschalteten Gleichrichter 1,3 und 5 nach dem Belastungswiderstand R_a und über die im negativen Sinn geschalteten Gleichrichter 2, 4 und 6 zu einer anderen Phase zurück. Von den drei in gleicher Richtung wirkenden Gleichrichtern führt nur der Strom, der an der Phase liegt, die für Gleichrichter 1, 3 und 5 das höchste positive Potential und für Gleichrichter 2, 4 und 6 das größte negative Potential hat. Es wird immer die verkettete Spannung belastet, die den höchsten Augenblickswert besitzt.

Bei der eingezeichneten Stellung der Zeitachse *ZA* ist der Augenblickswert von $-U_{TR}$ am größten, so daß diese verkettete Spannung den Strom bestimmt. Innerhalb einer Periode, in der sich die Zeitachse um 360° dreht, erfolgt der Übergang des Stromes, von einem Gleichrichter zum nächsten, sechsmal. Die einzelnen Abschnitte sind mit I bis VI bezeichnet. Die Pfeile geben den Kommutierungszeitpunkt an. Die

Kommutierung (Stromübergang) erfolgt, sobald zwei benachbarte verkettete Spannungen gleichen Augenblickswert haben.

Im Abschnitt I überwiegt die verkettete Spannung — U_{TR} bis im Abschnitt II der Augenblickswert von U_{ST} größer wird und deshalb der Strom von $-U_{TR}$ auf U_{ST} übergeht. In Abb. 8.02b ist für die einzelnen Kommutierungsabschnitte durch Pfeile der Stromverlauf angegeben. Im Abschnitt I fließt der Strom von dem Gleichrichter 1 nach dem Gleichrichter 6. Im zweiten Abschnitt bleibt der Gleichrichter 6 stromführend, aber auf der positiven Seite kommutiert der Strom von der Phase R nach der Phase S. Im dritten Abschnitt bleibt S weiter eingeschaltet, während auf der negativen Seite der Strom von dem Gleichrichter 6 auf den Gleichrichter 2 übergeht. Alle übrigen, nicht stromführenden Gleichrichter sind durch die Spannung an R_a gesperrt.

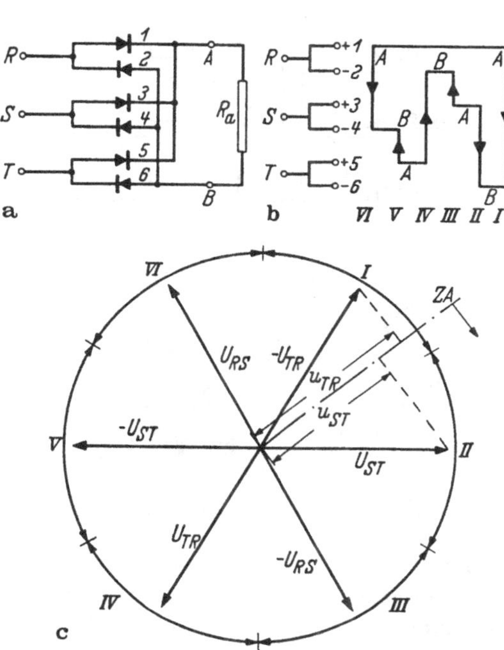

Abb. 8.02a—c. Dreiphasige Gleichrichterbrücke. Durchlaßbereiche der einzelnen Ventile

Abb. 8.03a zeigt in drei Etappen den Übergang des Stromes von dem Gleichrichter 6 auf den Gleichrichter 4. Die gesperrten Gleichrichter sind gestrichelt, alle stromführenden Gleichrichter voll ausgezogen. Die Kommutierung wird dadurch eingeleitet, daß der Augenblickswert der Phase S negativ gegen den der Phase T wird. Zwischen beiden Phasen entsteht über den stromführenden Gleichrichter 6 und den nun sich öffnenden Gleichrichter 4 ein Kurzschlußkreis, in dem der Kurzschlußstrom i_k fließt. Dieser Kurzschlußstrom ist im Gleichrichter 6 so gerichtet, daß er dem ursprünglichen Laststrom i_a entgegenwirkt. Hat i_k den gleichen Betrag wie i_a erreicht, so wird die Summe der Ströme über Gleichrichter 6 null und das Ventil schließt, während nunmehr der Gleichrichter 4 den Laststrom führt.

In Abb. 8.03b ist der zeitliche Verlauf der Gleichspannung angegeben. Der strichpunktierte Mittelwert der Gleichspannung beträgt

$$U = \frac{6}{\pi} \int_{60^\circ}^{90^\circ} \hat{U}_h \sin \omega t \, d\omega t = \frac{3}{\pi} \hat{U}_h. \tag{8.01}$$

Die Gleichspannung zeigt nur eine Welligkeit von 5%. In dem schraffierten Abschnitt wird der Gleichrichter 1 vom Strom durchflossen. Von den

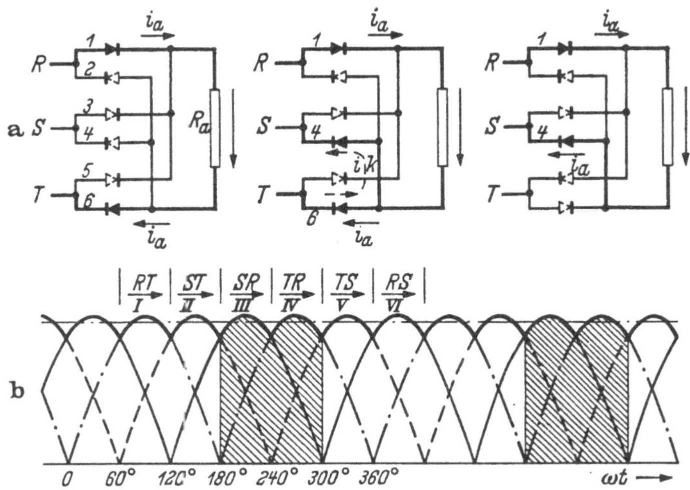

Abb. 8.03 a u. b. Kommutierungsvorgang bei der dreiphasigen Gleichrichterbrücke

6 Gleichrichterelementen führen immer zwei Strom. Alle 60° erfolgt ein Kommutierungsvorgang. Bei der Gleichrichterbrücke steht die Gleichspannung, abgesehen von dem lastabhängigen Spannungsabfall, in einem festen Verhältnis zur Wechselspannung. Soll die Gleichspannung veränderlich sein, so werden zusätzliche Elemente benötigt.

8.3 Dreiphasige spannungssteuernde Transduktoren

8.31 Grundschaltungen

Es sind zunächst die Möglichkeiten zur Beeinflussung der Gleichspannung durch sättigbare Drosseln zu untersuchen. Am naheliegendsten erscheint es, wie in Abb. 8.04a gezeigt, die Drosseln in die Wechselstromzuleitungen zu legen. Wird die dritte Phase fortgelassen, so erhalten wir die bereits kennengelernte stromsteuernde Drosselreihenschaltung. Auf Grund des gleichen Aufbaues arbeitet die dreiphasige Anordnung a ebenfalls als stromsteuernder Transduktor. Durch die Drosseln wird somit der über R_a fließende Strom festgelegt.

Die Drosseln lassen sich auch, wie in Abb. 8.04b angegeben, in Reihe mit den Gleichrichterelementen schalten. Es sind dann sechs Drosseln notwendig. Sie werden von einem welligen Gleichstrom durchflossen. Jede Drossel stellt zusammen mit dem davorliegenden Gleichrichter ein Element des spannungssteuernden Transduktors dar. Der Arbeitsstrom fließt, wie bei der dreiphasigen Gleichrichterbrücke, über zwei Drosseln und zwei Gleichrichter. Durch die Drosseln wird ein von der Vormagnetisierung abhängiger Teil der Speisewechselspannung aufgenommen. Steht der Sternpunkt des Dreiphasensystems zur Verfügung, so kann auch die in Abb. 8.04c gezeigte dreiphasige Einwegschaltung gewählt werden.

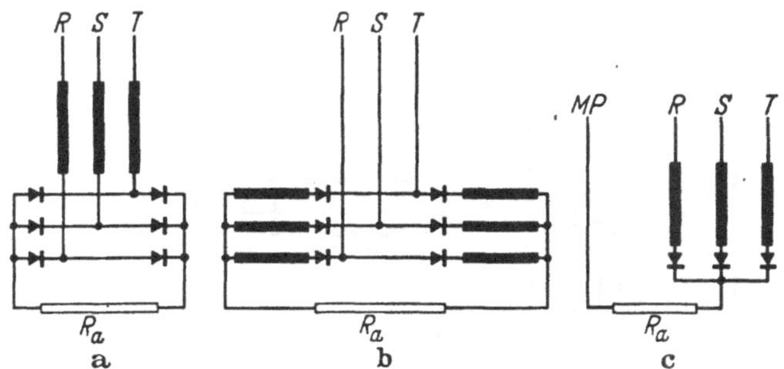

Abb. 8.04 a – c. Beeinflussung der Gleichspannung durch Drosseln

Diese Schaltung zeigt ebenfalls die Merkmale eines spannungssteuernden Transduktors.

Auch bei den dreiphasigen Transduktoren müssen Steuer- und Arbeitskreis in bezug auf die Wechselspannung entkoppelt sein. In den einphasigen Schaltungen erfolgte die Entkopplung durch Gegeneinanderschalten der Steuerwicklungen. Bei den dreiphasigen Anordnungen ist sie nicht so einfach zu erreichen, da die in die Steuerwicklungen induzierten Wechselspannungen gegeneinander eine von 180° abweichende Phasenverschiebung haben. Einphasige Transduktoren weisen die Unvollkommenheit auf, daß in den Steuerkreis der vormagnetisierten Drosseln, trotz der Gegeneinanderschaltung der Steuerwicklungen, Wechselspannungen auftreten. Bei dreiphasigen Transduktoren kann das gleiche beobachtet werden.

Die Schaltung der Steuerwicklungen ist aus Abb. 8.05 zu ersehen. In der Sternschaltung a haben die induzierten Wechselspannungen gegeneinander eine Phasenverschiebung von 120°, so daß sie sich bei der Hintereinanderschaltung der drei Steuerwicklungen zu null ergänzen. Das gilt jedoch nur für die Grundwelle. Treten Oberwellen auf, so haben die k-ten Oberwellen der einzelnen Phasen gegeneinander eine Phasenverschiebung von $k \cdot 120°$. Die durch drei teilbaren Harmonischen addieren sich somit und treten im Steuerkreis in voller Größe auf. Bei der Brückenschaltung b ist in jeder Phase eine Kompensation der in den Steuerkreis induzierten Wechselspannung gegeben. Die Steuerwicklungsgruppen der drei Phasen lassen sich deshalb auch parallel schalten. In dieser Schaltung bleiben die durch sechs teilbaren höheren Harmonischen unkompensiert.

Die Steuerwechselspannungen und Steuerwechselströme des einphasigen Transduktors enthalten die geradzahligen Harmonischen der Speisespannung. Die 2. und 4. Harmonische können in dem Steuerkreis des dreiphasigen Transduktors nicht auftreten. Dafür sind die durch drei teilbaren Harmonischen zu finden. Bei den Schaltungen mit 6 Drosseln

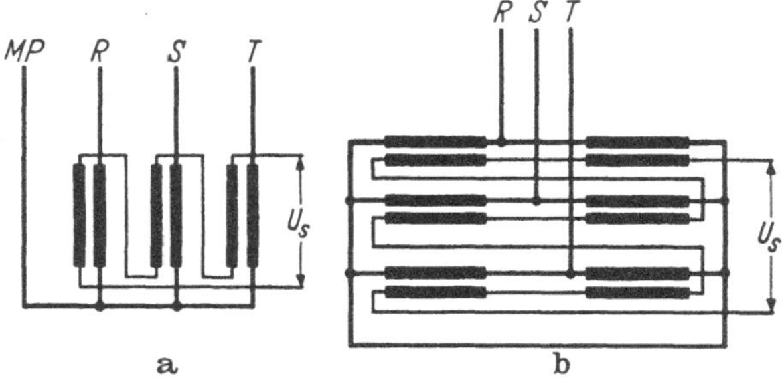

Abb. 8.05 a u. b. Entkopplung des Steuerkreises in Drehstromschaltungen

ist wegen der Doppelausnutzung der Phasen die niedrigste Frequenz die sechste Harmonische. In vielen Fällen müssen die Oberwellen von dem davor liegenden Steuergerät durch eine Drossel ferngehalten werden. Die hohe Oberwellenfrequenz erlaubt, mit kleinen Sperrdrosseln auszukommen.

Die größte praktische Bedeutung haben die dreiphasigen spannungssteuernden Transduktorschaltungen. Abb. 8.06a zeigt die bereits kennengelernte dreiphasige Einwegschaltung. Die Belastung liegt zwischen den Gleichrichtern und dem Sternpunkt MP. Die einzelnen Phasen führen nacheinander Strom. Der Transformator läßt eine derartige einphasige Belastung nur zu, wenn die Sekundärwicklung im Zickzack oder die Primärwicklung im Dreieck geschaltet ist. In der Stern-Stern-Schaltung kann sich bei einphasiger Belastung auf den einzelnen Schenkeln kein Durchflutungsgleichgewicht ausbilden, wodurch starke Streuflüsse auftreten.

Die Anordnung Abb. 8.06b besteht aus drei einphasigen Verdopplerschaltungen. Der Arbeitswiderstand wird über einen dreiphasigen Brückengleichrichter eingefügt. Die voll ausgezogenen Pfeile zeigen den Stromverlauf durch den Transduktor, wenn der Strom von T nach R fließt.

Gestrichelt ist der Strom auf der Primärseite des Netztransformators angegeben. Die Schaltung findet Anwendung, wenn die Spannung an R_a sehr von der Netzspannung abweicht, da sie es gestattet, die Gleichrichterbrücke über einen Anpaßtransformator an den Transduktor anzuschließen.

Die Transduktorschaltung Abb. 8.06c benötigt keinen Transformator. Ein besonderer Lastgleichrichter ist überflüssig. An den Selbstsättigungsgleichrichtern liegt maximal der Scheitelwert der verketteten Spannung. Zwischen Drosseln und Belastung läßt sich hier kein Anpaßtransformator einfügen, so daß die Drosseln für die Ausgangsspannung bemessen sein müssen. Die Brückenschaltung c entspricht wegen ihrer Einfachheit am besten den Forderungen der Praxis. Sie nimmt den Nullpunkt des Dreiphasensystems nicht in Anspruch. Durch die Doppelausnutzung der Phasen ist eine geringe Welligkeit der Ausgangsspannung gewährleistet.

Die Schaltungen in den Abb. 8.06a, b und c haben einen Gleichspannungsausgang. Für den Wechselspannungsausgang ist die

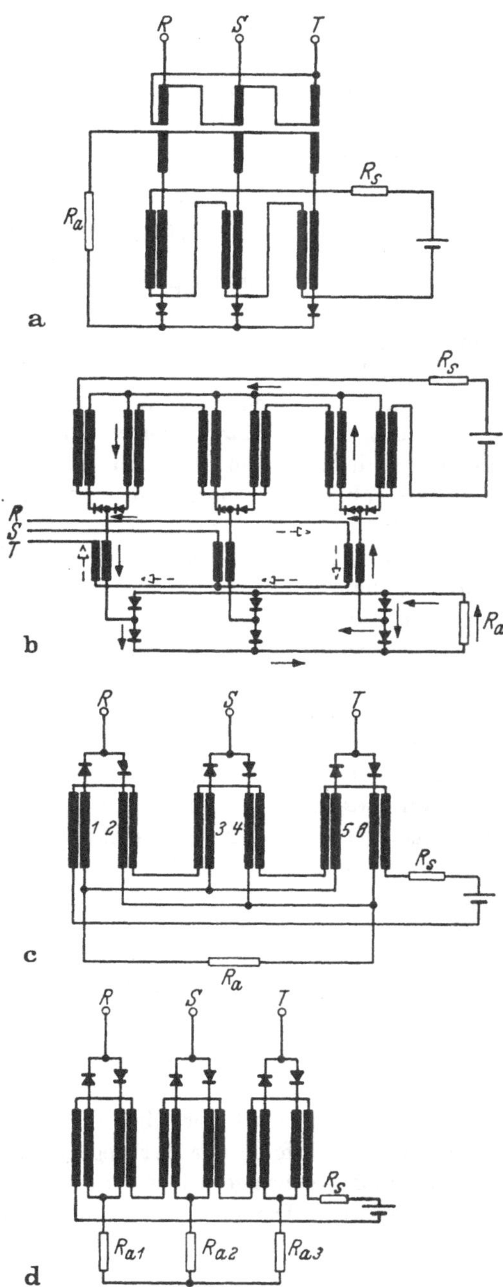

Abb. 8.06 a–d. Grundschaltungen dreiphasiger spannungssteuernder Transduktoren

Schaltung d anwendbar. Sie besteht aus drei Verdopplerschaltungen. In jeder Phase liegt ein Drittel des Arbeitswiderstandes. Hierbei kann es sich z. B. um drei Heizgruppen eines Glühofens handeln. Für sehr große Leistungen werden auch sechsphasige Schaltungen mit und ohne Saugdrossel eingesetzt.

8.32 Sternschaltung

Der einfachste dreiphasige spannungssteuernde Transduktor ist die Dreiphasen-Sternschaltung nach Abb. 8.06a. Zur Klärung ihrer Wirkungsweise werden ideale Drosseln vorausgesetzt. Der Steuerfluß Φ_s ist proportional dem Steuerstrom I_s''. Der Wechselfluß φ kann den Steuerfluß Φ_s nicht unterschreiten, da sonst der vorgeschaltete Gleichrichter sperrt. Die Gleichrichter sperren die negative Spannungshalbwelle. Es genügt deshalb, die positiven Halbwellen zu betrachten. In Abbildung 8.07b sind die positiven Spannungshalbwellen aufgetragen. Die Abszisse liegt auf dem Potential des Sternpunktes MP und damit auch auf dem von Punkt B. Die andere Seite des Arbeitswiderstandes, der Punkt A, hat das Spannungspotential der Phase, deren Drossel sich gerade in Sättigung befindet. Ohne Drosseln würde bei α_0 der Gleichrichter 3 sperren und der Gleichrichter 1 öffnen. In diesem Augenblick wird u_R größer als u_T und damit der in Abb. 8.03 gezeigte Kommutierungsvorgang eingeleitet.

Im Winkel α_0 soll, wie in Abb. 8.07d gezeigt, der Augenblickswert des Flusses gleich Φ_s sein. Die Drossel 1 ist somit ungesättigt. Die Kommutierung des Stromes von Drossel 3 nach Drossel 1 kann deshalb nicht im Winkel α_0 erfolgen. Die in b senkrecht schraffierte Differenzspannung u_{TR} wird vielmehr von der Drossel 1 aufgenommen und sorgt für ihre Aufmagnetisierung. Der in Phase T liegende Gleichrichter 3 führt weiter Strom, bis u_T negativ wird und deshalb die Drossel 3 aus der Sättigung kommt. Die folgende Phase R kann andererseits erst dann Strom übernehmen, wenn unter dem Einfluß der senkrecht schraffierten Spannung-Zeitfläche die Drossel 1 im Winkel α_1 in Sättigung geht. Danach ist der Punkt A mit der Phase R durchverbunden und A liegt auf dem Potential der Phasenspannung U_R.

Im Winkel α_2 wird der über die Drossel 1 fließende Strom null. Danach kommt infolge der nur negativen Spannung die Drossel 1 aus der Sättigung. Die waagerecht schraffierte Fläche wirkt auf die Drossel 1 abmagnetisierend. Die negative Spannung steigt bei $\alpha_1 + 2\pi/3$ plötzlich auf u_{RS} an, da der Strom auf die Phase S kommutiert. Bei α_3 wird die Abmagnetisierungszeitfläche gleich der Aufmagnetisierungszeitfläche und die Abmagnetisierung findet durch Sperren des Gleichrichters 1 ihr Ende. Der in Abb. 8.07d gezeigte zeitliche Verlauf des Flusses ergibt sich durch

Integration der in c angegebenen Spannung-Zeitflächen. Durch Spiegelung der Flußkurve an der Magnetisierungskennlinie erhalten wir, unter Berücksichtigung von R_a, den in e gezeigten Gesamtstrom.

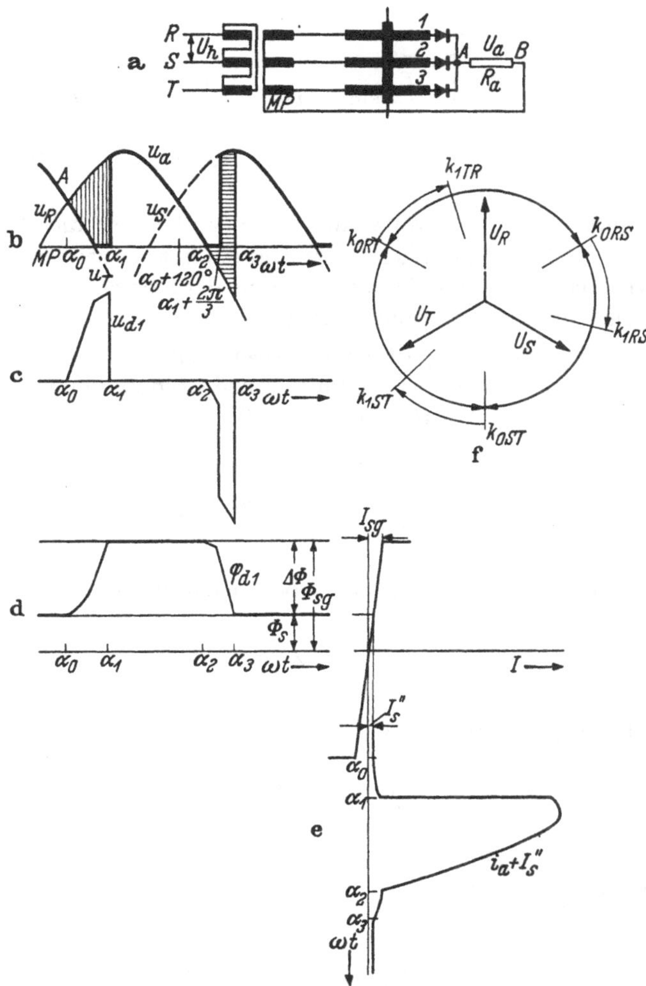

Abb. 8.07 a – e. Dreiphasen-Sternschaltung bei idealisierter Magnetisierungskennlinie

Die an der Drossel 1 liegende Spannung u_{d1} — in Diagramm b schraffiert — ist in Abb. 8.07 c aufgetragen. Aus u_{d1} ergibt sich der Wechselfluß zu

$$\varphi_{d1} = \frac{1}{N_a \omega} \int u_{d1} \, d\omega t \,. \tag{8.02}$$

Erfolgt die Sättigung im Winkel α_1, so ist die Flußaussteuerung $\Delta\Phi$ gleich

$$\Delta\Phi = (\Phi_{sg} - \Phi_s) = \begin{cases} = \dfrac{\hat{U}_h}{N_a\omega} \displaystyle\int\limits_{\alpha_0-30^\circ}^{\alpha_1-30^\circ} \sin\omega t \, d\omega t & \text{für } 30^\circ < \alpha_1 < 60^\circ \quad (8.03) \\ = \dfrac{\hat{U}_h}{N_a\omega} \left[\displaystyle\int\limits_{\alpha_0-30^\circ}^{30^\circ} \sin\omega t \, d\omega t + \dfrac{1}{\sqrt{3}} \displaystyle\int\limits_{60^\circ}^{\alpha_1} \sin\omega t \, d\omega t \right] & \text{für } 60^\circ < \alpha_1 < 150^\circ. \quad (8.04) \end{cases}$$

Gl. (8.03) gilt für nahezu volle Aussteuerung, bei der die Ausgangsspannung U_a keine Lücken zeigt. Im Hauptaussteuerbereich $60^\circ < \alpha_1 < 150^\circ$ wird dagegen unter Vernachlässigung der Sättigungs- und Streureaktanz die Ausgangsspannung lückend.

Die Speisespannung $\hat{U}_h$ ist so bemessen, daß ohne Sättigung der Drosseln die Magnetisierungskennlinie von Sättigungsknick bis Sättigungsknick ausgesteuert wird. Nach Gl. (8.02) ergibt sich dann

$$2\Phi_{sg} = \frac{\hat{U}_h}{\sqrt{3}\,N_a\omega} \int\limits_0^\pi \sin\omega t \, d\omega t = \frac{2\hat{U}_h}{N_a\omega\sqrt{3}}. \tag{8.05}$$

Gl. (8.05) in Gl. (8.04) eingesetzt und diese nach Φ_s aufgelöst, ergibt

$$\Phi_s = \frac{\hat{U}_h}{\sqrt{3}} \frac{1}{N_a\omega} (0{,}27 + \cos\alpha_1). \tag{8.06}$$

Für den steilen ungesättigten Ast der Magnetisierungskennlinie gilt:

$$L_{sd} = N_s \frac{\Phi_s}{I_s}, \tag{8.07}$$

dabei ist L_{sd} die Induktivität der Steuerwicklung einer Drossel. In Gl. (8.06) eingesetzt wird

$$I_s = \frac{\hat{U}_h}{\sqrt{3}} \frac{N_s}{N_a} \frac{1}{\omega L_{sd}} (0{,}27 + \cos\alpha_1). \tag{8.08}$$

Die Ausgangsspannung ist gleich

$$U_a = \frac{3}{2\pi} \frac{\hat{U}_h}{\sqrt{3}} \int\limits_{\alpha_1}^\pi \sin\omega t \, d\omega t \tag{8.09}$$

$$U_a = 0{,}28\,\hat{U}_h(1 + \cos\alpha_1). \quad 60^\circ < \alpha_1 < 150^\circ \tag{8.10}$$

Die maximale Ausgangsspannung ist gleich

$$U_{am} = \frac{3}{2\pi} \frac{U_h}{\sqrt{3}} \int_{30^\circ}^{150^\circ} \sin \omega t \, d\omega t = 0{,}48\, \hat{U}_h . \tag{8.11}$$

Durch den Steuerstrom wird der Kommutierungswinkel verschoben. Die Abb. 8.07f zeigt die Zeiger der drei Phasenspannungen. Bei voll gesättigten Drosseln erfolgt die Kommutierung bei k_0. Durch Verkleinerung des Stromflußwinkels wird die Kommutierung in Pfeilrichtung nach k_1 verschoben.

Besteht der Kern der Transduktordrosseln aus einem Werkstoff mit breiter rechteckiger Hystereseschleife, so ergibt sich gegenüber Abb. 8.07 eine andere Abmagnetisierung. In Abb. 8.08 ist der Magnetisierungsvorgang für die Sternschaltung unter Annahme einer breiten Hystereseschleife wiedergegeben. Wir betrachten die in der Phase R liegende Drossel 1. Die zwischen α_0 und α_1 erfolgende Aufmagnetisierung beeinflußt die breite Hystereseschleife nicht. Anders verhält es sich mit der Abmagnetisierung. Wie bereits am einphasigen Transduktor gezeigt wurde (Abb. 6.06), stellt sich die, in Abb. 8.08c dick gezeichnete Hystereseschleife so ein, daß ihr linker unterer Eckpunkt auf der dem Steuerstrom I_s'' entsprechenden Abszisse zu liegen kommt.

Durch die breite Hystereseschleife springt i_a vor der Sättigung um die Schleifenbreite (d). Die Abmagnetisierung nach Beendigung der Sättigungsphase wird wesentlich von den Einflüssen der Wirbelströme auf die Hystereseschleife bestimmt. Je schneller die Abmagnetisierung erfolgt, um so breiter ist die Schleife. Der Steuerstrom bestimmt andererseits, wie Abb. 8.08c zeigt, die Breite der Hystereseschleife. Deshalb wird durch I_s'' die Abmagnetisierungsgeschwindigkeit $d\Phi/d\,\omega t$ begrenzt. Die Drossel kann deshalb während der Abmagnetisierung nur die Spannung

$$u_d = N_a\, \omega \frac{d\Phi}{d\,\omega t} \tag{8.12}$$

aufnehmen. Ist die an der Reihenschaltung Drossel-Gleichrichter liegende Spannung größer, so sperrt der Gleichrichter die überschüssige Spannung.

Die Abmagnetisierung beginnt nach Abb. 8.08a bei α_2. Die an der Drossel wirksame Spannung ist zunächst klein, so daß sie voll an der Drossel liegt. Bei $\alpha_1 + 2\pi/3$ springt die Abmagnetisierungsspannung. Sie soll unmittelbar danach gerade noch voll von der Drossel aufgenommen werden können. Anschließend muß aber die schraffierte Spannung abnehmen, da, wegen der Neigung der Hystereseschleife, eine immer kleinere Abmagnetisierungsgeschwindigkeit möglich ist.

Ein Vergleich der Abb. 8.07 und 8.08 zeigt, daß die breite Hystereseschleife die grundsätzliche Wirkungsweise des Transduktors nicht verändert. Bei den folgenden Betrachtungen wird deshalb im Interesse der Einfachheit die Koerzitivkraft und damit der Wirbelstromeinfluß ver-

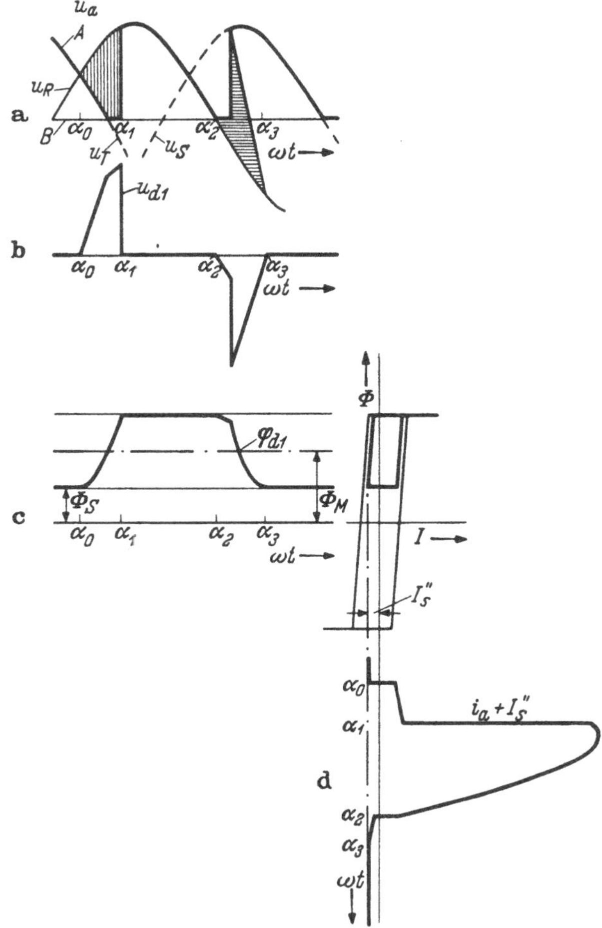

Abb. 8.08 a – d. Dreiphasen-Sternschaltung bei breiter Hystereseschleife

nachlässigt. Dann liegt im Abmagnetisierungsbereich stets die volle

sind waagerecht schraffiert. Die Nummern der Drosseln, die sich in Ummagnetisierung befinden, sind eingetragen. Dem Diagramm a liegt der Fall zugrunde, daß der Transduktor fast vollständig ausgesteuert ist. An den Drosseln liegt nur noch eine kleine Restspannung. Die Aufmagnetisierungsflächen befinden sich vollständig im positiven Bereich, so daß die stark ausgezogene Kurve, die die Ausgangsspannung des

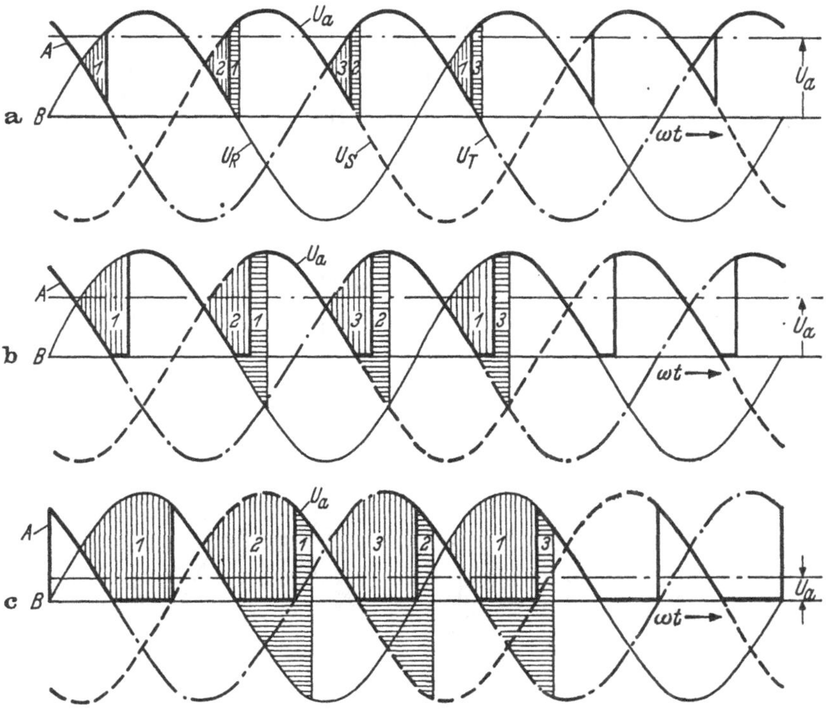

Abb. 8.09 a – c. Spannung-Zeitflächen der Dreiphasen-Sternschaltung bei verschiedenen Aussteuerungen

Transduktors darstellt, nicht den Wert null erreicht. Die Abmagnetisierung einer Drossel schließt sich unmittelbar an die Aufmagnetisierung der nächstfolgenden Drossel an.

In dem Diagramm Abb. 8.09b übernehmen die Drosseln schon eine größere Spannung, so daß zeitweise der Strom der vorangegangenen Phase zu null wird, ohne daß bereits der Strom der folgenden Phase einsetzt. In regelmäßigen Abständen wird die Ausgangsspannung und damit der Ausgangsstrom null. Die Abmagnetisierungs-Zeitflächen erstrecken sich in den negativen Bereich. Sie können ungehindert wirksam werden, da ja der von der Drossel während der Abmagnetisierung aufgenommene Strom infolge des Steuerstromes immer noch positiv ist, also der Gleichrichter durchläßt. In Abb. 8.09c wurden die Spannung-Zeitflächen und damit die von den Drosseln aufgenommene Spannung weiter vergrößert. Die Ausgangsspannung und der Ausgangsstrom nehmen die Form von dreieckigen Impulsen an.

Die Ausgangsspannung u_a ist für die drei Aussteuerbeispiele in der linken Spalte von Abb. 8.10 noch einmal gesondert herausgezeichnet.

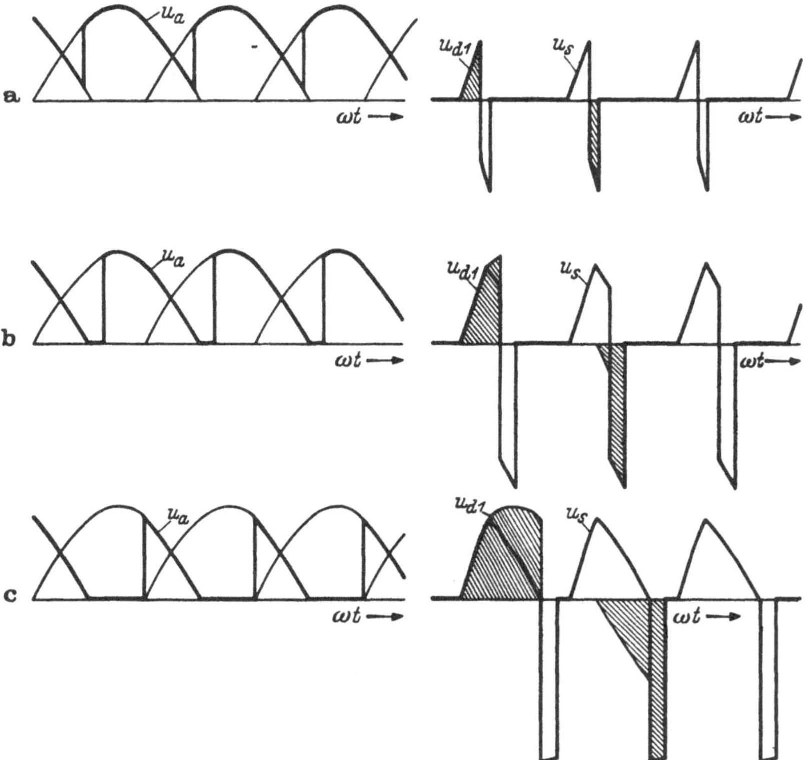

Abb. 8.10a–c. Ausgangsspannung und Steuerwechselspannung der Dreiphasen-Sternschaltung

Bisher wurde allein der Arbeitskreis betrachtet, in dem Steuerkreis ein reiner Gleichstrom angenommen und damit vorausgesetzt, daß sich die in den Steuerkreis induzierten Wechselspannungen aufheben, oder in dem Kreis eine so große Induktivität liegt, daß kein Wechselstrom fließen kann. Die in den Steuerkreis induzierten Spannungen ergänzen sich bei der Dreieckschaltung der Steuerwicklungen nur zu null, wenn keine der Drosseln in Sättigung geht. Ist dagegen jeweils eine der Drosseln gesättigt, so liegt an den Eingangsklemmen der Steuerwicklung eine Wechselspannung, die durch drei teilbare Harmonische enthält.

Die an den Eingangsklemmen des Steuerkreises gemessene Wechselspannung u_s ist gleich der Summe der Auf- und Abmagnetisierungsspannungen der Drosseln. In Abb. 8.10 sind in den rechten Diagrammen für die drei Aussteuerungsbeispiele stark ausgezogen die Steuerwechselspannung, sowie schwach ausgezogen und schraffiert die in die Steuerwicklung der Drossel 1 induzierte Spannung, aufgetragen.

In Abb. 8.10a liegt immer nur an einer Drossel Spannung, während die anderen gesättigt sind. Die einzelnen Drosselspannungen werden deshalb am Eingang des Transduktors voll wirksam. In Abb. 8.10b findet dagegen bereits eine geringe Überlappung statt, indem ein Teil der Abmagnetisierungs-Zeitfläche der Drossel 1 mit der Aufmagnetisierungs-Zeitfläche der Drossel 2 zusammenfällt. Da beide verschiedene Polarität haben, heben sie sich an einzelnen Punkten gegenseitig auf. Die verbleibende Restspannung ist stark herausgezeichnet. Die Überlappung der Spannungen und damit ihre gegenseitige Kompensation wird mit kleiner werdender Aussteuerung des Transduktors immer größer. In Abb. 8.10c bleibt nur noch ein Teil der Drosselspannung im Steuerkreis als Restspannung bestehen.

Bei der Sternschaltung ist somit in dem Steuerkreis eine von der Aussteuerung des Transduktors abhängige Wechselspannung u_s vorhanden. Besitzt der Steuerkreis einen niedrigen Schließungswiderstand, so können sich die Drosseln über den Steuerkreis gegenseitig beeinflussen.

Die Ausgangsspannung des betrachteten Transduktors zeigt eine verhältnismäßig große Welligkeit. Eine nicht lückende Ausgangsspannung ist erst bei sehr großer Aussteuerung vorhanden. Es wird deshalb im allgemeinen den Zweiwegschaltungen, die beide Spannungsrichtungen ausnutzen, der Vorzug gegeben.

8.33 Brückenschaltung

Die dreiphasige Brückenschaltung läßt sich, wie aus Abb. 8.11a zu ersehen ist, aus zwei Sternschaltungen zusammensetzen. Die Gleichrichter beider Gruppen sind entgegengesetzt gepolt. Zu beiden Seiten des Sternpunktes MP liegt je der halbe Arbeitswiderstand. In b ist das Zeigerdiagramm für diese Schaltung wiedergegeben. Es unterscheidet sich von dem Zeigerdiagramm der Sternschaltung nur dadurch, daß zu den Phasenspannungen noch der Stern der negativen Phasenspannungen hinzukommt. Die Kommutierungen bei voll gesättigten Drosseln erfolgen an den durch Doppelpfeile angegebenen Punkten. Unter dem Einfluß der von den Drosseln aufgenommenen Spannung verschiebt sich der Kommutierungszeitpunkt, in der durch die einfachen Pfeile angegebenen Richtung. Wird dagegen die Sternpunktverbindung nach Abb. 8.11b fortgelassen, so sind die Phasenspannungen durch die verketteten Spannungen zu ersetzen, und es gilt das in d angegebene Zeigerdiagramm. Die äußeren Pfeile geben wieder die durch die Drosseln hervorgerufene Verschiebung des Kommutierungspunktes an. Zunächst soll das Verhalten der Brückenschaltung mit Nullpunktverbindung untersucht werden.

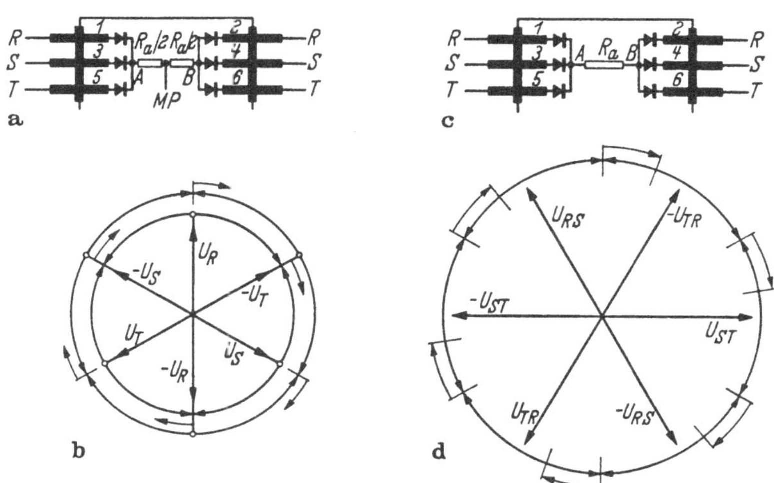

Abb. 8.11 a – d. Dreiphasen-Brückenschaltung mit und ohne Nullpunktverbindung

Abb. 8.12 zeigt die Spannung-Zeitflächen für vier verschiedene Aussteuerungen. Es werden wieder ideale Drosseln angenommen, die im ungesättigten Zustand eine unendlich große, im gesättigten Zustand eine vernachlässigbare Permeabilität haben. Die Drosseln liegen an den Phasenspannungen. Eine Sättigung kann bei den Drosseln 1, 3 und 5 entsprechend der Polung des vorgeschalteten Gleichrichters, nur in den positiven Spannungshalbwellen, bei den Drosseln 2, 4 und 6 nur in den negativen Spannungshalbwellen erfolgen. In diesen Halbwellen müssen auch die Aufmagnetisierungs-Spannung-Zeitflächen liegen. Durch die Nullpunktverbindung sind die beiden Drosselgruppen in bezug auf ihren Arbeitskreis vollständig entkoppelt. Sie können sich nur über den Steuerkreis gegenseitig beeinflussen. Der Einfachheit halber soll dieser so beschaffen sein, daß in ihm kein Wechselstrom fließen kann. Dann läßt sich die Brückenschaltung als die Summe zweier Sternschaltungen betrachten.

Im Fall Abb. 8.12a ist der Transduktor fast vollständig gesättigt, so daß nur noch eine kleine Aufmagnetisierungs-Zeitfläche übrigbleibt. Die Zuordnung der senkrecht schraffierten Aufmagnetisierungs-Zeitflächen und der waagerecht schraffierten Abmagnetisierungs-Zeitflächen einer Drossel ist dieselbe, wie bei der einfachen Sternschaltung, nur haben jetzt die Zeitflächen einen Abstand von 60°. Die Auf- und Abmagnetisierungsvorgänge beider Gruppen lösen einander ab. Die beiden stark ausgezogenen Kurven kennzeichnen die Potentiale der Punkte A und B der Anschlüsse des Arbeitswiderstandes R_a. Die Abszisse hat dann das

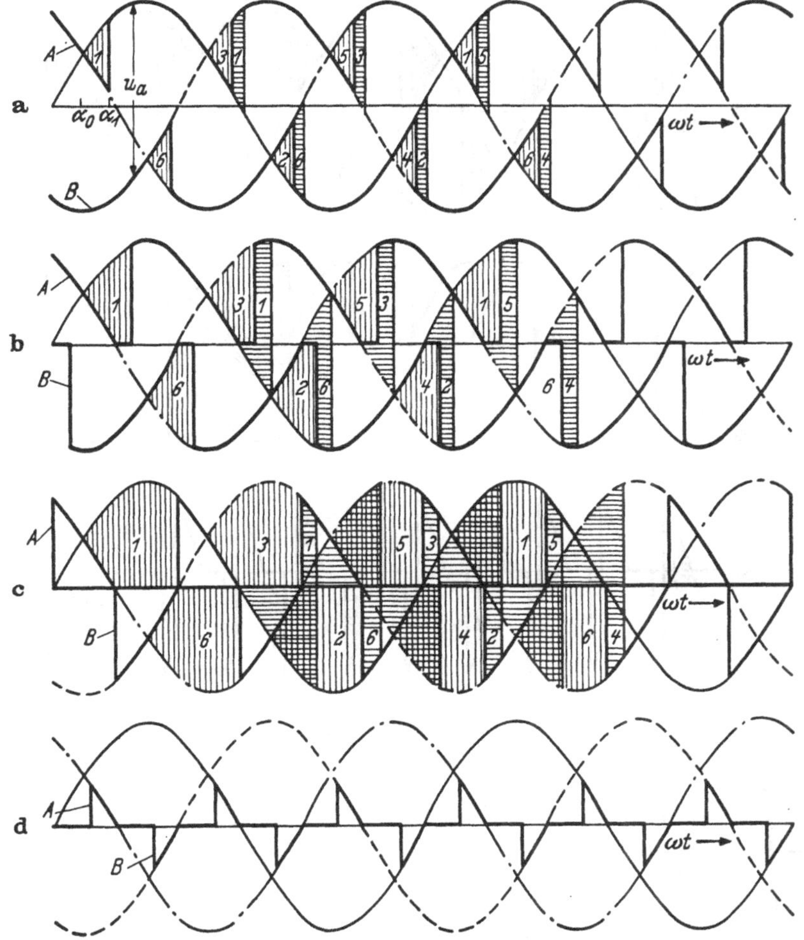

Abb. 8.12a–d. Spannung-Zeitflächen der Dreiphasen-Brückenschaltung mit Nullpunktverbindung für verschiedene Aussteuerung

Potential von MP. Der senkrechte Abstand der Kurven A und B stellt die an dem Arbeitswiderstand R_a liegende Ausgangsspannung u_a dar.

Würde die Kommutierung im Winkel α_0 erfolgen, so erhielten wir die Ausgangsspannung der Gleichrichter-Drehstrom-Brücke. Die tatsächliche Ausgangsspannung des Transduktors ist um die Aufmagnetisierungs-Spannung-Zeitfläche kleiner. Im Fall Abb. 8.12a führen die einzelnen Drosseln nacheinander Spannung, auch bei Abb. 8.12b erfolgt noch keine Überdeckung. In Abb. 8.12c fallen teilweise die entgegengesetzten Spannung-Zeitflächen verschiedener Drosseln zusammen. Die in den Steuerkreis induzierten Wechselspannungen heben sich dann teilweise auf (karierte Bereiche). Die Potentiale der Punkte A und B sind hier gleichzeitig in den Winkeln $n\pi/3$ null. Es liegt der Grenzfall des lückenden Stromes vor. Wird die Vormagnetisierung des Transduktors noch weiter verkleinert (Abb. 8.12d) und damit die von den Drosseln aufgenommenen Spannung-Zeitflächen vergrößert, so ist zeitweise die

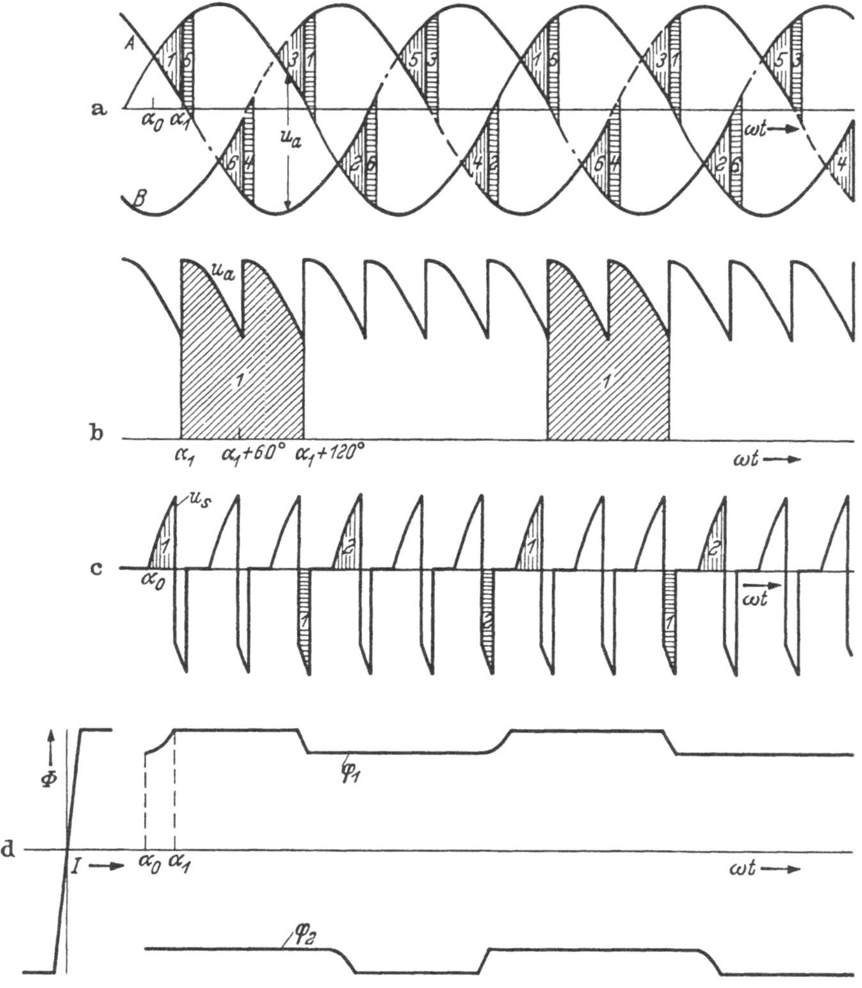

Abb. 8.13 a – d. Magnetisierungsvorgang bei der Dreiphasen-Brückenschaltung

Ausgangsspannung null, und es ergibt sich, genau wie bei einer Sternschaltung, lückender Strom.

Die Abb. 8.13b zeigt für die größte Aussteuerung den Verlauf der Ausgangsspannung u_a. Die Aufmagnetisierung der Drossel 1 beginnt bei α_0. In α_1 ist die Sättigung erreicht und der Strom kommutiert von der Drossel 5 nach der Drossel 1. Der Bereich α_1 bis $\alpha_1 + 120°$, in dem Punkt A an der Phase R liegt, ist in b schraffiert gezeichnet. Da reine Wirklast angenommen wird, kennzeichnet der schraffierte Bereich auch den über die Drossel 1 und den Gleichrichter 1 fließenden Strom. Dieser Strom schließt sich im Bereich α_1 bis $\alpha_1 + 60°$ über die Drossel 4 und von $\alpha_1 + 60°$ bis $\alpha_1 + 120°$ über die Drossel 6. Die an den Eingangsklemmen der Steuerwicklung liegende Wechselspannung ist gleich der Summe der Auf- und der Abmagnetisierungs-Zeitfläche. In c ist diese Wechselspannung aufgetragen und schraffiert die von den Drosseln 1 und 2 induzierten Wechselspannungen angegeben. Das Diagramm d zeigt den zeitlichen Verlauf der Flüsse der Drosseln 1 und 2. Die Flüsse φ_1 und φ_2 ergeben sich nach dem Induktionsgesetz aus dem Integral über die Spannung-Zeitflächen. Infolge der hohen Aussteuerung des Transduktors ist nur noch eine kleine Flußänderung vorhanden.

Wenden wir uns nun der wesentlich wichtigeren Brückenschaltung ohne Nullpunktverbindung zu. Das Verhalten dieser Schaltung läßt sich leicht übersehen, wenn wieder von idealen Drosseln und Gleichrichtern ausgegangen wird. Die an den Drosseln wirkenden Ummagnetisierungs-Zeitflächen sind aus Abb. 8.14a zu ersehen. Die Drosseln liegen mit einem Anschlußpunkt an den drei Phasen R, S und T und sind mit dem anderen Anschlußpunkt über die Gleichrichter mit dem Arbeitswiderstand R_a verbunden. Die an der Drossel wirkende Spannung wird durch den Abstand der in Abb. 8.14a stark gezeichneten Potentiallinien A und B von den Phasenspannungen gekennzeichnet. Sind die Drosseln gesättigt, so fallen die Kurven A und B mit der jeweils positiv bzw. negativ größten Phasenspannung zusammen.

Im Winkel α_0 übernimmt z. B. die Drossel 1 Spannung. In diesem Zeitpunkt ist die Drossel 5 gesättigt. Deshalb stimmt das Potential von A mit dem der Phase T überein. An der Drossel 1 liegt die Spannung U_{RT}. Diese Spannung sorgt für die Aufmagnetisierung der Drossel 1. Bei α_1 geht sie in Sättigung, wodurch das Potential von A auf das von U_R springt. Während die Drossel 1 gesättigt ist, erfolgt die Aufmagnetisierung der Drossel 6, die bei $\alpha_1 + \pi/3$ ihrerseits in Sättigung geht und den Strom von der Drossel 4 übernimmt. Im Gegensatz zu der Brückenschaltung mit Nullpunktverbindung überschreiten hier die Potentiale von A und B zeitweise die Abszisse, da ja als Aufmagnetisierungsspannung die verkettete Spannung wirkt.

Die Abb. 8.14b zeigt den zeitlichen Verlauf der Ausgangsspannung und bei reiner Wirkbelastung auch den des Ausgangsstromes. In c ist stark ausgezogen, die an den Eingangsklemmen der Steuerwicklung ge-

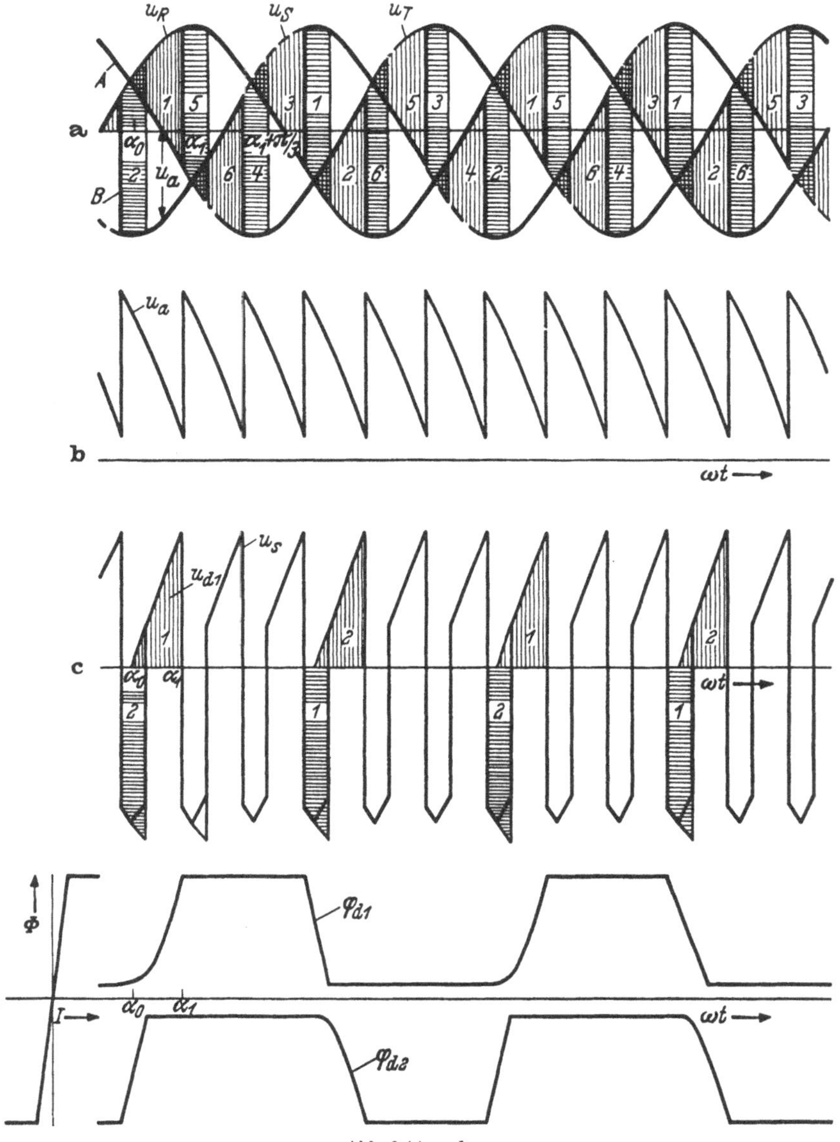

Abb. 8.14 a–d.
Magnetisierungsvorgang bei der Dreiphasenbrückenschaltung ohne Nullpunktverbindung

messene Wechselspannung angegeben. Sie unterscheidet sich an einigen Stellen von den Auf- und Abmagnetisierungs-Zeitflächen, da bereits zeitweise eine gewisse Überlappung erfolgt. Die Zeitflächen der Drosseln 1 und 2 sind schraffiert hervorgehoben. Wenden wir auf die schraffierten

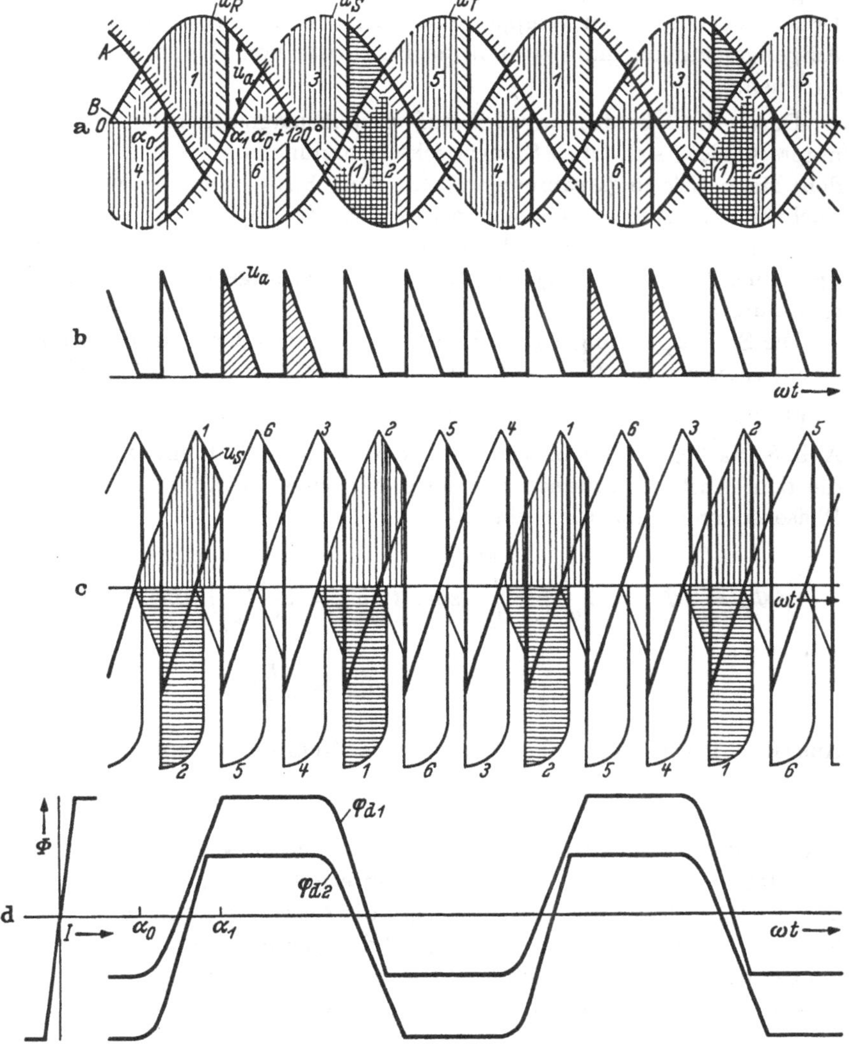

Abb. 8.15 a–d.
Dreiphasen-Brückenschaltung ohne Nullpunktverbindung im Bereich lückenden Stromes

Flächen das Induktionsgesetz an, so ergibt sich der in d gezeigte Verlauf der Flüsse der Drosseln 1 und 2.

Abb. 8.15a zeigt für eine wesentlich geringere Aussteuerung die Spannung-Zeitflächen. (Nur von der Drossel 1 sind in a die Abmagnetisierungs-

Zeitflächen wagerecht schraffiert angegeben.) Jetzt erfolgt eine Überlappung der Magnetisierungsbereiche. Zeitweise fällt die Ummagnetisierung einer Drossel der positiven Gruppe mit der Ummagnetisierung einer Drossel der negativen Gruppe zusammen. In diesem Bereich ist die Ausgangsspannung null, so daß die Potentiale von A und B übereinstimmen.

Durch die Überdeckung der Auf- und Abmagnetisierungs-Bereiche unterscheidet sich die Steuerwechselspannung u_s wesentlich von den Magnetisierungsspannungen. In Abb. 8.15c sind, schwach gezeichnet, die Auf- und Abmagnetisierungs-Zeitflächen der einzelnen Drosseln angegeben. Die Differenz der positiven und negativen Spannung-Zeitflächen ergeben die stark ausgezogene Steuerwechselspannung u_s.

Die Speisespannung U_h wird so bemessen, daß der Transduktor bei einem Steuerstrom $I_s'' = -I_{sg}$ voll schließen kann, die Wechselflußamplitude ist dann $\hat{\Phi} = \frac{\Delta\Phi}{2} = \Phi_{sg}$. Betrachten wir Drossel 1. Nach Abb. 8.15a liegt an ihr in dem Bereich α_0 bis $\alpha_0 + 120°$ eine Spannung, die dem Abstand zwischen der stark gezeichneten Kurve A und der Phasenspannung u_R entspricht. Es ist:

$$\Delta\Phi_m = 2\,\Phi_{sg} = 2\,\frac{\hat{U}_h}{\omega N_a} \int\limits_{\alpha_0-30°}^{60°} \sin\omega t\, d\,\omega t = 2\,\frac{\hat{U}_h}{\omega N_a} \int\limits_{0}^{60°} \sin\omega t\, d\,\omega t$$

$$\Phi_{sg} = \frac{\hat{U}_h}{2\,\omega N_a}. \tag{8.12}$$

Aus Gl. (8.12) ergibt sich der Mittelwert der Nennspeisespannung zu:

$$U_h = 8 A_e f N_a B_{sg}. \tag{8.13}$$

Zur Ermittlung der Arbeitskennlinie muß der gesamte Aussteuerbereich $\alpha_1 = 150° \ldots 30°$ in zwei Teilbereiche unterteilt werden. In dem ersten $\alpha_1 = 150° \ldots 90°$ ist wie Abb. 8.15 zeigt, die Ausgangsspannung lückend, in dem zweiten Bereich $\alpha_1 = 90° \ldots 30°$ dagegen die Ausgangsspannung kontinuierlich. Aus Gl. (8.02) ergibt sich nach dem Verlauf der in Abb. 8.14 und 8.15 senkrecht schraffierten Spannung-Zeitfläche:

$$\Delta\Phi = (\Phi_{sg} - \Phi_s) \begin{cases} = \dfrac{U_h}{N_a\omega} \displaystyle\int\limits_{\alpha_0-30°}^{\alpha_1-30°} \sin\omega t\, d\omega t & (8.14) \\[2ex] = \dfrac{U_n}{N_a\omega} \displaystyle\int\limits_{\alpha_0-30°}^{60°} \sin\omega t\, d\omega t + \dfrac{U_h}{N_h\,\omega} \displaystyle\int\limits_{120°}^{\alpha_1+30°} \sin\omega t\, d\,\omega t & (8.15) \end{cases}$$

Nach einigen Umformungen

$$\Phi_s \begin{cases} = \dfrac{U_h}{N_a \omega} [-0{,}5 + \cos(\alpha_1 - 30°)] & \alpha_1: 90° \ldots 30° \quad (8.16) \\[2ex] = \dfrac{U_h}{N_a \omega} [+0{,}5 + \cos(\alpha_1 + 30°)] & \alpha_1: 150° \ldots 90° \quad (8.17) \end{cases}$$

Mit Gl. (8.07) und Gl. (8.16) bzw. (8.17) ergibt sich die Abhängigkeit des Steuerstromes vom Sättigungswinkel α_1

$$I_s \begin{cases} = \dfrac{\hat{U}_h}{\omega L_{sd}} \dfrac{N_s}{N_a} [-0{,}5 + \cos(\alpha_1 - 30°)] & \alpha_1: 90° \ldots 30° \quad (8.18) \\[2ex] = \dfrac{\hat{U}_h}{\omega L_{sd}} \dfrac{N_s}{N_a} [+0{,}5 + \cos(\alpha_1 + 30°)] & \alpha_1: 150° \ldots 90° \quad (8.19) \end{cases}$$

Die Ausgangsspannung U_a ist gleich dem Abstand der stark gezeichneten Kurven A und B. Da u_a im Abstand von 60° periodisch verläuft, braucht nur über $\pi/3$ integriert zu werden.

$$U_a \begin{cases} = \dfrac{3}{\pi} \hat{U}_h[0{,}5 + \displaystyle\int_{\alpha_1}^{90°} \sin(\omega t - 30°)\, d\omega t] & \alpha_1: 90° \ldots 30° \quad (8.20) \\[2ex] = \dfrac{3}{\pi} U_h \displaystyle\int_{\alpha_1}^{150°} \sin(\omega t + 30°) d\omega t & \alpha_1: 150° \ldots 90° \quad (8.21) \end{cases}$$

Daraus ergibt sich die Ausgangsspannung in Abhängigkeit von dem Sättigungswinkel

$$U_a \begin{cases} = \dfrac{3}{\pi} \hat{U}_h \cos(\alpha_1 - 30°) & \alpha_1: 90° \ldots 30° \quad (8.22) \\[2ex] = \dfrac{3}{\pi} \hat{U}_h [1 + \cos(\alpha_1 + 30°)] & \alpha_1: 150° \ldots 90° \quad (8.23) \end{cases}$$

Wird Gl. (8.18) mit Gl. (8.22) und Gl. (8.19) mit Gl. (8.23) zusammengefaßt, so ergibt sich für die Abhängigkeit der Ausgangsspannung U_a vom Steuerstrom für beide Teilbereiche der gleiche Ausdruck

$$U_a = \frac{3}{\pi} \omega L_{sd} \frac{N_a}{N_s} I_s + \frac{1{,}5}{\pi} \hat{U}_h \qquad -I_{sg} < I_s < +I_{sg} \qquad (8.24)$$

Den Einfluß der Aufmagnetisierungs-Zeitflächen auf die Aussteuerung zeigt Abb. 8.16a. Dabei wurde der Steuerstrom von $-I_{sg}$ bis $+I_{sg}$ stetig verändert und angenommen, daß die Ausgangsspannung ohne Verzögerung der Änderung der Aussteuerung folgt. Während zu Beginn des Überganges die Potentiale von A und B zusammenfallen, weichen sie mit größer werdender Aussteuerung mehr und mehr voneinander ab, um schließlich ab α_l ständig voneinander verschieden zu sein. Von diesem Punkt ab ist der Strom lückenlos. Die sich aus dem senkrechten

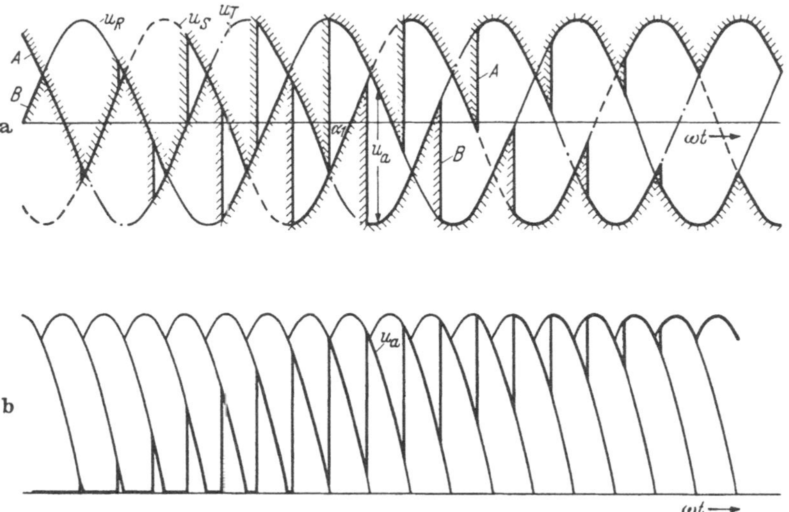

Abb. 8.16a u. b. Spannung-Zeitflächen und Ausgangsspannung der Drehstrom-Brückenschaltung während eines Übergangsvorganges

Abstand der Kurven A und B ergebende Ausgangsspannung u_a ist in b aufgetragen. Mit größer werdender Aussteuerung werden die Stromlücken immer kleiner, im gleichen Maße nimmt die Welligkeit ab.

8.34 Einfluß der technischen Hystereseschleife

Bei den bisherigen Betrachtungen wurden ideale Drosseln und Gleichrichter vorausgesetzt. Die für Transduktoren zur Verfügung stehenden Kristallgleichrichter kommen den idealen Ventilen sehr nahe. Ihr Durchlaßwiderstand ist klein und ihr Sperrwiderstand praktisch unendlich.

Die magnetischen Eigenschaften der Drosseln weichen dagegen mehr von den idealen Annahmen ab. Die beste Übereinstimmung ist bei Drosseln mit Kernen aus Nickel-Eisenlegierungen vorhanden. Wie bereits gesagt, kommen diese Kernwerkstoffe wegen ihres hohen Preises für Leistungstransduktoren nicht in Frage. Bei dreiphasigen Transduktoren wird man sich fast immer mit Silizium-Eisen begnügen.

Die technischen weichmagnetischen Kernwerkstoffe besitzen vor allen Dingen zwei Unvollkommenheiten: Die endliche Breite der Hystereseschleife und die nicht zu vernachlässigende Steigung des Sättigungsastes. Der Einfluß der Breite der Hystereseschleife auf die Arbeitskennlinie des Transduktors war bereits mit Abb. 8.08 für die Sternschaltung gezeigt worden. Die Frequenzabhängigkeit der Koerzitivkraft verflacht die Arbeitskennlinie, so daß sich selbst bei einer streng rechteckigen Hystereseschleife eine Kennlinie endlicher Steigung ergibt.

Während die Koerzitivkraft neben der Verflachung eine Parallelverschiebung der Arbeitskennlinie bewirkt, setzt die Steigung des Sättigungsastes der Hystereseschleife, d. h. die Sättigungspermeabilität, die maximale Ausgangsspannung des Transduktors herab. Wie bei dem einphasigen Transduktor, setzt sich die Sättigungsreaktanz X_{sg} aus der Streureaktanz X_{st} nnd der Restreaktanz X_{μ} zusammen. Während die Streureaktanz nur von den geometrischen Abmessungen der Drossel abhängt, wird die Restreaktanz im wesentlichen von der Steigung des Sättigungsastes der Hystereseschleife bestimmt. Das kornorientierte Siliziumblech hat bei guter Maximalpermeabilität eine erhebliche Sättigungspermeabilität, so daß ihr Einfluß auf den Magnetisierungsvorgang nicht zu vernachlässigen ist.

Wir betrachten die Drehstrombrücke nach Abb. 8.06c. Die Abb. 8.17a zeigt die drei Phasenspannungen und stark ausgezogen den zeitlichen Verlauf der Potentiale der Lastpunkte A und B. Die Spannung-Zeitflächen der Drossel 1 sind schraffiert hervorgehoben. In den Sättigungsbereichen fallen bei Berücksichtigung der Sättigungsreaktanz die Potentiale von A und B nicht mehr mit den Phasenspannungen zusammen. Geht die Drossel 1 im Winkel α_1 in Sättigung, so steigt der Ausgangsstrom und damit die Ausgangsspannung wegen der Sättigungsinduktivität L_{sg} nicht sprunghaft an, sondern setzt allmählich ein. Hat der in Abb. 8.17b durch Schraffur hervorgehobene Stromimpuls sein Maximum überschritten und nimmt i_a wieder ab, so arbeitet L_{sg} auch dieser Änderung entgegen. Die induzierte Zusatzspannung u_{dsg} hat jetzt eine solche Richtung, daß sie sich zu der treibenden Phasenspannung hinzuaddiert und dadurch die Abnahme des Ausgangsstromes verlangsamt. Nimmt der Ausgangsstrom nach der Kommutierung auf die nächste Drossel bei $\alpha_1 + \pi/3$ wieder zu, so ist die in die Drossel 1 induzierte Restspannung wieder entgegengesetzt der treibenden Spannung gerichtet. Sie sucht den Anstieg des Ausgangsstromes zu verlangsamen. Nach Überschreiten des Maximums von i_a nimmt u_{dsg} wieder ab.

Auch die Abmagnetisierungs-Zeitfläche hat eine vom Ideal abweichende Form. Sie muß nach wie vor gleich der Aufmagnetisierungs-Zeitfläche sein. Der zeitliche Verlauf wird nach Abb. 8.08 wesentlich durch die Abhängigkeit der Koerzitivkraft von der Ummagnetisierungsgeschwindigkeit

$$\frac{d\Phi}{d\omega t} = \frac{1}{N_a \omega} u_d \tag{8.25}$$

bestimmt. Bei einer streng rechteckigen Hystereseschleife müßte die Abmagnetisierung mit konstanter Ummagnetisierungsgeschwindigkeit, d. h. konstanter Drosselspannung, erfolgen. Da die Hystereseschleife nach Abb. 8.17e geneigt ist, wird mit fortschreitender Abmagnetisierung die Differenz zwischen Steuerfeldstärke H_s und Magnetisierungsfeldstärke H_μ immer kleiner. Die Abmagnetisierungsgeschwindigkeit nimmt

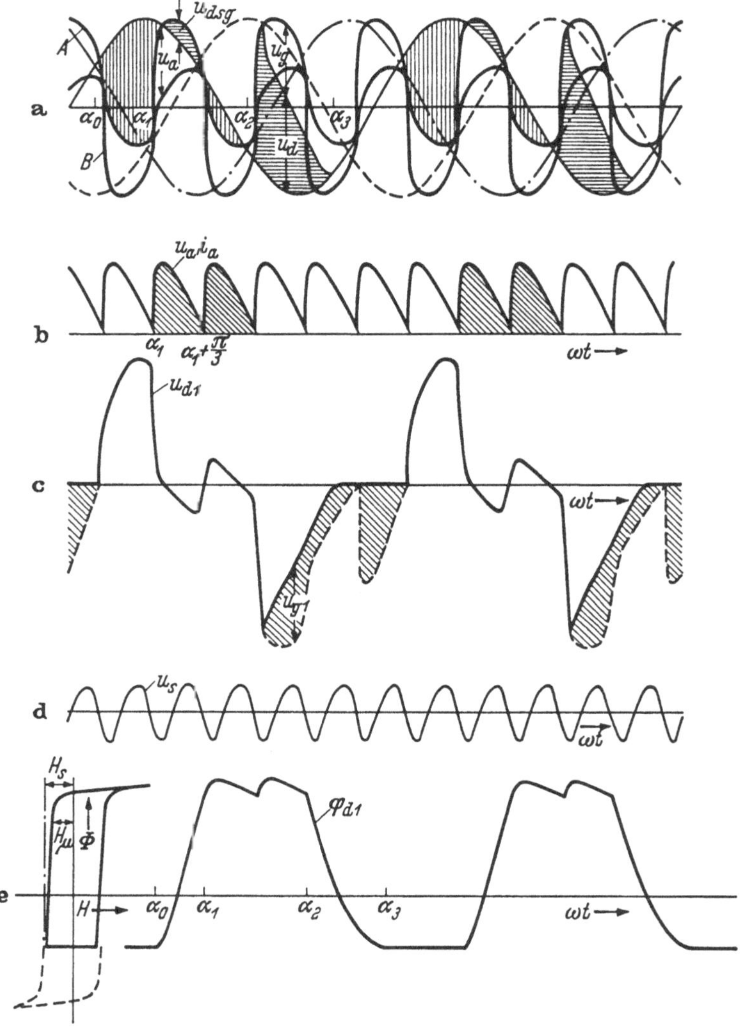

Abb. 8.17a–e. Magnetisierungsvorgang bei der Dreiphasen-Brückenschaltung unter Berücksichtigung der Sättigungsinduktivität

bis α_3 auf null ab. Nach Gl. (8.25) wird dann auch die Drosselspannung null. Die Differenz zwischen der treibenden Spannung und der Spannung U_{g1} der Drossel 1:

$$u_{RS} + u_{dsg} - u_{d1} = u_{g1} \tag{8.26}$$

sperrt den Gleichrichter 1. Im Diagramm c ist die Spannung u_{d1} an der Drossel 1 gesondert herausgezeichnet. U_{d1}, durch die gestrichelten Flächen ergänzt, ergibt die Spannung, die an der Reihenschaltung von Drossel und Gleichrichter liegt. In der Abmagnetisierungsphase ist die zur Verfügung stehende Spannung größer als die Spannung, die die Drossel nach Maßgabe der zulässigen Magnetisierungsgeschwindigkeit aufnehmen kann. Den Überschuß u_g sperrt der Gleichrichter.

Werden die Augenblickswerte der sechs Drosselspannungen addiert, so ergibt sich die in Abb. 8.17d wiedergegebene Steuerwechselspannung u_s. Sie enthält unter der Voraussetzung, daß alle Drosseln untereinander magnetisch und elektrisch gleich sind, nur durch 6 teilbare Oberwellen

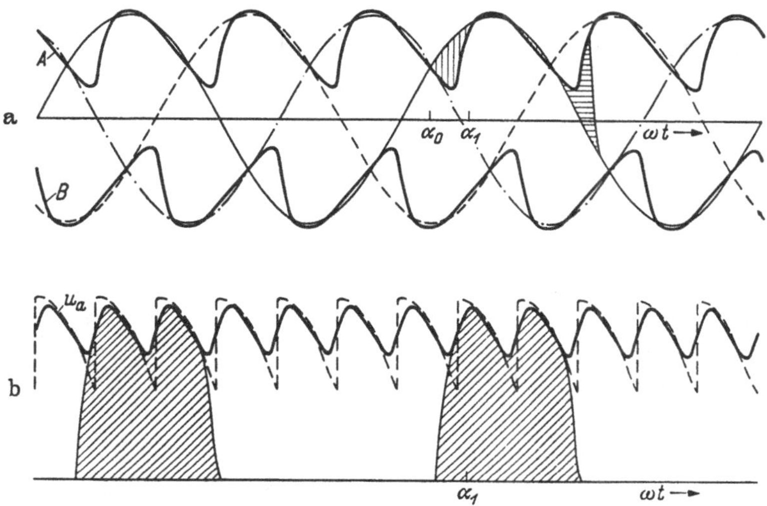

Abb. 8.18a u. b. Maximale Aussteuerung des Transduktors in Dreiphasen-Brückenschaltung

der Speisespannung. Die Steuerwechselspannung ändert sich mit der Aussteuerung. Durch die Sättigungsinduktivität werden bei der Ausgangsspannung u_a und der Steuerwechselspannung die höheren Harmonischen herabgesetzt.

Nach Integration der Drosselspannung u_{d1} erhalten wir den in e gezeigten Verlauf des Flusses φ_{d1}. Im Sättigungsbereich α_1 bis α_3 ist der Fluß nicht mehr konstant, sondern steigt, entsprechend der Flußänderung auf dem ausgesteuerten Sättigungsast der Hystereseschleife, noch weiter an.

Die Sättigungsinduktivität beeinflußt die Ausgangsspannung bei voller Aussteuerung U_{am}. Unter voller Aussteuerung soll der Betriebszustand verstanden werden, bei dem die Flußaussteuerung $\Delta\Phi$ voll-

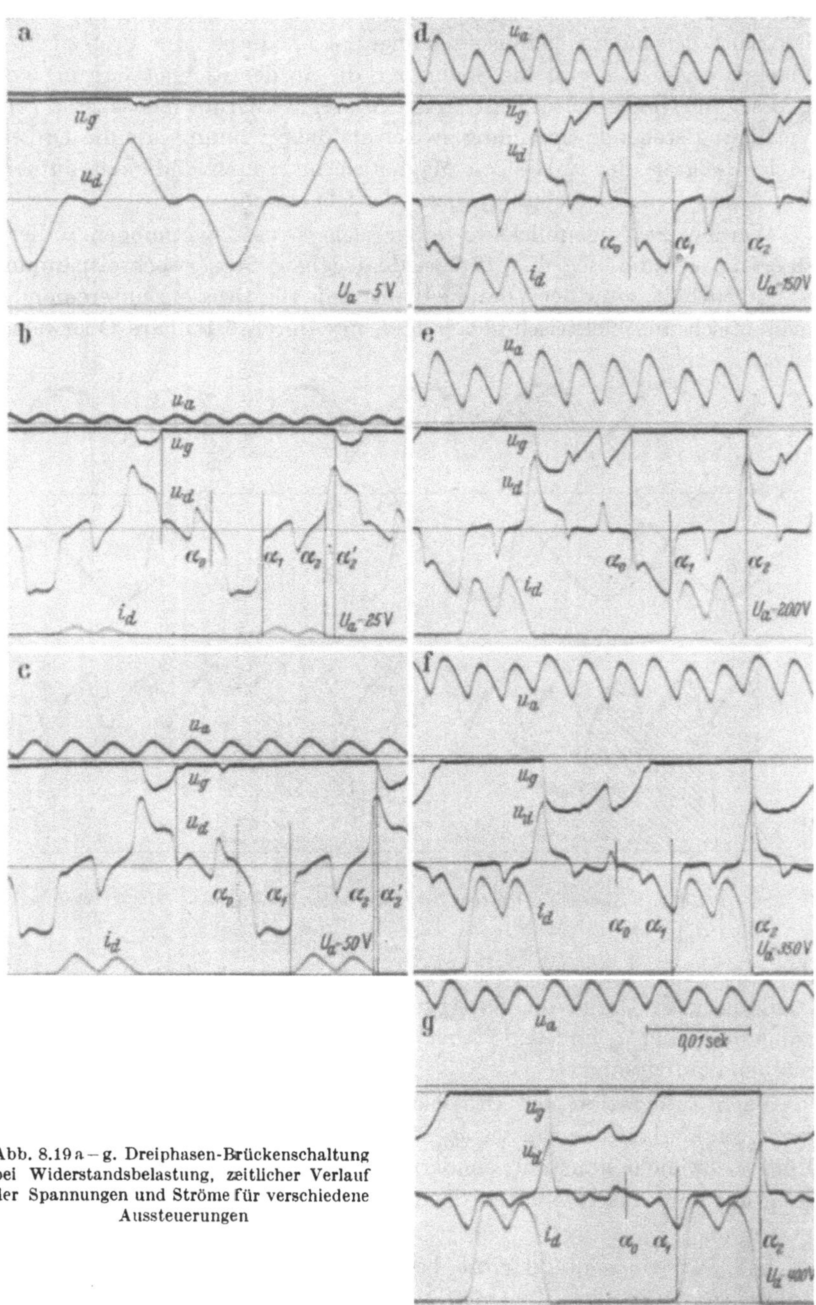

Abb. 8.19 a – g. Dreiphasen-Brückenschaltung bei Widerstandsbelastung, zeitlicher Verlauf der Spannungen und Ströme für verschiedene Aussteuerungen

ständig auf dem Sättigungsast der Hystereseschleife erfolgt. Die Kommutierung kann nicht im Winkel α_0 stattfinden, da die Drosseln eine $\Delta\Phi$ entsprechende Spannung-Zeitfläche aufnehmen.

Die Abb. 8.18a zeigt für volle Aussteuerung den Verlauf der Potentiale der Lastpunkte A und B. Bei α_1 springt der Strom in der Arbeitswicklung der Drossel 1 auf I_{am}, dabei wird der Sättigungsast der Hystereseschleife durchlaufen. Nach α_1 weichen die Potentiale von A und B nur wenig von den Phasenspannungen ab, denn die Welligkeit des Ausgangsstromes ist gering. In b ist die Ausgangsspannung U_a wiedergegeben. Infolge der Restinduktivität ist für diesen Sättigungswinkel die Welligkeit, wie ein Vergleich mit dem gestrichelten Verlauf zeigt, geringer als bei idealem Kernwerkstoff.

Die Abb. 8.19 zeigt einige, an einem dreiphasigen Transduktor in Brückenschaltung aufgenommene Oszillogramme. Außer der Ausgangsspannung u_a sind der zeitliche Verlauf einer Drosselspannung u_d, des dazugehörigen Drosselstromes i_d und der Spannung an dem vorgeschalteten Gleichrichter u_g, wiedergegeben. Die Oszillogramme wurden, ausgehend vom geschlossenen Transduktor (a) mit zunehmender Aussteuerung aufgenommen.

Der Einfluß der Sättigungsinduktivität der gesättigten Drossel auf u_a ist so groß, daß selbst bei kleiner Aussteuerung kein lückender Strom auftritt. Die Ausgangsspannung zeigt im wesentlichen die 6. Harmonische. Bei voll geschlossenem Transduktor ist die an dem Gleichrichter liegende Sperrspannung u_g sehr klein. Für diesen Arbeitspunkt (Osz. a) muß ein großer negativer Steuerstrom aufgebracht werden, damit sich die gesamte Hystereseschleife in die rechten Quadranten des Achsenkreuzes verschiebt. Der Arbeitsstrom ist dann beim Durchlaufen der Hystereseschleife stets positiv. An dem Gleichrichter tritt keine Sperrspannung auf. Die Sperrspannung nimmt mit steigender Ausgangsspannung U_a zu.

Die Ausgangsspannung wird in der Oszillogrammfolge durch Verkleinerung des negativen Steuerstromes stufenweise vergrößert. Ein kleinerer Steuerstrom verlangt eine schmalere Hystereseschleife. Über die Abmagnetisierungsgeschwindigkeit wird in der Folge der Oszillogramme b … g, die nach oben geschriebene Abmagnetisierungs-Zeitfläche (u_d) verkleinert. Der Winkel α_0, bei dem die Aufmagnetisierung einsetzt, so wie der Sättigungswinkel α_1 sind eingezeichnet. Bis zu $U_a =$ 200 V hat die Aufmagnetisierungshalbwelle ($\alpha_0 - \alpha_1$) annähernd Rechteckform. Bei noch größerer Aussteuerung verschiebt sich der Sperrbereich des Gleichrichters immer mehr in den Aufmagnetisierungsbereich. Der Drossel steht deshalb nach α_0 nur eine geringe Teilspannung für die Aufmagnetisierung zur Verfügung. Alle Oszillogramme wurden mit für Wechselstrom gesperrten Steuerkreis aufgenommen.

8.35 Wirkbelastung

Bei dem stationären Betriebsverhalten des Transduktors in Drehstrombrückenschaltung interessieren vor allen Dingen drei Merkmale:

1. Die Beeinflussung der Arbeitskennlinie durch den Schließungswiderstand des Steuerkreises.

2. Die Abhängigkeit der Ausgangsspannung von der Belastung.

3. Der Wirkungsgrad und der Leistungsfaktor in Abhängigkeit von der Aussteuerung.

An den Eingangsklemmen des Steuerkreises treten nur die durch sechs teilbaren Harmonischen der Speise-Wechselspannung auf. Alle anderen Harmonischen und die Grundwelle ergänzen sich, sofern alle Drosseln gleich sind, zu null. Deshalb ist die Arbeitskennlinie der dreiphasigen Brückenschaltung von dem Schließungswiderstand des Steuerkreises wesentlich weniger abhängig, als die einphasige Anordnung. Die Kennlinie des einphasigen Transduktors erfährt zwischen den beiden Extremfällen des für Wechselspannung gesperrten Steuerkreises und des für Wechselspannung kurzgeschlossenen Steuerkreises nach Abb. 6.14 eine erhebliche Veränderung.

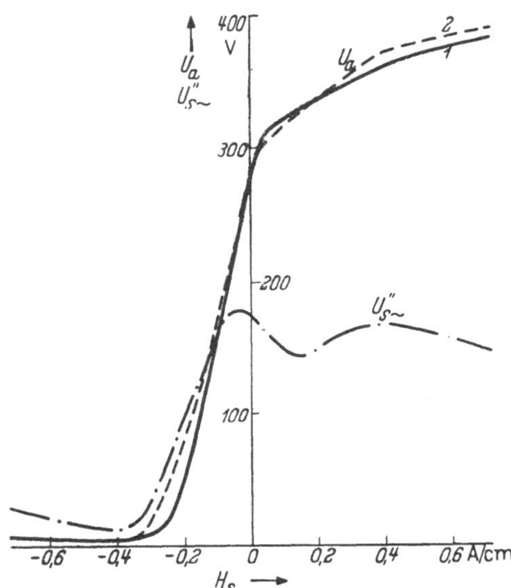

Abb. 8.20. Arbeitskennlinie des dreiphasigen Transduktors bei erzwungener (1) und freier (2) Magnetisierung

Abb. 8.20 zeigt stark ausgezogen (1) die Arbeitskennlinie eines dreiphasigen Transduktors in Brückenschaltung mit für Wechselstrom gesperrtem Steuerkreis. Gestrichelt (2) ist die Arbeitskennlinie eingezeichnet, wenn der Steuerkreis für die induzierten Wechselströme kurzgeschlossen wird. Durch die Steuerwechselströme erfolgt nur eine geringfügige Veränderung der Arbeitskennlinie.

Die gemessene Kennlinie knickt oberhalb von 300 V Ausgangsspannung ab. Dieser Knick prägt sich, je nach der Drosselkonstruktion, verschieden stark aus. Er steht im Zusammenhang mit der an den gesättigten Drosseln verbleibenden Restspannung. Diese Restspannung ist, wie man aus Abb. 8.17 ersehen kann, in der zweiten Hälfte des

Sättigungsbereiches $\left[\left(\alpha_1 + \frac{\pi}{3}\right) \cdots \left(\alpha_1 + \frac{2\pi}{3}\right)\right]$ so gerichtet, daß sie die Spannung-Zeitfläche, die die nächste Drossel aufmagnetisiert, vergrößert. Mit größer werdender Ausgangsspannung wird die Welligkeit des Ausgangsstromes und damit des Drosselstromes immer kleiner. Auch die Restspannung an der gesättigten Drossel nimmt ab, da diese im wesentlichen durch die Schwankung des Sättigungsstromes bedingt ist. Bei großer Aussteuerung trägt die gesättigte Drossel nur wenig zur Aufmagnetisierung der folgenden Drossel bei. In Abb. 8.20 ist strichpunktiert die Wechselspannung u_s'', die am Eingang des Steuerkreises auftritt, in Abhängigkeit von der Steuerfeldstärke H_s eingezeichnet. Die Steuerwechselspannung wurde dabei auf die Windungszahl der Arbeitswicklung umgerechnet. Sie enthält in der dreiphasigen Brückenschaltung die sechsten und davon vielfachen Harmonischen der Speisespannung.

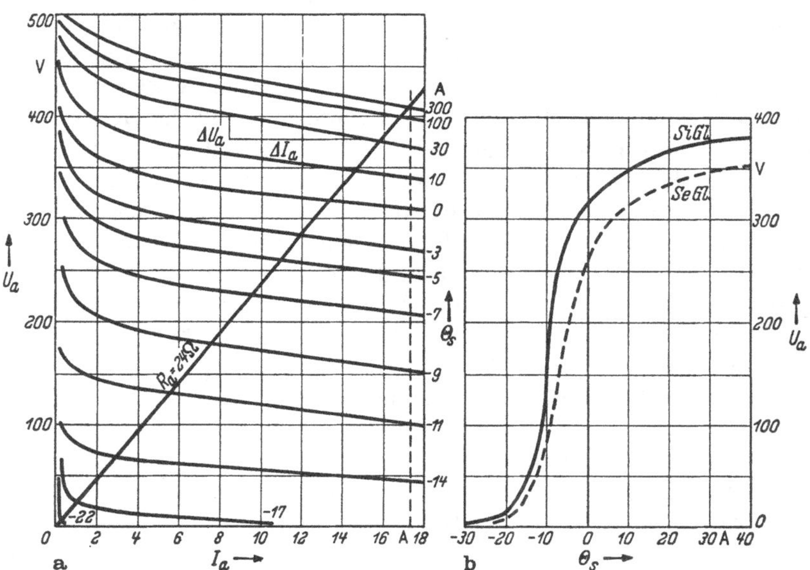

Abb. 8.21 a u. b. Kennlinienfeld (a) und Arbeitskennlinie (b) der Dreiphasen-Brückenschaltung

Bei reiner Wirkbelastung gibt das in Abb. 8.21 gezeigte $(U_a - I_a)$-Kennlinienfeld den besten Überblick über die Betriebseigenschaften des Transduktors. Wie bei dem einphasigen Transduktor verlaufen die Kennlinien für konstante Steuerfeldstärke annähernd parallel. Die Neigung der Kennlinien ist proportional dem Innenwiderstand des Transduktors. Bei der Ermittlung des Kurzschlußstromes wird auf den Innenwiderstand noch genauer eingegangen. Die Arbeitskennlinie ergibt sich aus dem Kennlinienfeld durch die Schnittpunkte der Widerstandsgeraden mit den einzelnen Kennlinien.

Neben den magnetischen Eigenschaften der Transduktordrosseln bestimmen auch die Gleichrichter den Verlauf der Arbeitskennlinie. Abb. 8.21b zeigt die Arbeitskennlinien des Transduktors mit Silizium- und Selengleichrichtern. Die technischen Gleichrichter haben gegenüber dem idealen Gleichrichter zwei Unvollkommenheiten. Der Sperrwiderstand ist zwar groß, aber endlich und in Durchlaßrichtung zeigt sich ein nicht zu vernachlässigender Widerstand, der Durchlaßwiderstand. Der Durchlaßwiderstand ist, wie in Abschn. 3 (S. 50ff.) gezeigt wurde, von dem Betrag des Stromes abhängig, also nicht linear.

Wie stark der Sperrwiderstand des Gleichrichters die Arbeitskennlinie beeinflußt, hängt wesentlich von den Eigenschaften der Transduktordrosseln ab. Die gesamte Steuerdurchflutung Θ_s des Transduktors setzt sich aus der Steuerdurchflutung bei idealen Gleichrichtern Θ_s' und der Steuerdurchflutung Θ_{sp} zusammen, die zur Kompensation des Sperrstromes benötigt wird. Bei Ringkerndrosseln aus hochwertigen weichmagnetischen Nickel-Eisenlegierungen ist Θ_s' klein, so daß Θ_{sp} sehr ins Gewicht fällt und die Arbeitskennlinie wesentlich verflacht. Enthalten die Drosseln Siliziumeisen, so wird infolge der flacheren Hystereseschleife eine größere Steuerdurchflutung Θ_s' benötigt. Die Durchflutung Θ_{sp} hat deshalb einen geringen Einfluß auf die Arbeitskennlinie.

Der Durchlaßwiderstand setzt die maximale Ausgangsspannung U_{am} herab. Hierin unterscheiden sich vor allem die beiden in Abb. 8.21b gezeigten Kennlinien. Die Speisespannung U_{heff} des Transduktors beträgt 380 V. Der Arbeitsstrom durchfließt in einem Fall zwei Siliziumzellen. Bei Verwendung von Selengleichrichtern sind dagegen 36 Platten in Reihe geschaltet. An jeder Platte fällt ca. 0,8 V ab. In der gleichen Größenordnung liegt der Spannungsabfall an einer Siliziumzelle. Daraus ergibt sich, daß der Spannungsabfall an dem Selengleichrichter um rund 27 V größer ist als der am Siliziumgleichrichter. Um den gleichen Betrag liegt die Arbeitskennlinie mit Selengleichrichter tiefer als die eines mit Siliziumgleichrichter ausgerüsteten Transduktors.

Die Plattenzahl des Selengleichrichters läßt sich im vorliegenden Fall unter Berücksichtigung seiner zulässigen Spannungsfestigkeit auf 30 Platten verkleinern. Der Selengleichrichter wird dann bis in einen Spannungsbereich ausgesteuert, in dem sein Sperrwiderstand erheblich abnimmt. Die Folge davon ist eine Verflachung des steilen Astes der Arbeitskennlinie. Die Vorteile des Siliziumgleichrichters gegenüber dem Selengleichrichter beruhen bei Leistungstransduktoren vor allen Dingen auf der größeren Spannungsfestigkeit, die es ermöglicht, mit wenig Zellen auszukommen.

Bei Transduktoren größerer Leistung wird neben einem hohen Verstärkungsfaktor und kleiner Zeitkonstante ein möglichst hoher Wirkungsgrad der Drehstrom-Gleichstrom-Umformung gewünscht. Der Forderung nach einem hohen Wirkungsgrad kommt das Verstärkerprinzip des Transduktors, er enthält steuerbare Blindwiderstände, sehr entgegen. Verluste treten nur nach Maßgabe der Kupferverluste P_{vk} und der Eisenverluste P_{ve}, sowie der Verluste in den Gleichrichtern P_{vd} auf. Davon sind die Eisenverluste infolge der hohen Permeabilität des verwendeten Kernwerkstoffes und die Gleichrichterverluste bei Verwendung von Siliziumgleichrichtern sehr klein. Die Kupferverluste und die Oberwellenverluste, die vor allen Dingen bei teilweiser Aussteuerung ins Gewicht fallen, bestimmen dort den Wirkungsgrad. Werden die Oberwellenverluste bei voller Aussteuerung vernachlässigt, so sind die Verluste

$$P_v = P_{vk} + P_{ve} + P_{vd} \tag{8.27}$$

$$= 2 r_a \frac{I_a^2}{3} + \sqrt{3}\, U_{h\,\mathrm{eff}} I_{v0} + 2 U_{gd} I_a . \tag{8.28}$$

Darin ist I_{v0} die Wirkkomponente des Wechselstromes der ungesättigten Drossel und U_{gd} die Spannung an einem Gleichrichter bei dem Strom I_a. Der Wirkungsgrad ergibt sich dann zu:

$$\eta = \frac{P_a}{P_a + P_v} = \frac{I_a^2 R_a}{I_a^2\left(R_a + \frac{2}{3} r_a\right) + 2 U_{gd} I_a + \sqrt{3}\, U_{h\,\mathrm{eff}} I_{v0}}, \tag{8.29}$$

$$\eta = \frac{R_a}{R_a + \frac{2}{3} r_a + 2 \frac{U_{gd}}{I_a} + \sqrt{3}\, U_{h\,\mathrm{eff}} \frac{I_{v0}}{I_a^2}}. \tag{8.30}$$

Die Abb. 8.22 zeigt in Abhängigkeit von der Steuerdurchflutung den Verlauf des Wirkungsgrades eines dreiphasigen Transduktors mit Siliziumgleichrichtern. Der Wirkungsgrad nimmt mit steigender Aussteuerung zu und erreicht im vorliegenden Fall den Wert 95%. Bei $U_a/U_{am} = 0{,}5$ beträgt der Wirkungsgrad immer noch 86%.

Außer dem Wirkungsgrad interessiert der Leistungsfaktor. Der Leistungsfaktor kennzeichnet die Phasenverschiebung der Grundwelle des Phasenstromes gegenüber der zugehörigen Phasenspannung. Wie aus einem Vergleich von Abb. 8.23c und d zu ersehen ist, bewirkt die schraffierte Spannung-Zeitfläche der Drossel eine Phasenverschiebung des Drosselstromes und damit auch der Grundwelle des Phasenstromes. Mit kleiner werdender Aussteuerung geht nach Abb. 8.22 der Leistungsfaktor zurück. Bei voller Aussteuerung des Transduktors wird er wesentlich von der Sättigungsreaktanz bestimmt. Im vorliegenden Fall wird $\cos\varphi = 0{,}83$ erreicht.

Die Berechnung der Arbeitskennlinie aus dem Verlauf der Hystereseschleife ist wegen des Gleichrichter- und Wirbelstromeinflusses schwierig. Verhältnismäßig einfach läßt sich dagegen die Berechnung der maximalen Ausgangsspannung U_{am} durchführen. Wir betrachten den Verlauf des Sättigungsstromes. In Abb. 8.23a ist der stromführende Teil der Schaltung stark herausgezeichnet. Im betrachteten Augenblick fließt der Strom von der Phase R durch Drossel 1 über den Belastungswiderstand R_a und die Drossel 4 nach der Phase S zurück. Die anderen, nicht gesättigten oder gesperrten Transduktordrosseln, sind gestrichelt gezeichnet und die gesperrten Gleichrichter unausgefüllt.

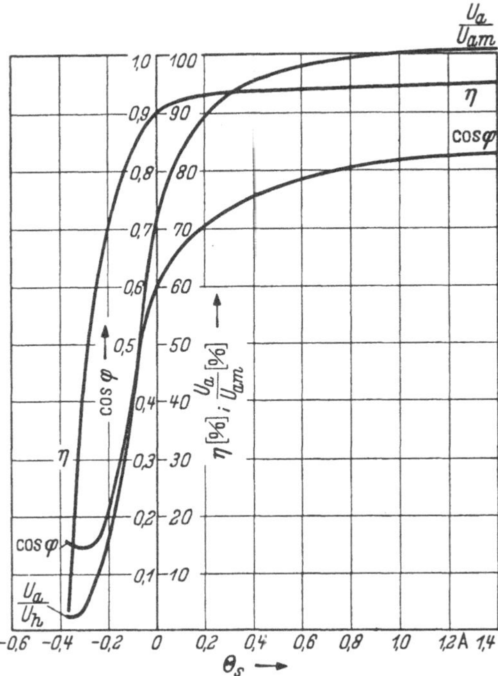

Abb. 8.22. Wirkungsgrad und Leistungsfaktor eines dreiphasigen Transduktors bei Wirkbelastung

Bei idealen Drosseln und Gleichrichtern würde an dem Arbeitswiderstand die verkettete Spannung U_{RS} liegen. In Wirklichkeit fällt ein Teil dieser Spannung am Transduktor nach Maßgabe seines komplexen Innenwiderstandes ab. Der Wirkwiderstand setzt sich aus den Kupferwiderständen der beiden Drosseln $2r_a$ und den Durchlaßwiderständen $2r_{gd}$ der beiden Gleichrichter zusammen. Den Blindwiderstand bestimmen die Sättigungsinduktivitäten L_{sg} der beiden Drosseln. Diese setzen sich, wie wir bei den einphasigen Transduktoren gesehen haben, aus der Restinduktivität L_μ und der Streuinduktivität L_{st} zusammen.

Bei dem einphasigen, spannungssteuernden Transduktor wurde zur Berechnung der Ausgangsspannung der Drosselstrom bei voller Aussteuerung durch seine Grundwelle ersetzt. Dann läßt sich ein komplexer Innenwiderstand Z_i definieren. Im vorliegenden Fall würde die Näherung einen erheblichen Fehler bringen. Es muß vielmehr die wirkliche Kurvenform berücksichtigt werden. Dabei wird von dem Ersatzschaltbild 8.23b ausgegangen. In Abb. 8.23c ist der Drosselstrom i_d bei voller Aussteuerung und vernachlässigbarer Restspannung an der Drossel wiedergegeben. In diesem Idealfall hat der Strom nahezu Rechteckform. Wenden wir zunächst diese Stromform auf die Ersatzschaltung b an, so erkennen wir, daß die Sättigungsinduktivität vor allen Dingen den Anstieg und den Abstieg des Stromes bestimmt, während in dem Bereich, in dem der Strom nahezu konstant ist ($\alpha_1 \ldots \alpha_1 + 120°$), die Induktivität praktisch nicht den Stromverlauf und die Ausgangsspannung beeinflußt.

Die Sättigungsinduktivität L_{sg} bewirkt, daß der Arbeitsstrom einer Drossel, die in d dargestellte Form erlangt. Die schraffierte Spannung-

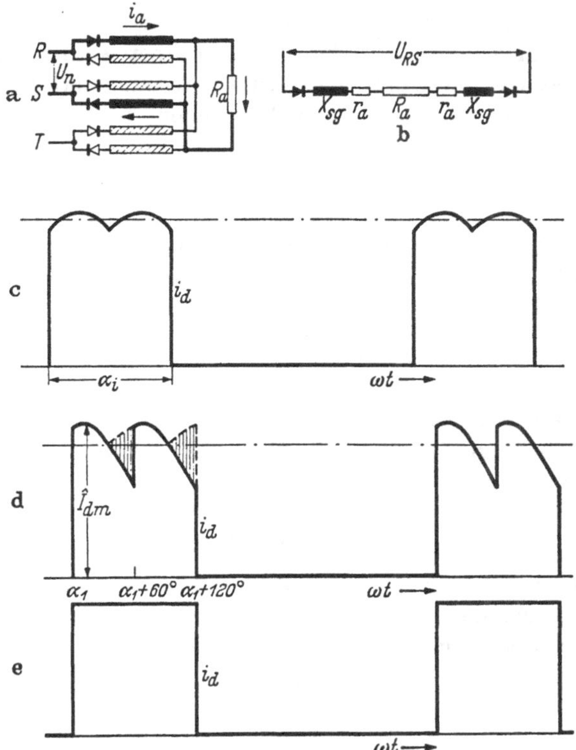

Abb. 8.23 a–e. Drosselstrom bei voller Aussteuerung

Zeitfläche muß erst wirksam werden, ehe der Drosselstrom bei α_1 den hohen Wert $\hat{I}_{dm}$ annehmen kann. Im Winkel $\alpha_1 + 60°$ führt die betrachtete Drossel weiter Strom, aber die Drossel, über die der Strom zurückfließt, kommutiert.

Der induktive Spannungsabfall ist somit bei voller Aussteuerung im wesentlichen mit dem Kommutierungsvorgang, während dem der Drosselstrom von Null auf $\hat{I}_{dm}$ ansteigt, verbunden. Der Wirkspannungsabfall tritt im gesamten übrigen Sättigungsbereich auf. Beide Spannungsabfälle lassen sich voneinander trennen, wenn die Welligkeit des Stromes im Sättigungsbereich vernachlässigt wird. Besitzt die Belastung eine gewisse induktive Komponente, so nimmt die Welligkeit des Sättigungsstromes, gegenüber der in Abb. 8.23d gezeigten Kurvenform, von selbst stark ab. Dann ergeben sich annähernd die in Abb. 8.23e gezeigten rechteckigen Stromimpulse. Im Sättigungsbereich α_1 bis $\alpha_1 + 120°$ ist dann die Sättigungsinduktivität der Drossel nicht wirksam, da in diesem Abschnitt der Strom konstant bleibt.

Es soll nun die maximale Ausgangsspannung U_{am} des dreiphasigen Transduktors in der Brückenschaltung berechnet werden. Der Steuerstrom I_s ist positiv und so groß, daß sich der Arbeitspunkt im Sättigungsknick der Hystereseschleife befindet. Der Beginn der Aufmagnetisierung wird gekennzeichnet durch:

$$B_s = B_{sg}.$$

Unter dem Einfluß der in Abb. 8.23d schraffierten Spannung-Zeitfläche nimmt die Induktion auf $B_{\mu n}$ zu. Es fließt Nennstrom. Die Feldstärke ist gleich

$$H_n = \frac{I_{sn} N_s}{l_e} + \frac{I_{an} N_a}{l_e}. \tag{8.31}$$

Durch diese Feldstärke wird ein Streufluß Φ_{stn} und damit die Induktion B_{stn} erzeugt. Während der Aufmagnetisierung ändert sich die Induktion in der Drossel um

$$\Delta B = B_{\mu n} + B_{stn}. \tag{8.32}$$

Die Arbeitswicklung der Verstärkerdrossel soll so bemessen sein, daß die Hystereseschleife beim Anlegen der Spannung $U_h/2$ von Sättigungsknick bis Sättigungsknick ausgesteuert wird ($\Delta B' = 2 B_{sg}$). Die an einer Drossel bleibende Restspannung ist somit

$$\Delta U_d = \frac{\Delta B}{\Delta B'} \cdot \frac{U_h}{2} = \frac{B_{\mu n} + B_{stn}}{2 B_{sg}} \cdot \frac{U_h}{2}. \tag{8.33}$$

Diese Spannung tritt bei einer Ummagnetisierung je Halbwelle auf. Da der dreiphasige Transduktor drei Drosselpaare enthält, somit in einer Halbwelle drei Ummagnetisierungen erfolgen, ist die induktive Restspannung dreimal so groß:

$$\Delta U_x = \frac{3}{4} U_h \frac{B_{\mu n} + B_{stn}}{B_{sg}}. \tag{8.34}$$

Für den Wirkspannungsabfall ergibt sich

$$\Delta U_r = 2 r_a I_{an} \tag{8.35}$$

und für den Spannungsabfall an den Gleichrichtern, wenn an einem Gleichrichterelement bei Nennstrom die Spannung U_{gd} liegt:

$$\Delta U_{gd} = 2\,U_{gd}. \tag{8.36}$$

Damit wird der innere Spannungsabfall:

$$\Delta U_i = \Delta U_x + \Delta U_r + \Delta U_{gd},$$

$$\Delta U_i = \frac{3}{4}\,U_h \frac{B_{\mu n} + B_{stn}}{B_{sg}} + 2\,r_a I_{an} + 2\,U_{gd}. \tag{8.37}$$

Die maximale Ausgangsspannung erhalten wir zu

$$U_{am} = U_{am\,0} - \Delta U_i,$$

$$U_{am} = \left(0{,}95 - 0{,}48\,\frac{B_{\mu n} + B_{stn}}{B_{sg}}\right)\hat{U}_h - 2\,r_a I_{an} - 2\,U_{gd}. \tag{8.38}$$

Sie wird um so größer, je kleiner der relative Anstieg des Sättigungsastes der Hystereseschleife $B_{\mu n}/B_{sg}$ und je kleiner die bezogene Streuung B_{stn}/B_{sg} sind.

8.36 Kurzschlußverhalten

Im Arbeitsbereich ist der Innenwiderstand des Transduktors wegen der Krümmung des Sättigungsastes der Hystereseschleife nicht konstant. Im Überstrombereich strebt mit größer werdendem Drosselstrom B_μ einem konstanten Wert zu, dagegen steigt B_{st} proportional dem Belastungsstrom an. Wie beim einphasigen Transduktor bestimmt die Streureaktanz mehr und mehr die induktive Komponente des Innenwiderstandes. Bei Verwendung von Siliziumgleichrichtern kann der Gleichrichter-Durchlaßwiderstand unberücksichtigt bleiben.

Für den Überlastbereich und vor allen Dingen für den Kurzschlußfall ist die innere Reaktanz gleich

$$Z_{ik} = \sqrt{(2\,r_a)^2 + 4\left(X_{st} + X_\mu \frac{I_{an}}{I_{ak}}\right)^2}. \tag{8.39}$$

Der Kurzschlußstrom ergibt sich zu

$$I_{ak} = \frac{0.95\,\hat{U}_h}{\sqrt{(2\,r_a)^2 + 4\left(X_{st} + X_\mu \frac{I_{an}}{I_{ak}}\right)^2}}. \tag{8.40}$$

Abb. 8.24 zeigt das Kurzschlußverhalten eines Transduktors in Drehstrombrückenschaltung mit einer Ausgangsleistung von 6,5 kW. In a ist die Streu- und Magnetisierungsinduktion über der Feldstärke aufgetragen. Wir sehen, daß oberhalb des Arbeitsbereiches $\left(\frac{H}{H_n} > 1\right)$ die Induktion B_μ kaum noch ansteigt. Die Sättigungsfeldstärke wird beim dreiphasigen Transduktor größer als bei der einphasigen Anordnung, da der Sättigungsstrom jeweils nur während eines Drittels der Periode fließt.

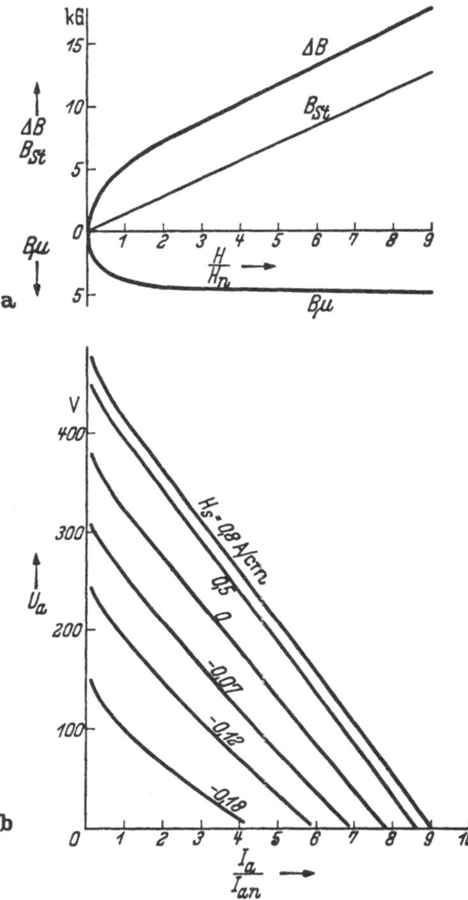

Abb. 8.24 a u. b. Drehstrom-Brückenschaltung. Induktionsaussteuerung im Überlastbereich (a), Kurzschlußkennlinie (b)

Abb. 8.24 b zeigt das zugehörige $I_a U_a$-Kennlinienfeld für den Überlastbereich. Bei großer Aussteuerung verlaufen die Kennlinien annähernd parallel. Im ganzen Überlastbereich ist annähernd der in Gl. (8.39) angegebene Innenwiderstand wirksam. Nur im Arbeitsbereich $I_a/I_{an} < 1$ liegen die Kennlinien steiler, da hier die Restreaktanz wegen der größeren Steigung des Sättigungsastes stark zunimmt.

8.37 Induktive Belastung

Dreiphasige Transduktoren finden vor allen Dingen Anwendung zur Feld- und Ankerspeisung von Gleichstrommotoren. Im ersten Fall besitzt die Feldwicklung eine große Induktivität, die die Welligkeit des Gleichstromes nahezu beseitigt. Aber auch bei der Ankerspeisung unterscheidet sich die Welligkeit des Ausgangsstromes wesentlich von der der Ausgangsspannung. Die Gegenspannung der Motor-EMK vergrößert gegenüber den Verhältnissen bei Wirkbelastung die Welligkeit des Stromes, während sie durch die Ankerinduktivität herabgesetzt wird. Es soll in diesem Abschnitt zunächst das Verhalten des dreiphasigen Transduktors bei induktiver Belastung ohne Gegenspannung untersucht werden.

Der einphasige spannungssteuernde Transduktor erwies sich mit induktiver Belastung ohne besondere Maßnahmen als nicht betriebsfähig. Bei Aussteuerung kippt er von dem geschlossenen in den voll geöffneten Zustand, bleibt bei der darauf folgenden Verkleinerung der Aussteuerung geöffnet und schließt erst bei einer großen negativen Steuerdurchflutung. Diese Instabilität wird durch das Nacheilen der Stromimpulse gegenüber den Spannungsimpulsen hervorgerufen. Die Stromimpulse finden gegen Ende des Durchlaßbereiches beide Drosseln ungesättigt und liefern eine zusätzliche Vormagnetisierung. Die Rückwirkung der Belastungsinduktivität auf die Kennlinie des Transduktors erfolgt somit zwischen der Entsättigung der einen Drossel und der Sättigung der zweiten Drossel, also im Kommutierungsbereich. Es ist zweckmäßig, die Kommutierungsvorgänge des einphasigen und des dreiphasigen Transduktors miteinander zu vergleichen. Aus den sich dabei ergebenden Unterschieden läßt sich auf das Verhalten der dreiphasigen Anordnung bei induktiver Belastung schließen.

In der einphasigen Schaltung erfolgt die Ummagnetisierung der beiden Drosseln unabhängig voneinander. Die Aufmagnetisierung einer Drossel beginnt, sobald an ihr die positive Spannungshalbwelle wirksam wird, unbeeinflußt davon, ob die vorher gesättigte Drossel noch Strom führt oder nicht (freie Kommutierung). Bei der dreiphasigen Transduktorschaltung muß dagegen im Bereich lückenlosen Stromes, der Strom in der einen Drossel zu null werden, ehe der Arbeitsstrom auf die nächste Drossel kommutiert. Es liegt eine erzwungene Kommutierung vor. Ein Vergleich der Abb. 8.23c und d zeigt, daß der Stromflußwinkel α_i einer Drossel immer 120° beträgt. Eine Verkleinerung der Aussteuerung beeinflußt nicht die Breite des Sättigungsbereiches. Die von der Drossel aufgenommene Spannung-Zeitfläche führt nur zu einer Verschiebung des Stromflußwinkels. Erst, wenn lückender Strom einsetzt, wird α_i kleiner.

Die Abb. 8.25a, b und c zeigen für den einphasigen Transduktor drei Teilphasen bei Übergang des Arbeitsstromes i_a von der Drossel 2 auf die Drossel 1. In Abb. 8.25 a führt die Drossel 2 den Sättigungsstrom, während die Drossel 1 gesperrt ist. In Abb. 8.25 b hat die Speisespannung gerade ihr Vorzeichen geändert, so daß jetzt der Strom der Drossel 2 bei Wirkbelastung zu null wird. Infolge der Blindkomponente der Belastung führt die Drossel 2 über diesen Zeitpunkt hinaus Strom. Die Aufmagnetisierung der Drossel 1 wird dadurch nicht behindert, da die voll ausgezeichneten Gleichrichter in Durchlaßrichtung beaufschlagt sind. In dem Zeitpunkt c hat der Strom der Drossel 2 den Wert null erreicht und wird gesperrt. Die Drossel 1 kann schon vorher Sättigungsstrom führen.

Anders verläuft die Kommutierung des dreiphasigen Transduktors im lückenfreien Bereich. In den Bildern d bis f sind drei Phasen der Kommutierung des Stromes von der Drossel 4 auf die Drossel 6 dargestellt. In d fließt der Strom von der Phase R nach der Phase S. Sämtliche anderen Drosseln sind über ihre Gleichrichter gesperrt. Das Bild e hält den Zeitpunkt fest, da der Augenblickswert der Spannung U_{ST} ein solches

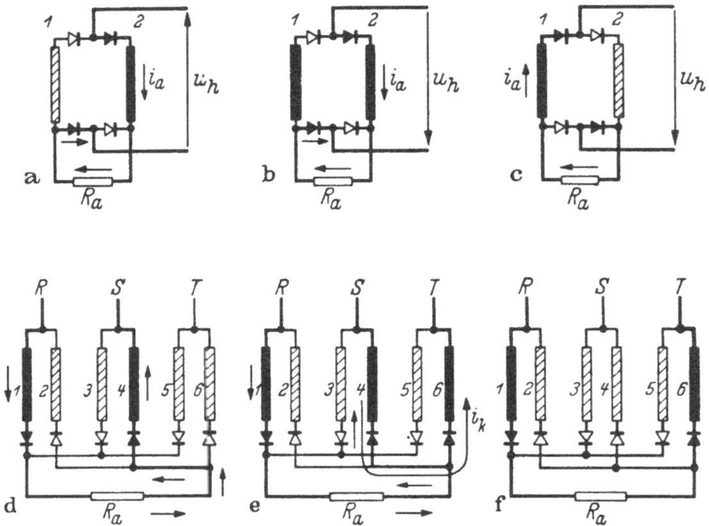

Abb. 8.25 a – f. Vergleich der Kommutierung beim einphasigen und beim dreiphasigen Transduktor

Vorzeichen hat, daß der Gleichrichter vor Drossel 6 sich öffnet. Auch der Gleichrichter vor Drossel 4 ist durchlässig, da er den Laststrom führt. In der Gleichrichterbrücke konnte sich sofort ein Kurzschlußstrom i_k ausbilden, der den Strom in dem Zweig 4 null werden läßt. Im Transduktor wird die Kommutierung verzögert, bis Drossel 6 in Sättigung gegangen und dadurch eine leitende Verbindung zwischen Phase S und und Phase T entsteht. Der Kurzschlußstrom i_k durchfließt den Gleichrichter 4 in Sperrichtung. Dieses Ventil sperrt, sobald $i_k = i_a$ ist. Danach wird die Drossel 4 stromlos und der Laststrom fließt von R über die Drosseln 1 und 6 nach T. Nach der Kommutierung muß der Strom in der vorher leitenden Drossel null sein. Der Strom in der abgelösten Drossel wird durch die negative Vorspannung des vorgeschalteten Gleichrichters unterbrochen. Die Größe der negativen Vorspannung nimmt nach den Oszillogrammen Abb. 8.19 mit der Ausgangspannung u_a zu, so daß mit zunehmender Aussteuerung des Transduktors die Zwangskommutierung um so sicherer erfolgt.

Der Kurzschluß-Strom i_k sorgt dafür, daß der Arbeitsstrom, sobald zwei in der Phasenfolge benachbarte Drosseln gleichzeitig gesättigt sind, kommutiert. Der Kommutierungszeitpunkt wird durch die Speisespannung und die bis zur Sättigung der Drosseln notwendige Spannung-Zeitfläche bestimmt und ist praktisch unabhängig von der Phasennacheilung des Stromes gegenüber der Spannung. In dem Bereich nicht lückenden Stromes kann somit die Belastungsinduktivität den Verlauf der Arbeitskennlinie des Transduktors nicht beeinflussen.

Ist der Ausgangsstrom dagegen lückend, so liegen zwischen den einzelnen Stromimpulsen Bereiche, in denen beide Drosseln ungesättigt sind, ähnlich den Verhältnissen beim einphasigen Transduktor. Die Phasenlage und die Kurvenform der Stromimpulse beeinflussen nun den Verlauf der Arbeitskennlinie. Bei induktiver Belastung tritt wieder der Nacheilstrom i_n, der eine zusätzliche Steuerdurchflutung liefert, in Erscheinung. Dadurch wird auch hier die beim einphasigen Transduktor kennengelernte Kipperscheinung hervorgerufen.

Das Verhalten des Transduktors bei induktiver Belastung zeigen die Oszillogramme in Abb. 8.26. Die Belastungsimpedanz

$$Z_a = R_a + j\,\omega L_a = R_a(1 + j\,\omega\,T_a) \tag{8.41}$$

hat die Zeitkonstante $T_a = 0{,}017\ s$. Es sind die Ausgangsspannung u_a, der Ausgangsstrom i_a, die Drosselspannung u_d und der Drosselstrom i_d wiedergegeben. Infolge der großen Belastungsinduktivität wird auch bei kleiner Aussteuerung (Oszill. b, c) der Strom gut geglättet.

Aus dem Verlauf von u_d ist die Ummagnetisierung während einer Periode der Wechselspannung zu ersehen. Die Aufmagnetisierung beginnt bei α_0. Infolge der geringen Welligkeit des Ausgangsstromes i_a bleibt die Spannung u_{dsg} (s. Abb. 8.17a) nur klein, so daß die Kurvenform der Drosselspannung besser dem theoretischen Verlauf nach Abb. 8.14 entspricht, als es bei Wirkbelastung des Transduktors der Fall war. Die Sättigung der Drossel erfolgt bei α_1. Der Sättigungszustand bleibt bis α_2 bestehen. Danach erfolgt die Abmagnetisierung.

Die an den Drosseln liegende Ummagnetisierungsspannung setzt sich aus der Speisespannung u_h und der Selbstinduktionsspannung $L_{sg}(d_{ia}/dt)$ zusammen. Ein Vergleich der Kurvenform von u_a für kleine Aussteuerung bei Wirkbelastung (Osz. 8.19b) und bei induktiver Belastung (Osz. 8.26b) zeigt, daß die Selbstinduktionsspannung bei Wirkbelastung sehr wirkungsvoll dem Lücken bzw. der Welligkeit der Ausgangsspannung entgegenarbeitet. Diese Glättung fällt bei induktiver Belastung fort. Der gleichmäßige Ausgangsstrom bei induktiver Belastung wird mit einer größeren Welligkeit der Ausgangsspannung erkauft.

Es soll nun eine verhältnismäßig kleine induktive Belastung angenommen und die Sättigungsinduktivität vernachlässigt werden, so daß sich der Stromdurchflußwinkel α_i im lückenden Bereich nur unwesentlich vergrößert. Die Abb. 8.27a zeigt den zeitlichen Verlauf des Ausgangsstromes eines dreiphasigen Transduktors ($L_{sg} = 0$) für kleine Aussteue-

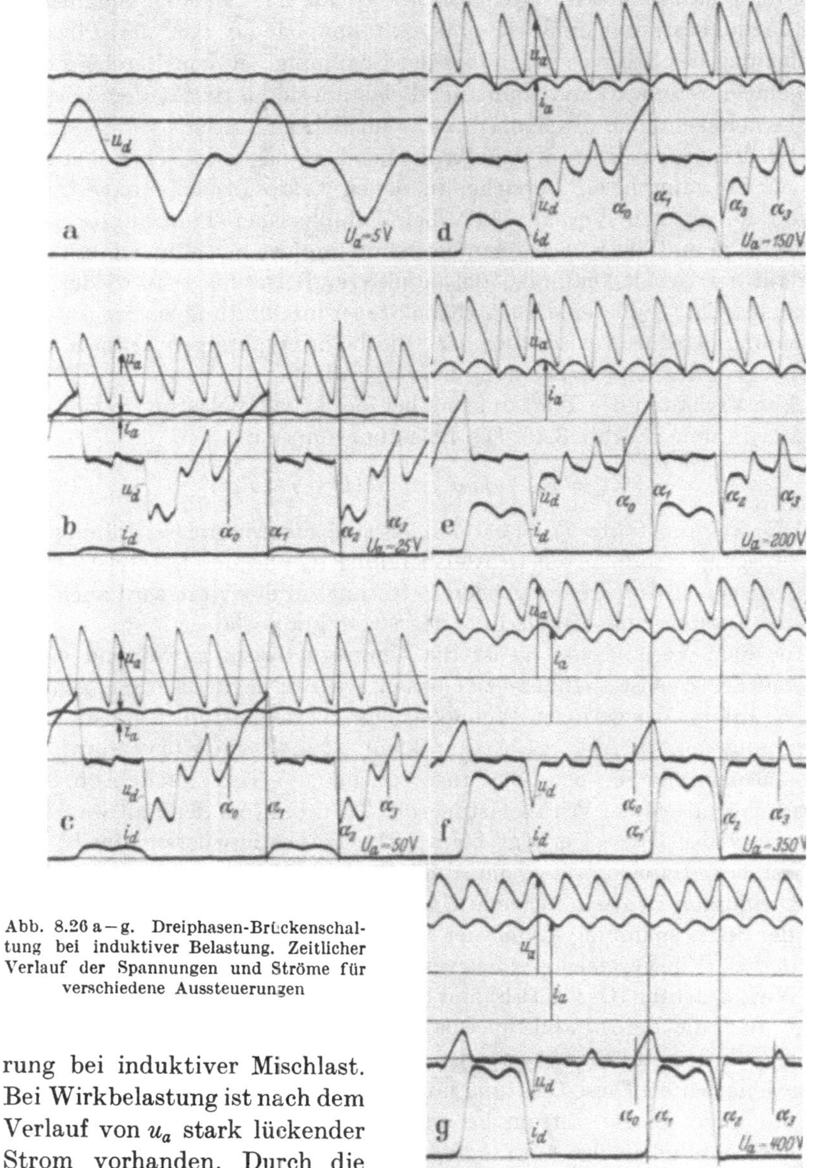

Abb. 8.26 a – g. Dreiphasen-Brückenschaltung bei induktiver Belastung. Zeitlicher Verlauf der Spannungen und Ströme für verschiedene Aussteuerungen

rung bei induktiver Mischlast. Bei Wirkbelastung ist nach dem Verlauf von u_a stark lückender Strom vorhanden. Durch die Belastungsinduktivität L_a werden die Stromlücken verkleinert, da auch nach dem Nulldurchgang der zugehörigen verketteten Spannung i_a weiterfließt und so der schraffierte Nacheilstrom i_n auftritt. Er wirkt in einem Bereich, in dem alle Drosseln ungesättigt sind.

Der Nacheilstrom durchfließt, wie Abb. 8.27 b zeigt, alle Gleichrichter in Durchlaßrichtung und teilt sich gleichmäßig zu je einem Drittel auf die Drosselzweige auf. Der ungesättigte Zustand der Drosseln bedingt, daß ein Nacheilstrom nur möglich ist, wenn in dem Steuerkreis ein der

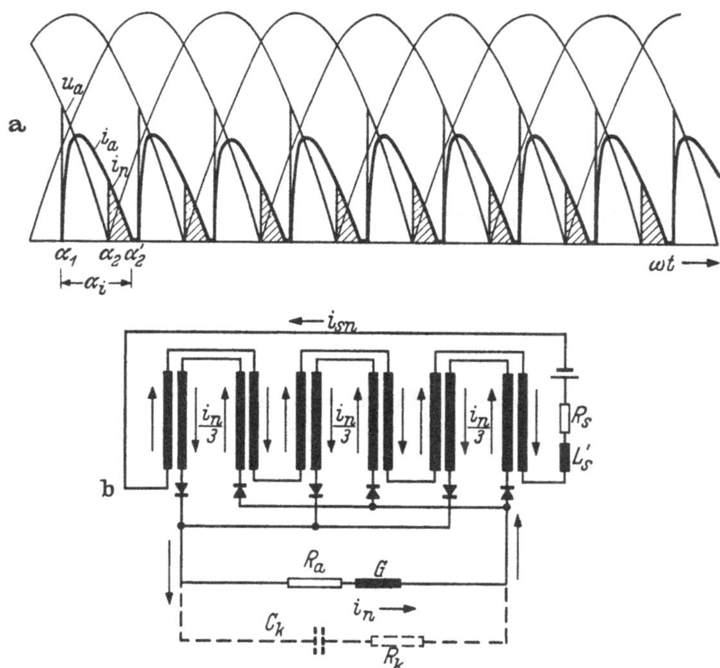

Abb. 8.27 a u. b. Verlauf des Nacheilstromes in der Dreiphasen-Brückenschaltung

Wechselstromkomponente von i_n entgegengerichteter Strom i_{sn} fließen kann. Der Steuerkreiswiderstand R_s begrenzt den Ausgleichsstrom i_{sn}. Während die Wechselstromkomponente des Nacheilstromes auf den Steuerkreis übertragen wird, ist seine Gleichkomponente in den Arbeitskreisen wirksam und liefert eine zusätzliche Vormagnetisierungsdurchflutung.

Die Möglichkeiten der Unterdrückung des Nacheilstromes und damit der Instabilität des Transduktors sind die gleichen, wie beim einphasigen Transduktor. So läßt sich durch Erhöhung des Steuerkreiswiderstandes der Steuerkreisnacheilstrom i_{sn} und damit i_n verkleinern. Dasselbe erreicht eine in den Steuerkreis geschaltete Induktivität L_s'. Für das Sperren des Nacheilstromes durch die Induktivität L_s' sind die Voraussetzungen beim dreiphasigen Transduktor wesentlich günstiger als bei der einphasigen Anordnung, da i_{sn} sich aus höheren Frequenzen zusammensetzt.

In vielen Anwendungsfällen kann über den Steuerkreiswiderstand nicht frei verfügt werden, auch verbietet sich mit Rücksicht auf das Zeitverhalten des Transduktors der Einsatz einer Sperrdrossel. In diesen Fällen läßt sich durch das in Abb. 8.27b gestrichelt eingezeichnete RC-Glied, das parallel zur Belastung liegt, der Transduktor stabilisieren. Für $\omega = 2\pi f$ ist der Gesamtleitwert der Belastung und des Kompensationsgliedes

$$\frac{1}{Z_a} = \frac{1}{R_a + j\,\omega L_a} + \frac{1}{R_k - j\,\frac{1}{\omega C_k}}. \tag{8.42}$$

Nach einigen Umformungen ergibt sich

$$Z_a = \frac{R_a R_k + \frac{L_a}{C_k} + j\left(\omega L_a R_k - \frac{R_a}{\omega C_k}\right)}{R_a + R_k + j\left(\omega L_a - \frac{1}{\omega C_k}\right)}. \tag{8.43}$$

Der Imaginärteil verschwindet für $R_k = R_a$ und $1/\omega \mathrm{T}_k = \omega L_a$. Dann ist

$$Z_a^* = \frac{R_a}{2} + \frac{\frac{L_a}{C_k}}{2 R_e}. \tag{8.44}$$

Der Imaginärteil von Gl. (8.44) verschwindet nur für eine Frequenz. Als Frequenz können wir die niedrigste Harmonische des Nacheilstromes, bei Netzfreqûenz somit 300 Hz wählen. Die Bemessung des Kompensationsgliedes ist jedoch nicht kritisch. Der Kondensator C_k wird meist größer gewählt, während der Kompensationswiderstand im allgemeinen im Bereich $0{,}5\, R_a < R_k < 1{,}5\, R_a$ liegt.

Da sich der Nacheilstrom nur bei unabhängiger Kommutierung der einzelnen Drosseln ausbilden kann, erstrekt sich der Kippbereich beim dreiphasigen Transduktor nur auf die untere Hälfte der Arbeitskennlinie. In Abb. 8.28a ist die Kennlinie eines induktiv belasteten dreiphasigen Transduktors wiedergegeben. Ein Maß der Durchlässigkeit des Steuerkreises für den Ausgleichsstrom i_{sn} ist der auf eine Windung bezogene Leitwert

$$m = \frac{N_s^2}{R_s}. \tag{8.45}$$

Die stark ausgezogene Kennlinie ($m = 1100$) gilt für den kurzgeschlossenen Steuerkreis. Es zeigt sich in der unteren Hälfte der Arbeitskennlinie ein breiter Kippbereich. Die strichpunktierte Arbeitskennlinie erhalten wir, wenn der Steuerkreis durch einen großen Steuerkreiswiderstand nahezu gesperrt ist ($m = 50$). Der Kippbereich schrumpft auf einen steilen Kennlinienast zusammen.

Durch eine Verkleinerung des bezogenen Leitwertes m von 1100 auf 800 wird, wie in Abb. 8.28b die strichpunktierte Kennlinie zeigt, der Kippbereich nur eingeengt. Durch ein Kompensationsglied mit einer Zeitkonstanten von $T_k = R_k C_k = 30\ ms$ läßt sich die Arbeitskennlinie

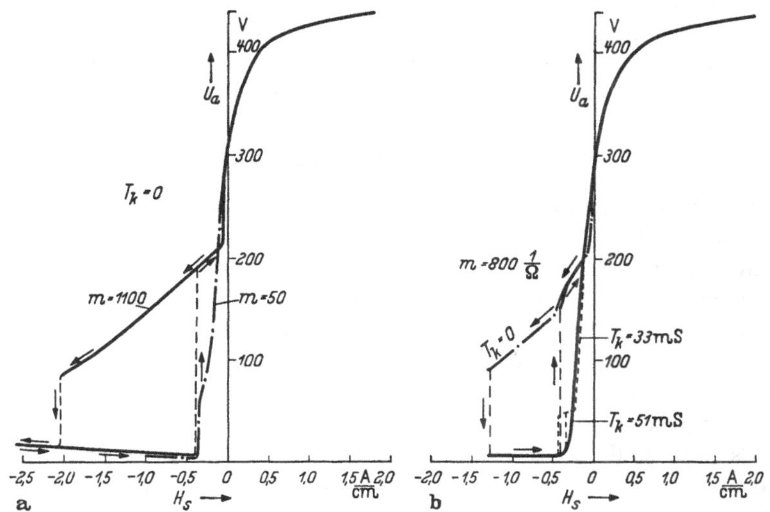

Abb. 8.28. Kippbereich des dreiphasigen Transduktors bei induktiver Belastung

teilweise stabilisieren. Nur im Anschluß an den unteren Knick ist noch eine kleine Schleife vorhanden. Erst durch Erhöhung der Kompensationszeitkonstanten auf $T_k = 50\ ms$ wird der Kippbereich vollständig beseitigt, und es ergibt sich die voll ausgezogene stabile Arbeitskennlinie. Die Kompensationskapazität C_k ist hier wesentlich größer als der Bemessungsvorschrift $1/\omega C_k = \omega L_a$ entspricht. Bei $T_k = 50\ ms$ wird $\frac{1}{\omega C_k} \ll R_k$, so daß näherungsweise gilt:

$$\frac{1}{Z_a} \approx \frac{1}{R_a + j\,\omega L_a} + \frac{1}{R_k}, \tag{8.46}$$

$$Z_a \approx \left(\frac{1}{1 + \frac{R_k}{R_a + j\,\omega L_a}}\right). \tag{8.47}$$

Im vorliegenden Fall ergibt sich das zweite Glied im Nenner für $f = 300$ Hz zu $(-j\,0{,}05)$. Die Belastungsimpedanz ist somit für sämtliche Harmonische des Ausgangsstromes praktisch reell und der Transduktor hat eine der reinen Wirkbelastung entsprechende Arbeitskennlinie.

Zusammenfassend stellen wir somit fest: Bei induktiver Belastung des dreiphasigen Transduktors wird die Welligkeit des Ausgangsstromes herabgesetzt und die Welligkeit der Ausgangsspannung vergrößert. Ein Kippen des Transduktors infolge der induktiven Belastung kann nur in der unteren Hälfte der Arbeitskennlinie erfolgen, in der im Idealfall bei Wirkbelastung und vernachlässigbarer Sättigungspermeabilität lückender Strom fließt. In diesem Bereich ist freie Kommutierung vorhanden. Die Kipperscheinung läßt sich durch Verkleinerung des auf eine Windung bezogenen Steuerkreis-Leitwertes m und durch ein parallel zur Belastung liegendes Kompensationsglied beseitigen.

8.38 Oberwellen

Die Oberwellen der Ausgangsspannung eines Transduktors stellen in fast allen Fällen eine unerwünschte Nebenerscheinung dar. Sie rufen in allen Verbrauchern zusätzliche Verluste hervor oder beeinträchtigen — wie bei dem Gleichstrommotor — die Belastbarkeit. Wenn notwendig, müssen die Spannungsoberwellen durch Glättungsglieder verkleinert werden. Bei größeren Leistungen beschränkt man sich, wegen des hohen Aufwandes für das Glättungsglied, auf eine in Reihe mit dem Verbraucher geschaltete Glättungsdrossel.

Es ist deshalb zweckmäßig, die Welligkeit der Ausgangsspannung des Transduktors möglichst klein zu halten. Wie bei einem gittergesteuerten Stromrichter, lassen sich die Oberwellen der Ausgangsspannung nur durch die Erhöhung der Phasenzahl verkleinern. Von den einphasigen Transduktorschaltungen kommen nur die Zweiweganordnungen in Frage. Bei den dreiphasigen Transduktoren hat die Sternschaltung wegen der relativ großen Welligkeit der Ausgangsspannung nur geringe praktische Bedeutung. Im wesentlichen wird die Drehstrom-Brückenschaltung angewendet.

Die Größe der k-ten Oberwelle der Ausgangsspannung ist unabhängig von der Phasenzahl des Transduktors. Die 6. Harmonische muß deshalb unter der Annahme idealer Drosseln bei der einphasigen und der dreiphasigen Brückenschaltung gleich sein. Die dreiphasige Anordnung besitzt trotzdem eine kleinere Welligkeit, da nur die durch die doppelte Phasenzahl teilbaren Harmonischen auftreten können. Die Ausgangsspannung der Einphasenbrücke enthält somit alle geradzahligen Harmonischen, während U_a der Dreiphasenbrücke nur die 6, 12, 18, 24, usw. Harmonische zeigt (volle Symmetrie vorausgesetzt).

Zunächst werden ideale Drosseln ohne Restinduktivität angenommen, so daß wir bei voller Aussteuerung die gleiche Ausgangsspannung, wie bei der entsprechenden Gleichrichterbrücke, erhalten. Die k-te Spannungsoberwelle hat dann den Effektivwert

$$U'_{ak} = \frac{\sqrt{2}}{k^2 - 1} \cdot U_{am} \,. \tag{8.48}$$

Die Oberwellen nehmen im Quadrat ihrer Ordnungszahl ab. Ist der Transduktor nicht voll ausgesteuert, so steigt, wie man aus den Oszillogrammen Abb. 8.19 ersehen kann, die Welligkeit an. Bei einer Teilaussteuerung auf U_a wird der Effektivwert der k-ten Spannungsoberwelle gleich

$$U_{ak} = \frac{\sqrt{2}}{k^2 - 1} \sqrt{k^2 - (k^2 - 1) \frac{U_a}{U_{am}}} \cdot U_{am} \,. \tag{8.49}$$

Die Phasenzahl ist in Gl. (8.49) nicht enthalten. Die Oberwellen sind somit unabhängig von der Transduktorschaltung.

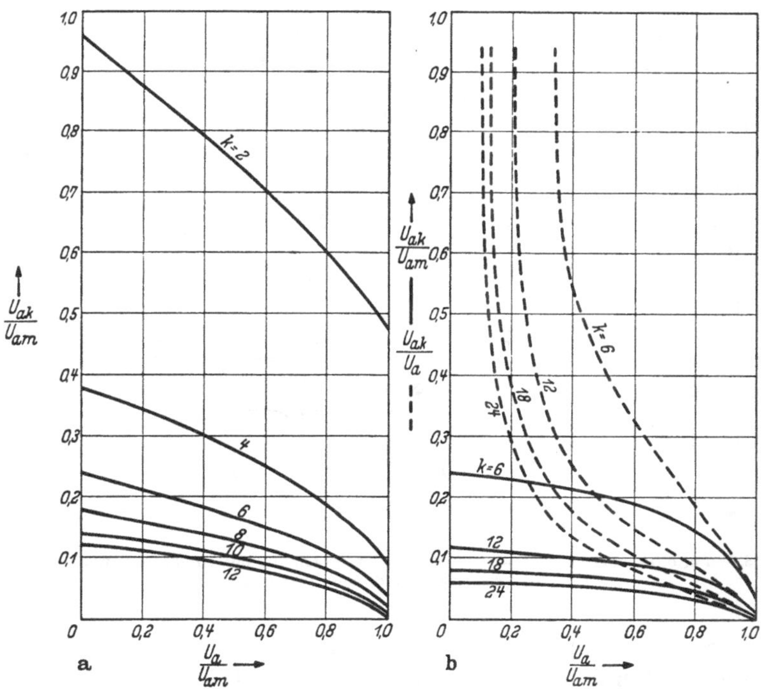

Abb. 8.29 a u. b. Die Oberwellen der Ausgangsspannung der einphasigen (a) und der dreiphasigen (b) Brückenschaltung ($L_{sg} = 0$)

In Abb. 8.29 sind die nach Gl. (8.49) berechneten Oberwellen in Abhängigkeit von der bezogenen Ausgangsspannung U_a/U_{am} aufgetragen. Das Diagramm a zeigt die Oberwellen des einphasigen Transduktors, das Diagramm b die des dreiphasigen Transduktors. Die gestrichelten Kennlinien stellen die auf die Ausgangspannung U_a bezogenen Oberwellenspannungen dar.

Die tatsächlichen Oberwellen der Ausgangsspannung des Transduktors weichen erheblich von dem theoretischen Verlauf ab. Da sie von der Art der Belastung abhängen, müssen wir die Fälle Wirklast und induktive Belastung getrennt betrachten. Nach den Oszillogrammen Abb. 8.19 enthält die Wechselkomponente der Ausgangsspannung fast nur die 6. Harmonische. Die anderen Frequenzen können deshalb vernachlässigt werden. Abb. 8.30 zeigt für Wirkbelastung die gemessene

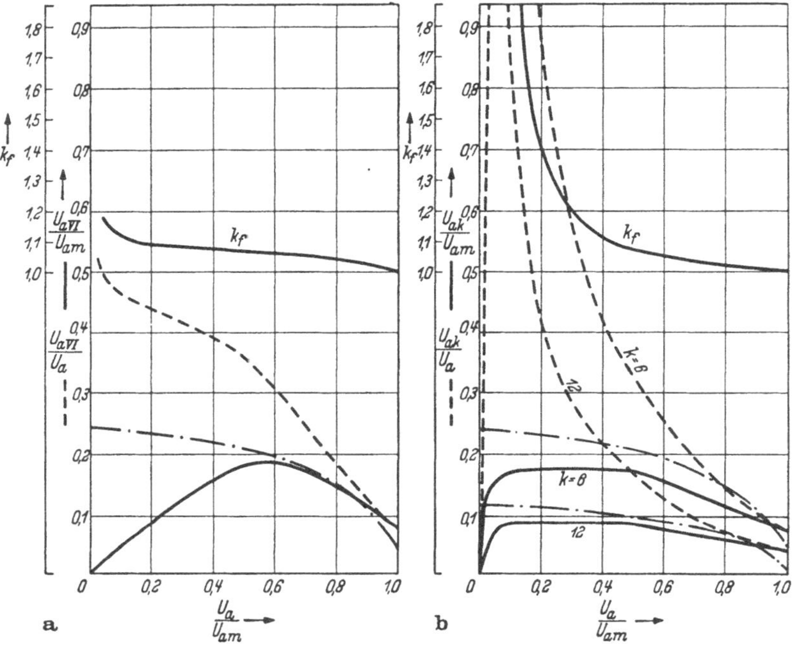

Abb. 8.30 a u. b. Gemessene Oberwellen der Ausgangsspannung der Dreiphasen-Brückenschaltung bei Wirkbelastung (a) und induktiver Belastung (b)

6te Harmonische in Abhängigkeit von U_a/U_{am}. Strichpunktiert ist der theoretische Verlauf nach Gl. (8.49) eingezeichnet. Die gemessene Kennlinie weicht vor allen Dingen bei kleiner Aussteuerung erheblich von dem theoretischen Verlauf ab. In diesem Bereich, in dem eigentlich lückender Strom auftreten müßte, wird durch die Sättigungsinduktivität der Drosseln die Ausgangsspannung gut geglättet.

Anders liegen die Verhältnisse bei induktiver Belastung. Durch die Belastungsinduktivität ist auch im unteren Teil der Arbeitskennlinie, d. h. bei kleiner Aussteuerung des Transduktors, der Arbeitsstrom und damit der Drosselstrom weitgehend glatt, so daß durch die Sättigungsinduktivität nur eine geringe zusätzliche Glättung der Ausgangsspannung erfolgt. Nach den Oszillogrammen Abb. 8.26 hat die Wechselkomponente der Ausgangsspannung annähernd die Form einer Sägezahnkurve. Die

k-te Oberwelle einer solchen Kurve hat den Effektivwert

$$U_{ak} = \frac{u_{am} - u_{a\,\min}}{\sqrt{2}\,\pi\,\frac{k}{6}}. \tag{8.50}$$

Die Oberwellen nehmen jetzt umgekehrt proportional der Ordnungszahl ab. In Abb. 8.30b ist der Verlauf der 6. und 12. Harmonischen angegeben. Er entspricht in etwa dem strichpunktierten theoretischen Verlauf. Werden an den Transduktor parallel mehrere Verbraucher angeschlossen, von denen ein Teil induktiver Art ist, so erhalten die restlichen Verbraucher eine Gleichspannung mit größerer Welligkeit.

Ein Maß für die Welligkeit liefert der Formfaktor k_f. Er stellt das Verhältnis des Gesamteffektivwertes einschließlich Oberwellen zum Mittelwert dar.

$$k_f = \sqrt{\frac{U_a^2 + U_{a6}^2 + U_{a12}^2 + U_{a18}^2 + \cdots}{U_a}}. \tag{8.51}$$

Die Formfaktoren für beide Belastungsfälle sind in Abb. 8.30a und b eingetragen. Im Fall induktiver Belastung steigt der Formfaktor bei kleiner Aussteuerung stark an. Bei maximaler Ausgangsspannung ergeben sich für Wirk- und Blindlast gleiche Formfaktoren.

8.39 Zeitverhalten

Die dynamischen Eigenschaften der dreiphasigen Transduktoren stimmen weitgehend mit denen der einphasigen Schaltungen überein. Infolge der größeren Kommutierungszahl je Periode vergeht bei einer plötzlichen Änderung des Steuerstromes eine kürzere Zeit, bis die Sättigung der folgenden Drossel einsetzt. Die Totzeit bis zur ersten Änderung der Ausgangsgröße ist deshalb kleiner.

Zur Ermittlung der Zeitkonstanten wird auch hier angenommen, daß die Übergangsfunktion sich über viele Perioden der Speisespannung erstreckt. Dann genügt es, die Mittelwerte des Flusses und der elektrischen Größen zu betrachten. In der Drehstrombrückenschaltung sind sechs Steuerwicklungen in Reihe geschaltet. Ist Φ_M der mittlere Fluß nach Abb. 8.08, so wirkt bei einer kleinen Änderung des Steuerstromes ΔI_s die Induktivität

$$L = 6\,N_s\,\frac{\Delta\Phi_M}{\Delta I_s}. \tag{8.52}$$

Durch den Steuerstrom wird mit Φ_s der kleinste Fluß festgelegt, den der Augenblickswert des Wechselflusses annehmen kann. Es ist somit

$$\Delta\Phi_M = \frac{1}{2}\,(\Phi_{s1} - \Phi_{s2}). \tag{8.53}$$

Nach Gl. (6.31) ändert sich durch $\Delta\Phi_M$ die Ausgangsspannung unter der Berücksichtigung, daß in einer Halbwelle der Wechselspannung drei Kommutierungsvorgänge erfolgen, um

$$\Delta U_a = 6N_a f(\Phi_{s1} - \Phi_{s2}) = 12N_a f \Delta\Phi_M. \tag{8.54}$$

Gl. (8.54) in Gl. (8.52) eingesetzt und durch R_s dividiert ergibt:

$$T = \frac{1}{2f}\frac{N_s}{N_a}\frac{\Delta U_a}{\Delta I_s}\frac{1}{R_s} \tag{8.55}$$

oder

$$T = \frac{1}{2f}\frac{\Delta U_a}{\Delta\Theta_s}\frac{1}{N_a}\frac{N_s^2}{R_s} = \frac{1}{2f}\frac{\Delta U_a}{\Delta\Theta_s}\frac{1}{N_a}m\,. \tag{8.56}$$

Die Zeitkonstante ist auch hier proportional dem auf eine Windung bezogenen Steuerkreis-Leitwert m. Mit Gl. (8.56) kann sie aus der gemessenen Arbeitskennlinie ermittelt werden. Eine Zeitkonstante läßt sich jedoch nur im linearen Bereich der Arbeitskennlinie, in dem die Steigung $\Delta U_a/\Delta\Theta_s$ konstant ist, definieren. Die ermittelte Zeitkonstante kann auch nicht für eine andere Speisefrequenz proportional umgerechnet werden. Eine höhere Frequenz bedingt größere Wirbelstromverluste, die die Koerzitivkraft vergrößern. Infolge der breiteren Hystereseschleife erfolgt eine Verschiebung und Verflachung der Arbeitskennlinie.

Bei kleinen Zeitkonstanten, die im Bereich einer Periode der Wechselspannung liegen, ist es nicht mehr zulässig, mit den Mittelwerten zu rechnen. Die Abb. 6.23 zeigt für den einphasigen Transduktor den zeitlichen Verlauf der Flüsse und der Ausgangsspannung, wenn an der Steuerwicklung eine konstante Spannung U_s liegt und der Spannungsabfall am Kupferwiderstand vernachlässigt wird. Die Konstruktion läßt sich auf den dreiphasigen Transduktor sinngemäß übertragen. Da in den Sättigungsbereichen immer $^1/_3$ aller Drosseln gesättigt sind, beträgt die Steigung in diesen Abschnitten $^3/_2$ der Steigung der in den Ummagnetisierungsbereichen.

Mit kleiner werdendem m, also wachsendem Steuerkreiswiderstand R_s, wird dem Transduktor der Steuerstrom immer mehr aufgezwungen, so daß bei einer plötzlichen Änderung der Steuerspannung der Steuerstrom sprunghaft folgt. Mit dem Steuerkreis sind meist andere Kreise, zumindest der Vorstromkreis, induktiv gekoppelt, in denen ein Ausgleichsstrom fließt, der die Änderung der Flußaussteuerung verzögert (siehe Abb. 6.22).

Abb. 8.31 zeigt die Oszillogramme von Übergangsfunktionen eines dreiphasigen Transduktors. Im Steuerkreis liegt ein großer Widerstand, so daß sich ein bezogener Leitwert von $m = 11$ ergibt. Das Oszillogramm a gilt für die Aussteuerung im linearen Bereich der Kennlinie, bei dem Oszillogramm b wird vom vollständig geschlossenen Transduktor ausgegangen und bis in den Sättigungsknick ausgesteuert. Durch den großen Steuerkreiswiderstand steigt der Steuerstrom i_s praktisch ohne Zeitverzögerung, entsprechend der Steuerspannung U_s, an. Die Zeitkonstante nach Gl. (8.56) ist somit null. Die Ausgangsspannung folgt dagegen nicht sofort der Steuerstromänderung. Es vergeht eine Totzeit T_t von ca. 7 *ms*, bis u_a ansteigt. Der Transduktor erreicht bei Aussteuerung im linearen Bereich nach weiteren 20 *ms*, d. h. nach einer Periode der Speisespannung, seinen Endwert. Im Fall b erfolgt der Übergang, wegen der größeren Steuerspannung, noch schneller. In beiden Fällen unterscheiden sich beim Schließen und Öffnen Totzeit und Übergangszeit nur unwesentlich.

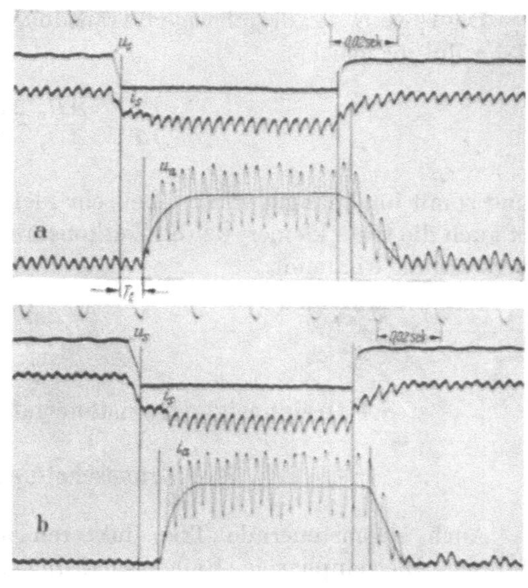

Abb. 8.31 a u. b. Stoßübergangsfunktionen eines dreiphasigen Transduktors bei erzwungenem Steuerstrom

Über die Steuerwindungszahl und den Steuerkreiswiderstand läßt sich nach Gl. (8.56) die Zeitkonstante beeinflussen. In Abb. 8.32 zeigt die voll ausgezogene Kurve die Abhängigkeit der gemessenen Zeitkonstante von $1/m$ (Aussteuerung im linearen Bereich). Sie ist in Perioden der Speisespannung angegeben. Die gestrichelte Kurve gibt die Zeitkonstante nach Gl. (8.56) an. Wir sehen, daß bei Zeitkonstanten kleiner als 5 Perioden, der gerechnete Wert zu klein ist. Eine Verkleinerung der Zeitkonstante

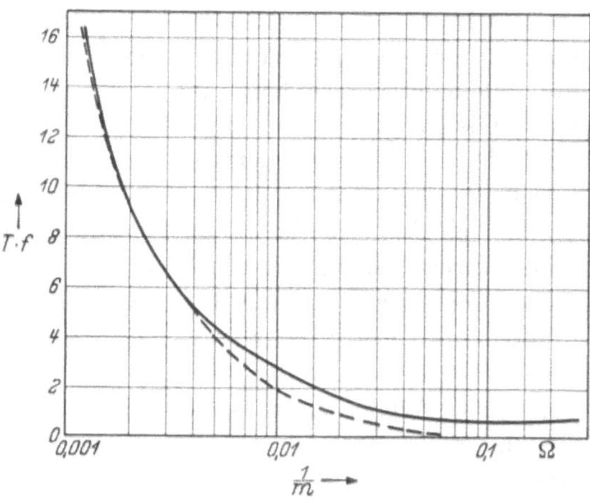

Abb. 8.32. Zeitkonstante eines dreiphasigen Transduktors in Abhängigkeit vom bezogenen Steuerkreiswiderstand

unter zwei Perioden erfordert ein sehr kleines m und damit eine kleine Leistungsverstärkung. Die kleinste, mit wirtschaftlichen Mitteln zu erreichende Zeitkonstante liegt bei ca. zwei Perioden.

Die Güte G des dreiphasigen Transduktors ist wie beim einphasigen Transduktor gleich

$$G = \frac{V_p}{f\,T} = \frac{\Delta U_a}{\Delta \Theta_s} \frac{2\,N_a}{R_a} \tag{8.57}$$

und somit unabhängig von m. Bei sehr kleinen Zeitkonstanten wird mit m auch die Güte kleiner, da die Zeitkonstante weniger als die Leistungsverstärkung abnimmt.

8.4 Dreiphasige stromsteuernde Transduktoren

8.41 Grundschaltungen

Auch stromsteuernde Transduktoren lassen sich dreiphasig ausführen. Die einphasige Reihenschaltung mit erzwungener Magnetisierung hat allerdings nach erfolgter Gleichrichtung eine so geringe Welligkeit, daß auch die dreiphasige Ausführung keine bessere Kurvenform liefern kann.

Die in den vorhergehenden Abschnitten betrachteten dreiphasigen spannungssteuernden Transduktoren setzen sich alle aus Selbstsättigungselementen, bestehend aus der Reihenschaltung einer Drossel und eines Gleichrichters, zusammen. Durch Fortlassen des Gleichrichters wird der spannungssteuernde Transduktor in einen stromsteuernden überführt. Aus der spannungssteuernden Sternschaltung in Abb. 8.06a ergibt sich dadurch die stromsteuernde Sternschaltung in Abb. 8.33a. Eine Sternschaltung mit Wechselstromausgang unter Verwendung von sechs Drosseln zeigt Abb. 8.33 b. Die Belastung wird gleichmäßig auf die drei Phasen verteilt. Hier ist wegen der vollständigen Entkopplung der Steuerkreis nicht an der Wechseldurchflutung beteiligt. Die Ankoppelung des Arbeitswiderstandes kann auch, wie in a gezeigt, erfolgen. Gleiche Windungszahlen vorausgesetzt, ist dann der Strom über den Arbeitswiderstand gleich dem dreifachen Steuerstrom.

Eine abgewandelte Sternschaltung wird in Abb. 8.33c dargestellt. Der Arbeitswiderstand R_a liegt nicht direkt im Arbeitskreis, sondern ist über einen Anpaßtransformator bei dreiphasiger Einweggleichrichtung angeschlossen. Diese Schaltung hat Vorteile, wenn sich die an R_a liegende Nennspannung wesentlich von der Speisespannung unterscheidet.

Bei der Schaltung nach Abbildung 8.33d kann auf eine besondere Steuerwicklung verzichtet werden. Die Steuerspannungsquelle liegt direkt an den Arbeitswicklungen. Für jede Phase sind zwei Drosseln vorhanden, die in bezug auf die Steuerspannung gegeneinander geschaltet sind. Der Steuerkreis führt ohne Vormagnetisierung keinen Wechselstrom. Die Speisespannung liegt an der Primärseite eines Transformators, dessen Sekundärwicklungen in die Verbindung zwischen den Verstärkerdrosseln und dem Arbeitsgleichrichter eingeschleift sind.

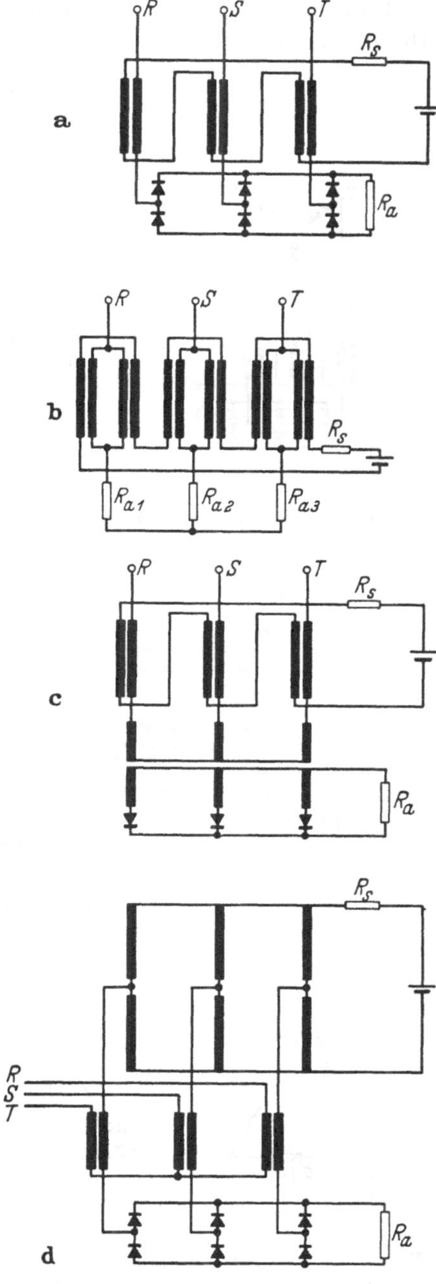

Abb. 8.33 a–d. Grundschaltungen dreiphasiger stromsteuernder Transduktoren

8.42 Sternschaltung

In dem dreiphasigen stromsteuernden Transduktor sind im allgemeinen die Magnetisierungsvorgänge, wegen der engen Kopplung zwischen Arbeits- und Steuerdurchflutung, unübersichtlicher als bei den entsprechenden spannungssteuernden Anordnungen. Wir wollen uns deshalb auf die Untersuchung der stromsteuernden Sternschaltung mit drei Drosseln beschränken. In der Abbildung 8.34a wird noch einmal die Schaltung mit dem Dreiphasensystem angegeben. Die in Diagramm b wiedergegebene Arbeitskennlinie hat aus null heraus die Steigung zwei, d. h. die Arbeitsdurchflutung $I_a N_a$ ist doppelt so groß wie die Steuerdurchflutung. Bei 0,55 $I_{am} N_a$ knickt die Arbeitskennlinie dann ab und nimmt die Steigung 1 an. Dieser dreiphasige stromsteuernde

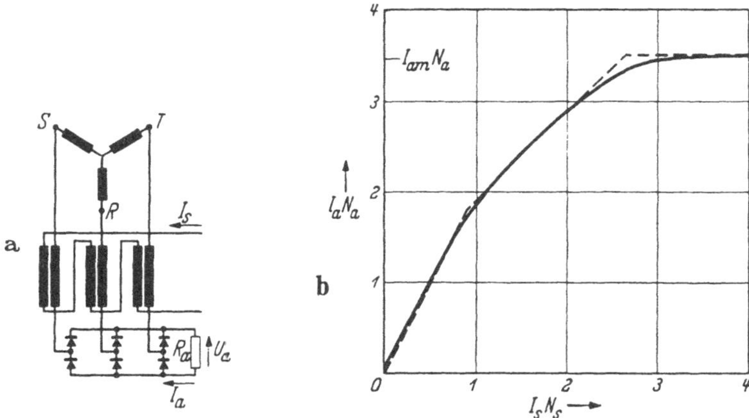

Abb. 8.34 a u. b. Durchflutungskennlinie der dreiphasigen stromsteuernden Sternschaltung

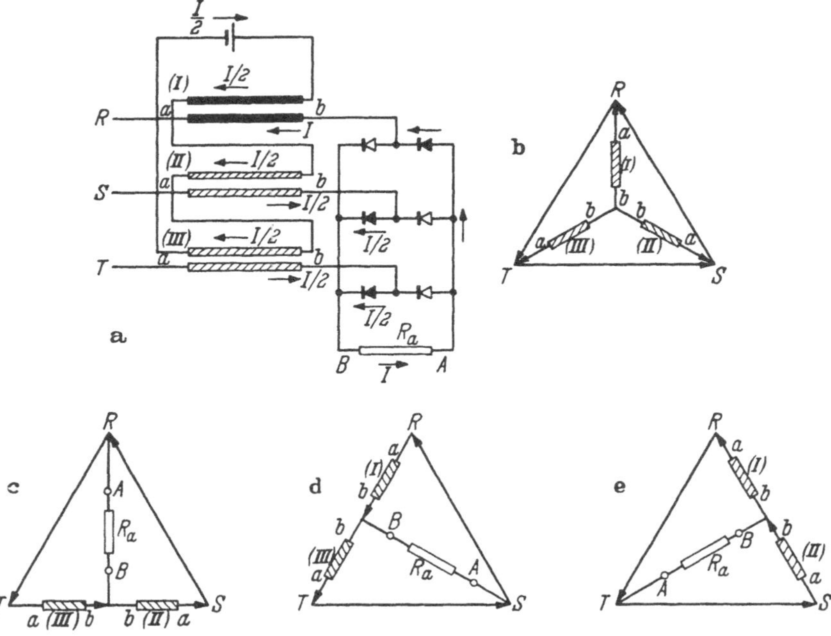

Abb. 8.35 a – e. Verlauf des Sättigungsstromes bei kleiner Aussteuerung

Transduktor läßt sich somit nicht über seinen ganzen Aussteuerbereich als Gleichstromwandler verwenden, da das Übersetzungsverhältnis von dem Arbeitspunkt abhängt.

Zunächst wird der Magnetisierungsvorgang bei kleiner Steuerdurchflutung betrachtet. In dem Bereich $I_a = 0 \ldots 0{,}55\, I_{am}$ ($I_{am} = 3/\pi \cdot \hat{U}_h/R_a$ ist der Strom bei vollständiger Sättigung aller Drosseln und kann wesentlich größer als der thermisch zulässige Strom sein) ist immer nur eine Drossel gesättigt. Die Abb. 8.35a zeigt die Sternschaltung für den Fall, daß sich die Drossel (I) in der Phase R in Sättigung befindet. Die nicht gesättigten Drosseln sind schraffiert, die gesperrten Gleichrichter nicht ausgefüllt. Die Pfeile geben den Verlauf des Sättigungsstromes an. Der durch die Drossel (I) fließende Strom teilt sich und durchfließt zu gleichen Teilen die Drosseln (II) und (III). Diese ungesättigten Drosseln können den Strom $I/2$ nur führen, wenn in ihren Steuerwicklungen ein entgegengesetzt gleicher Strom fließt (gleiche Windungszahlen vorausgesetzt). Entsprechend ihrem Magnetisierungszustand muß die Summe der Durchflutungen null sein. Durch die ungesättigten Drosseln wird somit das Durchflutungsverhältnis

$$I_a N_a = 2 I_s N_s \tag{8.58}$$

erzwungen.

Ist der Steuerstrom null und deshalb keine der Drosseln gesättigt, so bilden sie, wie in Abb. 8.35b gezeigt, einen symmetrischen Sternpunkt. Geht nun die Drossel (I) in Sättigung, so wird der Punkt A mit der Phase R verbunden. Der Punkt B dagegen liegt an den Anschlüssen b der Drosseln (II) und (III), die in Reihe an der verketteten Spannung U_{ST} angeschlossen sind. Nach Diagramm c gilt

$$U_a = U_{TR} \hat{+} \frac{U_{ST}}{2} \quad \text{(Drossel I gesättigt)}\,.$$

An die Sättigung der Drossel (I) schließt sich ein Bereich an, in dem sich keine der Drosseln in Sättigung befindet. Nach 120° geht die Drossel (II) in den gesättigten Zustand über und es gilt das in d dargestellte Dreiphasensystem. Der Arbeitsstrom wird jetzt über die ungesättigten Drosseln (I) und (III) zurückgeführt. Die Ausgangsspannung wird mit

$$U_a = U_{RS} \hat{+} \frac{U_{TR}}{2} \quad \text{(Drossel II gesättigt)}$$

abgelesen. Nach weiteren 120° geht die Drossel III in Sättigung. In Abb. 8.35 gilt hierfür das Zeigerdiagramm e. Die Ausgangsspannung ergibt sich jetzt zu

$$U_a = U_{ST} \hat{+} \frac{U_{RS}}{2} \quad \text{(Drossel III gesättigt)}\,.$$

Damit kann der in Abb. 8.36a, b und c gezeigte zeitliche Verlauf der Drosselspannung $u_{d\,\mathrm{I}}$, $u_{d\,\mathrm{II}}$ und $u_{d\,\mathrm{III}}$ angegeben werden.

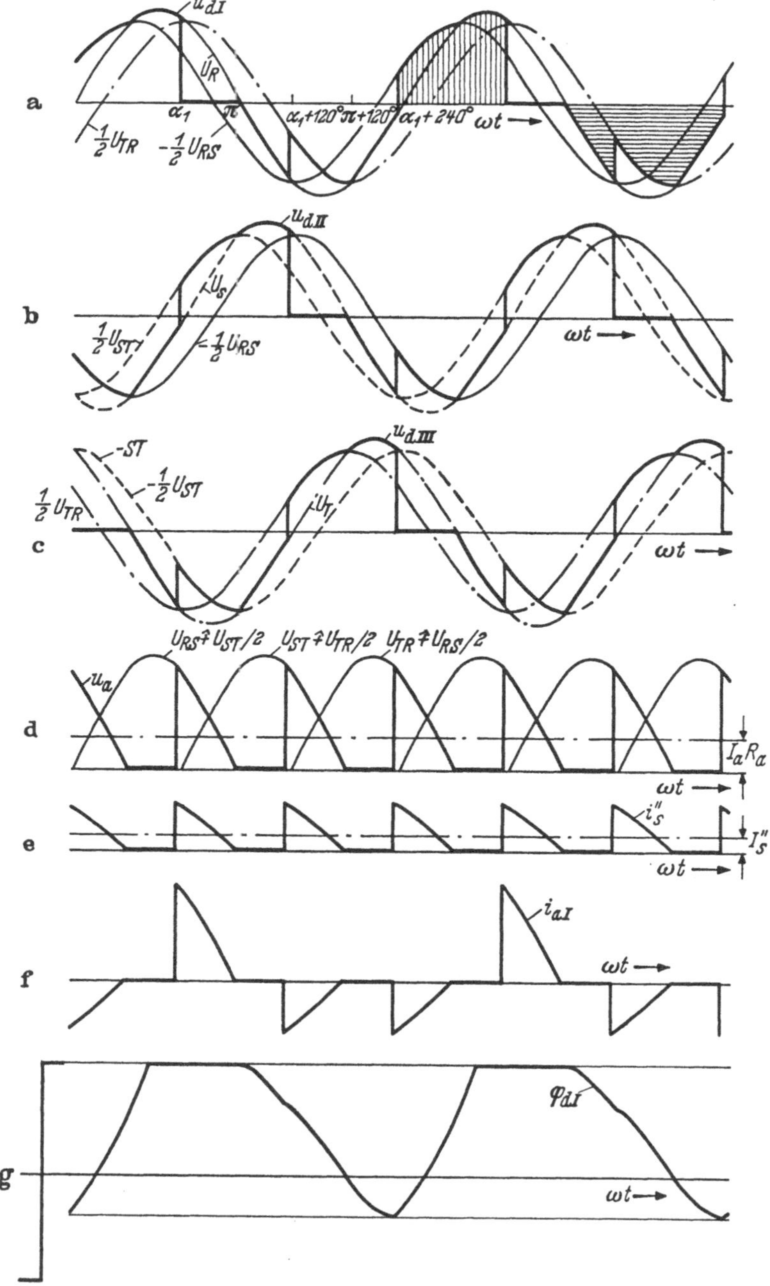

Abb. 8.36 a – g. Magnetisierungsvorgang der stromsteuernden Sternschaltung für kleine Aussteuerung nach MILNES [96]

Betrachten wir den Verlauf von u_{dI}. Die Drossel geht im Winkel α_1 in Sättigung. Bei π ist die Sättigungsphase beendet. Es folgt nun ein Bereich von π bis $\alpha_1 + 120°$, in dem alle Drosseln ungesättigt sind. An jeder Drossel liegt deshalb die zugehörige Phasenspannung. Dieser Zustand findet bei $\alpha_1 + 120°$ sein Ende, da in diesem Winkel die Drossel (II) gesättigt wird. An der Drossel (I) wirkt jetzt die Spannung $^1/_2\, U_{TR}$ weiter abmagnetisierend, bis bei $\pi + 120°$ wieder alle Drosseln ungesättigt sind und deshalb an der Drossel I die Spannung U_R wirksam wird. Durch die Sättigung der Drossel (III) bei $\alpha_1 + 240°$ springt die an der Drossel I liegende Spannung auf $(-^1/_2) \cdot U_{RS}$. Diese Spannung sorgt jetzt für die Aufmagnetisierung der Drossel (I), die nach der Endsättigung der Drossel (III) von der Phasenspannung U_R vollendet wird. Bei $\alpha_1 + 2\pi$ erfolgt abermals die Sättigung von Drossel (I). Die Spannungen an den Drosseln (II) und (III) haben den gleichen Verlauf, wie die an der Drossel (I), nur sind sie gegen diese um 120° bzw. 240° zeitlich verschoben.

Das Diagramm d zeigt den zeitlichen Verlauf der Ausgangsspannung U_a. Wie aus dem Zeigerdiagramm Abb. 8.35 zu ersehen ist, wirkt an R_a im Sättigungsbereich immer die Phasenspannung der gesättigten Drossel, vermehrt um die halbe verkettete Spannung, an der die beiden nichtgesättigten Drosseln liegen. Da reine Wirkbelastung vorliegt, hat der Ausgangsstrom die gleiche Kurvenform wie die Ausgangsspannung.

Der in Abb. 8.36e dargestellte Verlauf des Steuerstromes ergibt sich aus der Bedingung, daß in den ungesättigten Drosseln die Summe der Durchflutungen null sein muß. Stellt d gleichzeitig den Verlauf des Arbeitsstromes dar, so müssen die Stromimpulse im Steuerkreis die gleiche Kurvenform und halbe Amplitude haben. Von der Steuerspannungsquelle muß die Gleichstromkomponente I_s'' aufgebracht werden. In Abb. 8.36f ist der zeitliche Verlauf des über die Drossel (I) fließenden Stromes wiedergegeben. Die positiven Stromimpulse entsprechen dem Sättigungsstrom der Drossel, während die negativen Stromspitzen den anteiligen Sättigungsstrom der beiden anderen Drosseln darstellen. Aus dem in a wiedergegebenen Verlauf der an der Drossel liegenden Spannung ergibt sich nach dem Induktionsgesetz durch Integration der in g dargestellte Verlauf des Flusses.

Wird durch Vergrößerung des Steuerstromes $I_a > 0{,}55\, I_{am}$, so ändert sich der Magnetisierungsvorgang, da jetzt zeitweise zwei Drosseln gleichzeitig gesättigt sind. Die Abb. 8.37a zeigt das Schaltbild für den Fall, daß sich die Drossel (I) und die Drossel (III) in Sättigung befinden. Von beiden führt aber nur die Drossel (I) einen Sättigungsstrom. Bei der Drossel (III) sind beide Gleichrichter t_a und t_b in Sperrichtung beaufschlagt und lassen deshalb keinen Strom durch. Der Sättigungsstrom der Drossel (I) schließt sich über die Drossel (II) nach der Phase S. Da die Drossel (II) ungesättigt ist, muß bei ihr die Summe der Durchflutungen null sein, d. h. der Steuerkreis hat eine entgegengesetzt gleiche Durchflutung aufzubringen. Daraus ergibt sich die Bedingung

$$I_a N_a = I_s N_s \tag{8.59}$$

An Hand der Zeigerdiagramme Abb. 8.37 b bis g wollen wir nun in sechs Teilabschnitten den Magnetisierungsvorgang während einer Periode der Speisespannung verfolgen. In b befindet sich die Drossel I in Sättigung und führt Sättigungsstrom, der über R_a und die Drossel (II) von S

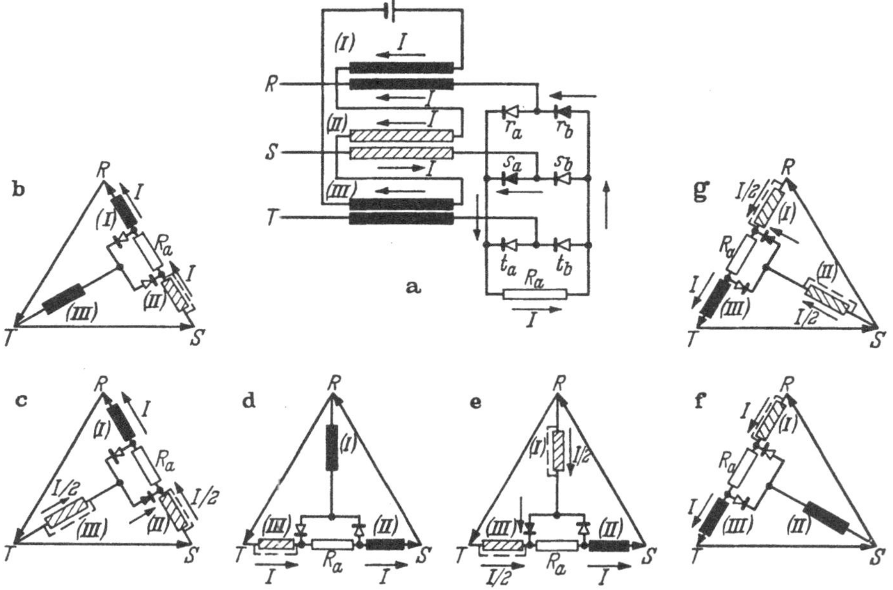

Abb. 8.37 a–f. Verlauf des Sättigungsstromes bei großer Aussteuerung

zufließt. Die gestrichelte Linie an der ungesättigten Drossel soll andeuten, daß die Induktivität dieser Drossel unwirksam wird, da sie der Steuerkreis kurzschließt. Die Drossel (III) ist ebenfalls gesättigt, führt aber keinen Strom, da ihre Gleichrichter t_a und t_b gesperrt sind.

Im Zeitpunkt c wirkt an der Drossel (III) eine negative Spannung-Zeitfläche, so daß sie aus der Sättigung kommt, während der Gleichrichter t_a öffnet. Der Sättigungsstrom der Drossel I schließt sich nun wieder zu gleichen Teilen über die Drossel (II) und (III). Es liegen jetzt die gleichen Verhältnisse, wie im Anfangsbereich der Arbeitskennlinie, vor. Während die Spannung $-U_{TS}/2$ bei der Drossel (III) abmagnetisierend

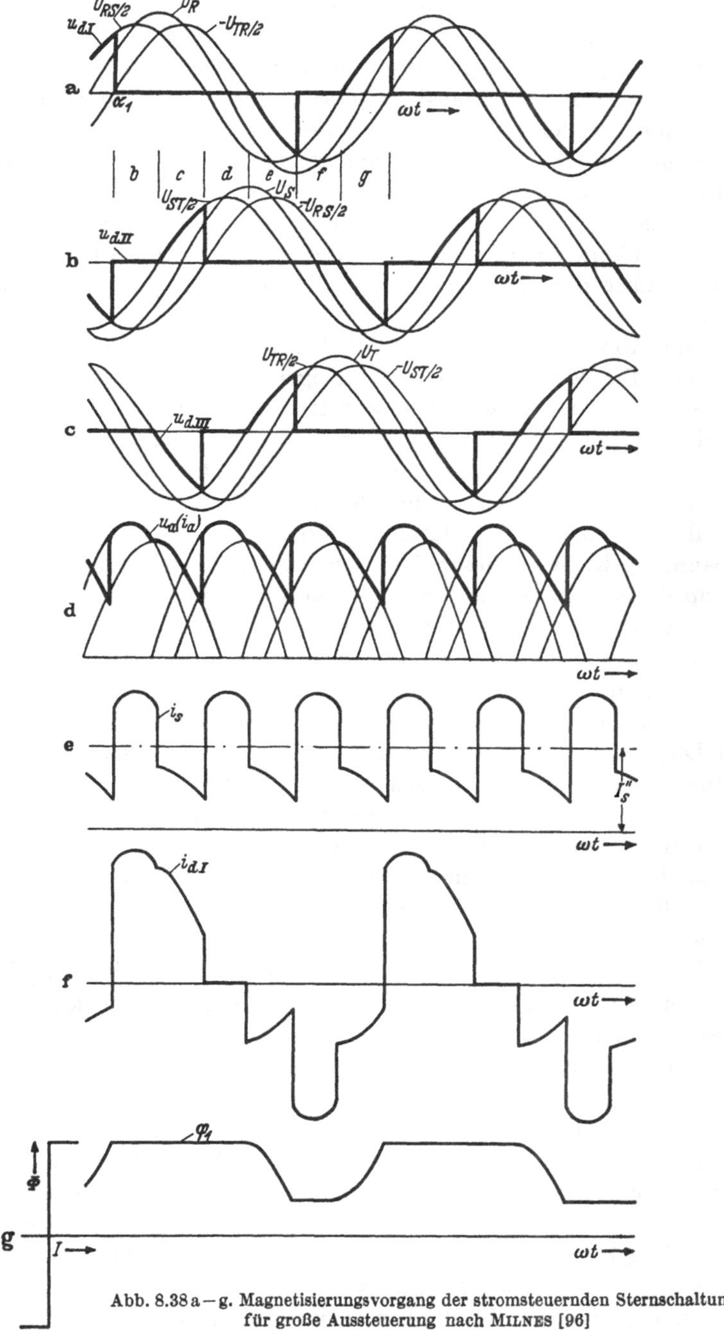

Abb. 8.38 a – g. Magnetisierungsvorgang der stromsteuernden Sternschaltung für große Aussteuerung nach MILNES [96]

wirkt, sorgt die andere Hälfte der Spannung U_{ST} bei der Drossel (II) für die Aufmagnetisierung, bis diese in Sättigung geht.

Danach gilt das Zeigerdiagramm d. Jetzt führt die Drossel (II) den Sättigungsstrom, während die Drossel (III), die ungesättigt ist, für das Durchflutungsgleichgewicht sorgt. Hieran schließt sich, wie in e wiedergegeben, ein Abschnitt an, in dem sowohl die Drossel (I) wie auch die Drossel (III) ungesättigt sind und je die Hälfte des Sättigungsstromes der Drossel (II) führen. Die Zeigerdiagramme f und g gelten für die folgenden Zeitabschnitte, in denen die Drossel (III) gesättigt ist und der Strom über die Drossel (I) bzw. die Drossel (I) und (II) zugeführt wird.

Die Abb. 8.38 zeigt den zeitlichen Verlauf der Spannungen und Ströme. Die Kurven a, b und c zeigen die Spannungen an den drei Drosseln. Die den einzelnen Abschnitten zugeordneten Zeigerdiagramme sind eingetragen. Eine Auf- bzw. Abmagnetisierung der Drosseln erfolgt nur in den Magnetisierungsphasen c, e und g. In den Phasen b, d und f kann keine Ummagnetisierung der ungesättigten Drosseln stattfinden, da ihr der Arbeitswiderstand R_a vorgeschaltet ist, an dem die ganze Spannung abfällt. In diesen Bereichen erfolgt nur eine Ummagnetisierung, wenn der Steuerkreis keinen reinen Kurzschluß darstellt, so daß an der ungesättigten Drossel eine Spannung verbleibt.

Wie bereits in Abb. 8.37 gezeigt, wirken an den Drosseln aufmagnetisierend die Spannungen $U_{RS}/2$, $U_{ST}/2$, $U_{TR}/2$ während für die Abmagnetisierung die Spannungen $-U_{TR}/2$, $-U_{RS}/2$ und $-U_{ST}/2$ sorgen. In Diagramm Abb. 8.38d ist der zeitliche Verlauf der Ausgangsspannung u_a wiedergegeben. In dem Bereich, in dem zwei Drosseln gesättigt sind, folgt die Ausgangsspannung der verketteten Spannung, die den höchsten Augenblickswert hat. In den Bereichen, in denen sich nur eine Drossel in Sättigung befindet, addiert sich zu der verketteten Spannung noch die halbe verkettete Spannung, an der die beiden ungesättigten Drosseln liegen.

In Abb. 8.38e ist der Verlauf des Steuerstromes wiedergegeben. Die Kurvenform des Ausgangsstromes und die Kurvenform des Steuerstromes stimmen nicht mehr überein, da die Steuerdurchflutung immer abwechselnd entweder gleich der Arbeitsdurchflutung oder gleich dem halben Wert der Arbeitsdurchflutung wird. Daraus ergibt sich, daß der strichpunktierte Steuerstrom-Mittelwert, der von der Steuerspannungsquelle geliefert werden muß, zwischen I_s'' und $^1/_2 I_s''$ liegt. Je größer der Steuerstrom ist, um so mehr werden sich die Sättigungsbereiche ($I_s'' = I_a$) zunächst allein und dann auf Kosten der Ummagnetisierungsbereiche ($I_s'' = {}^1/_2 I_a$) vergrößern. Der in Abb. 8.38f dargestellte Strom $i_{d\,\mathrm{I}}$ der Drossel I in der positiven Halbwelle wird gleich dem Ausgangsstrom. In der negativen Halbwelle hat er dagegen einen von i_a abweichenden

Verlauf, weil hier die betrachtete Drossel nur als Rückschluß für die Sättigungsströme der anderen gesättigten Drosseln wirkt. In Diagramm 8.38g ist der zeitliche Verlauf des Flusses gezeichnet, wie er sich durch Integration der Drosselspannung $u_{d\,\mathrm{I}}$ ergibt.

9. Transduktoranordnungen

Zur Erklärung der grundsätzlichen Wirkungsweise der einzelnen Transduktorschaltungen wurden nur die Elemente betrachtet, die unmittelbar an dem Steuervorgang der Drosseln beteiligt sind. Diese Beschränkung war notwendig, um den physikalischen Vorgang im Transduktor nicht durch äußere Einflüsse zu komplizieren. In Wirklichkeit sind die Randbedingungen, unter denen der Transduktor arbeitet, für sein Betriebsverhalten von großer Bedeutung. Die Abhängigkeit von äußeren Einflüssen liegt in dem Wesen des Transduktors als steuerbarer Blindwiderstand begründet. Eine Beeinflussung ist grundsätzlich zu erwarten, wenn die Belastungsimpedanz außer einem Wirkwiderstand auch Blindwiderstände enthält. Auch der Innenwiderstand der Steuerspannungsquelle, die Welligkeit der Steuerspannung und die gewählte Leistungsanpassung beeinflussen die Arbeitskennlinie. Bei der Reihenschaltung mehrerer Transduktoren können sich auch die einzelnen Stufen beeinflussen.

Es sollen nun der Transduktor und seine Hilfseinrichtungen im Hinblick auf den praktischen Einsatz — ohne zunächst auf besondere Anwendungen einzugehen — betrachtet werden. Dabei ergibt sich von selbst die Frage nach den Kenngrößen, die es erlauben, für eine bestimmte Aufgabenstellung den geeigneten Transduktor auszuwählen. Diese Kenngrößen wie Steuerleistung, Ausgangsleistung, Zeitkonstante usw. wurden bereits bei den einzelnen Transduktortypen definiert, doch müssen sie noch in Beziehung zu der Außenschaltung gebracht werden. Aus Platzgründen soll sich die Betrachtung auf die durchflutungsgesteuerten Transduktoren beschränken.

9.1 Betriebsgrößen

Bei den Kenngrößen muß von der allgemeinen Aufgabenstellung ausgegangen werden. Für den Transduktor steht eine bestimmte Steuerleistung P_s zur Verfügung, und an das nächstfolgende Glied ist eine bestimmte Ausgangsleistung P_a abzugeben. Damit wird die erforderliche

Leistungsverstärkung festgelegt. Ferner liegt im allgemeinen der Aussteuerbereich A_s, das ist der Bereich, in dem die Ausgangsgröße des Transduktors einstellbar sein muß, fest. Wird gefordert, daß im Betriebsbereich die Ausgangsgröße (U_a) linear von der Eingangsgröße (I_s) abhängt, so läßt sich nur der lineare Teil der Arbeitskennlinie, d. h. der lineare Aussteuerbereich A_{sl} ausnutzen.

Die Auswahl des Transduktors nach der geforderten Leistungsverstärkung ist nicht möglich, da er keine definierte Leistungsverstärkung besitzt. Der durchflutungsgesteuerte Transduktor wird immer mit einem Vorwiderstand R_s im Steuerkreis betrieben, der ein Mehrfaches des Kupferwiderstandes der Steuerwicklung beträgt. Die Leistungsverstärkung V_p läßt sich deshalb durch geeignete Wahl von R_s in weiten Grenzen einstellen. Mit Rücksicht auf die Zeitkonstante T des Transduktors, die mit der Leistungsverstärkung V_p über den Gütefaktor G gekoppelt ist, werden wir V_p so klein als möglich machen. Da die Ausgangsleistung P_a durch den Verbraucher festliegt, bedeutet eine Verkleinerung der Leistungsverstärkung eine Vergrößerung der Steuerleistung P_s. Das ist natürlich nur nach Maßgabe der bei der Steuerspannungsquelle zur Verfügung stehenden Leistung möglich. Auf der anderen Seite erschwert eine große Steuerleistung das Einfügen von Rückführungen, Gegenkopplungen usw., die zur Beeinflussung der statischen und dynamischen Eigenschaften des Transduktors erforderlich sind. Die Forderung nach einer großen Leistungsverstärkung bei kleiner Zeitkonstante läßt sich nur durch Aufteilung der Gesamtverstärkung auf zwei oder mehrere, in Reihe geschaltete, Verstärkerstufen erfüllen.

Infolge der Vielzahl der Transduktorarten ist die Definition allgemeingültiger Begriffe und Benennungen sehr schwierig. Die Steuerwechselspannung stellt beim Spannung-Zeitflächen gesteuerten Transduktor eine für die Abmagnetisierung unbedingt notwendige Spannung, bei durchflutungsgesteuerten, spannungssteuernden Transduktoren dagegen, eine entbehrliche Störspannung dar. Sämtliche durchflutungsgesteuerten Transduktoren kommen dagegen im wesentlichen mit einer gemeinsamen Begriffsbestimmung aus. Die Begriffe und Benennungen bei Transduktoren sind Gegenstand des deutschen Normentwurfes DIN 42630 [300]. Die dort angestrebten Bezeichnungen finden hier mit kleinen Änderungen Anwendung.

Die Kenngrößen sollen nun im einzelnen aufgezählt und erläutert werden.

9.11 Einspeisung

Speisespannung U_h Speisestrom I_h Speiseleistung P_h
Speisefrequenz f_h

Die Speisung des Transduktors erfolgt mit einer Wechselspannung und im allgemeinen mit Netzfrequenz. Die Frequenz von öffentlichen Netzen ändert sich nur in engen Grenzen, dagegen muß mit Schwankungen der Spannung gerechnet werden. Spannungsänderungen ergeben sich allein schon durch Änderung der Kurvenform. Für die Ausgangsspannung U_a ist der Mittelwert der Speisespannung U_h maßgebend. Die Netzspannung wird aber von den Stromerzeugern auf konstanten Effektivwert U_{heff} geregelt. Eine wesentliche Verzerrung der Kurvenform durch den Transduktor tritt nur ein, wenn die Wechselstromleistung einem verhältnismäßig kleinen Drehstromgenerator entnommen wird.

Wie bereits gezeigt wurde, unterscheidet sich das Verhalten der stromsteuernden und der spannungssteuernden Transduktoren bei Änderung des Mittelwertes der Speisespannung ganz erheblich. Während sich beim stromsteuernden Transduktor Speisespannungsänderungen praktisch nicht auf die Ausgangsspannung auswirken, ändert sich beim spannungssteuernden Transduktor die Ausgangsspannung proportional der Speisespannung. Mit Ausnahme von Transduktoren für Meßzwecke, bei denen der Verstärkungsfaktor konstant sein muß, führt eine Spannungsänderung von $\pm 10\%$ zu keinen besonderen Schwierigkeiten. Die Transduktordrosseln erhalten im allgemeinen eine entsprechende Spannungsreserve, damit sie die genannte Überspannung noch sperren können. Die Änderung der Ausgangsspannung läßt sich durch entsprechende Korrektur des Steuerstromes ausgleichen. Bei größerer Überspannung kann der Transduktor nicht mehr voll schließen.

Mehr Beachtung ist der Speisespannungsquelle bei Parallelspeisung mehrerer Transduktoren zu schenken. Liegen sie alle an einem starren Netz, so stellt dieses Netz die vollständige Entkopplung der Arbeitskreise sicher. Sind dagegen die Transduktoren, wie in Abb. 9.01a gezeigt, an der Sekundärwicklung eines Transformators angeschlossen, dessen Typenleistung nicht groß gegen die seiner Verbraucher ist, so kann eine gegenseitige Beeinflussung erfolgen. Der Innenwiderstand des Transformators wird nach Abb. 9.01b im wesentlichen durch den Kupferwiderstand r_k und die Streureaktanz X_{St} gebildet. An diesem Scheinwiderstand ruft der Sättigungsstrom jedes Transduktors einen von der Aussteuerung abhängigen Spannungsabfall hervor. Dadurch teilt sich eine Änderung der Aussteuerung des einen Transduktors auch der Ausgangsspannung des anderen mit.

Diese Erscheinung ist besonders unangenehm, wenn beide Transduktoren in Reihe liegen. Der Endtransduktor beeinflußt dann über die

Speisespannung die Ausgangsspannung des Vortransduktors und damit seine eigene Aussteuerung. Der Spannungsabfall am Innenwiderstand der Speisespannungsquelle wirkt sich also doppelt auf die Ausgangs-

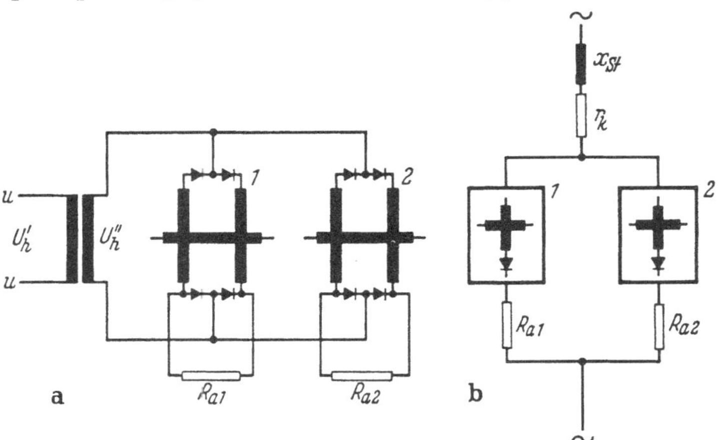

Abb. 9.01 a u. b. Parallelspeisung von Transduktoren

spannung der zweistufigen Anordnung aus. Das Maß der Beeinflussung hängt von dem Sättigungswinkel des Endtransduktors ab. Dadurch wird die Arbeitskennlinie der zweistufigen Transduktoranordnung verbogen. Über einen Teil der Kennlinie kann sich ein instabiler Bereich ergeben. Die Kopplung läßt sich durch Vergrößerung des Speisetransformators bei gleichzeitiger Verkleinerung der Streureaktanz auf ein zulässiges Maß herabsetzen.

Der Transduktor stellt keine besonderen Anforderungen an die Kurvenform der Speisespannung. Sie braucht keinen sinusförmigen Verlauf zu haben und kann auch jede beliebige, z. B. rechteckige oder trapezförmige, Form annehmen. Die Kurvenform der Speisespannung beeinflußt geringfügig den Verlauf der Arbeitskennlinie. Bei rechteckiger Speisespannung erscheint der lineare Bereich der Arbeitskennlinie auf Kosten oberer und unterer Krümmung vergrößert.

9.12 Ausgangsdaten

Ausgangsspannung U_a, Ausgangsstrom I_a,
Ausgangsleistung P_a, Arbeitswiderstand $R_a(Z_a)$

Die Ausgangsdaten des Transduktors sind dem Verbraucher anzupassen. In vielen Fällen ist der Arbeitswiderstand frei wählbar. Erregt der Transduktor z. B. einen Gleichstromgenerator, so läßt sich die Feldwicklung mit verschiedenen Windungszahlen ausführen. Der Arbeitswiderstand R_a ist so zu bemessen, daß der Transduktor ohne Transfor-

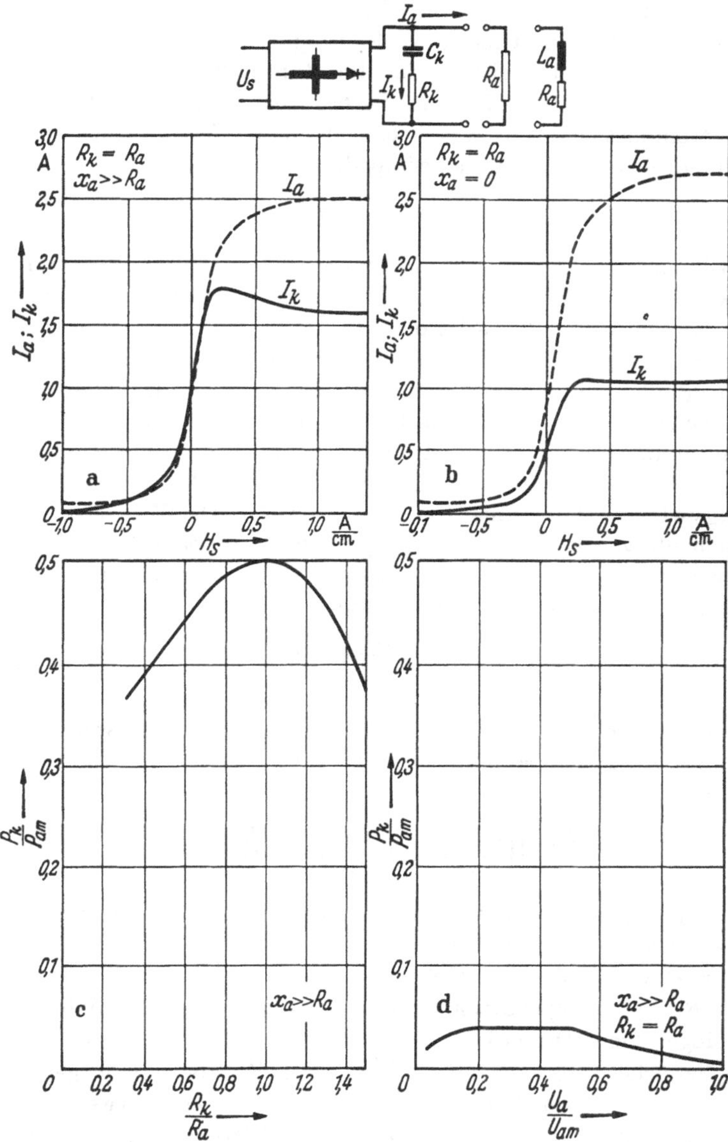

Abb. 9.02 a–d. Oberwellenstrom I_k der Einphasenbrücke bei induktiver Belastung (a) und bei Wirkbelastung (b) — Oberwellen-Verlustleistung des einphasigen (c) und des dreiphasigen (d) Transduktors bei induktiver Belastung

mator an das Versorgungsnetz angeschlossen werden kann. Der Aufwand wird dadurch verkleinert und die gegenseitige Beeinflussung der einzelnen Transduktoren vermieden.

Besitzt der Transduktor einen Gleichstromausgang, so verwertet das folgende Glied die reine Gleichstromleistung. Die Oberwellenleistung stellt eine zusätzliche Verlustleistung dar. Bei stark induktiver Belastung wird die Oberwellenleistung nicht im Verbraucher umgesetzt, da der Ausgangsstrom fast keine Oberwellen enthält. Ist der Verbraucher eine Feldwicklung, so wirkt die Ausgangsimpedanz

$$Z_a = R_a + j\,X_a \tag{9.01}$$

Die Einphasen- und die Dreiphasen-Brückenschaltung weisen infolge der Abdrosselung der Oberwellen bei induktiver Belastung fast immer einen Kippbereich auf. Es ist deshalb notwendig, das in Abb. 9.02 gezeigte Kompensationsglied R_k, C_k parallel zur Belastung zu legen. Hierdurch erhalten die Oberwellen einen Weg parallel zur Belastung. Zur Bemessung des Kompensationsgliedes wird angenommen, daß die Belastungsinduktivität so groß ist, daß I_a keine Welligkeit besitzt. Ferner soll der Blindwiderstand des Kompensationskondensators C_k für die niedrigste Oberwellenfrequenz klein gegen R_k sein. Die Wechselspannungskomponente von u_a liegt dann an R_k. In dem Kompensationswiderstand R_k wird, wenn $U_{\mathrm{II\,eff}}$, $U_{\mathrm{IV\,eff}}$, $U_{\mathrm{VI\,eff}}$ die Effektivwerte der Oberwellen der Ausgangsspannung sind, die Leistung

$$P_k = \frac{U^2_{\mathrm{II\,eff}} + U^2_{\mathrm{IV\,eff}} + U^2_{\mathrm{VI\,eff}} + \cdots}{R_k} \tag{9.02}$$

umgesetzt. Für $R_k = b \cdot R_a$ ($b = 0{,}5 \ldots 1{,}5$) ergibt sich, wenn U_{am} die maximale Ausgangsspannung und P_{am} die maximale Ausgangsleistung ist, aus Gl. (9.02)

$$P_k = \frac{P_{am}}{b}\left[\left(\frac{U_{\mathrm{II\,eff}}}{U_{am}}\right)^2 + \left(\frac{U_{\mathrm{IV\,eff}}}{U_{am}}\right)^2 + \left(\frac{U_{\mathrm{VI\,eff}}}{U_{am}}\right)^2 + \cdots\right].$$

Die in R_k umgesetzte Oberwellenleistung stellt beim einphasigen Transduktor einen erheblichen Teil seiner Gesamtverluste dar. In Abb. 9.02a ist für eine Einphasen-Brückenschaltung bei induktiver Belastung ($X_a \gg R_a$) der Kompensationsstrom in das Diagramm der Arbeitskennlinie eingetragen. Der größte Oberwellenstrom fließt am Ende des linearen Bereiches der Arbeitskennlinie. Bei Wirkbelastung geht nach Abb. 9.02b der Strom I_k zurück, da jetzt ein Teil des Oberwellenstromes über R_a fließt, und außerdem durch die Sättigungsinduktivität der Transduktordrosseln bereits eine Glättung erfolgt.

Der Kompensationswiderstand R_k ist für den maximalen Oberwellenstrom I_k zu bemessen. Abb. 9.02c zeigt für die Einphasen-Brückenschaltung die Abhängigkeit der auf die maximale Ausgangsleistung bezogenen Oberwellenleistung vom Verhältnis R_k/R_a. Bei $R_k/R_a = 1$ durchläuft die Kurve ein Maximum. Die Oberwellenleistung erreicht hier die halbe maximale Ausgangsleistung. Zum Vergleich ist in Abb. 9.02d für die Dreiphasen-Brückenschaltung die bezogene Oberwellenleistung über der Spannungsaussteuerung U_a/U_{am} aufgetragen. Die Oberwellenleistung zeigt sich eine Größenordnung kleiner als die nach Diagramm c. Die große Oberwellenleistung des einphasigen Transduktors beschränkt seine Anwendung auf kleinere Gleichstromleistungen. Wie aus Abb. 9.02d zu ersehen ist, wird beim dreiphasigen Transduktor die maximale Oberwellenleistung bereits bei kleiner Aussteuerung ($U_a/U_{am} = 0{,}15$) erreicht, bleibt über einen großen Aussteuerbereich konstant und nimmt bei $U_a/U_{am} = 1$ auf 1% der maximalen Ausgangsleistung ab. Sie hat deshalb nur einen geringen Einfluß auf den Wirkungsgrad.

Die Ausgangsleistung P_a ist bei Wechselstromausgang gleich der abgegebenen Scheinleistung. Bei Gleichstromausgang ergibt sich die Ausgangsleistung als Produkt aus den Mittelwerten von Ausgangsspannung (U_a) und Ausgangsstrom (I_a). Die Nennausgangsleistung P_{an} bezieht sich auf den Nenn-Arbeitspunkt, der je nach Vereinbarung am oberen Ende des linearen Bereiches, an der thermischen Grenze oder zwischen den beiden Punkten liegen kann. In der Regel wird die Nenn-Ausgangsleistung der vollen Aussteuerung ($U_a = U_{am}$) zugeordnet. Sie ist bei Wirkbelastung dann die größte Leistung, die der Transduktor überhaupt abgeben kann. In Ausnahmefällen kann es aber notwendig sein, den Arbeitswiderstand so zu bemessen, daß die Nenn-Ausgangsleistung bei Teilaussteuerung zur Verfügung steht. Bei voller Aussteuerung findet dann eine Überlastung des Transduktors statt. Im Fall der Wirkbelastung oder induktiver Belastung läßt sich die Überlastung durch Begrenzung des Steuerstromes vermeiden. Bei Motorbelastung ist dagegen mit dem Anfahren des Motors fast immer eine kurzzeitige Überlastung des Transduktors verbunden. Zu der Nutzleistung kommt während des Anlaufs die Beschleunigungsleistung.

Die strommäßige Überlastbarkeit des Transduktors wird durch die Erwärmungsgrenze der Drosseln und Gleichrichter begrenzt. Die Transduktordrosseln haben infolge ihrer Masse eine große thermische Zeitkonstante, so daß bei kurzer Überlastungsdauer im Verhältnis zur Spieldauer unbedenklich der doppelte Nennstrom zugelassen werden kann. Das gleiche gilt für Selengleichrichter. Auch sie vertragen kurzzeitig große Stromspitzen. Hiervon abweichende Eigenschaften zeigen die Siliziumgleichrichter. Wie im Abschn. 3 (S. 61ff.) ausgeführt wurde, haben sie neben ihren mannigfachen Vorteilen den Nachteil geringer Überlastbarkeit. Die betriebsmäßig auftretenden Überlastungszeiten werden deshalb in den meisten Fällen größer sein als die thermische Zeitkonstante der Siliziumgleichrichter und dadurch zu einer unzulässigen Erwärmung der Dioden führen. Es kann dann eine Auslösung der vorgeschalteten Sicherungen, wenn nicht gar die Zerstörung der Siliziumgleichrichter erfolgen. Die Siliziumgleichrichter sind deshalb nach Möglichkeit so groß zu wählen, daß die betriebsmäßig auftretenden Überströme in den normalen Arbeitsbereich der Dioden fallen.

9.13 Elektrische Drosseldaten

Drosselspannung U_d, Drosselstrom $I_{d\,\mathrm{eff}}$

Die Drosselspannung U_d ist die an der Arbeitswicklung einer Drossel liegende Spannung und der Drosselstrom der über die gleiche Wicklung fließende Strom. Die beiden Kenngrößen werden zweckmäßigerweise auf die Ausgangsgrößen bezogen. Die maximale Drosselspannung U_{dm} ist bei vollständig geschlossenem Transduktor vorhanden. Der innere Spannungsabfall wird vernachlässigt. In diesem Arbeitspunkt gilt für die Einphasenbrücke (EB)

$$EB\colon\ U_{dm} = U_h \tag{9.04}$$

und bei der Dreiphasen-Brückenschaltung (DB), wenn U_h die verkettete Spannung ist:

$$DB\colon\ U_{dm} = \frac{U_h}{2}. \tag{9.05}$$

Der Drosselstrom $I_{d\,\mathrm{eff}}$ wird für die Bemessung des Querschnittes der Arbeitswicklung benötigt. Es interessiert der Maximalwert, der bei voll geöffnetem Transduktor auftritt. Wir wollen auch hier die Einphasenbrücke (EB) und die Dreiphasenbrücke (DB) betrachten.

Für die Einphasen-Brücke gilt:

$$EB\colon\ I_{d\,\mathrm{eff}\,m} = \frac{I_{am}\pi}{2}\sqrt{\frac{1}{2\pi}\int\limits_0^{\pi}\sin^2\omega t\, d\,\omega t} = \frac{\pi}{4}\, I_{am} = 0{,}785\, I_{am} \tag{9.06}$$

und für die Dreiphasenbrücke:

$$DB\colon\ I_{d\,\mathrm{eff}\,m} = \hat{I}_a\sqrt{\frac{1}{\pi}\int\limits_{2\pi/3}^{\pi/3}\sin^2\omega t\, d\,\omega t} = 0{,}55\,\hat{I}_a, \tag{9.07}$$

anderseits ist:

$$DB\colon\ I_{am} = \frac{3}{\pi}\cdot\hat{I}_a, \tag{9.08}$$

damit ergibt sich Gl. (9.07) zu:

$$DB\colon\ I_{d\,\mathrm{eff}\,m} = 0{,}575\, I_{am}. \tag{9.09}$$

Der Drosselstrom durchfließt in den betrachteten Schaltungen ein

Gleichrichterelement. Für die Bemessung der Gleichrichter ist der Mittelwert des Drosselstromes maßgebend. Es gilt somit:

$$EB: \quad I_{gm} = I_{dm} = \frac{I_{am}}{2}, \tag{9.10}$$

$$DB: \quad I_{gm} = I_{dm} = \frac{I_{am}}{3}. \tag{9.11}$$

Den vorstehenden Betrachtungen lag die Annahme zugrunde, daß der Arbeitswiderstand R_a so groß gewählt wird, daß bei Nennstrom die Drosseln vollständig gesättigt sind. Bei einem kleineren Arbeitswiderstand ergibt sich der Nennstrom bereits bei Teilaussteuerung. Dieser Fall ist gegeben, wenn der Transduktor bei voller strommäßiger Belastung nur im linearen Teil seiner Kennlinie arbeitet. Dann gelten strenggenommen die Gln. (9.06) und (9.09) nicht mehr, da, wegen der größeren Welligkeit, bei konstantem I_{am} der Effektivwert $I_{a\,\mathrm{eff}\,m}$ ansteigt. Solange der Arbeitspunkt nicht in den linearen Bereich der Arbeitskennlinie hineinwandert, ist die Änderung des Effektivwertes unbedeutend. Bei noch weiterer Verkleinerung von R_a muß aber der Nennstrom mit Rücksicht auf die größere Kupferverlustleistung herabgesetzt werden.

Beim Einsatz von Siliziumgleichrichtern darf der Augenblickswert des Drosselstromes den zulässigen Grenzwert nicht überschreiten. Der Siliziumgleichrichter ist z. B. bei der Einphasen-Brückenschaltung, während der Aufnahme des $I_a U_a$-Kennlinienfeldes im Bereich kleinen Arbeitswiderstandes und hohen Stromes gefährdet. In diesem Gebiet treten bei Nennstrom sehr große Stromspitzen auf.

9.14 Steuerdaten

Steuerspannung U_s, Steuerstrom I_s, Steuerkreiswiderstand R_s
Steuerleistung P_s

Infolge der unvollständigen Entkopplung des Steuer- und Arbeitskreises wirkt eine schaltungsmäßige Änderung im Steuerkreis auf den Arbeitskreis und damit auf das Betriebsverhalten des Transduktors zurück. Zur vollständigen Beschreibung eines Transduktors gehört deshalb auch die Angabe des Schließungswiderstandes des Steuerkreises. Wird, wie bei Meßtransduktoren, eine feste Zuordnung von Steuergröße und Ausgangsgröße gefordert, so darf die Außenschaltung des Steuerkreises während des Betriebes keine Änderung erfahren. Hierin unterscheidet sich der Transduktor zu seinem Nachteil von dem Röhrenverstärker. Bei diesem ist, infolge des hohen Eingangswiderstandes und seiner Rückwirkungsfreiheit, die Beschaffenheit der Steuerspannungsquelle unkritisch.

Die Funktion des Steuerkreiswiderstandes hängt von der Transduktorschaltung ab. Liefert die Steuerspannungsquelle U_s eine reine Gleichspannung, so wird der Steuerkreis hinsichtlich seines Einflusses auf die Arbeitskennlinie vollständig durch den auf eine Windung bezogenen Leitwert $m = N_s^2/R_s$ beschrieben; dabei ist R_s der gesamte Schließungswiderstand einschließlich Kupferwiderstand. Der Spannung-Zeitflächengesteuerte Transduktor läßt sich, wie in Abb. 7.04 gezeigt wurde, durch Veränderung von R_s aussteuern. Hier wirkt R_s als Steuergröße. Bei den durchflutungsgesteuerten Transduktoren dagegen ist die Abhängigkeit der Ausgangsspannung von R_s immer unerwünscht. Der durchflutungsgesteuerte Transduktor in Einphasen-Brückenschaltung zeigt — wie aus Abb. 6.14 hervorgeht — gegenüber der dreiphasigen Ausführung eine entschieden größere Abhängigkeit vom Steuerkreiswiderstand. Durch Veränderung von R_s läßt sich der einphasige Transduktor bei konstanter Steuerfeldstärke H_s über die ganze Kennlinie aussteuern. Die Messungen wurden allerdings an Ringkerndrosseln mit Kernen aus Permenorm 5000 Z durchgeführt. Bei weniger ausgeprägter Rechteckform der Hystereseschleife ist die Abhängigkeit der Ausgangsspannung vom Steuerkreiswiderstand kleiner.

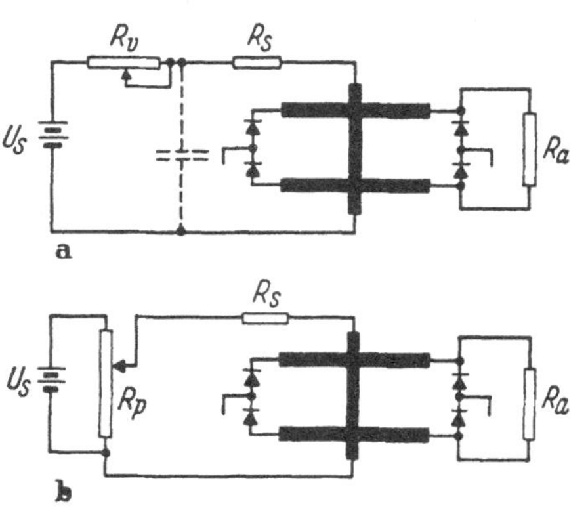

Abb. 9.03a u. b. Meßschaltung zur Aufnahme der Transduktorkennlinie

Die Aufnahme der Transduktorkennlinie muß deshalb mit konstantem Steuerkreiswiderstand erfolgen. In der Meßanordnung nach Abb. 9.03a erfolgt die Einstellung des Steuerstromes über einen veränderlichen Vorwiderstand R_v. Dadurch bleibt m nicht konstant und die Arbeitskennlinie $U_a = f(U_s)$ wird verfälscht. Dieser Fehler läßt sich durch den Kondensator C, der den Steuerwechselstrom kurzschließt, herabsetzen. Geeigneter ist die Schaltung nach Abb. 9.03b, bei der der Steuerstrom über ein Potentiometer kleinen Widerstandes eingestellt wird.

Eine noch größere Bedeutung hat der Steuerkreiswiderstand bei einem induktiv belasteten Transduktor. In diesem Belastungsfall entscheidet die Wahl eines genügend großen Steuerkreiswiderstandes R_s über die Stabilität der Schaltung. Das Stabilitätsproblem wurde in Abb. 6.28 für den einphasigen und in Abb. 8.28a für den dreiphasigen durchflutungsgesteuerten Transduktor darstellt. Läßt sich der bezogene Leitwert m, wenn nur eine begrenzte Steuerleistung zur Verfügung steht, nicht groß genug wählen, so ist in dem Steuerkreis eine zusätzliche Drossel vorzusehen. Dadurch erfolgt allerdings eine Vergrößerung der Zeitkonstante.

Ein Vorteil des durchflutungsgesteuerten Transduktors ist seine leichte Anpassung an die Steuerspannungsquelle. Zu diesem Zweck erhalten industriemäßig gefertigte Transduktordrosseln im allgemeinen mehrere Steuerwicklungen, die wahlweise allein oder in Reihe zur Aussteuerung dienen. Sämtliche für die Projektierung eines Transduktors

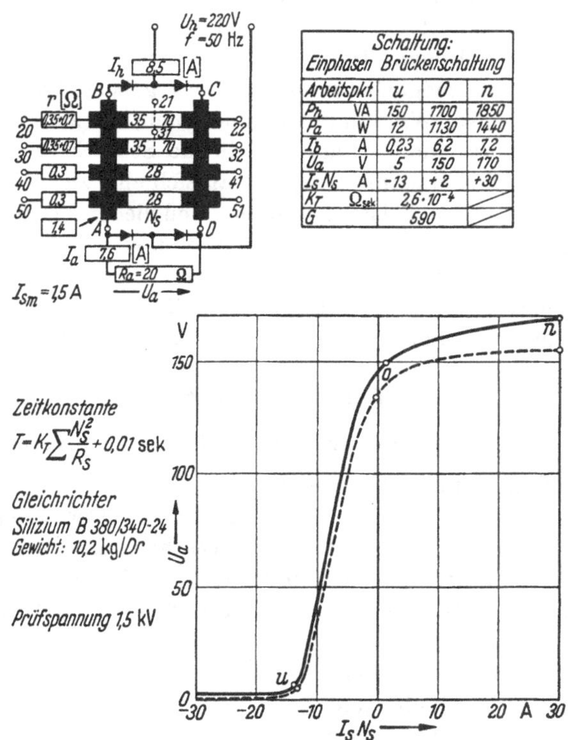

Abb. 9.04. Typenblatt eines einphasigen spannungssteuernden Transduktors

notwendigen Angaben werden zweckmäßigerweise in einem Typenblatt zusammengefaßt. Ein Typenblatt für einen Transduktor mit geschichteten Transduktordrosseln zeigt Abb. 9.04. Der dargestellte Transduktor besteht aus zwei Einzeldrosseln. Die Arbeitswicklung verteilt sich gleichmäßig auf beide Schenkel einer Drossel. Jede Steuerwicklung ist nur auf einem Schenkel angeordnet. Da beide Schenkel gleiche Wicklungen haben, sind die Steuerwicklungen paarweise gleich. Die Wicklungen 20/21/22 und 30/31/32 stellen die Hauptsteuerwicklungen dar, während die Wicklungen 40/41 und 50/51 für den Vorstrom und zusätzliche Beeinflussung wie Rückführungen, Gegenkopplungen usw. vorgesehen sind. Der zur Aussteuerung notwendige Steuerstrom läßt sich aus der dargestellten Arbeitskennlinie $U_a = f(\Theta_s)$ nach Maßgabe des Aussteuerbereiches und der gewählten Steuerwindungszahl entnehmen.

Die Arbeitskennlinie ist auch von der Gleichrichterart abhängig. Die gestrichelte Kennlinie gilt für Selengleichrichter. Für Siliziumgleichrichter ergibt sich wegen des kleineren Durchlaßwiderstandes, wie die voll ausgezogene Kennlinie zeigt, eine größere Ausgangsspannung.

Bei der Wahl der Steuerwindungszahl sind verschiedene Gesichtspunkte zu berücksichtigen. Im Interesse einer kleinen Zeitkonstante soll die Steuerleistung möglichst groß sein. Bei gegebener Steuerspannung wird somit die kleinste Windungszahl genommen, die zur Aussteuerung ausreicht. Oft ist die zur Verfügung stehende Steuerleistung zu klein. Entweder hat die Steuerspannungsquelle an sich eine zu kleine Leistung oder sie darf nur wenig belastet werden (Meßglieder in Regelkreisen). Selbst bei unkritischer Zeitkonstante verbietet sich in solchen Fällen eine hohe Steuerwindungszahl, da die Steuerwechselströme die Steuerspannungsquelle stören. In der Regel ist deshalb ein Vortransduktor vorgesehen, der einen verhältnismäßig hohen Eingangswiderstand besitzt.

9.15 Aussteuerbereich

Arbeitspunkt U_{a0}, Vorstrom I_v und Aussteuerbereich A_s

Wird ein Transduktor ohne Steuerstrom eingeschaltet, so nimmt er einen für ihn charakteristischen Arbeitspunkt ein. Der stromsteuernde Transduktor ist für $I_s = 0$ vollständig geschlossen. Der spannungssteuernde Transduktor dagegen befindet sich in diesem Fall im nahezu geöffneten Zustand. Die Größe der dann vorhandenen Ausgangsspannung U'_{a0} und das Verhältnis U'_{a0}/U_{am} hängt von der Rechteckform der Hystereseschleife und von dem Sperrwiderstand der

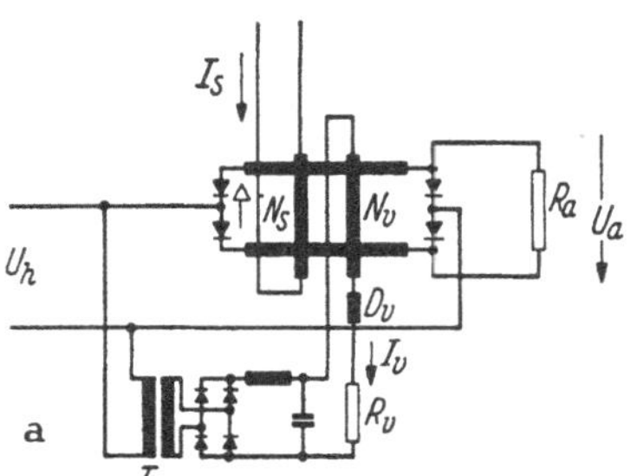

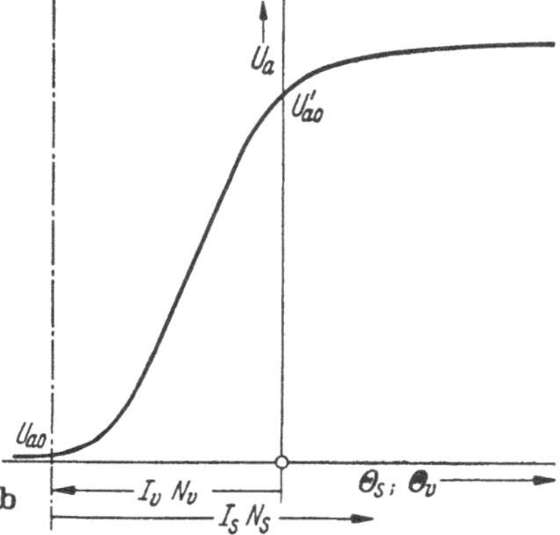

Abb. 9.05 a u. b. Einstellung des Arbeitspunktes durch den Vorstrom

Gleichrichter ab. Für eine rechteckige Hystereseschleife und ideale Gleichrichter ist $U'_{a0}/U_{am} \approx 1$. In vielen Anwendungsfällen wird bei $U_s = 0$ ein anderer Arbeitspunkt gewünscht.

Der Transduktor muß dann einen Vorstrom I_v erhalten, der, wie in Abb. 9.05b gezeigt, den Arbeitspunkt in die gewünschte Richtung verschiebt. Den Vorstrom liefert eine besondere Gleichspannungsquelle. Bei besonders schnellen Transduktoren wird in den Vorstromkreis zusätzlich eine Drossel D_v gelegt, um ihn für Ausgleichströme zu sperren und dadurch eine Rückwirkung auf die Zeitkonstante des Transduktors zu verhindern. Der in Abb. 9.05a neben den Selbstsättigungsgleichrichtern eingetragene unausgefüllte Pfeil gibt die Richtung des Steuerstromes an, bei dessen Vergrößerung die Ausgangsspannung U_a zunimmt, d. h. der Transduktor öffnet. Der Vorstrom ist im allgemeinen so gerichtet, daß er den Transduktor schließt. Dadurch wird in Abb. 9.05b die Ordinate nach links verschoben, und der Arbeitspunkt wandert von U'_{a0} nach U_{a0}. Die Steuerdurchflutung muß jetzt die Vorstromdurchflutung kompensieren.

Infolge der Krümmung der Arbeitskennlinie beschränkt sich der Aussteuerbereich A_s, d. h. der Bereich in dem U_a eingestellt werden kann, je nach Aufgabenstellung auf einen mehr oder weniger großen Teil der Kennlinie. Der maximale Aussteuerbereich ist $A_{sm} = U_{am} - U_{a\,\mathrm{min}}$. Als bezogene Aussteuerbereich bezeichnen wir das Verhältnis:

$$a_s = \frac{U_{a2} - U_{a1}}{A_{sm}}, \qquad (9.12)$$

dabei stellt U_{a2} den großen und U_{a1} den kleinen Grenzwert der Ausgangsspannung dar.

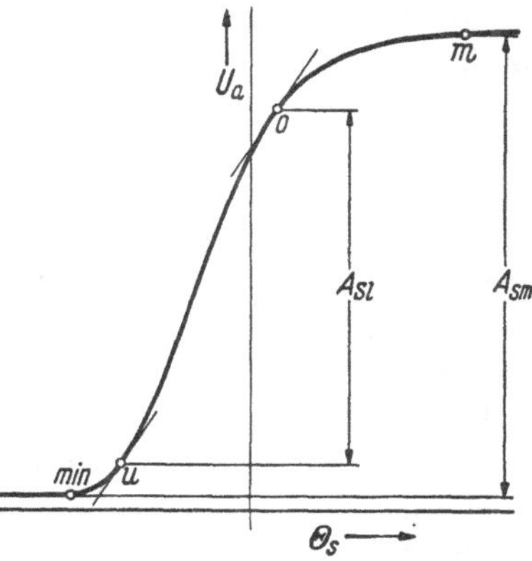

Abb. 9.06. Linearer Aussteuerbereich der Arbeitskennlinie

Bei Ausnutzung des ganzen Aussteuerbereiches ($a_s = 1$), ändert sich die Steilheit $\Delta U_a/\Delta\Theta_s$ der Kennlinie über den Bereich in weiten Grenzen. In gleichem Maße schwankt die Spannungsverstärkung

$$V_u = \frac{\Delta U_a}{\Delta U_s} = \frac{N_a}{R_s}\,\frac{\Delta U_a}{\Delta \Theta_s}. \qquad (9.13)$$

Nur in wenigen Anwendungsfällen kann das zugelassen werden. Bei Meßtransduktoren darf sich die Verstärkung am wenigsten ändern, da eine lineare Abbildung der Steuergröße erwünscht ist. Auch bei Transduktoren in Regelkreisen wird eine möglichst konstante Verstärkung angestrebt. Wie noch gezeigt werden soll, geht V_u in die Gesamtverstärkung des Regelkreises ein. Ist diese zu groß, so erregt sich der Regelkreis zu Eigenschwingungen, ist sie dagegen zu klein, so ergibt sich ein zu großer Regelfehler.

Abb. 9.06 stellt die Arbeitskennlinie mit den ausgezeichneten Arbeitspunkten dar. Die Verstärkung des Transduktors ist nach Gl. (9.13) proportional der Kennliniensteigung. Wird der gesamte Aussteuerbereich ($a_s = 1$) ausgenutzt, so nimmt an den Aussteuergrenzen die Steigung der Kennlinie und damit die Verstärkung ab. Der Aussteuerbereich muß deshalb in vielen Fällen auf den linearen Bereich eingeschränkt werden. Die Definition des linearen Bereiches ist auf verschiedene Weise möglich. Bei dem Tangentenverfahren wird die Wendetangente gezeichnet und der lineare Bereich durch die Punkte begrenzt, in denen die Tangente die halbe Steigung der Wendetangente hat. In Abb. 9.06 ist der lineare Bereich angegeben.

9.16 Zeitverhalten

Zeitkonstante T, Totzeit T_t, Ansprechzeit T_{63}, T_{95}, Frequenzgang F

Neben den statischen Eigenschaften ist das dynamische Verhalten des Transduktors durch bestimmte Kenngrößen zu beschreiben. Hierzu dient in erster Linie die Sprungübergangsfunktion. Diese zeigt den zeitlichen Verlauf der Ausgangsspannung, nach einer sprunghaften Änderung der Steuerspannung. Die Übergangsfunktion setzt sich annähernd aus einer e-Funktion mit der Zeitkonstante T und einer zusätzlichen Totzeit T_t zusammen. Als Übergangszeit wird die Zeit bezeichnet, nach der die Ausgangsspannung 63% (T_{63}) oder 95% (T_{95}) des stationären Endwertes erreicht hat. Das entspricht bei der reinen e-Funktion dem Zeitraum einer bzw. dreier Zeitkonstanten.

Das Zeitverhalten des Transduktors läßt sich bei der angegebenen Näherung durch zwei Größen, die Zeitkonstante T und die Totzeit T_t beschreiben. Die Totzeit hat einen festen Wert, der bei der einphasigen Brückenschaltung ca. 0,014 s und bei der dreiphasigen Brückenschaltung ca. 0,007 s beträgt. Für die Zeitkonstante wurden mit den Gln. (6.42) und (8.56) einfache Näherungsausdrücke gefunden. Sie gelten unter der Voraussetzung, daß die Zeitkonstante groß gegen die Zeit einer Halbperiode ist. Die beiden identischen Gleichungen enthalten die Faktoren N_a, f, $\Delta U_a/\Delta \Theta_s$, die durch die Drosselkonstruktion, die Gleichrichter und die Speisespannung bestimmt sind, also festliegen. Sie werden zu der Konstanten (Zeitfaktor)

$$k_T = \frac{1}{2f \cdot N_a} \frac{\Delta U_a}{\Delta \Theta_s} . \tag{9.14}$$

zusammengefaßt. Dann ergibt sich

$$T = k_T \sum \frac{N_s^2}{R_s} = k_T \sum m\,. \tag{9.15}$$

In dem Typenblatt Abb. 9.04 ist k_T angegeben. Damit läßt sich im Geltungsbereich für jedes m die zugehörige Zeitkonstante errechnen.

Das Zeitverhalten des Transduktors wollen wir nun noch etwas genauer betrachten. Der Transduktor wird in Abb. 9.07a als Block mit

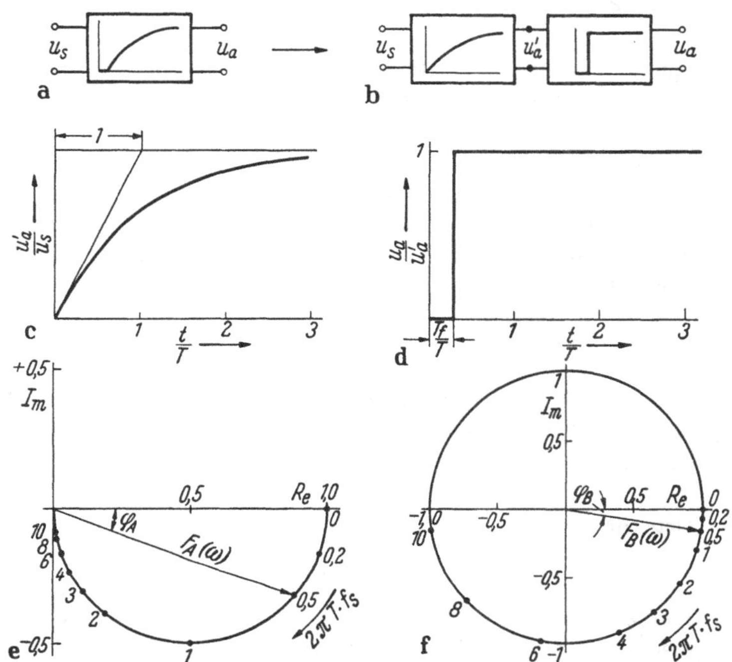

Abb. 9.07 a—f. Nachbildung des Zeitverhaltens eines Transduktors durch ein Verzögerungsglied und ein Totzeitglied

eingezeichneter Übergangsfunktion dargestellt. Die beiden kennzeichnenden Eigenschaften Totzeit und e-Funktion lassen sich nach Abb. 9.07b durch zwei rückwirkungsfreie Blöcke nachbilden. Der erste Block A stellt ein Verzögerungsglied 1. Ordnung dar, dessen Übergangsfunktion, wie in Abb. 9.07c dargestellt, eine e-Funktion mit der Zeitkonstanten T ist. Der zweite Block B enthält dann ein reines Totzeitglied (d).

Die Sprungübergangsfunktion ist nicht die einzige Möglichkeit, das Zeitverhalten eines Transduktors darzustellen. Eine zweite vor allen Dingen in der Regelungstechnik viel verwendete Darstellungsart, ist der Frequenzgang. Wird die Steuerspannung u_s mit der Frequenz f_s

sinusförmig verändert, so hat der zeitliche Verlauf des Mittelwertes der Ausgangsspannung, wenn der Transduktor in seinem linearen Bereich ausgesteuert wird, ebenfalls Sinusform. Die Ausgangsspannung besitzt eine andere Amplitude und Phasenlage als die Steuerspannung. Das Verhältnis von Ausgangsspannung zu Steuerspannung in Abhängigkeit von der Frequenz ist der Frequenzgang F.

In komplexer Schreibweise ergibt sich somit:

$$F(\omega) = \frac{\hat{U}_a e^{j(\omega t + \varphi)}}{\hat{U}_s e^{j\omega t}} = \frac{\hat{U}_a}{\hat{U}_s} e^{j\varphi} = |F(\omega)| e^{j\varphi}. \tag{9.16}$$

Der Frequenzgang zweier in Reihe geschalteter Glieder ist gleich dem Produkt der Einzelfrequenzgänge.

$$F(\omega) = F_A(\omega) F_B(\omega) \tag{9.17}$$

Den Gesamtfrequenzgang teilt man in Einzelfrequenzgänge auf, da für diese einfache Ortskurven angegeben werden können. Die Abb. 9.07e zeigt die Ortskurve des Frequenzganges eines Verzögerungsgliedes 1. Ordnung mit der Zeitkonstante T. Es gilt

$$F_A(\omega) = \frac{V_u}{1 + j\omega T} = \frac{V_u}{1 + j\,2\pi T \cdot f_s}. \tag{9.18}$$

Die Ortskurve zeigt sich in der komplexen Ebene als ein Halbkreis im 4. Quadranten. Die Ausgangsspannung wird mit steigender Frequenz immer kleiner und eilt um den Winkel φ_A hinter der Steuerspannung her.

Die Ortskurve des Totzeitgliedes

$$F_B(\omega) = e^{-j\omega T_t} = e^{-j2\pi T \cdot f_s \cdot T_t/T} \tag{9.19}$$

stellt einen zum 0-Punkt symmetrischen Kreis dar (Abb. 9.07f). Das Totzeitglied erzeugt nur eine Phasendrehung um den Winkel

$$\varphi_B = 2\pi T f_s \cdot \frac{T_t}{T}. \tag{9.20}$$

Die Phasendrehung wird um so geringer, je kleiner das Verhältnis T_t/T ist. In Abb. 9.07 wurde $T_t/T = 0{,}3$ gewählt. Bei einer Totzeit von $0{,}014\,s$ ergibt sich somit eine Übergangszeit von

$$T_{95} = T_t + 3T = 0{,}014\left(1 + \frac{3}{0{,}3}\right) = 0{,}15\,s. \tag{9.21}$$

Sie ist in der Praxis noch mit annehmbarer Steuerleistung zu erreichen.

Der Gesamtfrequenzgang ergibt sich nach Gl. (9.17) zu

$$F(\omega) = \left|\frac{\hat{U}_a}{\hat{U}_s}\right| e^{j(\varphi_A + \varphi_B)} = |F_A(\omega)|\, e^{j(\varphi_A + \varphi_B)}. \tag{9.22}$$

Der Betrag des Gesamtfrequenzganges ist gleich $|F_A(\omega)|$, der Gesamtphasenwinkel gleich der Summe der Einzelphasenwinkel. Die Abb. 9.08 zeigt in a die Übergangsfunktion und in b den Gesamtfrequenzgang. Die Ortskurve durchläuft mit steigender Frequenz f_s alle Quadranten der komplexen Ebene.

Das Zeichnen der Ortskurve ist etwas umständlich. Eine Vereinfachung ergibt sich, wenn der Betrag und die Phase des Frequenzganges

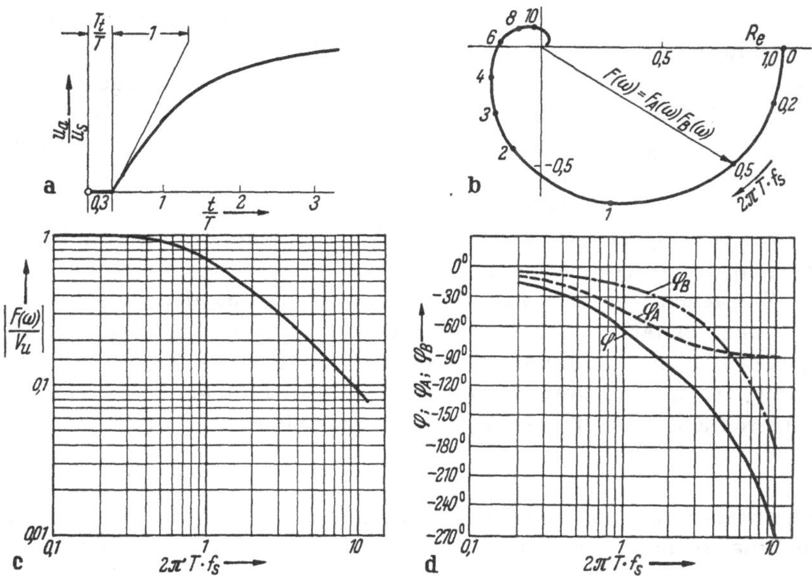

Abb. 9.08 a – d. Übergangsfunktion und Frequenzgang eines Transduktors

in getrennten Diagrammen in Abhängigkeit von der Steuerfrequenz aufgetragen werden. Die Abb. 9.08c zeigt das Betragsdiagramm. Es wird von der Totzeit nicht beeinflußt. In dem Phasendiagramm Abb. 9.08d sind die Phasen der beiden Einzelglieder φ_A und φ_B sowie der Gesamtphasenwinkel φ eingetragen.

Der Frequenzgang liefert einen deutlichen Einblick in die Betriebseigenschaften des Transduktors. Wird seine Zeitkonstante T groß gewählt, so ist die durch die Totzeit bedingte Phasendrehung klein und er verhält sich praktisch wie ein Verzögerungsglied 1. Ordnung. Mit kleiner werdender Zeitkonstante T gewinnt die Totzeit T_t an Einfluß und sorgt für eine zusätzliche Phasendrehung, die bei dem schnellen Transduktor nach den Abb. 9.07 und 9.08 für $\omega T = 2\pi T \cdot f_s = 6$ den Winkel $\varphi = -180°$ erreicht. Diese Phasendrehung erschwert den Einsatz des Transduktors in Regelkreisen.

9.2 Reihenschaltung von Transduktoren

Wird von dem Transduktor eine sehr große Leistungsverstärkung gefordert, so stellt die einstufige Ausführung keine befriedigende Lösung dar. Die kleine Steuerleistung verlangt einen Transduktor höchster Empfindlichkeit, eine große Ausgangsleistung stellt dagegen die Frage nach dem Preis und dem Wirkungsgrad in den Vordergrund. Beide Gesichtspunkte lassen sich in einem zweistufigen Transduktor berücksichtigen, der eine Ringkern-Vorstufe mit Nickel-Eisen-Blechen und eine Schichtkern-Endstufe mit Silizium-Eisen-Blechen enthält. Auch die dynamischen Forderungen verlangen meist einen zweistufigen Transduktor. Die Zeitkonstante ist annähernd proportional der Leistungsverstärkung V_p. Bei schnellen Transduktoren muß deshalb die Leistungsverstärkung verkleinert und dafür eine zweite Transduktorstufe hinzugenommen werden. Übersteigt die Leistungsverstärkung den Wert 10^6, so wird im allgemeinen zwischen dem Vor- und dem Endtransduktor ein Zwischentransduktor notwendig.

Wir gehen von dem einstufigen Transduktor aus, der die geforderte Leistungsverstärkung V_p bei der Zeitkonstante T liefern kann. Als Beispiel wird der im Datenblatt Abb. 9.04 beschriebene Transduktor gewählt. Die Leistungsverstärkung ist mit $V_p = 140000$ ($P_{an} = 1130$ W) vorgeschrieben. Der Transduktor soll in einem linearen Bereich

$$\Delta U_a = 150 - 5 = 145 \text{ V}, \quad \Delta \Theta_s = 14 \text{ A}$$

ausgesteuert werden. Bei der geforderten hohen Leistungsverstärkung sind die oberen drei Steuerwicklungen in Reihe zu schalten. Die Gesamtsteuerwindungszahl ist dann $N_s = 238$. Der Steuerkreis darf keinen Vorwiderstand, sondern nur eine kleine Drossel zur Entlastung der Steuerspannungsquelle vom Steuerwechselstrom erhalten. Mit $R_s = 2{,}2\,\Omega$ und dem Steuerstrom $\Delta I_s = \Delta\Theta_s/N_s = 0{,}060$ A ergibt sich eine Steuerleistung von $P_s = 8$ mW. Da die Güte G bekannt ist, läßt sich die Zeitkonstante mit

$$T^* = \frac{V_v}{f \cdot G} = \frac{140000}{50 \cdot 590} = 4{,}75\,s \tag{9.23}$$

bestimmen. Diese Zeitkonstante erscheint sehr groß und für die meisten Anwendungsfälle nicht tragbar. Es wird deshalb ein Vortransduktor vorgesehen und gleichzeitig die Steuerleistung des Haupttransduktors auf 2,3 W heraufgesetzt. Die Zeitkonstante wird jetzt

$$T_2 = \frac{490}{50 \cdot 590} = 0{,}017\,s\,. \tag{9.24}$$

Die Zeitkonstante ist kleiner als eine Periode. In diesem Bereich besteht keine Proportionalität zwischen Zeitkonstante und Leistungsverstärkung. Es muß deshalb nach Abb. 6.25 mit einer Zeitkonstanten größer als eine Periode der Wechselspannung (0.020 s) gerechnet werden.

Der Vortransduktor enthält Ringkerndrosseln mit Nickel-Eisen-Legierung. Die Güte soll $G = 800$ betragen. Die Zeitkonstante des Vortransduktors wird

$$T_1 = \frac{140000}{490} \frac{1}{50 \cdot 800} = 0{,}007\, s\,. \tag{9.25}$$

Auch hier ist die Zeitkonstante kleiner als eine Periode. Es muß deshalb mit dem angegebenen Zuschlag gerechnet werden.

Der Vortransduktor kleiner Leistung macht es möglich, den langsamen einstufigen Transduktor durch einen schnellen zweistufigen Transduktor zu ersetzen. Diese Verbesserung der dynamischen Eigenschaften ist allerdings mit einem Nachteil verbunden. Durch die Auf-

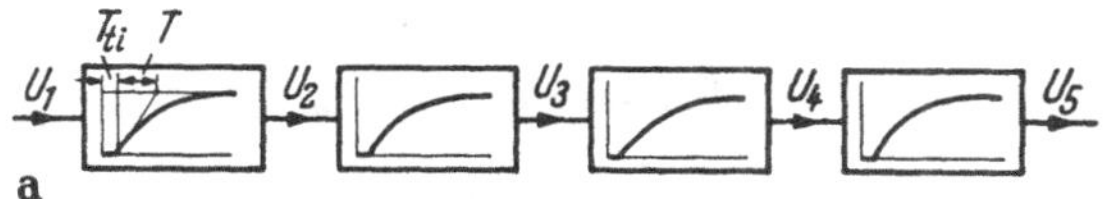

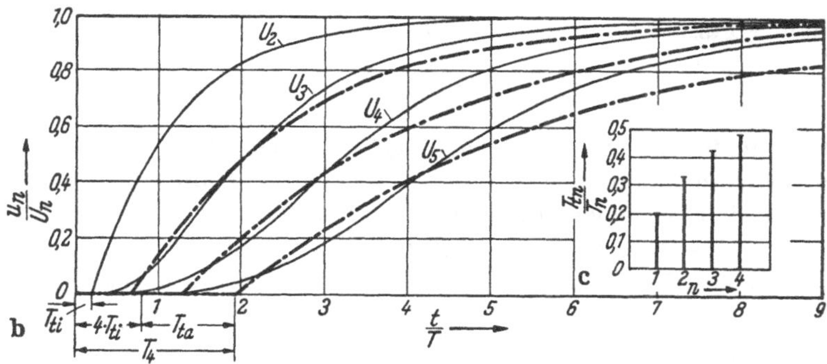

Abb. 9.09 a u. b. Reihenschaltung mehrerer Transduktorstufen

teilung in zwei Stufen erfolgt keine Verkleinerung der Totzeit. Im Gegenteil, es addieren sich die Totzeiten der Einzelstufen. Die Zeitkonstanten und die Totzeiten ändern sich beim Übergang vom einstufigen zum mehrstufigen Transduktor im entgegengesetzten Sinn.

Werden mehrere Transduktoren in Reihe geschaltet, so weicht die Übergangsfunktion der Gesamtanordnung stärker von der e-Funktion ab. Wir wollen nun die Reihenschaltung von n Transduktoren mit gleichen Zeitkonstanten betrachten.

Die Stoßübergangsfunktion eines Verzögerungsgliedes ergibt sich zu:

$$x_1(t) = \frac{U_2}{U_1} \frac{1}{V_{u1}} = 1 - e^{-t/T}, \tag{9.26}$$

darin ist V_u die Spannungsverstärkung.

Dann ist die Übergangsfunktion der n-gliedrigen Kette ohne Totzeit

$$x_n(t) = \frac{U_n}{U_1}\frac{1}{V_u^n} = 1 - \left[1 + \frac{t}{T} + \frac{(t/T)^2}{2!} + \frac{(t/T)^3}{3!} \cdots + \frac{(t/T)^n}{n!}\right] e^{-t/T}. \quad (9.27)$$

Wir beschränken unsere Betrachtung auf 1 bis 4 Glieder. Das Blockschaltbild zeigt Abb. 9.09a. Nach den in b dargestellten Übergangsfunktionen ändert sich unmittelbar nach dem Schaltaugenblick die Ausgangsspannung nicht. Es tritt eine um so längere Totzeit auf, je größer die Zahl der Glieder ist. Diese Totzeit setzt sich aus der jedem einzelnen Transduktor eigenen Totzeit (jetzt mit T_{ti} beziffert) und einer äußeren Totzeit T_{ta}, die durch die Reihenschaltung mehrerer Verzögerungsglieder entsteht, zusammen. Die resultierenden Übergangsfunktionen, die Abb. 9.09b für $T_{ti}/T = 0{,}2$ zeigen, lassen sich durch eine Totzeit

$$T_{tn} = n\,T_{ti} + T_{ta} \quad (9.28)$$

$$\frac{T_{tn}}{T} = n\,\frac{T_{ti}}{T} + \frac{T_{ta}}{T} \quad (9.29)$$

und eine e-Funktion mit der Zeitkonstante

$$T_n = n\,T \quad (9.30)$$

annähern.

In Abb. 9.09b sind die Näherungsfunktionen strichpunktiert eingezeichnet. Die Näherung stimmt in der unteren Hälfte mit der Übergangsfunktion befriedigend überein. Durch die, von der Zahl der hintereinandergeschalteten Glieder abhängige äußere Totzeit T_{ta} nimmt die Gesamttotzeit T_{tn} stärker zu als die Ersatzzeitkonstante T_n. Dadurch vergrößert sich — wie in Abb. 9.09c gezeigt — mit der Gliederzahl n auch das Verhältnis T_{tn}/T_n von $0{,}2\,(n = 1)$ auf $0{,}48$ $(n = 4)$.

Die vorstehenden Betrachtungen zeigen, daß im Interesse eines niedrigen Wertes für T_{tn}/T_n die Stufenzahl der Transduktoranordnung möglichst klein zu halten ist. Das bedingt die Verwendung von Transduktoren hoher Güte. Die Mindeststufenzahl ergibt sich fast immer eindeutig aus der geforderten Leistungsverstärkung, da bei der nächst kleineren Stufenzahl die Zeitkonstanten der vorgesehenen Transduktoren ganz erheblich ansteigen.

In Abb. 9.10a ist die Schaltung eines zweistufigen Transduktors wiedergegeben. Vor- und Endtransduktor sind in Einphasenbrückenschaltung ausgeführt. Die Steuerspannung U_s liegt an der Steuerwicklung N_{sv}. Die an den Steuerwicklungen angebrachten Pfeile geben die positive Stromrichtung des Steuerstromes an, der den Transduktor öffnet. An den Vortransduktor *TD 1* ist über einen Widerstand die Steuerwicklung des Endtransduktors angeschlossen. Dieser soll auf die

Feldwicklung eines Generators mit den Daten R_a, L_a arbeiten. Der bei $U_s = 0$ bzw. $U_{av} = 0$ gewünschte Arbeitspunkt wird durch die Vorströme I_{Vv} und I_{Ve} eingestellt. Die Vorstromquelle besteht aus einem Transformator, der auch gleichzeitig den Vortransduktor mit Wechselspannung versorgt, einem Gleichrichter und einem Glättungsglied.

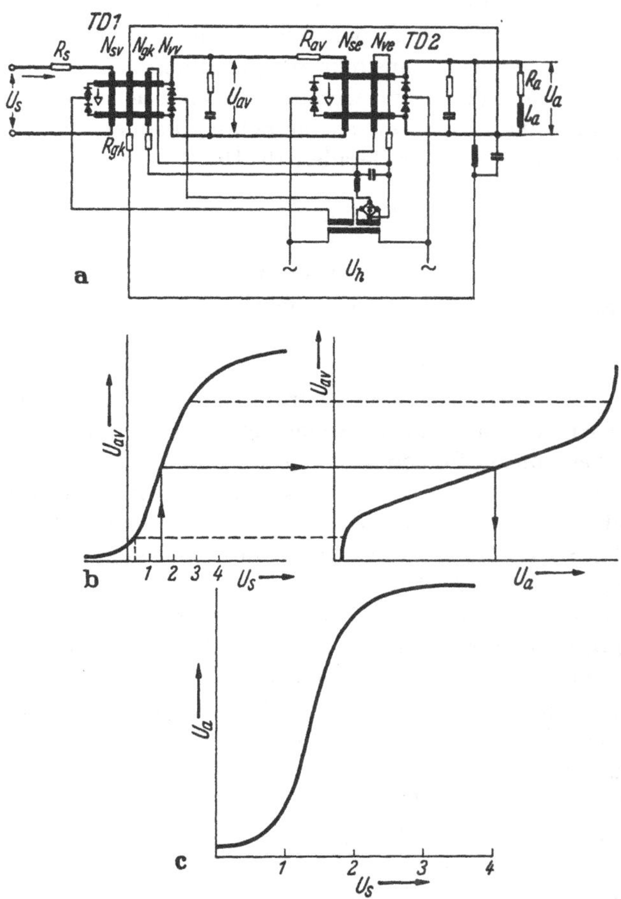

Abb. 9.10 a – c. Zweistufiger Transduktor. a Schaltung, b Kennlinien der Einzeltransduktoren, c Gesamtkennlinie

Es empfiehlt sich, die Vorstromquelle stets an die Netzspannung zu legen, die auch den Arbeitskreis versorgt. Bei einem Einbruch der Netzspannung nimmt die Ausgangsspannung U_a proportional ab. Gleichzeitig wird aber auch der Vorstrom kleiner, wodurch sich der Arbeitspunkt auf der Arbeitskennlinie in Richtung größerer Ausgangsspannung schiebt. Beide Einflüsse wirken einander entgegen, so daß Netzspannungsschwankungen einen geringeren Einfluß auf die Ausgangsspannung haben. Wegen der induktiven Belastung muß der Endtransduktor ein Kompensationsglied erhalten, das auch beim Vortransduktor, da dieser auf eine Steuerwicklung arbeitet, notwendig ist.

Der Ersatz eines einstufigen Transduktors durch eine zweistufige Anordnung verändert nicht nur die dynamischen Eigenschaften, sondern beeinflußt auch den Verlauf der Arbeitskennlinie. Sind die Arbeitskennlinien der einzelnen Transduktoren geradlinig, so ist auch die resultierende Arbeitskennlinie eine Gerade. Leider weichen die Kennlinien in Wirklichkeit, vor allen Dingen im Bereich kleiner und großer Aussteuerung, erheblich von der Geraden ab. Da

$$V = V_1 V_2 = \frac{\Delta U_{av}}{\Delta U_s} \cdot \frac{\Delta U_a}{\Delta U_{av}} \tag{9.31}$$

ist, multiplizieren sich die Steigungen beider Kennlinien und die resultierende Kennlinie wird von den Nichtlinearitäten beider Stufen beeinflußt.

Die Abb. 9.10b zeigt die beiden Arbeitskennlinien $U_{av} = f(U_s)$ und $U_a = f(U_{av})$ in ihrer richtigen Zuordnung. Der Aussteuerbereich ist durch gestrichelte Geraden gekennzeichnet. Die Pfeile geben an, wie sich für eine bestimmte Steuerspannung U_s die zugehörige Ausgangsspannung U_a ergibt. Von dem Vortransduktor wird nur der mittlere, annähernd lineare Teil der Arbeitskennlinie benutzt. Bei dem Endtransduktor ist eine solche Beschränkung nicht möglich. Er muß oft vollständig schließen. Außerdem besitzt er meist eine große Ausgangsleistung, so daß aus wirtschaftlichen Rücksichten nicht auf die Aussteuerung der oberen Krümmung der Arbeitskennlinie verzichtet werden kann. In Abb. 9.10c ist die resultierende Arbeitskennlinie, wie sie sich aus Abb. 9.10b ergibt, aufgetragen. Vor allem im Bereich kleiner Ausgangsspannungen ist eine erhebliche Verschleifung der Kennlinie vorhanden. In diesem Bereich beträgt die Verstärkung nur einen Bruchteil der maximalen Verstärkung.

In vielen Anwendungsfällen soll die Spannungsverstärkung V_u im Aussteuerbereich nahezu konstant sein. Es sind dann zusätzlich Maßnahmen zu treffen, um die nichtlineare Kennlinie zu begradigen. Hierzu kann, wie in Abb. 9.11a gezeigt wird, zwischen die erste und die zweite Transduktorstufe ein nichtlinearer Spannungsteiler (R_1, R_2) geschaltet werden. Dabei ist R_1 ein linearer und R_2 ein nichtlinearer Widerstand, dessen Widerstandswert mit der an ihm liegenden Spannung nach einem Exponentialgesetz abnimmt. Für kleine Spannungen U_{av} ist das Spannungsteilerverhältnis

$$\frac{U'_{av}}{U_{av}} = \frac{R_2}{R_1 + R_2} \tag{9.32}$$

nahezu 1, während mit größer werdender Aussteuerung des Vortransduktors der Widerstand R_2 und dadurch U'_{av}/U_{av} immer kleiner wird. Die untere Krümmung der Kennlinie Abb. 9.10c läßt sich damit zum Teil begradigen. Allerdings ist die nichtlineare Widerstandskennlinie von R_2 der Krümmung der Transduktorkennlinie anzupassen. Der Erfolg dieser Linearisierung ist an eine bestimmte Zuordnung der Kennlinien beider Transduktorstufen gebunden.

Eine bessere Linearisierungsmöglichkeit stellt eine starre Gegenkopplung dar. In der Schaltung Abb. 9.10a besteht die Gegenkopplung darin, daß die Ausgangsspannung über die Steuerwicklung N_{gk} des Vortransduktors einen Gegenkopplungsstrom

$$I_{gk} = \frac{U_a}{R_{gk}} \tag{9.33}$$

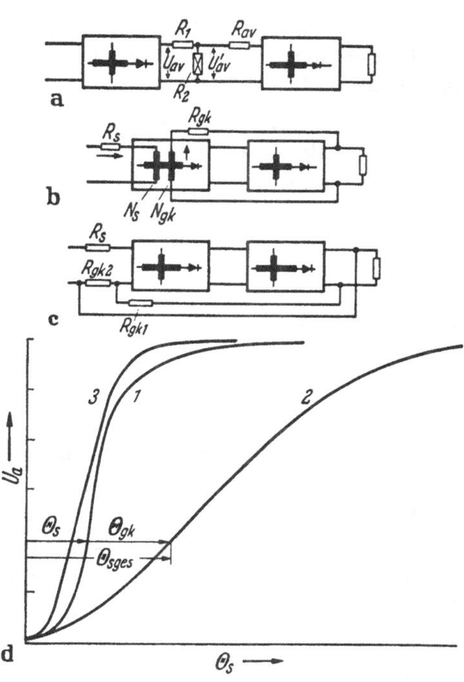

Abb. 9.11a–d. Linearisierung der Arbeitskennlinie des zweistufigen Transduktors durch starre Gegenkopplung

liefert, der in schließender Richtung auf den Vortransduktor wirkt. Zur Unterdrückung der Spannungsoberwellen ist ein Siebglied zwischengeschaltet. Die Ausgangsspannung U_a hebt somit einen Teil der Wirkung der Steuerspannung auf. Durch die Gegenkopplung wird die Verstärkung der Transduktoranordnung herabgesetzt. Der Grad der Verstärkungsminderung ist aber abhängig von V_u, so daß der Teil der Kennlinie mit hoher Verstärkung eine größere Verstärkungseinbuße erfährt als die flachen Kennlinienteile. In Abb. 9.11b ist die Transduktoranordnung Abb. 9.10a noch einmal vereinfacht dargestellt. Bei der Verstärkung V_{u0} ohne Gegenkopplung, ist die Verstärkung mit Gegenkopplung gleich

$$V_u = \frac{U_a}{R_s\left(I_s + \frac{U_a}{R_{gk}}\frac{N_{gk}}{N_s}\right)} = \frac{U_a}{U_s + \frac{N_{gk}}{N_s}\frac{R_s}{R_{gk}} V_{u0} U_s}. \tag{9.34}$$

$$V_u = \frac{1}{\frac{1}{V_{u0}} + \frac{N_{gk}}{N_s}\frac{R_s}{R_{gk}}}. \tag{9.35}$$

Für $V_{u0} \gg \frac{N_s R_{gk}}{N_{gk} R_s}$ ergibt sich aus Gl. (9.35)

$$V_u = \frac{N_s R_{gk}}{N_{gk} R_s}. \tag{9.36}$$

Die Arbeitskennlinie stellt eine von V_{u0} unabhängige Gerade dar. An Stelle der magnetischen Gegenkopplung ist auch die in Abb. 9.11c dargestellte elektrische Gegenkopplung möglich, bei der über den Spannungsteiler R_{gk1}, R_{gk2} ein Teil der Ausgangsspannung im Steuerkreis liegt. Es muß $R_{gk2} \ll R_s$ sein, damit der Spannungsabfall $R_{gk2} I_s$ gegen U_s vernachlässigt werden kann. Jetzt ergibt sich die Beziehung

$$V_u = \frac{U_a}{U_s + \frac{R_{gk2}}{R_{gk1}} U_a} = \frac{1}{\frac{1}{V_{u0}} + \frac{R_{gk2}}{R_{gk1}}} \tag{9.37}$$

für $V_{u0} \gg \frac{R_{gk1}}{R_{gk2}}$ wird aus Gl. (9.37)

$$V_u = \frac{R_{gk1}}{R_{gk2}}. \tag{9.38}$$

Auch hier wird die Arbeitskennlinie, unabhängig von V_{u0}, eine Gerade.

Die vollständige Linearisierung der Kennlinie durch Gegenkopplung setzt bereits im flachsten Teil der ursprünglichen Arbeitskennlinie eine sehr große Spannungsverstärkung V_{u0} voraus. Diese Bedingung läßt sich nicht immer erfüllen, da die maximale Verstärkung, selbst nach Ausschöpfung aller Möglichkeiten, begrenzt ist. Die zweistufige Transduktoranordnung bildet mit der Rückführung einen geschlossenen Wirkungskreis. Bei zu großer Kreisverstärkung kann er infolge der Eigenverzögerung und der Totzeit der beiden Transduktoren zu Eigenschwingungen angeregt werden. Auch das Kompensationsglied und das Glättungsglied im Gegenkopplungskreis bringen Phasendrehungen und begünstigen die Selbsterregung.

Die Vergrößerung von V_{u0} darf nicht durch Veränderung im Steuerkreis des Vortransduktors erfolgen. Hiermit werden in der zu erfüllenden Ungleichheit (Gl. 9.35)

$$V_{u0} \gg \frac{N_s R_{gk}}{N_{gk} R_s} \tag{9.39}$$

beide Seiten gleichsinnig beeinflußt und somit nichts gewonnen. Die Verstärkung läßt sich nur durch Vergrößerung der Steuerwindungszahl N_{se} und Verkleinerung des Arbeitswiderstandes R_{av} (Abb. 9.10) heraufsetzen. Beide Maßnahmen vergrößern allerdings die Zeitkonstante des Endtransduktors.

In Abb. 9.11d ist neben der Kennlinie der Transduktoranordnung ohne Gegenkopplung (1) die Kennlinie mit Gegenkopplung und unveränderter Verstärkung (2), sowie mit heraufgesetzter Verstärkung (3) wiedergegeben. Durch die Gegenkopplung wird die Arbeitskennlinie gut linearisiert. Voraussetzung ist allerdings, daß über die Gegenkopplung keine Oberwellen fließen und die gegengekoppelte Transduktoranordnung stabil bleibt.

Die Zeitkonstante und die Totzeit des Transduktors lassen sich durch Erhöhung der Betriebsfrequenz verkleinern. Wie bereits an anderer Stelle ausgeführt, nimmt die Zeitkonstante bei konstanter Leistungsverstärkung nicht proportional der Frequenzerhöhung ab, da infolge der größeren Eisenverluste die Güte absinkt. Die Speisespannung muß Mittelfrequenzgeneratoren oder statischen Frequenzumformern entnommen werden. Da diese eine verhältnismäßig hohe Streuung haben, sind die an ihm liegenden Transduktoren über die Streureaktanz miteinander gekoppelt. Eine Entkopplung ist nur durch Überdimensionierung des Mittelfrequenzgenerators möglich. Die zu entnehmende Mittelfrequenzleistung wird dadurch klein. Im Bedarfsfall werden die Vortransduktoren mit Mittelfrequenz, die Endtransduktoren dagegen mit Netzfrequenz gespeist.

Die Reihenschaltung zweier Transduktoren, die mit verschiedener Speisefrequenz betrieben werden, bietet keine Schwierigkeiten, solange

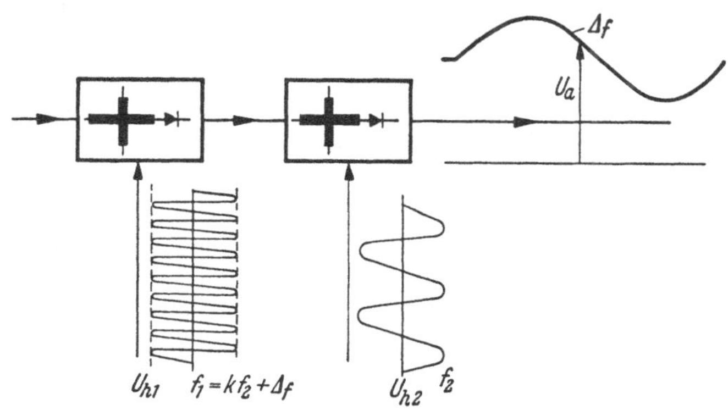

Abb. 9.12. Modulation der Ausgangsspannung eines Transduktors mit der Schwebungsfrequenz, dessen Stufen mit verschiedenen Frequenzen gespeist werden

beide Frequenzen zueinander in einem ganzzahligen Verhältnis stehen. Das ist bei statischen Frequenzumformern erfüllt. Wird dagegen die Mittelfrequenz mit Maschinenumformern erzeugt, deren Antriebsmotor ein Asynchronmotor bildet, oder von asynchronen Frequenzumformern geliefert, so weicht die Mittelfrequenz infolge des Schlupfes etwas von dem ganzzahligen Verhältnis ab. An den nichtlinearen Kennlinien kann sich dann durch Mischung beider Frequenzen und ihrer Oberwellen die Schwebungsfrequenz

$$f_{schw} = k_1 \cdot f_1 - k_2 f_2 \tag{9.40}$$

bilden, wenn k_1 und k_2 die Ordnungszahlen der betreffenden Oberwellen sind. Die Schwebungsfrequenz kann so tief liegen, daß sie in den Frequenzbereich des Endtransduktors fällt, verstärkt wird und sich in der Ausgangsspannung als periodische Pendelung auswirkt.

Die Abb. 9.12 zeigt die Speisespannungen der beiden Transduktorstufen. Die Frequenz des Vortransduktors unterscheidet sich um den kleinen Betrag Δf von der k-ten Oberwelle der Netzfrequenz (f_2). Nach der Mischung bildet sich die Differenzfrequenz Δf, die, wie eingezeichnet, der Ausgangsspannung überlagert ist. Die Schwebungsfrequenz läßt sich nur durch Vergrößerung der Zeitkonstante des Endtransduktors unterdrücken. Hierdurch wird die obere Grenzfrequenz soweit herabgesetzt, daß Δf außerhalb des Übertragungsbereiches zu liegen kommt.

9.3 Schutzmaßnahmen

Der Transduktor ist wie jedes andere elektrische Gerät vor Überlastung und Kurzschluß zu schützen. Bei Transduktoren größerer Leistungen werden in den Wechselstromzuleitungen Sicherungen, oder Schutzschalter oder beides gleichzeitig angeordnet. Der Überstrom kann durch eine unzulässig hohe Aussteuerung im Steuerkreis oder durch Veränderung der Belastung ausgelöst werden. Die Verhältnisse liegen bei Wirkbelastung und induktiver Belastung am einfachsten, wenn im Fall maximaler Aussteuerung der Transduktor nur Nennstrom führt. Der Transduktor ist in diesem Fall eigensicher, da keine betriebsmäßige Überlastung erfolgen kann. Wenn sich die Aussteuerung des Transduktors nicht begrenzen läßt, wird der Arbeitswiderstand so bemessen. Die eigensichere Arbeitskennlinie mit eingetragener Belastungsgrenze zeigt Abb. 9.13a.

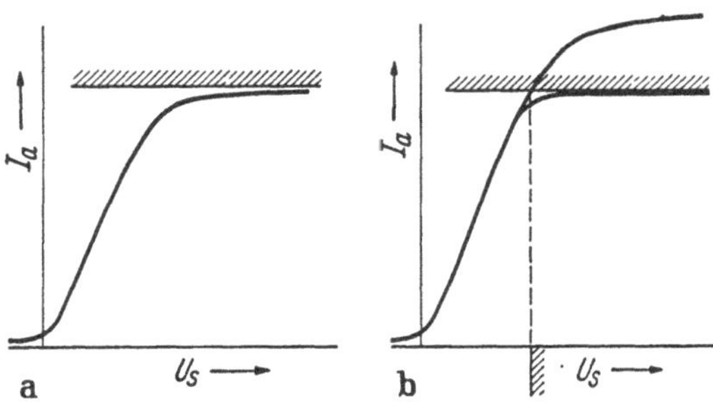

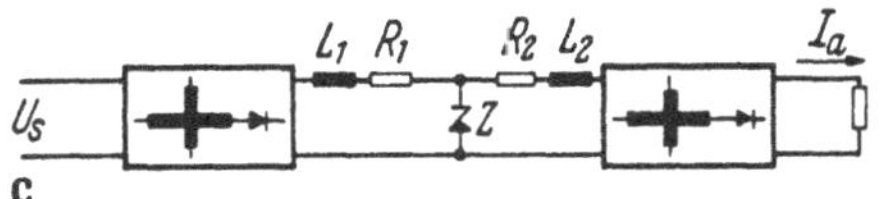

Abb. 9.13a–c. Begrenzung der Aussteuerung durch nichtlinearen Spannungsteiler

Liegt der Nenn-Arbeitspunkt (Nennstrom) dagegen an der oberen Grenze des linearen Bereiches, so wird bei voller Aussteuerung der zulässige Strom überschritten. Es ist dann notwendig, wie aus Abb. 9.13b zu ersehen, den Steuerstrom zu begrenzen. Das kann durch den in

Abb. 9.13c gezeigten nichtlinearen Spannungsteiler erfolgen. Er besteht aus dem Widerstand R_1 und der Zenerdiode Z. Sobald die an Z liegende Spannung größer als die Zenerspannung wird, öffnet die Diode und läßt wegen ihres kleinen Innenwiderstandes keinen weiteren Spannungsanstieg zu. Die Ausgangsspannung des Vortransduktors *TD 1* ist gut zu glätten. Hierzu dient die Induktivität *L 1*. Außerdem ist dafür Sorge zu tragen, daß der Steuerwechselstrom von *TD 2* nicht über die Zenerdiode fließt, da hierdurch die Begrenzungscharakteristik verschliffen wird. Zur Unterdrückung des Steuerwechselstromes dient die Induktivität *L 2*. Wir sehen, daß eine Begrenzung des Steuerstromes einen erheblichen Aufwand erfordert.

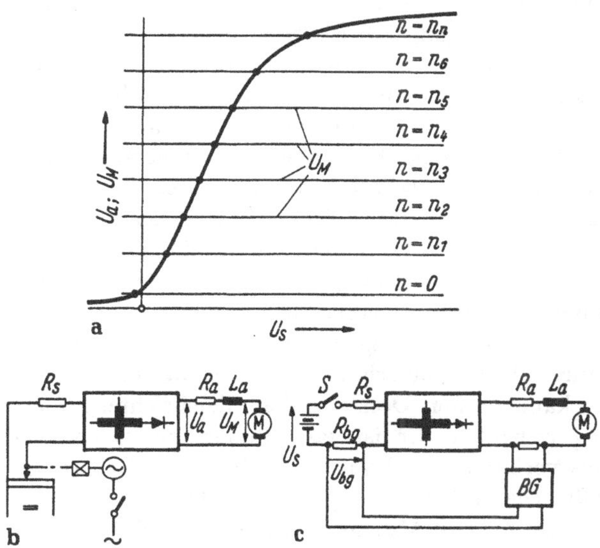

Abb. 9.14a–c. Überstromschutz des mit einem Motor belasteten Transduktors durch konstante Anfahrzeit (b), Strombegrenzung (c)

Noch schwieriger ist der Schutz des Arbeitskreises bei der Belastung des Transduktors mit einem Gleichstrommotor. Diesen Belastungsfall zeigt Abb. 9.14. Liefert der Transduktor die Ausgangsspannung U_a, so setzt ihr der Motor M im stationären Zustand die Gegen-EMK U_M entgegen. Der Arbeitswiderstand R_a besteht aus dem Ankerwiderstand und dem Kupferwiderstand der Arbeitswicklung, während L_a die Ankerinduktivität und die Sättigungsinduktivität des Transduktors ersetzt. Wirk- und Blindwiderstand sind klein, so daß ohne Gegen-EMK bei Teil- oder Vollaussteuerung ein hoher Überstrom fließen würde. Das Diagramm Abb. 9.14a zeigt die Arbeits-Kennlinie und die Geraden $U_M = U_a$ (Leerlauf). Die zugehörige Motordrehzahl ist angegeben.

Der Motor soll mit einer Schwungmasse belastet sein. Der Transduktor ist zunächst geschlossen und wird plötzlich ausgesteuert. Im Arbeitskreis fließt dann ein Strom, der den Motor beschleunigt. Soll der Motor genauso schnell anlaufen wie der Transduktor ausgesteuert wird, so muß unter Berücksichtigung der Schwungmasse unter Umständen ein den Nennstrom um ein Mehrfaches überschreitender Beschleunigungsstrom fließen. Der Beschleunigungsstrom ist um so größer, je schneller der Transduktor öffnet. Demnach kann man feststellen:

Die Belastungsgrenze wird nicht allein durch die Ausgangsspannung und damit auch nicht durch den Betrag des Steuerstromes bestimmt, sondern durch die Änderungsgeschwindigkeit beider Größen beeinflußt. Die Begrenzung der Beschleunigung kann, wie in Abb. 9.14b angedeutet, dadurch erfolgen, daß die Steuerspannung U_s an einem Spannungsteiler abgenommen wird, den ein Asynchronmotor über ein Untersetzungsgetriebe mit fester Geschwindigkeit verstellt.

Bei geregelten Antrieben wird der in Abb. 9.14c dargestellte Überlastungsschutz bevorzugt. Hier darf die Steuerspannung über einen Schalter S direkt zugeschaltet werden. Der Beschleunigungsstrom kann trotzdem den Nennstrom nicht überschreiten, da ein Begrenzungsverstärker BG bei Überstrom in den Steuerkreis eine Zusatzspannung U_{gb} liefert, die der Steuerspannung entgegengerichtet ist und die Aussteuerung des Transduktors verlangsamt.

Neben der betriebsmäßigen Überlastung muß auch mit Überströmen durch Fehler innerhalb des Transduktors gerechnet werden. Der Fehler kann an den Drosseln, den Gleichrichtern oder der Außenbeschaltung auftreten. Er ist fast immer mit einem Überstrom im Arbeitskreis verbunden und wird deshalb durch Sicherungen in diesem Kreis erfaßt. Die Abb. 9.15 zeigt für die Dreiphasenbrückenschaltung zwei Möglichkeiten zur Absicherung des Arbeitskreises. Bei der Schaltung b befinden sich die Sicherungen in den Wechselstromzuleitungen, während sie bei a unmittelbar vor den Gleichrichtern liegen. Einphasige Transduktoren werden wegen ihrer kleinen Leistung im allgemeinen ohne Sicherung an die Versorgungsspannung gelegt.

Die Sicherungen müssen Drosseln und Gleichrichter schützen. Die Drosseln haben infolge ihrer erheblichen Masse eine große thermische Zeitkonstante, so daß zum Abschalten eines Überstromes im Hinblick auf die Drosselerwärmung immer genug Zeit bleibt, und sogar träge Sicherungen anwendbar sind. Die zulässige Auslösezeit wird von der Gleichrichterart bestimmt. Werden Selengleichrichter eingesetzt, so genügt die Auslösezeit normaler Sicherungen. Anders liegen die Verhältnisse bei Siliziumgleichrichtern. In Abschn. 3 (S. 58ff.) wurde zur Sicherung dieser Gleichrichter genauer Stellung genommen. Es zeigte sich, daß der Siliziumgleichrichter eine so kleine Wärmeträgheit hat, daß er gegen Überstrom nur durch spezielle flinke Sicherungen geschützt werden kann. Trotzdem ist nicht für alle Überströme ein absoluter Schutz gegeben. Es erscheint deshalb zweckmäßig, den Nennstrom der Siliziumgleichrichter über den höchsten unter den ungünstigsten

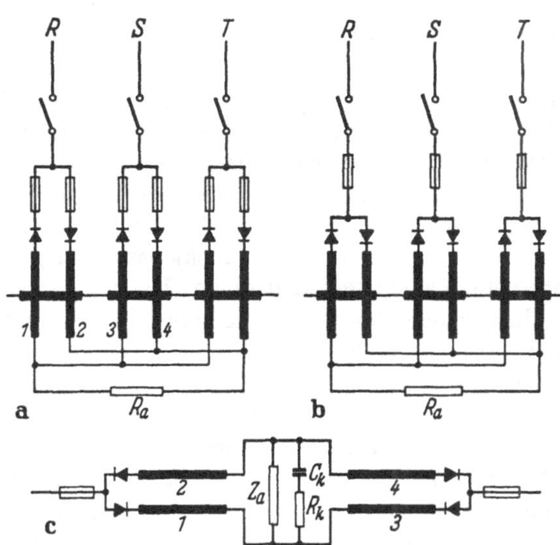

Abb. 9.15a—c. Dreiphasiger Transduktor beim Ausfall einer Phase

Verhältnissen zu erwartenden Betriebsstrom zu legen, so daß die Sicherungen nur bei Kurzschlüssen und Fehlern innerhalb des Transduktors anzusprechen brauchen.

Beim dreiphasigen Transduktor ist eine wichtige Fehlermöglichkeit der Ausfall einer Phase der Wechselspannung. Die Ausgangsspannung bricht dann teilweise zusammen und wird sehr wellig. Arbeitet der Transduktor auf eine Induktivität, so erfolgt eine Überlastung des Kompensationsgliedes durch die große Wechselspannungskomponente. Die Ersatzschaltung für diesen Fehler zeigt Abb. 9.15c. Bei Ausfall einer Phase muß deshalb der Schutzschalter öffnen.

Analog der Gittersperre beim Stromrichter bietet auch der Transduktor die Möglichkeit, ihn im Störungsfall über ein Hilfsschütz in wenigen Perioden zu schließen. Hierzu ist nur notwendig, den im Vorstromkreis liegenden Widerstand teilweise kurzzuschließen und dadurch den in schließender Richtung wirkenden Vorstrom zu erhöhen. Der Vorstrom muß dann so groß sein, daß er gegenüber dem unter Umständen in entgegengesetzter Richtung wirkenden Steuerstrom überwiegt.

10. Gegentakt-Transduktorschaltungen

10.1 Anwendungsbereich

Der Transduktor, als ein über Drosseln gesteuerter Gleichrichter, erlaubt keine Umkehr des Vorzeichens der Ausgangsspannung U_a. Die Polung von U_a bestimmen die Gleichrichter. Das Vorzeichen der Ausgangsspannung läßt sich mit keiner schaltungstechnischen Maßnahme ändern. In dieser Eigenschaft ist er den rotierenden Verstärkern unterlegen. Die Ankerspannung der Querfeld-Verstärkermaschine läßt sich durch Umkehr des Erregerstromes leicht umpolen.

In den meisten Anwendungsfällen stören die Eintakt-Eigenschaften des Transduktors nicht. Mitunter wird der Aussteuerbereich nicht einmal voll ausgenutzt. Zur Batterieladung braucht seine Ausgangsspannung nur zwischen einem Kleinstwert und einem Höchstwert eingestellt zu werden. Der Unterschied der Spannung einer leeren und einer voll aufgeladenen Batterie ist verhältnismäßig klein, entsprechend klein ist auch der Aussteuerbereich. Speist der Transduktor dagegen den Anker eines Gleichstrommotors, dessen Drehzahl von null bis zu seiner Nenndrehzahl einstellbar sein soll, so wird sein ganzer Aussteuerbereich benötigt. Zur Stillsetzung des leerlaufenden Motors muß die minimale Ausgangsspannung möglichst klein oder sogar null sein.

Daneben gibt es Anwendungen, bei denen die Ausgangsspannung zwar umgepolt werden muß, aber nicht stetig durch Null zu gehen braucht. Mit einem Wendeschütz kann, nach Abb. 10.01, die Aus-

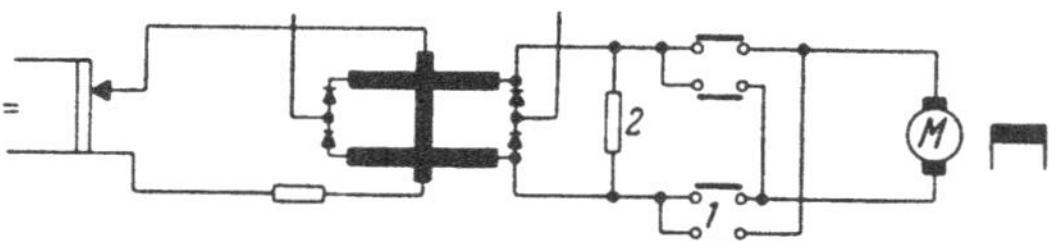

Abb. 10.01. Umsteuerung eines Motors durch Umschalten der Ankerspannung

gangsspannung bei geschlossenem Transduktor umgeschaltet werden. Zur Drehrichtungsumkehr läßt sich auch der Feldstrom umpolen. Beide Umschaltungen dürfen nur bei geschlossenem Transduktor erfolgen. Durch das Wendeschütz (1) wird der Ankerstromkreis kurzzeitig aufgerissen. Die dabei auftretende Schaltüberspannung — der Magnetisierungsstrom der Drossel wird unterbrochen — kann, trotz des geschlossenen Transduktors, die Gleichrichter gefährden. Parallel zum Motoranker liegt deshalb der Widerstand 2, der am Transduktor verbleibt und für einige Prozent des Nennstromes bemessen ist.

Bei der Umschaltung der Ausgangsspannung befindet sich der Verbraucher für kurze Zeit außerhalb der Kontrolle des Regelkreises,

Nicht immer kann das zugelassen werden. In einem Leonard-Kreis, der die Drehzahl einer Arbeitsmaschine regelt, und auch den Stillstand des Motors unabhängig von dem Vorzeichen der auf den Motor wirkenden Drehmomente sicherstellen soll, ist an Stelle eines Umschalters der Generator im Gegentakt zu erregen. Die Generatorspannung muß sich, entsprechend den Steuerbefehlen des dem Transduktor vorgeschalteten Reglers, ohne Schaltvorgang umpolen können.

Es ist naheliegend, einen Gegentakt-Transduktor, dessen Ausgangsspannung sowohl positive als auch negative Werte annehmen kann, aus zwei gegeneinander geschalteten Transduktoren zusammenzusetzen. Sind die Ausgänge galvanisch verbunden, so behindern sich die Transduktoren gegenseitig. Nach Möglichkeit werden deshalb beide Ausgänge galvanisch getrennt, indem sie auf zwei Feldwicklungen eines Gleichstromgenerators wirken.

10.2 Grundschaltungen

Die Abb. 10.02 zeigt die wichtigsten Schaltungen zur Gegentakterregung von Gleichstrommaschinen. Der Transduktor wird, da seine Schaltung hier nicht interessiert, einfach als rechteckiger Block dargestellt.

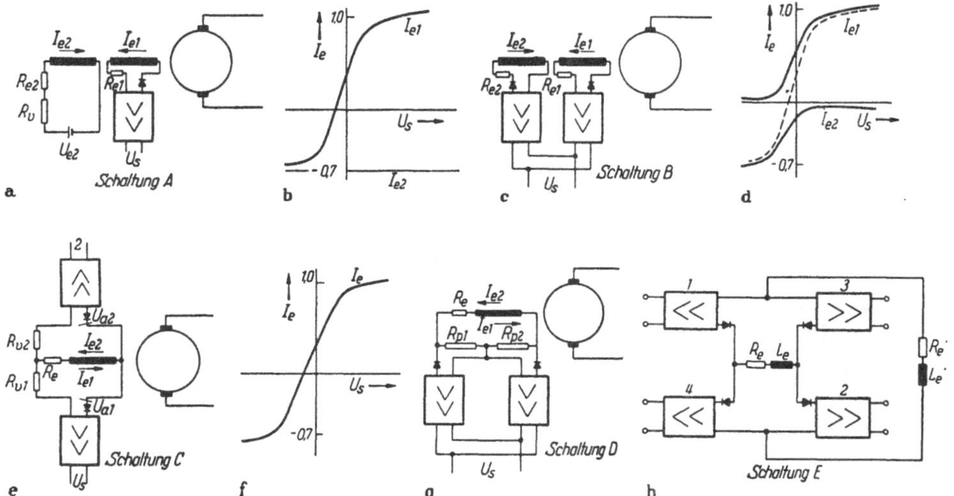

Abb. 10.02 a–h. Grundschaltungen für Gegentaktbetrieb. *A*: Konstante Gegenerregung, *B*: Gegentaktransduktor mit galvanisch getrennten Ausgängen, *C*: Gegenparallelschaltung, *D*: Gegenreihenschaltung, *E*: Brückenschaltung

stellt. Der am Ausgang des Blockes eingezeichnete Gleichrichter soll seine Durchlaßrichtung kennzeichnen. Bei der Anordnung nach Abbildung 10.02a (Grundschaltung A) handelt es sich um keine echte

Gegentaktschaltung, da nur ein Transduktor verwendet wird. Für die negative Erregung sorgt eine konstante Spannung U_{e2}, die über eine zweite Feldwicklung den Erregerstrom I_{e2} fließen läßt. Der Transduktor liefert die positive Erregung. Er benötigt gegenüber der Erregerleistung eine erheblich größere Typenleistung. Bei positiver Aussteuerung der Maschine muß er zusätzlich das Gegenfeld kompensieren. Im Diagramm b sind die Erregerströme I_{e1} und I_{e2} über der Steuerspannung U_s aufgetragen. Die maximale Gegenerregung beträgt hier 70% der positiven Erregung.

In Abb. 10.02c (Grundschaltung B) erhält jede der beiden Feldwicklungen einen Transduktor. Diese sind so eingestellt, daß, je nach dem Vorzeichen der Steuerspannung, der eine oder der andere öffnet. Der in positiver Richtung arbeitende Transduktor kann jetzt kleiner bemessen werden. Er braucht nicht, wie in A, eine Gegenerregung zu kompensieren. Die Arbeitskennlinien sind in Abb. 10.02d aufgetragen. Der resultierende, gestrichelt gezeichnete Strom ändert über den Aussteuerbereich sein Vorzeichen.

Bei der Ankerspeisung eines Gleichstrommotors ist eine galvanische Trennung der beiden Transduktorkreise nicht mehr möglich. Auch können nicht immer zwei galvanisch getrennte Feldwicklungen ausgeführt werden. Die beiden Transduktoren müssen in diesen Fällen entweder, wie aus Abb. 10.02e zu ersehen (Grundschaltung C), parallel oder in der in Abb. 10.02g gezeigten Reihenschaltung (Grundschalung D) auf den Verbraucher arbeiten. Diese Anordnungen haben die in Abb. 10.02f dargestellte Arbeitskennlinie. In beiden Schaltungen sind die Transduktoren für eine wesentlich größere Leistung als die des Verbrauchers zu bemessen. Ein Teil der Leistung wird in den zusätzlich notwendigen Widerständen umgesetzt. Bei der Parallelschaltung (C) schließen sich die Transduktoren gegenseitig kurz. Zur Begrenzung dieses Kurzschlußstromes müssen vor die Transduktoren die Widerstände R_{v1} bzw. R_{v2} gelegt werden. Bei der Reihenschaltung (D) dagegen sperren sich die Transduktoren. Hier sind deshalb die Parallelwiderstände R_{p1} und R_{p2} erforderlich. Für die Parallel- und Reihenwiderstände gibt es einen optimalen Wert, bei dem die Transduktorleistung im Verhältnis zur Erregerleistung am kleinsten ist.

Eine Gegentaktschaltung unter Verwendung von vier Transduktoren zeigt Abb. 10.02h (Grundschaltung E). Sie bilden eine Brücke, in deren einem Diagonalzweig der Verbraucher R_e, L_e liegt. Zur Symmetrierung wird an die restlichen beiden Diagonalpunkte eine Impedanz $R_e' L_e'$ angeschlossen, die möglichst genau der Belastung entsprechen soll. Eine positive Steuerspannung öffnet die Transduktoren 1 und 2, während bei entgegengesetztem Vorzeichen der Steuerspannung die Transduktoren 3 und 4 Spannung abgeben.

10.3 Anpassung an den Verbraucher

Es soll der Fall des im Gegentakt erregten Gleichstromgenerators — er läßt sich für alle Schaltungen nach Abb. 10.02 anwenden — untersucht werden. Der positiven Generatorspannung ist die Miterregerdurchflutung $\Theta_{e1} = I_{e1} N_1$ und der negativen Generatorspannung die Gegen-Erregerdurchflutung $\Theta_{e2} = I_{e2} N_2$ zugeordnet. In den meisten Fällen läßt sich die Gegendurchflutung (Θ_{e2}) kleiner wählen als die Mitdurchflutung (Θ_{d1}). Das Verhältnis beider wird als das Gegenerregungsverhältnis

$$g = \Theta_{e2}/\Theta_{e1} \tag{10.01}$$

bezeichnet.

Ist Θ_{en} die Nenn-Erregerdurchflutung für $g = 0$, so müssen in der Schaltung A folgende Durchflutungen aufgebracht werden:

$$\Theta_{e2} = g\,\Theta_{en}; \qquad \Theta_{e1} = (1 + g)\,\Theta_{en}. \tag{10.02}$$

Wird die Gesamtwindungszahl N im Verhältnis der Durchflutungen auf beide Kreise aufgeteilt

$$N_1 = \frac{1+g}{1+2g} N; \qquad N_2 = \frac{g}{1+2g} N \tag{10.03}$$

so ist:

$$I_{e1} = I_{e2} = I_{en}(1 + 2g). \tag{10.04}$$

Die Stromdichte in der Feldwicklung muß somit gegenüber dem Betrieb mit einer Feldwicklung im Verhältnis $(1 + 2g): 1$ heraufgesetzt werden.

Die Nennerregerleistung $P_{en} = I_{en}^2 R_e$ bezieht sich auf $g = 0$ unter Verwendung beider Feldwicklungen. Die Leistung P_{td} des Transduktors muß dann sein

$$\begin{aligned} P_{td} &= I_{en}^2 (1 + 2g)^2 \cdot \frac{1+g}{1+2g} R_e \\ &= P_{en}(1 + 2g)(1 + g). \end{aligned} \tag{10.05}$$

Das Verhältnis von P_{td}, der Transduktorleistung, zu P_{en}, der Nennerregerleistung bei $g = 0$, ergibt das Leistungsverhältnis K.

$$K_1 = \frac{P_{td}}{P_{en}} = (1 + 2g)(1 + g). \tag{10.06}$$

Die konstante Gegenerregung benötigt die Leistung P_2

$$\begin{aligned} P_2 &= I_{en}^2 (1 + 2g)^2 \cdot \frac{g}{1+2g} R_e \\ &= P_{en}\, g(1 + 2g), \end{aligned} \tag{10.07}$$

$$K_2 = g(1 + 2g). \tag{10.08}$$

Die gesamte in der Feldwicklung umgesetzte Leistung im Verhältnis zu P_{en} ist

$$K = K_1 + K_2 = (1 + 2g)^2. \tag{10.09}$$

Für $g = 1$, d. h. volle Gegenerregung, wird $K = 9$. Dieses hohe Leistungsverhältnis wiegt um so schwerer, als die gesamte Leistung in der Feldwicklung anfällt. Aus Abb. 10.03 läßt sich die Abhängigkeit des Verhältnisses K_1 bzw. K von g ersehen. Mit Rücksicht auf die Feldzeitkonstante ist es zweckmäßig, in den Gegenerregungskreis zusätzlich Widerstände zu legen. Er läßt sich dadurch für Ausgleichsströme sperren. Das Leistungsverhältnis K_2 wird aber zusätzlich vergrößert. Die Schaltung A kommt wegen der großen Feldverluste nur für kleine Gegenerregungsverhältnisse in Frage, wie sie zur Kompensation des minimalen Ausgangsstromes des Transduktors und der Remanenz des Generators notwendig sind.

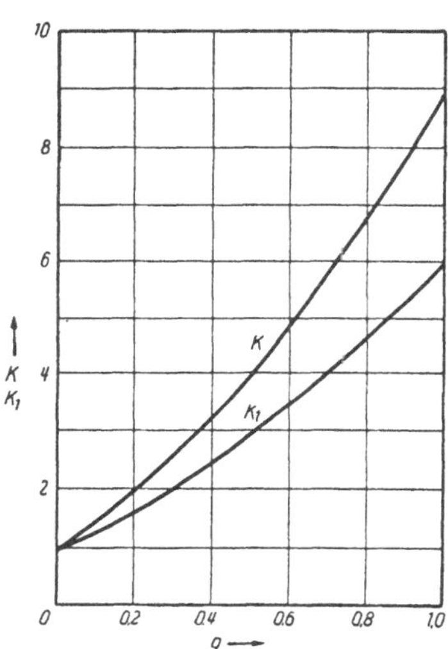

Abb. 10.03. Transduktorleistung im Verhältnis zur Erregerleistung bei konstanter Gegenerregung in Abhängigkeit vom Gegenerregungsverhältnis g

Bei der Schaltung B braucht der Haupttransduktor nicht die Gegendurchflutung zu kompensieren, so daß sich bei einem Gegenerregungsverhältnis g folgende Durchflutungen ergeben

$$\Theta_{e1} = \Theta_{en} \quad \Theta_{e2} = g\,\Theta_{en}. \tag{10.10}$$

Wird die Wicklung im Verhältnis der Durchflutungen aufgeteilt, so ist

$$I_{e1} = I_{e2} = I_e(1 + g). \tag{10.11}$$

Die Stromdichte in der Feldwicklung braucht nur im Verhältnis $(1 + g) : 1$ heraufgesetzt zu werden. Es ergeben sich die Erregerleistungen

$$P_{td1} = I_{en}^2 (1 + g)^2 \frac{1}{1+g} R_e = (1 + g) P_{en}, \tag{10.12}$$

$$P_{td2} = I_{en}^2 (1 + g)^2 \frac{g}{1+g} R_e = g(1 + g) P_{en}, \tag{10.13}$$

$$K_1 = 1 + g \qquad K_2 = g(1 + g), \tag{10.14}$$

$$K = K_1 + K_2 = (1 + g)^2. \tag{10.15}$$

Die Gln. (10.14) und (10.15) sind in Abb. 10.04 dargestellt. Der Generator braucht nicht entsprechend Gl. (10.15) vergrößert zu werden. Es führt immer nur eine Hälfte der Erregerwicklung Strom, so daß eine größere Stromdichte als bei einer Wicklung zulässig ist.

Die beiden Schaltungen C und D benötigen nur eine Feldwicklung. Die Feld-Verlustleistung ist die gleiche wie bei Eintakterregung. Als erstes betrachten wir die Schaltung C. Es werden die Abkürzungen eingeführt:

$$R_{v1}/R_e = b_1 \qquad R_{v2}/R_e = b_2 .$$

Die Transduktoren sind so eingestellt, daß immer nur einer von beiden geöffnet ist. Aus Abb. 10.02e läßt sich ablesen

$$P_{en} = U_{a1} \frac{\dfrac{R_e R_{v2}}{R_e + R_{v2}}}{R_{v1} + \dfrac{R_e R_{v2}}{R_e + R_{r2}}} I_{a1} \frac{\dfrac{1}{R_e}}{\dfrac{1}{R_e} + \dfrac{1}{R_{v2}}} \tag{10.16}$$

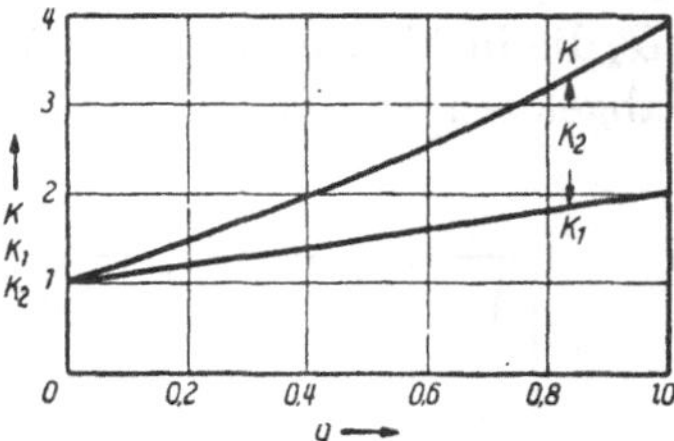

Abb. 10.04. Transduktorleistung im Verhältnis zur Erregerleistung bei Gegentakterregung über getrennte Feldwicklungen in Abhängigkeit vom Gegenerregungsverhältnis g

mit den Abkürzungen erhalten wir

$$K_1 = \frac{P_{td1}}{P_{en}} = \frac{1}{b_2^2} (b_1 + b_1 b_2 + b_2)(1 + b_2) \tag{10.17}$$

entsprechend ist:

$$K_2 = \frac{P_{td2}}{P_{en}} = \frac{g^2}{b_1^2} (b_1 + b_1 b_2 + b_2)(1 + b_1). \tag{10.18}$$

Damit ergibt sich das Verhältnis der gesamten Transduktorleistung zur Nennerregerleistung:

$$K = K_1 + K_2 = \frac{P_{td1} + P_{td2}}{P_{en}}$$

$$= (b_1 + b_1 b_2 + b_2 \left[(1 + b_2) \frac{1}{b_2^2} + (1 + b_1) \frac{g^2}{b_1^2} \right]. \tag{10.19}$$

Die gesuchten Werte b_1 und b_2 für optimale Leistungsanpassung, d. h. kleinste Transduktorleistung, bestimmen die Gleichungen

$$\frac{dK}{db_1} = 0 \qquad \frac{dK}{db_2} = 0. \tag{10.20}$$

Die Gl. (10.19) erfüllt die Bedingungen (10.20) für

$$\frac{(2 + b_1)(1 + b_1)}{b_1^3} g^2 = \frac{(2 + b_2)(1 + b_2)}{b_2^3}. \tag{10.21}$$

In Abb. 10.05a sind b_1 und b_2 nach Gl. (10,21) über g aufgetragen. Das Diagramm b zeigt die Abhängigkeit der Leistungsverhältnisse K_1, K_2 und k von g. Für $g = 1$, also volle Gegenerregung, ergibt sich $K_1 = K_2 = 5{,}8$. Der Wirkungsgrad der Gegentaktschaltung beträgt somit 17,3%. Die

Gesamttypenleistung beider Transduktoren ist gleich der 11,6fachen Erregerleistung.

Auch bei der Reihenschaltung D soll je nach dem Vorzeichen der Steuerspannung immer nur der eine oder der andere Transduktor geöffnet sein. Dann ergeben sich für positive bzw. negative Steuerspannung U_s die in Abb. 10.06a dargestellten Ersatzschaltbilder. Aus ihnen kann abgelesen werden

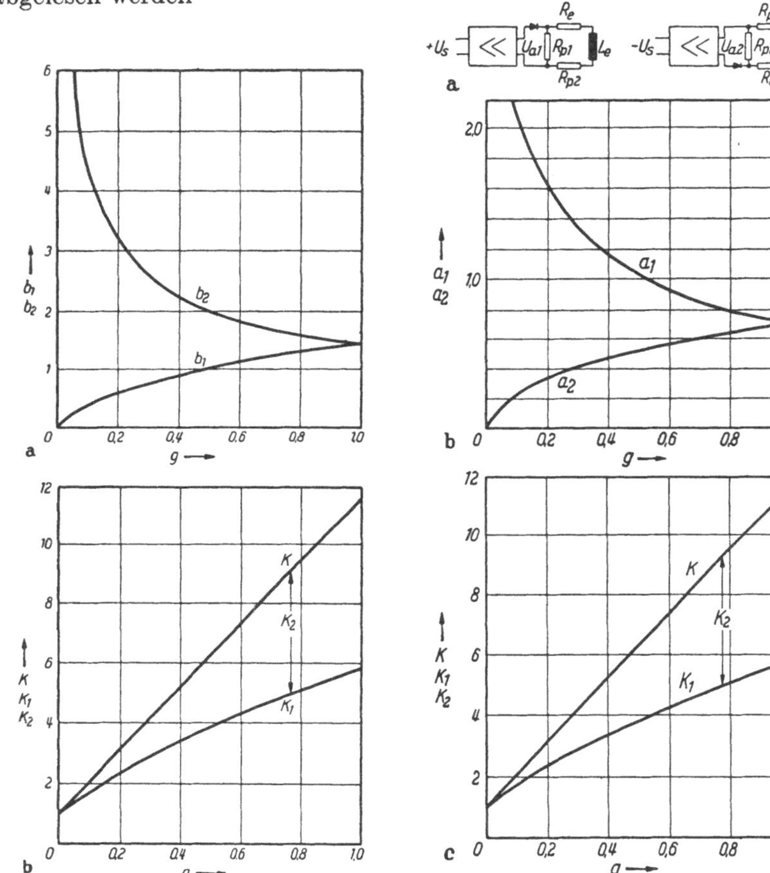

Abb. 10.05 a u. b. Optimale Bemessung der Vorwiderstände bei Parallelspeisung (a). Transduktorleistung im Verhältnis zur Erregerleistung in Abhängigkeit vom Gegenerregungsverhältnis g (b)

Abb. 10.06 a–c. Optimale Bemessung der Parallelwiderstände bei Reihenspeisung (b). Transduktorleistung im Verhältnis zur Erregerleistung in Abhängigkeit vom Gegenerregungsverhältnis (c)

$$P_{en} = U_{a1} \frac{R_e}{R_e + R_{p2}} I_{a1} \frac{\frac{1}{R_e + R_{p2}}}{\frac{1}{R_{p1}} + \frac{1}{R_e + R_{p2}}} = P_{td1} \frac{1}{\frac{(R_e + R_{p2})^2}{R_e R_{p1}} + \frac{R_e + R_{p2}}{R_e}} . \tag{10.22}$$

Nach Einführen der Abkürzungen $a_1 = R_{p1}/R_e$, $a_2 = R_{p2}/R_e$ ergibt sich

$$K_1 = \frac{P_{td1}}{P_{en}} = \frac{(1 + a_2)^2}{a_1} + 1 + a_2. \tag{10.23}$$

Entsprechend erhält man für den zweiten Verstärker:

$$K_2 = \frac{P_{tp2}}{P_{en}} = g^2 \left(\frac{(1 + a_1)^2}{a_2} + 1 + a_1\right). \tag{10.24}$$

Das Verhältnis der Gesamt-Typenleistung beider Transduktoren zur Nennerregerleistung ist somit

$$K = \frac{P_{td1} + P_{td2}}{P_{en}} = \frac{(1 + a_2)^2}{a_1} + 1 + a_2 + g^2 \left(\frac{(1 + a_1)^2}{a_2} + 1 + a_1\right). \tag{10.25}$$

Das Leistungsverhältnis K wird ein Minimum für

$$\frac{dK}{da_1} = 0 \quad \text{und} \quad \frac{dK}{da_2} = 0 .$$

In Abb. 10.06b ist a_1 und a_2 für minimales K in Abhängigkeit vom Gegenerregungsverhältnis g aufgetragen. Diese Werte in die Gln. (10.23) bis (10.25) eingesetzt, liefern die in Abb. 10.06c gezeigten Leistungsverhältnisse. Sie stimmen mit denen der Parallelschaltung überein.

Die hohen Verluste in den Parallel- und Reihenwiderständen lassen die Schaltungen mit galvanischer Verbindung der beiden Transduktoren nur für kleinste Leistungen geeignet erscheinen. Deshalb ist die Gegentaktspeisung eines größeren Gleichstrommotors auf diesem Wege nicht befriedigend zu lösen.

Ein besserer Wirkungsgrad läßt sich mit der in Abb. 10.07a gezeigten Schaltung erzielen [*119*]. Die Vorwiderstände in der Parallelschaltung werden durch mit konstanter Drehzahl angetriebene Gleichstrommaschinen ersetzt. Jede Maschine hat eine im Nebenschluß geschal-

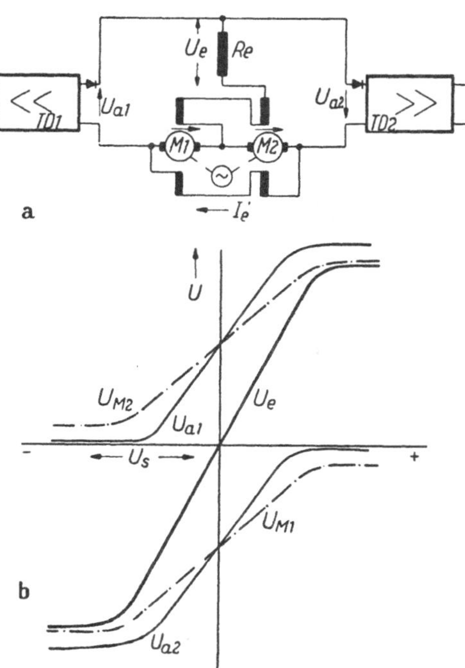

Abb. 10.07a u. b. Gegentakterregung über Transduktoren in Parallelschaltung mit Kompensationsmaschinen nach KAFKA [119]

tete Feldwicklung, die den Generator auf konstante Spannung erregt und eine Feldwicklung, die von dem Laststrom durchflossen wird. Nach den eingezeichneten Pfeilen wirkt die Maschinenspannung der Ausgangsspannung des zugehörigen Transduktors entgegen. Von den Transduktoren wird nur dann ein Strom abgegeben, wenn $U_{a1} > (U_{M1} + U_e)$ und $U_{a2} > (U_{M2} + U_e)$ ist. Durch die konstante und die lastabhängige Erregung ergibt sich in Abhängigkeit von der Steuerspannung der in Bild 10.07b strichpunktierte Verlauf der Maschinenspannung U_{M1} und U_{M2}. Ein Kreisstrom kann durch zwei Transduktoren nicht fließen, da bei geeignetem Abgleich

$$U_{a1} + U_{a2} - U_{M1} - U_{M2} \leqq 0$$

ist. Durch die lastabhängige Erregung der Maschinen *M 1* und *M 2* wird erreicht, daß die Maschinenspannung bei großer Ausgangsspannung des zugehörigen Transduktors klein, dagegen bei maximaler Aussteuerung des gegenüberliegenden Transduktors groß wird. Trotz Unterdrückung des Kreisstromes liegt bei Grenzaussteuerung nahezu die gesamte Transduktorspannung am Belastungswiderstand R_e. Nachteilig erscheint, daß die beschriebene Anordnung zusätzlich einen Maschinenumformer benötigt.

Für die Gegentakterregung einer Gleichstrommaschine eignet sich die Anordnung B mit zwei auf galvanisch getrennten Feldwicklungen

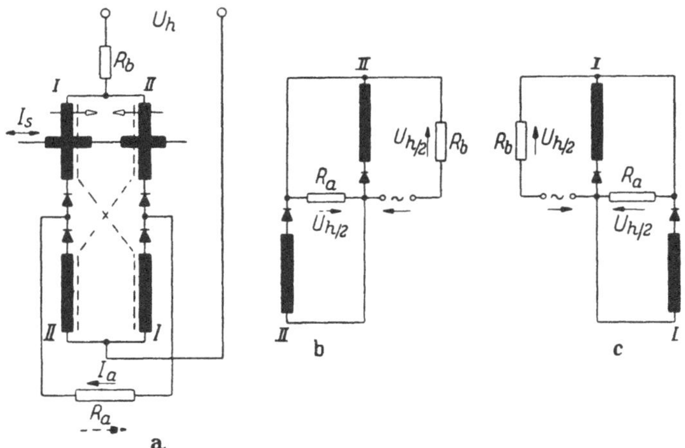

Abb. 10.08 a—c. Gegentakttransduktor in Halbwellenschaltung

arbeitenden Transduktoren gut. Allerdings sind die beiden Transduktoren nur im stationären Betrieb gegeneinander entkoppelt. Während der Aussteuerung eines Transduktors wird über die induktiv gekoppelten Feldwicklungen in den Arbeitskreis des zweiten Transduktors eine Spannung induziert, die dessen Betriebseigenschaften beeinflußt.

Einen besseren Wirkungsgrad als die Schaltung C und D hat die Brückenschaltung E. Da in R_e' die gleiche Leistung wie in R_e umgesetzt wird ($R_e = R_e'$), beträgt der Wirkungsgrad 50%. Die Gesamttypenleistung aller vier Transduktoren ist gleich der vierfachen Verbraucherleistung. Für große Gegenerregungsverhältnisse ist die Schaltung E den Anordnungen C und D überlegen.

Der große Aufwand an Transduktoren läßt sich durch die in Abb. 10.08a gezeigte Halbwellenschaltung [*82*] verkleinern. Sie besteht aus vier Arbeitswicklungen, die eine Brückenschaltung bilden. Die diagonal gegenüberliegenden Wicklungen befinden sich auf einem Kern, so daß sie immer gemeinsam Sättigungsstrom führen. Ist die Drossel *I* gesättigt, so fließt der Ausgangsstrom I_a in der durch den vollgezeichneten Pfeil angegebenen Richtung über den Verbraucher. Bei Sättigung der Drossel II durch den entgegengesetzt gerichteten Steuerstrom hat der Ausgangsstrom die durch den gestrichelten Pfeil gekennzeichnete Richtung.

In Reihe mit der Drosselanordnung liegt ein Widerstand R_b. In Abb. 10.08b und c ist die Ersatzschaltung wiedergegeben, für den Fall, daß die Drossel I bzw. die Drossel II gesättigt ist. Die Arbeitswicklungen der gesättigten Drossel und der vorgeschaltete Gleichrichter wurden, da beide im Idealfall einen Kurzschluß darstellen, fortgelassen. Die beiden Selbstsättigungselemente und der Arbeitswiderstand R_a sind parallelgeschaltet. Die an der Parallelschaltung liegende Spannung ist für $R_b = R_a$ gleich $U_h/2$. Auch hier soll der Vorschaltwiderstand möglichst genau die Belastung nachbilden. Der theoretische Wirkungsgrad beträgt, wegen des Vorwiderstandes, 50%. Die angegebene Schaltung nutzt nur eine Halbwelle aus.

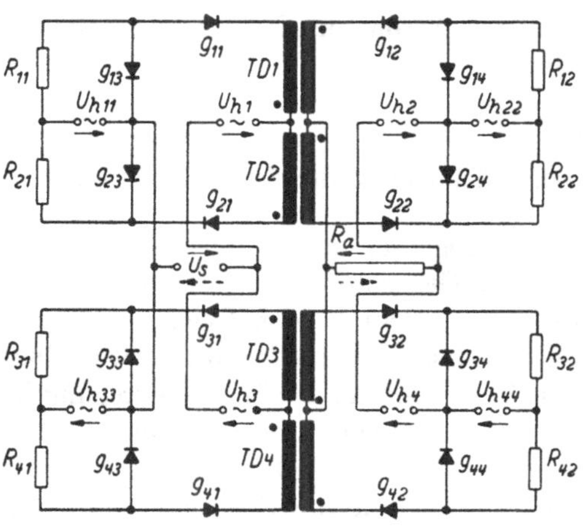

Abb. 10.09.
Spannung-Zeitflächen gesteuerter Gegentakt-Transduktor nach MAINE [117]

Auch Spannung-Zeitflächen gesteuerte Transduktoren lassen sich zu Gegentaktschaltungen verwenden. Die Abb. 10.09 zeigt eine Gegentaktschaltung [*117*]. Zwei Doppeldrossel-Anordnungen sind im Steuereingang parallelgeschaltet und arbeiten auf dem gemeinsamen Widerstand R_a. Sowohl in den Rückmagnetisierungs- wie auch in den Arbeitskreisen, sind gesteuerte Gleichrichter vorgesehen, die je nach Halbwelle der Speisespannung die Steuerspannung und den Arbeitswiderstand auf die richtige Drossel schalten.

Ein gesteuerter Gleichrichter besteht aus den Widerständen R_{11} R_{21} sowie den Gleichrichtern g_{13} und g_{23}. Die von dem Speisetransformator abgenommene Hilfsspannung U_{h11} öffnet immer eine der Dioden. Bei der eingezeichneten Polarität fließt über g_{23} in Durchlaßrichtung ein Strom. Genauso ist g_{43} geöffnet.

Ohne Steuerspannung erfolgt in der eingezeichneten Halbwelle bei *TD 2* und *TD 4* die Rückmagnetisierung, während *TD 1* und *TD 3* sich in der Aufmagnetisierung befinden. Bei keiner Drossel findet Sättigung statt. Zum Öffnen des Transduktors muß die Rückmagnetisierung teilweise oder ganz unterbunden werden. Hat die Steuerspannung U_s die Richtung des vollgezeichneten Pfeiles, so schwächt sie die Rückmagnetisierung von *TD 4*. An *TD 2* findet dagegen die volle Rückmagnetisierung statt. In der nächsten Halbwelle der Speisespannung vermindert U_s die Rückmagnetisierung von *TD 1*. Bei dieser Richtung der Steuerspannung führen somit *TD 4* und *TD 1* Sättigungsstrom. Eine entgegengesetzt gerichtete Steuerspannung schwächt die Rückmagnetisierung von *TD 2* und *TD 3*, dadurch polt sich der über R_a fließende Strom um. Die Arbeitskennlinie stellt eine durch null gehende Gerade dar.

10.4 Ausgleichsvorgänge bei induktiv gekoppelten Transduktoren

Die gegenseitige Beeinflussung der beiden Feldkreise des im Gegentakt erregten Generators läßt sich am einfachsten bei der Anordnung A unterdrücken, indem in den Gegenerregungskreis ein entsprechend großer Widerstand oder eine Induktivität geschaltet wird. Damit ist natürlich eine Vergrößerung der für die Erregung benötigten Leistung verbunden.

Bei der Gegentakterregung nach der Schaltung B können die beiden Kreise nicht durch Drosseln für Ausgleichsvorgänge gesperrt werden. Hierdurch würde die Erregerzeitkonstante ansteigen. Auch große Vorwiderstände lassen sich wegen der dann notwendigen Leistungsvergrößerung der Transduktoren nur beschränkt einsetzen. In Abb. 10.10 sind die Ersatzschaltbilder der Erregerkreise angegeben. Die beiden Feldwicklungen stellen einen Transformator mit dem Übersetzungsverhältnis $ü$, den Streuinduktivitäten L_{st} und der Hauptinduktivität L_h dar. Gesucht wird der Ausgleichsstrom i_2' im Kreis 2, wenn sich im Kreis 1 die Spannung U_{a1} plötzlich ändert.

Der sekundäre Schließungswiderstand des Ersatztransformators unterscheidet sich je nach der Richtung der Zustandsänderung. Bei einer

Vergrößerung von U_{a1} fließt der sekundäre Ausgleichsstrom in Durchlaßrichtung des Transduktors *TD 2*, so daß bei Vernachlässigung seines Innenwiderstandes $R_2 = R_{e2}$ ist. Bei einer Verkleinerung von U_{a1} da-

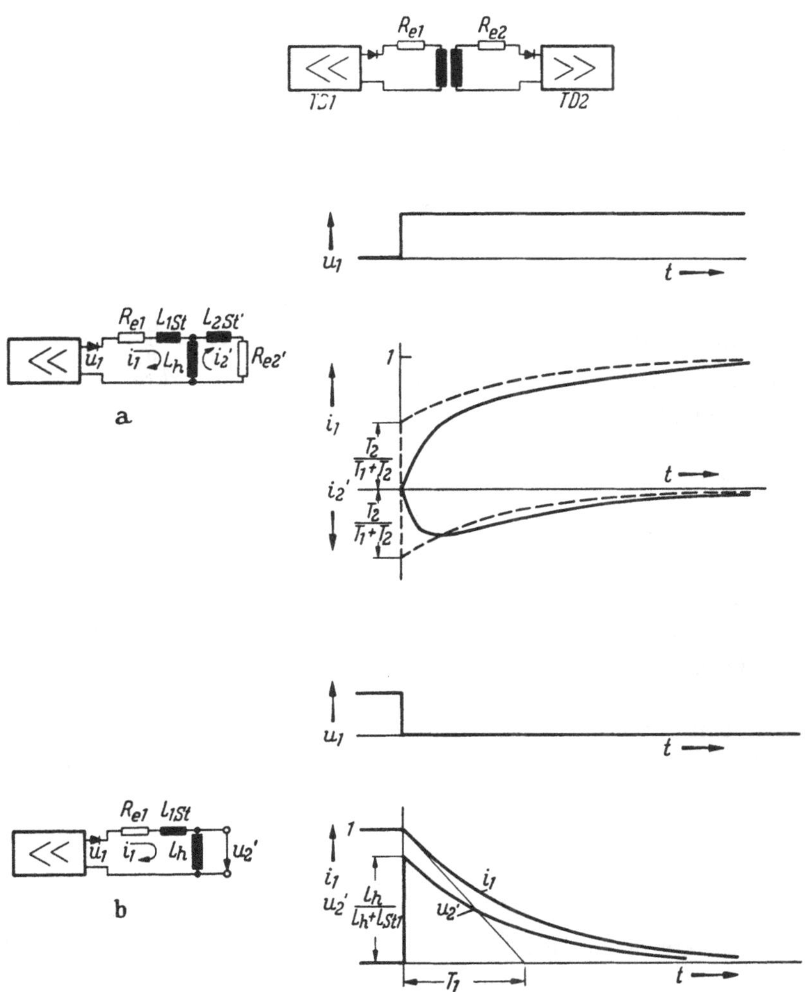

Abb. 10.10 a u. b. Übergangsfunktion eines Transduktors bei sprunghafter Änderung der Ausgangsspannung in magnetisch gekoppelten Kreisen

gegen wird der Ausgleichsstrom durch die Gleichrichter des sekundären Transduktors gesperrt.

Die Differentialgleichungen für zwei induktiv gekoppelte Kreise sind, wenn alle Widerstände, Spannungen und Ströme des zweiten

Kreises auf die Windungszahl des ersten bezogen und durch einen Strich gekennzeichnet werden:

$$u_1 = i_1 R_1 + (L_{st1} + L_h)\frac{di_1}{dt} + L_h \frac{di_2'}{dt}, \tag{10.26}$$

$$0 = i_a' R_2 + (L_{st2}' + L_h)\frac{di_2'}{dt} + L_h \frac{di_1}{dt}. \tag{10.27}$$

Die Spannung U_1 soll plötzlich ansteigen. Die Lösungen der Differentialgleichungen (10.26) und (10.27) lauten dann:

$$i_1 = 1 - \frac{T_1}{T_1 + T_2} e^{-t/T_h} - \frac{T_2}{T_1 + T_2} e^{-t/T_{st}}, \tag{10.28}$$

$$-i_2' = \frac{L_h + L_{st1}}{L_h} \frac{T_2}{T_h} (e^{-t/T_h} - e^{-t/T_{st}}). \tag{10.29}$$

Dabei sind i_1 und i_2' auf den stationären Strom $I_1 = \frac{U_{a1}}{R_{e1}}$ bezogen, der nach Abklingen des Ausgleichsvorganges im Primärkreis fließt. In den Gleichungen (10.28) und (10.29) wurden die Abkürzungen verwendet:

$$T_1 = \frac{L_h + L_{st1}}{R_1}, \qquad T_2 = \frac{L_h + L_{st2}'}{R_2'}, \qquad T_h = T_1 + T_2,$$

$$T_{st} = \left(1 - \frac{L_h^2}{(L_h + L_{st1})(L_h + L_{st2}')}\right) \frac{T_1 T_2}{T_1 + T_2}. \tag{10.30}$$

T_h ist die Hauptfeldzeitkonstante, T_{st} die Streufeldzeitkonstante. Die Abb. 10.10a zeigt die Übergangsfunktionen nach Gl. (10.28) und (19.29). Die gestrichelten Kurven ergeben sich bei Vernachlässigung der Streuung ($L_{s1} = 0$; $L_{s2}' = 0$).

Für den entgegengesetzten Stoß (U_1 wird plötzlich null) erhalten wir als Lösung der Differentialgleichungen (10.26) und (10.27) für $R_2 = \infty$

$$i_1 = e^{-t/T_1}. \tag{10.31}$$

$$\frac{u_{20}'}{U_1} = \frac{L_h}{L_h + L_{st1}} e^{-t/T_1}, \tag{10.32}$$

Der sekundäre Strom ist null. Abb. 10.10b zeigt den zeitlichen Verlauf dieser Übergangsfunktionen.

Bisher wurde im Interesse der Einfachheit angenommen, daß sich u_1 plötzlich ändert. Wird der Ausgleichsvorgang durch die Aussteuerung eines Transduktors ausgelöst, so werden sich, infolge der Eigenzeitkonstante des Transduktors, andere Ausgleichsströme ergeben. Mit der Zeitkonstante T_{td} ist die Übergangsfunktion des Transduktors (Totzeit vernachlässigt)

$$u_1(t) = \frac{u_1}{U_1} = 1 - e^{-t/T_{td}} = 1 - e^{-p_{td} t}, \tag{10.33}$$

(wobei $1/T_{td} = p_{td}$ ist) und die des Ersatztransformators im Falle der Auferregung:

$$i_2(t) = \frac{L_h + L_{st1}}{L_h} \frac{T_2}{T_h} [e^{-t/T_{st}} - e^{-t/T_h}]$$

$$= C [e^{p_{st} t} - e^{p_h t}] . \qquad (10.34)$$

Die Übergangsfunktion der Hintereinanderschaltung beider Verzögerungsglieder läßt sich nach dem DUHAMELschen Integral berechnen. Dieses lautet auf den vorliegenden Fall angewendet:

$$i_2^+(t) = \frac{d}{dt} \int_0^t u_1(\xi) \cdot i_2(t - \xi)\, d\xi . \qquad (10.35)$$

Nach Einsetzen der Gleichungen (10.33) und (10.34) ergibt sich mit den Abkürzungen

$$\frac{p_{td}}{p_h} = \frac{T_h}{T_{td}} = q_h, \qquad \frac{p_{td}}{p_{st}} = \frac{T_{st}}{T_{td}} = q_{st}$$

nach einigen Umformungen schließlich für den auf den primären stationären Strom bezogenen sekundären Ausgleichsstrom:

$$i_2^+(t) = \frac{L_h + L_{st1}}{L_h} \frac{T_2}{T_h} \left[\left(\frac{q_h}{q_h - 1} + \frac{q_{st}}{1 - q_{st}} \right) e^{-t/T_{td}} - \right.$$

$$\left. - \frac{q_{st}}{1 - q_{st}} e^{-t/T_{st}} - \frac{q_h}{q_h - 1} e^{-t/T_h} \right] . \qquad (10.36)$$

Wird die Streuung vernachlässigt ($T_{st} = 0$; $q_{st} = 0$; $L_{st1} = 0$), so vereinfacht sich Gl. (10.36) zu:

$$i_2^+(t) = \frac{T_2}{T_h} \frac{q_h}{q_h - 1} (e^{-t/T_{td}} - e^{-t/T_h}) \qquad (10.37)$$

und damit

$$i_2^+(t) = \frac{T_2}{T_h - T_{td}} (e^{-t/T_{td}} - e^{-t/T_h}) . \qquad (10.38)$$

Der Ausgleichsstrom i_2^+ stellt für den geschlossenen Magnetverstärker 2 eine zusätzliche Belastung dar und muß innerhalb des für die Wicklungen und Gleichrichter zulässigen Grenzstromes liegen. Er kann z. B. durch Verkleinerung von T_2, d. h. durch einen Vorwiderstand im Sekundärkreis herabgesetzt werden.

Als nächstes ist der Fall zu betrachten, daß vom voll ausgesteuerten Transduktor 1 ausgehend U_a mit der Zeitkonstante T_{td} zu null abnimmt. Wie bereits gezeigt, wird in diesem Fall im Sekundärkreis der Ausgleichsstrom gesperrt.

Die Gleichungen der beiden Übergangsfunktionen sind:

$$u_1(t) = -(1 - e^{-t/T_{td}}) = e^{p_{td} t} - 1\,, \tag{10.39}$$

$$u_{20}^{+}(t) = \frac{L_h}{L_h + L_{s1}}\, e^{-t/T_1} = C_1 e^{p_1 t}\,. \tag{10.40}$$

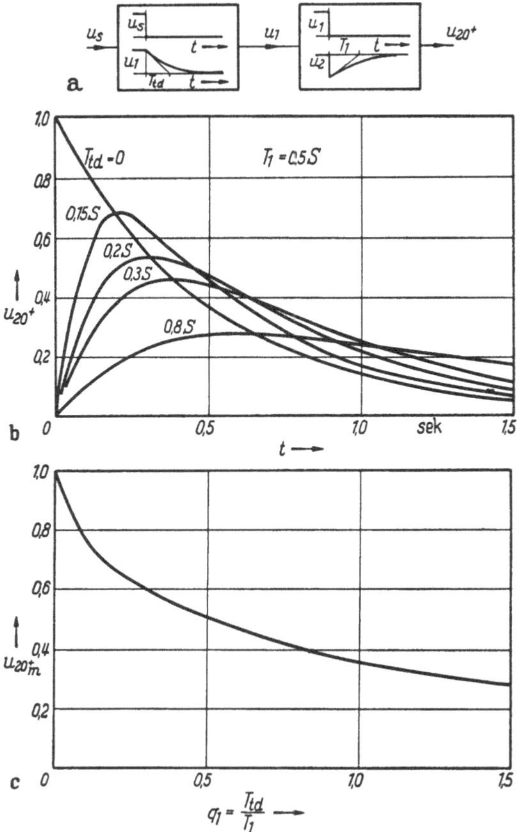

Abb. 10.11 a—c. Induzierte Spannung in der zweiten Erregerwicklung des Generators unter Berücksichtigung der Transduktor-Zeitkonstante

Sie zeigt das Blockschaltbild 10.11a. Die beiden Gln. (10.39) und (10.40) in das DUHAMELsche Integral eingesetzt ergibt:

$$u_{20}^{+}(t) = \\ = \frac{L_h}{L_h + L_{st1}} \cdot \frac{T_1}{T_1 - T_{td}} \cdot \\ \cdot (-e^{-t/T_{td}} + e^{-t/T_1})\,. \tag{10.41}$$

Für $T_1 = 0{,}5\,s$ und $L_{st\,1} = 0$ ist in Abb. 10.11b der zeitliche Verlauf von u_{20}^{+} für verschiedene Werte von T_{td} aufgetragen. Die induzierte Spannung steigt mit kleiner werdender Transduktor-Zeitkonstante T_{td} an.

Zur Untersuchung der Spannungsbeanspruchung des im Sekundärkreis liegenden Verstärkers wird der Maximalwert von u_{20}^{+} benötigt. Er ergibt sich aus der Bedingung

$$\frac{d(u_{20}^{+})}{dt} = 0\,.$$

Nach Einsetzen von Gl. (10.41) erhalten wir mit der Abkürzung $q_1 = T_{td}/T_1$

$$u_{20\,m}^{+} = \frac{L_h}{L_h + L_{st1}} \frac{1}{1 - q_1} \left(q_1^{1/1-q_1} - q_1^{q_1/1-q_1}\right). \tag{10.42}$$

Diese Funktion zeigt Abb. 10.11c für $L_{st1} = 0$. Die induzierte Spannung stellt nach Gl. (10.42) ,wenn man von dem Einfluß der Streuinduktivität absieht, nur eine Funktion von $q_1 = T_{td}/T_1$ dar. Je kleiner die Zeitkonstante des Magnetverstärkers im Verhältnis zur Zeitkonstante der

Maschine ist, um so höher wird u_{20m}^{+}. Das Verhältnis q_1 läßt sich durch einen zusätzlichen Widerstand vor der primären Feldwicklung vergrößern. Soll diese Maßnahme zu einer wesentlichen Herabsetzung der induzierten Spannung führen, so muß die Erregerleistung wesentlich vergrößert werden. Hatte z. B. die ursprüngliche Anordnung $q_1 = 0{,}3$ ($u_{20m}^{+} = 0{,}6$), so fordert die Halbierung dieser Spannung ($u_{20m}^{+} = 0{,}3$) ein $q_1 = 1{,}35$ und damit die 4,5fache Erregerleistung.

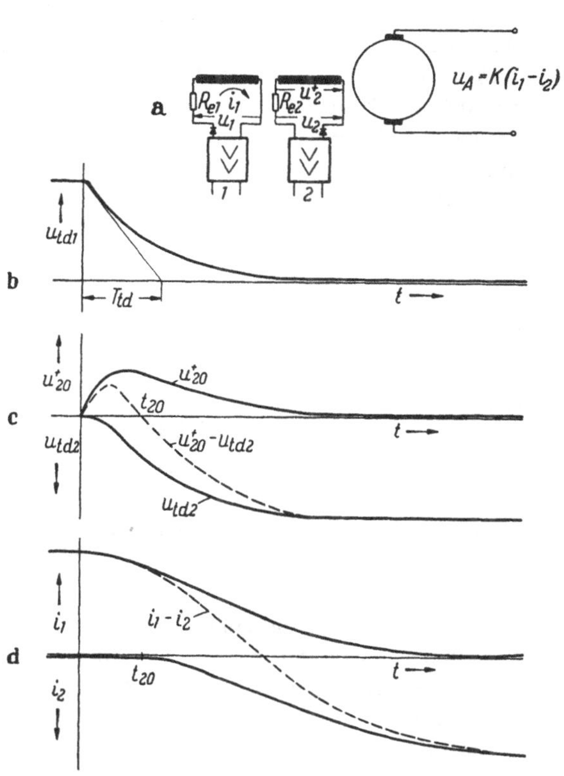

Abb. 10.12 a – d. Übergang von Nenn- auf Gegenerregung unter Berücksichtigung der Kopplung

Die Ermittlung der in den Sekundärkreis induzierten Spannung u_{20}^{+} ist nicht nur im Hinblick auf die Spannungsbeanspruchung der Gleichrichter des zweiten Transduktors von Interesse. Angenommen, die Steuerspannung U_s wird umgepolt, so schließt der positive Transduktor. Gleichzeitig soll der negative Transduktor öffnen. Durch die negative Vorspannung seiner Gleichrichter mit u_{20}^{+} wird ihm das verwehrt. Erst wenn $u_{td2} > u_{20}^{+}$ ist, öffnen die Ventile und der negative Transduktor kann wirksam werden. Durch u_{20}^{+} erhält somit der negative Transduktor eine große Totzeit.

Diese Zusammenhänge zeigen die in Abb. 10.12 wiedergegebenen Oszillogramme, sie veranschaulichen die Umpolung eines Generators. In Abb. 10.12b ist der zeitliche Verlauf der Spannung des positiven Transduktors angegeben. Die beiden im Sekundärkreis wirkenden Spannungen zeigt Abb. 10.12c. Die gestrichelte Differenzspannung ändert zur Zeit t_{20} ihr Vorzeichen. Erst danach kann, wie aus d zu ersehen ist, der Strom i_2 fließen, so daß die Differenz $i_1 - i_2$ negativ wird, und der Generator eine negative Ankerspannung annimmt.

Da die in den zweiten Kreis induzierten Spannungen und Ströme die dynamischen Eigenschaften des negativen Transduktors verschlechtern, wäre es wünschenswert, die Koppelerscheinungen durch Maßnahmen auf seiten der Maschine zu beseitigen. Lassen sich die zwei Feldwicklungen in dem Gleichstromgenerator auf verschiedenen Polen unterbringen, so werden, wie in Abb. 10.13a angedeutet, beide Kreise entkoppelt. Diese Maßnahme ist nur wirtschaftlich, wenn das Gegenerregungsverhältnis g dem Verhältnis der beiden Polzahlen entspricht und außerdem die Einschaltdauer beider Feldkreise nahezu gleich ist. Wird dagegen der der negativen Erregerspannung zugeordnete Feldkreis nur während der Ausgleichsvorgänge zur schnellen Aberregung des Generators benötigt, so ist die Maschine thermisch schlecht ausgenutzt.

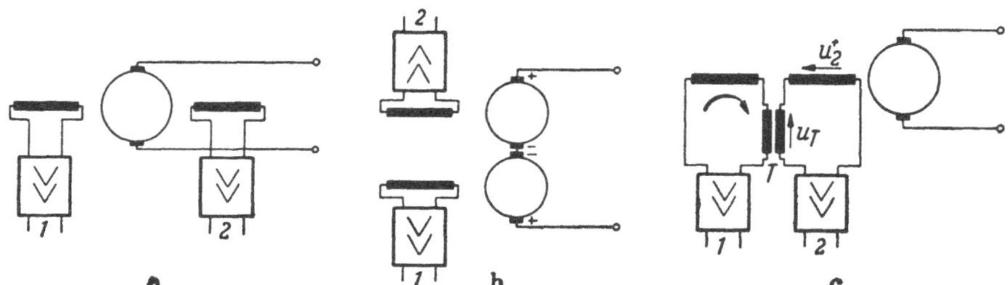

Abb. 10.13 a – c. Entkopplung der Transduktorausgänge: Erregerwicklungen auf verschiedenen Polen (a), Gegeneinanderschaltung zweier Generatoren (b), Entkopplungstransformator (c)

Eine weitere Möglichkeit ist in Abb. 10.13b angegeben. Hierbei werden zwei Generatoren, die je über einen Transduktor erregt sind, gegeneinander geschaltet. Diese Schaltung wird vor allen Dingen bei kleinem Gegenerregungsverhältnis, bei dem der Gegengenerator für eine wesentlich kleinere Spannung als der Hauptgenerator bemessen zu werden braucht, angewendet.

Muß die Entkopplung mit einem Generator und ohne Trennung der Pole durchgeführt werden, so empfiehlt sich in Grenzfällen der Einsatz eines Entkopplungstransformators. Wie in Abb. 10.13c gezeigt, wird der Entkopplungstransformator mit je einer Wicklung in die beiden Erregerkreise eingeschleift. Der Transformator muß wegen der Gleichstromvormagnetisierung einen entsprechend großen Luftspalt haben. Der Entkopplungstransformator stellt, während Ausgleichsvorgängen, in bezug auf die induktive Kopplung eine zu den beiden Feldwicklungen äquivalente Anordnung dar; nur der Wickelsinn von Primär- und Sekundärwicklung ist entgegengesetzt wie in der Maschine. Sind die Hauptinduktivitäten L_h des Entkopplungstransformators und des durch die beiden Feldwicklungen gebildeten Transformators einander gleich, so werden in den Sekundärkreis zwei Spannungen induziert, die sich in jedem Augenblick zu null ergänzen. Eine vollständige Kompensation bedingt mitunter für den Entkopplungstransformator erhebliche Abmessungen. In vielen Fällen genügt aber eine Teilkompensation.

10.5 Erregungszeitkonstante

Die bei den verschiedenen Gegentaktschaltungen benötigten Parallel- und Reihenwiderstände beeinflussen die Feldzeitkonstante des Generators. Die Erregerzeitkonstante T_e hängt bei der Schaltung B (Abb. 10.02) von der Richtung der Zustandsänderung ab. Die größere Zeitkonstante ist wegen des sekundären Ausgleichsstromes bei der Auferregung vorhanden. Als Bezugswert dient die Feldzeitkonstante des nur mit einer Erregerwicklung versehenen Generators

$$T_{e0} = L_e/R_e .$$

In der Schaltung A kann der Widerstand vor der konstant erregten Erregerwicklung meist so groß gemacht werden, daß in diesem Kreis kein Ausgleichsstrom auftritt. Die Feldzeitkonstante ergibt sich dann zu

$$\text{A:} \quad \frac{T_e}{T_{e0}} = \frac{1+g}{1+2g}. \tag{10.43}$$

Auch in der Schaltung B sperrt der Sekundärkreis für den Fall der Aberregung, so daß gilt:

$$\text{B:} \quad \frac{T_e}{T_{e0}} = \frac{1}{1+g} \quad \text{(Aberregung).} \tag{10.44}$$

Bei der Auferregung ergibt sich, wenn der Innenwiderstand des nicht ausgesteuerten Verstärkers vernachlässigt wird,

$$R_e = \frac{R_{e1} R'_{e2}}{R_{e1} + R'_{e2}} = R_{e0} \frac{1}{(1+g)^2} \quad \text{und} \quad L_e = L_{e0} \frac{1}{(1+g)^2}.$$

Die wirksame Zeitkonstante ist somit unabhängig von g gleich T_{e0}.

$$\text{B:} \quad \frac{T_e}{T_{e0}} = 1 \quad \text{(Auferregung).}$$

Die Abb. 10.14a zeigt die Abhängigkeit der Zeitkonstante vom Gegenerregungsverhältnis.

Wird die Gegentakterregung, wie in den Schaltungen C und D über eine Feldwicklung durchgeführt, so ist in beiden Änderungsrichtungen die gleiche Zeitkonstante vorhanden. Durch die Parallelschaltung der beiden Stromkreise der Anordnung C ergibt sich die Zeitkonstante:

$$T_e = \frac{L_{e0}}{R_e + \frac{R_{v1} R_{v2}}{R_{v1} + R_{v2}}} = T_{e0} \frac{1}{\frac{b_1 b_2}{b_1 + b_2} + 1} \tag{10.45}$$

und damit:

$$\text{C:} \quad \frac{T_e}{T_{e0}} = \frac{b_1 + b_2}{b_1 + b_1 b_2 + b_2}. \tag{10.46}$$

In Abb. 10.14b ist entsprechend Gl. (10.46) für die optimalen b_1- und b_2-Werte die Zeitkonstante über g aufgetragen. Sie bleibt für größere Werte von g nahezu konstant gleich $T_e = 0{,}6\, T_{e0}$.

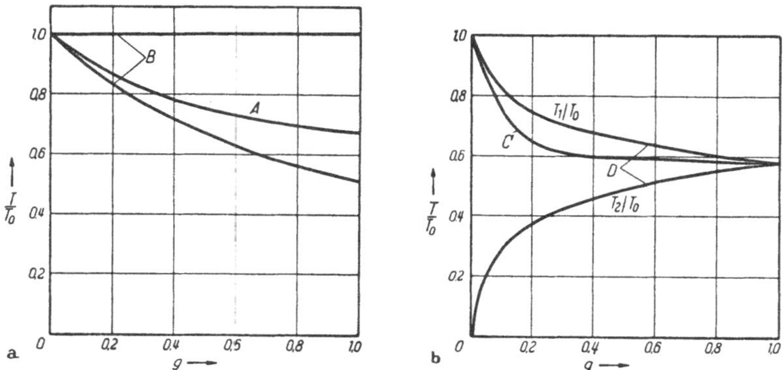

Abb. 10.14a–b. Einfluß des Gegenerregungsverhältnisses auf die Erregerzeitkonstante

Bei der Reihenschaltung (D) wirkt bei vernachlässigbar kleinem Innenwiderstand des Transduktors nur der Parallelwiderstand des gesperrten Magnetverstärkers verkürzend auf die Zeitkonstante. Es ist somit

$$\frac{T_{e1}}{T_{e0}} = \frac{1}{1 + a_2}, \qquad \frac{T_{e2}}{T_{e0}} = \frac{1}{1 + a_1}. \tag{10.47}$$

Beide Gleichungen sind in Abb. 10.14b dargestellt.

Zusammenfassend kann über den Einsatz von Gegentakt-Transduktoren folgendes gesagt werden: Bei Belastungen mit magnetischer Summierung empfiehlt sich für kleine Gegenerregungsverhältnisse die Schaltung A (Abb. 10.12), oder, wenn der Generator nur eine Feldwicklung hat, die Anordnung nach Abb. 10.13b. Für große Gegenerregungsverhältnisse eignet sich die Schaltung B, unter Umständen mit zusätzlichen Entkopplungsmaßnahmen (z. B. Entkopplungstransformator).

Zur Ankerspeisung eines Gleichstrommotors werden die Anordnungen C, D und E nur bei kleinen Leistungen angewendet. Einen wirtschaftlicheren Gegentaktverstärker liefert die Halbwellenschaltung nach Abbildung 10.08. Die wiedergegebene Anordnung nutzt nur eine Halbwelle aus, so daß die Welligkeit der Ankerspannung groß ist. Zwei Halbwellenschaltungen lassen sich aber, wie noch in Abb. 13.02c gezeigt wird, zu einer Zweiwegschaltung zusammenfassen.

11. Schalttransduktoren

Der Transduktor ist seiner Art nach ein Verstärker, dessen Ausgangsspannung sich zwischen einem Mindest- und einem Höchstwert stetig einstellen läßt. Dieser Eigenschaft verdankt er unter anderem seine große Bedeutung in der Steuerungs- und Regelungstechnik. In Sonderfällen kann es aber wünschenswert sein, seine Eigenschaften so zu verändern, daß er nur zwei stabile Betriebszustände besitzt, in denen er entweder ganz geöffnet oder ganz geschlossen ist. Der Transduktor kann dann die Funktion eines kontaktlosen Schalters ausüben.

Mit weiter fortschreitender Automatisierung aller industriellen Prozesse nimmt die Zahl der notwendigen Schalter und Relais ständig zu. Die üblichen hierfür verwendeten Geräte verbinden mit dem Vorteil der großen Einfachheit den Nachteil, daß sich Kontakte im Laufe der Zeit abnutzen, oder verschmutzen und dadurch Fehler in den Anlagen hervorrufen. Gerade bei umfangreichen Schaltanlagen ist das Suchen derartiger verbrauchter oder unzuverlässiger Kontakte eine schwierige Aufgabe. Hier bietet sich der Transduktor als ein zuverlässiger kontaktloser Schalter an. Ein universeller Einsatz der Schalttransduktoren verlangt, daß sich mit ihm alle Funktionen ausführen lassen, die normalerweise mit kontaktbehafteten Geräten verwirklicht werden. Außerdem ist eine kleine Steuerleistung, eine kurze Schaltzeit sowie ein großer Sperrwiderstand und ein geringer Durchlaßwiderstand im geöffneten Zustand zu fordern.

Auch mit elektronischen Mitteln, wie Elektronenröhren oder Transistoren, lassen sich kontaktlose Schalter erstellen. Bei diesen sind aber die Potentiale von Schalt- und von Lastkreis nicht frei. Demgegenüber kann beim Schalttransduktor genau wie beim üblichen Relais über die Potentiale uneingeschränkt verfügt werden. Dadurch ergibt sich eine größere Freizügigkeit im Aufbau der Schaltungen als bei Transistor-Schaltkreisen. Diesem Vorteil steht der Nachteil gegenüber, daß der Schalttransduktor eine gewisse Eigenträgheit besitzt, die ihn für sehr schnelle Schaltaufgaben nicht als geeignet erscheinen läßt. In manchen

Anwendungsfällen ist es deshalb zweckmäßig, die Schaltkombinationen über Transistorelemente durchzuführen und nur als Endschaltglied einen Transduktor zu wählen.

11.1 Überkritische Rückkopplung von durchflutungsgesteuerten Transduktoren

Der Schalttransduktor verlangt eine Arbeitskennlinie $U_a = f(I_s)$ mit unendlicher oder negativer Steigung. Eine derartige Kennlinie ergibt sich ungewollt bei dem durchflutungsgesteuerten, spannungssteuernden Transduktor bei induktiver Belastung für den Fall, daß der bezogene Steuerkreisleitwert m nicht klein genug ist. Dann geht der Transduktor nicht stetig, sondern plötzlich von dem geschlossenen in den offenen Zustand über. Auch das Schließen geschieht ohne Zwischenstufen (Abb. 6.30). Die beiden Übergänge erfolgen bei verschiedenen Steuerdurchflutungen, so daß bei einem Schaltzyklus eine Schleife durchlaufen wird. Als Ursache hierfür wurde in Abschn. 6 (S. 143ff.) eine durch die induktive Belastung hervorgerufene innere Rückkopplung gefunden. Nach dieser Beobachtung kann ein stetiger Transduktor in einen Schalttransduktor durch eine überkritische Rückkopplung überführt werden.

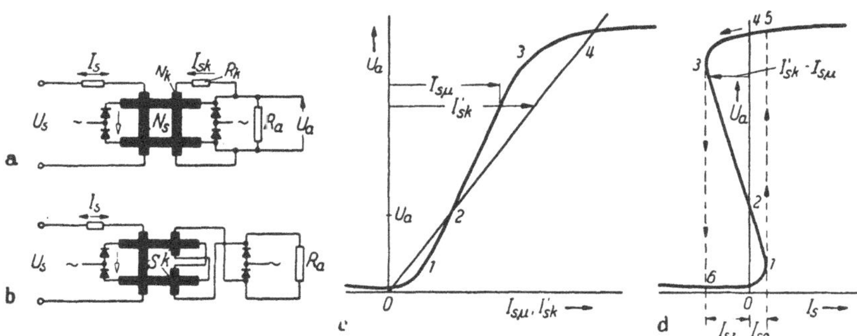

Abb. 11.01 a–d. Überführung eines stetigen Transduktors in einen Schalttransduktor durch überkritische Rückkopplung

Die Abb. 11.01 zeigt zwei mögliche Rückkopplungsarten, in (a) die Spannungsrückkopplung und in (b) die Stromrückkopplung. Bei der Spannungsrückkopplung liegt die zusätzliche Steuerwicklung N_k über einem Widerstand R_k an der Ausgangsspannung. Bei der Stromrückkopplung dagegen wird der Arbeitsstrom der einen Drossel über eine zusätzliche Wicklung der zweiten Drossel geführt. Die Spannungsrückkopplung bietet den Vorteil, daß sie feinstufig eingestellt werden kann und eine geringere Abhängigkeit von der Belastung zeigt. In Abb. 11.01c sind die Arbeitskennlinie des durchflutungsgesteuerten, spannungssteuernden Transduktors ohne Rückkopplung $U_a = f(I_{s\mu})$ und die Rückkopplungsgerade $U_a = f(I'_{sk})$ — der Rückkopplungsstrom wird auf die Steuerwindungszahl bezogen — aufgetragen.

Wir gehen von einer schwachen Rückkopplung (R_k groß) aus. Mit kleiner werdendem Widerstand R_k verläuft die Rückkopplungsgerade immer flacher. Der Transduktor befindet sich in einem labilen Gleichgewicht, wenn die Rückkopplungsgerade mit der Arbeitskennlinie zusammenfällt. Dann wird zu einer Änderung der Ausgangsspannung kein Steuerstrom benötigt. In Abb. 11.01c zeigt sich die Rückkopplungsgerade stärker geneigt als die Arbeitskennlinie. Der Rückkopplungskreis liefert deshalb eine größere Steuerdurchflutung als von dem Transduktor benötigt wird, und die resultierende Arbeitskennlinie wird instabil. Der instabile Bereich der Kennlinie beginnt am Punkt 1, oberhalb davon verläuft die Rückkopplungsgerade steiler als die Arbeitskennlinie. Der von der Steuerspannungsquelle zu liefernde Steuerstrom I_s ist gleich der Differenz aus dem von dem Transduktor benötigten Steuerstrom $I_{s\mu}$ und dem von der Rückkopplung gelieferten Steuerstrom I'_{sk}.

Die Abb. 11.01d zeigt die Ausgangsspannung in Abhängigkeit von I_s. Der Kennlinienteil von 0 bis 1 ist stabil, da mit größer werdendem Steuerstrom auch die Ausgangsspannung ansteigt. Daran schließt sich der instabile Kennlinienast an. Eine weitere Vergrößerung der Ausgangsspannung kann bei einem kleineren und danach sogar einem negativen Steuerstrom erfolgen. Der Arbeitspunkt springt deshalb von Punkt 1 nach Punkt 5 und wandert, wenn der Steuerstrom zu null gemacht wird, nur nach Punkt 4 zurück. Der Transduktor geht somit von dem geschlossenen Zustand in den voll geöffneten Zustand über und behält ihn bei. Soll er wieder schließen, so muß ein negativer Steuerstrom aufgebracht werden, der den Arbeitspunkt von 4 nach Punkt 3 übergehen läßt. Danach springt er sofort nach Punkt 6, so daß der Transduktor schließt.

Der beschriebene Schalttransduktor hat somit die Eigenschaften eines polarisierten Relais mit Selbsthaltung, da der Schaltzustand von dem vorherigen Schaltbefehl abhängt. Wird der Steuerstrom zum Öffnen mit $I_{sö}$ und der Steuerstrom zum Schließen mit I_{sz} bezeichnet, so besitzt der Schalter den Unempfindlichkeitsbereich $I_{sz} + I_{sö}$. Größere Steuerströme führen den Transduktor mit Sicherheit in den befohlenen Schaltzustand über. Der Unempfindlichkeitsbereich läßt sich dadurch verkleinern, daß die Rückkopplungsgerade möglichst genau der Arbeitskennlinie in Abb. 11.01c angeglichen wird.

Die Rückkopplung bewirkt eine Vergrößerung der Leistungsverstärkung. Deshalb nimmt die Zeitkonstante mit größer werdendem Rückkopplungsfaktor ebenfalls zu. Die Übergangszeit des Schalttransduktors hängt von der Steuerspannung ab. Ist die Steuerspannung sehr groß, so bekommt der Transduktor einen großen Steuerstrom aufgezwungen, und der Übergang erfolgt in wenigen Perioden der Speisespannung. Wirkt dagegen an der Steuerwicklung eine Steuerspannung, die im stationären Zustand gerade zum Umschalten des Transduktors ausreicht, so bestimmt die natürliche Zeitkonstante den Übergang. Eine Verkleinerung des Unempfindlichkeitsbereiches und damit der Schwellwertströme $I_{sö}$ und I_{sz} ist nur sinnvoll, wenn die große Zeitkonstante des Schalters an der Unempfindlichkeitsgrenze in Kauf genommen werden kann. Durch einen konstanten Vorstrom läßt sich die Kennlinie Abb. 11.01d nach rechts oder links verschieben, so daß der Transduktor für $I_s = 0$ immer in den geschlossenen oder geöffneten Zustand springt, und die Steuerspannung zum Umsteuern nicht umgepolt zu werden braucht.

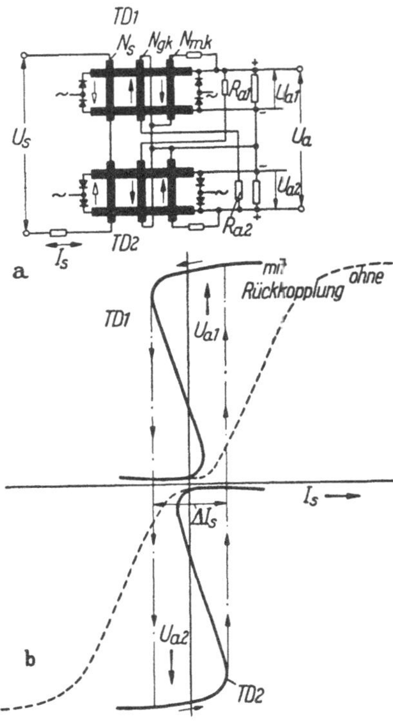

Abb. 11.02 a u. b. Rückgekoppelter Schalttransduktor in Gegentaktausführung

Durch Verwendung von zwei durchflutungsgesteuerten, spannungssteuernden Transduktoren ist es möglich, eine Schaltanordnung zu schaffen, bei der die Ausgangsspannung zusammen mit der Steuerspannung ihr Vorzeichen wechselt. Die Abb. 11.02 zeigt eine entsprechende Gegentaktschaltung. Die Transduktoren *TD 1* und *TD 2* sind über eine nicht gezeigte Vorstromwicklung so eingestellt, daß, wie in Abb. 11.01c, für $U_s = 0$ die Ausgangsspannung U_a nahezu null ist. Zur Spannungsrückkopplung dienen die Wicklungen N_{mk}. Eine weitere Wicklung N_{gk} liegt über einem Widerstand an der Ausgangsspannung des anderen Transduktors. Durch diese Gegenkopplung schließt der öffnende Transduktor gleichzeitig den zweiten Transduktor. In Abbildung 11.02b sind die Kippkennlinien von *TD 1* und *TD 2* angegeben. Infolge der Gegenkopplung über N_{gk} kann *TD 1* erst öffnen, wenn *TD 2* schließt. Dadurch liegt der Unempfindlichkeitsbereich ΔI_s symmetrisch zur Ordinate. Die Übergangszeit ist auch hier von der Übersteuerung abhängig. Bei großen Steuerspannungen erfolgt der Übergang wesentlich schneller als bei kleinen Steuersignalen.

Die Schaltfunktionen können auch ganz einfache Transduktoranordnungen ausüben. Nach Abb. 11.03a läßt sich mit einer Verstärkerdrossel ein Schalttransduktor aufbauen [*127*]. Die Drossel besitzt eine Steuerwicklung N_s, eine Rückkopplungswicklung N_k und eine Arbeitswicklung N_a. Die Wicklung N_a ist mit dem Gleichrichter g_1 in Reihe geschaltet. Es liegt die normale Einweg-Selbstsättigungsschaltung vor.

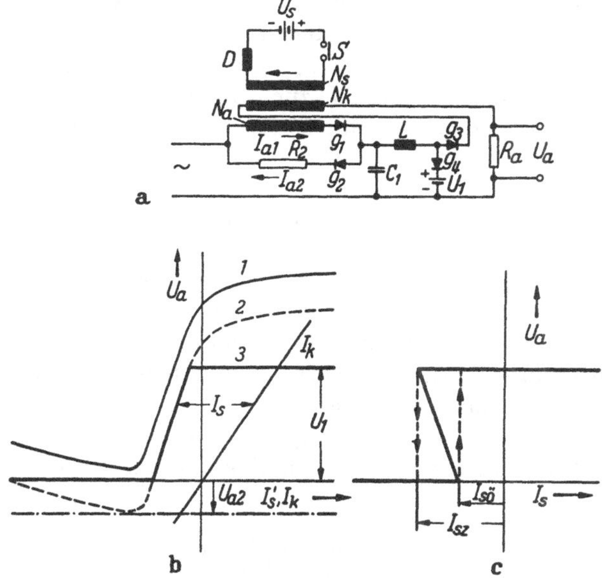

Abb. 11.03a–c. Schalttransduktor mit einer Drossel nach Monin [127]

Im Steuerkreis befindet sich eine Drossel *D*, die ihn für Wechselstrom sperrt. Die Steuerkennlinie dieser Drosselanordnung ist ohne Berücksichtigung der Rückkopplung in Abb. 11.03b mit der Kennlinie 1 wiedergegeben. Parallel zu der Arbeitswicklung liegt die Reihenschaltung eines Widerstandes R_2 und eines Gleichrichters g_2. Der Gleichrichter g_2 ist entgegengesetzt wie g_1 gepolt. Der über ihn fließende Strom erzeugt an R_a eine Spannung U_{a2}, die unabhängig von dem Steuerstrom ist. Der Parallelzweig ruft somit eine senkrechte Parallelverschiebung der Kennlinie 1 hervor, die dann den Verlauf 2 hat. Hinter der Verstärkerdrossel liegt ein aus dem Kondensator C_1 und der Induktivität *L* bestehendes Siebglied. Daran schließt sich die mit der Spannung U_1 negativ vorgespannte Begrenzerdiode g_4 an. Die Diode läßt nur Spannungen durch, die kleiner oder gleich U_1 sind. Deshalb kann U_a nur kleiner oder gleich U_1 werden.

Der negative Ast der gestrichelten Kennlinie 2 wird durch die Diode g_3 abgeschnitten. Durch die Spannungsbegrenzung und die Unterdrückung des negativen Astes ergibt sich schließlich die Kennlinie 3. Das Diagramm b zeigt die Rückkopplungsgerade $U_a = f(I_k)$. Der horizontale Abstand der Kennlinie 3 und der Geraden I_k ist gleich dem Steuerstrom I_s, der für die Ausgangsspannung U_a benötigt wird. In Abb. 11.03c ist U_a über I_s aufgetragen. Auch hier erhalten wir eine Kennlinie mit negativer Steigung, bei der nur der geschlossene und der geöffnete Zustand Stabilität besitzt. Wird I_s über den Wert I_{sz} vergrößert, so kippt der Transduktor entsprechend der gestrichelten Linie zurück und schließt. Soll er wieder öffnen, so muß I_s den Wert $I_{sö}$ unterschreiten. Durch einen Vorstrom kann die Kennlinie 3 parallel zur Abszisse verschoben werden und die Kippkennlinie in den Bereich positiven Steuerstromes wandern.

11.2 Kippgeneratoren

Neben den bisher betrachteten Schalttransduktoren, die für ihre Betätigung einen besonderen Steuerbefehl benötigen, gibt es auch Anordnungen, bei denen die Umschaltung von dem geöffneten in den geschlossenen Zustand und umgekehrt periodisch erfolgt und sich, entsprechend einem Kippspannungsgenerator, nach der ersten Einleitung von selbst wiederholt. Die Schaltung einer derartigen Anordnung [*129*] zeigt Abb. 11.04. Sie besteht aus einem durchflutungsgesteuerten Trans-

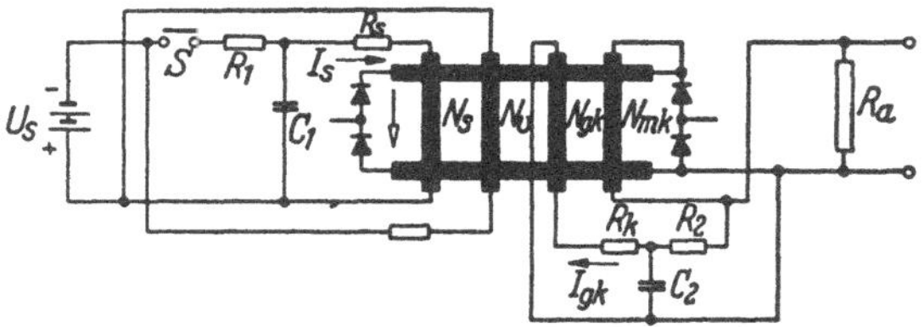

Abb. 11.04. Transduktorischer Kippgenerator nach STEUER [129]

duktor, der 4 Steuerwicklungen besitzt: Die Steuerwicklung N_s, die Vorstromwicklung N_v, die Gegenkopplungswicklung N_{gk} und die Mitkopplungswicklung N_{mk}. Die Mitkopplungswicklung wird von dem Ausgangsstrom durchflossen. Durch die Stromrückkopplung ergibt sich eine in Abb. 11.01d gezeigte Kippkennlinie. In dem Gegenkopplungskreis ist ein Verzögerungsglied R_2C_2 angeordnet. Die Kippanordnung wird durch Schließen des Schalters S eingeschaltet. Der Steuerstrom I_s steigt durch das Verzögerungsglied R_1C_1 verlangsamt an und öffnet wegen der rechteckigen Arbeitskennlinie plötzlich den Transduktor. Nun wird die Gegenkopplung wirksam, die durch das Glied R_2C_2 verzögert den Gegenkopplungsstrom I_{gk} ansteigen läßt, bis der Transduktor wieder in Richtung Schließen kippt. Nachdem sich der Kondensator C_2 entladen hat, kippt die Anordnung wieder in den geöffneten Zustand zurück. Dieses periodische Öffnen und Schließen wiederholt sich so lange, bis der Schalter s geöffnet wird, wonach der Transduktor geschlossen bleibt. Die Schaltfrequenz kann durch Verändern der Rückkopplung, die Einschaltdauer durch R_2 eingestellt werden [133].

11.3 Begrenzungstransduktoren

Zu den Schalttransduktoren kann auch ein durchflutungsgesteuerter, spannungssteuernder Transduktor gerechnet werden, der durch einen sehr großen Vorstrom negativ vorgespannt ist. Er öffnet erst, wenn der Steuerstrom den Vorstrom kompensiert hat. Die Anordnung hat zwar dann immer noch eine stetige Kennlinie. Ihre Steilheit ist aber im Verhältnis zum Betrag des Steuerstromes so groß, daß praktisch von einem Schaltvorgang gesprochen werden kann. Mit dieser Anordnung läßt sich in einem Regelkreis, wie noch gezeigt werden soll, ein Strom oder eine Spannung begrenzen.

Für Überwachungsaufgaben wird oft eine Schalttransduktoranordnung benötigt, die anspricht, sobald die Steuerspannung, unabhängig von ihrem Vorzeichen, einen bestimmten Wert unter- oder überschreitet. Diese Aufgabe läßt sich grundsätzlich auch mit den Schaltungen nach den Abb. 11.01 bis 11.03 ausführen, wenn die Steuerspannung über einen Brückengleichrichter dem Transduktor zugeführt wird. Die Kennlinie nach Abb. 11.01d muß dann über den Vorstrom so weit nach rechts oder links verschoben werden, daß ein Umschalten des Transduktors erst bei dem vorgegebenen Steuerstrom erfolgt.

Mit einer besonderen Drosselbauform, der sogenannten Vierschenkeldrossel [*123*], läßt sich ein Transduktor aufbauen, der unter Anwendung der Selbstsättigungsschaltung eine von dem Vorzeichen der Steuerspannung unabhängige Ausgangsspannung liefert. Aus Abb. 11.05a ist der Blechschnitt zu ersehen. Es handelt sich um einen Dreischenkelschnitt mit verbreitertem Mittelschenkel, den ein kleines Fenster noch einmal unterteilt. Der Mittelschenkel trägt die Steuerwicklungen. Die Wicklungen beider Mittelschenkel sind so hintereinander geschaltet, daß sich der Steuerfluß innerhalb des Mittelschenkels schließt. Die beiden Arbeitswicklungen sind auf den Außenschenkeln angeordnet. Dort befinden sich auch die Vorstromwicklungen. Die beiden Arbeitswicklungen lassen sich, in bezug auf ihren Flußverlauf, entweder in Reihe (a) oder gegeneinander (b) schalten.

Zunächst soll die in (a) dargestellte Reihenschaltung betrachtet werden. Sind Steuer- und Vorstrom null, so schließt sich der Arbeitsfluß jedes Schenkels über den zweiten Arbeitsschenkel. Die an den Arbeitswicklungen liegende Spannung-Zeitfläche wird so bemessen, daß die magnetischen Kreise mäßig gesättigt sind, und dadurch, wie in Abb. c gezeigt, die Spannung teilweise am Arbeitswiderstand R_a liegt (Kurve 1). Auf den Außenschenkeln befinden sich die Vorstromwicklungen. Die Durchflutungen sind so gerichtet, daß die Flüsse Φ_v sich über die Mittelschenkel schließen müssen. Der Steuerstrom beeinflußt deshalb über den magne-

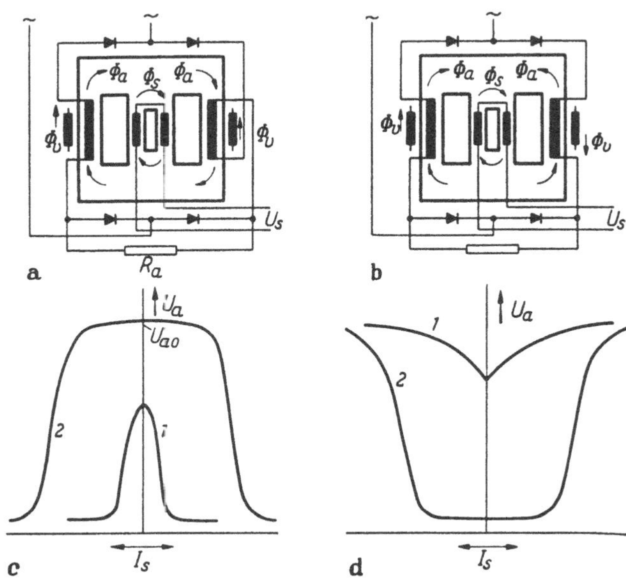

Abb. 11.05 a–d. Transduktor mit Fünfschenkeldrossel nach MILNES [123]

tischen Leitwert der Mittelschenkel den Fluß Φ_v und damit die Sättigung der Außenschenkel. Ohne Vorstrom sorgt der Steuerfluß, der sich zum Teil auch über die Außenschenkel schließt, für eine Entsättigung dieser Bereiche. Die Ausgangsspannung U_a nimmt deshalb, wie die Kennlinie 1 in Abb. 11.05c zeigt, mit steigendem Steuerstrom I_s ab.

Die durch den Vorstrom erzeugten Flüsse Φ_v sättigen vollständig die Außenschenkel. Der Transduktor bleibt nach der Kennlinie 2 in Abb. 11.05c geöffnet, bis die Mittelschenkel durch Φ_s vollständig gesättigt sind, Φ_v dadurch praktisch null wird und der starke Steuerfluß außerdem die Außenschenkel entsättigt. Da die beiden Mittelschenkel in entgegengesetzter Richtung den Steuerfluß führen, sind die Arbeitskennlinien unabhängig von dem Vorzeichen des Steuerstromes.

Bei der Gegeneinanderschaltung der Arbeitswicklungen nach Abb. 11.05b müssen sich die beiden Arbeitsflüsse Φ_a über die Mittelschenkel schließen. Die Speisespannung liegt zum größten Teil am Arbeitswiderstand. Durch einen Steuerstrom wird ein Mittelschenkel entsättigt, der andere dagegen noch mehr in Sättigung geführt. Wie die Kennlinie 1 in Diagramm Abb. 11.05d zeigt, ändert sich dabei die Ausgangsspannung U_a relativ wenig. Der Verlauf der Arbeitskennlinie läßt sich durch einen Vorstrom wesentlich verbessern. Er bewirkt, daß für $I_s = 0$ der Transduktor geschlossen ist und der Steuerstrom ihn erst öffnen kann, wenn er einen bestimmten Schwellwert überschreitet. Diese Anordnung zeigt sich somit zur Strom- oder Spannungsbegrenzung brauchbar. Der Vorteil der Vierschenkeldrossel besteht auch darin, daß sich die Ausgangsspannung auch bei sehr weitgehender Übersteuerung durch I_s nicht ändert. Im Gegensatz zur normalen Selbstsättigungsschaltung, bei der die Ausgangsspannung bei starker negativer Übersteuerung wieder ansteigt.

11.4 Spannung-Zeitflächen gesteuerte Schalttransduktoren

Bei den bisher betrachteten durchflutungsgesteuerten Schalttransduktoren können mehrere Steuersignale über getrennte Steuerwicklungen eingefügt werden. Der Transduktor läßt sich durch Veränderung der Steuerwindungszahl auch einfach der Steuerspannungsquelle anpassen. Gegenüber den Kontaktschaltern ist als einziger Nachteil vorhanden, daß das Umschlagen in den anderen Schaltzustand mit einer gewissen Zeitverzögerung erfolgt. In vielen Fällen verbietet diese Eigenträgheit die Verwendung von durchflutungsgesteuerten Schalttransduktoren. Dann wird zweckmäßigerweise auf Spannung-Zeitflächen gesteuerte Transduktoren zurückgegriffen. Die Aussteuerung erfolgt hier durch plötzliche Veränderung der Rückmagnetisierung.

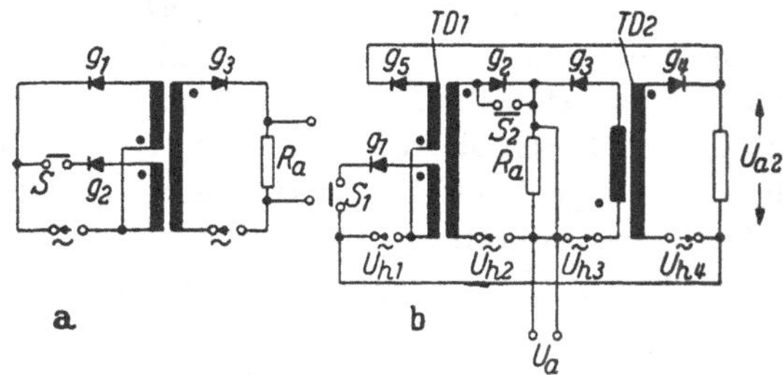

Abb. 11.06a u. b. Spannung-Zeitflächen gesteuerter Schalttransduktor nach SHERLOCK, THORPE [130]

Die Abb. 11.06a zeigt eine derartige Schaltung [*130*]. Ist der Schalter s geöffnet, so liegt die normale Spannung-Zeitflächen gesteuerte Transduktorschaltung vor. Über den Gleichrichter g_1 fließt der Rückmagnetisierungs-, über den Gleichrichter g_3 der Aufmagnetisierungs- und Sättigungsstrom. Der Transduktor ließe sich einfach dadurch aussteuern, daß der Rückmagnetisierungskreis bei g_1 aufgetrennt wird. Danach erfolgt keine Rückmagnetisierung und die Transduktordrossel bleibt ständig in Sättigung. Soll das Öffnen durch einen Schließkontakt eingeleitet werden, so ist eine zweite Steuerwicklung notwendig, die über den Gleichrichter g_2 und den Schalter s an die Rückmagnetisierungsspannung angeschlossen wird. Die zweite Steuerwicklung hat gleiche Windungszahl und entgegengesetzten Wicklungssinn wie die erste Steuerwicklung. Bei geschlossenem Schalter S heben sich somit die an den beiden Steuerwicklungen liegenden Spannung-Zeitflächen gegenseitig auf und die Drossel wird nicht abmagnetisiert. Der Transduktor ist nur während der Schließzeit von s geöffnet.

Ein selbsthaltender Transduktor benötigt eine Rückkopplung. Diese Schaltung zeigt Abb. 11.06b. Die Anordnung setzt sich aus zwei Transduktoren *TD 1* und *TD 2* zusammen. Die erste Stufe enthält ebenfalls zwei Rückmagnetisierungswicklungen. Die Ausgangsspannung U_a der ersten Stufe wirkt gegen die Rückmagnetisierungsspannung der zweiten Stufe U_{h3}. Die Ausgangsspannung dieser Stufe ist wiederum gegen die Rückmagnetisierungsspannung der ersten Stufe U_{h1} geschaltet. Bei geöffnetem Schalter S_1 erfolgt durch U_{h1} über g_5 die Rückmagnetisierung der ersten Stufe. Die an dem Arbeitswiderstand R_a liegende Ausgangsspannung der ersten Stufe bleibt dann null. Auch die Rückmagnetisierung der zweiten Stufe *TD 2* durch U_{h3} kann über g_3 erfolgen. Ihre Ausgangsspannung U_{a2} ist ebenfalls null.

Wird nun der Schalter S_1 betätigt, so hebt der über g_1 geschlossene zweite Rückmagnetisierungskreis die Rückmagnetisierung des ersten Kreises auf und *TD 1* geht in Sättigung. In der Sättigungshalbwelle liegt dann an R_a eine so große Spannung, daß sie gegenüber U_{h3} überwiegt und auch die Rückmagnetisierung des Transduktors *TD 2* unmöglich macht. Seine Ausgangsspannung U_{a2} ist größer als U_{h1} und verhindert so auch während der nächsten Periode die Rückmagnetisierung der Stufe *TD 1*, ohne daß S_1 geschlossen bleiben muß. Die zweistufige Transduktoranordnung bleibt somit geöffnet. Die Rückführung des Kipptransduktors kann mit Hilfe des Kontaktes S_2 erfolgen, der den Sättigungsgleichrichter g_2 überbrückt. In dem Arbeitskreis werden jetzt beide Halbwellen wirksam und sorgen für eine Rückmagnetisierung von *TD 1*. Die Folge davon ist, daß auch der Transduktor *TD 2* rückmagnetisiert wird und schließt.

Bei vielen Anwendungen kann der Steuerbefehl nicht durch einen Kontakt, sondern nur durch eine Spannung erfolgen. Ist die Steuerspannung so groß, daß die Rückmagnetisierung vollständig unterbunden wird, so läßt sich der normale Spannung-Zeitflächen gesteuerte Transduktor verwenden. Zur Entkopplung des Transduktors von der Eingangs- und der Ausgangsschaltung eignet sich die in Abb. 11.07a gezeigte Anordnung. Der Anschluß der Steuerspannung erfolgt über die

Paralleldiode g_1 und die Reihendiode g_2, die dem Rückmagnetisierungsgleichrichter g_3 entgegengeschaltet sind. Damit für $U_s = 0$ die Rückmagnetisierung erfolgen kann, wird über einen Vorwiderstand R_v eine feste Gleichspannung angelegt, die über die Gleichrichter g_1 und g_2 in Durchlaßrichtung einen Strom I_{vs} fließen läßt. Ist I_{vs} größer als der Rückmagnetisierungsstrom, so behindern g_1 und g_2 die Rückmagnetisierung durch U_{h1} nicht. Sie wird erst unterbrochen, sobald an den Eingang der Anordnung eine Steuerspannung U_s liegt, die die Diode g_1 sperrt. Im Ausgangskreis befindet sich parallel zum Belastungswiderstand R_a die Diode g_5. Sie wird in Durchlaßrichtung von einem Strom I_{va} durchflossen, der so groß ist, daß der Magnetisierungsstrom der ungesättigten Transduktordrossel g_5 ungehindert passieren kann und nicht durch R_a fließt. Die Schaltung a ermöglicht, Verriegelungsschaltungen aufzubauen, die z. B. nur dann eine Ausgangsspannung liefern, wenn drei Steuerspannungen U_{s1}, U_{s2} und U_{s3} gleichzeitig vorhanden sind [*204*]. Abbildung 11.07 b zeigt diese Anordnung. Der Rückmagnetisierungsstrom hat hier drei parallel liegende Wege, die durch drei Steuerspannungen gleichzeitig gesperrt werden müssen.

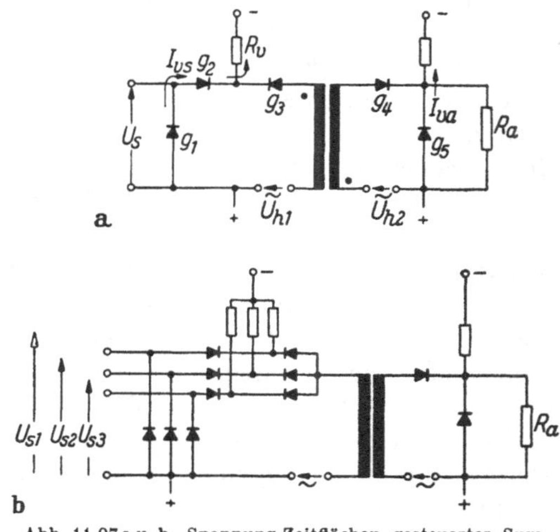

Abb. 11.07 a u. b. Spannung-Zeitflächen gesteuerter Summierungstransduktor

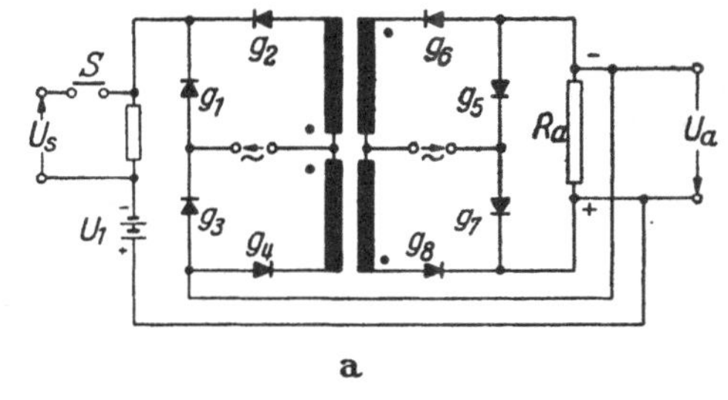

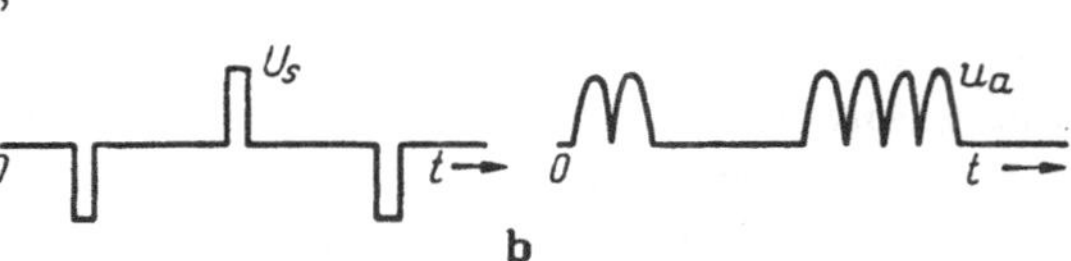

Abb. 11.08 a u. b. Zweiweg-Schalttransduktor mit Rückkopplung nach RAMEY [126]

Die betrachteten Spannung-Zeitflächen gesteuerten Schalttransduktoren lassen sich auch in Zweiwegschaltung ausführen. Ein Beispiel hierfür zeigt Abb. 11.08 a [*126*]. Die Anordnung unterscheidet sich von der normalen Zweiwegschaltung nur dadurch, daß die Ausgangsspannung U_a in Sperrichtung auf die beiden Gleichrichter g_1 und g_3 wirkt, die entgegengesetzt gepolt wie die Rückmagnetisierungsgleichrichter g_2 und g_4 in den beiden Rückmagnetisierungskreisen liegen. Bei $U_a = 0$ sorgt eine Hilfsspannungsquelle U_1 für einen Strom im Rückkopplungskreis, der die Koppelgleichrichter g_1 und g_3 in Durchlaßrichtung durchfließt und etwas größer als der Rückmagnetisierungsstrom ist. Für $U_a = 0$ sind somit die Gleichrichter g_1 und g_3 durchlässig und die Rückmagnetisierung wird nicht behindert. Wird auf den Eingang des Schalttransduktors durch Schließen des Schalters 1 ein kurzer Spannungsimpuls gegeben, der in Sperrichtung der Dioden g_1 und g_3 wirkt, so kann keine Rückmagnetisierung erfolgen und an R_a liegt die volle Ausgangsspannung, die über den Rückkopplungskreis g_1 und g_3 gesperrt hält. Die Hilfsspannung U_1 ist klein gegen U_a, so daß der Betriebszustand der Koppelgleichrichter allein von U_a bestimmt wird. Durch einen entgegengesetzten Spannungsimpuls kann die Sperrung von g_1 und g_3 entgegen der Wirkung von U_a kurzzeitig aufgehoben werden. Die Rückmagnetisierung erfolgt sofort und U_a wird zu null. Die Hilfsspannung U_1 sorgt jetzt wieder für den Durchlaßstrom über g_1 und g_3 und ermöglicht damit die ungehinderte Rückmagnetisierung. In b ist als Beispiel die zeitliche Folge der Spannungsimpulse und der zeitliche Verlauf der zugehörigen Ausgangsspannung angegeben.

12. Transduktoren als Regelkreisglieder

12.1 Aufbau von Regelkreisen

Das bedeutendste Anwendungsgebiet der Transduktoren ist die Regelungstechnik. Es ist deshalb zu untersuchen, welche Forderungen dieses Anwendungsgebiet an den Transduktor stellt und wie weit sie mit seinen Eigenschaften in Einklang zu bringen sind. Von den Grundgesetzen der Regelungstechnik soll hier nur soweit die Rede sein, wie sie direkt auf die Bemessung des Transduktors einwirken.

Der Aufbau eines Regelkreises muß vom Regelobjekt aus erfolgen. Das Regelobjekt, auch Regelstrecke genannt, ist die Maschine oder die fabrikatorische Einrichtung, an der die Regelgröße durch die Regelungseinrichtung auf definierte Werte gehalten werden soll. Auf die Regelstrecke wirken Störgrößen, die die Regelgröße im ungewollten Sinne beeinflussen. Diesen Störungen muß die Regeleinrichtung entgegenwirken. Sie kann das nur mit einer gewissen Unvollkommenheit, so daß die Regelgröße von ihrem Sollwert, wenn auch nur kurzzeitig, abweicht. Darüberhinaus bleibt in vielen Fällen auch eine bleibende Regelabweichung bestehen. Der auftretende Regelfehler ist in erster Linie eine Frage des Aufwandes und der Eignung der Regelungselemente. Die beste Regelung ist vom technischen Standpunkt die, die unter Einhaltung der geforderten Genauigkeit mit minimalem Aufwand die größte Betriebssicherheit gewährleistet.

Jede Regelungsaufgabe läßt sich mit verschiedenen Elementen lösen. Die Spannungsregelung eines Gleichstromgenerators kann z. B. mit mechanischen Reglern, mit Verstärkermaschinen, mit gewöhnlichen Gleichstrommaschinen in Verbindung mit elektronischen Verstärkern oder mit Transduktoren durchgeführt werden. Grundsätzlich ist einer Lösung der Vorzug zu geben, die ohne bewegliche, der Wartung unterworfenen Teile auskommt. Der Transduktor ist als Regelungselement wegen seiner Einfachheit, Betriebssicherheit und dem Umstand, daß er sich in einem weiten Leistungsbereich wirtschaftlich herstellen läßt, besonders geeignet. Dabei dürfen allerdings nicht seine Nachteile übersehen werden. Diese liegen vor allen Dingen darin, daß der Transduktor eine nicht zu vernachlässigende Steuerleistung benötigt und eine Eigenzeitkonstante besitzt. Die Zeitkonstante ist nur klein, beeinflußt aber doch die Eigenschaften des Regelkreises, so daß bei der Verwendung von Transduktoren einige besondere Gesichtspunkte beachtet werden müssen.

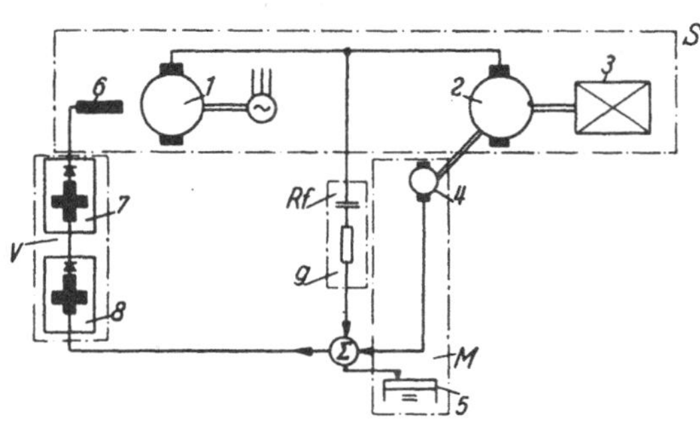

Abb. 12.01.
Drehzahlregelkreis mit zweistufigem Transduktor

Die Abb. 12.01 zeigt als Beispiel einen LEONARD-Regelkreis. Die Arbeitsmaschine 3 wird von einem Gleichstrommotor 2 angetrieben, den im Anker der Gleichstromgenerator 1 speist. Die Messung der Drehzahl erfolgt mit einer Tachometermaschine 4, die eine der Drehzahl proportionale Gleichspannung abgibt. Eine an dem Sollwerteinsteller 5 abgegriffene Gleichspannung wird in dem Summierungsglied ($\sum$) mit der Tachometermaschinenspannung verglichen, und die Differenzspannung steuert den Vortransduktor 8 aus, dem der Leistungstransduktor 7 nachgeschaltet ist. An seinem Ausgang liegt die Feldwicklung 6 des Generators 1. Zur Stabilisierung ist noch eine nachgebende Rückführung 9 notwendig. Sie besteht aus der Reihenschaltung eines Widerstandes und eines Kondensators. In dem Prinzipschaltbild sind strichpunktiert die Regelkreisglieder zusammengefaßt, die funktionsmäßig eine Einheit bilden. Die Arbeitsmaschine stellt mit dem Motor und dem Generator die eigentliche Regelstrecke S dar. Das Meßglied M setzt sich aus der Tachometermaschine und dem Sollwerteinsteller zusammen, während das Verstärkungsglied aus dem zweistufigen Transduktor V besteht.

Die Regelstrecke ist der Teil des Regelkreises, der auch bei einem gesteuerten Antrieb notwendig ist. Dieser würde nur eine Gleichspannung benötigen, die den Generator 1 über das Feld 6 erregt. Die Bemessung der Regelstrecke wird nur im beschränkten Umfang durch regelungstechnische Gesichtspunkte bestimmt. Z. B. erfolgt die Festlegung der Typenleistung des Gleichstrommotors aufgrund des benötigten Drehmomentes und des gewünschten Drehzahlbereiches. Aus preislichen Gründen kann nur in Ausnahmefällen dem wichtigen regelungstechnischen Wunsch nach kleinem Trägheitsmoment, z. B. durch den Ersatz des einen Motors durch einen Doppelmotor, entsprochen werden. Auch bei dem Generator wird man bemüht sein, ihn leistungsmäßig soweit wie möglich auszunutzen, ohne Rücksicht auf die unerwünschten Sättigungserscheinungen.

Bei der Regelungsaufgabe ist zwischen den statischen und den dynamischen Forderungen zu unterscheiden. Die statischen Forderungen bestimmen den Regelfehler, der unter der ungünstigsten Betriebsbedingung bei maximalen Störgrößen auftreten darf. Die dynamischen Forderungen dagegen legen fest, wie groß die kurzzeitigen Änderungen der Regelgröße bei stoßartigen Störungen oder bei plötzlicher Änderung des Sollwertes sein dürfen. Das hierfür notwendige Zeitverhalten des Verstärkers V richtet sich nach der Form sowie dem zeitlichen Verlauf der Störung und nach den dynamischen Eigenschaften der Regelstrecke.

Die in Abb. 12.01 dargestellte Regelstrecke enthält im wesentlichen drei Zeitkonstanten. Die Erregerzeitkonstante T_e des Generators, die durch die Ankerinduktivitäten und die Wirkwiderstände beider Maschinen gebildete Ankerzeitkonstante T_a und schließlich die mechanische Anlaufzeitkonstante T_m, welche durch das Trägheitsmoment des Motors und der Arbeitsmaschine bestimmt wird. Die Ankerkreis-Zeitkonstante T_a ist meist klein gegen die beiden anderen. Ist die Anlaufzeitkonstante des Motors oder die Erregerzeitkonstante des Generators oder sind beide groß, so ist die Zeitkonstante der Transduktoren unwesentlich. Genauso beeinflussen die Zeitkonstanten der Transduktoren nicht nachteilig den Regelkreis, wenn zwar die Zeitkonstanten der Regelstrecke klein sind, aber auch die Änderung der Störgrößen langsam erfolgt. Ungünstig liegen nur die Verhältnisse, wenn die Eigenzeitkonstanten der Regelstrecke klein sind und dabei auf sie in kurzer Zeitfolge stoßartige Störungen einwirken. Der Regeleingriff wird dann durch die Transduktor-Zeitkonstanten so verzögert, daß kurzzeitig größere Regelabweichungen auftreten können, außerdem ergeben sich dann Stabilitätsschwierigkeiten.

Sind die Störgrößen elektrischer Natur oder lassen sie sich durch solche abbilden, so kann ihr Einfluß durch Störgrößenaufschaltung teilweise ausgeglichen werden. Die Möglichkeit, bei durchflutungsgesteuerten Transduktoren über getrennte Steuerwicklungen mehrere Steuergrößen aufschalten zu können, erlaubt die Kompensation von auf verschiedenen Potentialen liegenden Störgrößen des Regelkreises. Das Stellglied 7 in Abb. 12.01 bietet außerdem die Möglichkeit, in beschränktem Umfang die Erregerzeitkonstante des Generators und damit die dynamischen Eigenschaften der Regelstrecke zu beeinflussen. Die Erregerzeitkonstante ist eine Funktion der Erregerleistung. Die Erregerleistung läßt sich durch Wahl eines größeren Stelltransduktors heraufsetzen, z. B. indem der Transduktor für eine höhere Spannung als die Erregerspannung bemessen wird und die überzählige Spannung an einem Vorwiderstand abfällt. Die Verlustleistung im Feldvorwiderstand muß dann im Interesse einer schnellen Regelstrecke in Kauf genommen werden.

Die Steuerleistung des Leistungstransduktors ist, wenn seine Zeitkonstante klein sein soll, zu groß, als daß ihn das Meßglied direkt aussteuern könnte. Es muß der Vortransduktor 8 vorgesehen werden, dessen Steuerleistung dann genügend klein ist. Dadurch wird der Meßkreis entlastet und die Einfügung von Rückführungen erleichtert. Die im Regelkreis verteilten Rückführungen erübrigen sich, wenn der Vortransduktor ein bestimmtes Zeitverhalten erhält.

Die Regelung kann nicht genauer als das Meßglied sein. In dem Musterregelkreis nach Abb. 12.01 bestimmt die Tachometermaschine die Meßgenauigkeit. Ihre Spannung muß ein eindeutiges Abbild der Drehzahl sein. Die Belastung der Tachometermaschine setzt infolge des inneren Spannungsabfalls die Meßgenauigkeit herab. Es ist deshalb darauf zu achten, daß der Vortransduktor 8 eine möglichst geringe Steuerleistung benötigt. Die Genauigkeit wird ferner durch die Welligkeit der Ausgangsspannung des Meßgliedes vermindert. Sie muß möglichst klein gehalten werden; gegebenenfalls ist ein kleines Glättungsglied vorzusehen. Das Zeitverhalten des Meßgliedes läßt sich im allgemeinen vernachlässigen. Nur wenn zusätzliche Siebglieder vorhanden sind, ist deren Zeitverhalten zu berücksichtigen.

12.2 Eigenschaften von Transduktor-Regelkreisgliedern

12.21 Stelltransduktoren

Der Stelltransduktor hat die Aufgabe eines Leistungsverstärkers. Ein definiertes Zeitverhalten braucht er nicht zu besitzen und wird als schneller Transduktor ohne Zeitglied aufgebaut. Je nach dem Leistungsbereich eignet sich hierfür eine einphasige oder eine dreiphasige Anordnung. Besonders ist auf die Linearität der Arbeitskennlinie zu achten. Die Stabilität des Regelkreises hängt von der Kreisverstärkung ab. Im Interesse einer großen Regelgenauigkeit wird die Kreisverstärkung so groß wie möglich gewählt. Infolge der im Regelkreis befindlichen Glieder mit nichtlinearen Elementen ist die Kreisverstärkung über den Regelbereich keine Konstante. Vor allen Dingen im Bereich kleiner und großer Ankerspannungen geht die Verstärkung zurück. Es fallen besonders die nichtlinearen Kennlinien des Stelltransduktors und des Generators ins Gewicht. Neben der Möglichkeit, den Aussteuerbereich des Stelltransduktors auf den annähernd linearen Teil seiner Kennlinie zu beschränken, kann die Linearisierung durch eine Gegenkopplung über den Stelltransduktor oder über Stelltransduktor und Generator erfolgen.

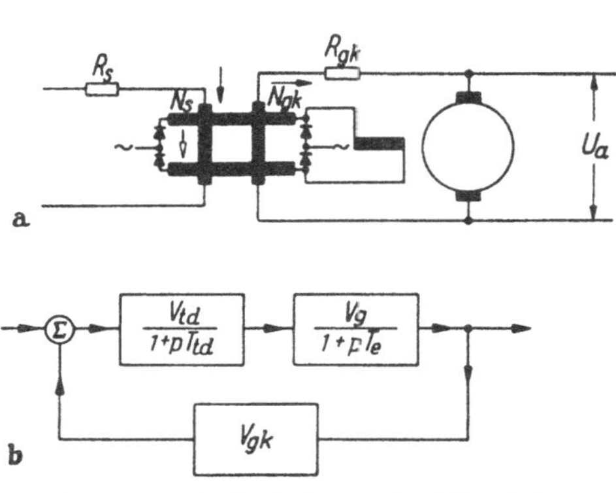

Abb. 12.02a u. b. Beeinflussung des Zeitverhaltens durch starre Gegenkopplung

Die Abbildung 12.02a zeigt die Gegenkopplungsschaltung. Durch die Gegenkopplung wird sowohl die Krümmung der Kennlinie des Transduktors, als auch die des Generators herabgesetzt. Der zulässige Gegenkopplungsgrad bestimmt die am Vortransduktor zur Verfügung stehende Steuerleistung, da dieser nicht nur die Steuerdurchflutung des Stelltransduktors aufbringen, sondern auch die Gegenkopplungsdurchflutung kompensieren muß. Noch wirkungsvoller ist eine Gegenkopplung vom Generator auf den Vortransduktor. Doch vergrößert sich hierdurch die Belastung des Meßgliedes. Durch die Gegenkopplung wird nicht nur die Kennlinie begradigt, sondern auch das Zeitverhalten des Transduktors und vor allen Dingen des Generators verändert. Das Blockschaltbild dieses Teiles des Regelkreises mit Gegenkopplung zeigt Abb. 12.02b. In die Blocks sind die Frequenzgänge eingetragen. Dabei ist $j\omega = p$ gesetzt.

Im allgemeinen ist die Erregerzeitkonstante T_e groß gegen die Transduktorzeitkonstante T_{td}. Die Transduktorzeitkonstante soll deswegen vernachlässigt werden. Dann ergibt sich für die Hintereinanderschaltung von Stelltransduktor und Generator folgender Frequenzgang:

$$F_1(p) = \frac{V_{td} V_g}{1 + pT_e}. \tag{12.01}$$

Der Gegenkopplungskreis enthält keine Zeitglieder, deshalb erhalten wir seinen Frequenzgang zu

$$F_{gk}(p) = V_{gk} = \frac{N_{gk} R_s}{N_s R_{gk}}. \tag{12.02}$$

Der Gesamtfrequenzgang ergibt sich aus den Einzelfrequenzgängen zu

$$F(p) = \frac{F_1(p)}{1 + F_1(p) F_{gk}(p)} = \frac{V_{td} V_g}{1 + p T_e} \frac{1}{1 + V_{td} V_g V_{gk} \frac{1}{1 + p T_e}} \tag{12.03}$$

und nach einigen Umformungen

$$F(p) = \frac{\dfrac{V_{td} V_g}{1 + V_{td} V_g V_{gk}}}{1 + p \dfrac{T_e}{1 + V_{td} V_g V_{gk}}}. \tag{12.04}$$

Ein Vergleich von Gl. (12.04) mit Gl. (12.01) zeigt, daß die Spannungsverstärkung und die Zeitkonstante des Generators im gleichen Verhältnis herabgesetzt werden. Die Gegenkopplung bietet somit die Möglichkeit, die Generatorzeitkonstante wirkungsvoll zu verkleinern. Diese dynamische Wirkung erklärt sich aus der anfänglichen Übersteuerung des Stelltransduktors. Soll z. B. die Generatorspannung um einen bestimmten Betrag vergrößert werden, so nimmt die Ausgangsspannung des Stelltransduktors — infolge der großen Generator-Zeitkonstante ändert sich die Gegenkopplung zunächst nicht — einen höheren Wert an als den, der dem neuen stationären Wert entspricht. Die Überspannung sorgt für eine schnellere Auferregung. Dann erst wirkt die Gegenkopplung und korrigiert die Aussteuerung des Stelltransduktors.

Eine entsprechende Verkleinerung der Zeitkonstante der Regelstrecke läßt sich auch ohne Gegenkopplung erreichen, indem der Aussteuerbereich des Stellgliedes größer gewählt wird als der Stellbereich der Regelstrecke. Bei großen Abweichungen des Istwertes vom Sollwert geht der Stelltransduktor an den Anschlag, und die Überspannung erzwingt eine schnellere Auferregung als der Zeitkonstante der Regelstrecke entspricht. Es ist nur dafür Sorge zu tragen, daß die große Regelabweichung nicht längere Zeit ansteht und dadurch der Stelltransduktor überlastet wird.

Nicht in allen Fällen läßt sich ein Glied der Regelstrecke durch eine Gegenkopplung überbrücken und die wirksame Zeitkonstante verkleinern. Als Beispiel soll hierfür ein Gleichstrommotor angeführt werden, der an einer starren Gleichspannung liegt und über das Feld auf konstante Drehzahl geregelt werden soll. Auch diese Regelstrecke enthält zwei Verzögerungsglieder, gekennzeichnet durch die Erregerzeitkonstante und die mechanische Anlaufzeitkonstante. Zur Verkleinerung der Feldzeitkonstante müßte der Fluß gemessen, in eine elektrische Größe umgewandelt und nach dem Eingang des Stelltransduktors zurückgeführt werden. Diese Schwierigkeit läßt sich umgehen, wenn, wie in Abb. 12.03 gezeigt, in den Feldkreis ein Hilfsregelkreis eingefügt wird. Er besteht aus dem Transduktor 7, der über den Widerstand 6 eine Zusatzspannung in den Erregerkreis liefern kann. Seine Steuerwicklung liegt am Abgriff eines Spannungsteilers 4, der parallel zu dem Ausgang des Stelltransduktors geschaltet ist. Der zweite Anschluß der Steuerwicklung geht an einen Widerstand 5, den der Erregerstrom durchfließt. Der Spannungsteiler 4 wird so abgeglichen, daß im stationären Zustand die an der Steuerwicklung liegende Spannung null ist.

Wird der Stelltransduktor 3 plötzlich ausgesteuert, so bleibt die Spannung am Widerstand 5 zunächst unverändert, da die Induktivität des Motorfeldes den Erregerstrom nur langsam ansteigen läßt. Jetzt

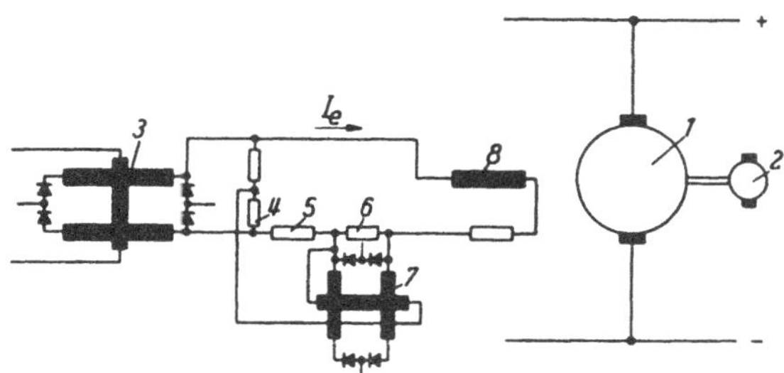

Abb. 12.03. Verkleinerung der Feldzeitkonstante durch Zusatztransduktor

überwiegt die Spannung an 4 und steuert den Hilfstransduktor 7 im positiven Sinn aus, so daß er den Stelltransduktor 3 unterstützt und für einen schnelleren Anstieg des Feldstromes I_e sorgt. Ist der stationäre Feldstrom erreicht, so kompensieren sich die Spannungen an 4 und 5 und der Transduktor 7 wird wieder geschlossen. Die gezeigte Anordnung unterstützt nur die Auferregung, während bei der Aberregung der Transduktor 7 geschlossen bleibt. Wird auch in dieser Richtung ein schnellerer Übergang gewünscht, so ist ein Gegentakttransduktor vorzusehen. Der Eingriff des Transduktors 7 kann auch über eine zweite Feldwicklung erfolgen, die mit geringem Querschnitt ausgeführt werden kann, da der Hilfstransduktor nur kurzzeitig Strom abgibt.

Die Entscheidung über ein- oder dreiphasige Ausführung des Stelltransduktors wird vor allen Dingen von der benötigten Leistung bestimmt. Bei kleiner Leistung ist wegen des kleineren Aufwandes der einphasigen Ausführung der Vorzug zu geben. Bei größeren Leistungen dagegen macht sich die große Welligkeit der Ausgangsspannung störend bemerkbar. Wenn sie auch in vielen Fällen keine Nachteile für die Regelstrecke bringt, so vermindert doch die große Oberwelligkeit den Gesamtwirkungsgrad. Die Oberwellenleistung muß, was mitunter noch schwerer wiegt, aus der Schaltanlage als Wärme abgeführt werden. Die große Welligkeit der Ausgangsspannung des einphasigen Transduktors erschwert es auch, sie als Rückführgröße zu verwenden. Eine Gegenkopplung nach dem Eingang dieser Stufe kann die entgegengesetzte Wirkung haben, indem, anstelle einer Linearisierung durch die Oberwellen, eine zusätzliche Verbiegung der Arbeitskennlinie erfolgt.

Grundsätzlich wird der Stelltransduktor im allgemeinen selbstsicher ausgeführt. Der Arbeitswiderstand wird so groß bemessen, daß selbst bei der größten Aussteuerung keine Überlastung erfolgt. Ist eine derartige Bemessung in Ausnahmefällen nicht möglich, so muß der Transduktor durch Sicherungen geschützt werden. Ein Ausfall des Stellgliedes durch Ansprechen einer Sicherung liegt dann im Bereich der Möglichkeit. Die Kennlinie der Regelstrecke muß in diesem Fall so eingestellt werden, daß beim Ausfall des Stellgliedes die Ausgangsgröße der Regelstrecke null wird. Diese Bedingung ist bei dem LEONARD-Satz z. B. nicht erfüllt, wenn der Generator durch ein konstantes Feld auf hohe Spannung erregt wird und der Stelltransduktor der konstanten Erregung entgegenwirkt. Im Störungsfall wird dann der Antrieb auf seine höchste Drehzahl hochlaufen.

12.22 Regeltransduktoren

Dem Stelltransduktor ist fast immer eine kleine Transduktorstufe vorgeschaltet, die ihn an das Meßglied anpaßt. Daneben kommt dem Vortransduktor aber noch eine zusätzliche Aufgabe zu. Zur Stabilisierung des Regelkreises müssen Rückführungen eingeführt werden, welche Zwischengrößen der Regelstrecke differenzieren und zu der von dem Meßkreis gelieferten Differenzspannung addieren. Diese Rückführungen sind um so weniger aufwendig, je kleiner die Steuerleistung des Vortransduktors ist. Die Bemessung der Rückführungen soll Gegenstand der nächsten beiden Abschnitte sein.

Der Vortransduktor hat die Steuerleistung des Stelltransduktors, die durch Gegenkopplung dieser Stufe unter Umständen noch vergrößert wird, aufzubringen. Für diese Leistung ist eine obere Grenze gesetzt, da einerseits die Steuerleistung des Vortransduktors klein sein soll und andererseits die Leistungsverstärkung in dieser Stufe im Interesse einer kleinen Zeitkonstante sich nicht beliebig vergrößern läßt. Nach Möglichkeit wird man die Zeitkonstante des Vortransduktors der des Stelltransduktors angleichen.

Die Leistungsverstärkung des Vortransduktors ist von der Güte der Stufe abhängig. Sie soll durch Verwendung von hochwertigen Nickel-Eisenlegierungen und Silizium- bzw. Germaniumgleichrichtern so groß als möglich sein. Die dann vorhandene kleine Steuerleistung erlaubt bei gegebenem Steuerstrom mit einer niedrigen Steuerwindungszahl auszukommen. Alle Störeinflüsse, die die Steuerwechselspannung hervorruft, wie Verschiebung der Arbeitskennlinie oder Störung des Meßgliedes, werden dadurch auf ein Mindestmaß beschränkt.

Die große Steilheit der Arbeitskennlinie des Vortransduktors, verbunden mit der kleinen Eigenzeitkonstante macht es allerdings erforderlich, die von außen kommenden Störwechselspannungen sorgfältig von den Steuerwicklungen fernzuhalten. Unter Umständen wird sogar eine Verdrosselung der Steuerkreise notwendig.

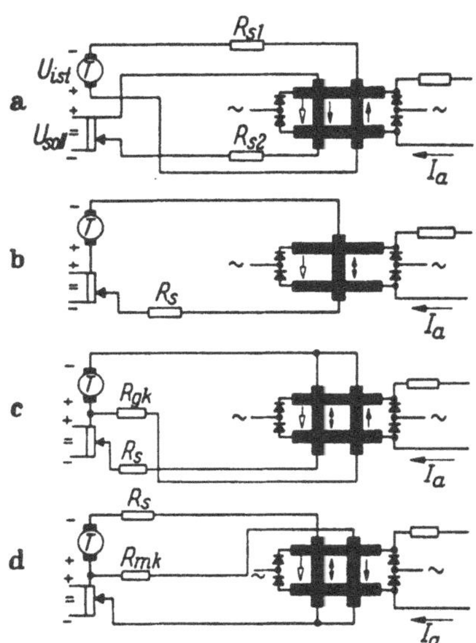

Abb. 12.04a—d. Schaltungen des Meßkreises ohne (a, b) und mit Zusatzbeeinflussungen (c, d)

Besondere Beachtung ist der Speisung des Vortransduktors zu schenken. Die Möglichkeit der Rückkopplung zweier in Reihe geschalteter Transduktorstufen über den Innenwiderstand der gemeinsamen Steuerspannungsquelle, ist bereits im Abschn. 9 (S. 238) erwähnt worden. Sie ist erst recht gegeben, wenn der Vortransduktor eine hohe Güte hat. Es ist deshalb zweckmäßig, für den Vortransduktor einen gesonderten Transformator vorzusehen.

Der Vergleich von Soll- und Istwert kann entweder im Vortransduktor durch Durchflutungsvergleich oder außerhalb des Transduktors durch Gegeneinanderschaltung beider Größen erfolgen. Die Abb. 12.04a zeigt den Durchflutungsvergleich. Für die Sollspannung und für die Istspannung sind je eine Steuerwicklung vorgesehen. Die Belastung des Meßwertumformers wird durch den Widerstand R_{s1} bestimmt und ist gleich

$$P_{\text{ist}} = \frac{U_{\text{ist}}^2}{R_{s1}}. \qquad (12.05)$$

Bei dem in Abb. 12.04b gezeigten Spannungsvergleich wirkt die Differenzspannung auf eine Steuerwicklung. Die Belastung des Meßwertumformers ist jetzt

$$P_{\text{ist}} = \frac{(U_{\text{soll}} - U_{\text{ist}})}{R_s} U_{\text{ist}}. \qquad (12.06)$$

Bei dem Spannungsvergleich befindet sich also der Meßwertumformer, hier die Tachometermaschine, im stationären Zustand nahezu im Leerlauf. Nur bei Ausgleichsvorgängen, während der Soll- und Istwert sehr voneinander abweichen, ist eine merkliche Belastung der Tachometermaschine vorhanden. Der Durchflutungsvergleich sollte deshalb nur dort gewählt werden, wo Soll- und Istwert galvanisch voneinander getrennt sein müssen.

Zur Einhaltung einer gewünschten Regelgenauigkeit ist eine bestimmte Kreisverstärkung notwendig. Läßt sich eine wesentlich größere Kreisverstärkung ohne erhebliche Vergrößerung der Eigenzeitkonstanten der Regelkreisglieder verwirklichen, so bietet der in Abb. 12.04c gezeigte Meßkreis mit Istwertgegenkopplung eine einfache Möglichkeit, die durch die im Regelkreis enthaltenen Nichtlinearitäten hervorgerufenen Schwankungen der Kreisverstärkung auszugleichen. Es ist dann möglich, mit der Kreisverstärkung näher an den Grenzwert heranzugehen, der bei gegebenen Stabilisiermaßnahmen ohne Eigenschwingungen des Regelkreises zulässig ist.

Eine entgegengesetzte Zusatzbeeinflussung wird mit der Schaltung Abb. 12.04d erreicht. Hier erfolgt über die zweite Steuerwicklung eine zusätzliche Steuerung des Vortransduktors durch den Sollwertsteller. Zu dieser Hilfsmaßnahme muß gegriffen werden, wenn infolge einer zu kleinen Kreisverstärkung die Führungsgenauigkeit des Regelkreises unzureichend und damit die Regelabweichung zu groß ist. Durch den über R_{mk} fließenden Steuerstrom erhält der Vortransduktor schon annähernd die Steuerdurchflutung, die dem betreffenden Sollwert entspricht. Die Verstärkungsunterschiede im Regelkreis werden über dem Regelbereich durch die Zusatzsteuerung vergrößert. Außerdem wird durch diese Maßnahme zwar die Führungsgenauigkeit verbessert, das Störwertverhalten des Regelkreises dagegen nicht beeinflußt.

Der Einfluß der Störgröße auf die Regelgröße kann dagegen durch eine Störwertaufschaltung herabgesetzt werden. Voraussetzung ist, daß sich die Störgröße in Form einer elektrischen Spannung oder eines Stromes erfassen läßt. Durch die Störwertaufschaltung kann nur die eine Störgröße ausgeschaltet oder ihr Einfluß vermindert werden, während die restlichen Störgrößen in vollem Umfang wirksam sind. Eine Störgrößenaufschaltung ist deshalb nur zu empfehlen, wenn eine Störgröße überwiegt und sie einen wesentlichen Einfluß auf die Regelgenauigkeit hat.

Bei dem auf konstante Drehzahl geregelten Leonardkreis ist die Belastung, d. h. das Gegendrehmoment der Arbeitsmaschine die wichtigste Störgröße. Ein Maß für die Belastung ist der Ankerstrom. Der Einfluß der Belastung auf die Drehzahl kann deshalb, wie in Abb. 12.05 gezeigt, dadurch herabgesetzt werden, daß ein geringer Teil des Ankerstromes den Vortransduktor im Sinne einer Erhöhung der Generatorspannung aussteuert. Der Ankerstrom ruft an dem Shunt 7 eine ihm proportionale Spannung hervor, die über den Vorwiderstand 8 an die obere Steuerwicklung des Vortransduktors 4 gelegt ist. Der Meßkreis zeigt den üblichen Aufbau. Allerdings ist der Ankerstrom nur im stationären Zustand ein Maß für die Belastung, da er während Ausgleichsvorgängen um den Beschleunigungs- bzw. Verzögerungsstrom vom stationären Wert abweicht. Durch die Stromrückkopplung wird deshalb das dynamische Verhalten des Regelkreises verändert. Es ist immer zu untersuchen, ob die Störwertaufschaltung mit der Stabilitätsbedingung des Regelkreises in Einklang zu bringen ist. Es besteht sonst die Gefahr, daß durch die Störwertaufschaltung der Regelkreis während Ausgleichsvorgängen zu Überschwingungen angestoßen wird oder sogar Selbsterregung erfolgt.

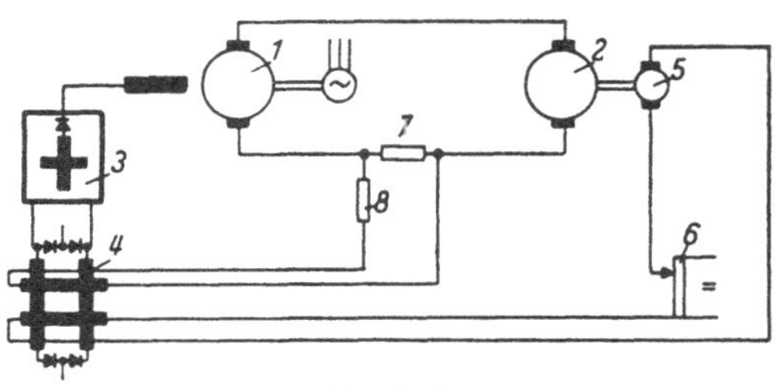

Abb. 12.05. Leonardregelkreis mit Störwertaufschaltung (Ankerstrom)

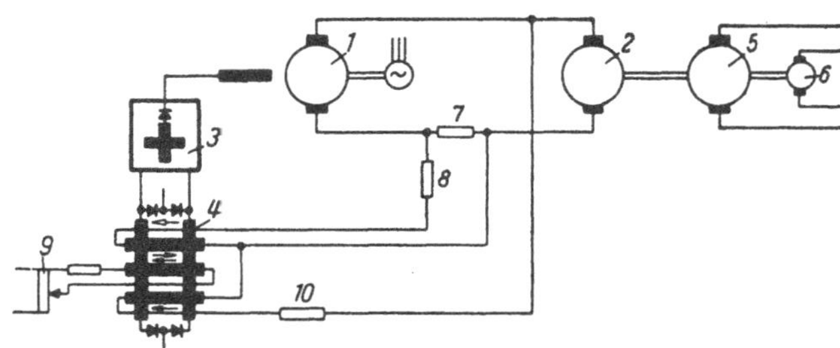

Abb. 12.06. Regelung auf konstanten Ankerstrom mit Störwertaufschaltung (Motorspannung)

Ein weiteres Beispiel für eine Störwertaufschaltung zeigt Abb. 12.06. Hierbei handelt es sich um einen Stromregelkreis, wie ihn Antriebe für Wickelmaschinen besitzen. Die Arbeitsmaschine ersetzt der mit konstanter Drehzahl laufende Motor 5. Durch die Regelung soll der Strom im Leonardkreis unabhängig von der Motordrehzahl und damit von der Generatorspannung konstant gehalten werden. Der Strom-Istwert wird durch einen Shunt 7 gemessen, an dem über einen Widerstand 8 die Istwert-Steuerwicklung liegt. Der Sollwertgeber 9 speist eine zweite Steuerwicklung. Im vorliegenden Fall ist ein Durchflutungsvergleich günstiger, da die am Shunt 7 abgegriffene Spannung sehr klein ist und sich deshalb für ein kontinuierlich einstellbares Potentiometer nicht eignet.

Steht der Motor 2, so braucht der Generator nur eine Spannung zu haben die ausreicht, um den Ohmschen Spannungsabfall im Ankerkreis zu decken. Wird der Motor 5 und damit der Motor 2 angefahren, so muß die Generatorspannung ansteigen, da sie zu dem Ohmschen Spannungsabfall noch die Gegen-EMK des Motors 2 kompensieren muß. Diese Gegen-EMK ist bei Nenndrehzahl wesentlich größer als der Spannungsabfall. Die Gegen-EMK des Motors 2 und damit indirekt die Drehzahl der Motoren wirkt somit wie eine sehr große Störgröße, die den überwiegenden Teil des Stellbereiches in Anspruch nimmt. Es ist deshalb naheliegend, diese Störgröße durch ihre Aufschaltung auf den Vortransduktor 4 wenigstens zum größten Teil zu kompensieren. Das geschieht dadurch, daß die Motorspannung über den Widerstand 10 und die unterste Steuerwicklung den Vortransduktor im Sinne einer Vergrößerung der Generatorspannung aussteuert. Durch den Fortfall oder zumindest die Verkleinerung der Störgröße, läßt sich bei gegebener Regelgenauigkeit die Kreisverstärkung herabsetzen.

12.3 Stabilisierung durch verteilte Rückführungen

12.31 Allgemeine Stabilitätsbedingungen

Zur Durchführung der Regelaufgabe sind außer dem Meßglied und den Transduktoren noch Stabilisierglieder notwendig. Ohne Stabilisierglieder würde in den meisten Fällen nach Schließen des Regelkreises die Regelgröße, z. B. die Drehzahl, nicht konstant sein, sondern sich periodisch ändern. Der Regelkreis schwingt. Infolge der nichtlinearen Glieder kann die Eigenschwingung mit kleiner Amplitude erfolgen. Die Regelung ist dann bedingt tauglich, zeigt aber eine verminderte Genauigkeit, da infolge der Eigenschwingung die Kreisverstärkung auf einen Bruchteil zusammenbricht. Bei großer Schwingungsamplitude ist die Regelung unbrauchbar, außerdem werden einzelne Regelkreisglieder, wie Motor und Generator, gefährdet.

Die Frequenz der Eigenschwingung und die Kreisverstärkung bei der sie einsetzen, werden durch das Zeitverhalten der einzelnen Regelkreisglieder bestimmt. Bei trägheitsfreien Gliedern tritt kein Stabilitätsproblem auf. Der Kreis ist bis zu der größten Kreisverstärkung stabil. Das Meßglied kommt dem trägheitsfreien Ideal am nächsten. Die Regelstrecken dagegen sind in ihrem Zeitverhalten sehr verschieden. Meist enthalten sie mehrere Verzögerungsglieder, oder haben integralen Charakter.

Hier sollen nun die Regelstrecken mit Ausgleich betrachtet werden bei denen, im Gegensatz zu integralen Regelstrecken, jeder Stellgröße eine bestimmte Ausgangsgröße zugeordnet ist. Das Zeitverhalten von Stelltransduktor und Vortransduktor ist bei der Stabilitätsuntersuchung zu berücksichtigen. Die Abb. 12.07a zeigt das Blockschaltbild eines vollständigen Regelkreises. Der Frequenzgang der Regelstrecke ist $F^*(\omega)$. Sie enthält in dem vorliegenden Beispiel drei Verzögerungsglieder. Auf den Eingang der Regelstrecke wirkt die Störgröße Z und die

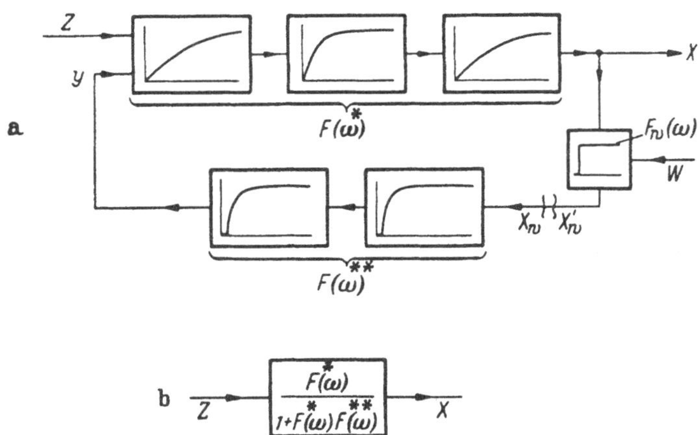

Abb. 12.07 a u. b. Blockdiagramm eines Leonardsatzes mit zweistufigem Transduktor

Stellgröße Y, während den Ausgang die Regelgröße X darstellt. Die Regelgröße wird in dem Meßglied, das den Frequenzgang $F_w(\omega)$ hat, mit dem Sollwert W verglichen und die Soll-Istwert-Differenz X_w auf den Eingang des zweistufigen Transduktors gegeben, dessen Frequenzgang $F^{**}(\omega)$ ist. Der zweistufige Transduktor liefert die Stellgröße Y. Der Regelkreis läßt sich in bezug auf sein Störgrößenverhalten durch den in Abb. 12.07b dargestellten Block mit dem Frequenzgang

$$F(\omega) = \frac{F^*(\omega)}{1 + F^*(\omega) F^{**}(\omega)} \tag{12.07}$$

ersetzen. Für die Stabilitätsbetrachtungen kann zunächst angenommen werden, daß die Störgröße null ist und die Führungsgröße W einen konstanten Wert hat. Dann stellt der Regelkreis einen geschlossenen Wirkungskreis dar, auf dem von außen keine Einflüsse einwirken. Zur Ermittlung der Stabilitätsgrenze wird der Regelkreis zwischen Meßglied und Vortransduktor aufgetrennt. In Abb. 12.08a ist der aufgeschnittene Regelkreis gezeichnet. Seine Kreisverstärkung ist

$$V_0 = \frac{\Delta X_w'}{\Delta X_w} = V_1 \cdot V_2 \cdot V_3 \dots V_n, \tag{12.08}$$

gleich dem Produkt der Verstärkungen der einzelnen Regelkreisglieder.

Auch der Frequenzgang des aufgeschnittenen Regelkreises läßt sich durch einen einzigen Block mit dem Frequenzgang

$$F_0(\omega) = F^*(\omega) \cdot F^{**}(\omega) \tag{12.09}$$

ersetzen.

Die verschiedenen Möglichkeiten zur Ermittlung der Stabilitätsgrenze können aus Platzmangel nicht Gegenstand der Betrachtung sein.

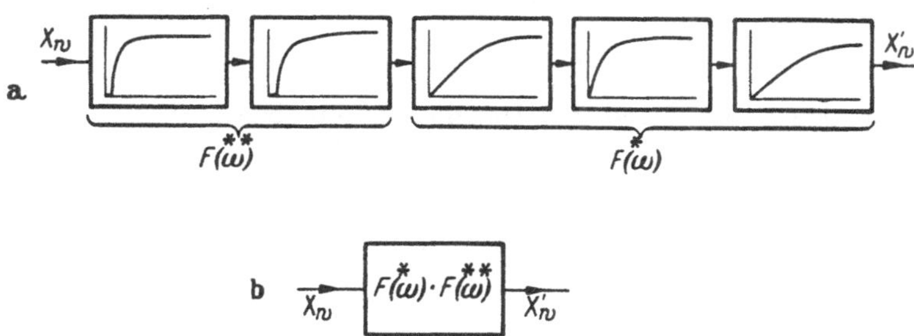

Abb. 12.08 a u. b. Blockdiagramm des aufgeschnittenen Regelkreises

Sie lassen sich aus der regelungstechnischen Fachliteratur entnehmen. Es soll aber untersucht werden, wie die besonderen Betriebseigenschaften des Transduktors die Stabilitätsverhältnisse beeinflussen und welche Möglichkeiten zur Stabilisierung gegeben sind. Zu dieser Untersuchung eignet sich besonders der Frequenzgang des aufgeschnittenen Regelkreises. Er kann leicht experimentell aufgenommen werden. Hierzu wird die Eingangsgröße des Vortransduktors X_w sinusförmig verändert. Dann hat die Ausgangsgröße der Kette X'_w, wenn die Übertragungseigenschaften der einzelnen Glieder als linear angenommen werden, ebenfalls sinusförmigen Verlauf.

Der Frequenzgang wird dann

$$F_0(\omega) = \frac{X'_w(\omega)}{X_w(\omega)} = V f(\omega). \tag{12.10}$$

$F_0(\omega)$ ist das Produkt der Frequenzgänge der einzelnen Regelkreisglieder. Wenn wir nach Abb. 12.07 auf den geschlossenen Regelkreis übergehen, müssen wir berücksichtigen, daß zwischen X_w und X'_w eine Vorzeichenumkehr erfolgen muß, da die Regelabweichung X'_w der Differenzspannung X_w entgegen wirkt.

In Gl. (12.10) ist $f(\omega)$ eine komplexe Funktion der Kreisfrequenz $\omega = 2\pi f$ und V die Gesamtverstärkung der Kette bei der Frequenz 0, d. h. gleich der statischen Verstärkung (nur definiert, wenn ein ideales integrales Glied fehlt). Der geschlossene Kreis erregt sich zu einer

Eigenschwingung ω, wenn X_w und $-X'_w$ nach Betrag und Phase übereinstimmen, d. h.

$$F_0(\omega^+) = -1 \quad \text{oder} \quad \frac{F_0(\omega^+)}{V} = f(\omega^+) = -\frac{1}{V^+} \tag{12.11}$$

ist. Bei den folgenden Betrachtungen soll nicht mit dem Frequenzgang, sondern mit seinem Kehrwert, dem inversen Frequenzgang $1/F_0(\omega)$ gerechnet werden. Dafür lautet die Selbsterregungsbedingung

$$\frac{V}{F(\omega^+)} = \frac{1}{f(\omega^+)} = -V^+. \tag{12.12}$$

Für den Realteil und den Imaginärteil ergeben sich aus Gl. (12.12) die Bedingungen

$$Re\left(\frac{V^+}{F(\omega^+)}\right) = -V^+. \tag{12.13}$$

$$Im\left(\frac{V^+}{F(\omega^+)}\right) = 0 \tag{12.14}$$

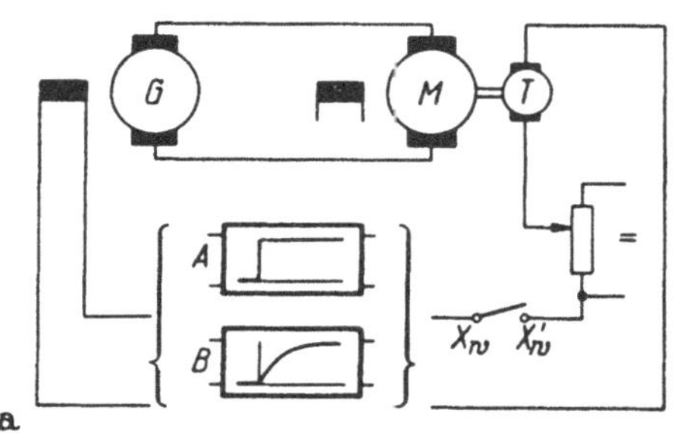

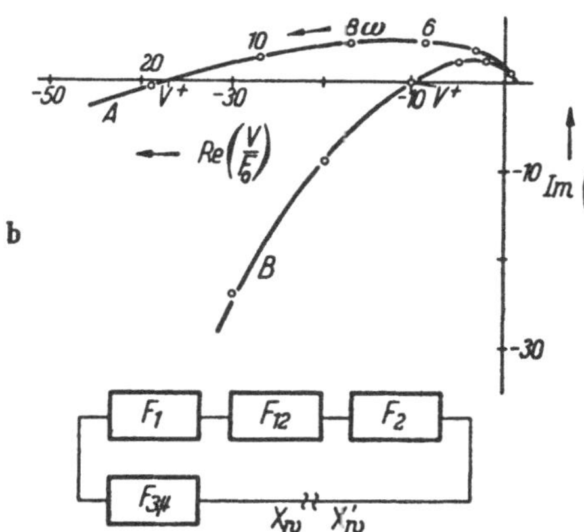

Abb. 12.09 – a u. b. Frequenzgang eines LEONARD-Regelkreises ohne Rückführungen

Übersteigt die tatsächlich vorhandene Verstärkung V die kritische Verstärkung V^+, so ist der Kreis instabil, im anderen Falle ($|V| < |V^+|$) dagegen bleibt der Kreis stabil. Der Regelkreis wird an der Stabilitätsgrenze ($V = V^+$) wegen der schlechten Dämpfung praktisch noch nicht brauchbar sein. Bei einer stoßartigen Belastung vergeht eine lange Zeit, bis die schwach gedämpften Eigenschwingungen abklingen. Eine optimale Einstellung des Regelkreises muß deshalb neben der Stabilität eine ausreichende aber auch nicht zu große Dämpfung des Kreises sicherstellen. Das hier nur angesprochene Stabilitätskriterium stellt somit eine notwendige aber nicht hinreichende Bedingung für gute Regeleigenschaften dar.

Wir wollen nun anhand des Stabilitätskriteriums abschätzen, wie sich die Eigenzeitkonstante eines Transduktors auf den inversen Frequenzgang und damit auf die zulässige Kreisverstärkung auswirkt.

Dabei wird wieder die Drehzahlregelung eines Leonardkreises betrachtet. Die Regelstrecke enthält die Feldzeitkonstante des Generators $T_1 = 0{,}5\,s$, die Ankerkreiszeitkonstante $T_{12} = 0{,}03\,s$ und die mechanische Anlaufzeitkonstante $T_2 = 0{,}5\,s$. Der Antrieb soll A mit einem trägheitsfreien Verstärker ($T_3 = 0$) und B mit einem Transduktor, dessen Übergangsfunktion durch eine e-Funktion mit der Zeitkonstante $T_3 = 0{,}1\,s$ angenähert wird, geregelt werden. Die Abb. 12.09a zeigt den Regelkreis.

Der Frequenzgang eines Trägheitsgliedes mit der Verstärkung V_1 und der Zeitkonstante T_1 ist gleich

$$F_1(\omega) = \frac{V_1}{1 + j\omega T_1}. \tag{12.15}$$

Der Gesamtfrequenzgang der offenen Kette nach Abb. 12.09 ergibt sich zu:

$$F_0(\omega) = F_1(\omega) \cdot F_{12}(\omega)\, F_2(\omega) \cdot F_3(\omega). \tag{12.16}$$

Der inverse Frequenzgang ist nach Gl. (12.15) und Gl. (12.16) gleich:

$$\frac{1}{F_0(\omega)} = \frac{1}{V_1}(1 + \omega T_1)\,\frac{1}{V_{12}}(1 + jw T_{12})\,\frac{1}{V_2}(1 + j\omega T_2)\,\frac{1}{V_3}(1 + j\omega T_3). \tag{12.17}$$

Mit

$$V_0 = V_1 \cdot V_{12} \cdot V_2 \cdot V_3 \tag{12.18}$$

ergibt sich

$$\frac{V_0}{F_0(\omega)} = (1 + j\omega T_1)(1 + j\omega T_{12})(1 + j\omega T_2)(1 + j\omega T_3). \tag{12.19}$$

In Abb. 12.09b ist der Frequenzgang Gl. (12.19) für die beiden Fälle A und B aufgetragen. Die kritische Verstärkung V^+ ergibt sich aus dem Schnittpunkt der Ortskurven mit der reellen Achse. Je länger die Ortskurve im 2. Quadranten der komplexen Ebene verbleibt, umso größer ist die zulässige Verstärkung. Im Falle des trägheitsfreien Reglers ist eine Kreisverstärkung von $V^+ = 37$ gerade noch zulässig. In dem Beispiel B beträgt die Transduktorzeitkonstante nur 20% der großen Zeitkonstante der Regelstrecke. Trotzdem erzeugt das zusätzliche Verzögerungsglied eine so große Phasendrehung, daß die Ortskurve B bereits bei $V^+ = 10$ die reelle Achse schneidet. Die Totzeit des Transduktors wurde hier noch vernachlässigt. Bei Berücksichtigung der Totzeit erfolgt eine zusätzliche Phasendrehung, die die kritische Verstärkung noch mehr verkleinert.

Das Beispiel zeigt: Durch die Verwendung von Transduktoren anstelle von trägheitsfreien Regelkreisgliedern wird die Stabilität des Regelkreises verschlechtert. Die Stabilität läßt sich durch Verkleinerung der Transduktorzeitkonstante mit Hilfe einer Erhöhung der Betriebsfrequenz verbessern, doch werden in der Regel auch dann zusätzliche Stabilisierglieder notwendig.

12.32 Einfluß von nachgebenden Rückführungen

Zur Stabilisierung eignen sich am besten nachgebende Rückführungen, die z. B. aus der Reihenschaltung eines Widerstandes und eines Kondensators bestehen. Die nachgebende Rückführung ist im stationären Zustand des Regelkreises ohne Einfluß und wirkt besonders bei schnellen Änderungen der rückgeführten Größe. Durch eine derartige Rückführung kann ein träges Regelkreisglied überbrückt, die erfolgte Korrektur einer Sollwertabweichung durch das Stellglied schon vor dem Durchlaufen der trägen Regelstrecke nach dem Eingang des Reglers gemeldet und dadurch ein Überregeln verhindert werden. Die stabilisierende Wirkung äußert sich in der Frequenzgangdarstellung durch die Rückdrehung des Phasenwinkels.

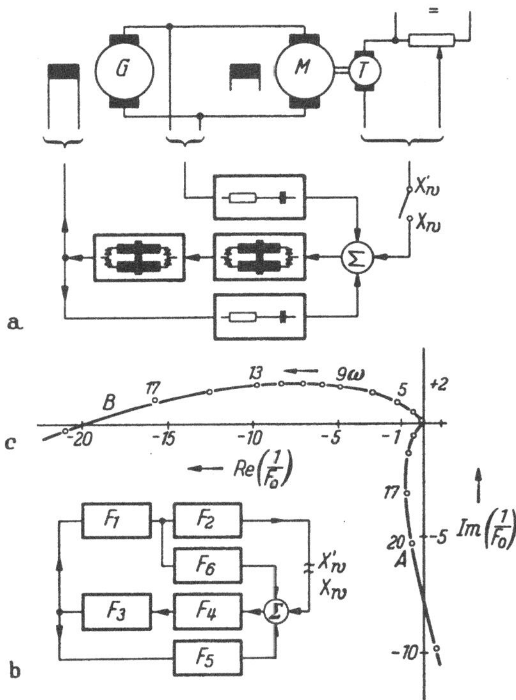

Abb. 12.10 a – c. Frequenzgang eines LEONARD-Regelkreises ohne und mit nachgebenden Rückführungen

Den Einfluß der nachgebenden Rückführungen soll ein Beispiel zeigen. Wir betrachten den Leonardkreis nach Abb. 12.09. Die kleine Ankerkreiszeitkonstante soll jetzt vernachlässigt, dafür ein zweistufiger Transduktor angenommen werden, da sich in dem stabilisierten Kreis eine größere Kreisverstärkung einstellen läßt. Wie aus Abb. 12.10a zu ersehen ist, sind zwei nachgebende Rückführungen vorgesehen, die die Ausgangsspannung des Stelltransduktors und die Generatorspannung nach dem Eingang des Vortransduktors zurückführen. Zweckmäßigerweise wird jeder Rückführgröße zur Potentialtrennung eine eigene Steuerwicklung zugeordnet.

Der Frequenzgang der Rückführglieder ist gleich

$$F_5(\omega) = V_5 \frac{j\omega T_5}{1 + j\omega T_5}, \tag{12.20}$$

$$F_6(\omega) = V_5 \frac{j\omega T_6}{1 + j\omega T_6}. \tag{12.21}$$

Darin sind V_5 und V_6 die Frequenzgänge für $\omega = \infty$ und $T_5 = R_5 C_5$ sowie $T_6 = R_6 C_6$ die Rückführzeitkonstanten. Für das Prinzipschaltbild 12.10a ist in b das Blockschaltbild angegeben. Der inverse Frequenzgang des offenen Regelkreises mit Rückführungen hat die Form

$$\frac{1}{F_0(\omega)} = \frac{1}{F_1(\omega) \cdot F_2(\omega) \cdot F_3(\omega) \cdot F_4(\omega)} + \frac{F_5(\omega)}{F_1(\omega) F_2(\omega)} + \frac{F_6(\omega)}{F_1(\omega)}. \quad (12.22)$$

Er setzt sich aus dem inversen Frequenzgang des Regelkreises ohne Rückführung $1/F_{00}(\omega)$ und zwei durch die Rückführung bestimmten Zusatzgliedern zusammen

$$\frac{1}{F_0(\omega)} = \frac{1}{F_{00}(\omega)} + \frac{1}{F_{5r}(\omega)} + \frac{1}{F_{6r}(\omega)} = \frac{1}{F_{00}(\omega)} + \frac{1}{F_r(\omega)}. \quad (12.23)$$

Die gesamte Kreisverstärkung ist nach wie vor

$$V_0 = V_1 \cdot V_2 \cdot V_3 \cdot V_4 \quad (12.24)$$

Der Frequenzgang des Hauptregelkreises ist für $V_0 = 50$, $T_1 = T_2 = 0{,}5s$ und $T_3 = T_4 = 0{,}03s$ gegeben. Die Totzeiten werden vernachlässigt. In Abb. 12.10c zeigt die Ortskurve A den inversen Frequenzgang $1/F_{00}(\omega)$ des Kreises ohne Rückführungen.

Der Schnittpunkt mit der reellen Achse liegt rechts von -1, der Regelkreis ist deshalb nicht stabil. Die Rückführungen und damit $1/F_r(\omega)$ sind so zu bestimmen, daß der Schnittpunkt mit der reellen Achse genügend weit links von -1 erfolgt. Das Verhalten des Regelkreises unmittelbar nach einem Regelstoß wird durch den Frequenzgang im Bereich hoher Frequenzen beschrieben. Für $\omega \gg 1$ ergeben sich für Real- und Imaginärteil der Rückführglieder in Gl. (12.23) die Ausdrücke:

	Realteil	Imaginärteil	
$\frac{1}{F_{5r}(\omega)}$	$-\frac{V_5}{V_1 V_2} T_1 T_2 \omega^2$	$\frac{V_5}{V_1 V_2}\left(T_1 + T_2 - \frac{T_1 T_2}{T_5}\right)$	(12.25)
$\frac{1}{F_{6r}(\omega)}$	$-\frac{V_6}{V_1}\left(\frac{T_1}{T_6} - 1\right)$	$\frac{V_6}{V_1} T_1 \omega$	

Der negative Realteil und positive Imaginärteil von $1/F_r(\omega)$ sorgen für eine Rechtsdrehung der Ortskurve. In Abb. 12.10c zeigt die Ortskurve B den inversen Frequenzgang für folgende Rückführdaten: $V_5/(V_1 \cdot V_2) = 0{,}2$; $T_5 = 0{,}5s$ und $V_6/V_1 = 0{,}3$; $T_6 = 0{,}2s$. Die Ortskurve schneidet bei $1/F_0(\omega) = -20$ die reelle Achse, d. h. für $x_w = 1$ hat die Ausgangsgröße die Amplitude $X'_w = 1/20 = 0{,}05$. Der Kreis ist somit stabil und stark gedämpft.

Bei dem betrachteten Regelkreis ist die Zahl der möglichen Rückführungen nicht auf zwei beschränkt, z. B. läßt sich die Steuerspannung des Stelltransduktors oder der Ankerstrom nach dem Eingang des Vortransduktors zurückführen. Infolge der großen Zahl der möglichen Rückführungen, die je zwei Einstellparameter, nämlich die Rückführverstärkung und die Zeitkonstante haben, sind die Kombinationsmöglichkeiten sehr groß. Es ist deshalb nicht möglich, in Abhängigkeit von den Daten des Hauptregelkreises allgemein gültige Angaben über die Auswahl und die optimale Bemessung der Rückführungen zu machen. Vielmehr bleibt die günstigste Einstellung dem mehr oder weniger großen experimentellen Geschick des Regelungstechnikers überlassen.

Zu diesem strukturellen Nachteil verteilter Rückführungen kommt noch eine praktische Schwierigkeit. Es wurde bisher angenommen, daß sich die errechneten Rückführungen praktisch ausführen lassen. Das ist jedoch nicht immer der Fall. Die nachgebende Rückführung stellt ein

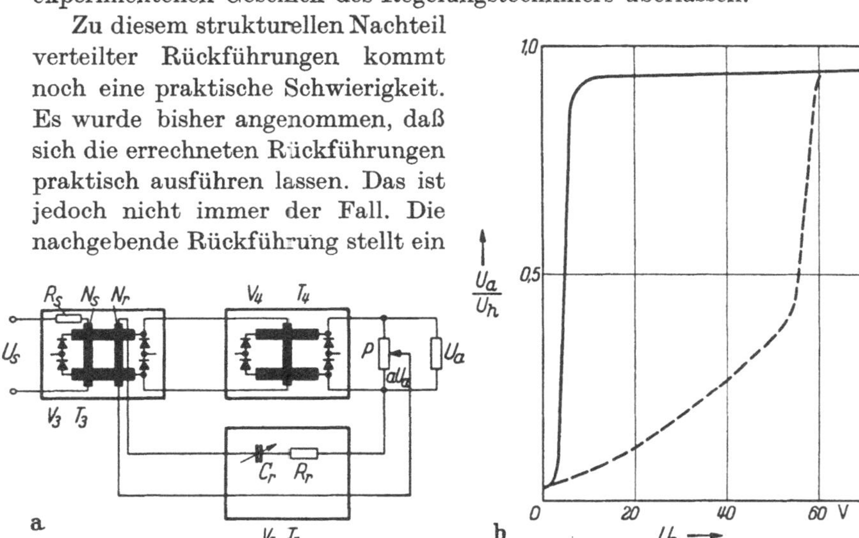

Abb. 12.11 a u. b. Eigenschwingungen des Rückführkreises

Differenzierglied dar, d. h. es hat den Charakter eines Hochpasses. Die rückzuführende Größe wird um so besser übertragen, je höher ihre Frequenz ist. Deshalb werden Oberwellen, die die Rückführgröße enthalten, voll auf den Eingang des Reglers gebracht. Diese Oberwellen sind in den Ausgangsspannungen von Transduktoren stark vertreten, so daß sie bei ungeeigneter Bemessung des Rückführkreises auf den Vortransduktor wirken und dessen Arbeitskennlinie verzerren können. Durch ein in den Rückführkreis geschaltetes Siebglied oder eine zusätzliche Induktivität läßt sich der Rückführkreis für die Oberwellenfrequenzen praktisch sperren. Dadurch wird allerdings die Stabilisiereigenschaft der Rückführung beeinträchtigt.

Eine weitere Voraussetzung für die richtige Wirkung der einzelnen Rückführungen ist die Entkopplung der Rückführkreise untereinander und gegenüber dem Steuerkreis. Es muß sein

$$\frac{N_s^2}{R_s} \gg \sum \frac{N_r^2}{R_r}. \tag{12.27}$$

Die bezogenen Leitwerte der Rückführkreise müssen klein gegenüber dem bezogenen Leitwert des Steuerkreises sein.

Die nachgebende Rückführung stellt zusammen mit den von ihm umschlossenen Regelkreisgliedern einen geschlossenen Wirkungskreis dar, der bei zu großer Kreisverstärkung genau wie der Hauptregelkreis Eigenschwingungen ausführen kann. Die zulässige Rückführverstärkung ist umso kleiner, je mehr Regelkreisglieder von der Rückführung überbrückt werden. Die Abb. 12.11a zeigt das Schaltbild eines zweistufigen Transduktors mit einer nachgebenden Rückführung. Wird von der Ausgangsspannung U_a der Teil $a \cdot U_a$ abgegriffen, so ist die Rückführverstärkung

$$V_5 = a \frac{N_r R_s}{N_s R_r}. \tag{12.28}$$

Bei kleiner Rückführverstärkung zeigt der zweistufige Transduktor die in Abb. 12.11b voll ausgezogene Kennlinie. Bei Erhöhung der Rückführverstärkung durch Vergrößerung von a, wird der Kreis instabil und schwingt. Es ergibt sich dann die in Abb. 12.11b gestrichelt gezeichnete Arbeitskennlinie. Über den instabilen Aussteuerbereich, verläuft die Arbeitskennlinie sehr flach. In diesem Bereich wird auch die Verstärkung des Hauptregelkreises im gleichen Verhältnis herabgesetzt. Die Rückführverstärkung, bis zu der der Kreis stabil ist, hängt außer von den Zeitkonstanten auch von der Welligkeit der Rückführgröße ab, so daß sie sich meist nur experimentell bestimmen läßt.

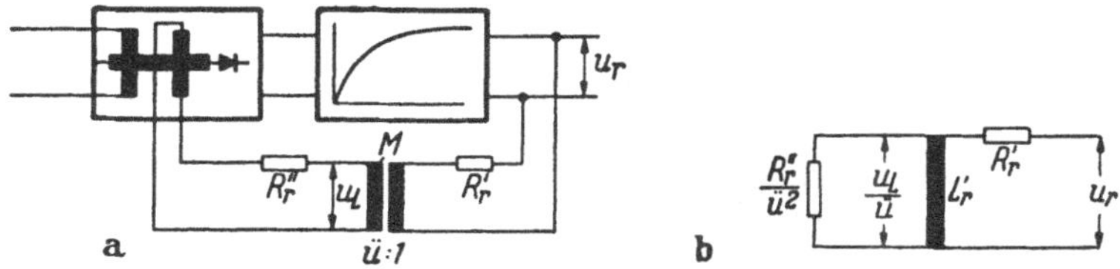

Abb. 12.12a u. b. Nachgebende Rückführung mit Transformator

Für nachgebende Rückführungen können neben *RC*-Gliedern auch Transformatoren eingesetzt werden. Die Abb. 12.12a zeigt die Grundschaltung. Die Rückführgröße U_r liegt über einen Widerstand R_r' an der Primärwicklung des Rückführtransformators M. Ist die Sekundärwicklung unbelastet, so besteht der Rückführkreis aus der Reihenschaltung eines Widerstandes R_r' und einer Induktivität L_r' mit der

Zeitkonstante $T_r = L'_r/R'_r$. Die Ausgangsgröße ist die Spannung U_L an der Induktivität. Der Frequenzgang ergibt sich zu

$$F_r(\omega) = \frac{U_L(\omega)}{U_r(\omega)} = V_r \frac{j\omega T_r}{1 + j\omega T_r} \tag{12.29}$$

und stimmt mit dem Frequenzgang des RC-Gliedes (12.20) überein.

Bei Vernachlässigung des Kupferwiderstandes der Wicklungen ist

$$F_r(\infty) = V_r = \ddot{u} \tag{12.30}$$

gleich dem Übersetzungsverhältnis des Transformators. Wird der Rückführtransformator sekundär mit dem Widerstand R''_r belastet, so ergibt sich, wie aus dem Ersatzschaltbild 12.12b zu ersehen, die Zeitkonstante

$$T_r = \frac{L'_r\left(R'_r + \frac{R''_r}{\ddot{u}^2}\right)}{R'_r \cdot R''_r}\,\ddot{u}^2 \tag{12.31}$$

gleichzeitig geht der Verstärkungsfaktor auf

$$V_r = \ddot{u}\,\frac{R''_r}{\ddot{u}^2 R'_r + R''_r} \tag{12.32}$$

herunter.

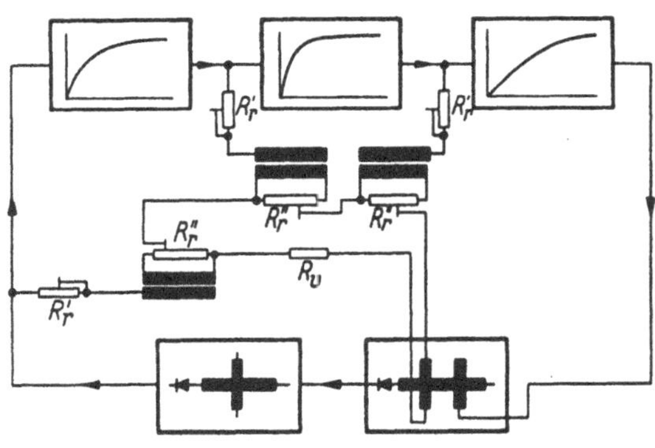

Abb. 12.13. Regelkreis mit verteilten Rückführungen unter Verwendung von Transformatoren

Da die Rückführspannung im stationären Zustand eine Gleichspannung ist, muß der Transformator einen Luftspalt erhalten. Für große Rückführzeitkonstanten T_r werden deshalb die Rückführtransformatoren sehr groß. Als Vorteil kann gewertet werden, daß bereits innerhalb der Rückführung eine vollständige Potentialtrennung erfolgt, so daß sich, wie in Abb. 12.13 gezeigt, die Ausgänge mehrerer Rückführtransformatoren in Reihe schalten lassen. Es ist nur eine zusätzliche Steuerwicklung nötig. An den Widerständen R'_r wird die Zeitkonstante und an R''_r die Rückführverstärkung eingestellt.

12.4 Transduktorregler

12.41 Grundsätzlicher Aufbau

Die optimale Einstellung eines Regelkreises mit verteilten Rückführungen ist wegen der großen Zahl von Kombinationsmöglichkeiten schwierig. Bestimmte Einstellanweisungen lassen sich nur geben, wenn sich die Eigenschaften der Regelstrecke durch wenige Kenngrößen kennzeichnen lassen. Das ist bei den meisten Regelstrecken möglich, wenn darauf verzichtet wird, von Zwischengrößen innerhalb der Regelstrecke Rückführungen abzunehmen. Besteht die Regelstrecke aus der Hintereinanderschaltung mehrerer Verzögerungsglieder, so kann ihre Stoßübergangsfunktion, wie z. B. in Abb. 9.09 gezeigt, durch eine Totzeit und eine e-Funktion angenähert werden. Es genügt mitunter schon, die kleinen Zeitkonstanten zusammenzuziehen, da auch für Verzögerungsglieder höherer Ordnung einfache Optimierungsregeln bekannt sind. Der Regelkreis nach Abb. 12.01 wird deshalb durch drei rückwirkungsfreie Verzögerungsglieder ersetzt. Durch sie werden die Feldzeitkonstante des Generators, die mechanische Anlaufzeitkonstante des Motors und eine Summenzeitkonstante, die die Zeitkonstante des Stelltransduktors, die Ankerkreiskonstante und die Glättungskonstante des Meßgliedes zusammenfaßt, berücksichtigt. Die Optimierungsregeln schreiben dann dem Vortransduktor ein ganz bestimmtes Zeitverhalten vor. Dieses Zeitverhalten soll einstellbar sein, um den Vortransduktor der jeweiligen Regelstrecke anpassen zu können.

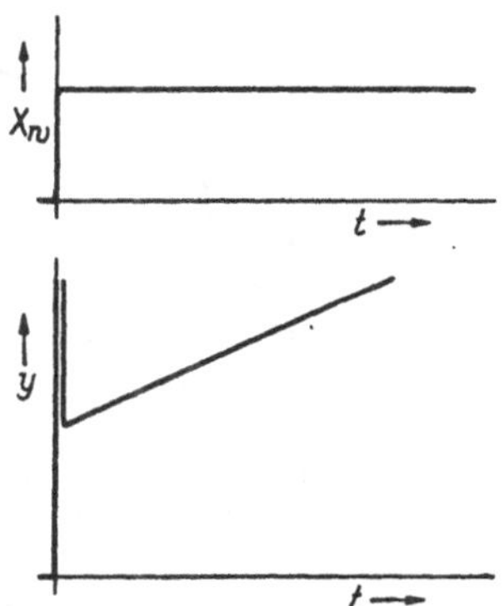

Abb. 12.14. Stoßübergangsfunktion eines idealen PID-Reglers

Das Zeitverhalten eines Transduktors läßt sich in weiten Grenzen nur über Rückführungen verändern. Seit langem sind elektronische Verstärker in Verwendung, die durch eine Rückführung ein definiertes und einstellbares Zeitverhalten besitzen. Gegenüber dem elektronischen Verstärker liegen beim Transduktor die Verhältnisse für das Einfügen einer Rückführung wesentlich ungünstiger. Der Transduktor benötigt eine nicht zu vernachlässigende Steuerleistung und die rückzuführenden Größen enthalten große Wechselkomponenten, die die Reglereigenschaften stören. Der erste Gesichtspunkt läßt den Vortransduktor als besonders geeignet erscheinen. Der Oberwelleneinfluß ist auch beim Vortransduktor vorhanden, doch läßt sich, da immer die gleiche Rückführgröße vorliegt, sein Einfluß durch schaltungstechnische Maßnahmen auf ein erträgliches Maß herabsetzen.

Die Forderung nach einer schnellen und genauen Regelung erfüllt bei den betrachteten, sich aus einem oder mehreren Verzögerungsgliedern zusammensetzenden Regelstrecken am besten ein PID-Regler. Die Abb. 12.14 zeigt die Stoßübergangsfunktion eines idealen PID-Reglers. Bei einer plötzlichen Aufschaltung der Steuergröße X_w erlangt die Stellgröße Y im ersten Augenblick einen großen Wert und stößt damit die Regelstrecke im Sinne der Beseitigung der Regelabweichung an. Kurz danach wird Y wieder teilweise zurückgenommen und steigt anschließend langsam an, bis die Regelabweichung und damit X_w null ist.

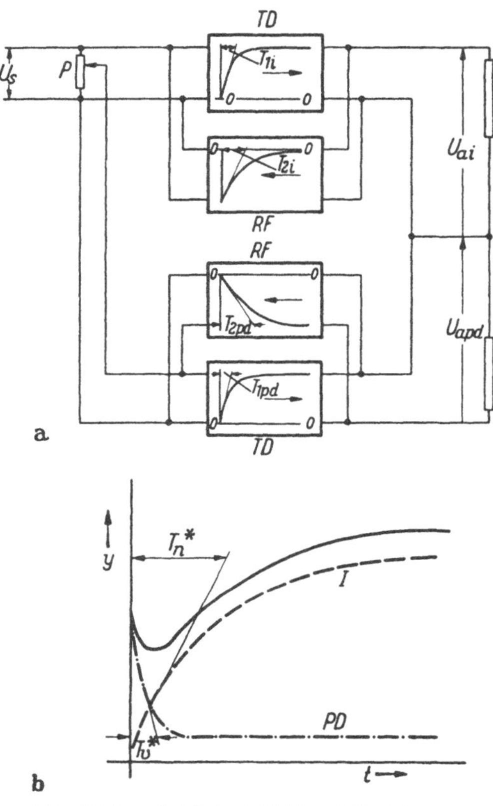

Abb. 12.15a u. b. Blockschaltbild und Stoßübergangsfunktion eines Transduktor-Reglers

Ein derartiges Zeitverhalten setzt einen trägheitsfreien Verstärker (Differenziersprung) mit unendlichem Verstärkungsfaktor (keine bleibende Regelabweichung) voraus. Eine brauchbare Näherung des gewünschten Zeitverhaltens läßt sich aber mit zwei Transduktoren erreichen. Es werden zwei Transduktoren benötigt, da der proportionale + differentiale Anteil einen extrem schnellen Transduktor mäßiger Verstärkung verlangt, der integrale Anteil dagegen keine hohen dynamischen Anforderungen stellt, dafür einen Transduktor mit hoher Verstärkung erfordert.

Die Abb. 12.15a zeigt das Blockschaltbild des Reglers. Beide Transduktoreingänge sind parallel geschaltet. Die Ausgangsspannungen werden entweder in Reihe geschaltet oder die Ausgangsströme über zwei Steuerwicklungen im folgenden Stelltransduktor summiert. In die Blöcke sind die Übergangsfunktionen der Transduktoren (TD) und der Rückführungen (RF) eingetragen. Die Übergangsfunktionen der Rückführungen sind nach unten aufgetragen, da sie in negativer Richtung den Eingangsgrößen der Transduktoren entgegenwirken. Der obere Transduktor liefert den I-Anteil und der untere den PD-Anteil der Ausgangsspannung. In Abb. 12.15b sind gestrichelt die Übergangsfunktionen des I und des PD-Reglers aufgetragen (Eigenzeitkonstanten vernachlässigt). Die stark ausgezogene Kurve stellt die Summe der beiden Übergangsfunktionen dar.

Der Transduktorregler weicht vor allen Dingen in zwei Punkten von dem idealen Regler ab. Der erste Differenzierstoß hat nur eine begrenzte Höhe und der integrale Ast biegt in eine horizontale Tangente ein.

12.42 Beschaltung der Einzeltransduktoren

Zuerst betrachten wir den I-Transduktor. Die Abb. 12.16 zeigt das Prinzipschaltbild. Die Ausgangsspannung U_{ai} wird über die nachgebende Rückführung R_2, C_2 an eine zweite Steuerwicklung N_2 gelegt.

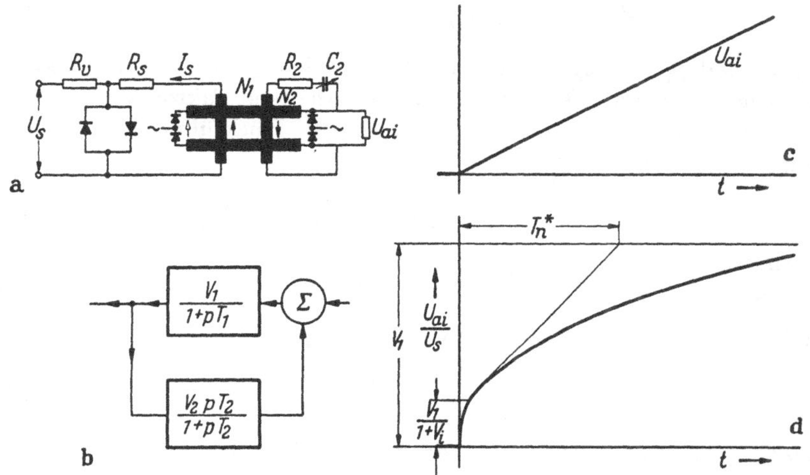

Abb. 12.16a–d. Transduktor mit integralem Verhalten (I-Transduktor)

Der Transduktor hat ohne Rückführung die Zeitkonstante T_1 und die Spannungsverstärkung

$$V_1 = \frac{\Delta U_{ai}}{\Delta U_s}. \tag{12.33}$$

Die Rückführung hat die Zeitkonstante $T_2 = R_2 C_2$ und die Verstärkung

$$V_2 = \frac{N_2 R_s}{R_2 N_1}. \tag{12.34}$$

Die Frequenzgänge von Transduktor und Rückführung sind, wenn $j\omega = p$ gesetzt wird,

$$F_1(p) = \frac{V_1}{1 + p\,T_1}. \tag{12.35}$$

$$F_2(p) = \frac{V_2\,p\,T_1}{1 + p\,T_2}. \tag{12.36}$$

Der Frequenzgang des Transduktors mit geschlossenem Rückführkreis ist nach Abb. 12.16b

$$F(p) = \frac{F_1(p)}{1 + F_1(p)\,F_2(p)}, \tag{12.37}$$

Gl. (12.35) und Gl. (12.36) eingesetzt ergibt

$$F(p) = \frac{V_1\,(1 + p\,T_2)}{1 + (T_1 + T_2 + V_1\,V_2\,T_2)\,p + T_1\,T_2\,p^2}, \tag{12.38}$$

$$F(p) = \frac{V_1\,(1 + p\,T_2)}{T_1\,T_2\,(p - p_1)\,(p - p_2)}. \tag{12.39}$$

Darin sind p_1 und p_2 die Wurzeln der im Nenner stehenden charakteristischen Gleichung. Der in Gl. (12.38) enthaltene Faktor $V_1 V_2$ ist die Kreisverstärkung V_i des aufgeschnittenen Rückführkreises. Durch Nullsetzung des Nenners ergibt sich

$$p_{1,2} = -\frac{T_n^*}{2\,T_1\,T_2}\left[1 \mp \left(1 - \frac{2\,T_1\,T_2}{T_n^{*2}}\right)\right]. \tag{12.40}$$

Darin ist

$$T_n^* = T_1 + T_2(1 + V_i) \tag{12.41}$$

und es wird für nicht zu kleine Werte von V_i

$$p_1 \approx -\frac{1}{T_n^*} \quad p_2 \approx -\frac{1 + V_i}{T_1} = -\frac{1}{T_1^*}. \tag{12.42}$$

Aus Gl. (12.39) läßt sich mit Hilfe der Laplace-Transformation die Sprungübergangsfunktion berechnen. Sie ergibt sich, wenn T_1, $T_1^* \ll T_n^*$ sind — was immer erfüllt ist — zu

$$f(t) = \frac{u_{ai}}{u_s} = V_1\left[1 - \frac{1}{1 + V_i}\,e^{-t/T_1^*} - \frac{V_i}{1 + V_i}\,e^{-t/T_n^*}\right]. \tag{12.43}$$

Von den beiden Zeitkonstanten ist $T_1^* = T_1/(1 + V_i)$ sehr klein. Die Rückführung setzt den Einfluß der Eigenzeitkonstante des Transduktors wesentlich herab. Im gleichen Verhältnis wird die große Zeitkonstante T_n^* vergrößert. In Abb. 12.16c ist die Stoßübergangsfunktion des idealen I-Reglers und in Abb. 12.16d die Stoßübergangsfunktion des Transduktors mit nachgebender Rückführung, entsprechend Gl. (12.43), wiedergegeben. Die Ausgangsspannung springt, da T_1^* sehr klein ist, nahezu auf den Wert $V_1/(1 + V_i)$. Ist $V_i = V_1 V_2 \gg 1$, so ist der erste Sprung gleich $1/V_2$. Danach ändert sich die Ausgangsspannung nach einer e-Funktion mit der Zeitkonstante T_n^*.

Der Verstärkungsfaktor V_1 — er bestimmt die bleibende Abweichung der Regelgröße — muß genügend groß sein. Der Transduktor soll deshalb eine möglichst große Güte haben, die wiederum die Verwendung von hochwertigen Kernwerkstoffen und Gleichrichtern verlangt. Der Verstärkungsfaktor V_1 läßt sich durch Vergrößerung der Steuerwindungszahl heraufsetzen. Dadurch wird der Transduktor jedoch von dem Innenwiderstand der Steuerspannungsquelle abhängig. Nach Abb. 6.14 ist die Ausgangsspannung der einphasigen Brückenschaltung bei konstantem Steuerstrom von dem bezogenen Leitwert $m = N_s^2/R_s$ des Steuerkreises abhängig. Um eine von der Beschaffenheit der Steuerspannungsquelle unabhängige Arbeitskennlinie zu erhalten, muß der Vorwiderstand R_s so groß gewählt werden, daß der Transduktor unabhängig von dem Innenwiderstand der Steuerspannungsquelle mit erzwungener Magnetisierung arbeitet. Diese Bedingung läßt sich mit größer werdender Steuerwindungszahl immer schlechter erfüllen. Dann besteht die Gefahr, daß sich bei betriebsmäßiger Änderung des Steuerkreis-Schließungswiderstandes die Arbeitskennlinie parallel verschiebt.

Sowohl für die Zeitkonstante T_n^* als auch für die Höhe des ersten Sprunges der Übergangsfunktion ist die Kreisverstärkung $V_i = V_1 V_2$ maßgeblich. Sie soll groß sein, damit der Proportionalsprung klein bleibt und eine bestimmte Nachstellzeit mit einer kleinen Rückführzeitkonstante und damit kleinen Kondensatoren erreicht wird. Auch hier muß ein Kompromiß geschlossen werden, da bei zu großer Windungszahl N_2 der Rückführwicklung der gleiche Störeinfluß, wie in dem Steuerkreis, auftritt.

Da V_1 proportional N_s/R_s und V_2 umgekehrt proportional N_s/R_s ist, wird V_i von der Bemessung des Steuerkreises nicht beeinflußt und ist nur abhängig von der Durchflutungssteilheit (Änderung der Ausgangsspannung/Änderung der Steuerdurchflutung) des Transduktors.

Anhand des Frequenzganges läßt sich anschaulich der Einfluß der Transduktorzeitkonstante auf das Zeitverhalten deuten. Die Gl. (12.38) läßt sich in der Form schreiben

$$F(p) = \frac{V_1(1 + p T_2)}{1 + T_2(1 + V_i) p} \cdot \frac{1}{1 + T_1 p \dfrac{1 + T_2 p}{1 + T_2(1 + V_i) p}} \qquad (12.44)$$

$$F(p) = F'(p) \cdot F_t(p) \qquad (12.45)$$

Der erste Faktor $F'(p)$ ist der Frequenzgang des verzögerungsfreien Transduktors mit Rückführung, während der zweite Faktor $F_t(p)$ die Trägheit des Transduktors berücksichtigt. Das Zeitverhalten der Anordnung unmittelbar nach dem Schaltvorgang entspricht dem Frequenzgang für große p-Werte; während dem Zeitverhalten gegen Ende des Ausgleichsvorganges der Frequenzgang für kleine p-Werte zugeordnet ist.

Für $F_t(p)$ erhalten wir die Näherungen

$$p \text{ groß} \quad F_t(p) = \frac{1}{1 + \frac{T_1}{1 + V_i} p} \tag{12.46}$$

$$p \text{ klein} \quad F_t(p) = \frac{1}{1 + T_1 p}. \tag{12.47}$$

Es ergeben sich in beiden Fällen Verzögerungsglieder 1. Ordnung, wobei unmittelbar nach dem Schaltaugenblick die Transduktorzeitkonstante auf $T_1/(1 + T_i)$ abnimmt, während gegen Ende des Ausgleichsvorganges die volle Zeitkonstante T_1 wirkt.

Die in Abb. 12.16d dargestellte Übergangsfunktion gilt bei Aussteuerung im linearen Bereich der Arbeitskennlinie. Wird dagegen der Transduktor durch große Steuerspannung übersteuert, so erzwingt der große Steuerstrom eine schnelle Änderung der Ausgangsspannung, selbst wenn eine große Zeitkonstante T_n^* eingestellt ist. So sehr die Verkürzung der wirksamen Zeitkonstante beim Endverstärker zweckmäßig sein kann, hier ist sie unerwünscht. Der Steuerstrom des I-Verstärkers muß deshalb begrenzt werden. Hierzu dient, wie Abb. 12.16a

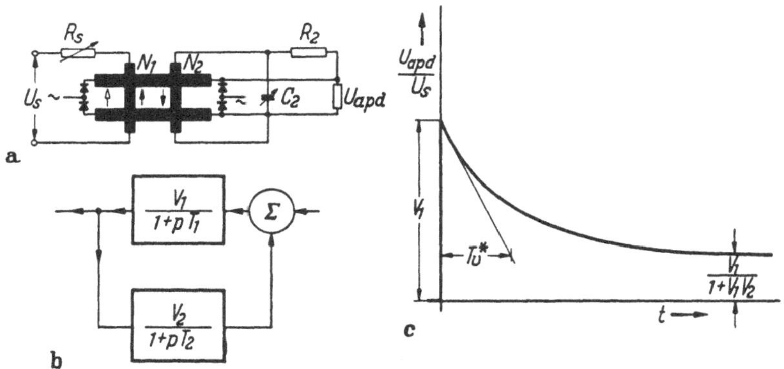

Abb. 12.17 a–e. Transduktor mit proportional-differentiellem Verhalten (PD-Transduktor)

zeigt, der nichtlineare Spannungsteiler, bestehend aus dem Widerstand R_v und der Antiparallelschaltung zweier Gleichrichter. I_s kann, wenn U_{sl} die Schleusenspannung ist, keinen größeren Wert als $I_s = U_{sl}/R_s$ annehmen. Die Zeitkonstante T_n^* wird mit C_2 eingestellt. Einfacher wäre es T_2 mit R_2 zu verändern, damit wird aber V_2 im entgegengesetzten Sinn beeinflußt, so daß T_n^* nach Gl. (12.41) nahezu konstant bliebe.

Die Abb. 12.17a zeigt das Prinzipschaltbild des *PD*-Transduktors. Der differentielle Anteil wird durch eine verzögerte Rückführung R_2C_2 erzeugt. Die Rückführdurchflutung wirkt der Steuerdurchflutung entgegen und setzt dadurch die statische Verstärkung herab. Wird der Transduktor schnell ausgesteuert, so ist im ersten Augenblick die verzögerte Gegendurchflutung noch nicht vorhanden und der volle, nur durch den Steuerkreis bestimmte Verstärkungsfaktor, ist wirksam. Die Ausgangsspannung springt schnell auf einen hohen Wert und nimmt danach durch das Eingreifen der Rückführung mit der Zeitkonstante T_v^* wieder ab. Die Zeitkonstante T_2 wird mit dem Kondensator C_2, die Proportionalverstärkung mit dem Widerstand R_s im Steuerkreis eingestellt.

Hat der Transduktor ohne Rückführung den Verstärkungsfaktor V_1 und die Zeitkonstante T_1, so sind die Frequenzgänge von Verstärker und Rückführung

$$F_1(p) = \frac{V_1}{1 + p\,T_1} \tag{12.48}$$

$$F_2(p) = \frac{V_2}{1 + p\,T_2} \tag{12.49}$$

mit

$$V_1 = \frac{\Delta U_{apd}}{\Delta U_s}, \qquad V_2 = \frac{R_s N_2}{N_1 R_2}$$

und der Rückführkreisverstärkung $V_{pd} = V_1 V_2$. Der Frequenzgang des Transduktors mit Rückführung, dessen Blockschaltbild Abb. 12.17b zeigt, ist:

$$F(p) = \frac{F_1(p)}{1 + F_1(p) F_2(p)} = \frac{V_1(1 + pT_2)}{(1 + V_1 V_2) + (T_1 + T_2)\,p + T_1 T_2 p^2} \tag{12.50}$$

$$F(p) = \frac{V_1(1 + pT_2)}{T_1 T_2 (p - p_1)(p - p_2)}. \tag{12.51}$$

Die im Nenner stehende charakteristische Gleichung hat die Wurzeln

$$p_{1,2} = -\frac{T_1 + T_2}{2\,T_1 T_2}\left(1 \mp \sqrt{1 - \frac{4\,T_1 T_2 (1 + V_{pd})}{(T_1 + T_2)^2}}\right). \tag{12.52}$$

Je nachdem, ob die Wurzel reell oder imaginär ist, verläuft die Übergangsfunktion aperiodisch oder periodisch. Für den aperiodischen Fall gilt die Näherung

$$p_{1,2} = -\frac{T_1 + T_2}{2\,T_1 T_2}\left[1 \mp \left(1 - \frac{2\,T_1 T_2 (1 + V_{pd})}{(T_1 + T_2)^2}\right)\right]. \tag{12.53}$$

Es interessiert hier wieder besonders die große Zeitkonstante. Sie ergibt sich aus Gl. (12.53) zu

$$T_v^* = -\frac{1}{p_2} = \frac{T_1 + T_2}{1 + V_{pd}}. \tag{12.54}$$

Die kleine Zeitkonstante ist gleich

$$T_1^* = -\frac{1}{p_1} = \frac{1}{\dfrac{T_1 + T_2}{T_1 T_1} - \dfrac{1}{T_v^*}} \approx T_1 \frac{T_2}{T_1 + T_2}. \tag{12.55}$$

Die Übergangsfunktion ergibt sich nach der Transformation des Frequenzganges Gl. (12.51) zu

$$f(t) = \frac{V_1}{1 + V_{pd}} \left\{ 1 - \frac{T_1^* T_v^*}{T_1^* - T_v^*} \left[\left(\frac{1 + V_{pd}}{T_1} - \frac{1}{T_v^*} \right) e^{-\frac{t}{T_v^*}} - \right.\right.$$
$$\left.\left. - \left(\frac{1 + V_{pd}}{T_1} - \frac{1}{T_v^*} \right) e^{-\frac{t}{T_1^*}} \right] \right\} \tag{12.56}$$

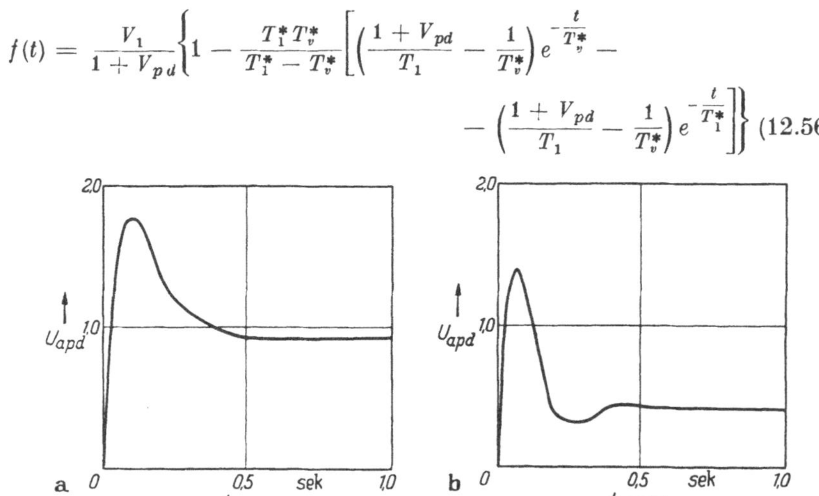

Abb. 12.18 a u. b. Stoßübergangsfunktion des PD-Transduktors für zwei Proportionalverstärkungen

Die Abb. 12.18 zeigt zwei Stoßübergangsfunktionen des PD-Transduktors. Der erste Anstieg erfolgt mit der Zeitkonstante T_1^*, während T_v^* den abnehmenden Ast der Kurve bestimmt. Die Übergangsfunktionen gelten für $T_1 = 0{,}05 s$ (Transduktorzeitkonstante) und $T_2 = 0{,}3 s$ (Rückführzeitkonstante). Beim Oszillogramm b wurde die Proportionalverstärkung gegenüber a auf 1/3 herabgesetzt und dadurch die Kreisverstärkung V_{pd} verdreifacht. Der Übergang erfolgt dann periodisch.

Bei Vernachlässigung der Transduktorzeitkonstante vereinfacht sich Gl. (12.56) zu

$$f(t) = \frac{V_1}{1 + V_{pd}} \left(1 + V_{pd}\, e^{-t/T_v^*}\right) \tag{12.57}$$

mit

$$T_v = \frac{T_2}{1 + V_{pd}}. \tag{12.58}$$

Das Zeitverhalten des PD-Transduktors wird durch die Eigenzeitkonstante stärker beeinflußt. Die Zeitkonstante macht nach Gl. (12.52) das periodische Einschwingen der Übergangsfunktion möglich. Der Proportionalsprung

$$F(\infty) = \frac{V_1}{1 + V_{pd}} \approx \frac{1}{V_2} = \frac{R_2 N_s}{N_2 R_2} \tag{12.59}$$

und die differentielle Spitze sind nicht voneinander unabhängig. Mit größerem Proportionalsprung nimmt auch T_1^* zu, so daß die erste Spitze mehr und mehr verschliffen wird. Eine Veränderung der Rückführzeitkonstante über C_2 beeinflußt dagegen nicht den Proportionalsprung.

Aus dem Frequenzgang läßt sich auch hier die Beeinflussung der Transduktorzeitkonstante durch die Rückführung abschätzen. Die Gl. (12.50) können wir in der Form schreiben:

$$F(p) = \frac{V_1(1 + pT_2)}{(1 + V_{pd}) + T_2 p} \, \frac{1}{1 + T_1 p \dfrac{1 + T_2 p}{(1 + V_{pd}) + T_2 p}} = F'(p)\, F_t(p) \tag{12.60}$$

$F'(p)$ ist wieder der Frequenzgang des verzögerungsfreien Transduktors mit Rückführung. Für das durch die Eigenzeitkonstante T_1 bedingte

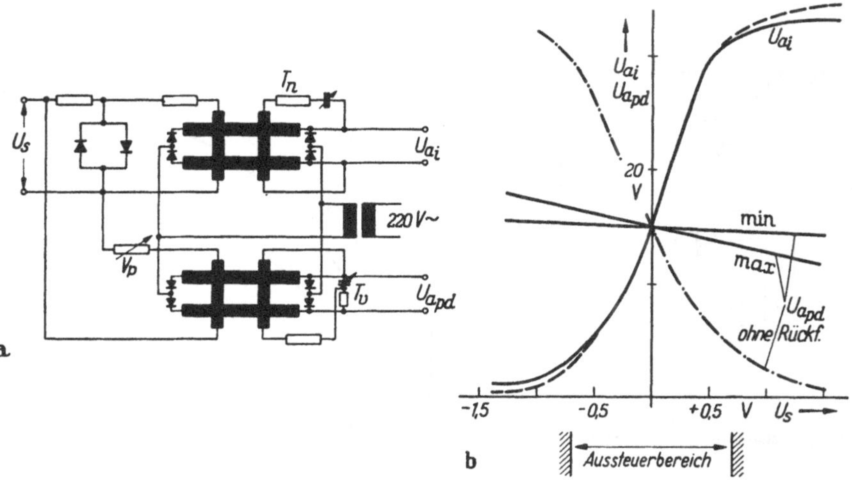

Abb. 12.19 a u. b. Schaltung (a) und statische Kennlinien (b) eines PID-Transduktor-Reglers

Zusatzglied gelten für die beiden Extremfälle ($t \to 0$, $p \to \infty$) und ($t \to \infty$, $p \to 0$) die Näherungen:

$$p \text{ groß} \quad F_t(p) = \frac{1}{1 + T_1 p} \tag{12.61}$$

$$p \text{ klein} \quad F_t(p) = \frac{1}{1 + \dfrac{T_1}{1 + V_{pd}} p}. \tag{12.62}$$

Im ersten Augenblick nach dem Schaltvorgang ist die volle Zeitkonstante T_1 wirksam. Nach dem Einsetzen des Rückführstromes wird sie auf $T_1/(1 + V_{pd})$ verkleinert.

Eine Begrenzung ist nicht notwendig, da infolge der im Vergleich zum I-Transduktor wesentlich kleineren Verstärkung eine volle Aussteuerung des PD-Transduktors während Ausgleichsvorgängen kaum erfolgt. Wirkt keine große Störung oder eine entsprechende Sollwertänderung auf den Regelkreis, so bleibt die Aussteuerung des PD-Transduktors nahezu konstant. Als Nennleistung des Reglers darf deshalb nur die des I-Verstärkers eingesetzt werden.

Die Schaltung des sich aus den beiden beschriebenen Transduktoren zusammensetzenden Reglers ist in Abb. 12.19 wiedergegeben. Die beiden Ausgangsspannungen U_{ai} und U_{apd} werden in dem nachgeschalteten Leistungsverstärker summiert.

In Abb. 12.19b ist die statische Kennlinie des Reglers aufgetragen. Die gestrichelten Äste der I-Kennlinie kennzeichnen den Verlauf bei

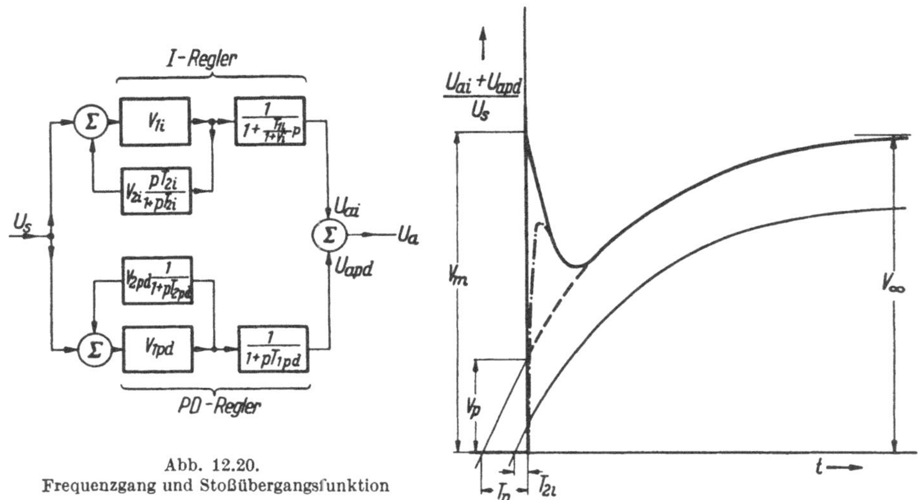

Abb. 12.20.
Frequenzgang und Stoßübergangsfunktion

fehlender Begrenzung. Es sind außerdem die Arbeitskennlinien des PD-Transduktors für kleinste Proportionalverstärkung $\left(K_p = \frac{V_{p\,\min}}{V_{p\,\max}} = K_{p\,\min}\right)$ und für die größte Proportionalverstärkung $(K_p = 1)$ eingetragen. Die strichpunktierte Kennlinie hat der PD-Transduktor unmittelbar nach der Steuerspannungsänderung, in der die verzögerte Rückführung noch nicht wirksam ist. Das vollständige Blockschaltbild mit den Frequenzgängen zeigt Abb. 12.20. Die rechten Blöcke berücksichtigen den Einfluß der Eigenträgheit der Transduktoren. Die eingetragenen Ausdrücke gelten nur für große p-Werte.

12.43 Übergangsfunktion des Reglers

In Abb. 12.20b ist die resultierende Übergangsfunktion wiedergegeben. Zur Charakterisierung der dynamischen Eigenschaften genügen folgende Angaben: Resultierende Proportionalverstärkung V_p, Anfangsverstärkung V_m, Endverstärkung V_∞, Resultierende Nachstellzeitkonstante T_n und Vorhaltezeitkonstante T_v. Die strichpunktierte Linie zeigt die Übergangsfunktion bei Berücksichtigung der Zeitkonstante des PD-Verstärkers.

Die Kenndaten des Reglers ohne Berücksichtigung der Eigenträgheit der Transduktoren lassen sich leicht angeben. Der hierdurch gemachte Fehler ist tragbar mit Ausnahme bei der Anfangsverstärkung V_m, da infolge der Zeitkonstanten T_{1pd} die verzögerte Rückführung eingreift, ehe der Transduktor voll ausgesteuert ist. Aus den Gln. (12.43) und (12.57) ergibt sich, wenn 1 gegen V_i und V_{pd} vernachlässigt wird:

$$V_p = \frac{1}{V_{2i}} + K_p \frac{1}{V_{2pd}} \tag{12.63}$$

$$V_\infty = V_{1i} + K_p \frac{1}{V_{2pd}} \tag{12.64}$$

$$V_m = \begin{matrix} > V_p \\ < \left(\frac{1}{V_{2i}} + K_p V_{1pd}\right) \end{matrix} \tag{12.65}$$

und die Zeitkonstanten

$$T_v = T_{2pd} \tag{12.66}$$

$$T_n = T_{2i}\left(1 + K_p \frac{V_{2i}}{V_{2pd}}\right).$$

Der untersuchte Regler hat folgende Daten:

$V_{1pd} = 15$; $V_{2pd} = 0{,}67$;
$T_{1pd} = 0{,}08s$;
$T_{2pd} = 0 \ldots 0{,}19s$;
$K_p = 0{,}1 \ldots 1{,}0$;
$V_{1i} = 22$; $V_{2i} = 3{,}3$;
$T_{1i} = 0{,}17s$;
$T_{2i} = 0{,}005 \ldots 0{,}17s$.

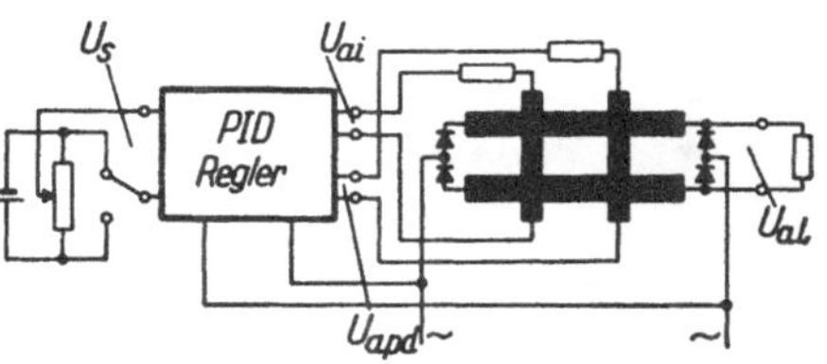

Abb. 12.21. Schaltung zur Aufnahme der Stoßübergangsfunktionen

Werden die obigen Zahlenwerte in die Gln. (12.63) bis (12.67) eingesetzt, so ergibt sich:

$V_p = 0{,}45 \ldots 1{,}8$ $\qquad T_v = 0 \ldots 0{,}19s$

$V_\infty = 22{,}2 \ldots 23{,}5$ $\qquad T_n = (1{,}5 \ldots 5{,}9)\,(0{,}005 \ldots 0{,}17)s$

$V_m = \begin{matrix} > V_p \\ < 1{,}8 \ldots 15{,}3 \end{matrix}$ $\qquad T_{n\max} = 1{,}00s$; $\quad T_{n\min} = 0{,}0075s$

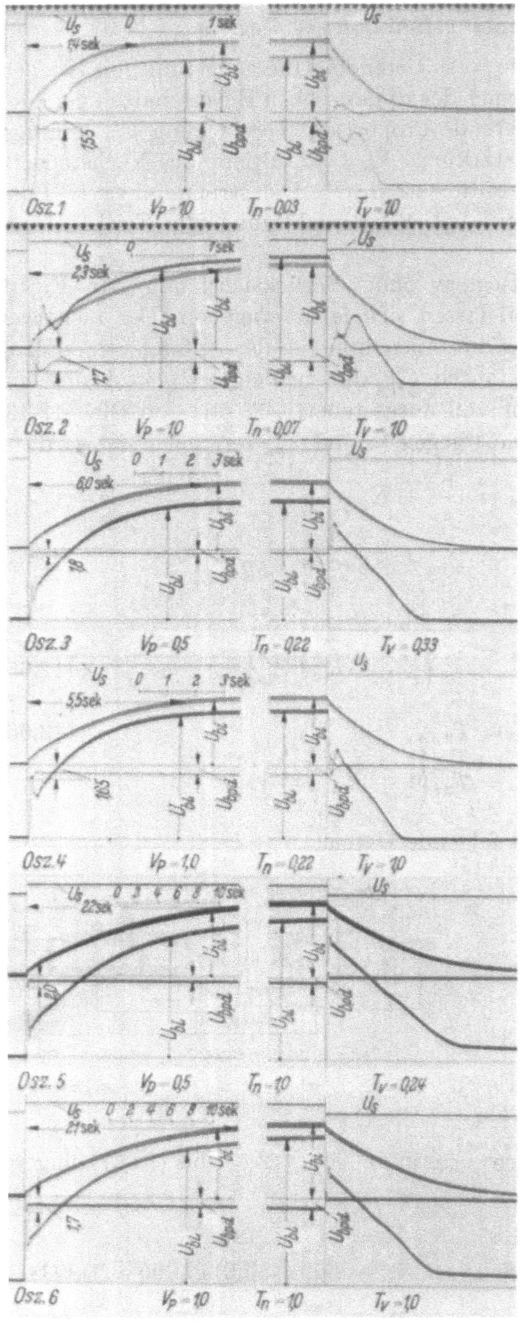

Eine Veränderung von V_p beeinflußt V_m, V_∞ und T_n, dagegen sind die Einstellungen von T_v und T_n rückwirkungsfrei.

Abschließend sollen einige Oszillogramme die Betriebseigenschaften des Reglers zeigen. In Abb. 12.21 ist die Meßanordnung angegeben. Die beiden Transduktoren des Reglers mit den Ausgangsspannungen U_{ai} und U_{apd} arbeiten auf zwei Steuerwicklungen des Endverstärkers, die entgegengesetzten Wickelsinn haben, so daß die beiden Regelverstärker im gleichen Sinne U_{a1} beeinflussen. Der Endverstärker wird über seinen Vorstrom soweit negativ vorgespannt, daß er bei negativer Aussteuerung des Reglers geschlossen ist.

Bei den in Abb. 12.22 zusammengestellten Oszillogrammen wurde die Steuerspannung plötzlich von Minus nach Plus und zurück umgepolt. Die den Oszillogrammen beigefügten Angaben für V_p, T_n und T_v sind

Abb. 12.22. Oszillogramme der Stoßübergangsfunktion des PID-Transduktor-Reglers

die an dem Vorwiderstand, bzw. den Rückführungen eingestellten Konstanten, bezogen auf die einstellbaren Größtwerte. Die drei Ausgangsspannungen wurden durch vor den Meßschleifen liegende Siebglieder geglättet. In die Oszillogramme sind die Übergangszeit des I-Verstärkers, d. i. die Zeit bis zum Erreichen von 95% des Endwertes ($\approx 3T_n^*$), und der Scheitelwert von U_{bpd} bezogen auf den Endwert, eingetragen. Die Oszillogramme wurden von oben nach unten mit steigender Nachstellzeit aufgenommen.

Bei der kleinsten Nachstellzeit (Osz. 1) machen sich noch die Verstärkerzeitkonstanten störend bemerkbar, während bei größeren Nach-

Abb. 12.23. PID-Transduktor-Regler mit einer Ausgangsleistung von 30 W (Werkaufnahme H. Still AG.)

stellzeiten die Rückführglieder, im wesentlichen das Zeitverhalten bestimmen. Der Differenziersprung erreicht nicht $U_{apd\,\max}$, sondern wird durch die Rückführung schon vorzeitig zurückgenommen.

Die Ausgangsspannung U_{aL} des Endverstärkers zeigt die typische Übergangsfunktion eines PID-Reglers. Die aus den Oszillogrammen 1 und 2 zu entnehmende Totzeit ist durch die negative Vorspannung des Endverstärkers bedingt und zeigt, daß die Aussteuerung des Leistungsverstärkers durch den PID-Regler möglichst auf den steilen Bereich der Arbeitskennlinie beschränkt werden soll. Der beschriebene Regler erlaubt eine vollständige Entkopplung des Proportional- und des

Integralteiles. Auf dem folgenden Leistungstransduktor werden allerdings zwei Steuerwicklungen benötigt.

Die Abb. 12.23 zeigt die Ansicht des Transduktor-Reglers. Die Drosseln sind paarweise in Kunstharz eingeschlossen. Sie werden durch die auf ihnen befestigten Silizium-Gleichrichter zu zwei Einphasen-Brückenschaltungen vervollständigt. Das Zeitverhalten kann vorn an drei Schaltern eingestellt werden. Der Regler setzt sich aus den in Abb. 12.24

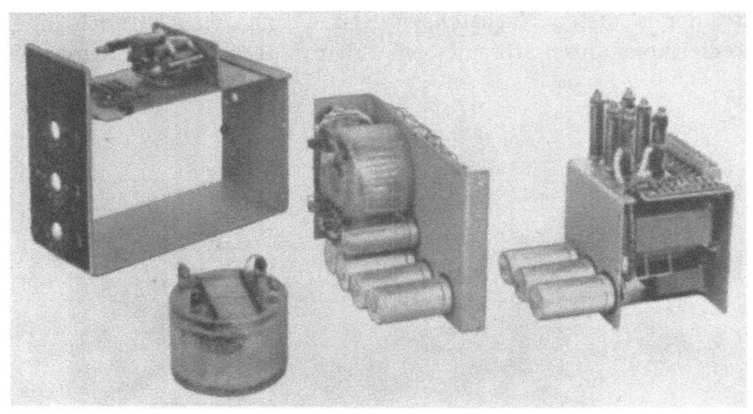

Abb. 12.24. Bauelemente des PID-Transduktor-Regler (Werkaufnahme H. Still AG.)

abgebildeten Baugruppen zusammen. Neben dem Gehäuse ist eine Baugruppe für die Zeitglieder einschließlich Schalter, an der auch die Drosseln befestigt sind, vorgesehen. Der rechts stehende Teil enthält den Speisetransformator und die Gleichspannungsversorgung für den Vorstrom.

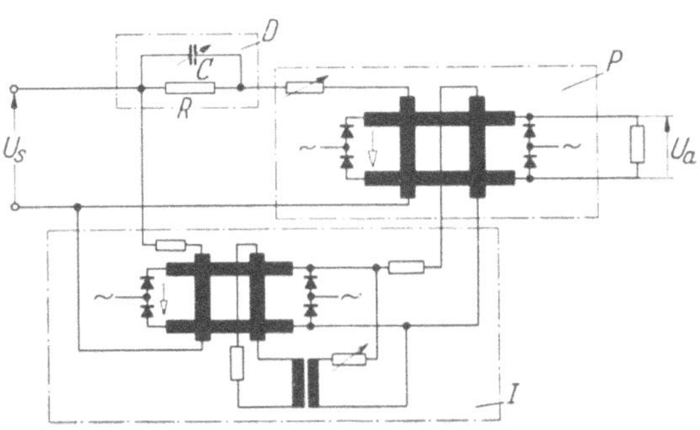

Abb. 12.25. PID-Transduktor-Regler mit Reihenschaltung der Teiltransduktoren nach SYRBE, LATZEL [148]

An Stelle der Parallelschaltung ist es auch möglich, die beiden Transduktoren hintereinander anzuordnen [*148*]. Die Abb. 12.25 zeigt eine ausgeführte Anordnung. Der Verbraucher liegt am Ausgang des P-Transduktors. Zwischen Steuerwicklung und Steuerspannung ist das Vorhalteglied geschaltet, dessen Kondensator bei schnellen Änderungen der Steuerspannung U_s den Vorwiderstand R überbrückt, so daß der P-Transduktor im ersten Augenblick übersteuert wird. Auf den P-Transduktor wirkt außerdem der I-Transduktor, der durch eine nachgebende Rückführung ein einstellbares Zeitverhalten besitzt. Im stationären Zustand sind somit beide Transduktoren in Reihe geschaltet und die Verstärkungsfaktoren beider Stufen multiplizieren sich.

12.5 Regelanlagen

Von den transduktorischen Regelgeräten wurden die beiden wichtigsten, das Stellglied und der Regler, besonders betrachtet. Ein Regelkreis kommt im allgemeinen nicht mit den beiden Elementen aus, sondern es kommen dazu Meß-, Begrenzungs- und Schalttransduktoren. Die meist stromsteuernden Meßtransduktoren werden benötigt, wenn die in den Regelkreis einzufügende Spannung oder der Strom in einem bestimmten Verhältnis zu transformieren sind. Unter Umständen dienen sie mit dem Übersetzungsverhältnis 1 : 1 nur zur Potentialtrennung.

Die Begrenzungs- und Schalttransduktoren sollen dagegen meist nur gewisse Teile der Regelkreise vor Überlastung oder der Zerstörung schützen. Bei dem mehrfach genannten Leonardantrieb, dessen Motor eine Arbeitsmaschine mit großem Trägheitsmoment antreibt, ist Motor und Generator bei einer schnellen Verstellung des Sollwertes gefährdet. Der durch die Regelung plötzlich veränderten Ankerspannung steht eine zunächst unveränderte Gegen-EMK gegenüber. Die Differenzspannung vergrößert den Ankerstrom unter Umständen weit über den Nennstrom hinaus. Der Überstrom bleibt bestehen bis der Motor hochgelaufen ist und damit seine Gegen-EMK ansteht. In diesem Falle muß ein Begrenzungstransduktor eingesetzt werden, der beim Überschreiten des zulässigen Ankerstromes dem Regler entgegenwirkt und den Anstieg der Generatorspannung entsprechend verlangsamt.

Im normalen Betrieb ist der Begrenzungstransduktor wirkungslos. Er tritt erst im Überlastungsfall in Erscheinung. Dann bildet er aber zusammen mit dem Regler und den zwischen beiden liegenden Gliedern einen Hilfsregelkreis, der auch die Stabilität des Hauptregelkreises beeinflußt. Für diesen Betriebsfall ist eine weitere Stabilitätsuntersuchung durchzuführen.

Der Schalttransduktor wird oft zur möglichst kurzzeitigen Abschaltung von die Anlagen gefährdenden Störungen benötigt. Er kann also ein Überwachungsrelais ersetzen. Gerade für diese Anwendung fallen infolge der geringen Schalthäufigkeit die Nachteile von Kontakten (Verschmutzung und Korrosion) besonders ins Gewicht, so daß der als kontaktloses Relais arbeitende Schalttransduktor eine echte Verbesserung darstellt.

Ein Regelkreis enthält somit eine Vielzahl von Bauelementen, deren Zuverlässigkeit die Betriebssicherheit der ganzen Anlage entscheidet.

Die Betriebssicherheit eines Bauelementes ist aber nicht nur eine Frage seiner Bemessung, sondern auch von der räumlichen Gestaltung der Regelanlage abhängig. Sicher ist die Forderung des Betriebsingenieurs nach geringstem Raumbedarf berechtigt, denn die zur Verfügung stehende Fertigungsfläche soll soweit als möglich für die Arbeitsmaschine zur Verfügung stehen. Doch ist es ein schwerwiegender Fehler anzunehmen, daß es für den Transduktor, weil er nur ruhende Elemente enthält, gleichgültig ist, wie er aufgebaut wird. Es sind vor allen Dingen folgende Gesichtspunkte bei dem Aufbau zu berücksichtigen:

a) Eigenerwärmung. Der Transduktor hat in den Drosseln, wie auch in den zugehörigen Schaltungselementen, Verluste, die als Wärme an die Luft abgegeben werden müssen. Die Anforderungen an die Betriebstemperatur sind nicht groß. Er ist gegen Kälte absolut unempfindlich und sein Temperaturbereich wird nach oben nur durch die Temperaturfestigkeit der Isolierstoffe begrenzt. Die Nullpunktkonstanz ist im Gegensatz zum elektronischen oder transistorischen Gleichspannungsverstärker praktisch temperaturunabhängig. Eine Übertemperatur wird sich deshalb nicht augenblicklich auf die Betriebseigenschaften der Anlage auswirken, sondern im wesentlichen die Lebensdauer herabsetzen. Werden mehrere Transduktoren übereinander angeordnet, so ist darauf zu achten, daß sie sich nicht gegenseitig aufheizen und dadurch an einigen Punkten Übertemperaturen auftreten. Haben die Transduktoren eine größere Leistung, so sollten Widerstände, in denen eine große Leistung umgesetzt wird (wie Arbeits- und Kompensationswiderstände), möglichst getrennt von den Drosseln und Gleichrichtern untergebracht werden.

b) Wartung. Wartungsfreie Regelanlagen gibt es nicht. Mit steigenden Anforderungen an die Regelgüte wird auch die Zahl der notwendigen Elemente größer und damit die Wahrscheinlichkeit des Ausfalles eines Gliedes. Die Wartung soll sich deshalb nicht darauf beschränken, in regelmäßigen Abständen zu prüfen, ob rein äußerlich eine verdächtige Veränderung eines Teiles erfolgt ist, ob die Kontakte bei den Schützen und Relais in Ordnung und die Schleifbahnen bei Potentiometern und Kollektorstellern sauber sind. Vielmehr muß auch die elektrische Funktion überprüft werden. Allerdings dürfen beim Wartungspersonal meist keine regelungstechnischen Kenntnisse vorausgesetzt werden. Die elektrische Überprüfung kann deshalb nur in Form von Routinemessungen vor sich gehen. Es genügt auch bereits in bestimmten Abständen an übersichtlich angebrachten Buchsen die Arbeitspunkte der einzelnen Transduktoren für bestimmte Betriebszustände (z. B. Leerlauf) nachzumessen und mit gegebenen Werten zu vergleichen. Ein Fehler macht sich fast immer in einer wesentlichen Auswanderung des

Arbeitspunktes bemerkbar, so daß der Ausfall eines Teiles so rechtzeitig festgestellt wird, daß kein großer Schaden entstehen kann.

c) *Austauschbarkeit.* Für den Störungsfall ist die Austauschbarkeit aller Teile von größter Bedeutung. Genauso selbstverständlich wie der Austausch eines beschädigten Schützes gegen ein neues jederzeit möglich ist, sollte auch der Austausch von Transduktoren möglich sein. Dazu müssen aber zwei Voraussetzungen erfüllt sein: Bei den Transduktoren darf es sich nicht um Sonderkonstruktionen handeln, sondern sie müssen Seriengeräte sein, die kurzfristig lieferbar sind. Der Aufbau muß so gewählt werden, daß ein Transduktor oder eine Transduktoranordnung leicht aus der Anlage herausgenommen und durch einen anderen ersetzt werden kann. Dabei ist es nur sinnvoll, solche Teile räumlich zu einer Einheit zusammenzufassen, die funktionsmäßig zusammengehören, wobei das Gewicht der

Abb. 12.26. Drosselsatz eines 230 kW-Leistungstransduktors (Werkaufnahme H. Still AG.)

Abb. 12.27. Transduktor in Drehstrombrücke für 7 kW (Werkaufnahme H. Still AG.)

Teile zu berücksichtigen ist. Es erscheint deshalb nicht zweckmäßig, einen 80 kW-Transduktor zu einem Baustein zusammenzubauen, der wegen seiner Größe und seines Gewichtes ein ernstes Transportproblem darstellen würde. Er wird besser auf drei Bausteine aufgeteilt: Drosseln, Gleichrichter, Zubehör. Die Abb. 12.26 zeigt den Drosselsatz eines 230 kW-Transduktors. Die sechs Drosseln einer Drehstrombrücke sind auf zwei Grundrahmen aufgebaut, die mit Rollen versehen in die Schaltanlage eingeschoben werden. Die Einheit ist vollkommen verdrahtet und braucht nur angeschlossen zu werden.

Abb. 12.28. Einschub mit einphasigem Transduktor für 1 kW (Werkaufnahme H. Still AG.)

Bei kleineren Transduktorleistungen ist es möglich, den ganzen Transduktor auf einer Grundplatte anzuordnen, wie es Abb. 12.27 zeigt. Die Nennleistung beträgt 7 kW. Der Zusammenbau auf so engem Raum ist nur mit Siliziumgleichrichtern möglich, die trotz ihrer Kleinheit gegenüber den Drosseln weit überbemessen sind. Auf der Grundplatte ist auch das Kompensationsglied und ein Widerstand für die Gegenkopplung aufgebaut.

Abb. 12.29. Einschub mit Transduktorregler und Leistungstransduktor (Werkaufnahme H. Still AG.)

Die meisten Stelltransduktoren haben eine wesentlich kleinere Leistung und werden deshalb einphasig ausgeführt. Dann ist der Übergang zur Einschubbauweise möglich. Die Abb. 12.28 zeigt einen einphasigen Transduktor für 1 kW, der auf einem Einschub untergebracht ist. Der Einschub wird in einen Schrank eingesetzt und über die an der Rückseite sichtbaren Steckkontakte mit der übrigen Anlage verbunden. An der Frontplatte sind eine Signallampe und Steckanschlüsse zum Messen der Ausgangsspannung angeordnet. Für den Einschub sind die Drosseln schon verhältnismäßig groß. Deshalb müssen die zugehörigen Widerstände an anderer Stelle angeordnet werden.

Abb. 12.30. Schrank mit sieben Transduktoreinschüben (Werkaufnahme H. Still AG.)

Bei noch kleinerer Leistung des Stelltransduktors ist es möglich, Stelltransduktor und Regler auf einen Einschub zu setzen. In Abb. 12.29 wird ein derartiger Einschub wiedergegeben. Die Frontplatte ist vor dem Transduktorregler durchbrochen und erlaubt bei eingesetztem Einschub eine Einstellung der dynamischen Kenndaten des Reglers. Der Einschub hat neben dem Vorteil der leichten Auswechselbarkeit den Vorzug, daß er einen sehr gedrängten Aufbau der Regeleinrichtung erlaubt. Das ist vor allen Dingen bei Anlagen mit mehreren Regelkreisen wichtig. Die Abb. 12.30 zeigt als Beispiel den Schrank für einen Antrieb, bei dem 7 Motoren im Feld auf konstante Drehzahl geregelt werden. Jedem Regelkreis ist ein Einschub zugeordnet. Die Einschübe sind untereinander austauschbar, so daß eine einfache Reservehaltung möglich ist.

13. Stellantriebe

Elektrische Antriebe dienen zur Umwandlung von elektrischen Größen in mechanische Größen. Dabei steht fast immer der Energietransport im Vordergrund. Neben diesen Leistungsantrieben gibt es Antriebe, deren Wirkungsgrad eine untergeordnete Rolle spielt. Es sind

Stellantriebe, die in Abhängigkeit von einer elektrischen Größe einen Spannungsteiler, einen Kollektorsteller oder ein Maschinenteil drehen bzw. verschieben. Die benötigte Leistung ist oft klein. Hohe Anforderungen werden dagegen an die Schnelligkeit und die Genauigkeit, mit der die elektrische Größe als Winkel oder Strecke abgebildet wird, gestellt. Das Vorzeichen der elektrischen Steuergröße ist meist zu berücksichtigen.

13.1 Stellmotoren

Die hier betrachteten Stellantriebe bestehen aus einem Verstärker und dem Stellmotor. Der Verstärker soll ein Transduktor sein. Zur Berücksichtigung des Vorzeichens der Steuergröße ist ein Gegentakttransduktor vorzusehen. Es werden nur kontinuierliche Stellantriebe, also keine Lösungen mit Hubmagneten oder Schrittschaltwerken betrachtet. In Abb. 13.01 sind die wichtigsten Stellmotoren angegeben. Das günstigste Drehzahlverhalten besitzt der in a gezeigte konstant erregte Gleichstrommotor. Wie man aus dem Diagramm $n = f(U_a)$ ersehen kann, ist die Drehzahl n proportional der Ankerspannung U_a. Die gestrichelte Gerade gilt für Leerlauf, die voll ausgezogene für Belastung. Durch eine Gegenreihenschlußwicklung läßt sich die Belastungskennlinie noch besser der Leerlaufkennlinie angleichen. Die Drehzahl ist dann nahezu lastunabhängig. Die Drehrichtungsumkehr wird durch Umpolung der Ankerspannung erreicht. Das Gegenreihenschlußfeld kann nicht die temperaturabhängige Drehzahländerung kompensieren. Der Temperatureinfluß des Feldstromes muß deshalb durch einen großen Vorwiderstand herabgesetzt werden.

Die Drehzahl des Gleichstrommotors läßt sich bekanntlich nicht nur über die Ankerspannung, sondern auch über den Feldstrom I_e einstellen. Der Anker liegt dann an einer konstanten Spannung. Die Abb. 13.01 b zeigt das Drehzahlverhalten. Der Stellbereich des Erregerstromes wird nach oben (I_{em}) durch die Erwärmung der Feldwicklung und nach unten ($I_{e\,\min}$) durch die höchste zulässige Drehzahl des Motors begrenzt. Unter diesen Grenzwert darf der Erregerstrom nicht absinken, da sonst der Motor Überdrehzahlen annimmt. Die Drehzahlkennlinie hat hyperbolische Form. Über den Erregerstrom kann die Drehzahl nur in einem begrenzten Bereich, der im allgemeinen bei 1:3 bis 1:5 liegt, geändert werden. Der Motor läßt sich nur durch das Öffnen des Ankerkreises stillsetzen. Eine stetige Drehzahlumkehr ist nicht möglich.

Neben den Gleichstrommotoren bietet sich auch der Drehstrom-Asynchronmotor infolge seiner Billigkeit und Einfachheit als Stellmotor an. Die Stellgröße ist die Ankerspannung. In Abb. 13.01 c wird die

Spannung mit einem Stelltransformator verändert. Befindet sich der Motor im Leerlauf, so ist, wie man aus dem Drehzahl-Drehmomentdiagramm ersehen kann, keine Drehzahlregelung möglich. Bei Vernachlässigung der Eigenverluste behält der Motor, unabhängig von der angelegten Spannung, die synchrone Drehzahl n_0. Erst bei Belastung des Motors beeinflußt die Ankerspannung merklich die Drehzahl. Mit kleiner werdender Ankerspannung nimmt der Schlupf zu und die Drehzahl geht herunter. Allerdings läßt sich mit dem Stelltransformator keine kleinere Drehzahl, als die, die dem Kippschlupf entspricht (n_k), erreichen. Auf dem unteren Teil der Kennlinien ist wegen ihrer positiven Steigung kein stabiler Betrieb möglich. Erst durch Verwendung eines Transduktors läßt sich beim Asynchronmotor im geschlossenen Regelkreis auch der Drehzahlbereich unterhalb n_k ausnutzen.

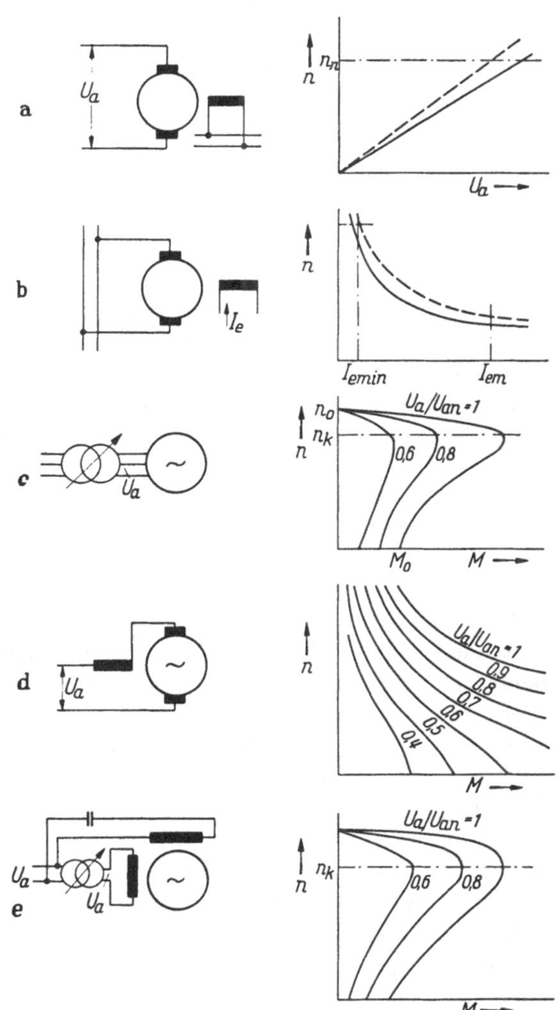

Abb. 13.01 a – e. Stellmotore und ihre Drehzahlkennlinien

Steht Drehstrom nicht zur Verfügung, so läßt sich der in Abbildung 13.01 d gezeigte Einphasenkollektormotor einsetzen. Er darf allerdings, wie aus dem Drehzahl-Drehmomentdiagramm zu ersehen ist, nie vollständig entlastet werden, da er sonst eine Überdrehzahl annimmt. Infolge seiner Reihenschlußerregung hängt die Drehzahl stark vom Drehmoment ab. Das Drehzahlverhalten läßt sich erst angeben, wenn die Abhängigkeit des Momentes von der Drehzahl vorliegt.

Als letzten zeigt Abb. 13.01e den Einphasen-Asynchronmotor. Er besitzt einen Kurzschlußläufer und zwei um 90° elektrisch versetzte Ständerwicklungen, von denen die eine direkt an die Speisespannung U_a und die andere unter Zwischenschaltung eines Kondensators C angeschlossen ist. Zur Steuerung des Motors wird nur die Spannung des Hauptfeldes verändert. Das Drehzahl-Drehmomentdiagramm ähnelt dem des Dreiphasen-Asynchronmotors; nur das Anlaufmoment nimmt, gekennzeichnet durch die Schnittpunkte der Kennlinien mit der Abszisse, mit der Speisespannung stärker ab.

13.2 Gleichstromantriebe

Die grundsätzlichen Probleme bei der Speisung eines fremderregten Gleichstrommotors durch einen Transduktor wurden bereits in Abschn. 6 (S. 155ff.) behandelt. Der Stellantrieb muß meist in beiden Drehrichtungen laufen können. Es sind deshalb, wie Abb. 13.02 zeigt, Gegentakttransduktoren vorzusehen. Wie betrachten zunächst Abb. 13.02a. Die Ausgangsspannungen von TD 1 und TD 2 sind gegeneinander geschaltet. Ohne die Parallelwiderstände R_{p1} und R_{p2} würden sich die Transduktoren gegenseitig sperren. Es wurde in Abschnitt 10 gezeigt, daß bei optimaler Bemessung der Parallelwiderstände jeder Transduktor die 5,8fache Motor-Typenleistung hat.

Von den drei Steuerwicklungen führt die mittlere den Vorstrom. Er ist so eingestellt, daß, wie aus Diagramm b zu ersehen, für Steuerstrom 0 beide Transduktoren voll geschlossen sind. An sich genügt es, die Gegentaktanordnung über die untere Steuerwicklung auszusteuern, wobei je nach dem Vorzeichen des Steuerstromes, immer nur der eine oder der andere Transduktor öffnet. Infolge des Innenwiderstandes der Transduktoren, zeigt sich die eingestellte Drehzahl jedoch lastabhängig. Es ist deshalb günstiger, nicht zu steuern, sondern die Ankerspannung U_a zu regeln. Die Ankerspannung wird mit dem Glied C_g, R_g geglättet und liegt über dem Widerstand R_i und L_i an der oberen Steuerwicklung. Dieser Istwertdurchflutung wirkt die Sollwertdurchflutung entgegen. Ihre Einstellung erfolgt am Sollwertgeber SG. Gegenüber dem gesteuerten Betrieb wird jetzt eine höhere Steuerdurchflutung benötigt, aber gleichzeitig die Lastabhängigkeit der Drehzahl wesentlich herabgesetzt. In dem Soll- und dem Istwertsteuerkreis sind je eine Induktivität L_i bzw. L_s angeordnet, die beide Kreise für Wechselstrom sperren. Werden sie nicht vorgesehen, so öffnen die in die Steuerkreise induzierten Wechselspannungen den gesperrten Transduktor, so daß sich der im Diagramm b gestrichelt gezeichnete Verlauf ergibt.

Einen besseren Wirkungsgrad ergibt die in Abb. 10.08 gezeigte Halbwellenschaltung. Für einen Gleichstrommotor ist nur die große

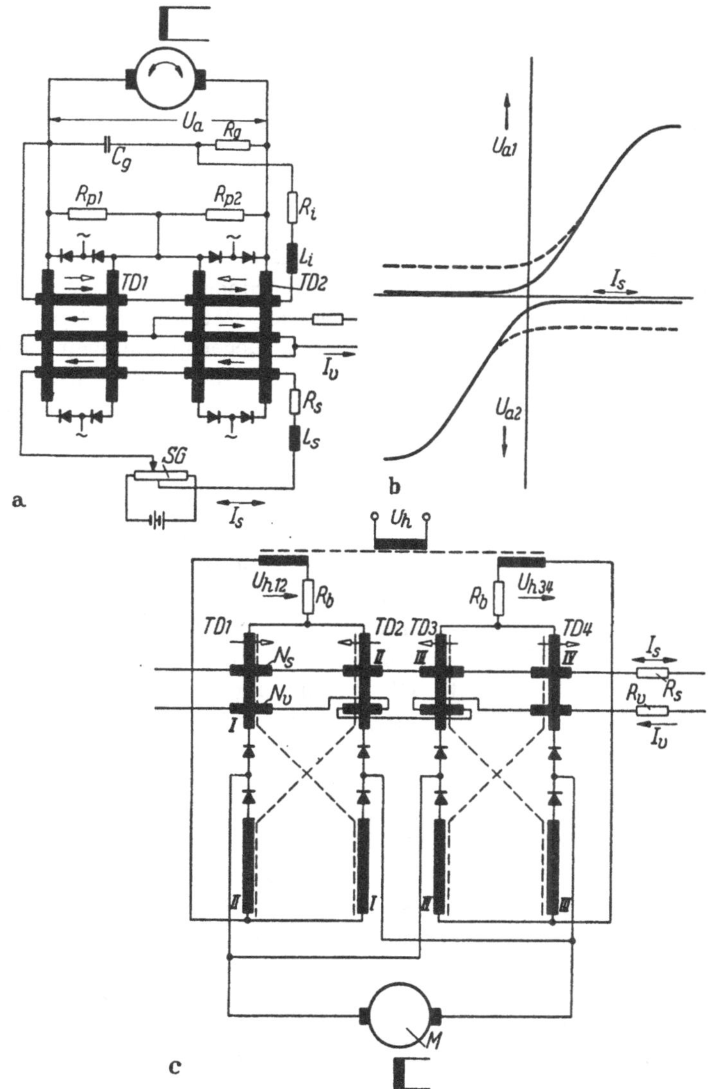

Abb. 13.02 a – c. Gleichstrommotor mit Ankerspeisung durch Gegentakttransduktor
a) Gegeneinanderschaltung zweier Einphasenbrückenschaltungen, b) Halbwellenschaltung mit Ausnutzung beider Spannungshalbwellen

Welligkeit der Ausgangsspannung nachteilig. Beide Halbwellen der Speisespannung werden ausgenutzt, wenn, wie in Abb. 13,02c gezeigt, zwei Halbwellenschaltungen, die in verschiedenen Halbwellen Strom führen, parallel auf den Gleichstrommotor arbeiten. Die Steuerdurchflutungen sind so gerichtet, daß je nach Vorzeichen des Steuerstromes entweder die Drosseln I und IV oder die Drosseln II und III zeitweise gesättigt werden.

Bemerkenswert ist das Verhalten der Halbwellenschaltung beim Abbremsen des Motors. In diesem Fall ist die Gegen-EMK des Motors größer als die treibende Spannung des geöffneten Teiltransduktors. Die EMK öffnet nun die gesperrten Gleichrichter des Transduktors der Gegenrichtung. An dem Anker liegt dann eine Gegenspannung, die den Motor auf die vorgegebene Drehzahl abbremst.

Wie bereits in Abb. 10.08 gezeigt, muß bei der Halbwellenschaltung vor den Drosseln ein Widerstand R_b angeordnet werden, der möglichst genau der Größe und dem Charakter der Belastung entspricht. Bei Motorbelastung müssen deshalb bei R_b Gegenspannungen eingefügt werden, da sonst während der Zeit, in der der Augenblickswert der welligen Ausgangsspannung des steuernden Transduktors kleiner als die Gegen-EMK des Motors ist, der Transduktor der Gegenrichtung geöffnet wird [167]. Der Gesamtwirkungsgrad der Transduktoranordnung liegt gegenüber einem theoretischen Wert von 50% praktisch bei 30% und ist damit wesentlich höher als bei der Anordnung nach Abb. 13.02a.

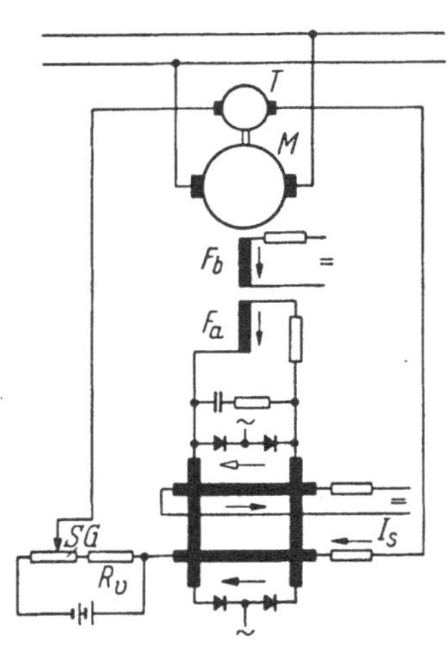

Abb. 13.03. Gleichstrommotor mit Feldregelung

Ein im Feld geregelter Gleichstrommotor wird, wie Abb. 13.03 zeigt, am besten mit zwei Feldwicklungen versehen, von denen die eine F_b an einer konstanten Gleichspannung liegt und die Minimalerregung sicherstellt, während der Transduktor das Hauptfeld F_a speist. Im vorliegenden Fall wird die Drehzahl über eine Tachometermaschine T geregelt. Der Motor kann eine Mindestdrehzahl nicht unterschreiten, deshalb darf die an dem Sollwertgeber SG abgegriffene Gleichspannung nur in einem beschränkten Bereich einstellbar sein. Infolge der hyperbolischen Drehzahlkennlinie ist die Regelgenauigkeit bei Feldschwächung größer als bei vollem Feld.

Die Feldregelung des Gleichstrommotors hat nur ein beschränktes Anwendungsgebiet. Andererseits erweisen sich die in Abb. 13.02a gezeigten Gegentaktschaltungen für die Ankerregelung eines Gleichstrommotors, wegen der notwendigen Überdimensionierung der Transduktoren, als aufwendig. Eine Gegentaktschaltung wird nicht benötigt, wenn der

Stellmotor, wie in Abb. 13.04a gezeigt, unter Zwischenschaltung eines Differentialgetriebes den Verbraucher antreibt. Das Differentialgetriebe G hat zwei eintreibende Wellen, die mit den Drehzahlen n_1 und n_2 laufen. Die Drehzahl der austreibenden Welle n_a ist dann gleich der Differenz dieser beiden Drehzahlen. Die Drehzahl $n_2 = n_{1n}/2$ bleibt konstant, da diese Welle durch einen Asynchronmotor angetrieben wird. Dann ergibt sich für $n_1 = 0$ die Ausgangsdrehzahl $n_a = -n_{1n}/2$ und für $n_1 = n_{1n}$ die Ausgangsdrehzahl $n_a = +n_1/2$. Mit dem Drehzahlbereich des Motors M läßt sich somit der positive und der negative Drehzahlbereich der austreibenden Welle überstreichen.

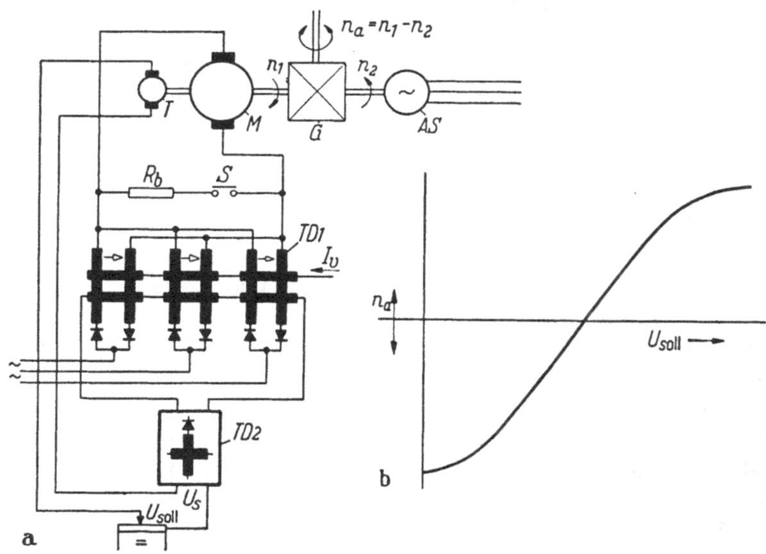

Abb. 13.04a u. b. Gleichstromantrieb mit Differentialgetriebe

Da sich die Drehzahl des Asynchronmotors nur geringfügig ändert, kann die Drehzahl n_a durch die am Gleichstrommotor angebrachte Tachometermaschine T überwacht werden. In Abb. 13.04a wird ein zweistufiger Transduktor mit einer dreiphasigen Endstufe und einer einphasigen Vorstufe vorgesehen. Ist das Differentialgetriebe nicht selbsthemmend, so besteht die Möglichkeit, daß der Motor M unter dem Einfluß der Belastung auf eine höhere Drehzahl als dem Sollwert entspricht, hochläuft. Es wird dann ein Bremswiderstand R_b benötigt, den das Schütz S bei einer positiven Sollwertabweichung (Tachospannung größer als Sollspannung) an die Ankerspannung legt. Das Diagramm b zeigt die Arbeitskennlinie des Antriebes.

Der Asynchronmotor läßt sich durch einen zweiten Gleichstrommotor ersetzen, den eine weitere Transduktoranordnung speist. Das Prinzipschaltbild zeigt die Abb. 13.05. Jeder Motor hat eine eigene Tachometermaschine. Der Meßkreis ist so geschaltet, daß die Spannung U_{s0} beide Motoren auf halbe Nenndrehzahl regelt. Dann steht die austreibende Welle. Zur Einstellung der Drehzahl n_a dient der Sollwertgeber SG. Er gibt an die Widerstände R_1 und R_2 zwei Zusatzspannungen, die so gerichtet sind, daß der Drehzahlsollwert des einen Motors erniedrigt und der Drehzahlsollwert des anderen Motors vergrößert wird. Die Zuordnung läßt sich durch Umpolen der Sollspannung vertauschen, die Drehzahl n_a hat das gleiche Vorzeichen wie die Sollspannung.

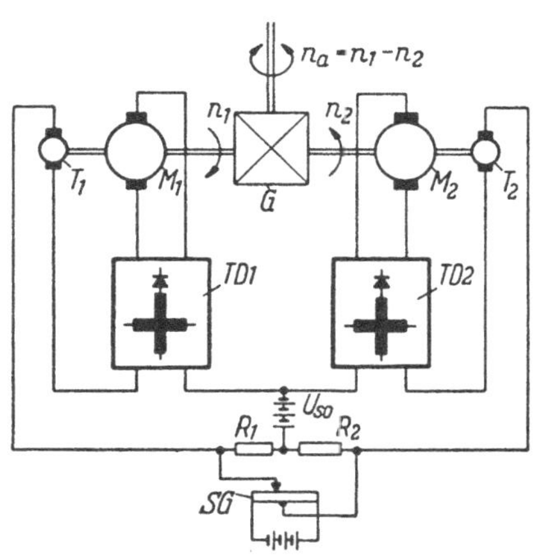

Abb. 13.05. Stellantrieb mit zwei Gleichstrommotoren und Differentialgetriebe

13.3 Wechselstromantriebe

Die gezeigten Gleichstrom-Stellantriebe sind mit einer Spannungs- bzw. Drehzahlregelung versehen. Diese Regelung ist für den Antrieb nicht unbedingt notwendig. Sie verbessert nur die Betriebseigenschaften. Der folgende Antrieb dagegen kann nur mit geschlossenem Drehzahlregelkreis gefahren werden. Die Abb. 13.06 zeigt den Stellantrieb mit einem Drehstrom-Asynchronmotor [*149*]. Der Motor liegt, wie aus dem Schaltbild a zu ersehen ist, mit dem Anschluß *V* direkt an der Phase *S*, während die Anschlüsse *U* und *W* über je zwei Transduktoren in Verdopplerschaltung mit den Phasen *R* und *S* des Dreiphasensystems verbunden sind. Von den vier Transduktoren werden je nach Vorzeichen der Steuerspannung entweder *TD 1* und *TD 3* oder *TD 2* und *TD 4* ausgesteuert, während die beiden anderen Transduktoren gesperrt bleiben. Ändert der Steuerstrom I_s sein Vorzeichen, so vertauscht sich an den Motoranschlüssen die Phasenfolge und der Motor kehrt seine Drehrichtung um. Die Zuordnung der Transduktorkennlinie ist aus Diagramm b zu ersehen.

Die Abb. 13.06c zeigt noch einmal das Drehzahl-Drehmomentdiagramm des Motors. Strichpunktiert ist die Drehmoment-Drehzahlkennlinie des Verbrauchers eingetragen. Sie gibt das vom Verbraucher bei einer bestimmten Drehzahl benötigte Drehmoment an. Die Kennlinie geht wegen des zum Anfahren notwendigen Losbrechmomentes nicht durch null.

Die Ankerspannung wird, wie a zeigt, durch die der Drehrichtung zugeordneten Transduktoren eingestellt. Der Motor hat bei Teilaussteuerung kein symmetrisches Drehfeld, da eine Phase an der vollen Spannung liegt.[1] Bei der angenommenen Belastung läßt sich durch vollständige Sättigung der Transduktoren der Arbeitspunkt A_1 erreichen. Wird die an zwei Phasen liegende Spannung auf $U_a/U_{an} = 0{,}8$ verkleinert, so geht die Drehzahl auf den A_2 entsprechenden Wert zurück. Bei einer weiteren Verkleinerung der Spannung auf $U_a/U_{an} = 0{,}6$ wandert der Arbeitspunkt nach A_3. Auch hier bleibt der Betriebszustand für die angenommene Belastung gerade noch stabil, obgleich die Motor- und die Belastungskennlinie einen spitzen Winkel einschließen. Allerdings ist in diesem Punkt der Antrieb nicht überlastbar. Eine geringe zusätzliche Belastung, die eine Rechtsverschiebung der Belastungskennlinie bedingt, würde das abverlangte Drehmoment über das vom Motor gelieferte Drehmoment vergrößern und den Motor stillsetzen.

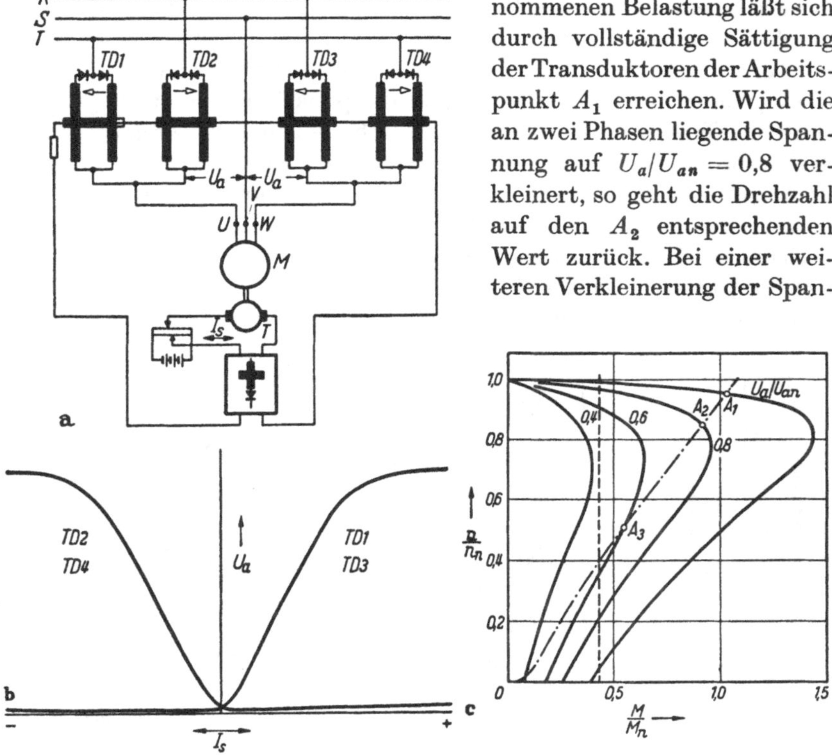

Abb. 13.06 a – c. Geregelter dreiphasiger Asynchronmotor

[1] Ein symmetrisches System ergibt sich, wenn in die Zuleitung zur Phase S ein fünfter Transduktor gelegt wird, dessen Steuerstrom unabhängig von der Drehrichtung ist.

In diesem Arbeitspunkt werden erst durch den Drehzahl-Regelkreis stabile Betriebsbedingungen geschaffen. Er hält, unabhängig von der Belastung, die Drehzahl konstant. Der Regler sorgt dafür, daß bei einem steigenden Belastungsmoment durch Vergrößerung der Spannung, das Motormoment im gleichen Verhältnis zunimmt, bzw. bei einer Entlastung durch Verkleinerung der Spannung das Motormoment kleiner wird. Schwerere Betriebsbedingungen findet der Antrieb vor, wenn das Belastungsmoment, wie in Abb. 13.06e die punktierte Gerade zeigt, konstant ist. Ohne Drehzahlregelung läßt sich die Drehzahl durch Steuerung der Transduktoren nur bis auf ca. 90% der Nenndrehzahl verkleinern, da sonst die Kippdrehzahl unterschritten wird. Für kleinere Drehzahlen ist zwischen Belastungs- und Motorkennlinie kein stabiler Schnittpunkt vorhanden. Mit geschlossenem Drehzahlregelkreis dagegen läßt sich der Antrieb über den ganzen Regelbereich fahren. Die Regelung hält den Motor im stabilen Gleichgewicht, in dem bei einer Verkleinerung der

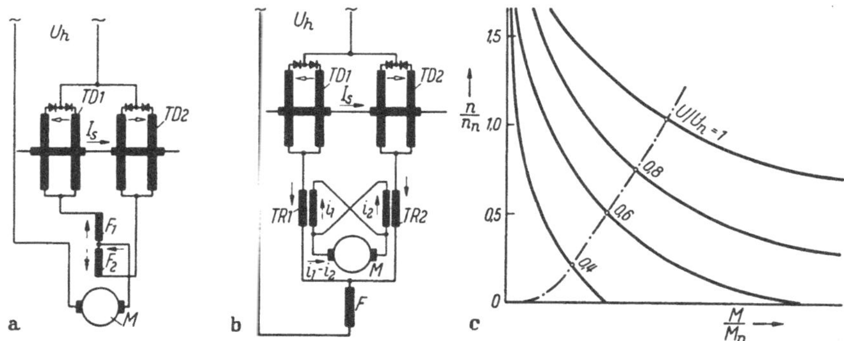

Abb. 13.07a–c. Über Gegentakt-Transduktoren gespeister Wechselstrom-Reihenschlußmotor nach SCHMIDT [154]

Drehzahl unter ihren Sollwert sofort die Ankerspannung erhöht, bei einer Vergrößerung der Drehzahl die Ankerspannung erniedrigt wird.

Der Wirkungsgrad des Antriebes ist in der Nähe der Nenndrehzahl am günstigsten, während er mit abnehmender Drehzahl sehr heruntergeht. Hier wirken sich vor allen Dingen die durch den großen Schlupf verursachten erheblichen Läuferverluste aus. Der beschriebene Antrieb eignet sich wegen des kleinen Trägheitsmomentes des Asynchronmotors und der kleinen Zeitkonstante der verwendeten Transduktoren vor allen Dingen für Stellantriebe, die besonders schnell und genau einen elektrischen Regelbefehl in die gewünschte mechanische Größe umformen sollen und bei denen die relative Einschaltdauer kurz ist, so daß der schlechte Wirkungsgrad bei Teildrehzahl nicht ins Gewicht fällt.

Während der dreiphasige durch Transduktoren geregelte Asynchronmotor vor allen Dingen für größere Verstell-Leistungen Anwendung findet, eignet sich für kleine und kleinste Antriebe der in Abb. 13.07 wiedergegebene Wechselstrom-Reihenschlußmotor [*154*]. In a ist eine Schaltung gezeigt, bei der der Motor zwei Feldwicklungen besitzt, die von den Ausgangsströmen zweier Transduktoren durchflossen werden. Die beiden Durchflutungen sind gegeneinander gerichtet. Die Drehrichtung bestimmt somit der Transduktor, dessen Erregerdurchflutung überwiegt. Die Arbeitspunkte werden über den Vorstrom so eingestellt, daß der Steuerstrom immer nur einen Transduktor öffnet.

Eine etwas andere Schaltung zeigt Abb. 13.07b. Hier hat der Motor nur eine Feldwicklung, die von der Summe der Ausgangsströme durchflossen wird. In jeder Zuleitung liegt ein Transformator. Die Sekundärwicklung der beiden Transformatoren, an denen auch der Anker des Motors angeschlossen ist, sind hintereinandergeschaltet. Über den Anker fließt die Differenz beider Ströme. Diese Schaltung erfordert zwei zusätzliche Transformatoren, hat aber den Vorteil, daß nur eine Feldwicklung benötigt wird und der Anker des Motors für eine andere Spannung als die Transduktoren bemessen sein kann.

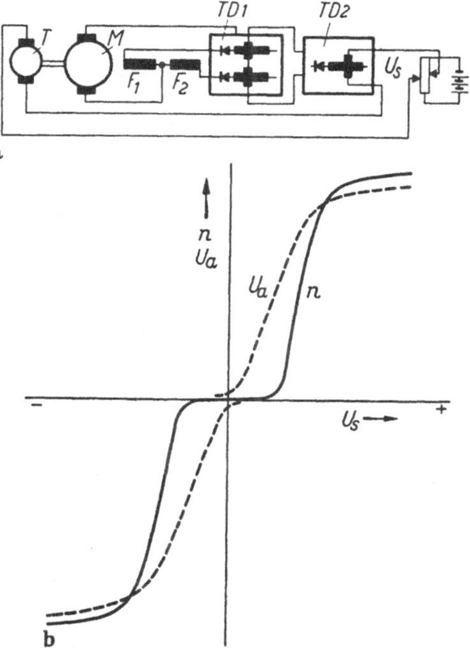

Abb. 13.08 a u. b. Wechselstrom-Reihenschlußmotor mit Drehzahlregelung

Im Diagramm Abbildung 13.07c ist die Drehmoment-Drehzahlkennlinie für verschiedene Spannungen aufgetragen und eine angenommene Belastungskennlinie eingezeichnet. Die Schnittpunkte zeigen, daß der Antrieb für alle Drehzahlen stabil bleibt und von vornherein keiner Stabilisierung durch einen Regelkreis bedarf. Trotzdem wird es in vielen Fällen zweckmäßig sein, den Antrieb durch eine Drehzahlregelung zu ergänzen. Gerade bei Kleinantrieben ist mit einer von der Temperatur und der Verschmutzung abhängigen Veränderung des Belastungsmomentes zu rechnen, so daß die zu einem bestimmten Steuerstrom gehörige Drehzahl stark schwankt.

Die Abb. 13.08a zeigt einen von einem zweistufigen Transduktor gespeisten Wechselstrom-Reihenschlußmotor mit zusätzlicher Drehzahlregelung. Jeder Drehrichtung ist ein Endtransduktor zugeordnet. Beide werden gemeinsam von einem Vortransduktor ausgesteuert. Im Diagramm Abb. 13.08b sind gestrichelt die Kennlinien der Transduktoranordnung wiedergegeben. Die vollausgezogene Kurve zeigt die zugehörige Drehzahl. Im vorliegenden Fall beginnt sich der Motor, infolge des großen Losbrechmomentes, erst bei halber Ausgangsspannung des Endtransduktors zu drehen. Der eigentliche Aussteuerbereich beschränkt sich auf die obere Hälfte der Transduktorkennlinie. Ohne Zusatzregelung ist ein großer Unempfindlichkeitsbereich vorhanden. In dem restlichen Bereich läßt sich die Drehzahl wegen der steilen Drehzahlkennlinie nur schlecht einstellen. Diese Ungleichmäßigkeit gleicht die Drehzahlregelung

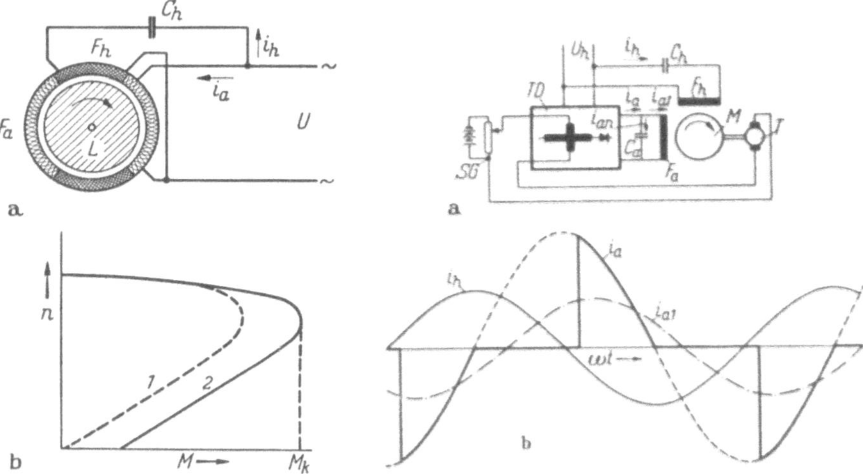

Abb. 13.09a u. b. Einphasen-Induktionsmotor mit Hilfsphase

Abb. 13.10a u. b. Einphasen-Induktionsmotor mit Drehzahlregelung über Transduktor

aus, indem der Transduktor schon beim Anfahren bis auf halbe Nenn-Ausgangsspannung ausgesteuert wird.

Der einphasige Induktionsmotor ist in seinem Aufbau einfacher als der Kollektormotor. Er besitzt einen Kurzschlußläufer. Die Ständerwicklung ist im allgemeinen auf $^2/_3$ des Ankerumfanges verteilt. Wird dieser Motor an Spannung gelegt, so kann er nicht anlaufen, da die Ständerwicklung nur ein Wechselfeld, aber kein Drehfeld erzeugt. Ein Wechselfeld stellt die Summe zweier inverser Drehfelder dar. Wird nun der Läufer angeworfen, so verstärkt sich das auf den Läufer wirkende Drehmoment des einen Drehfeldes, während das Moment des inversen Feldes abnimmt. Der Läufer beschleunigt sich bis auf seine Nenndrehzahl.

Der Nachteil, daß der Motor nicht von selbst anläuft, läßt sich beseitigen, wenn er, wie in Abb. 13.09a angedeutet, eine Zusatzwicklung erhält, die über einen Kondensator an der gleichen Wechselspannung liegt. Der über das Hilfsfeld fließende Strom I_h eilt dann um 90° elektrisch gegenüber dem Hauptfeldstrom i_a voraus. Es ergibt sich ein zweiphasiges Drehfeld. Das Drehfeld ist nur für einen bestimmten Belastungsfall symmetrisch. Abb. 13.09b zeigt gestrichelt die Drehmoment-Drehzahlkennlinie des Einphasenmotors ohne Kondensator und vollausgezogen die des Einphasenmotors mit Anlaufkondensator. Der Anlaufkondensator läßt sich durch einen Fliehkraftschalter nach dem Anlauf wieder abschalten. Bei kleinen Motoren wird darauf verzichtet, so daß er ständig an Spannung liegt.

Abb. 13.10a zeigt das Prinzipschaltbild eines über einen Transduktor geregelten Einphasen-Induktionsmotors. Das Hilfsfeld F_h liegt stets an

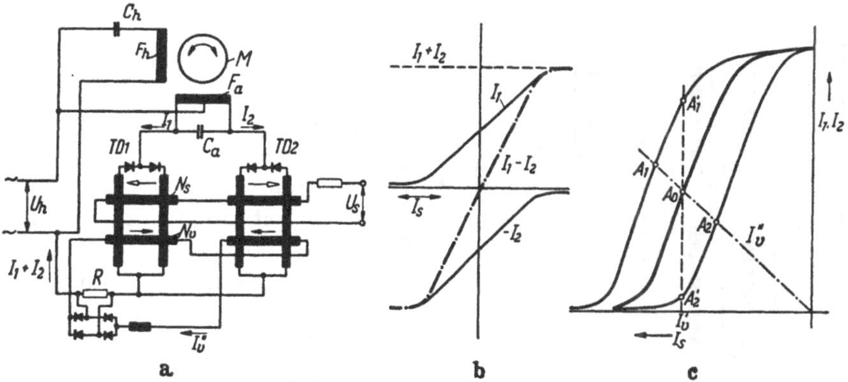

Abb. 13.11a–c. Gegentaktspeisung eines Einphasen-Induktionsmotors mit geteiltem Hauptfeld nach SCHMIDT [154]

der vollen Spannung. Durch den Transduktor erfolgt nur eine Herabsetzung der Spannung des Hauptfeldes. Zur Stabilisierung der Drehzahl wird ein Drehzahlregelkreis benötigt. Der Ausgangsstrom i_a des Transduktors ist, wie in dem Diagramm Abb. 13.10b noch einmal angegeben, nicht sinusförmig, sondern besteht aus Sinussegmenten. Er enthält deswegen neben der Grundwelle i_{a1} noch eine große Zahl Oberwellen. Ein Drehmoment liefert jedoch nur i_{a1}. Durch einen parallel zu F_a liegenden Kondensator C_a werden die Oberwellen teilweise kurzgeschlossen.

Bei der in Abb. 13.11a gezeigten Gegentaktschaltung kann der Induktionsmotor in beide Richtungen laufen. Das Hauptfeld F_a ist hier in zwei Teilfelder unterteilt, welche die beiden Transduktorströme in entgegengesetzter Richtung durchfließen. Der den größeren Ausgangsstrom liefernde Transduktor bestimmt somit die Drehrichtung. Die Kennlinien lassen sich entsprechend Diagramm b so verschieben, daß für $I_s = 0$ die Arbeitspunkte in der Mitte ihrer Kennlinie liegen. Dann ergibt sich die strichpunktierte resultierende Kennlinie. Der von der Speisespannungsquelle zufließende Summenstrom $I_1 + I_2$ ist dann bei idealen Kennlinien konstant.

Störeinflüsse, die sich auf beide Transduktoren auswirken, lassen sich herabsetzen, wenn der Vorstrom proportional dem Summenstrom gemacht wird [154]. Die Schaltung des Vorstromkreises zeigt Abb. 13.11a. In Abb. 13.11c ist stark ausgezogen die Arbeitskennlinie ohne Vorstrom aufgetragen. Um für $I_s = 0$ halbe Aussteuerung zu erhalten, muß ein Vorstrom I'_v fließen. Verschiebt sich diese Arbeitskennlinie, was z. B. dadurch erfolgen kann, daß sich der Schließungswiderstand des Steuerkreises ändert, so wandert bei konstantem Vorstrom der Arbeitspunkt von A_0 nach A'_1 bzw. A'_2. Eine derartige Kennlinienverschiebung ist mit einer großen Änderung der Ausgangsspannung verbunden. Ist dagegen der Vorstrom proportional dem Summenstrom, so ergibt sich der Arbeitspunkt aus dem Schnittpunkt der Transduktorkennlinie mit der strichpunktierten Vorstromgeraden I''_v. Jetzt zeigt sich bei einer Kennlinienverschiebung eine wesentlich kleinere Änderung des Ausgangsstromes des Transduktors.

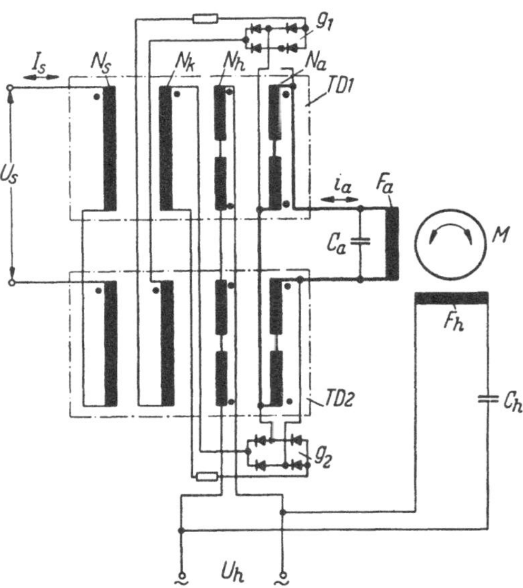

Abb. 13.12. Gegentaktspeisung eines Einphasen-Induktionsmotors durch Transduktor mit Differentialausgang nach SPENCER [159]

Bei der Schaltung nach Abb. 13.12 wird nur ein Hauptfeld benötigt [*159*]. Die Transduktoranordnung besteht aus zwei Doppeldrosseln oder vier Einzeldrosseln. Jeder Teiltransduktor ist in der Drosselreihenschaltung geschaltet. Der Verbraucher — hier die Feldwicklung des Motors — liegt nicht in dem Netzkreis. Es sind vielmehr getrennte Arbeitswicklungen N_a vorhanden, in denen die Differenz der Wechselströme der beiden Teiltransduktoren fließt. Die Arbeitspunkte werden wie üblich über einen nicht gezeigten Vorstromkreis eingestellt.

Ohne Vormagnetisierung sind die Wechselströme beider Drosselgruppen gleich und der Ausgangskreis ist stromlos. Wirkt dagegen ein Steuerstrom über N_s, so magnetisiert er im entgegengesetzten Sinn beide Gruppen. Im Ausgangskreis fließt die Differenz der beiden Wechselströme, die den Induktionsmotor erregt. Wird die Steuerspannung U_s umgepolt, so springt auch die Phase des Ausgangsstromes i_a um 180°. Der Induktionsmotor kehrt dadurch seine Drehrichtung um. Zur Erhöhung der Empfindlichkeit ist noch eine Rückkopplung über die Wicklung N_k vorgesehen. Die an dem Transduktor *TD 1* liegende Wechselspannung wird gleichgerichtet und der Rückkopplungswicklung des Transduktors *TD 2* zugeführt. Die Ausgangsspannung von *TD 2* liefert dafür die Rückkopplungsdurchflutung für den Transduktor *TD 1*.

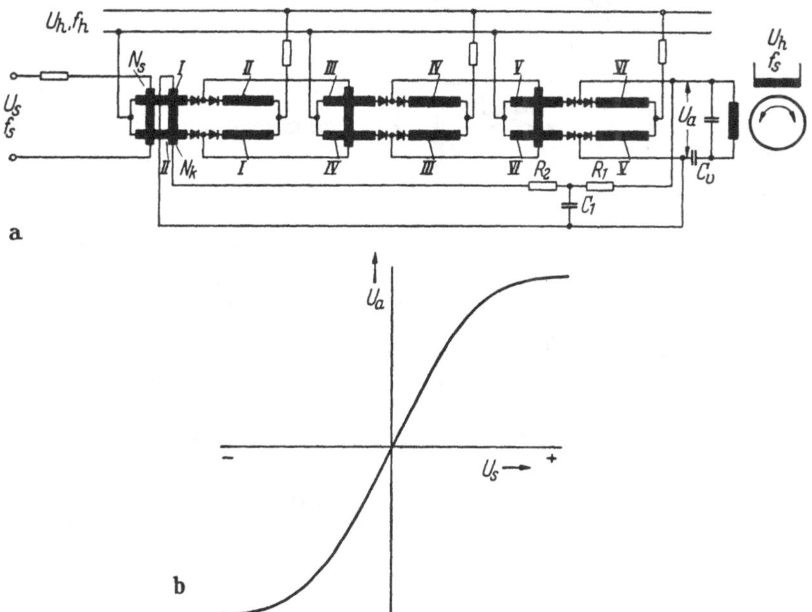

Abb. 13.13a u. b. Stellantrieb mit dreistufigem Halbwellentransduktor nach SEEGMILLER [163]

Für alle Stellantriebe ist eine eindeutige Zuordnung von Motordrehzahl und Steuerspannung wichtig. Sie wird durch Spannungsänderung, Temperaturänderung oder Änderung der Schließungswiderstände beeinträchtigt. Empfindliche Schaltungen sind deshalb unter dem Gesichtspunkt der 0-Punktkonstanz zu untersuchen. Eine Möglichkeit zur 0-Punktstabilisierung zeigt Abb. 13.13a [*163*]. Ein dreistufiger Transduktor versorgt die Hauptwicklung des Stellmotors. Die einzelnen Stufen sind in der Halbwellenschaltung ausgeführt. Die Speisung des Transduktors erfolgt hier mit einer, gegenüber der Betriebsfrequenz des Motors, wesentlich höheren Frequenz f_h. Der Meßkreis liefert eine Steuerwechselspannung U_s mit der Betriebsfrequenz f_s. Die Speisefrequenz f_h des Transduktors muß wesentlich größer als die Betriebsfrequenz f_s sein, damit f_s in den Übertragungsbereich des Transduktors fällt. Die Drehzahlregelung erfolgt über einen Meßkreis. Die mit dem Stellmotor gekuppelte Tachometermaschine gibt eine Wechselspannung mit der Frequenz f_s ab, deren Amplitude proportional der Drehzahl ist und die mit einer Soll-Wechselspannung verglichen wird.

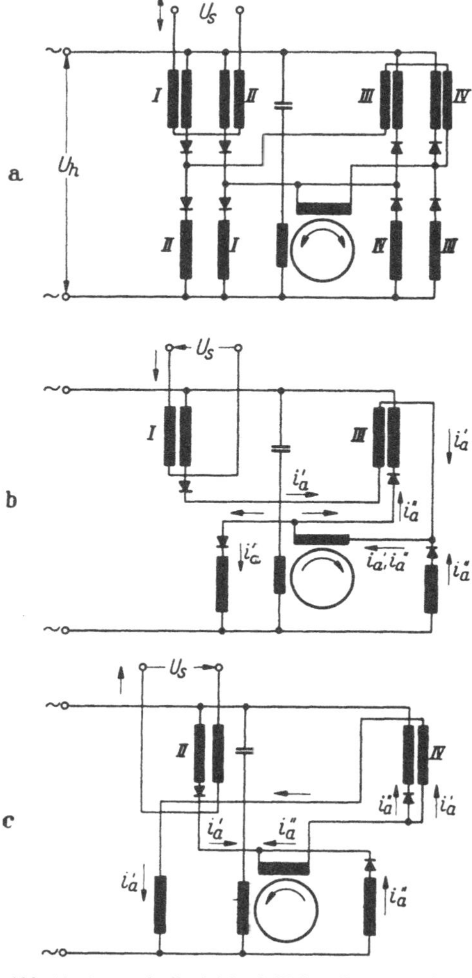

Abb. 13.14 a – c. Stellantrieb mit Halbwellentransduktor und Folgestufe nach BARNHART [89]

Der Einsatz des Transduktors als Wechselstromverstärker bietet nun die Möglichkeit, den Nullpunkt durch eine Gleichstrom-Gegenkopplung sicherzustellen. Die Ausgangsspannung U_a liegt deshalb an dem aus R_1 und C_1 bestehenden Glättungsglied und wird über R_2 der auf der ersten Stufe angeordneten Gegenkopplungswicklung zugeführt. Die Glättung durch R_1 und C_1 muß so wirkungsvoll sein, daß die Wechselspannung mit der Betriebsfrequenz f_s nicht nach dem Eingang des Transduktors übertragen werden kann und somit die Gegenkopplung für die Betriebsfrequenz nicht wirksam wird. Der Kondensator C_v hat die Gleichstromkomponente von der Motorwicklung fernzuhalten. Das Diagramm b zeigt die Steuerkennlinie.

Mit dem Halbwellentransduktor läßt sich ein sehr einfacher Gegentaktverstärker aufbauen. Allerdings hat er den Nachteil, daß sich nur eine Halbwelle der Wechselspannung ausnutzen läßt, während die zweite Hälfte gesperrt wird. Diese Eigenschaft setzt das Drehmoment des Induktionsmotors wesentlich herab. Nach Abb. 13.14a läßt sich der Halbwellentransduktor zu einer Vollwellenschaltung erweitern [*89*]. Die ursprüngliche Schaltung wird durch die Drosseln I und II gebildet. Daneben ist eine gleichartig aufgebaute Transduktorstufe, die aus den Drosseln III und IV besteht, vorhanden. Der Ausgangsstrom der ersten Stufe wird nicht unmittelbar der Motorwicklung zugeführt, sondern durchfließt erst die Steuerwicklung der zweiten Stufe. Die Gleichrichter in beiden Stufen sind entgegengesetzt gepolt, so daß durch jede Stufe eine Halbwelle ausgenutzt wird.

In den Abb. 13.14b und c sind die Ersatzschaltbilder für die beiden Drehrichtungen wiedergegeben. Dabei wurden die Wicklungen der Drosseln, die gesperrt, also nicht in Betrieb sind, fortgelassen. Die erste Stufe liefert den Ausgangsstrom i_a', der über die Steuerwicklung der zweiten Stufe, das Motorfeld und die untere Wicklung der Drossel I nach der Speisespannungsquelle zurückfließt. Durch diesen Strom wird die Drossel III so vormagnetisiert, daß sie sich in der nächsten Halbwelle, wenn die Drossel I gesperrt ist, in Sättigung befindet und einen dem Strom i_a' entsprechenden Strom i_a'' liefert, der ebenfalls das Motorfeld erregt. Bei der entgegengesetzten Drehrichtung wird statt der Drossel I die Drossel II gesättigt, die ihrerseits jetzt die Drossel IV vormagnetisiert und dadurch einen in beiden Halbwellen gleichen Sättigungsstrom erzwingt. Die beiden Ströme i_a' und i_a'' durchfließen jetzt die Motorwicklung in entgegengesetzter Richtung wie in Abb. b.

14. Ankerspeisung von Gleichstrommotoren

Lange Zeit blieb die Anwendung des Gleichstrommotors für geregelte Antriebe auf den LEONARD-Satz beschränkt. Diese Anordnung benötigt, da die Motordrehzahl im Feld des Generators eingestellt wird, nur Regelkreisglieder kleinerer Leistung. Im Anfang der Entwicklung der Antriebsregelung war diese Erregerleistung für die zur Verfügung stehenden mechanischen Regler, z. B. den Wälzsektorregler, noch zu groß. Das Feld des Hauptgenerators wurde deshalb durch einen zusätzlichen Generator erregt, in dessen Feldkreis erst der Regler eingriff. Ein derartiger Regelkreis ist regelungstechnisch ungünstig. Die verhältnismäßig großen Zeitkonstanten des Generators und der Erregermaschine verschlechtern die dynamischen Eigenschaften des Antriebes. Stoßartige Störgrößen werden nur langsam ausgeregelt, so daß kurzzeitig erhebliche Abweichungen der Regelgröße vom Sollwert auftreten.

Nachdem zunächst Verstärkermaschinen, später Transduktoren hoher Güte zur Verfügung standen, konnte die Erregermaschine fortfallen. Die dynamischen Eigenschaften des Antriebes ließen sich dadurch wesentlich verbessern. Der wirtschaftliche Nachteil des LEONARD-Antriebes (schlechter Wirkungsgrad) wird dadurch nicht beeinflußt. Es ist deshalb naheliegend, noch einen Schritt weiterzugehen, und auch den Generator durch einen Transduktor zu ersetzen. Diese Maßnahme wirft sowohl auf der Seite des Motors, wie auch der des Transduktors, eine Reihe Probleme auf. Der Motor erhält, anstelle einer reinen Gleichspannung, eine wellige Gleichspannung, die sowohl die Erwärmung, als auch die Kommutierung des Motors, nachteilig beeinflußt. Der Transduktor wiederum neigt bei Motorbelastung zu Eigenpendelungen. Dabei spielt die Ankerzeitkonstante, die beim LEONARD-Satz wegen der großen anderen Zeitkonstante von untergeordneter Bedeutung ist, eine wesentliche Rolle. Es soll zunächst der Gleichstrommotor für sich betrachtet werden.

14.1 Betriebseigenschaften des Gleichstrommotors

Der Motor ist, nach Abb. 14.01a, mit einer Arbeitsmaschine gekuppelt. Der Läufer des Motors und die Arbeitsmaschine haben unter Berücksichtigung des zwischengeschalteten Getriebes das Trägheitsmoment Θ_t. Die Motordrehzahl läßt sich, wie aus Abb. 14.01b zu ersehen ist, sowohl durch die Ankerspannung U_a als auch über den Feldstrom I_e einstellen. Die Stellbereiche werden, wie in Abb. 14.01b gezeigt, am zweckmäßigsten so gelegt, daß vom Stillstand ausgehend zunächst die Ankerspannung von null bis zur Nennspannung U_{an} vergrößert, damit die Nenndrehzahl n_n erreicht, und zur weiteren Erhöhung der Drehzahl auf $n_{\max}$ der Erregerstrom anschließend verkleinert wird. Werden die Verluste des Motors und die magnetische Sättigung vernachlässigt, so ist die Drehzahl

$$n = k_1 \frac{U_a}{I_e} \tag{14.01}$$

und die Leistung

$$P_a = U_a I_a = k_2 M \cdot n \tag{14.02}$$

Gl. (14.01) in Gl. (14.02) eingesetzt ergibt für das Drehmoment

$$M = \frac{1}{k_1 k_2} I_a I_e . \tag{14.03}$$

Darin sind k_1, k_2 Konstanten. Wird sofort mit geschwächtem Feld angefahren, so gilt im Diagramm b die strichpunktierte Kennlinie. Für das Anfahren eines Antriebes benötigt man meist ein großes Moment. Deshalb soll im unteren Drehzahlbereich der Motor sein volles Feld haben.

Den Anlauf des Motors von 0 bis zur Drehzahl n_0 (Winkelbeschleunigung ω_0) beschreibt, wenn ein konstantes Motormoment M_m wirkt, die

Beziehung

$$M_m = \Theta_t \frac{d\omega}{dt} = \Theta_t\,\omega_0\,\frac{d\left(\frac{\omega}{\omega_0}\right)}{dt}. \tag{14.04}$$

Die gesamte Hochlaufzeit ergibt sich dann zu

$$T_m = \frac{\Theta_t\,\omega_0}{M_m}\int_0^{\omega_0} d\left(\frac{\omega}{\omega_0}\right) = \frac{\Theta_t\,\omega_0}{M_m} \tag{14.05}$$

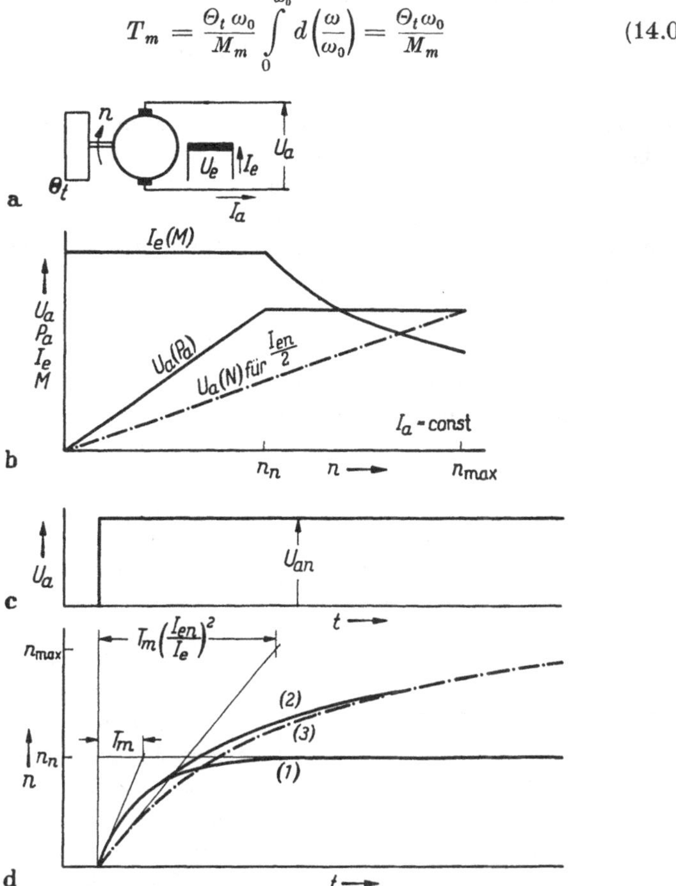

Abb. 14.01 a – d. Drehzahl-Stellbereich des Gleichstrommotors

und mit Gl. (14.03)

$$T_m = k_1 k_2 \Theta_t\,\omega_0\,\frac{1}{I_c I_a}. \tag{14.06}$$

Die Hochlaufzeit ist somit umgekehrt proportional dem Feld- und dem Ankerstrom. Auf den stillstehenden Motor wirkt beim Einschalten der

Spannung U_{an} das maximale Moment M_m. Bei Vernachlässigung der Ankerrückwirkung erhalten wir:

$$M_m = M_n \frac{U_{an}}{R_{am} I_{an}}, \tag{14.07}$$

Darin ist M_n das Nennmoment.

Gl. (14.07) in Gl. (14.05) eingesetzt ergibt

$$T_m = \frac{\Theta_t \omega_0}{M_n} \frac{R_{am} I_{an}}{U_{an}}. \tag{14.08}$$

Dabei ist R_{am} der Wirkwiderstand des Ankers, wenn der Innenwiderstand der Gleichspannungsquelle zu null gesetzt wird. Der tatsächliche Hochlauf beim Einschalten der Spannung U_a erfolgt nicht mit konstantem, sondern, infolge der Gegen-EMK, mit exponentiell abnehmendem Moment. Entsprechend ist, wie in Abb. 14.01d gezeigt, die Übergangskurve eine e-Funktion mit der Zeitkonstante T_m

$$n = n_0(1 - e^{-t/T_m}). \tag{14.09}$$

Die Übergangsfunktionen sind in Abb. 14.1d für den Anlauf bei vollem Feld (1) und anschließende Feldschwächung (2) bzw. für den Anlauf bei geschwächtem Feld (3) gezeichnet.

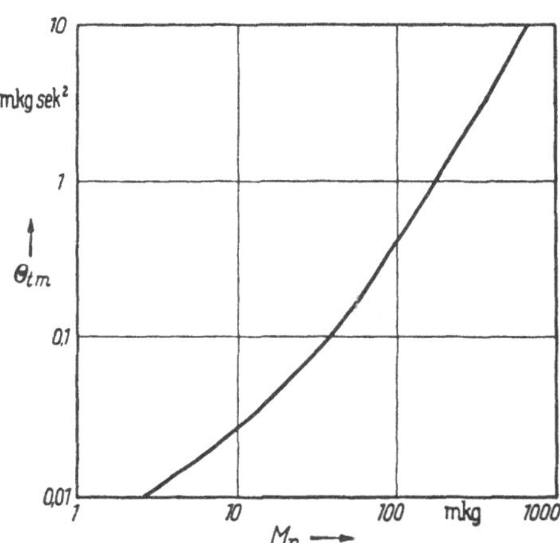

Abb. 14.02. Trägheitsmoment von Gleichstrommotoren in Abhängigkeit vom Nennmoment

Nach Gl. (14.08) ist die mechanische Anlaufzeitkonstante proportional dem Trägheitsmoment Θ_t. Dieses setzt sich aus dem Trägheitsmoment des Motors Θ_{tm} und dem Trägheitsmoment der Arbeitsmaschine einschließlich dem zwischengeschalteten Getriebe Θ_{ta} zusammen. Dabei ist Θ_{ta} auf die Motorwelle bezogen. Dieser Anteil läßt sich im allgemeinen nicht beeinflussen, da bei der Konstruktion einer Arbeitsmaschine regelungstechnische Gesichtspunkte eine untergeordnete Rolle spielen. In den meisten Fällen ist $\Theta_{tm} > \Theta_{ta}$, so daß durch Verkleinerung des Motor-Trägheitsmomentes die Anlaufzeitkonstante wirkungsvoll herabgesetzt werden kann. Der für Regelantriebe bestimmte Gleichstrommotor muß ein kleines Trägheitsmoment haben. Dann werden die Anfahrt- und Bremsstromspitzen auf ein Mindestmaß herabgesetzt. Eine derartige Bemessung erfordert eine möglichst hohe

Ausnutzung des Motors, sowie einen kleinen Ankerdurchmesser bei großer Baulänge.

Die Abb. 14.02 zeigt für eine nach diesen Gesichtspunkten gebaute Motor-Typenreihe die Abhängigkeit des Trägheitsmomentes Θ_{tm} vom Nennmoment. Das Trägheitsmoment nimmt mehr als proportional dem Nennmoment zu. Ist bei einem Antrieb das Trägheitsmoment besonders kritisch, so sind, anstelle eines Motors, zwei Motoren halber Leistung zu wählen. Die Anker- und die Feldwicklungen werden dann je in Reihe geschaltet. Die Ansicht eines Regelmotors zeigt Abb. 14.03. Der Betriebsbereich eines derartigen Antriebes erstreckt sich von Nenndrehzahl bis zur Schleichdrehzahl. Ein fest mit dem Läufer verbundener Eigenlüfter würde nicht im ganzen Drehzahlbereich den mit Nennstrom belasteten Motor ausreichend kühlen. Deshalb enthält der abgebildete Motor einen, durch einen eigenen Asynchronmotor mit konstanter Drehzahl angetriebenen Fremdlüfter. An dem Motor ist außen die Tachometermaschine angeflanscht. Bei Wickelantrieben muß mitunter für kurze Zeit auch im stehenden Motor der Nennstrom fließen können. Der Kollektor ist dann besonders zu bemessen.

Abb. 14.03. Gleichstrommotor mit achsial angebautem Fremdlüfter und Tachometermaschine (Werkaufnahme H. Still AG.)

Außer der mechanischen Anlaufzeitkonstante wirken noch zwei elektrische Zeitkonstanten. Die Erregungszeitkonstante $T_e = L_e/R_e$ berücksichtigt die Trägheit des Feldes bei Änderung der Erregerspannung. Sie ist wesentlich größer als die Ankerzeitkonstante $T_{am} = L_{am}/R_{am}$. Die Erregungszeitkonstante interessiert hier nicht, da wir nur die Ankerspeisung betrachten. Die Ankerzeitkonstante darf trotz ihrer Kleinheit nicht vernachlässigt werden. Sie liegt in der gleichen Größenordnung wie die Zeitkonstante eines schnellen Transduktors und beeinflußt deshalb die Stabilität des Regelkreises. Daneben setzt die Ankerinduktivität erheblich die Welligkeit des Ankerstromes herab und verbessert damit die Kommutierung der Maschine. Die Abb. 14.04a zeigt für eine Typenreihe die Abhängigkeit der Ankerzeitkonstante T'_{am} vom Nennmoment M_m. Die Zeitkonstante bezieht sich auf die vollständig ungesättigte Maschine. Durch die Erregung des Motors wird der magnetische Leitwert des Eisenweges und dadurch die Ankerinduktivität herabgesetzt. Der Verkleine-

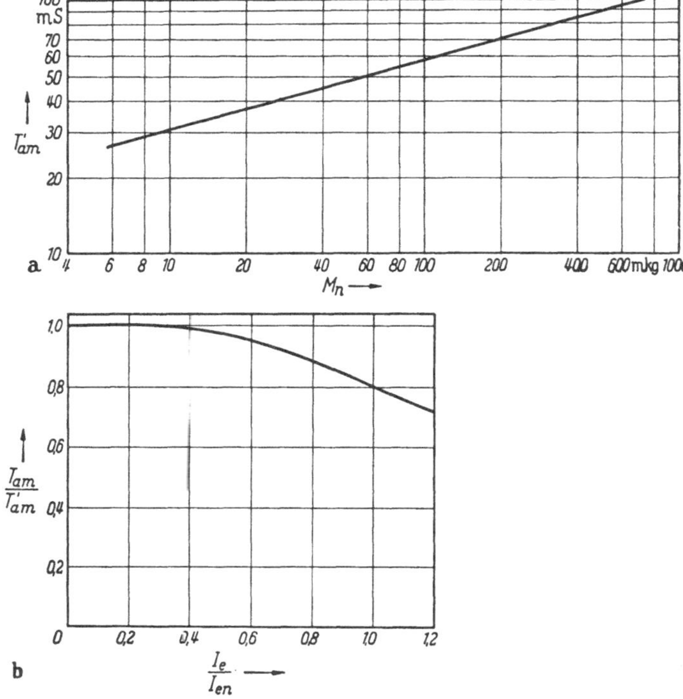

Abb. 14.04 a u. b. Ankerzeitkonstante von Gleichstrommotoren

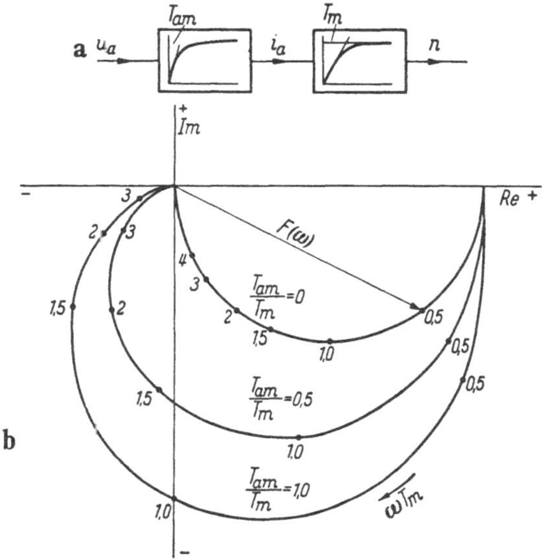

Abb. 14.05 a u. b. Blockschaltbild und Frequenzgang eines Gleichstrommotors für drei Anlaufzeitkonstanten

rungsfaktor zur Ermittlung der wirksamen Zeitkonstante T_{am} ist aus Abb. 14.04b zu ersehen.

Bei Vernachlässigung der Ankerrückwirkung gilt für den im Anker gespeisten Gleichstrommotor das in Abb. 14.05a wiedergegebene Blockschaltbild. Von den beiden Zeitkonstanten wird im allgemeinen die Anlaufzeitkonstante T_m größer als T_{am} sein. Aus dem Frequenzgang ist der Einfluß der Ankerzeitkonstante zu ersehen. In Abb. 14.05b ist der Frequenzgang für verschiedene Verhältnisse T_{am}/T_m aufgetragen. Die Steuerfrequenzen ω sind mit ωT_m auf die Anlaufzeitkonstante bezogen. Die Ausbauchung der Ortskurven in dem 3. Quadranten der komplexen Ebene zeigt, daß durch T_{am} eine über 90° hinausgehende Phasendrehung möglich ist. Dadurch wird die Selbsterregung des geschlossenen Regelkreises begünstigt.

14.2 Phasenzahl des Transduktors

Gleichstrommotore, die durch Transduktoren im Anker gespeist werden, finden in einem großen Leistungsbereich von einigen Watt bis ca. 300 kW Anwendung. Die obere Leistungsgrenze dürfte sich im Laufe der Entwicklung noch weiter nach oben verschieben. Für kleine Leistungen erfordert der einphasige Transduktor entschieden den kleineren Aufwand. Nachteilig ist die große Welligkeit der Ausgangsspannung. Die Einflüsse der Gegen-EMK und der Ankerinduktivität auf die Kurvenform des Ankerstromes wurden bereits im Abschn. 6.5 (S. 155ff.) untersucht. In Abb. 6.37 ist die Abhängigkeit des Formfaktors k_f vom bezogenen Ankerstrom I_a^+, sowie vom Leistungsfaktor des Ankerkreises und vom Gegenspannungsverhältnis angegeben.

Es ist

$$I_{an}^+ = \frac{I_{an}}{I_{am}} = \frac{I_{an}}{U_{an}} (R_{av} + R_{am}) = \frac{R_{av} + R_{am}}{R_{an}} . \qquad (14.10)$$

Darin sind R_{av} der Wirkwiderstand des Arbeitskreises des Transduktors und R_{an} der Ersatzwiderstand der Belastung für Nennlast. Der Leistungsfaktor wird dann gleich

$$\cos\alpha_a = \frac{R_{av} + R_{am}}{\sqrt{(R_{av} + R_{am})^2 + \omega^2 (L_{sg} + L_{am})^2}} , \qquad (14.11)$$

$$\cos\alpha_a = \frac{1}{\sqrt{1 + \omega^2 \left(\frac{R_{av}}{R_{av} + R_{am}} \cdot T_{sg} + \frac{R_{am}}{R_{av} + R_{am}} T_{am} \right)^2}} . \qquad (14.12)$$

Mit $T_{sg} = L_{sg}/R_{av}$ wird die Sättigungszeitkonstante der Arbeitswicklung des Transduktors bezeichnet.

Die Abb. 14.06a zeigt das Schaltbild eines einphasigen, spannungssteuernden Transduktors mit Motorbelastung. Zur Glättung ist im Ankerkreis eine zusätzliche Drossel D vorgesehen. Außerdem erfolgt über die Wicklung N_k eine Stromgegenkopplung, die die Kombination Motor-Transduktor stabilisieren soll. Wir betrachten einen Motor mit einer Leistung von 1 kW. Ohne Drossel ergibt sich $\cos \alpha_a = 0{,}7$. Der bezogene

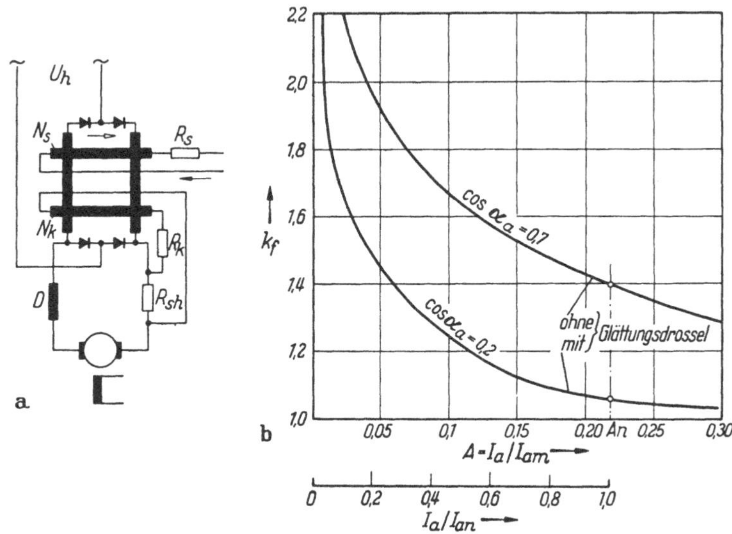

Abb. 14.06a u. b. Verkleinerung des Ankerstrom-Formfaktors durch eine Glättungsdrossel bei einphasiger Transduktor-Speisung

Nennstrom ist $I_{an}^{+} = 0{,}22$. Der Formfaktor hängt nur wenig vom Gegenspannungsverhältnis ab, so daß sich aus Abb. 6.37 die in Abb. 14.06b gezeigte Abhängigkeit des Formfaktors k_f von I_a^{+} entnehmen läßt. Bei Nennstrom ist der Formfaktor $k_f = 1{,}4$ vorhanden. Zur Verkleinerung von k_f wird in den Ankerkreis die Drossel D gelegt, und damit der Leistungsfaktor auf $\cos \alpha_a = 0{,}2$ herabgesetzt. Bei Nennstrom verkleinert sich jetzt der Formfaktor auf $k_f = 1{,}06$. Auch bei Teillast, z. B. $I_a = I_{an}/2$ ($I_a^{+} = 0{,}11$) liegt er weit unter dem Wert bei Betrieb ohne Drossel.

Die Nennleistung des Motors muß mindestens im Verhältnis $1/k_f$ herabgesetzt werden. Der höhere Effektivwert vergrößert nicht nur die Kupferverluste im Anker, sondern verursacht, infolge der Oberwellen, auch zusätzliche Eisenverluste. Auf die Verschlechterung der Kommutierung wird noch später eingegangen.

Eine geringe Belastung des Motors bringt, infolge des kleinen Ankerkreiswiderstandes, einen so kleinen Stromflußwinkel, daß, trotz der

Sättigungsinduktivität des Transduktors und der Ankerinduktivität des Motors, lückender Strom einsetzt. Lückender Strom stellt eine besonders unangenehme Belastung für den Gleichstrommotor dar. Die Grenze des lückenden Stromes soll deshalb so tief als möglich liegen. Die Abb. 14.07a zeigt das Drehzahl-Drehmoment-Kennlinienfeld für einen einphasigen Transduktorantrieb ohne Glättungsdrossel [*174*]. Die Kennlinien gelten für konstanten Sättigungswinkel α_1. Die schraffierte Fläche kennzeichnet den Bereich lückenden Stromes. Der Bereich läßt sich durch eine Glättungsdrossel verkleinern. Soll z. B. bei $\alpha_1 = 90°$ für $M/M_n = 0{,}02$ der Strom nicht mehr lückend sein, so ist die Ankerzeitkonstante auf den aus Abbildung 14.07b zu entnehmenden Wert zu vergrößern. Die Kennlinie 14.07b zeigt dabei die Abhängigkeit der Ankerzeitkonstante von der über die Erregung eingestellten Drehzahl. Das Maximum liegt bei $\omega T_{am} = 34{,}4$. Ohne Drossel war $\omega T_{am} = 4$. Es muß also die 7,6fache Ankerinduktivität als Glättungsdrossel vor den Anker des Motors gelegt werden. Dieses Beispiel zeigt, daß sich der einphasige Transduktor wegen der großen Glättungsdrossel nur für kleine Leistungen eignet.

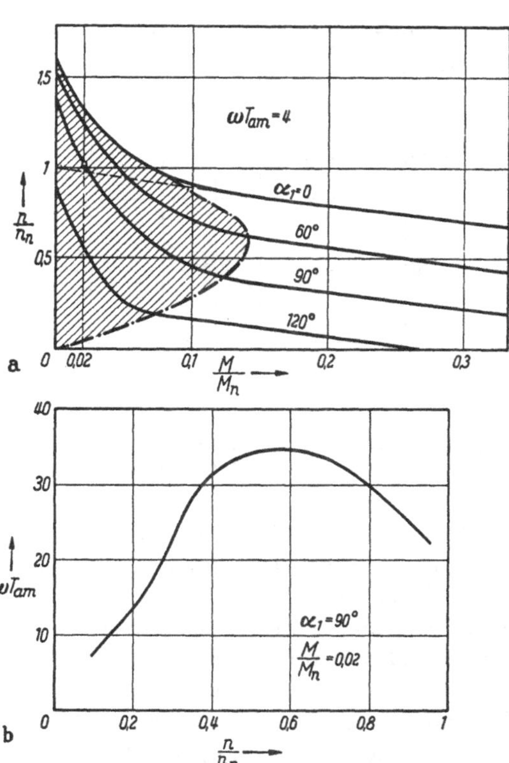

Abb. 14.07 a u. b. a) Grenzen des lückenden Stromes bei einphasiger Transduktorspeisung, b) Bezogene Ankerzeitkonstante für lückenlosen Strom nach W. LEONHARD [174]

Beim dreiphasigen Transduktor werden wir im allgemeinen ohne Glättungsdrossel auskommen. Die Glättung der hier wesentlich kleineren Welligkeit durch die Ankerinduktivität des Motors und die Sättigungsinduktivität des Transduktors ist ausreichend. Von großer Bedeutung ist deshalb die Sättigungsinduktivität L_{sg} des Transduktors. Um eine von der Typenleistung weniger abhängige Größe zu erhalten, wollen wir die Zeitkonstante T_{sg} der Arbeitswicklungen angeben. Die Abb. 14.08 zeigt für eine Transduktor-Typenreihe die Zeitkonstante der gesättigten Drossel in Abhängigkeit von der Transduktorleistung P_a (in Drehstrom-Brückenschaltung). Wird der Durchlaßwiderstand der Gleichrichter vernachlässigt, so stellt die angegebene Zeitkonstante auch gleichzeitig die Zeitkonstante des gesättigten Transduktors dar. Die Sättigungs-

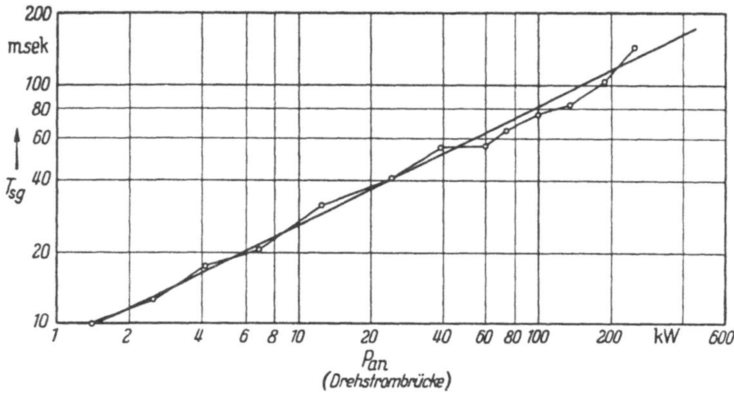

Abb. 14.08. Zeitkonstante der Arbeitswicklung einer gesättigten Transduktordrossel in Abhängigkeit von der Nennleistung in Drehstrombrückenschaltung

zeitkonstante hängt auch von der Streuung und damit von der Schichtungsart ab. Ein Vergleich zwischen Abb. 14.04 und 14.08 zeigt, daß bei einer Neundrehzahl des Motors von $n_n = 1000$ U/min die Zeitkonstanten von Transduktor und Gleichstromanker in der gleichen Größenordnung liegen und deshalb die Zeitkonstante des gesamten Arbeitskreises sich nicht sehr von der Ankerzeitkonstante unterscheidet. Bei langsam laufenden Maschinen überwiegt dagegen die Ankerzeitkonstante.

Wie in Abschnitt 8 ausgeführt wurde, tritt beim dreiphasigen Transduktor bereits bei reiner Wirkbelastung kein lückender Strom auf. Die Ankerinduktivität sorgt für eine zusätzliche Glättung. Die Abb. 14.09 zeigt Oszillogramme, die an einem dreiphasigen Transduktorantrieb mit der Nennleistung 75 kW aufgenommen wurden. Die Ausgangsspannung betrug $U_a = 0{,}4\ U_{an}$. Das Oszillogramm a gilt für Leerlauf, das Oszillogramm b für Nennbelastung des Gleichstrommotors. Im Fall a hat die Ausgangsspannung u_a eine kleine, i_a eine große Welligkeit. Bei der hohen Belastung (b) dagegen ist es umgekehrt. Jetzt verläuft i_a nahezu glatt, während, infolge der geringen Welligkeit des Stromes, die Ausgangsspannung durch L_{sg} nicht geglättet wird und deshalb ihre natürliche Welligkeit aufweist. In c ist für drei Gegenspannungsverhältnisse g in Abhängigkeit vom Ankerstrom der Formfaktor aufgetragen. Die den beiden Oszillogrammen entsprechenden Arbeitspunkte sind eingezeichnet.

Der Formfaktor hängt sowohl von der Typenleistung des Transduktors als auch von der durch die Drehzahl mitbestimmten Baugröße des Motors ab. In Abb. 14.10 ist für zwei Antriebe der Formfaktor über dem auf den Nennstrom bezogenen Ankerstrom aufgetragen. Der Antrieb a hat eine Leistung von 35 kW bei 1500 U/min, während die unteren Kennlinien b zu einem Antrieb mit 55 kW bei 900 U/min gehören. Der Antrieb b zeigt gegenüber a eine kleinere Welligkeit. Sie erklärt sich aus der wesentlich größeren Ankerzeitkonstante, infolge der größeren Leistung und niedrigeren Drehzahl. Der Formfaktor liegt in beiden Fällen bei voller Aussteuerung unterhalb von 1,02. Eine Glättungsdrossel erübrigt sich. Die Restwelligkeit ist so klein, daß sich der Motor mit seiner vollen Gleichstromleistung belasten läßt. Die Welligkeit kann aber die Kommutierung nachteilig beeinflussen und es notwendig machen, die Kommutierungsbeanspruchung durch Überbemessung des Motors herabzusetzen.

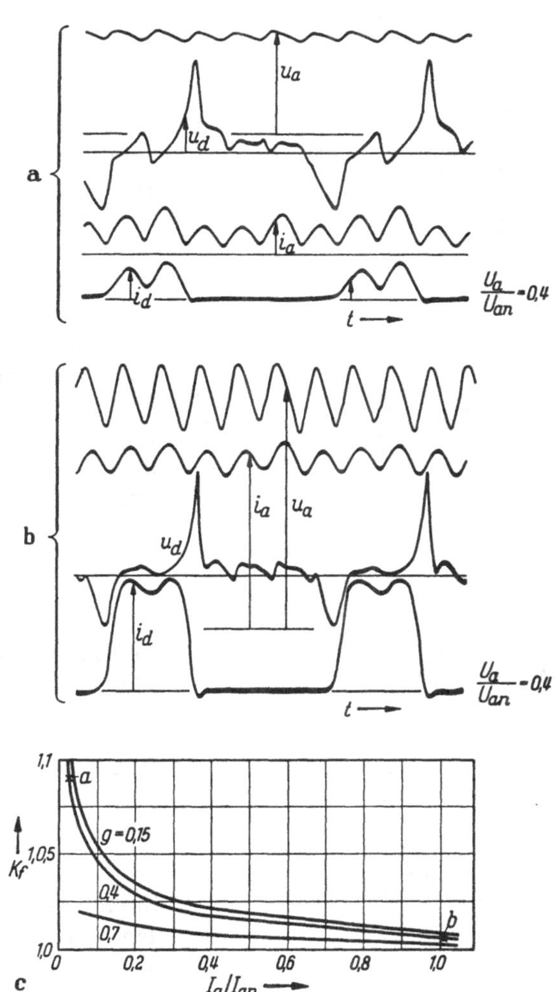

Abb. 14.09 a – c. Transduktor-Antrieb in Dreiphasen-Brückenschaltung. a) Leerlauf, b) Nennlast, c) Formfaktor des Ankerstromes in Abhängigkeit vom Ankerstrom

Die Kommutierung muß deshalb etwas genauer betrachtet werden. Die auf dem Kollektor schleifende Bürste schließt zeitweise zwei Lamellen kurz. Beim Übergang der Bürste auf die nächste Lamelle wird dann der Kurzschluß wieder aufgehoben und der zuvor fließende Kurzschlußstrom unterbrochen. An der ablaufenden Kante der Bürste können sich dadurch Funken bilden, die unter Umständen den Kollektor angreifen. Die Bürsten stehen nun in der neutralen Zone der Maschine, so daß an und für sich die durch die Bürsten kurzgeschlossenen Windungen keine Spannung aufweisen sollten. Dieser Zustand wird durch die Rückwirkung des Ankerstromes auf das Hauptfeld gestört. Die Verzerrung des Hauptfeldes durch das Ankerfeld bewirkt, daß die neutrale Zone auswandert und nun eine von dem Belastungsstrom abhängige Spannung in den unter den Bürsten befindlichen Spulen induziert wird. Die Spannung läßt sich durch Wendepole kompensieren, die in der neutralen Zone angeordnet sind und vom Ankerstrom erregt werden. Die Wendepole haben somit die Ankerrückwirkung in diesem Bereich zu kompensieren und damit die Kommutierung zu erleichtern.

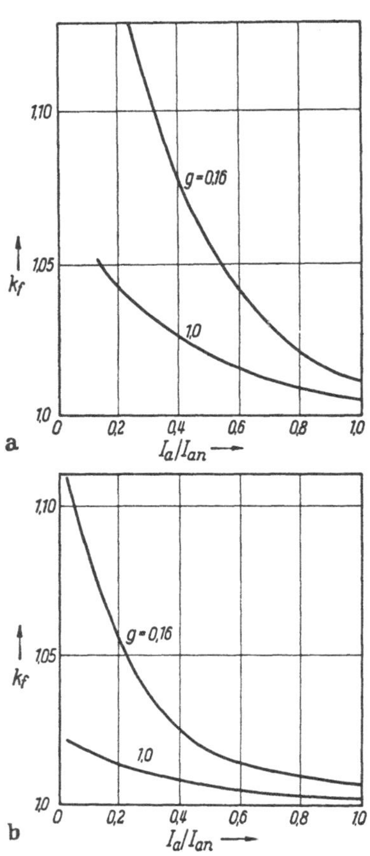

Abb. 14.10 a u. b. Formfaktor des Ankerstromes von zwei dreiphasigen Transduktorantrieben

Ist der Ankerstrom wellig, so wird diese Kompensation beeinträchtigt. Infolge der Wirbelströme in den Wendepolen eilt das Wendefeld dem Ankerstrom nach. In den durch die Bürsten kurzgeschlossenen Spulen entsteht eine Störspannung, die zum Feuern des Kollektors führen kann; zumindest wird die Kommutierung kritischer. Dieser Einfluß zeigt sich am deutlichsten an den Kommutierungskurven. Ihre Messung erfolgt dadurch, daß bei konstantem Ankerstrom der über die Wendepole fließende Strom oder die Windungszahl der Wendepole verändert wird. Die maximale Änderung ΔI_a, bei der der Kollektor gerade noch nicht feuert, in Abhängigkeit vom Ankerstrom aufgetragen, ergibt die in Abb. 14.11 gezeigten Kommutierungskurven.

Die Erregung des Motors beeinflußt die Kommutierung, da die nicht kompensierte Ankerrückwirkung relativ um so stärker den Feldverlauf beeinflußt, je schwächer das Erregerfeld ist. Bei Gleichstrommotoren, die einen Feldschwächbereich besitzen, erfordert deshalb die Kommutierung besondere Beachtung. Die Abb. 14.11 zeigt die Kommutierungskurven eines 120 kW-Motors. Die schwachgezeichneten Kurven wurden bei reiner Gleichspannung, die starkgezeichneten Kurven bei Speisung durch einen dreiphasigen Transduktor aufgenommen. Die vollgezeichneten Kennlinien gelten für volles, die gestrichelten für geschwächtes Feld. Aus den Kurven läßt sich ersehen, daß bei Transduktorspeisung die zulässige Änderung des Wendepolstromes kleiner bleibt. Die Einengung des Kommutierungsbandes fällt bei vollem Feld nicht sehr ins Gewicht. Bei geschwächtem Feld wirkt sich dagegen das Zusammenrücken der Kurven mehr aus. Die Kommutierung ist um so kritischer, je näher die positive und die negative Kommutierungskurve zusammenliegen. Bei der vorliegenden Maschine würde mit einem einphasigen Transduktor ohne zusätzliche Glättung keine funkenfreie Kommutierung möglich sein.

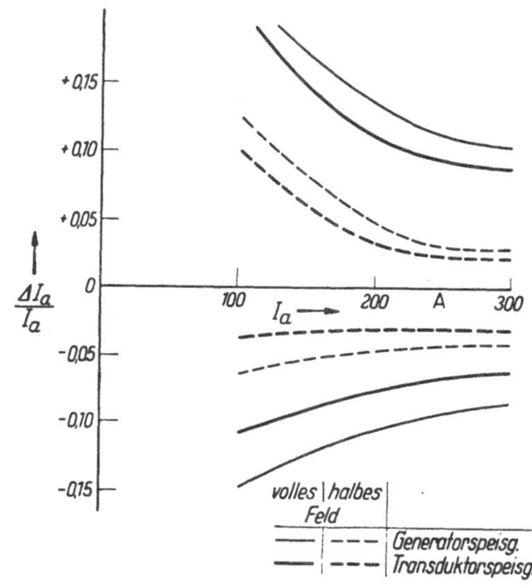

Abb. 14.11. Kommutierungskurven eines Gleichstrommotors

14.3 Arbeitskennlinien

Aus den vorstehenden Ausführungen ist zu entnehmen, daß sich bei dreiphasiger Transduktorspeisung in der Regel eine zusätzliche Glättungsdrossel erübrigt. Der Motor läßt sich, wenn nur die Kommutierung es erlaubt, mit seiner vollen Gleichstromleistung belasten. Es sind nun die Betriebseigenschaften des Antriebes zu untersuchen. Dabei interessieren vor allen Dingen das Lastverhalten, die Arbeitskennlinie, der Wirkungsgrad und der Leistungsfaktor der aufgenommenen Drehstromleistung.

Das Lastverhalten läßt sich am besten aus dem in Abb. 14.12 wiedergegebenen Drehzahl-Ankerstrom-Kennlinienfeld ersehen. Die Neigung der Kennlinien zeigt die Lastabhängigkeit der Drehzahl. Eine geringe Neigung muß mit Rücksicht auf die Stabilität des Antriebes unbedingt vorhanden sein. Eine Kennlinie mit positiver Steigung würde bedeuten, daß mit steigendem Ankerstrom die Drehzahl zunimmt. Ein Überschußmoment steht dann für die Beschleunigung des Motors zur Verfügung. Im nächsten Abschnitt soll gezeigt werden, daß ein derartiger Zustand tatsächlich eintreten kann und zu Schwingungen des Antriebes führt.

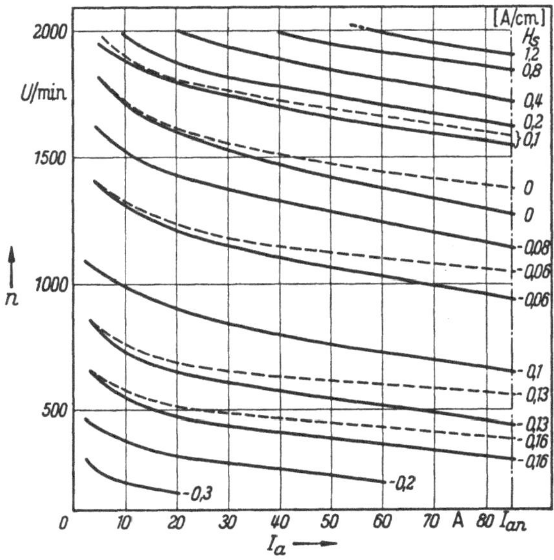

Abb. 14.12. Drehzahl-Ankerstrom-Kennlinienfeld für die Dreiphasen-Brückenschaltung

Ist die Neigung der Drehzahl-Ankerstrom-(Moment)-Kennlinien zu stark, so läßt sich durch eine Stromrückkopplung, bei der ein Teil des Ankerstromes über eine Steuerwicklung geführt wird, die Lastabhängigkeit teilweise beseitigen. Dann ergeben sich die in Abb. 14.12 gestrichelten Kennlinien. Allerdings wird diese Maßnahme durch die unterschiedliche Neigung der einzelnen Kennlinien eingeschränkt. Die Stromrückkopplung darf nur so stark wirken, daß die flachste Kennlinie immer noch eine Tangente mit negativer Steigung hat. Die verbleibende Lastabhängigkeit ist vor allen Dingen bei gesteuerten Antrieben zu berücksichtigen. Die Steuerkennlinie des Antriebes $n = f(I_s)$ für Nennstrom läßt sich aus dem Kennlinienfeld, entsprechend den Schnittpunkten der strichpunktierten Gerade mit den Kennlinien, entnehmen.

Es wurde darauf hingewiesen, daß die Aussteuerung der in Regelkreisen eingesetzten Transduktoren kleinerer Leistung nur im linearen Bereich ihrer Kennlinie erfolgt, um die Verstärkung des geschlossenen Regelkreises möglichst konstant zu halten. Diese Begrenzung der Aussteuerung erscheint bei großen Leistungstransduktoren aus mehreren

Gründen nicht zweckmäßig. Zunächst wird die Typenleistung des Transduktors nicht voll ausgenutzt. Allerdings kann durch den Motor eine Beschränkung der Ankerspannung notwendig werden. Bei Motorleistungen im Bereich von einigen kW wird der Durchmesser des Läufers und damit der des Kollektors so klein, daß bei großer Ankerspannung auf eine Lamelle mehrere Windungen der Ankerwicklung kommen. Dadurch ergibt sich eine hohe Kommutierungsspannung und damit die Möglichkeit einer schlechten Kommutierung. Es ist dann besser, auch den Transduktor für eine niedrigere Spannung zu bemessen und ihn über einen Transformator an das Drehstromnetz anzuschließen.

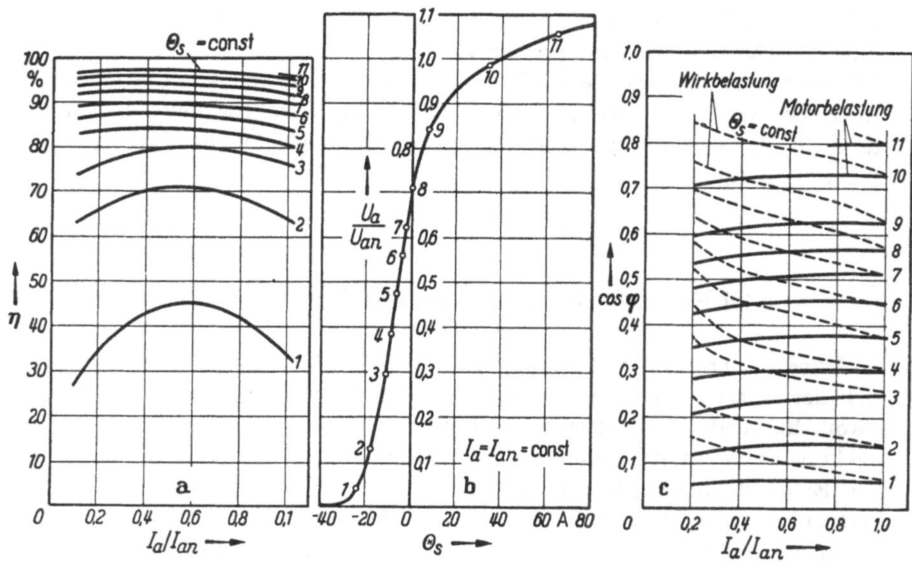

Abb. 14.13a–c. Dreiphasiger Transduktorenantrieb: a) Wirkungsgrad, b) Arbeitskennlinie bei Nennstrom, c) Leistungsfaktor in Abhängigkeit vom Ankerstrom

Durch eine Begrenzung des Aussteuerbereiches werden auch die Betriebseigenschaften des Antriebes beeinflußt. In Abb. 14.13b ist die Arbeitskennlinie $U_a/U_{an} = f(\Theta_s)$ eines 25 kW-Transduktorantriebes aufgetragen. Die Nennspannung wurde dabei in den Sättigungsknick gelegt. Der Motor ist so belastet, daß Nennstrom fließt. Die Arbeitspunkte, für die Abb. 14.13a den Wirkungsgrad und Abb. 14.13c den Leistungsfaktor angeben, sind durch Zahlen bezeichnet. Der Wirkungsgrad übersteigt für $U_a/U_{an} = 0{,}7$ bereits den Wert 0,9 und erreicht am Ende des linearen Bereiches $\eta = 0{,}95$.

Bewegt sich der Arbeitspunkt auf dem Sättigungsast in Richtung höherer Sättigung, so nimmt der Wirkungsgrad nur unwesentlich zu.

Mit Rücksicht auf den Wirkungsgrad ist somit eine Teilaussteuerung des Transduktors nicht nachteilig. Bei dem Leistungsfaktor liegen, wie Abb. 14.13c zeigt, die Verhältnisse nicht so günstig. Der cos φ steigt annähernd proportional der Ausgangsspannung an. Der Anstieg setzt sich auch im Bereich des Sättigungsastes der Arbeitskennlinie unverändert fort. Durch eine Ausnutzung des Transduktors bis zur thermischen Grenze (Arbeitspunkt 11), kann der Leistungsfaktor gegenüber der hier gewählten Nennspannung um ca. 7% gesteigert werden. Umgekehrt ist bei einer Begrenzung der Aussteuerung auf den linearen Bereich, bei Nennstrom ein schlechter Leistungsfaktor von $\cos \varphi = 0{,}65$ zu erwarten. Es empfiehlt sich deshalb, den Leistungstransduktor spannungsmäßig so weit als möglich auszunutzen und die Nichtlinearität der Arbeitskennlinie durch eine Gegenkopplung auszugleichen. Bei Transduktoren kleinerer Leistung, wie sie zur Erregung der Generatoren von LEONARD-Antrieben verwendet werden, spielt der Leistungsfaktor keine bedeutende Rolle, so daß die Beschränkung auf den linearen Aussteuerbereich zulässig ist.

14.4 Eigenschwingungen und ihre Unterdrückung

Wird ein Transduktor mit einem Gleichstrommotor belastet, so zeigt sich der Antrieb im allgemeinen nicht über den ganzen Arbeitsbereich stabil. Bei niedriger Drehzahl und kleinerer Belastung ändert der Motor bei konstanter Aussteuerung des Transduktors periodisch seine Drehzahl. Die Eigenschwingung ist um so ausgeprägter, je größer die Leistungsverstärkung des Transduktors, d. h. je größer der auf eine Windung bezogene Leitwert m des Steuerkreises gewählt wurde. Ein großes Trägheitsmoment der von dem Motor angetriebenen Arbeitsmaschine begünstigt die Schwingungen.

Derartige Schwingungen können auch beim LEONARD-Satz auftreten, wenn der Generator eine starke Reihenschlußerregung erhält. Bei einem Belastungsstoß wird dann der ansteigende Ankerstrom über das Reihenschlußfeld die Generatorspannung erhöhen, die den Ankerstrom noch mehr ansteigen läßt. Der Stromüberschuß, dem kein entsprechendes Gegenmoment gegenübersteht, beschleunigt den Motor, bis die größer werdende Gegen-EMK dem Ankerstrom und damit der Kompoundierung des Generators entgegen arbeitet. Danach sinkt die Motordrehzahl wieder ab, und das Spiel beginnt von neuem. Die Eigenschwingungen lassen sich durch ein zusätzliches Motor-Reihenschlußfeld, das beim Ansteigen des Ankerstromes die Drehzahl herabsetzt, unterdrücken. Wegen der großen Erregerleistung eines Generators (geringe Güte) ist ohne Generator-

Reihenschluß eine unbeabsichtigte Selbsterregung des LEONARD-Satzes nicht zu befürchten.

Dagegen sind die Selbsterregungsbedingungen beim Transduktorantrieb auch ohne die der Reihenschlußerregung entsprechenden Stromrückkopplungen sehr oft gegeben. Als eigentliche Ursache für die Selbsterregung kann die Ankerinduktivität angesehen werden. Es wurde bereits gezeigt, daß der einphasige, sowie der dreiphasige Transduktor bei induktiver Belastung instabil werden und über den ganzen oder einen Teil ihres Aussteuerbereiches kippen. Die Belastungsinduktivität hält während eines Magnetisierungszyklus auch nach der Entsättigung der Drossel den unmittelbar davor fließenden Laststrom aufrecht. Er fließt dann über die ungesättigten Drosseln und stellt eine zusätzliche Vormagnetisierung dar. Sie wirkt wie eine überkritische Rückkopplung und läßt den Transduktor kippen. Die Motorbelastung unterscheidet sich von der induktiven Belastung nur durch die zusätzliche Gegenspannung.

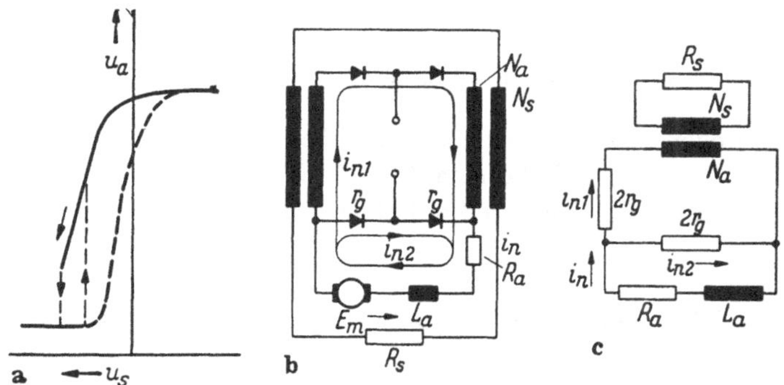

Abb. 14.14a–c. Verlauf des Nacheilstromes bei Motorspeisung

Die Speisespannung und die Gegenspannung lassen sich zu einer neuen Speisespannung zusammenfassen. Diese ist nicht mehr sinusförmig. Das bedeutet aber keine grundsätzliche Änderung gegenüber der einfachen induktiven Belastung.

Die Abb. 14.14a zeigt die instabile Arbeitskennlinie des einphasigen Transduktors. In Abb. 14.14b ist das Ersatzschaltbild für den nach Entsättigung der Drosseln fließenden Nacheilstrom angegeben. Durch die Motorgegenspannung werden die Gleichrichter in Sperrichtung beaufschlagt. Die von L_a induzierte Spannung muß E_m kompensieren und zusätzlich die Spannungsabfälle der beiden Nacheilströme decken. Wie bereits in Abschn. 6 (S. 148ff.) ausführlich dargestellt wurde, wirkt nur i_{n1} vormagnetisierend. Der Nacheilstrom i_{n1} kann nicht fließen, wenn die Steuerkreise offen sind, da dann die Transduktordrosseln sperren. Ist umgekehrt $R_s = 0$, so sind, wie aus dem Ersatzschaltbild 14.14c zu ersehen ist, die Arbeitswicklungen kurzgeschlossen und i_{n1} wird trotz der hohen Induktivität der ungesättigten Drosseln durchgelassen.

Die innere Rückkopplung wird in dem Ersatzschaltbild 14.15a durch eine äußere Rückkopplung ersetzt, bei der die Spannung an der Ankerinduktivität L_{am} auf eine zusätzliche Steuerwicklung wirkt. Der Einfluß des Trägheitsmomentes auf die Rückkopplung läßt sich in dem Ersatzschaltbild 14.15b übersehen. Hier ist auch der Motor durch sein elektri-

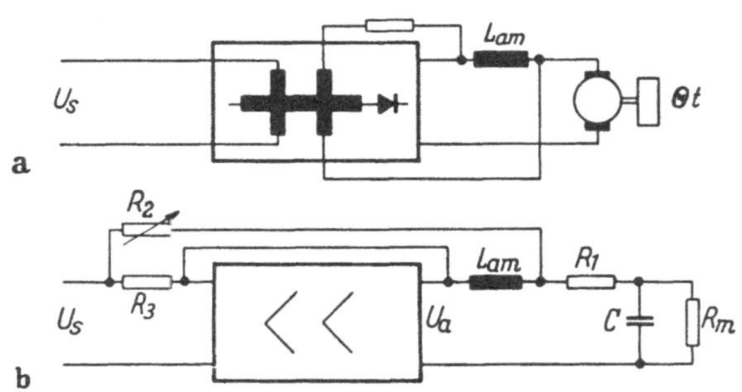

Abb. 14.15a u. b. Ersatzschaltbild für innere Rückkopplung

sches Analogon ersetzt. Der mechanischen Anlaufzeitkonstante entspricht die elektrische Zeitkonstante $R_1 C$. Die Belastung berücksichtigt der Widerstand R_m. Ein großes Trägheitsmoment bedingt somit eine große Kapazität C. Bei einer plötzlichen Änderung der Ausgangsspannung U_a erfolgt dann ein großer Ladestromstoß, der eine hohe Spannung in der Ankerinduktivität erzeugt und damit über den Spannungsteiler R_2, R_3 eine große Rückkopplungsspannung in den Steuerkreis liefert. Ist das Trägheitsmoment dagegen klein, so bleibt der Ladestrom des entsprechenden Ersatzkondensators niedrig und die rückgekoppelte Spannung hält sich in engen Grenzen.

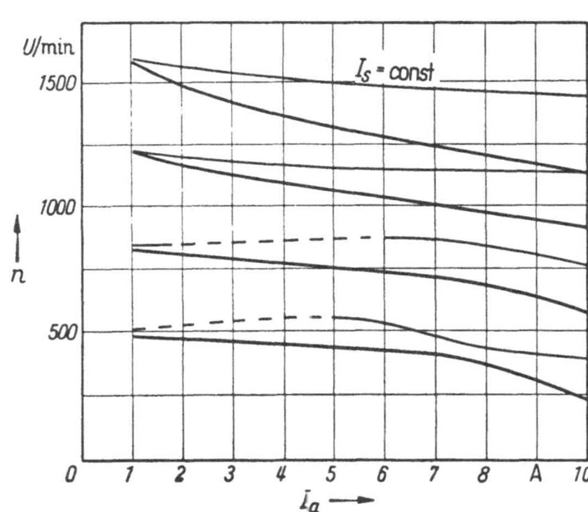

Abb. 14.16. Stabilisierung eines einphasigen Transduktorantriebes durch ein Motor-Reihenschlußfeld

Das Trägheitsmoment beeinflußt die Höhe des Rückkopplungsimpulses, mit dem der Transduktor bei einer Änderung der Ausgangsspannung angestoßen wird.

Die Abb. 14.16 zeigt schwach gezeichnet das Drehzahl-Ankerstrom-Kennlinienfeld eines von einem einphasigen Transduktor gespeisten 3 kW Gleichstrommotors. Bei kleiner Drehzahl und kleinem Ankerstrom haben die Kennlinien eine positive Steigung (gestrichelter Verlauf), so daß der Motor in diesem Bereich pendelt. Die Instabilität wurde hier, wie die stark ausgezogenen Kennlinien zeigen, durch eine zusätzliche Reihenschlußerregung des Motors beseitigt, die in dem kritischen Bereich

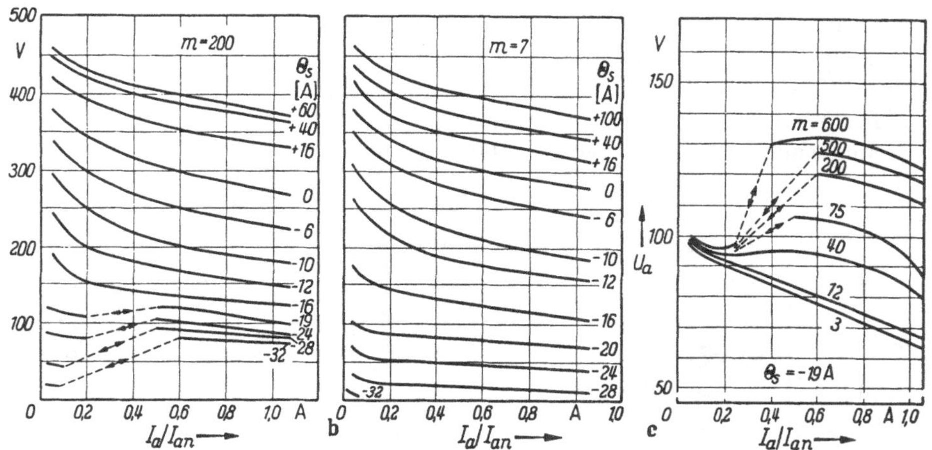

Abb. 14.17a–c. Kennlinienfeld eines dreiphasigen Transduktorantriebes mit Schwingbereich

die Drehzahl mit steigendem Ankerstrom abnehmen läßt. Allerdings vergrößert sich dadurch im Bereich höherer Drehzahl seine Lastabhängigkeit.

Die gleichen Erscheinungen sind auch bei dem dreiphasigen Transduktor festzustellen. Die Abb. 14.17a zeigt das $U_a I_a$-Kennlinienfeld für einen 75 kW Transduktor bei Motorbelastung. Der bezogene Leitwert

$$m = \sum \frac{N_s^2}{R_s}$$

wurde in a mit $m = 200$ hoch gewählt, so daß eine innere Rückkopplung möglich war. Im unteren Spannungsbereich sind die Kennlinien nicht stabil. Wie durch Pfeile angedeutet, pendelt die Ausgangsspannung zwischen den vollausgezogenen Bereichen der geknickten Kennlinien. Durch Verkleinerung von m läßt sich, wie aus dem Kennlinienfeld Abb. 14.17b zu ersehen ist, der Kippbereich beseitigen. Auch hier verlaufen die unteren Kennlinien flacher als die oberen. Die Abhängigkeit einer Belastungskennlinie im Kippbereich von m ist aus Abb. 14.17c zu ersehen. Mit steigendem m wird die Neigung der Kennlinie immer geringer. Die Stabilitätsgrenze liegt bei $m = 40$. Eine weitere Vergrößerung von m macht die Kennlinie instabil.

Durch eine Verkleinerung von m läßt sich der Transduktorantrieb stabilisieren, da durch einen hohen Steuerkreiswiderstand eine Sperrung des Nacheilstromes erfolgt. Erscheint die damit verbundene Verringerung der Leistungsverstärkung nicht tragbar, so läßt sich die gleiche Wirkung auch durch in die Steuerkreise gelegte Sperrdrosseln erreichen. Diese Verdrosselung empfiehlt sich vor allen Dingen für den Vorstromkreis. Drosseln im eigentlichen Steuerkreis vergrößern die Zeitkonstante des Transduktors und sollten deshalb knapp bemessen werden.

Neben einer Verkleinerung von m und der Sperrung der Steuerkreise für Wechselstrom durch Drosseln, gibt es noch schaltungstechnische Möglichkeiten, den Antrieb zu stabilisieren. So kann nach Abb. 14.16 eine

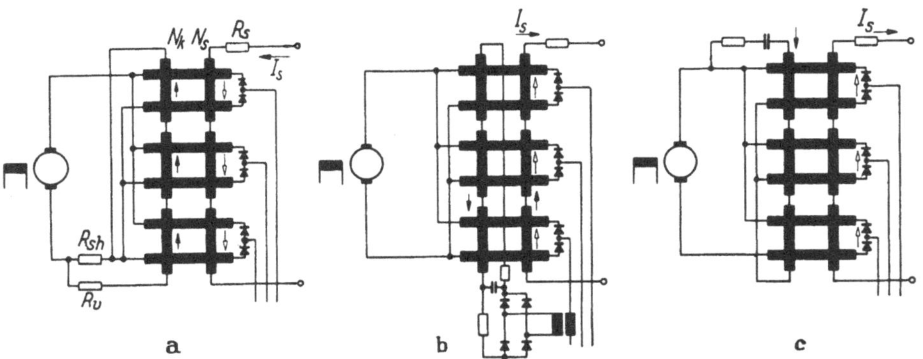

Abb. 14.18 a–c. Stabilisierung durch Rückführungen. a u. b) Stromgegenkopplung, c) nachgebende Spannungsgegenkopplung

zusätzliche Reihenschlußerregung des Motors den Schwingbereich beseitigen. Diese Stabilisierungsmöglichkeit wird nicht sehr gern benutzt. Die Reihenschlußwicklung beansprucht einen Teil des Wickelraumes im Ständer. Außerdem ist es schwierig, das Reihenschlußfeld bei der Inbetriebnahme zu verändern, um es auf den optimalen Wert einzustellen.

Eine Strombeeinflussung läßt sich leichter beim Transduktor vornehmen. Sie muß, wie in Abb. 14.18a gezeigt wird, hier im Sinne eines Gegenreihenschlusses wirken, so daß der Ankerstrom die Ausgangsspannung des Transduktors herabsetzt. Damit ist, wie bei der Reihenschlußerregung des Motors, der Nachteil verbunden, daß die Drehzahl stärker lastabhängig wird. Diese Eigenschaft wirkt sich nur auf den gesteuerten Antrieb aus. Eine Regelung hält dagegen die Drehzahl konstant. Die Stromgegenkopplung erfordert eine größere Steuerdurchflutung, die von dem vorgeschalteten Regelkreisglied aufgebracht werden muß. Infolge der hohen Güte des Transduktors genügt als Gegenkopplungswicklung bereits eine Windung, über die meist nur ein Teil des Ankerstromes geführt werden darf, soll die Gegenkopplung nicht unnötig stark sein.

Nach Abb. 14.18a fließt der größte Teil des Ankerstromes über den Shunt R_{sh}. Der Vorwiderstand R_v darf einen Mindestwert nicht unterschreiten, da sonst durch den Gegenkopplungskreis der bezogene Leitwert m wesentlich vergrößert und die Stabilität aus diesem Grund wieder gefährdet wird. Die Stromgegenkopplung läßt sich auch, wie in Abb. 14.18b gezeigt, von dem Wechselstrom abnehmen. Die Einstellung der Gegenkopplung erfolgt über einen Stromwandler. Nach der Gleichrichtung des Stromes ist eine Glättung vorzusehen. Diese Gegenkopplung erfordert einen größeren Aufwand als die Schaltung *a*, außerdem wird nur der Strom einer Phase erfaßt. Ist die Stromaufnahme nicht in allen Phasen gleich, und ändert sich das Verhältnis der Strangströme über den Aussteuerbereich, so bleibt auch das Gegenkopplungsverhältnis nicht konstant.

In Abb. 14.18c ist eine Stabilisiermöglichkeit dargestellt, die nicht in dem gleichen Maße, wie die Stromgegenkopplung, die Eigenschwingungen beseitigt, jedoch in vielen Fällen ausreicht. Hierbei wird die Ausgangsspannung des Transduktors über ein RC-Glied an die Steuerwicklung N_k gelegt und damit eine nachgebende Rückführung geschaffen. Der Transduktor kann jetzt seine Ausgangsspannung nicht plötzlich ändern. Er folgt einer, durch einen Ankerstromstoß auf dem Wege der inneren Rückkopplung erzeugten sprunghaften Änderung der Steuerdurchflutung nur langsam, so daß der Ankerkreis Zeit hat, einen Gleichgewichtszustand anzunehmen. Durch die nachgebende Rückführung wird an Stelle des Lastverhaltens das Zeitverhalten verschlechtert. Deshalb eignet sich die Schaltung nicht für geregelte Antriebe, bei denen eine kleine Transduktorzeitkonstante anzustreben ist. Sie erscheint besser für gesteuerte Antriebe anwendbar, bei denen wiederum die Stromgegenkopplung ungünstige Betriebseigenschaften ergibt.

14.5 Dynamische Eigenschaften

Nachdem die dynamischen Eigenschaften des Transduktors bereits ausführlich behandelt worden sind, sollen hier nur noch einige betriebliche Gesichtspunkte erwähnt werden, die sich aus der Kombination Transduktor—Gleichstrommotor ergeben. Es ist naheliegend, den Transduktorantrieb mit einem LEONARD-Antrieb zu vergleichen. Beim LEONARD-Satz überwiegt die Feldzeitkonstante des Generators gegenüber der Ankerzeitkonstante und der mechanischen Anlaufzeitkonstante.

Bei einer stoßartigen Änderung der Erregerspannung wird sich deshalb die Generatorspannung so langsam ändern, daß der Hochlauf des Motors mit mäßiger Beschleunigung erfolgt. Hat die Belastung kein großes Schwungmoment, so werden im Ankerkreis keine großen Stromspitzen auftreten. Außerdem ist der Generator gegen kurzzeitige Überlastung verhältnismäßig unempfindlich.

Der Transduktor besitzt dagegen eine sehr kleine Zeitkonstante. Wie in dem vorstehenden Abschnitt gezeigt wurde, muß die Zeitkonstante schon zur Stabilisierung der Kombination Transduktor—Motor klein gewählt werden. Die Ankerspannung läßt sich in dem Zeitraum weniger Perioden der Wechselspannung von null auf ihren Nennwert vergrößern. Der Motor muß bei einem derartigen Spannungssprung sehr schnell anlaufen. Gleichzeitig fließt, infolge der großen Beschleunigung, ein hoher Überstrom, für den die Drosseln und die Gleichrichter bemessen sein müssen. Erfolgt ein derartiger Schnellanlauf nur selten, so brauchen die Drosseln, wegen der kurzzeitigen Stoßlast, nicht überbemessen zu werden. Anders verhält es sich bei den Siliziumgleichrichtern. Ihre geringe Überlastbarkeit macht es notwendig, auch kurze Stromspitzen bei der Bemessung zu berücksichtigen.

Auch eine Strombegrenzung stellt für die Siliziumgleichrichter keinen in jedem Fall wirksamen Schutz dar, da bis zum Ansprechen der Strombegrenzung, je nach dem Zeitverhalten der im Begrenzungskreis liegenden Glieder, eine oder mehrere Perioden vergehen. Die kurze Zeit reicht aus, die vor den Siliziumgleichrichtern liegenden schnellen Spezialsicherungen ansprechen zu lassen, oder bei nicht richtiger Bemessung der Sicherungen die Gleichrichter zu zerstören. Eine entsprechende Überbemessung der Siliziumgleichrichter ist wegen ihrer geringen Abmessungen und des bei Ausnutzung ihrer vollen Spannung gegenüber Selengleichrichtern niedrigen Preises, fast immer vertretbar.

Neben der Überlastung, infolge des Beschleunigungsstromes bei Drehzahländerung, kann auch eine Überlastung durch stoßartige Lastmomente erfolgen. Bei Schwerantrieben muß durch eine Strombegrenzung eine längere Zeit andauernde Überbeanspruchung des Antriebes vermieden werden. Die Siliziumgleichrichter sind wieder für die höchste Stromspitze zu bemessen. Besonders ist das Anfahren des Antriebes aus dem Stillstand zu untersuchen. Viele Schwerantriebe, zu denen z. B. der Gerüstantrieb von Kaltwalzwerken gehört, erfordern ein hohes Losbrechmoment. Der Reibungs- oder der Verformungswiderstand sind mitunter so groß, daß erst das Nennmoment den Anlauf erzwingt. Dabei bleibt der Transduktor — die Gegen-EMK ist null — fast vollständig geschlossen. Der Ankerstrom ist in diesem ungünstigen Arbeitspunkt zwar nicht lückend, hat aber wegen des kleinen Stromflußwinkels eine große Welligkeit und zeigt hohe Stromspitzen. Unter diesen Bedingungen kommt es sehr darauf an, daß alle Drosseln sich gleichmäßig an dem Gesamtstrom beteiligen. Ist das infolge ungleicher magnetischer Eigenschaften der Drosseln oder eines welligen Steuerstromes, der einige Drosseln mehr aussteuert als die restlichen, nicht gewährleistet, so werden einzelne Gleichrichter überlastet und können ausfallen.

Der Transduktorantrieb erweist sich als wesentlich schneller als der LEONARDsatz, erreicht aber naturgemäß nicht die Schnelligkeit des Stromrichterantriebes. Benötigt der große Leistungstransduktor unter Berücksichtigung des vorgeschalteten Transduktors zum Durchsteuern des ganzen Stellbereiches mindestens 5 Perioden der Wechselspannung, so schafft es der Stromrichter in weniger als einer Periode. Unter Berücksichtigung der anderen in dem Regelkreis vorhandenen Verzögerungsglieder kann aber dieser Unterschied in der Dynamik nur in seltenen Fällen von Bedeutung sein. Das Drehzahlverhalten beider Antriebe, vor allen Dingen der vorübergehende Drehzahleinbruch bei Lastschwankungen, unterscheidet sich nur wenig.

Das Fehlen einer Eigenträgheit ermöglicht beim Stromrichter einen sehr sicheren Schutz des Antriebes, sei es durch Strombegrenzung bei betriebsmäßiger Überlastung oder durch Gittersperre im Störungsfall. Ein weiterer Vorteil des Stromrichters ist, daß er durch Übergang in den Wechselrichterbetrieb, wie beim LEONARDsatz, eine Rückspeisung ins Netz und damit die Nutzbremsung des Antriebsmotors ermöglicht. Beim Transduktor ist die Umwandlung von Gleichstrom in Wechselstrom nicht möglich, da die Drosseln nur Wechselstrom sperren können. Die Bremsung muß über Widerstände erfolgen. Auch bei einfacheren Stromrichterantrieben wird in der Regel die Widerstandsbremsung angewendet.

14.6 Bremsung

Eine zusätzliche Widerstandsbremsung wird notwendig, wenn das auf die Motorwelle wirkende Gegendrehmoment nicht groß genug ist, um den Antrieb in der gewünschten Zeit stillzusetzen. Arbeitsmaschinen mit großen Schwungmassen erhalten meist eine mechanische Bremse, da das große Bremsmoment eine Vergrößerung der Motor-Typenleistung notwendig machen würde. Für die Bemessung der Bremswiderstände muß die Stillsetzzeit und das verbleibende Bremsmoment an der Motorwelle bekannt sein. Im Interesse der Einfachheit soll angenommen werden, daß der Motor mit einer Schwungmasse belastet und ein mechanisches Bremsmoment nicht vorhanden ist. In den Bremswiderständen muß bei der Ausgangsdrehzahl n_0 die Leistung

$$P_b = n_0 M_b = n_0 \Theta_t \frac{d\omega}{dt} \tag{14.13}$$

vernichtet werden, andererseits ist $P_b = I_b U_{a0}$. Damit ergibt sich der Bremsstrom zu

$$I_b = \frac{n_0}{U_{a0}} \Theta_t \frac{d\omega}{dt} = k \frac{n_0}{U_{a0}} \Theta_t \frac{\Delta n}{\Delta t}. \tag{14.14}$$

Soll die Drehzahl n_0 linear mit der Zeit abnehmen (konstante Verzögerung), so muß I_b konstant sein.

Der Bremswiderstand R_b liegt parallel zum Motor. Der über den Widerstand fließende Strom bleibt während der Bremsperiode nicht konstant, sondern nimmt proportional der Ankerspannung und damit der Motordrehzahl ab. Es muß somit entweder über die Bremszeit ein abnehmendes Bremsmoment zugelassen werden, oder der Bremswiderstand wird durch mehrere Bremswiderstände, die nacheinander zuzuschalten sind, ersetzt. Auch dann ist der Bremsstrom nicht konstant, ändert sich aber weniger als bei einem einzigen Bremswiderstand. Der Transduktor kann bei geeigneter Schaltung die Ungleichmäßigkeit des Bremsstromes ausgleichen und damit eine konstante Verzögerung ermöglichen (lineare Bremsung).

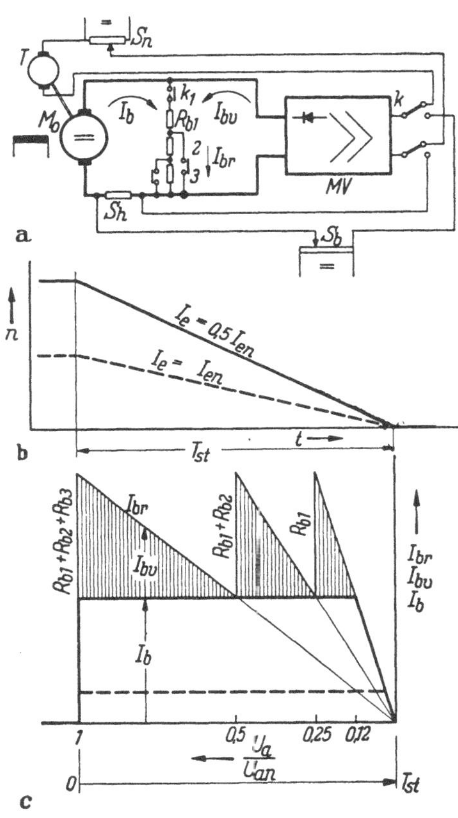

Abb. 14.19 a—c. Bremsung eines Transduktorantriebes über Widerstände

Die Abb. 14.19a zeigt das Prinzipschaltbild eines Transduktorantriebes mit linearer Bremsung. Der mehrstufige Transduktor TD wird im normalen Betrieb auf konstante Drehzahl geregelt. Zur Einstellung des Drehzahlsollwertes dient der Sollwertgeber S_n. Vor Stillsetzung des mit einer großen Schwungmasse belasteten Antriebes erfolgt die Umschaltung des Transduktoreinganges (Umschalter k) auf den Strommeßkreis. Jetzt wird der an dem Shunt Sh gemessene Bremsstrom mit dem an S_b eingestellten Bremsstromsollwert verglichen und entsprechend der Transduktor ausgesteuert. Dabei greift der Transduktor nur ein, wenn der Bremsstrom zu groß ist, da er nur in einer Richtung Strom führen kann. Die Abbremsung beginnt damit, daß der Kontakt k_1 geschlossen wird, so daß über die Bremswiderstände der Bremsstrom I_b fließt. Der Bremsstrom ist wegen der hohen Spannung zunächst zu groß. Der Transduktor öffnet daraufhin unter dem Einfluß des Strommeßkreises etwas und liefert den Anteil des über R_b fließenden Stromes, der den vorgegebenen Bremsstrom übersteigt. Die Drehzahl nimmt linear ab, bis die Ankerspannung so weit absinkt, daß bei geschlossenem Transduktor I_b kleiner als der Sollwert wird. Jetzt muß der Widerstand R_{b3} kurzgeschlossen werden. Der Bremsstrom steigt dadurch an und der Transduktor öffnet wieder, um die überschüssige Stromspitze zu übernehmen, bis I_b unter den Sollwert sinkt. Danach ist R_{b2} kurzzuschließen.

Nach Gl. (14.14) beeinflußt die Erregung den Bremsstrom, da der Faktor n_0/U_{a0} von der Erregung abhängt. Die Abb. 14.19b zeigt die Bremskurve eines Motors, der von U_{a0} ausgehend einmal bei vollem Feld und dann bei halbem Feldstrom in der Zeit T_{st} stillgesetzt werden

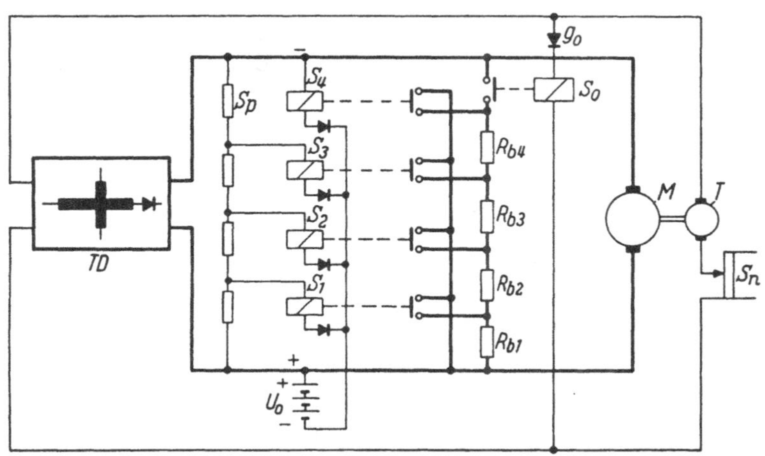

Abb. 14.20. Spannungsabhängige Steuerung der Widerstände für lineare Bremsung

soll. Im zweiten Fall ergibt sich, wenn von Sättigungserscheinungen abgesehen wird, der vierfache Bremsstrom. In Abb. 14.19c ist in Abhängigkeit von der Ankerspannung der über die Bremswiderstände fließende Strom I_{br} aufgetragen. Er setzt sich aus dem eigentlichen Bremsstrom I_b und dem Transduktorstrom I_{bv} zusammen. Der vom Transduktor gelieferte Strom ist durch Schraffur hervorgehoben. Der Bremsstrom I_b kann bis kurz vor Stillstand auf seinem Sollwert gehalten werden. Als vierte Stufe läßt sich der Anker kurzschließen. Das ist im allgemeinen nicht notwendig. Bei kleinen Drehzahlen sind die

Reibungsverluste so groß, daß sie das absinkende Bremsmoment ausgleichen. In dem Beispiel sind die Bremswiderstände so bemessen, daß bei geschwächtem Feld der Nenn-Bremsstrom fließt. Ist der Motor mit den gleichen Widerständen bei vollem Feld stillzusetzen, so wird nur der gestrichelte Bremsstrom benötigt. Die Differenz zwischen dem gestrichelten und dem vollausgezogenen Strom muß zusätzlich der Transduktor übernehmen, so daß er während des ganzen Bremsvorganges geöffnet bleibt.

Eine Schaltung zur Steuerung der Bremswiderstände zeigt Abb. 14.20. Die Bremsung wird hier über das Schütz S_0 freigegeben, sobald im Drehzahlmeßkreis die Tachometerspannung größer als die an S_n eingestellte Sollspannung ist. Die Auswahl der richtigen Bremsstufe erfolgt in Abhängigkeit von der Ankerspannung. Die Schütze $S1$ bis $S4$ liegen mit ihren Erregerwicklungen an der Gegeneinanderschaltung des an dem Spannungsteiler Sp abgegriffenen Teils der Ankerspannung und der Hilfsspannung U_0. In den Erregerkreisen liegen Dioden, die nur durchlassen, wenn U_0 gegenüber dem abgegriffenen Teil der Ankerspannung überwiegt. Bei voller Ankerspannung ist der ganze Bremswiderstand eingeschaltet. Geht U_a zurück, so schließt zunächst $S1$ den untersten Teil des Bremswiderstandes kurz. Bei noch kleinerer Ankerspannung schließt $S2$, danach $S3$ und bei sehr kleiner Drehzahl schließlich $S4$.

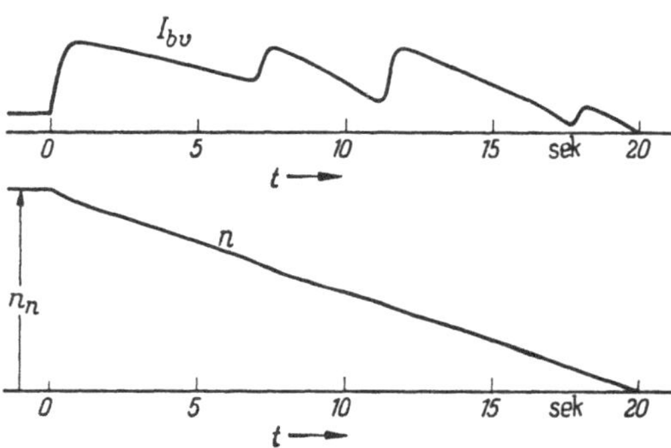

Abb. 14.21. Zeitlicher Verlauf der Drehzahl und des Transduktorstromes bei linearer Bremsung

Abb. 14.21 zeigt das Oszillogramm der Stillsetzung eines Transduktorantriebes mit linearer Bremsung. Es ist der zeitliche Verlauf der Drehzahl n und des vom Transduktor gelieferten Stromes I_{bv} wiedergegeben. Bei jedem Einschalten einer neuen Bremsstufe steigt der Strom des Transduktors an, um danach proportional der Drehzahl abzunehmen, bis die nächste Stufe geschaltet wird. Die Schaltvorgänge führen, infolge der Bremsstromregelung des Transduktors, zu keinen unzulässigen Drehzahlsprüngen.

14.7 Gesteuerter und geregelter Antrieb

Der Transduktorantrieb wird wegen seiner guten dynamischen Eigenschaften vor allen Dingen für geregelte Anlagen eingesetzt. Bei kleineren

Leistungen erscheint mitunter der Aufwand für das zusätzliche Regelzubehör wie Tachometermaschine, Regler und unter Umständen Zwischentransduktor nicht tragbar, so daß auf einen gesteuerten Antrieb übergegangen werden muß. Die Schaltung ist, wie in Abb. 14.22 gezeigt, einfach. Die Steuerleistung darf auch hier, um ein kleines m zu erhalten, nicht zu gering sein. Deshalb erscheint es hier wirtschaftlicher, als Stellglied keinen Spannungsteiler, sondern einen Stelltransformator T_s, den der Stellmotor M_s betätigt, zu wählen. Die Steuerspannung wird mit dem Gleichrichter g_1 gleichgerichtet und anschließend geglättet. Zur

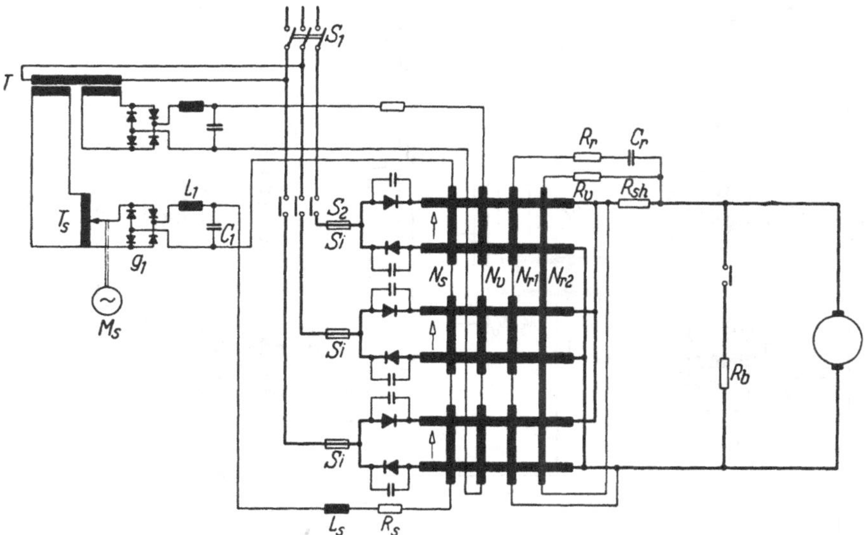

Abb. 14.22. Schaltung eines gesteuerten Transduktorantriebes

Stabilisierung dient eine nachgebende Rückführung über $R_r C_r$. Sie reicht aus, da bei kleinerer Leistung, infolge der größeren Verluste im Transduktor und im Motor die Neigung zur Selbsterregung nicht sehr ausgeprägt ist. Dadurch wird es mitunter möglich, die Lastabhängigkeit des Antriebes durch eine über R_v und die Wicklung N_{r2} geführte Stromrückkopplung herabzusetzen.

Ein Nachteil des gesteuerten Transduktorantriebes ist die Abhängigkeit der Drehzahl von der Speisespannung. Während sich beim LEONARD-Satz ein Absinken der Speisespannung nur unwesentlich nach Maßgabe des etwas größeren Schlupfes des Asynchronmotors auf die Drehzahl auswirkt, gehen hier Netzspannungsschwankungen voll in die Drehzahl ein. Der gesteuerte Transduktor eignet sich deshalb für Antriebe, bei denen keine große Drehzahlkonstanz gefordert wird und die einfache Bedienung, die Wartungsfreiheit und der hohe Wirkungsgrad den Ausschlag geben. Die Lastabhängigkeit läßt sich dadurch verringern, daß die Ankerspannung über eine zusätzliche Steuerwicklung gegengekoppelt wird. Hierdurch wird allerdings die Steuerdurchflutung vergrößert.

Eine konstante, von der Belastung praktisch unabhängige Drehzahl kann mit dem geregelten Transduktorantrieb erreicht werden. Abb. 14.23 zeigt die Prinzipschaltung eines auf konstante Drehzahl geregelten Antriebes. Der den Motor speisende Endtransduktor *TDE* ist in Drei-

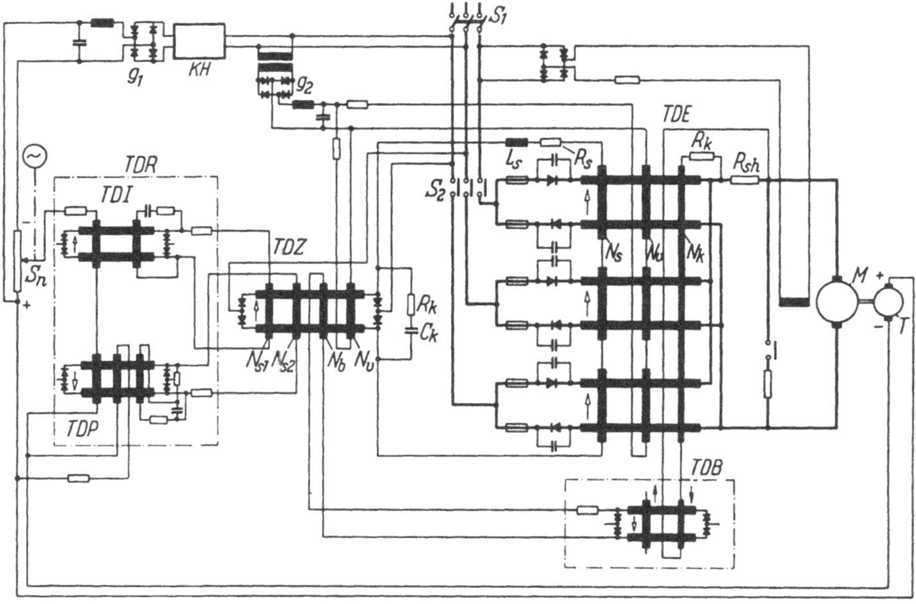

Abb. 14.23. Schaltung eines geregelten Transduktorantriebes

phasen-Brückenschaltung ausgeführt. Zur Stabilisierung der Umformergruppe wird eine Stromgegenkopplung über R_k und die Wicklung N_k verwendet. Die Aussteuerung des Endtransduktors erfolgt durch den Zwischentransduktor *TDZ*. Hierfür wird eine Einphasen-Brückenschaltung gewählt. Da er induktiv belastet ist, besitzt er ein Kompensationsglied ($R_k C_k$). Der Drehzahlsollwert wird an dem Geber S_n eingestellt, der über einen Gleichrichter und einen magnetischen Spannungskonstanthalter *KH* an dem Versorgungsnetz liegt. Die Sollspannung wird mit der Spannung der Tachometermaschine verglichen und die Differenz an den Eingang des Transduktorreglers *TDR* gelegt. Der Regler steuert über die beiden Wicklungen N_{s1} und N_{s2} den Zwischentransduktor. Außerdem ist ein Begrenzungstransduktor *TDB* vorgesehen, der über den Vorstrom so weit negativ zugesteuert wird, daß er erst öffnet und den Zwischentransduktors im schließenden Sinn aussteuert, wenn der Ankerstrom des Motors den zulässigen Grenzwert überschreitet.

Die Drehstromeinspeisung erfolgt über den Hauptschalter *S 1* und das Schütz *S 2*. Durch *S 1* wird der Meßkreis und die dem Endtransduktor vorgeschalteten Regelkreisglieder an Spannung gelegt. Der Endtransduktor wird erst anschließend durch *S 2* eingeschaltet, so daß der Vorstrom und der Steuerstrom des Zwischentransduktors bereits im Schaltaugenblick vorhanden sind. Dabei ist *S 2* mit Hilfe eines End-

Abb. 14.24. Schaltschrank für geregelten Transduktorantrieb Ausgangsleistung 230 kW (Werkaufnahme H. Still AG.)

kontaktes des Sollwertgebers so zu verriegeln, daß der Endtransduktor nur eingeschaltet werden kann, wenn der Sollwertgeber *Sn* auf null steht.

Sämtliche im Schaltbild 14.23 angegebenen Geräte lassen sich in einem Schaltschrank unterbringen. Die Abb. 14.24 zeigt den Schaltschrank eines 230 kW Transduktorantriebes. In dem linken Feld ist die Drehstromeinspeisung angeordnet. In dem Mittelfeld sind unten die Transduktordrosseln zu sehen, darüber die Siliziumgleichrichter mit den vorgesetzten Sicherungselementen. Der Gleichrichter hat einen Nennstrom von 800 A bei 400 V. Über der Sicherungsleiste sind die Lüfter zu erkennen. Das rechte Feld enthält die Einschübe mit dem Sollwertgeber, dem Zwischentransduktor und dem Regler. Außerdem ist ein zweiter Regler und ein vierter größerer Einschub zu sehen. Sie gehören zur Feldstromversorgung, da der Antrieb zur Vergrößerung des Drehzahlregelbereiches nach Erreichen der Nennankerspannung in Feldschwächung gefahren wird.

Für die Kombination des Anker- und des Feldregelbereiches gibt es verschiedene Möglichkeiten. Zwei Schaltungen sind in Abb. 14.25 dargestellt. Die Feldschwächung darf erst einsetzen, wenn die Ankerspannung ihren Nennwert erreicht hat, da sonst der Motor nicht seine volle Leistung hat. In Abb. 14.25a sind im Anker- und Feldkreis je ein Regel- (R_a, R_e)

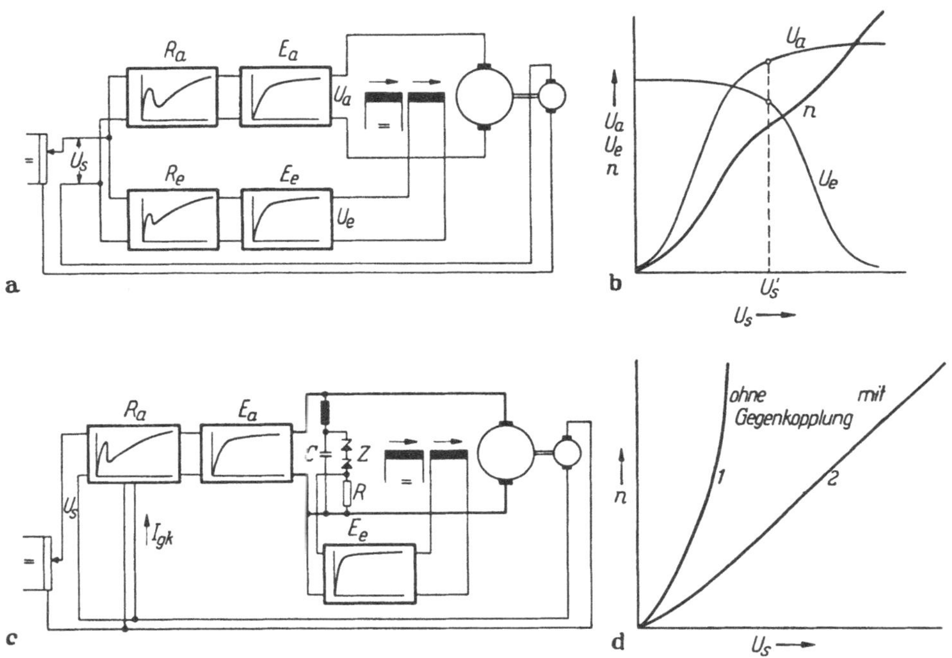

Abb. 14.25 a – d. Regelantriebe mit Feldschwächbereich

und ein Endtransduktor (*Ea*, *Ee*) vorgesehen. Beide Regler liegen an dem gleichen Meßkreis und werden mit der Steuerspannung U_s ausgesteuert. Die Wirkungsrichtung von U_s ist bei beiden Transduktoranordnungen entgegengesetzt. Eine positive Steuerspannung öffnet *Ea*, schließt dagegen den Endtransduktor *Ee*. Zur Verschiebung des Feldschwächebereiches gegen den Ankerspannungsbereich erhält *Ee* einen positiven Vorstrom, der ihn voll öffnet und ihn offen hält, bis die Steuerspannung den Wert U'_s überschreitet. Die Abb. 14.25b zeigt die Ausgangsspannungen U_a und U_e in Abhängigkeit von U_s. Die Feldschwächung setzt bei U'_s ein, während der Endtransduktor *Ea* den Sättigungsast seiner Arbeitskennlinie erreicht hat. Stark ausgezogen ist in das Diagramm die Drehzahlkennlinie $n = f(U_s)$ eingezeichnet. Beim Übergang des Anker- in den Feldschwächbereich verläuft die Kennlinie etwas flacher. Zwischen beiden Bereichen muß ein Sicherheitsabstand vorgesehen werden, da sonst die Gefahr besteht, daß bei einer Nullpunktswanderung sich beide Bereiche in einem begrenzten Abschnitt überdecken. In dem Überdeckungsbereich ist dann eine besonders hohe Kreisverstärkung vorhanden, die zu Regelschwingungen führen kann.

Bei der in Abb. 14.25c dargestellten Schaltung erfolgt nur eine Drehzahlregelung über die Ankerspannung. Das Feld dagegen wird über einen Spannungsbegrenzungskreis gesteuert. Er besteht aus einem nichtlinearen Spannungsteiler, der sich aus Zenerdioden Z und einem Widerstand R zusammensetzt. Er liegt über einem Siebglied an der Ankerspannung. Ist die Ankerspannung kleiner als ihr Nennwert, so sperren die Zenerdioden und der Transduktor Ee erhält keine Steuerspannung. Sobald die Ankerspannung über den Grenzwert hinausgeht, öffnet Z, der Spannungsüberschuß liegt an R und steuert Ee in Richtung Feldschwächung aus. Ist die Verstärkung des Transduktors Ee, der auch zweistufig ausgeführt sein kann, groß, so genügt ein kleiner Anstieg der Ankerspannung und folglich auch der Steuerspannung U_s, um den Feldschwächbereich zu durchlaufen. Es ergibt sich dann die in Abb. 14.25d dargestellte Kennlinie 1. Sie ist im oberen Drehzahlbereich sehr steil und würde nach Schließen des Regelkreises keinen stabilen Betrieb zulassen. Es muß deshalb eine Linearisierung der Kennlinie vorgenommen werden. Sie erfolgt in c durch Gegenkopplung der Spannung der Tachometermaschine auf den Transduktorregler. Dann ergibt sich die in d dargestellte Kennlinie 2.

15. Meßtransduktoren

15.1 Anforderungen der Meßtechnik

In der elektrischen Meßtechnik kann in den meisten Fällen auf ein zusätzliches Verstärkerelement verzichtet werden, da sich die elektrischen Größen fast immer unmittelbar mit Meßinstrumenten messen lassen. Trotzdem geht in den letzten Jahren die Entwicklung dahin, empfindliche Instrumente durch Verstärker, in Verbindung mit robusten Betriebsinstrumenten, zu ersetzen. Dadurch ergeben sich zuverlässige Geräte mit kurzen Einschwingzeiten. Ein derartiger Meßverstärker hat im allgemeinen einen verhältnismäßig kleinen Verstärkungsfaktor.

Hohe Anforderungen werden dagegen an seine Nullpunktsicherheit, sowie die Konstanz und die Linearität seiner Kennlinie gestellt.

Fast immer ist bei den Meßwertumformern, die mechanische Größen wie Druck, Beschleunigung, Weg in elektrischen Größen abbilden, ein Verstärker notwendig. Kann die Meßgröße in eine Wechselspannung umgeformt werden, so stellt in vielen Fällen der elektronische Verstärker die optimale Lösung dar. Ist dagegen eine Gleichspannung zu verstärken, so muß diese mit einem geeigneten Zerhacker in Wechselspannung umgewandelt und dann einem elektronischen Wechselstromverstärker zugeführt werden. Wird die Gleichspannung unmittelbar verstärkt, so ist ein sehr großer Aufwand zur thermischen Stabilisierung des elektronischen Gleichspannungsverstärkers notwendig.

Der Transduktor bringt für diese Verwendung bessere Voraussetzungen mit, da sich bei ihm als echtem Gleichstromverstärker die Frage der Nullpunktsicherheit verhältnismäßig leicht lösen läßt. Allerdings müssen wir berücksichtigen, daß eine gewisse Steuerleistung benötigt wird. Dafür läßt sich durch Wahl der geeigneten Steuerwindungszahl der Transduktor gut an den Innenwiderstand der Steuerspannungsquelle anpassen. Um die Steuerleistung möglichst klein zu halten, werden Meßtransduktoren mit den besten weichmagnetischen Kernwerkstoffen aufgebaut. Bei den kleinen Leistungen wird die Ringkerndrossel als die am wenigsten die rechteckige Hystereseschleife beeinträchtigende Bauform bevorzugt. Zur Verkleinerung der Zeitkonstante kann es mitunter zweckmäßig sein, den Transduktor mit Mittelfrequenz zu speisen. Als Spannungsquellen können Röhren- oder Transistoroszillatoren eingesetzt werden. Statische Frequenzvervielfacher lohnen sich nur bei größeren Leistungen.

Grundsätzlich muß in der Meßtechnik zwischen dem Ausschlagverfahren und dem Nullverfahren unterschieden werden. Beim Ausschlagverfahren ist jeder Meßgröße eine bestimmte Ausgangsspannung des Meßtransduktors bzw. ein bestimmter Ausschlag des nachgeschalteten Instrumentes zugeordnet. Die Abb. 15.01a zeigt die Messung der Temperatur mit einem Thermoelement. Die Ausgangsspannung U_a muß proportional der Eingangsspannung U_s sein. Bei dem in Abb. 15.01b gezeigten 0-Verfahren wird die Meßspannung U_s mit einer Hilfsspannung U_h verglichen. Die Differenzspannung liegt am Eingang des Transduktors. Er speist den Stellmotor M, der den Spannungsteiler der Hilfsspannung so lange verschiebt, bis $U_s - U_h = 0$ ist. Bei diesem Kompensationsverfahren ist im abgeglichenen Zustand der Meßwertumformer unbelastet. Die Stellung des Abgriffs am Spannungsteiler ist ein Maß für die Meßgröße und wird an einer Skala S angezeigt. Der Transduktor braucht hier keine lineare Kennlinie zu haben, da diese nicht in die Messung eingeht. Das Kompensationsverfahren hat außerdem den Vorteil, daß sich durch den Stellmotor nachgeschaltete Glieder betätigen lassen. Bei dem Ausschlagverfahren steht dagegen in der Regel kein nutzbares Drehmoment zur Verfügung.

Der Transduktor bildet mit dem Motor *M* ein Stellglied. Der Motor läßt sich wie in Abschn. 13 (S. 333ff.) gezeigt, sowohl als Gleichstrom- wie auch als Wechselstrommotor ausführen. Bei Temperaturmessungen werden keine hohen Anforderungen an die Verstellgeschwindigkeit gestellt. Soll dagegen der Kompensator *b* schnell veränderliche Spannungen oder Ströme messen, so muß sowohl die Zeitkonstante des Meßtransduktors als auch das Trägheitsmoment des Motors klein sein.

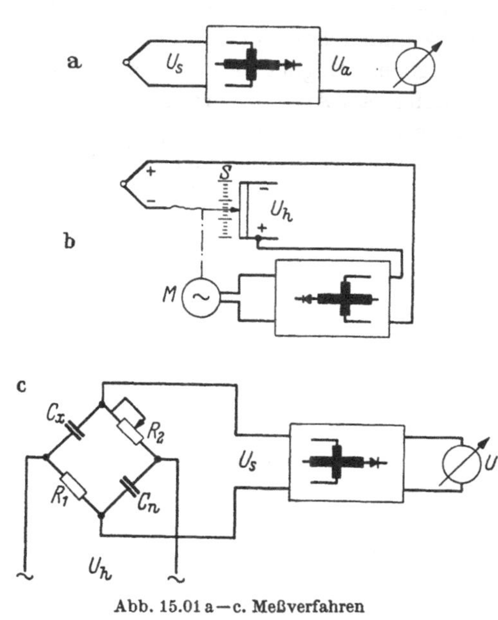

Abb. 15.01 a—c. Meßverfahren

Eine weitere Anwendungsmöglichkeit für Meßtransduktoren zeigt Abbildung 15.01 c. Hier wird mit einer Meßbrücke die Kapazität C_x gemessen. Die Brücke ist abgeglichen, wenn die Diagonalspannung U_s null wird. Der Abgleich wird an dem Instrument *U* kontrolliert. Da der Transduktor auch hier als Nullverstärker arbeitet, ist seine Kennlinie ohne Bedeutung. Er muß nur in der Umgebung von Null sehr empfindlich sein. Hier sind allerdings Wechselspannungen zu verstärken.

15.2 Gleichstromwandler

Die vorstehend genannten Meßtransduktoren sind nur Verstärker. An dem eigentlichen Meßvorgang sind sie nicht beteiligt. Im Gegensatz hierzu stellt der transduktorische Gleichstromwandler einen Meßwertumformer dar. Er besteht, je nach Aufgabenstellung, aus einem bis zwei durchflutungsgesteuerten, stromsteuernden Transduktoren. Ihre Betriebseigenschaften wurden im Einzelnen in Abschn. 4 (S. 82ff.) beschrieben. Von den beiden möglichen Schaltungen, der Drosselparallel- und Reihenschaltung, kommt nur die zweite praktisch in Frage.

Bei der Drosselparallelschaltung stellen die parallel geschalteten Arbeitswicklungen für den Steuerstrom einen sekundären Kurzschlußkreis dar, der die Zeitkonstante des Transduktors wesentlich vergrößert. Für die Drosselreihenschaltung gibt es, je nach dem Abschluß der Steuerkreise, zwei Betriebsarten, die erzwungene und die freie Magnetisierung.

Die Größe des zu messenden Gleichstromes bestimmt der Verbraucher. Der Wandler hat hierauf keinen Einfluß; es liegt somit der Fall der erzwungenen Magnetisierung vor. Diese Betriebsart ist erwünscht, denn sie liefert als Ausgangsgröße einen rechteckförmigen Wechselstrom, der nach erfolgter Gleichrichtung einen Gleichstrom sehr kleiner Welligkeit ergibt. Die aus dynamischen Gründen unerwünschten Siebglieder können verkleinert oder sogar fortgelassen werden.

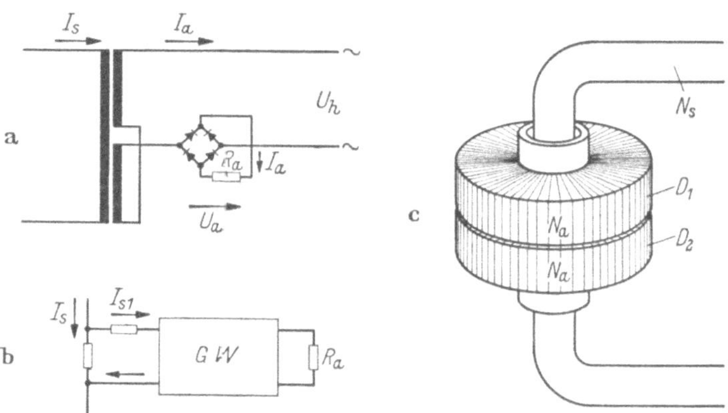

Abb. 15.02a—c. Drosselreihenschaltung als Gleichstromwandler

Die Grundschaltung des Gleichstromwandlers zeigt Abb. 15.02a. Zur Übersetzung eines Gleichstromes I_s in einen anderen Wert I_a sind nur zwei Wicklungen, eine Gleichstromwicklung N_s und eine Wechselstromwicklung N_a notwendig. Der Wandler hat dann nach Gl. (4.58) das Übersetzungsverhältnis

$$\frac{I_a}{I_s} = \frac{N_s}{N_a}. \tag{15.01}$$

Meist werden mit dem Gleichstromwandler große Ströme gemessen. die Windungszahl N_s ist dann klein oder sogar gleich 1. Die Drosseln müssen die Gesamtdurchflutung

$$\Theta_{\text{ges}} = N_a I_a + N_s I_s = 2 N_s I_s \tag{15.02}$$

und für $N_s = 1$ mindestens $\Theta_{\text{ges}} = 2 I_s$ (15.03) ohne unzulässige Erwärmung führen können. Dabei ist zu berücksichtigen, daß der massive Mittelleiter N_s des als Durchsteckwandler ausgeführten Gleichstromwandlers, Abb. 15.02c, eine hohe Stromdichte erhalten kann. Der Wickelraum steht dann fast vollständig für die Wechselstromwicklung zur Verfügung. Ist der Meßstrom sehr groß — z. B. mehrere 1000 A — so werden die Drosseln recht groß. Es kann dann zweckmäßig sein, nur einen Teil I_{s1} des Gesamtstromes I_s über den Wandler zu

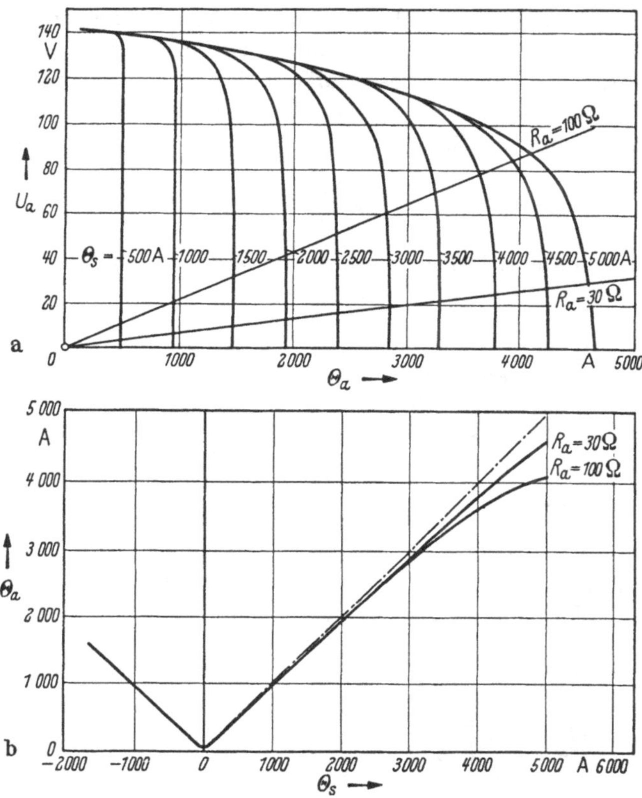

Abb. 15.03 a u. b. Arbeitskennlinien eines Gleichstromwandlers

leiten. Wie in Abb. 15.02 b gezeigt, muß in dem Meßkreis ein Widerstand liegen, der eine von der Temperatur unabhängige Stromteilung gewährleistet und dafür sorgt, daß der Zustand der erzwungenen Magnetisierung erhalten bleibt.

Die Abb. 15.03 a zeigt das $U_a - \Theta_a$ Kennlinienfeld eines Gleichstromwandlers, bei dem der gesamte Meßstrom durch die Drosseln geführt wird ($N_s = 1$). Die Ringkerndrosseln enthalten als Kernwerkstoff

Mumetall. Der Magnetisierungsstrom der Drossel ist zu vernachlässigen. Die senkrecht verlaufenden Kennlinien (Θ_s = konst.) kennzeichnen die Stromwandlereigenschaften der Schaltung. Änderungen des Belastungswiderstandes R_a und damit der Spannung U_a haben praktisch keinen Einfluß auf den Ausgangsstrom. Im Bereich großer Steuerströme geht diese Eigenschaft teilweise verloren. Die in Abb. 15.03b gezeigte Wandlerkennlinie $\Theta_a = f(\Theta_s)$ ergibt sich aus den Schnittpunkten der Widerstandsgeraden R_a mit den Kennlinien in a. Die strichpunktierte Gerade entspricht Gl. (15.01). Der tatsächliche Wechselstrom ist kleiner; der Wandler hat einen Minusfehler. Er wird im wesentlichen durch die nicht zu vernachlässigende Streuung des primären Meßkreises hervorgerufen. Die Wandlerkennlinie knickt um so eher ab, je größer R_a ist, da für die Ummagnetisierung nur die Spannung

$$U_d = U_h - R_a \frac{N_s}{N_a} I_s = U_h - R_a I_s'' \tag{15.04}$$

zur Verfügung steht. Der größte abbildbare Strom beträgt somit

$$I_{sm} = \frac{U_h N_a}{R_a N_s}. \tag{15.05}$$

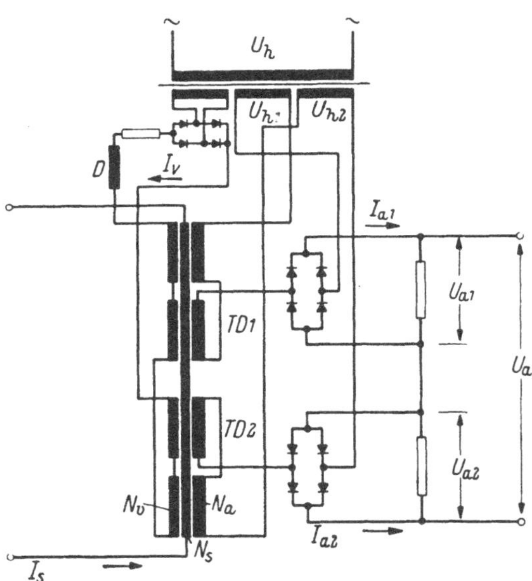

Abb. 15.04. Gleichstromwandler in Gegentaktschaltung

Der geradlinige Bereich endet nach Abb. 4.10 bereits bei $I_s = 0{,}85\, I_{sm}$. Der Wandlerfehler ist von der räumlichen Anordnung abhängig und konstant. Er kann eingeeicht werden.

Der einfache Gleichstromwandler liefert eine von dem Vorzeichen des Meßstromes unabhängige Ausgangsspannung. Er läßt sich deshalb nur dort verwenden, wo I_s allein positive Richtung hat. Treten dagegen beide Stromrichtungen auf, so muß eine Gegentaktschaltung eingesetzt werden. Sie besteht, wie Abb. 15.04 zeigt, aus zwei Einzelwandlern, deren Ausgangsspannungen U_{a1} bzw. U_{a2} gegeneinander geschaltet sind. Die beiden Speisewechselspannungen U_{h1} und U_{h2} müssen dann potentialfrei sein. Weiterhin ist eine Vorstromwicklung N_v vorzusehen, über die die Arbeitspunkte der beiden Wandler auf die Mittel ihres linearen Arbeitsbereiches verschoben werden. Fließt die maximale Steuerdurchflutung, so wird der eine Wandler ganz geschlossen und der andere voll geöffnet. Bei einer Umkehrung des Vorzeichens der Steuerdurchflutung vertauschen beide Transduktoren ihre Rolle. Wird mit Θ_{sn} die maximale Steuerdurchflutung bezeichnet, so muß sein:

$$\Theta_v = \Theta_{sn} \tag{15.06}$$

Die maximale Arbeitsdurchflutung ist:

$$\Theta_{am} = 2\Theta_{sn}. \tag{15.07}$$

Somit ist die Gesamtdurchflutung, die in einer Drossel untergebracht werden muß:

$$\Theta_{\text{ges}} = \Theta_s + \Theta_v + \Theta_a = 4\Theta_{sn} \tag{15.08}$$

Bei gleicher Steuerdurchflutung wird die Gesamtdurchflutung je Drossel

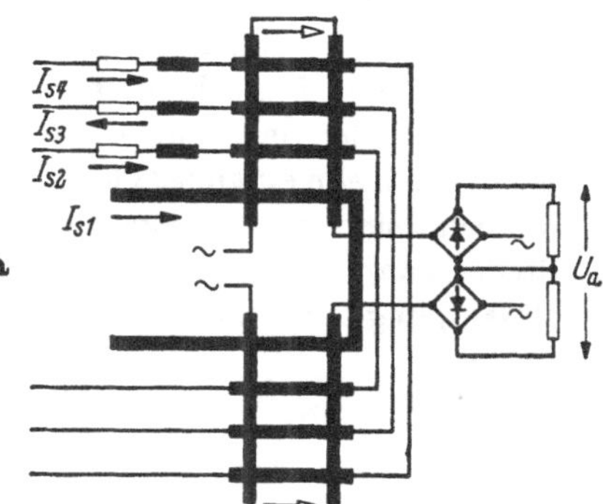

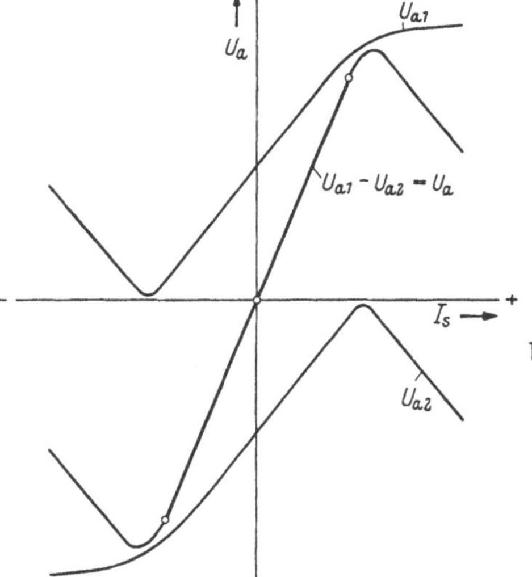

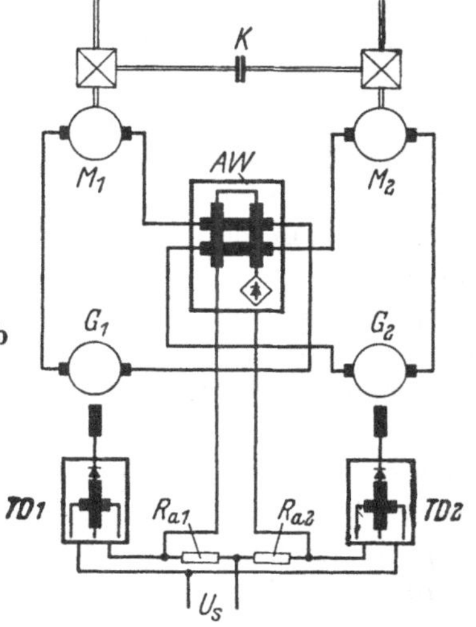

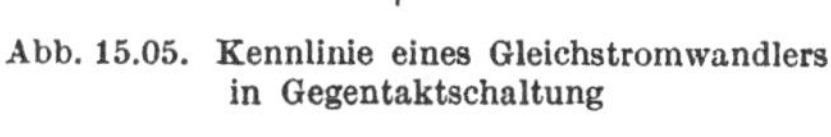
Abb. 15.05. Kennlinie eines Gleichstromwandlers in Gegentaktschaltung

Abb. 15.06a u. b. a) Summierungs- und b) Differenzstromwandler

doppelt so groß, wie bei der Eintaktausführung. Auch hier ist, wegen der geringen Welligkeit der gleichgerichteten Wechselströme, der Betrieb mit erzwungener Magnetisierung erwünscht. Der Vorstromkreis muß deshalb durch eine Drossel D für Wechselstrom gesperrt werden. In

Abb. 15.05 sind die Kennlinien der beiden Transduktoren und die resultierende Kennlinie der Gegentaktschaltung über dem Steuerstrom aufgetragen. Der ausnutzbare Bereich der Kennlinie ist dick gezeichnet.

Mit dem Gleichstromwandler läßt sich auch die Summe oder die Differenz mehrerer Ströme messen. Als Beispiel zeigt Abb. 15.06a einen Durchsteckwandler, der drei weitere Gleichstromwicklungen besitzt. Die Ausgangsspannung U_a ist proportional der Summe aller Durchflutungen. Die Abb. 15.06b weist auf die Anwendung des Transduktors als Ausgleichswandler hin. Die beiden Motoren M_1 und M_2 können über die Kupplung k mechanisch miteinander verbunden werden. Der Ausgleichswandler hat dann dafür zu sorgen, daß die Belastungen beider LEONARDkreise einander gleich sind. Die an R_{a1} und R_{a2} liegenden Spannungen sind proportional der Stromdifferenz und beeinflussen die Steuerspannungen der beiden Transduktoren TD 1, TD 2 im Sinn einer Beseitigung der Differenz der Ströme in den Ankerkreisen.

15.3 Transduktorische Meßverstärker

Bei dem Gleichstromwandler ist die Frage der Verstärkung von untergeordneter Bedeutung; hier steht die Meßaufgabe im Vordergrund. Er wird vor allen Dingen bei sehr großen Strömen eingesetzt. Umgekehrt kann die Meßgröße auch mit so kleiner Leistung anfallen, daß aus diesem Grunde eine unmittelbare Messung nicht möglich ist. Es muß dann zwischen dem Meßfühler oder dem Meßwertumformer und dem Meßinstrument ein Verstärker geschaltet werden. An den Verstärker sind besondere Anforderungen zu stellen. Sein Eingangswiderstand soll hoch und der Steuerwechselstrom vernachlässigbar klein sein, um die Genauigkeit des Meßgliedes nicht zu beeinträchtigen. Besonders wichtig ist die Konstanz des Verstärkungsfaktors sowohl hinsichtlich der Aussteuerung (Linearität) als auch des Einflusses äußerer Störgrößen. Diesen Forderungen kommen die Eigenschaften des als Gleichstromwandler verwendeten stromsteuernden Transduktors teilweise entgegen. Der Einfluß von Schwankungen der Speisespannung oder der Speisefrequenz auf den Verstärkungsfaktor ist gering. Der Eingangskreis ist allerdings durch eine von der Aussteuerung abhängige Wechselspannung belastet. Vor allen Dingen aber ist die mit einem stromsteuernden Transduktor erzielbare Verstärkung nur klein. Es ist deshalb zweckmäßiger, für Meßverstärker spannungssteuernde Transduktoren einzusetzen.

Der spannungssteuernde durchflutungsgesteuerte Transduktor ist, wie in Abschn. 6 (S. 132) gezeigt, gegenüber Schwankungen der Speisespannungsquelle empfindlich. Ändert sich die Speisespannung um 10%, so folgt ihr die Ausgangsspannung bei konstantem Steuerstrom ungefähr um den gleichen Prozentsatz. Genauso ruft eine Frequenzsenkung eine etwa proportionale Vergrößerung der Ausgangsspannung hervor. Beide Störeinflüsse lassen sich durch Stabilisierung der Speisespannungsquelle herabsetzen. Doch ist eine derartige Stabilisierung recht aufwendig.

Ein weiterer Störeinfluß kommt von den Temperaturschwankungen. Die magnetischen Eigenschaften der Transduktordrosseln haben nur einen geringen Temperatureinfluß. Im normalen Temperaturbereich von $-50°$C bis $+50°$C ist z. B. der Temperaturkoeffizient der Anfangspermeabilität von Mumetall 0,002 %/°C. Mehr wirkt sich dagegen die temperaturbedingte Änderung des Kupferwiderstandes der Wicklungen aus, zumal bei kleinen Leistungen der Kupferwiderstand nicht klein gegen die Schaltungswiderstände ist. Auch die Gleichrichtereigenschaften sind temperaturabhängig. Vor allen Dingen das Durchlaß-Rückstromverhältnis der Selbstsättigungsgleichrichter geht in den Verstärkungsfaktor ein. Werden Siliziumgleichrichter vorgesehen, so ist der Temperaturgang der Gleichrichter meist zu vernachlässigen.

Die aufgezählten Störeinflüsse bewirken 1. eine Verschiebung des Nullpunktes (Eingangsspannung null), 2. eine Änderung des Verstärkungsfaktors. Der erste Fehler läßt sich durch eine Gegentaktschaltung mit A-Betrieb — die Arbeitspunkte der beiden Einzeltransduktoren liegen für $U_s = 0$ auf der Mitte ihrer Arbeitskennlinien — beseitigen. Voraussetzung ist natürlich, daß beide Transduktoren sich auf gleicher Temperatur befinden und aus den gleichen Bauelementen aufgebaut sind. Der zweite Störeinfluß läßt sich durch Gegenkopplung bekämpfen. Mit V_1, dem Verstärkungsfaktor des Transduktors und V_2, dem Verstärkungsfaktor der Gegenkopplung, der das Verhältnis der rückgeführten Spannung zur Ausgangsspannung angibt und stets kleiner als 1 ist, ergibt sich, wie bereits gezeigt wurde, der Verstärkungsfaktor des gegengekoppelten Verstärkers:

$$V = \frac{1}{\frac{1}{V_1} + V_2} \approx \frac{1}{V_2}. \tag{15.09}$$

Für einen großen Verstärkungsfaktor V_1 wird V konstant und unabhängig von Schwankungen von V_1. Nun läßt sich V_1 mit Rücksicht auf die Eigenzeitkonstante und die Steuerwechselströme nicht beliebig vergrößern.

Die Eigenzeitkonstante ist bei Temperaturmeßeinrichtungen, die sehr langsame Vorgänge aufzeichnen, nicht kritisch. Aber ein großer Verstärkungsfaktor erfordert eine verhältnismäßig große Steuerwindungszahl. Dadurch werden hohe Steuerwechselspannungen in den Steuerkreis induziert, die das Meßglied stören können und bei einer Änderung des Steuerkreiswiderstandes die Arbeitskennlinie verschieben. Es ist deshalb zweckmäßig, einen zweistufigen Transduktor vorzusehen und die erste Stufe mit mäßiger Verstärkung auszuführen. Dann kann der Vortransduktor eine kleine Steuerwindungszahl erhalten und arbeitet immer mit erzwungener Magnetisierung. Der Vortransduktor läßt sich mit sehr kleinen Drosseln ausführen, wodurch die Steuerleistung weiter herabgesetzt wird.

Die Abb. 15.07 zeigt einen zweistufigen gegengekoppelten Meßtransduktor. Die erste Stufe ist in Mittelpunktschaltung ausgeführt,

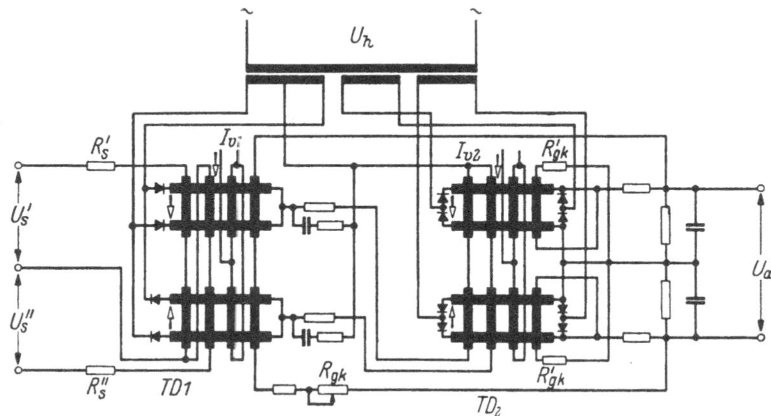

Abb. 15.07. Zweistufiger Meßtransduktor

da diese nur zwei Gleichrichter benötigt und bei der kleinen Speisespannung die Schleusenspannung erheblich den Verstärkungsfaktor beeinflußt. Die Gegentakt-Endstufe sieht Transduktoren in Brückenschaltung vor. Die Endstufe ist zur Linearisierung der Arbeitskennlinie in sich über die Widerstände R'_{gk} gegengekoppelt. Außerdem wirkt eine Gegenkopplung von der Ausgangsspannung über R_{gk} auf eine Steuerwicklung des Vortransduktors. Hiermit läßt sich die Gesamtverstärkung einstellen. Für Steuerspannungsquellen mit niedrigem und hohem Innenwiderstand sind zwei getrennte Steuerwicklungen auf dem Vortransduktor *TD* 1 vorgesehen.

Die angegebene Schaltung liefert als Ausgangsgröße eine Gleichspannung. Es ist aber auch möglich, die zweite Stufe als Stelltransduktor auszuführen, um in Abhängigkeit von der gemessenen Temperatur ein Stellventil zu betätigen, das die Dampfzufuhr mehr oder weniger drosselt. Die Rückführspannung muß dann von einem Potentiometer abgenommen werden, das mit dem Stellventil gekuppelt ist. Reicht die Verstärkung nicht aus, so läßt sich zwischen Vor- und Endtransduktor ein Zwischentransduktor schalten.

15.4 Nullspannungstransduktoren

Der beschriebene Meßtransduktor hat die Aufgabe, eine elektrische Spannung oder einen Strom zu verstärken, um eine Messung mit dem nachgeschalteten Instrument zu ermöglichen. Bei manchen Anwendungen läßt sich die Aufgabenstellung so einschränken, daß der Meßtransduktor nur nachzuweisen hat, daß die Meßgröße von Null abweicht, während ihr genauer Betrag nicht interessiert. Derartige Nullindikatoren werden z. B. zum Abgleich von Meßbrücken benötigt. Das Verschwinden der Meßspannung zeigt den richtigen Abgleich der Brücke an. Bei einer WHEATSTONschen Widerstandsbrücke ist die Diagonalspannung eine Gleichspannung. Hierfür läßt sich ohne weiteres der in Abb. 15.07 gezeigte Transduktor einsetzen. Da nur der Verstärkungsfaktor in der Umgebung von null interessiert und eine lineare Verstärkerkennlinie nicht erforderlich ist, kann die Gegenkopplung wesentlich schwächer bemessen werden, so daß die Gesamtverstärkung ansteigt. Es ist nur Sorge zu tragen, daß hierdurch keine unzulässigen Nullpunktwanderungen auftreten.

Die Meßbrücken zur Messung von Scheinwiderständen werden mit Wechselspannung, meist von Netzfrequenz, gespeist. Die Meßspannung ist dann ebenfalls eine Wechselspannung. Als Anzeigeinstrument wird meist das Vibrationsgalvanometer verwendet. Die betrieblichen Nachteile des Vibrationsgalvanometers, wie geringe Überlastbarkeit, Empfindlichkeit gegen mechanische Erschütterungen usw. haben es nicht an Versuchen fehlen lassen, hierfür Verstärkeranordnungen und normale Gleichrichterinstrumente einzusetzen. Die Auswahl eines geeigneten Verstärkers wird dadurch erschwert, daß die Meßspannung außer der Grundwelle starke Oberwellen enthält, die beim Brückenabgleich nicht zu null gemacht werden können. Es ist somit ein selektiver Verstärker, der nur die Grundwelle, nicht aber die Oberwellen verstärkt, vorzusehen. Im elektronischen Verstärker dienen als Koppelglieder Resonanzkreise. Nun ist es sehr schwierig, 50 Hz Resonanzkreise mit ausreichender Selektivität zu bauen, so daß, in der Nähe des Abgleichpunktes, das Instrument im wesentlichen die Oberwellenspannung anzeigt.

Die Nachteile der beschriebenen Anzeigeverfahren legen es nahe, den Transduktor als Nullindikator einzusetzen. Hierfür spricht die Tatsache, daß dieser Verstärker gegen Störspannungen weitgehend unempfindlich ist, von sich aus schon die höheren Harmonischen der Meßgröße wegen seiner natürlichen Tiefpaßcharakteristik unterdrückt und so robust gebaut werden kann, daß er sich für den rauhesten Betrieb eignet. Die Ersatzschaltung des durchflutungsgesteuerten spannungssteuernden Transduktors für die Aussteuerung durch eine Wechselspannung U_1 mit der Frequenz f_s zeigt Abb. 15.08a. Sie besteht aus einem Verzögerungsglied mit der Zeitkonstante $T = RC$ und einem trägheits- und rückwirkungsfreien Verstärker mit dem Verstärkungsfaktor V_{u0}. Nach Gl. (6.35) gilt, wenn mit f_h die Speisefrequenz bezeichnet wird:

$$T = \frac{1}{2 f_h} \frac{N_s}{N_a} \frac{\Delta U_2}{\Delta U_1} = \frac{1}{2 f_h} \frac{N_s}{N_a} V_{u0}, \quad (15.10)$$

V_{u0} ist die Spannungsverstärkung bei $f_s = 0$.

Es interessiert nur der Betrag der Ausgangsspannung. Das Verzögerungsglied liefert die Spannungsabschwächung

$$\frac{u_1'}{u_1} = \frac{1}{\sqrt{1 + (2\pi f_s T)^2}}, \quad (15.11)$$

Gl. (15.10) in Gl. (15.11) eingesetzt und mit V_{u0} multipliziert ergibt die Wechselspannungsverstärkung V_u.

$$V_u = \frac{V_{u0}}{\sqrt{1 + \left(\pi \frac{f_s}{f_h} \frac{N_s}{N_a} V_{u0}\right)^2}}. \quad (15.12)$$

Ist das zweite Glied unter der Wurzel groß gegen 1, so gilt die Näherung

$$V_u \approx \frac{1}{\pi} \frac{f_h N_a}{f_s N_s}. \quad (15.13)$$

a

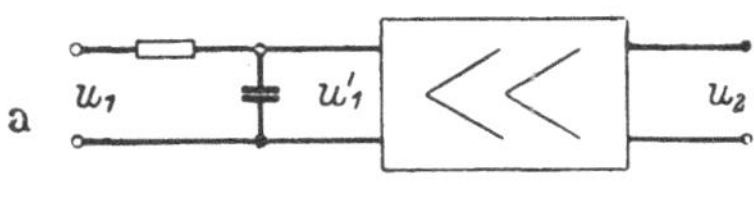

b

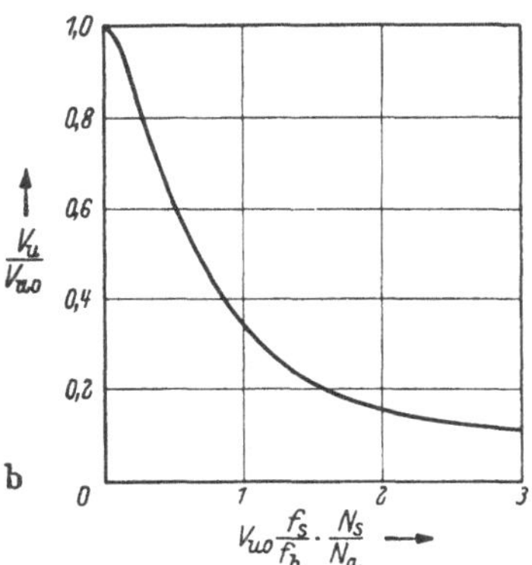

Abb. 15.08a u. b. Ersatzschaltung und Verstärkungsfaktor des Wechselspannungs-Transduktors

Die Gl. (15.12) wurde in dem Diagramm Abb. 15.08b aufgetragen. Die Gültigkeit der Gleichungen wird nach unten durch $f_h/f_s \geqq 10$ eingeschränkt, da darunter der relative Einfluß der Totzeit zu groß ist. Um eine große Verstärkung V_u zu erhalten, muß die Steuerwindungszahl klein sein. Dadurch wird zwar V_{u0} verkleinert, doch läßt sich dieser Verlust durch Vergrößerung von N_a bzw. f_h bei gleichzeitiger Heraufsetzung der Speisespannung ausgleichen. Sowohl für N_a als auch für f_h gibt es obere Grenzen, einerseits durch den zur Verfügung stehenden Wickelraum und andererseits durch die im Kern auftretenden Wirbelstromverluste. Diese verbreitern und verschleifen bei hoher Betriebsfrequenz die Hystereseschleife.

Die Empfindlichkeit des Transduktors läßt sich beträchtlich erhöhen, wenn, wie in Abb. 15.09a gezeigt, in Reihe zu den Drosseln eine Kapazität gelegt wird. Man erhält dann einen Reihenresonanzkreis, dessen Induktivität sich im Takte des Steuerstromes ändert. Durch die

Reihenkapazität bleibt die an der Drossel liegende Wechselspannung nicht mehr konstant, sondern ändert sich mit der Aussteuerung. Die Stabilität des Transduktors ist entschieden kritischer geworden. Die

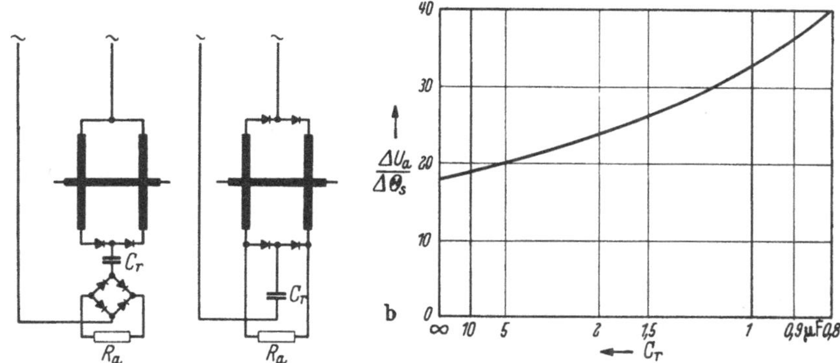

Abb. 15.09a u. b. Resonanztransduktor

Gefahr des Kippens wird jedoch dadurch verringert, daß der Arbeitswiderstand den Reihenresonanzkreis dämpft. In Abb. 15.09b ist die Steigung der Durchflutungskennlinie in Abhängigkeit von der Größe des Reihenkondensators aufgetragen. Die Verstärkung läßt sich durch C_r

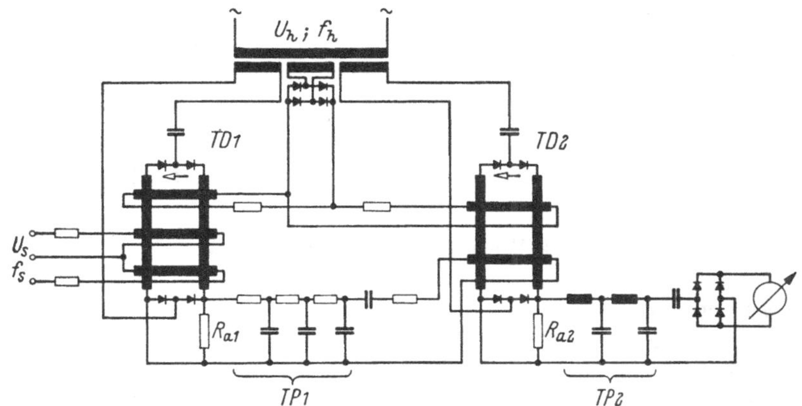

Abb. 15.10. Zweistufiger Nullspannungs-Transduktor

mehr als verdoppeln. Die Steilheit könnte durch Verkleinerung der Kapazität noch weiter erhöht werden, doch besteht dann die Gefahr, daß sich subharmonische Eigenschwingungen erregen [192].

Die Abb. 15.10 zeigt das Schaltbild eines zweistufigen magnetischen Nullspannungsverstärkers. Die Brückenspannung U_s wird der Steuerwicklung des ersten Drosselpaares zugeführt ($f_s = 50$ Hz, $f_h = 500$ Hz). Zwischen dem Ausgangswiderstand R_{a1} der ersten Stufe und der Steuerwicklung der folgenden Stufe liegt ein Tiefpaßfilter *TP 1* mit einem zusätzlichen Reihenkondensator, wodurch alle Frequenzen über 400 Hz und die Gleichstromkomponente von der Steuerwicklung der zweiten Transduktorstufe ferngehalten werden. Dem Arbeitswiderstand der zweiten Stufe ist ein Bandpaß *TP 2* hoher Selektivität nachgeschaltet. Die obere Grenzfrequenz liegt hier wesentlich tiefer, da das Anzeigeinstrument nur die 50-Hz-Komponente nachweisen soll. Mit dem zweistufigen Transduktor lassen sich 50-Hz-Spannungen von 0,1 mV messen. Die Abb. 15.11 zeigt die Ansicht des ausgeführten Gerätes.

Abb. 15.11. Transduktorischer Wechselspannung-Nullindikator

16. Transduktoren in der Antriebstechnik

16.1 Wesen der Antriebstechnik

In den vorangegangenen Abschnitten haben wir die elektrischen, sowie die magnetischen Eigenschaften der Transduktoren kennengelernt. Wir stellten fest, daß sich mit den Transduktoren in Verbindung mit dem LEONARD-Satz, oder auch durch direkte Ankerspeisung eines Gleichstrommotors ein geregelter bzw. gesteuerter Antrieb aufbauen läßt. Vor allen Dingen bei direkter Ankerspeisung ergeben sich günstige Betriebseigenschaften. Die geringe Eigenträgheit des Transduktors läßt den Antrieb schnell einer Änderung des Sollwertes folgen, die Führungsgenauigkeit ist groß und die vorübergehende Sollwertabweichung bei stoßartigen Störgrößen klein. Ein weiterer Vorteil des Transduktorantriebes ist der hohe Wirkungsgrad.

Damit ist aber nur die elektrische Seite der Antriebstechnik angesprochen worden. Von gleich großer Wichtigkeit sind die technologischen Gesichtspunkte. Der Antrieb muß auf die technologischen Forderungen abgestimmt werden. Wir müssen uns darüber klar sein, daß z. B. die Umstellung einer Arbeitsmaschine von einem Drehstromantrieb auf einen geregelten Gleichstromantrieb mit Mehrkosten für die elektrische Ausrüstung verbunden ist. Der größere Aufwand erscheint nur dann gerechtfertigt, wenn der Transduktorantrieb ein qualitätsmäßig oder mengenmäßig günstigeres Fertigungsergebnis liefert. Eine optimale Bemessung eines geregelten Antriebes ist nur bei genauer Kenntnis der technologischen Verhältnisse möglich.

Jeder Antrieb wird angefahren, einige Zeit in Betrieb gehalten und dann wieder stillgesetzt. Dieses Spiel kann sich über lange Zeit erstrecken, aber auch in kurzer Zeit wiederholen. Der Anfahrvorgang beansprucht den Antrieb, da träge Massen beschleunigt werden müssen, besonders hoch. Außerdem werden hier, mit Rücksicht auf den Arbeitsprozeß, besondere Forderungen gestellt. Das Anfahren muß z. B. in kürzester Zeit vor sich gehen oder mit konstanter Beschleunigung erfolgen. Das gleiche gilt für die Stillsetzung. Beides erfordert einen schnellen Antrieb hoher Führungsgenauigkeit. In vielen Fällen ist der Anfahrvorgang der eigentliche Grund für den Einsatz eines geregelten Gleichstromantriebes. In besonders schwierigen Grenzfällen lassen sich die gewünschten Betriebseigenschaften nur durch Ausschöpfung aller elektrischer Möglichkeiten, wie optimale Reglereinstellung, Störwertaufschaltung, Strombegrenzung, Beschleunigungsmessung usw. erfüllen. Das setzt aber möglichst trägheitsfreie Regelkreisglieder voraus.

Im stationären Betriebszustand der Anlage beschränkt sich die Aufgabenstellung für den Antrieb auf die Konstanthaltung der Regelgröße. Schwierigkeiten ergeben sich hier nur, wenn eine extrem hohe Genauigkeit gefordert wird oder große stoßartige Störgrößen auftreten. Der Transduktor stellt einen proportionalen Verstärker dar, so daß immer eine Regelabweichung vorhanden ist. Sie läßt sich durch Erhöhung der Kreisverstärkung herabsetzen.

Für die Kreisverstärkung gibt es, entsprechend dem Zeitverhalten der Regelkreisglieder, eine obere Grenze. Sie darf groß sein, wenn die Zeitkonstante eines Gliedes gegenüber den Zeitkonstanten der anderen Glieder überwiegt. Da die Zeitkonstante der Regelstrecke im allgemeinen nicht beeinflußt werden kann, läßt sich die Ungleichheit nur durch möglichst trägheitsarme Antriebselemente erfüllen. Durch den schnellen Transduktorantrieb kann somit gegenüber einem Leonard-Antrieb die Regelgenauigkeit heraufgesetzt werden.

Die anzutreibenden Arbeitsmaschinen sind, infolge der ganz verschiedenen Arbeitsprozesse, sehr vielgestaltig. Während sich die elektrischen Elemente unter einheitlichen Gesichtspunkten betrachten lassen, sind die Arbeitsmaschinen nach Fachgebieten getrennt zu untersuchen. Im Rahmen dieses Buches können nur einige typische Antriebsbeispiele erwähnt werden.

16.2 Antriebe für Kaltwalzwerke

In Kaltwalzwerken wird das warmgewalzte Rohband kalt auf seine endgültigen Abmessungen ausgewalzt. Die gesamte Dickenabnahme verteilt sich auf mehrere Walzvorgänge (Stiche). Das Rohband wird in Form von Rollen (Bunden) angeliefert. Das Walzwerk besteht, nach Abb. 16.01 aus dem Gerüst (1), der Abhaspel (2) und der Aufhaspel (3).

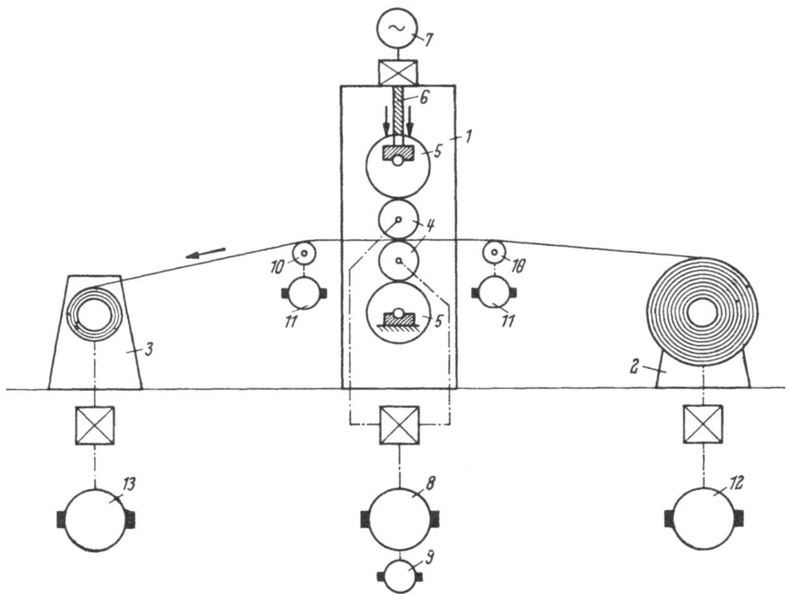

Abb. 16.01. Prinzipieller Aufbau eines Kaltwalzwerkes

Das Gerüst enthält die Arbeitswalzen (4), die Stützwalzen (5) und den Spindelvorschub (6), mit dem die Oberwalzen gegen die Unterwalzen gedrückt werden (Anstellung). Das Band wird von der Abhaspel abgezogen, zwischen den Walzen hindurchgeführt und mit der Aufhaspel wieder aufgewickelt. Handelt es sich um ein Reversierwalzwerk, so läuft das Band bei dem nächsten Stich in entgegengesetzter Richtung und Auf- und Abhaspel vertauschen ihre Rollen. Die Dickenabnahme des Bandes ist abhängig von dem Druck, mit dem die beiden Arbeitswalzen aufeinander gepreßt werden, von der Bandgeschwindigkeit und dem

Bandzug. Um ein gleichmäßiges Band zu erhalten, sind bei gleichmäßigem Ausgangsmaterial die drei Größen konstantzuhalten. Der konstante Walzdruck ist bei festgebremstem Anstellmotor (7) durch die elastische Dehnung des Gerüstes gewährleistet. Die konstante Walzgeschwindigkeit erhalten wir durch Regelung des Gerüstantriebes auf die Drehzahl. Deshalb ist mit dem Antriebsmotor (8) die Tachometermaschine (9) gekuppelt. Die schwierigste Aufgabe stellt die Konstanthaltung des Bandzuges dar. Hierzu muß über die Umlenkrollen (10) mit Hilfe der Tachometermaschine (11) die Bandgeschwindigkeit gemessen werden. Die Gleichstrommaschine (12) des Abhaspels arbeitet als Generator und die Maschine (13) des Aufhaspels als Motor.

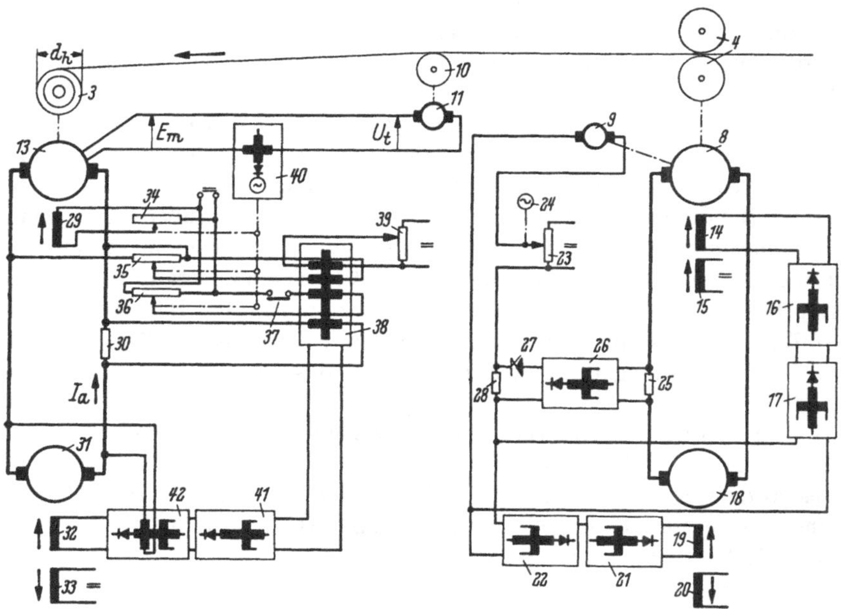

Abb. 16.02. Haspel- und Gerüstregelkreis eines Kaltwalzwerkes

Die Abb. 16.02 zeigt die elektrische Ausrüstung des Walzwerkes. Die Abhaspel wurde fortgelassen, da die Regelungseinrichtung der der Aufhaspel entspricht. Betrachten wir zunächst den Gerüstregelkreis. Den Motor (8) speist der Generator (18). Dieser besitzt zwei Felder. Das Feld (20) führt einen konstanten Erregerstrom. Dieser wirkt dem Strom des Feldes (19) entgegen und soll bei geschlossenem Transduktor (21) eine schwache negative Erregung des Generators ermöglichen, die zur Abbremsung des Motors (8) bis zum Stillstand benötigt wird. Die Ist-Drehzahl zeigt die Tachometermaschine (9) an. Ihr ist die von dem Sollwerteinsteller (23) gelieferte Sollspannung entgegengeschaltet. Zur

Begrenzung des Ankerstromes dient der Gleichstromwandler (26). Übersteigt der Ankerstrom einen Grenzwert, so öffnet die Zenerdiode (27) und am Widerstand (28) fällt eine Spannung ab, die der Sollspannung entgegenwirkt. Dadurch erfolgt beim Anfahren im Fall der Überschreitung des Grenzstromes eine Verzögerung des Anstieges der Generatorspannung. Den Sollwertgeber (23) stellt ein mit konstanter Drehzahl laufender Motor (24) ein. Deshalb erfolgt im Idealfall das Anfahren des Gerüstes mit konstanter Beschleunigung. Die Differenzspannung des Meßkreises liegt am Eingang des Regeltransduktors (22), der den Leistungstransduktor (21) aussteuert.

Zur Erweiterung des Drehzahlbereichs ist eine Feldschwächung vorgesehen. Der Motor (8) hat ein konstant erregtes Feld (15), das die maximale Feldschwächung festlegt und ein geregeltes Feld (14). Dieses wird von dem Leistungstransduktor (16) gespeist. Der vorgeschaltete Regeltransduktor (17) liegt an dem Meßkreis. Die gegenseitige Zuordnung des Anker- und des Feldregelbereiches zeigt Abb. 14.25b.

Besondere Beachtung verdient das Anfahren des Gerüstes aus null heraus. Die unter einem hohen Druck stehenden Walzen drücken sich in das Band ein, so daß zum Losbrechen des Gerüstes außer dem hohen Reibungsmoment ein besonders hohes Verformungsmoment aufzubringen ist. Wie wir noch sehen werden, läßt sich ein konstanter Bandzug nur halten, wenn das Gerüst ruckfrei mit konstanter Beschleunigung anfährt. Das ist nur mit einem schnellen Regelkreis möglich, der die Generatorspannung nach dem Losbrechen des Gerüstes augenblicklich zurücknimmt.

Wir wollen nun die Haspelregelung betrachten. Die Regelung soll unabhängig von der Bandgeschwindigkeit V und dem Durchmesser d_h des aufgewickelten Bundes den Bandzug F konstant halten. Hierzu sind zwei getrennte Regelkreise notwendig. Das von dem Motor abzugebende Drehmoment ist gleich

$$M = F \cdot \frac{d_h}{2} = \frac{k_1}{2} I_e I_a . \tag{16.01}$$

Aus Gl. (16.01) ergibt sich

$$F = k_1 \frac{I_e}{d_h} \cdot I_a . \tag{16.02}$$

Der Haspelzug ist konstant, wenn das Verhältnis I_e/d_h und der Ankerstrom festgehalten werden. Das erste erreichen wir durch Vergleich der Bandgeschwindigkeit v mit der Motor-EMK E_m. Die Motor-EMK ist gegen die Spannung der an der Umlenkrolle befindlichen Tachometermaschine (11) geschaltet, wobei die Differenzspannung einen Stellantrieb (40) aussteuert, der einen im Erregerkreis des Haspelmotors liegenden

Widerstand (34) so einstellt, daß beide Spannungen übereinstimmen, d. h. die Beziehungen

$$E_m = k_2' n I_e = k_2'' v \frac{I_e}{d_h}, \qquad (16.03)$$

$$U_t = k_1 v \qquad (16.04)$$

gleichzeitig erfüllt sind, so daß I_e/d_h = konst. ist. Der Erregerstrom nimmt proportional dem Bunddurchmesser zu.

Den Ankerstrom I_a hält ein besonderer Regelkreis konstant. Der Strom I_a wird als Spannungsabfall an dem Shunt (30) gemessen. Infolge der Shuntspannung fließt ein Strom über die unterste Steuerwicklung des Gleichstromwandlers (38). Er wird mit einem an dem Spannungsteiler (39) eingestellten Sollwert verglichen. Eine der Differenz proportionale Spannung liegt dann am Eingang des Regel-Transduktors (41), der den Leistungstransduktor (42) und damit die Generatorspannung aussteuert. Der Zugstrom nach Gl. (16.02) ist nur bei Vernachlässigung der Leerlaufverluste und bei konstanter Bandgeschwindigkeit gleich dem am Spannungsteiler (39) eingestellten Stromsollwert. Die Leerlaufverluste sind durch einen von der Ankerspannung und dem Erregerstrom abhängigen Zusatzstrom zu berücksichtigen. Diese Zusatzdurchflutung des Gleichstromwandlers (38) liefert der Spannungsteiler (35). Er wird von dem Stellantrieb (40) mit verstellt. Um den Motor in der Zeit Δt auf die Drehzahl n zu bringen, ist ein Beschleunigungsstrom

$$I_{bs} = k \frac{1}{I_e} \Theta_t \frac{\Delta n}{\Delta t} \qquad (16.05)$$

notwendig. Ist die Beschleunigung konstant, so stellt auch der Beschleunigungsstrom eine Konstante dar. Da das Anfahren bei jedem Bunddurchmesser erfolgen kann, wird der Beschleunigungssollwert über den in Abhängigkeit von der Feldschwächung zu verstellenden Spannungsteiler (36) geführt. Der Beschleunigungssollwert muß über den Kontakt (37) auf den Summierungswandler (38) geschaltet werden, sobald der Verstellmotor (24) anläuft.

Die Hauptstörgröße für die Stromregelung ist die Ankerspannung. Ihr Einfluß läßt sich verkleinern, wenn die Ankerspannung auf eine zweite Steuerwicklung des Endtransduktors (42) gegeben wird und im rückkoppelnden Sinn wirkt.

Das beschriebene Haspel-Regelverfahren stellt im Grunde eine Steuerung dar, denn die eigentliche Regelgröße, der Bandzug F, wird nicht gemessen. Eine echte Zugregelung ist möglich, wenn der Zug über eine Druckmeßdose, die in der Lagerung der Umlenkrolle (10) eingebaut ist, gemessen wird. Der Zug wird dadurch in eine elektrische Spannung umgeformt, diese mit einer Sollspannung verglichen und in Abhängigkeit von der Abweichung der Ankerstrom des Haspelmotors geregelt. Das erwähnte Regelverfahren erfordert einen sehr schnellen Regelkreis, wie er sich mit dem LEONARD-Umformer nicht verwirklichen läßt.

Die Schaltung in Abb. 16.02 gilt für ein Einweg-Walzwerk, bei dem das Band immer in einer Richtung läuft. Ein rationelleres Walzen ermöglicht ein Reversierwalzwerk, bei dem im Hin- und Rücklauf das Band mehrfach durch den Walzspalt geführt wird. Die Transduktoren (42) und (21) sind dann in Gegentaktschaltung ausgeführt. Noch kürzere Rüstzeiten ergibt ein Tandem-Walzwerk. Die Abb. 16.03 zeigt das

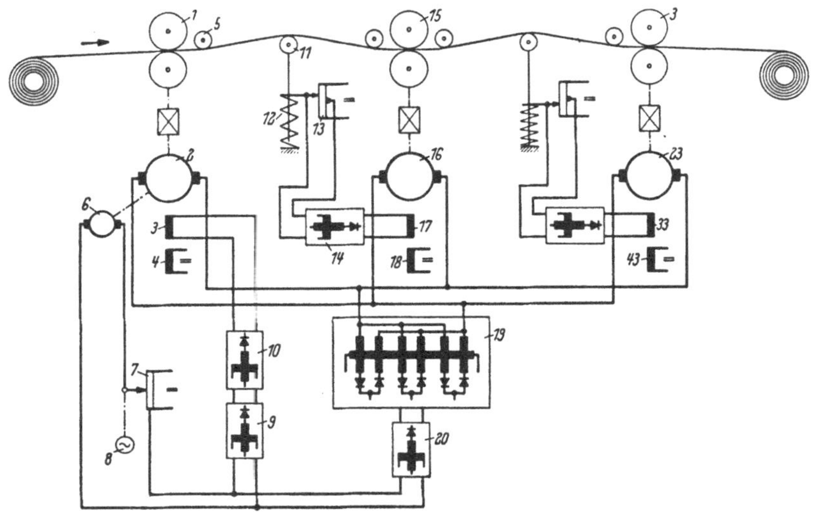

Abb. 16.03. Gleichlaufregelung eines Tandem-Walzwerkes

Prinzipschaltbild der Gerüstantriebe einer Dreifach-Tandem-Straße. Die drei Walzmotoren (2), (16) und (23) speist gemeinsam ein dreiphasiger Leistungstransduktor (19). Die Ankerspannung wird auf konstante Drehzahl des ersten Walzmotors (2) geregelt. Der Meßkreis besteht aus der Tachometermaschine (6) und dem Sollwertgeber (7). Den Ankerregelbereich ergänzt ein Feldregelbereich. Die Feldwicklung (3) liegt am Ausgang des Leistungstransduktors (10), der von dem Regeltransduktor (9) ausgesteuert wird.

Die beiden anderen Walzmotoren haben, da sie an der gleichen Ankerspannung liegen, ungefähr die gleiche Drehzahl wie Motor (2). Nun muß, wegen der Streckung des Bandes bei jedem Walzvorgang das folgende Gerüst schneller laufen als das davorliegende. Diese Voreilung berücksichtigen die verschiedenen Übersetzungsverhältnisse der zwischen den Motoren und den Arbeitswalzen liegenden Getriebe. Trotzdem ist bei zwei Gerüsten eine Zusatzregelung notwendig, da das Drehzahlverhältnis von dem Walzprogramm (Dickenabnahme in den einzelnen Gerüsten) abhängt und dieses, je nach Bandqualität, verschieden sein wird. Hierzu dienen die mit konstantem Gegendruck belasteten Tänzerrollen (11). Sie halten das Band zwischen den Gerüsten unter Zug. Mit jeder Rolle ist der Schleifer eines Spannungsteilers (13) verbunden. Er besitzt einen Mittelabgriff, so daß die abgenommene Korrekturspannung null ist, wenn der Schleifer und damit die Tänzerrollen in der Mitte stehen. Weicht die Tänzerrolle nach oben aus, so wird das Feld des folgenden Gerüstmotors über den Transduktor (14) geschwächt. Die Walzen (15) laufen dann schneller und ziehen mehr Band ab. Wird dagegen das Band zu stramm gezogen, so daß die Tänzerrollen nach unten wandern, so arbeitet die Regelung dieser Abweichung durch eine Feldverstärkung entgegen.

Die bisher beschriebenen Regeleinrichtungen halten Störeinflüsse von dem Walzvorgang fern, können aber von sich aus kein maßhaltiges

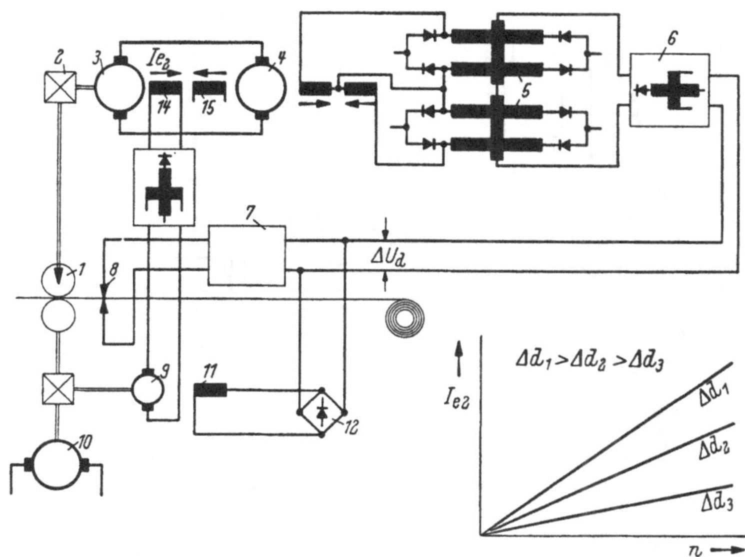

Abb. 16.04. Regelung der Walzenanstellung auf konstante Banddicke

Band gewährleisten. Das ist erst durch eine direkte Regelung der Banddicke möglich. Die Banddicke wird hierbei durch ein Banddickenmeßgerät gemessen. Es enthält auch den Sollwerteinsteller und zeigt die Dickenabweichung Δd als elektrische Spannung an. Die Beeinflussung der Banddicke kann über die Anstellung (Walzdruck), die Bandgeschwindigkeit oder den Bandzug erfolgen. Wir wollen nur die beiden ersten Möglichkeiten betrachten.

Die Abb. 16.04 zeigt die Banddickenregelung durch Beeinflussung der Anstellung. Hinter den Arbeitswalzen (1) ist in einer Entfernung von

0,5 bis 1,0 m der Meßkopf (8) des Banddickenmeßgerätes (7) angeordnet. Es liefert die Differenzspannung ΔU_d, die auf den Regeltransduktor (6) gegeben, den Gegentakttransduktor (5) aussteuert. Entsprechend wird der LEONARD-Generator (4) erregt und je nach dem Vorzeichen der Differenzspannung ΔU_d die Anstellung im positiven oder negativen Sinn verändert.

Die vorliegende Regelstrecke ist regelungstechnisch sehr ungünstig. Sie enthält eine echte Totzeit, die das Band benötigt, um von dem Walzspalt zum Meßkopf zu gelangen. Die Totzeit ist umgekehrt proportional der Bandgeschwindigkeit. Bei hoher Bandgeschwindigkeit darf die Anstellung schneller verstellt werden als bei kleinem v, ohne eine

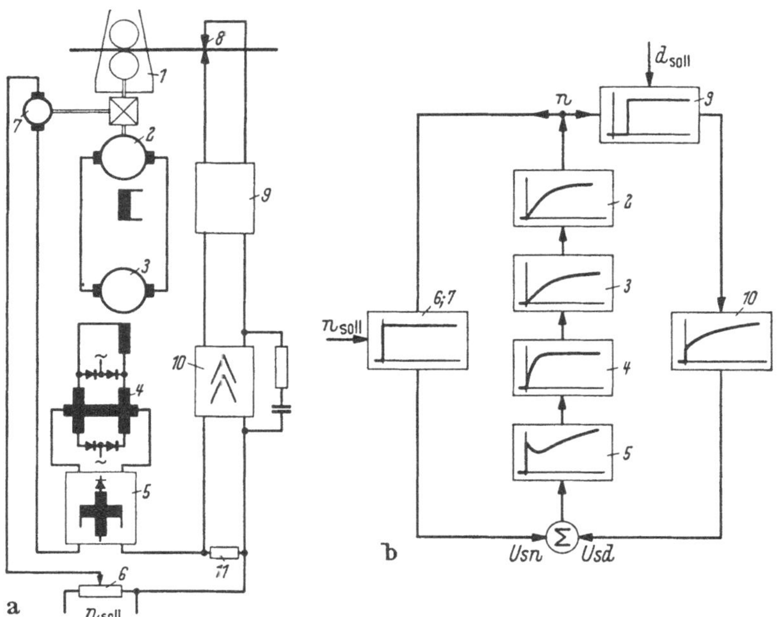

Abb. 16.05 a u. b. Regelung der Banddicke über die Gerüstdrehzahl

unerwünschte Überregelung zu erhalten. Deshalb wird das Motorfeld proportional der Bandgeschwindigkeit geschwächt, in dem eine mit dem Gerüst mitlaufende Tachometermaschine (9) den Feldtransduktor steuert (Abb. 16.04). Der Erregerstrom I_{e2} wirkt der Haupterregung entgegen und läßt den Motor schneller laufen. Um die Anstellgeschwindigkeit zusätzlich durch die Regelabweichung zu beeinflussen, liefert die Differenzspannung ΔU_d über den Gleichrichter (12) die Erregung für die Tachometermaschine (9).

Beim Walzen von dünnen Aluminiumbändern ist die Regelung der Banddicke über die Walzgeschwindigkeit wirkungsvoller. Die Abb. 16.05a zeigt die Schaltung. Wir erkennen einen normalen Drehzahlregelkreis. Der Meßkreis besteht aus der Tachometermaschine (7) und dem Sollwertgeber (6). Die Dickenregeleinrichtung besteht aus dem Meßkopf (8), dem Dickenmeßgerät (9) und einem Verstärker (10) mit nachgebender Rückführung. Er liefert an dem Widerstand (11) eine Zusatzspannung, die die Drehzahl im Sinn einer Beseitigung der Dickenabweichung beeinflußt. Ist das Band zu dick, so sorgt eine höhere Walzgeschwindigkeit für eine größere Abnahme. Umgekehrt können zu dünne Stellen durch Herabsetzung der Bandgeschwindigkeit ausgeglichen werden. In Abb. 16.05b ist das Blockschaltbild des gesamten Drehzahlregelkreises wiedergegeben.

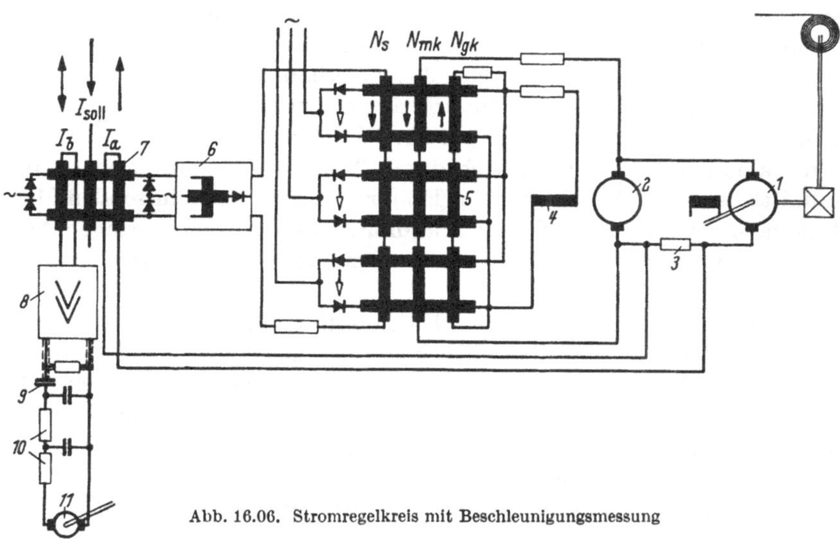

Abb. 16.06. Stromregelkreis mit Beschleunigungsmessung

Die beschriebene Banddickenregelung macht eine Änderung der Haspelregelung notwendig. Nach Abb. 16.02 erhält der Gleichstromwandler über den Kontakt (37) einen konstanten Beschleunigungswert aufgeschaltet. Wird das Gerüst über die Bandgeschwindigkeit auf konstante Banddicke geregelt, so ist die Beschleunigung bzw. Verzögerung nicht konstant, sondern von dem Verlauf der Dickenabweichung abhängig. Die Beschleunigung muß jetzt gemessen und in den Beschleunigungswert umgeformt werden. Die Abb. 16.06 zeigt einen entsprechend geänderten Stromregelkreis. Die Messung der Bandgeschwindigkeit erfolgt mit der Tachometermaschine (11). Die Spannung wird mit dem Tiefpaß (10) geglättet und durch den Kondensator (9) differenziert. Die differenzierte Spannung, in dem elektronischen Verstärker (8) verstärkt, liefert an eine Steuerwicklung des Gleichstromwandlers (7) den Beschleunigungswert I_b. Die übrige Schaltung entspricht dem Prinzipschaltbild 16.02. Der Leistungstransduktor (5) besitzt zur Linearisierung seiner Kennlinie eine Gegenkopplung der Ausgangsspannung über N_{gk}.

16.3 Mehrmotorenantriebe

Einen Mehrmotorenantrieb haben wir bereits in dem Antrieb für ein Tandemwalzwerk nach Abb. 16.03 kennengelernt. Durch sein Drehzahlverhalten eignet sich der Gleichstrommotor besonders gut für Mehrmotorenantriebe. Wir wollen eine Arbeitsmaschine annehmen, die eine sehr lange Stoffbahn enthält, die durch mehrere Antriebe in Bewegung gehalten werden soll. Das Schwierigste stellt das Anfahren einer solchen Anlage dar. Einen gleichmäßigen Anlauf erhalten wir am einfachsten dadurch, daß wir sämtliche Motoren aus einem Generator speisen. Die Motoren haben dann von selbst annähernd die gleiche Drehzahl. Geringe Drehzahlunterschiede lassen sich durch Tänzerwalzen ausgleichen, die unmittelbar einen Widerstand im Feldkreis des zu beeinflussenden Motors verändern. Diese einfachen Anordnungen können nur geringen Ansprüchen genügen, da der Eingriff der verstärkerlosen Tänzerwalzen nur sehr langsam erfolgen darf.

Es soll nun der Einsatz von Transduktoren für Mehrmotoren-Antriebe an dem Beispiel eines Kunststoffkalanders untersucht werden. An den Kunststoffkalanderantrieb werden, hinsichtlich der Drehzahlkonstanz und des Drehzahlbereiches, besondere Anforderungen gestellt. Das Drehzahlverhalten wirkt sich unmittelbar auf die Beschaffenheit und die Qualität des Endproduktes aus.

Der Kalander dient zur Verformung der Kunststoffballen in gleichmäßige Platten. Der Kunststoff wird zwischen den beheizten Hauptwalzen ausgewalzt. Um eine gute Durchmischung des Kunststoffes zu erreichen, drehen sich zusammenlaufende Walzen nicht mit gleicher Drehzahl, sondern zwischen ihnen besteht ein von eins abweichendes Drehzahlverhältnis, Friktion genannt. Diese Friktion muß durch die Regelung unabhängig von der Hauptgeschwindigkeit des Kalanders und unabhängig von Lastschwankungen, wie sie sich bei ungleichmäßiger Zufuhr des Werkstoffes ergeben, konstant gehalten werden. Die Abb. 16.07 zeigt die Anordnung der Hauptwalzen eines Vierwalzenkalanders.

Den geringsten Aufwand erfordert die gemeinsame Speisung aller Kalandermotoren aus einem Generator und die Gleichlauf- bzw. Friktionsregelung über die Motorfelder. Diese einfache Schaltung ist möglich, wenn die Friktionsbereiche klein sind und die Belastungen der einzelnen Maschinen sich nicht zu sehr unterscheiden. Die Grenzen des Feldregelbereiches zeigt Abb. 16.08. Die strichpunktierte Kurve kennzeichnet den

Feldschwächbereich bei voller Ankerspannung. Die senkrechten Geraden zeigen als Beispiel zwei Werte des Feldstromes, bei denen für den Fall, daß Nennstrom I_{an} fließt, durch Veränderung der Ankerspannung die gewünschten Drehzahlen eingestellt werden. Die beiden von der Geraden abweichenden Kurven zeigen den Erregerstrom an, der eingestellt werden muß,

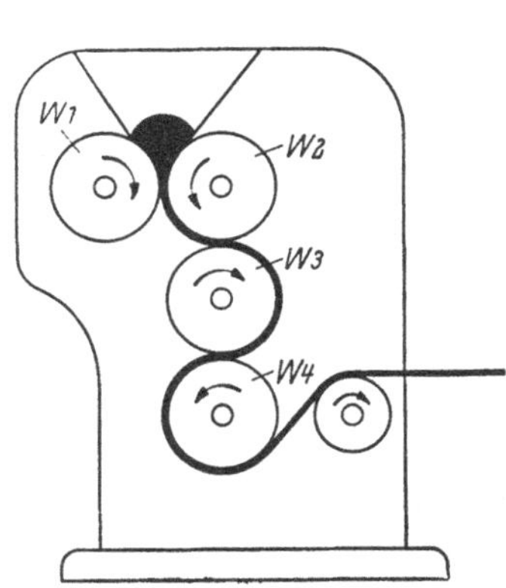

Abb. 16.07. Walzenanordnung in einem Kunststoffkalander

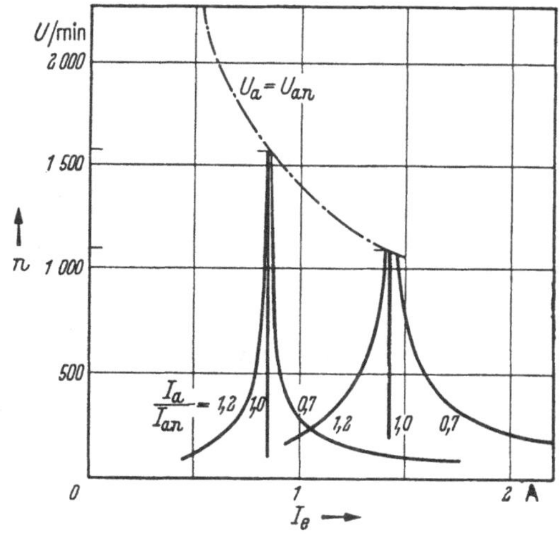

Abb. 16.08. Lastabhängigkeit des Stellbereiches eines Gleichstrommotors bei Konstanthaltung der Drehzahl über den Feldstrom

wenn der Motor überlastet ($I_a = 1{,}2\ I_{an}$) bzw. geringer belastet ($I_a = 0{,}7\ I_{an}$) ist und bei unveränderter Ankerspannung die Drehzahl gehalten werden soll. Schon durch Lastunterschiede wird im unteren Drehzahl-(Ankerspannungs-)Bereich fast der ganze Feldstellbereich in Anspruch genommen, so daß für die Friktionseinstellung nichts mehr übrigbleibt.

Die Abb. 16.09 zeigt drei Möglichkeiten der Gleichlaufregelung zweier Motoren. In a hat jeder Motor einen eigenen Generator. Die Differenz der Tachometermaschinenspannungen steuert den Transduktor TD, der seinerseits den Generator *G 2* erregt. An dem Potentiometer *Fr* läßt sich die Friktion verändern. Die Hauptdrehzahl beider Maschinen wird im Feld des Generators *G 1* eingestellt. Der maschinenmäßige Aufwand läßt sich verkleinern, wenn, wie in b gezeigt, der zweite Generator durch eine Zusatzmaschine, einen Booster *B*, ersetzt wird. Die Boosterspannung muß ausreichen, die maximale Friktion einzustellen. Da die Friktion sowohl positiv wie auch negativ sein kann, muß der Transduktor TD in Gegentaktschaltung ausgeführt werden. Der Stellbereich des Boosters läßt sich auf den Bereich negativer Friktion ($n_2 < n_1$) beschränken, wenn, wie in c gezeigt, bei positiver Friktion über einen mit

F_r gekuppelten Steller F_r' bei dem Motor *M 2* eine Feldschwächung erfolgt.

Die Schaltung Abb. 16.09b auf einen Vierwalzenkalander angewendet, ergibt das Prinzipschaltbild 16.10. Die Regelung der Hauptdreh-

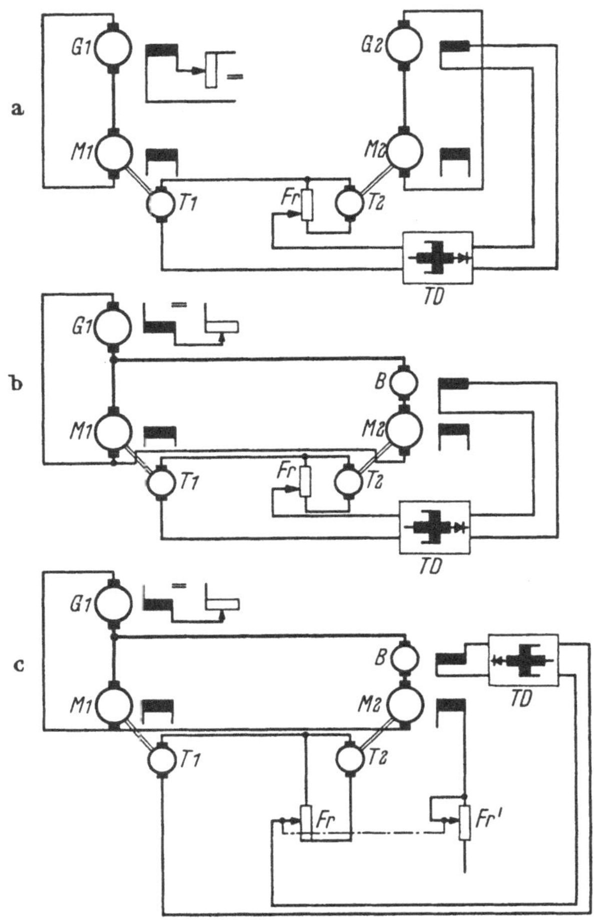

Abb. 16.09a–c. Gleichlaufregelung durch Beeinflussung von: a) Generatorspannung, b) Boosterspannung, c) Boosterspannung bei gleichzeitiger Feldschwächung

zahl wirkt auf den gemeinsamen Generator *G*. Den Istwert liefert die Tachometermaschine *T 4*, die auch als Leitmaschine für die drei Gleichlaufregelungen dient. Die Generatorspannung wird so eingestellt, daß der Motor *M 4* die vorgegebene Drehzahl n_n hat. Zur Gleichlaufregelung dienen die drei Booster-Regelkreise.

Der Antrieb des Vierwalzenkalanders läßt sich auch ohne Maschinenumformer allein mit Transduktoren aufbauen. Sind die Friktionsbereiche

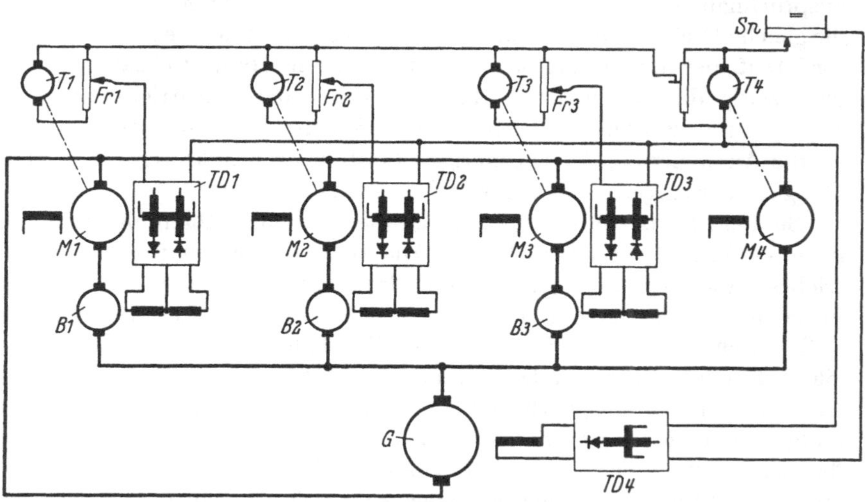

Abb. 16.10. Antrieb von Vierwalzen-Kunststoffkalandern mit Friktionsregelung über Booster

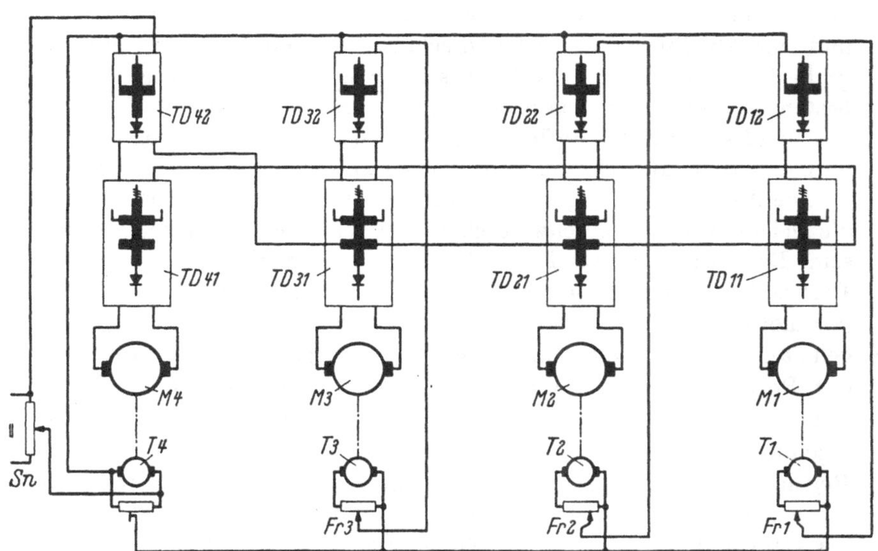

Abb. 16.11. Antrieb mit Transduktor-Anker-Speisung

klein, so genügt zur Ankerspeisung der Motoren ein gemeinsamer Leistungstransduktor. Die Gleichlaufregelung benutzt die Motorfelder. Bei großen Friktionsbereichen wird die Einzelspeisung der Kalandermotoren durch dreiphasige Leistungstransduktoren notwendig. Auch hier empfiehlt es sich, die Schaltung so zu wählen, daß bereits ohne Inanspruchnahme der Gleichlaufregelkreise die Kalandermotoren ungefähr die gleiche Drehzahl annehmen. In Abb. 16.11 steuert der Regeltransduktor TD 42, der den Leitmotor auf die vorgegebene Hauptdrehzahl regelt, gleichzeitig die Leistungstransduktoren der anderen Antriebsmotoren aus. Dadurch werden die eigentlichen Friktionsregelkreise entlastet, da sie die Aussteuerung der zugehörigen Leistungstransduktoren nur nach Maßgabe der eingestellten Friktion korrigieren müssen.

Bei dem Kunststoffkalander haben die Antriebsmotoren eine erhebliche Verformungsarbeit zu leisten. Die Betriebseigenschaften des Antriebes bestimmen unmittelbar das Endprodukt. Daneben gibt es Mehrmotorenantriebe, die nur Transportaufgaben haben. Hierunter fallen z. B. Durchlaufglühöfen. Sie dienen zum Weichglühen von kaltgewalztem Blech. Ein derartiger Ofen besteht im wesentlichen aus drei Teilen: Einer Einlaufgruppe, dem eigentlichen Ofen und der Auslaufgruppe. Die Einlaufgruppe besteht aus einer Abhaspel, einer Schweißmaschine, mit der das Ende der durchgelaufenen Rolle an den Anfang der nächsten Rolle angeschweißt wird und einer Schlingengrube. Diese ist ein Bandspeicher, der während dem Schweißvorgang dem stetig laufenden Ofen das Band liefert. In dem Ofen wird das Band in mehreren Etagen durch eine Glüh- und eine Abkühlzone geführt und schließlich in eine weitere Schlingengrube befördert, aus der es die Auslaufgruppe entnimmt. Diese Gruppe besteht aus einem Rückhaltesystem, das erst die stramme Aufwicklung des Bandes durch die Aufhaspel ermöglicht. Außerdem ist eine Schere vorhanden, die die Schweißstellen wieder aufschneidet.

Die Aufgabenstellung für den Antrieb ist bei allen Durchlaufanlagen die gleiche. Die Bandgeschwindigkeit und der Bandzug müssen konstant sein. Dazu ist es notwendig, in jeder Gruppe einen Antriebsmotor auf Drehzahl und einen Motor auf Bandzug zu regeln. Die übrigen Transportmotoren werden über ihre Transduktor-Regelkreise im Gleichlauf gehalten. Um ein gleichmäßiges Anfahren zu gewährleisten, werden in der Regel sämtliche Motoren einer Gruppe aus einem gemeinsamen Generator oder Leistungstransduktor gespeist. Die Drehzahl- bzw. Zugregelung erfolgt über Boostermaschinen, entsprechend Abb. 16.10. Eine Regelung über die Motorfelder ist nicht zu empfehlen, da, wegen der kleinen Typenleistung der hier benötigten Maschinen, der Feldeinfluß bei kleinen Ankerspannungen sehr gering bleibt und deshalb kein befriedigender Gleichlauf im unteren Drehzahlbereich garantiert werden kann.

16.4 Antriebe mit Belastungsausgleich

Bei dem beschriebenen Durchlaufglühofen ist eine starre Gleichlaufregelung zweier Motoren. deren Transportrollen durch das Band gekoppelt sind, nicht möglich. Die Verbindung zwischen beiden Motoren erweist sich hier als noch nicht ganz starr, da die Rollen rutschen können. Rutscht das Band nicht, so erzwingt es von sich aus gleiche Drehzahlen. Dafür werden sich die Ankerströme unterscheiden und im Grenzfall ein Motor die ganze Belastung übernehmen, während der andere praktisch leer läuft. Noch notwendiger wird ein Belastungsausgleich zwischen starr gekoppelten Motoren. Diese Betriebsart ist z. B. bei Rotationsdruckmaschinen gegeben. Eine Rotationsdruckmaschine enthält, außer

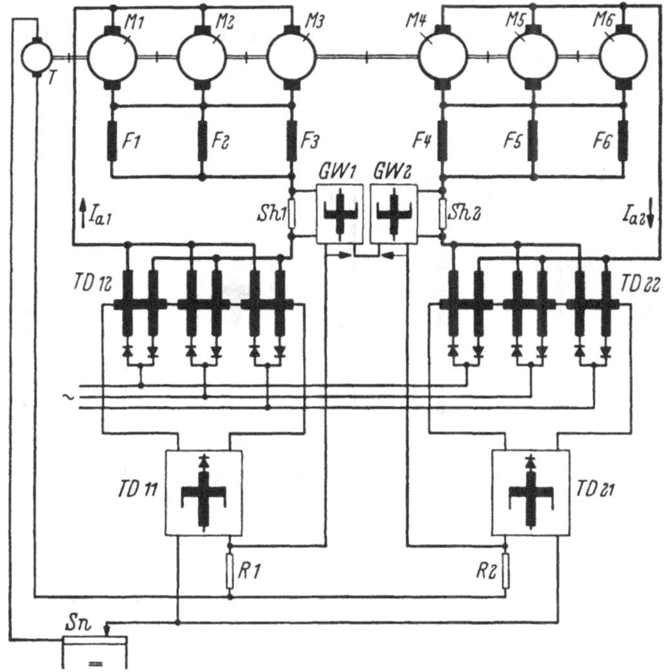

Abb. 16.12. Antrieb für Rotationsdruckmaschine mit zwei Motorgruppen

einer Anzahl Druckwerke, Falzapparate, in denen die bedruckte Papierbahn zerschnitten und zu Zeitungen gefaltet wird. Die Zahl, der auf einen Falzapparat arbeitenden Druckwerke richtet sich nach der Stärke der Zeitung. Die zusammen arbeitenden Gruppen werden über Kupplungen starr verbunden.

Abb. 16.12 zeigt als Beispiel einen Antrieb mit sechs gekuppelten Motoren. Je drei speist gemeinsam ein Leistungstransduktor. Die gleichmäßige Aufteilung der Belastung auf die Motoren einer Dreiergruppe wird durch die Reihenschlußfelder F und die eingezeichneten Ausgleichsleitungen erreicht. Die große Lastabhängigkeit der Motordrehzahl gleicht automatisch die Drehzahlregelung aus. Für den gemeinsamen Betrieb beider Dreiergruppen — sie können auch einzeln gefahren werden — ist nur eine Tachometermaschine T und ein Sollwertgeber Sn eingeschaltet. Die Differenzspannung wirkt auf die Regeltransduktoren beider Gruppen (TD 11, TD 21). Die Gleichstromwandler GW 1 und GW 2 messen die beiden Ankerströme I_{a1} und I_{a2}. Sie liefern an den Widerständen R_1 und R_2 der Stromdifferenz proportionale Zusatzspannungen, die die Aussteuerung der Regeltransduktoren im Sinn eines Lastausgleiches korrigieren.

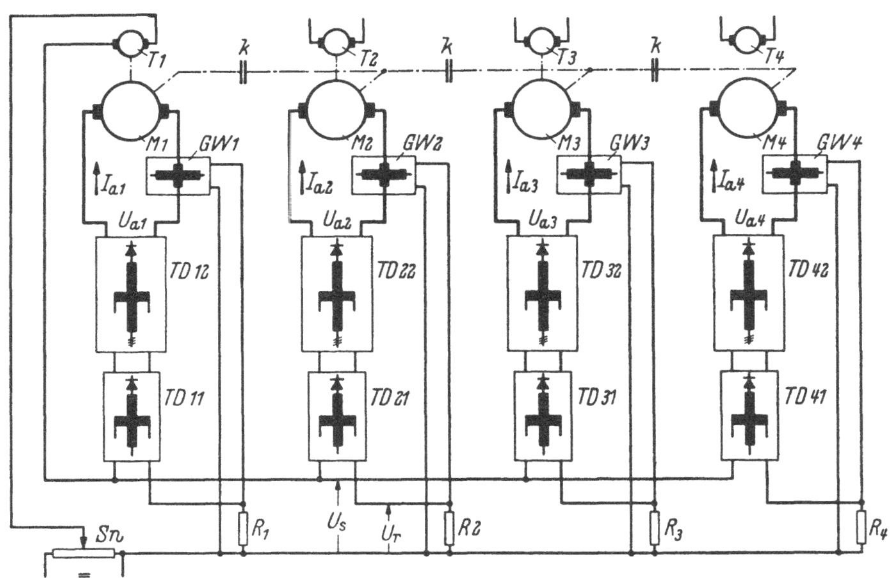

Abb. 16.13. Transduktorantriebe für Rotationsdruckmaschine mit Einzelspeisung

Die einzelnen Gruppen der Druckmaschine lassen sich freizügiger kombinieren, wenn, wie in Abb. 16.13 gezeigt, jeder Antriebsmotor einen eigenen Leistungstransduktor erhält. Jeder einzelne Antrieb besitzt einen vollständigen Drehzahlregelkreis. Durch die nicht gezeigte Schützenschaltung wird dafür gesorgt, daß in Abhängigkeit von dem Schaltzustand der Kupplungen K immer nur eine Tachometermaschine und ein Sollwertgeber eingeschaltet sind. Den Belastungszustand der einzelnen Motoren überwachen die Gleichstromwandler GW 1 bis GW 4. An den Widerständen R_1 bis R_4 liegen somit stromproportionale Spannungen, die die Aussteuerung des zugehörigen Leistungstransduktors im

Sinn einer Entlastung des Motors beeinflussen. Die Kreisverstärkungen der einzelnen Drehzahlregelkreise müssen so groß sein, daß der Einfluß der Kompoundierungsspannung U_r auf die Kennlinie $U_a = f(U_s)$ überwiegt. Dann lassen sich die geneigten Belastungskennlinien zur Deckung bringen. Wir kommen mit kleineren Kreisverstärkungen aus, wenn die Verstärkungskennlinien $U_a = f(U_s - U_r)$ der zweistufigen Transduktoren durch Gegenkopplungen weitgehend linearisiert und einander angeglichen werden.

Wie aus Abb. 16.13 zu ersehen ist, setzt sich der Antrieb aus gleichen Bausteinen zusammen, die sich beliebig kombinieren lassen. Eine Erweiterung der Anlage ist jederzeit möglich. Die entsprechende Anlage in LEONARD-Schaltung sieht für die Motoren Einzelgeneratoren vor. Werden sie, wie allgemein üblich, zu einem Umformer zusammengefaßt, so müssen selbst, wenn nur ein Teil der Motoren in Betrieb ist, alle Generatoren laufen. Der Wirkungsgrad ist dann sehr schlecht. Der Hauptvorteil des Transduktorantriebes, gegenüber einem entsprechenden LEONARD-Antrieb für den betrachteten Verwendungszweck, liegt aber in der höheren Güte des Transduktors, die wegen der kleineren Eigenzeitkonstante eine höhere Kreisverstärkung und eine wirkungsvolle Linearisierung durch Gegenkopplungen erlaubt.

16.5 Antriebe hoher Führungsgenauigkeit

Die hohe Kreisverstärkung ist vor allen Dingen für Antriebe mit kleinen bleibenden Regelfehlern wichtig. Ein typisches Beispiel hierfür liefert die Papiermaschine. Hier kann die Stoffbahn im nassen Zustand keinen und im trockenen Zustand einen nur begrenzten Zug übernehmen. Deshalb war man ursprünglich bedacht, den Gleichlauf der einzelnen Gruppen durch echte integrale Regler zu sichern. Diese integralen Glieder dürfen beim Auftreten einer Störung nur eine sehr geringe Verstellgeschwindigkeit annehmen. Dieser Nachteil läßt sich vermeiden, wenn der langsamen integralen Regelung eine schnelle proportionale Regelung überlagert wird. Es zeigt sich nun, daß eine Papiermaschine auch ohne integrale Regelung auskommt, wenn die proportionale Regelung nur sehr genau ist. Die zulässige Regelgenauigkeit bestimmt die Stabilitätsgrenze. Diese wiederum ist abhängig von den Zeitkonstanten der Regelkreisglieder. Die große Anlaufzeitkonstante der Papiermaschine und der Übertragungsglieder wie Transmissionen und Getriebe läßt sich nicht beeinflussen. Für eine hohe Regelgenauigkeit ist eine weitgehende Verkleinerung der Zeitkonstanten der übrigen Regelkreisglieder notwendig. Der Regler soll einen kräftigen Vorhalt besitzen. Der Ersatz eines langsameren LEONARG-Generators durch einen schnellen Leistungstransduktor erlaubt eine wesentliche Heraufsetzung der Kreisverstärkung. Von dem kleinen verbleibenden Regelfehler wirkt sich, infolge der kleinen an der Papiermaschine auftretenden Störgrößen, nur ein geringer Bruchteil auf den Gleichlauf aus.

Eine ganz andere Aufgabenstellung hat der Antrieb für einen Personenaufzug. Erfolgt bei der Papiermaschine die Änderung des Sollwertes nur sehr langsam, so muß der Aufzug verhältnismäßig schnell auf seine Endgeschwindigkeit gebracht werden. An den Übergang von dem Stillstand zur Nenn-Fahrgeschwindigkeit sind besondere Forderun-

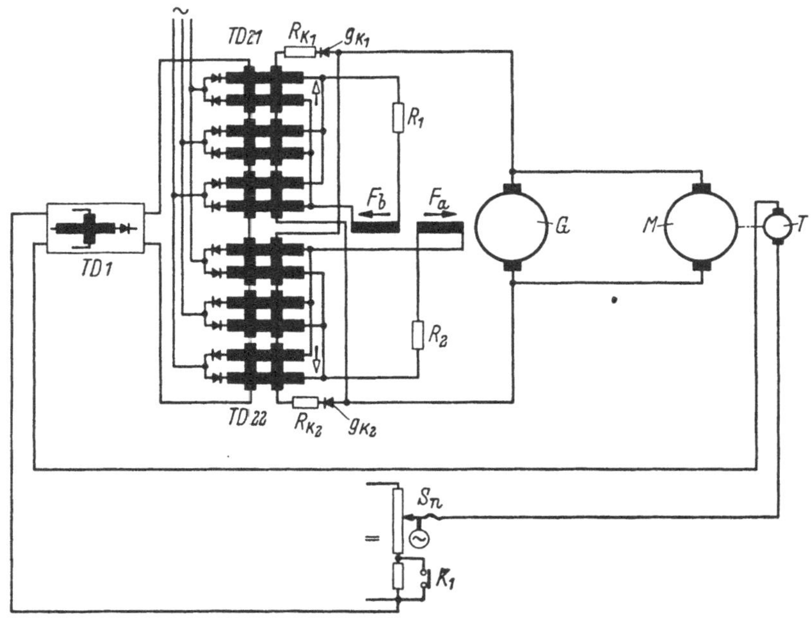

Abb. 16.14. Drehzahlregelkreis für Personenaufzug

gen zu stellen. Das Anfahren und Stillsetzen muß so erfolgen, daß die Änderung der Beschleunigung konstant bleibt. Der Sollwertgeber erhält deshalb eine Stufung, die der Sollspannung das dafür notwendige Zeitverhalten erteilt. Die tatsächliche Drehzahl weicht um den Regelfehler vom Sollwert ab, so daß sich die Beschleunigung nach einer etwas anderen Gesetzmäßigkeit ändert. Diese Abweichung empfinden die Fahrgäste als unangenehm. Sie muß sich in engen Grenzen halten. Wir brauchen deshalb auch hier eine große Regelgenauigkeit. Sie ist noch aus einem anderen Grunde notwendig. Befindet sich der Fahrkorb in einem Stockwerk und sind die Türen geöffnet, so wird die Seiltrommel durch eine mechanische Bremse festgehalten. Beim Anfahren muß, sobald die Bremse gelüftet wird, der Motor augenblicklich das zum Halten der Last benötigte Drehmoment aufbringen. Da die Last, je nach der Besetzung des Fahrkorbes, stark schwankt, läßt sich das Haltemoment nicht fest einstellen, sondern muß durch einen schnellen und genauen Drehzahlregelkreis sichergestellt werden.

Der Aufzug muß in beiden Richtungen fahren. Aus diesem Grund ist eine direkte Speisung des Antriebsmotors aus Leistungstransduktoren unwirtschaftlich. Wir müssen uns auf den LEONARD-Satz beschränken. Die Abb. 16.14 zeigt einen entsprechenden Antrieb. Den Drehzahlsollwert liefert der Sollwertgeber Sn. Die Teilung des von dem Schleifer abgegriffenen Widerstandes entspricht konstanter Beschleunigungsänderung, wobei allerdings über den mittleren Bereich der Sollwertspannung die Beschleunigung konstant ist. Bei heruntergefahrenem Sollwert bleibt die Einfahrdrehzahl bestehen, die erst im Stockwerk durch Schließen des Kontaktes k_1 zu Null gemacht wird.

Die weitere elektrische Schaltung besteht aus einem Regeltransduktor TD 1 und zwei dreiphasigen Leistungstransduktoren TD 21 und TD 22, die die beiden Felder F_a und F_b des LEONARD-Generators speisen. Die dynamischen Eigenschaften des Drehzahlregelkreises lassen sich am wirkungsvollsten durch Verkleinerung der Erregerzeitkonstante verbessern. Hierzu dienen die Vorwiderstände R_1 und R_2. Durch sie wird die Erregerleistung und damit die Typenleistung der Transduktoren TD 21 und TD 22 vergrößert. Neben der Verkleinerung der Zeitkonstante erfolgt durch die Widerstände eine bessere Entkopplung der beiden Erregerkreise. Eine weitere Verkleinerung der wirksamen Erregerzeitkonstante erfolgt durch die Gegenkopplung der Generatorspannung auf eine Steuerwicklung der Leistungstransduktoren. Vor dem Widerstand R_k liegt im Gegenkopplungskreis ein Gleichrichter g_k. Er verhindert, daß bei der Erregung des Generators durch den anderen Transduktor eine Mitkopplung und dadurch ein unerwünschtes Öffnen des betrachteten Transduktors erfolgt. Die Gegenkopplung setzt die Leistung des vorgeschalteten Regeltransduktors TD 1 herauf. Der Steuerstrom muß neben der Vormagnetisierung des Endtransduktors noch die Gegenkopplungsdurchflutung kompensieren.

17. Transduktoren zur Spannungsregelung

17.1 Regelung von Gleichstromgeneratoren

Zur Versorgung von Gleichstromnetzen dienen in erster Linie gesteuerte und ungesteuerte Gleichrichter, die über Transformatoren oder direkt am Drehstromnetz liegen. In Sonderfällen kann es zweckmäßig sein, hierfür einen Maschinenumformer einzusetzen. Dieser besitzt zwar einen kleineren Wirkungsgrad, zeigt sich aber gegenüber Schwankungen der Netzspannung unempfindlich. Seine Anwendung beschränkt sich deshalb auf Gleichstromnetze, deren Spannung sehr genau konstant gehalten werden muß.

Die Konstant-Spannungs-Charakteristik des fremderregten Nebenschlußgenerators läßt sich durch ein Hilfsreihenschlußfeld noch weiter verbessern, so daß die Ankerspannung eine sehr geringe Lastabhängigkeit besitzt. Der Spannungsregelkreis braucht dann nur noch kleine Abweichungen der Regelgröße auszugleichen. Die Abb. 17.01a zeigt einen

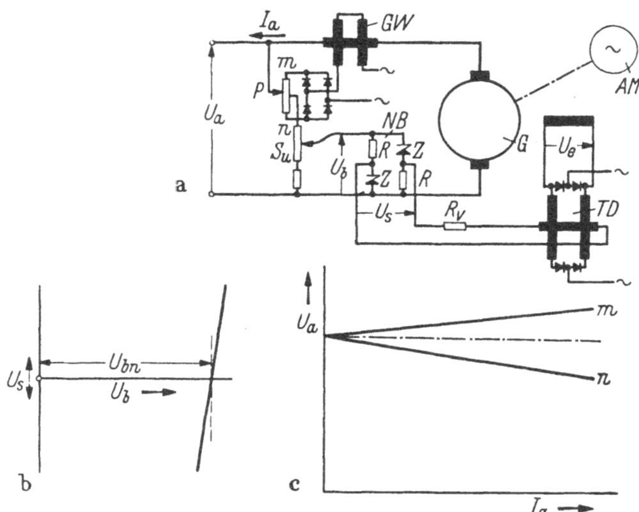

Abb. 17.01 a—c. Spannungsregelung eines Gleichstromgenerators mit Stromausgleich

Generator mit Spannungsregelung und Strombeeinflussung. Zur Einstellung des Spannungssollwertes dient der Spannungsteiler *Su*. Die abgegriffene Spannung U_b liegt an einer nichtlinearen Brücke, die aus zwei Festwiderständen R und zwei Zenerdioden Z besteht. Die Abhängigkeit ihrer Ausgangsspannung U_s von U_b zeigt Abb. 17.01b. Bei geringen Abweichungen von U_{bn} ändert sich U_s sehr stark. Mit dieser Brücke, die einen eingeprägten Sollwert besitzt, läßt sich die Generatorspannung nur in gewissen Grenzen einstellen. Soll der Einstellbereich für U_a bei null anfangen, so muß an Stelle der nichtlinearen Brücke eine stabilisierte Sollspannung vorgesehen werden. An die nichtlineare Brücke ist die Steuerwicklung des Transduktors angeschlossen, der den Erregerstrom liefert.

Außerdem ist eine zusätzliche Beeinflussung des Sollwertes durch den Laststrom vorgesehen. Hierzu dient der Gleichstromwandler GW, der an dem Spannungsteiler P eine I_a proportionale Spannung liefert. Je nach der Stellung des Schleifers erhöht oder erniedrigt der Strom den Spannungssollwert. Es ergeben sich dann die in c gezeigten Belastungskennlinien. Die Kennlinie m kann zur Kompensation der Spannungsabfälle auf den Zuleitungen zweckmäßig sein. Die fallende Kennlinie n muß der Generator beim Parallelbetrieb zu einem starren Gleichspannungsnetz haben.

Der in Abb. 17.02 wiedergegebene geregelte Gleichstromgenerator kommt ohne eine fremde Wechselspannung aus. Der Transduktor ist an zwei Schleifringe geführt, an denen die Ankerwicklung des Generators G liegt. Zur Verkleinerung der Typenleistung des Transduktors ist der Generator selbsterregt ausgeführt. Hierzu dient die Feldwicklung F_{e1}. Die Spannungskennlinie und die durch R_e festgelegte Rückkopplungsgerade sind in Abb. 17.02b wiedergegeben. Die Pfeile kennzeichnen den vom Transduktor gelieferten Gegen-Erregerstrom. Die Generatorspannung läßt sich in dem durch die Pfeile begrenzten Bereich einstellen. Darunter entregt sich der Generator. Es kann deshalb zweckmäßig sein, die Rückkopplung schwächer zu wählen, so daß sich die in b strichpunktierte Rückkopplungsgerade ergibt. Der Erregerstrom I_{e2} muß jetzt den Rückkopplungsstrom I_{e1} unterstützen. Die Anordnung erregt sich dann aber nicht mehr selbst.

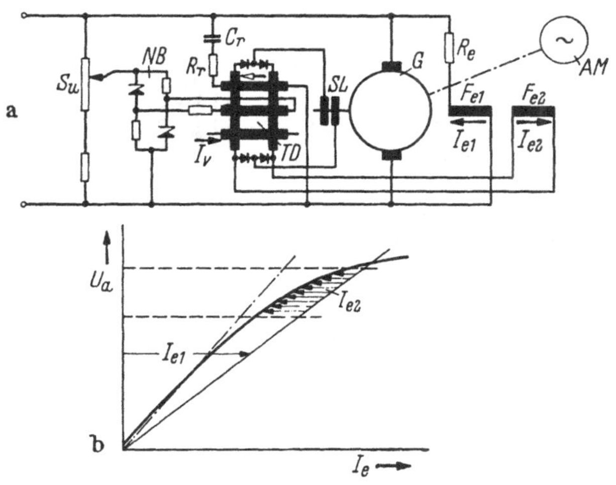

Abb. 17.02a u. b. Spannungsregelung eines selbsterregten Gleichstromgenerators

Eine wichtige Anwendung des auf Spannung geregelten Gleichstromgenerators ist das Laden von Fahrzeugbatterien. Der Ladegenerator ist dabei mit dem Fahrmotor gekuppelt. Seine Drehzahl schwankt deshalb in weiten Grenzen. Die Abb. 17.03 a zeigt die Schaltung. Auch hier wird der Transduktor über die Schleifringe *Sl* aus dem Generator *G* gespeist. Der Transduktor ist so bemessen, daß beim Anfahren des Generators die Selbsterregung erfolgt. Dem Transduktor *TD* ist ein Transistorverstärker *TV* vorgeschaltet.

Aufgabe der Regelung ist es, die Generatorspannung, wie in Abb. 17.03b angegeben, unabhängig von der Motordrehzahl und dem Ladestrom I_a konstant zu halten, gleichzeitig aber Sorge zu tragen, daß der Ladestrom den maximalen Wert I_{am} nicht überschreitet. Es ist

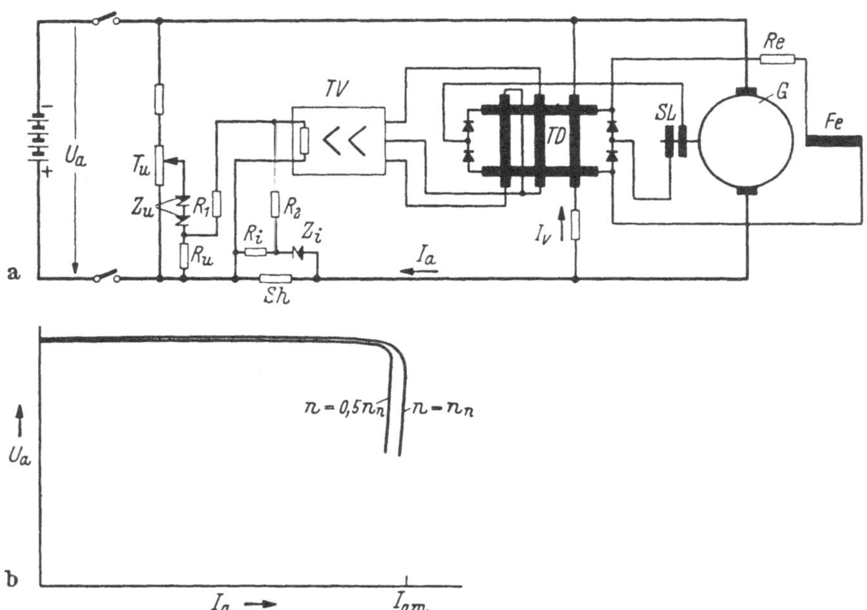

Abb. 17.03 a u. b. Spannungsregelung mit Strombegrenzung eines Ladegenerators für eine Fahrzeugbatterie

deshalb eine Strombegrenzung vorzusehen. Das Meßglied besteht aus dem an der Generatorspannung liegenden nichtlinearen Spannungsteiler Z_u, R_u und dem parallel zum Shunt *Sh* befindlichen nichtlinearen Spannungsteiler Z_i, R_i. Beim Überschreiten der Nennspannung wird die Zenerspannung von Z_u überschritten und die an R_u dann abfallende Spannung steuert die Verstärkerkette in Richtung Feldschwächung aus. Wird der Ladestrom zu groß, so öffnet Z_i und an R_i fällt eine Steuerspannung ab, die den Transduktor schließt. Die stromabhängigge und die spannungsabhängige Steuerspannung wirken parallel auf den Transistorverstärker. Sie sind gegeneinander durch die Widerstände R_1 und R_2 entkoppelt.

17.2 Regelung von Drehstromgeneratoren

Synchrongeneratoren werden immer mit konstanter Spannung betrieben. Die Drehzahl ist ebenfalls weitgehend konstant. Die eigentliche Aufgabe der Regelung besteht in der Beseitigung der Lastabhängig-

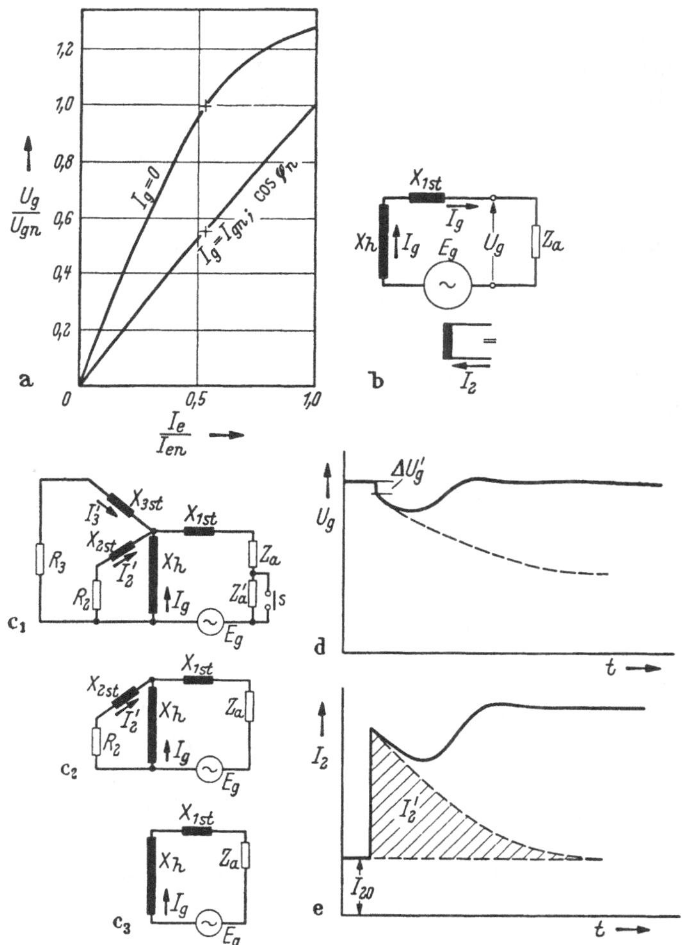

Abb. 17.04 a–e. Statische und dynamische Eigenschaften eines Synchrongenerators

keit der Generatorspannung. Betrachten wir zunächst das Lastverhalten der ungeregelten Maschine. Die Abb. 17.04a zeigt die Leerlauf- und die Nennlastkennlinie. Belasten wir den leerlaufenden Generator mit Nennstrom, so geht die Spannung von $U_g/U_{gn} = 1$ auf $U_g/U_{gn} = 0{,}55$ herunter. Der Synchrongenerator stellt somit im Gegensatz zum Gleichstromgenerator eine sehr lastabhängige Spannungsquelle dar. Der die Spannung bestimmende Hauptfluß Φ_h setzt sich aus dem Erregerfluß Φ_e und dem Ankerrückwirkungsfluß Φ_a zusammen. Bei Wirk- oder induktiver Belastung haben beide Flüsse eine solche Phasenlage, daß Φ_a den Hauptfluß und damit die Spannung herabsetzt. Die Ankerrückwirkung läßt sich im elektrischen Ersatzschaltbild 17.04b durch eine Reaktanz X_h (Synchronreaktanz) ersetzen. Damit in Reihe liegt die Streureaktanz $X_{1\,st}$ der Ständerwicklung. Soll die Generatorspannung U_g bei Belastung konstant sein, so muß über den Erregerstrom I_2 die Ersatz-EMK um $I_g\,(X_h + X_{1\,st})$ vergrößert werden. Da die Feldwicklung eine große Induktivität besitzt, wären damit die Voraussetzungen für die schnelle Ausregelung eines Spannungseinbruches sehr ungünstig.

Die Regelaufgabe wird aber dadurch erleichtert, daß der Generator von sich aus einer schnellen Änderung seines Hauptfeldes entgegenarbeitet, indem er in den Stromkreisen, die ebenfalls mit dem Hauptfluß verkettet sind, Ausgleichsströme induziert. Diese Ausgleichsströme heben vorübergehend die Wirkung des Laststromes teilweise auf, so daß sich ein kleinerer Spannungseinbruch ergibt, als der Ankerrückwirkung entspricht. In Abb. 17.04c ist der Ausgleichsvorgang nach dem Belastungsstoß (durch Schließen des Schalters s) wiedergegeben. Unmittelbar nach dem Schaltvorgang (c_1) fließen in dem Erregerkreis und im Dämpfungskreis die Ausgleichströme I_2' bzw. I_3'. Die Zeitkonstante des Dämpfungskreises (Dämpfungskäfig) ist sehr klein, so daß kurz danach I_3' null ist und das Ersatzschaltbild c_2 gilt. Erst nach Abklingen des Ausgleichsstromes im Erregerkreis tritt nach dem Ersatzschaltbild c_3 die volle Ankerrückwirkung in Erscheinung.

Durch die innere Kompoundierung springt, wie in Abb. 17.04d gezeigt, die Spannung U_g unmittelbar nach dem Belastungsstoß nur um den Streuspannungsfall $\Delta U_g' = I_g X_{1\,st}$. Danach nimmt die Spannung mit der Lastzeitkonstante des Generators entsprechend der gestrichelten Kurve ab, und der Spannungsregler gewinnt Zeit, die Erregung zu erhöhen. Dann ergibt sich die in d vollausgezogene Übergangsfunktion. Die Übergangsfunktionen des Erregerstromes bei geregeltem und ungeregeltem Betrieb sind in Abb. 17.04e angegeben. Der Ausgleichs-Erregerstrom I_2' ist gestrichelt hervorgehoben.

Die über den ersten Spannungseinbruch $\Delta U_g'$ hinausgehende Spannungsabsenkung ist abhängig von der Schnelligkeit, mit der die Erregerspannung durch den Regler heraufgesetzt wird. Die erhebliche Erregerleistung großer Generatoren erfordert es, zwischen Polrad und Transduktor eine Erregermaschine einzuschalten. Der Transduktor wirkt dann auf das Feld dieser Hilfsmaschine. Dabei sind im wesentlichen zwei Schaltungen möglich. Nach Abb. 17.05a_1 wird die Erregermaschine E fremderregt, während nach Abb. 17.05a_2 die Feldwicklung im Selbsterregerkreis liegt, in den auch der Arbeitswiderstand R_{td} des Transduktors eingeschleift ist. Wir nehmen nun in beiden Fällen

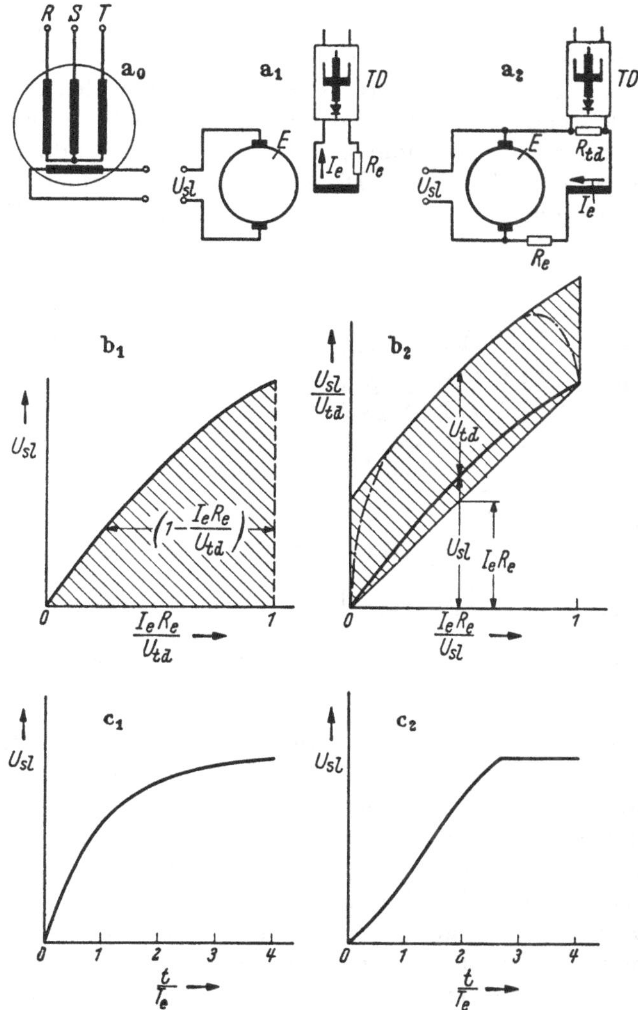

Abb. 17.05a–c. Übergangsfunktion der fremderregten und selbsterregten Erregermaschine

an, daß auf die unerregte Erregermaschine der voll geöffnete Transduktor geschaltet wird. In Abb. 17.05b ist die Spannungskennlinie angegeben und schraffiert die Spannung hervorgehoben, die bei den einzelnen Augenblickswerten von U_{sl} für die Auferregung zur Verfügung steht. Diese Spannung nimmt im Fall a nahezu proportional mit U_{se} ab.

Die in c_1 wiedergegebene Übergangsfunktion verläuft deshalb praktisch exponentiell. Bei der selbsterregten Erregermaschine ändert sich die schraffierte Feldaufbauspannung kaum (b_2), die Übergangsfunktion c_2 ist deshalb annähernd eine Gerade.

Bei Fremderregung hat der Transduktor die gesamte Erregerleistung zu liefern. Der Stellbereich unterliegt keiner Beschränkung. In der Zusatzschaltung a_2 bringt die Erregermaschine den größten Teil ihrer Feldleistung selbst auf und der Transduktor hat nur die Differenz zwischen der Schleifringspannung und dem Spannungsabfall am Erregerkreiswiderstand zu liefern. Die große Eigenzeitkonstante der selbsterregten Erregermaschine macht aber zur schnellen Ausregelung eines

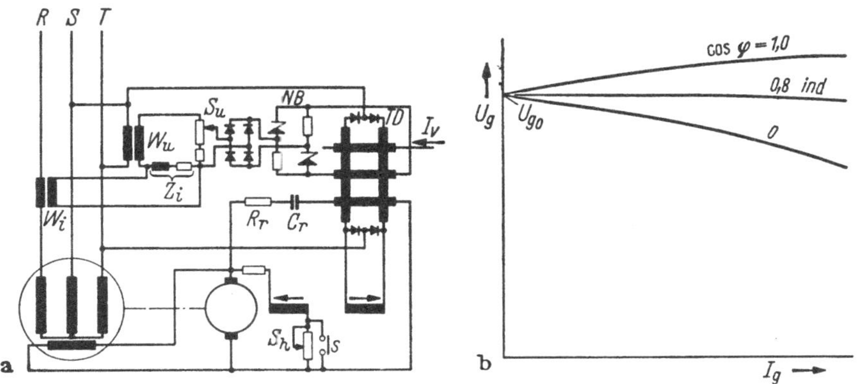

Abb. 17.06 a u. b. Spannungsregelung eines Synchrongenerators durch Erregermaschine und Transduktor

Spannungseinbruches — wie in Abb. 17.05 b_2 gezeigt — eine hohe Übererregung notwendig. Da außerdem $R_{td} < R_e$ sein muß, eignet sich die Zusatzschaltung im Hinblick auf die Transduktoranwendung nur für langsame Regelkreise. Der Transduktor kann bei der selbsterregten Erregermaschine auch auf eine eigene Erregerwicklung arbeiten; seine Typenleistung läßt sich dann herabsetzen.

Die Abb. 17.06a zeigt die Spannungsregelung eines kleineren Synchrongenerators mit selbsterregter Erregermaschine. Im Selbsterregungskreis liegt der Feldsteller *Sh*. Bei Betrieb mit Regler wird er durch den Kontakt *s* kurzgeschlossen. Der Transduktor *TD* liefert eine Gegenerregung. Als Sollwertgeber dient auch hier eine nichtlineare Brücke *NB*. Zur Stabilisierung ist eine nachgebende Rückführung (R_r, C_r) vorgesehen. Der Generator soll mit anderen Generatoren oder einem starren Netz parallellaufen. Eine reine Spannungsregelung genügt dann nicht. Schon geringe Unterschiede zwischen der Generator- und der Netzspannung führen zu erheblichen Ausgleichs-Blindströmen. Die Spannungsregelung muß deshalb eine Strombeeinflussung erhalten. Hierzu liegt in der Phase *R* ein Stromwandler *Wi*, dessen Sekundärstrom eine Impedanz *Zi* durchfließt. Die an ihr abfallende Spannung addiert sich vektoriell zu dem Spannungsistwert. Die Zusatzspannung ist so gerichtet, daß sie bei einem induktiven Blindstrom die an dem Sollwertsteller *Su* liegende Spannung vergrößert. Die nichtlineare Brücke stellt eine zu große Spannung fest und vermindert die Erregung des Generators. Umgekehrt wird bei kapazitiver Belastung die Erregung vergrößert. In beiden Fällen erfolgt eine Verminderung der Blindlast. Die Impedanz *Zi* läßt sich so bemessen, daß für den Nenn-Leistungsfaktor die Zusatzspannung 90° Phasenverschiebung gegenüber der Meßspannung hat und deshalb bei

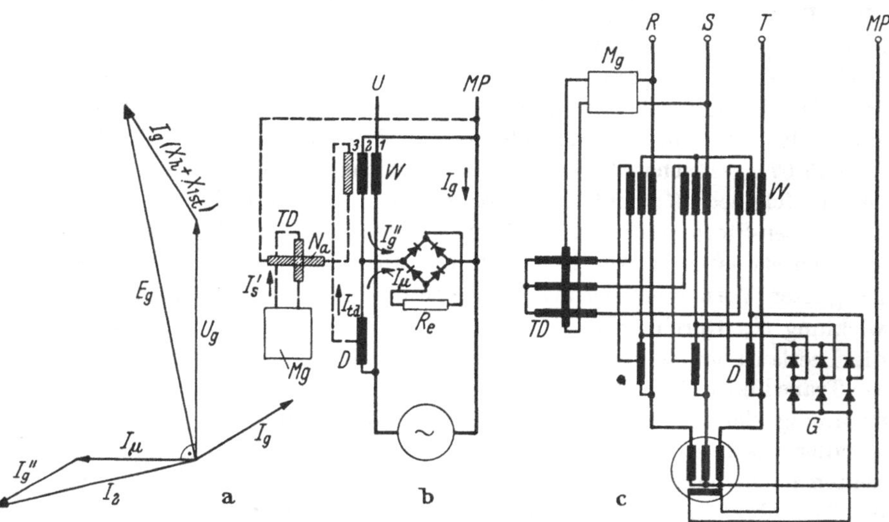

Abb. 17.07a—c. Kompoundierter Synchrongenerator mit Zusatzregelung nach DROSTE, JANZEN [238]

diesem $\cos\varphi$ keine Verfälschung der Spannung erfolgt. Nach den Belastungskennlinien Abb. 17.06b bleibt hier für $\cos\varphi = 0{,}8$ ind. die Generatorspannung konstant, so daß der Generator mit diesem Leistungsfaktor auf ein starres Netz speist.

Kleinere Generatoren sind oft durch Belastung mit Induktionsmotoren einer hohen Stoßbelastung ausgesetzt. Der große Einschalt-Blindstrom der Motoren, der ein Mehrfaches des Generator-Blindstromes betragen kann, läßt die Generatorspannung kurzzeitig zusammenbrechen. In solchen Fällen arbeitet die Reglung über die Erregermaschine zu langsam. Die Abb. 17.07a zeigt das Zeigerdiagramm des belasteten Generators. Die Generator-EMK ist nach dem Ersatzschaltbild 17.04b um den Spannungsabfall $I_g(X_h + X_{1st})$ größer als die Klemmenspannung U_g. Den der EMK entsprechenden Erregerstrom I_2 kann man sich ebenfalls aus zwei Stromkomponenten zusammengesetzt denken: Einer senkrecht auf U_g stehenden Stromkomponente I_μ und einer in Phase mit dem Laststrom befindlichen lastabhängigen Komponente I_g''. Die Schaltung wird nun so gewählt, daß der Laststrom selbst die lastabhängige Komponente des Erregerstromes liefert. Bei einer stoßartigen Belastung bricht deshalb die Generatorspannung nicht mehr als um den Streuspannungsabfall ein.

Die Kompoundierungsschaltung ist in Abb. 17.07b einphasig wiedergegeben. Die Magnetisierungskomponente fließt durch die Drossel D, während die lastabhängige Komponente über einen Wandler W abgenommen wird. Der Summenstrom durchfließt dann die Feldwicklung (R_e). Die mit dieser Kompoundierung zu erreichende Spannungsgenauigkeit genügt in den meisten Anwendungsfällen durchaus. Mitunter muß die Generatorspannung aber genauer konstant gehalten werden, oder der Sollwert soll kontinuierlich einstellbar sein. In beiden Fällen empfiehlt sich eine Zusatzregelung. Die Zusatzeinrichtungen sind in Abb. 17.07b gestrichelt bzw. schraffiert gezeichnet [*238*]. Sie besteht aus einem Meßglied *Mg* und einem stromsteuernden Transduktor *TD* in Dreiphasen-Sternschaltung. Die Leerlaufdrossel D ist so eingestellt, daß I_μ einen etwas zu großen Wert hat. Der überschüssige Strom fließt bei geeigneter Vormagnetisierung des Transduktors über dessen Arbeitswicklung N_a. Durch die Aussteuerung des Transduktors läßt sich somit die Leerlaufkomponente des Erregerstromes beeinflussen. Die gesamte am Transduktor liegende Wechselspannung setzt sich aus der Generatorspannung, der Spannung an der Drossel und der Spannung am Stromwandler zusammen. Bei geeigneter Bemessung der einzelnen Komponenten bleibt bei einem Laststoß die Spannung an der Arbeitswicklung des Transduktors annähernd konstant. Die Kompoundierung und der Transduktor sind damit dynamisch entkoppelt, da eine plötzliche Zustandsänderung (Laststoß) in der Kompoundierung keinen Ausgleichsstrom über den Transduktor hervorruft. Der Steuerstrom I_s' bestimmt dann allein den Arbeitsstrom I_{td}.

In Abb. 17.07c ist die vollständige dreiphasige Schaltung wiedergegeben. Das Meßglied *Mg* muß an den stromsteuernden Transduktor eine verhältnismäßig große Steuerleistung abgeben. Es ließe sich wesentlich durch die Wahl eines spannungssteuernden Transduktors vereinfachen, doch wird dann I_{td} nicht der Erregungseinrichtung aufgezwungen. Bei größeren Generatorleistungen empfiehlt es sich, einen spannungssteuernden Vortransduktor vorzusehen.

Bei Generatoren mit Nennleistungen größer als 1000 kVA wird die Kompoundierungseinrichtung aufwendig, so daß, vor allen Dingen bei schnellaufenden Maschinen, eine mit dem Generator gekuppelte Erregermaschine wirtschaftlicher ist. Außerdem braucht in der Regel bei großen Generatoren nicht mit, gegenüber der Generatorleistung, großen Blindlaststößen gerechnet zu werden. Es genügt, die Feldzeitkonstante der Erregermaschine weitgehend herabzusetzen. In der Schaltung Abb. 17.08 besitzt die Erregermaschine drei Feldwicklungen. Davon

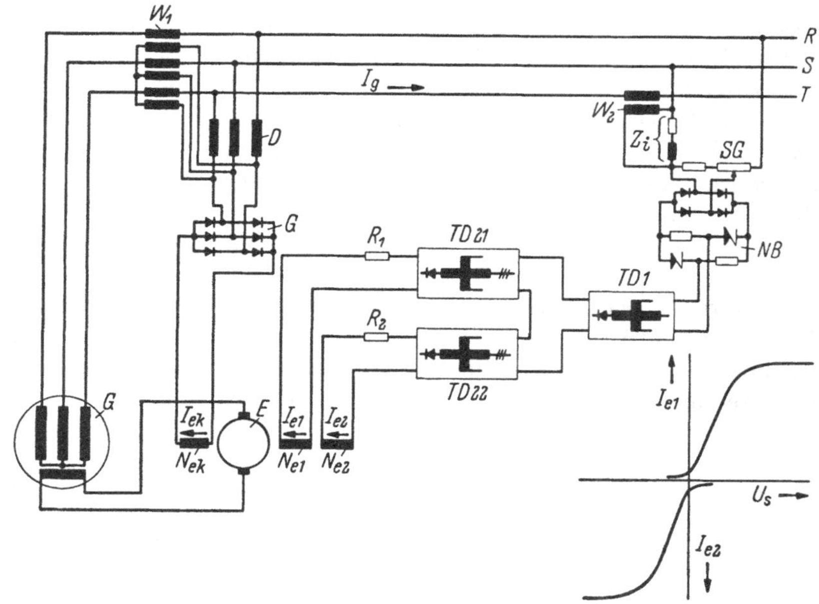

Abb. 17.08. Spannungsregelung für großen Synchrongenerator mit Erregermaschine

ist N_{ek} auf anderen Polen als N_{e1} und N_{e2} angeordnet. Die beiden Gruppen sind somit magnetisch vollständig entkoppelt. Auf die Wicklung N_{ek} wirkt die aus den Wandlern *W 1*, den Drosseln *D* und dem Gleichrichter *G* bestehende Kompoundierungseinrichtung. Über sie erfolgt auch die Selbsterregung des Generators. Die Ankerspannung der Erregermaschine folgt unter dem Einfluß der Kompoundierung schnell der Laständerung des Generators.

Die Transduktoranordnung hat im stationären Betrieb die Aufgabe, die Spannungsgenauigkeit zu verbessern und die Generatorspannung in Abhängigkeit von dem $\cos\varphi$ des Laststromes I_g zu beeinflussen. Der Meßkreis entspricht dem von Abb. 17.06a. Die Endtransduktoren *TD 21* und *TD 22* steuert ein Regeltransduktor *TD 1* aus. Bei durch Spannungseinbrüche hervorgerufenen Ausgleichsvorgängen unterstützt der Spannungsregelkreis die Kompoundierung durch eine hohe Übererregung der Erregermaschine *E*.

Auch Asynchronmaschinen (Kurzschlußläufer) lassen sich als selbsterregte Generatoren betreiben. Den von dem Generator benötigten

Magnetisierungsstrom und den von der Belastung aufgenommenen Blindstrom müssen die an den Generatorklemmen liegenden Kondensatoren liefern. Die benötigte Kondensatorleistung ändert sich bereits bei Wirkbelastung erheblich, um so mehr bei zusätzlicher Blindlast. Die lastabhängige, stufenweise Zuschaltung von Kondensatoren ist technisch unbefriedigend. Es ist dagegen vorteilhafter, die für Nennlast notwendigen Kondensatoren an Spannung zu legen und die überschüssige kapazitive Blindleistung durch parallelgeschaltete Drosseln zu kompensieren [*234*]. Die Drosseln sollen einen ausgeprägten Sättigungsknick haben, damit sie beim Anstieg der Generatorspannung — infolge einer zu großen kapazitiven Blindleistung — in Sättigung gehen und dadurch die überschüssige Blindleistung kompensieren. Zur Kompensation der Oberwellen werden sechs Drosseln vorgesehen, von denen drei im Dreieck und drei im Stern geschaltet sind. Auch für einphasige Asynchrongeneratoren lassen sich als Erregungseinrichtung Kondensatoren in Verbindung mit Sättigungsdrosseln verwenden. Eine größere Spannungsgenauigkeit erhalten wir, wenn an Stelle von Sättigungsdrosseln, Transduktoren mit Wechselstromausgang [*235*] genommen werden.

18. Speisung ruhender Verbraucher

18.1 Einstellbare Spannungsquellen

Viele Verbraucher benötigen für den ordnungsgemäßen Betrieb eine Spannung hoher Konstanz. Die öffentlichen Netze können im allgemeinen nicht dieser Forderung entsprechen. Es müssen dann von anderen Verbrauchern unabhängige Spannungsquellen geschaffen werden. Zur Gleichspannungsversorgung dienten meist Akkumulatorenbatterien und zur Wechselspannungsversorgung durch Synchronmotoren angetriebene Synchrongeneratoren. Beide Anlagen erfordern erhebliche Anlagekosten und eine gewisse Wartung. Nach wie vor blieb deshalb die unmittelbare Versorgung aus dem Drehstromnetz erstrebenswert.

Für kleine Leistungen ermöglichen die magnetischen Spannungskonstanthalter eine Stabilisierung der Wechselspannung mit in vielen Fällen zulässigen Toleranzen. Die Konstanthalter enthalten hauptsächlich einen nichtlinearen Spannungsteiler, bestehend aus einer linearen und einer nichtlinearen Induktivität. Steigt die Netzspannung an, so geht die nichtlineare Drossel mehr in Sättigung, und der größere Sättigungsstrom vergrößert den Spannungsabfall an der vorgeschalteten linearen Drossel, so daß die Spannungsänderung verkleinert wird. Die

Spannungsgenauigkeit kann nicht in allen Fällen den Anforderungen genügen. Außerdem ist noch eine erhebliche Lastabhängigkeit der stabilisierten Spannung vorhanden. Der Transduktor bietet nun die Möglichkeit, die Ausgangsspannung auf dem Wege einer Spannungsregelung konstant zu halten.

Die Abb. 18.01 zeigt das Prinzipschaltbild einer Anordnung unter Verwendung eines spannungssteuernden Transduktors [*248*]. Die konstant zu haltende Spannung U_2 liegt über dem Transformator *T 3* am Meßkreis und wird mit der an dem Sollwertgeber *Su* eingestellten Sollspannung verglichen. Die Differenzspannung steuert den Transduktor *TD* aus, der an dem Transformator *T 2* eine in den Hauptstromkreis eingeschleifte Zusatzspannung U_z verändert, um die die Spannung U_2' kleiner als U_1 ist. Zur Erhöhung der Regelgenauigkeit kann zusätzlich ein Vortransduktor vorgesehen werden. Der Einstellbereich der Spannung U_2 läßt

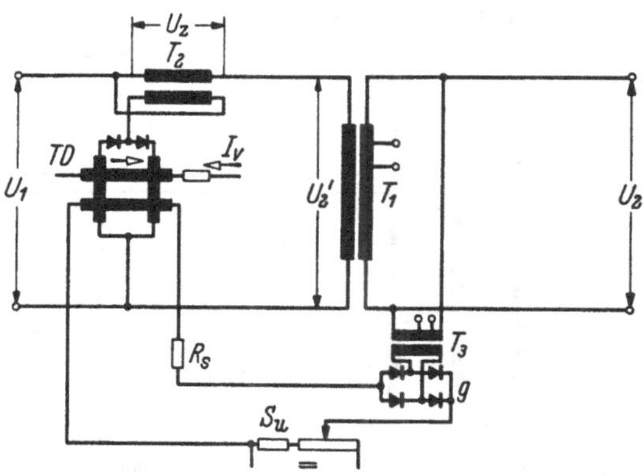

Abb. 18.01. Geregelter Spannungskonstanthalter mit Gegenspannungstransformator nach BROSCH, ZAHORKA [248]

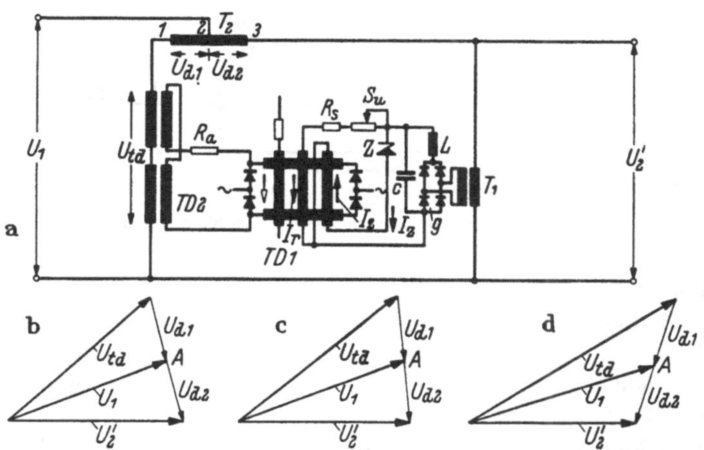

Abb. 18.02a–d. Geregelter Spannungskonstanthalter mit zweistufigem Transduktor nach ANDERSON [247]

sich dadurch verändern, daß bei den Transformatoren *T 1* und *T 3* gleichzeitig auf die entsprechenden Anzapfungen übergegangen wird.

Die Ausgangsspannung U_2 weicht von der Sinusform ab. Wird eine sinusförmige Spannung benötigt, so müssen nachgeschaltete Siebglieder die Oberwellen beseitigen.

Eine etwas andere Anordnung [*247*] zeigt Abb. 18.02. Die Ausgangsspannung U_2' wird über den mit einer Mittelanzapfung versehenen Transformator T_2 konstant gehalten. In Reihe mit der Wicklungshälfte 1—2 liegt der stromsteuernde Transduktor *TD 2*, der von dem spannungssteuernden Transduktor *TD 1* ausgesteuert wird. Die Regelung erfolgt nach einem Durchflutungsvergleich, der über den Wider-

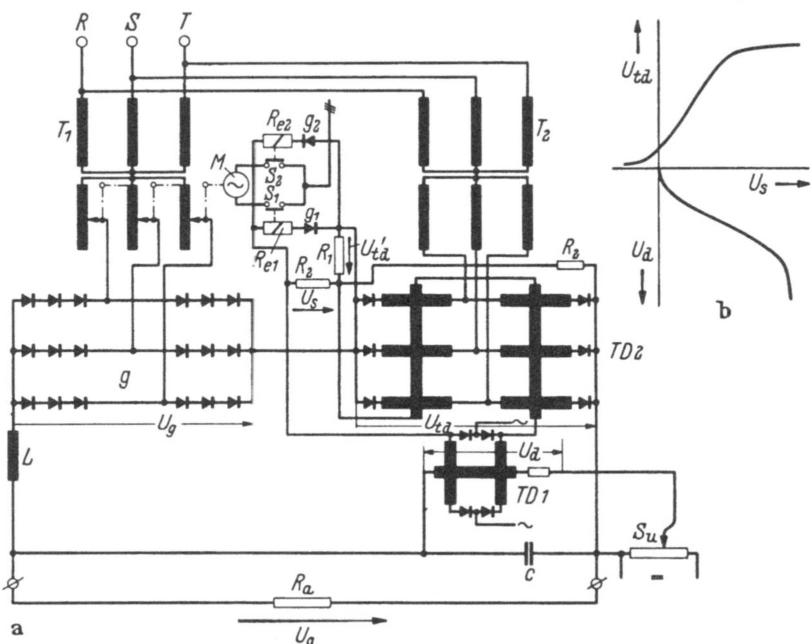

Abb. 18.03 a u. b. Konstante Gleichspannungsversorgung mit Nachlaufsteuerung und Zusatzregelung

stand R_s und die Zenerdiode Z fließenden, von U_2 abhängigen Ströme I_z und I_r. Bei einem Spannungseinbruch nimmt I_z stärker ab als I_r, so daß *TD 1* und damit *TD 2* mehr geöffnet werden. Umgekehrt wird bei einer zu hohen Spannung I_z wesentlich mehr als I_r ansteigen und die Transduktoren schließen.

Betrachten wir nur die Grundwelle der Spannung U_{td}, so gelten die in Abb. 18.02b bis d angegebenen Zeigerdiagramme. Die Spannungsverteilung bei Nennspannung zeigt Diagramm c. Einer zu kleinen Spannung U_1 (b) begegnet die Regelung durch die Verkleinerung von U_{td}. Die rechte Seite des Dreiecks wird um den Punkt A so weit gedreht, daß $U_2' = U_{2n}'$

bleibt (b). Umgekehrt kompensiert nach Diagramm d eine ansteigende Spannung U_{td} eine zu große Primärspannung U_1. Auch bei dieser Schaltung wird die Ausgangsspannung verzerrt.

Zur Konstanthaltung einer Gleichspannung kann der ein- oder dreiphasige spannungssteuernde Transduktor dienen, dessen Ausgangsspannung ein Regelkreis konstant hält. Hat die stabilisierte Spannungsquelle eine große Typenleistung, so wird man bestrebt sein, die vom Transduktor gelieferte Gleichspannung auf den notwendigen Regelbereich zu beschränken. Die Abb. 18.03 zeigt eine entsprechende Anordnung. Die Ausgangsspannung U_a setzt sich aus der Spannung U_g des ungesteuerten Gleichrichters g und der Spannung U_{td} des dreiphasigen Transduktors *TD 2* zusammen. Die Spannung U_g läßt sich über einen Schleifer oder über Anzapfungen auf der Sekundärseite des Transforformators T_1 verändern. Da die maximale Spannung U_{gm} wesentlich größer als U_{td} ist (z. B. $U_{gm} = 5\,U_{tdm}$), bestimmt der Stelltransformator den Bereich von U_a, während U_{td} nur Spannungsänderungen, die durch Schwankungen der Netzspannung oder des Laststromes hervorgerufen werden, ausregelt. Die Gleichspannung U_a wird an dem Sollwertgeber *Su* eingestellt.

Steht der Abgriff an *T 1* falsch, so ist der Vortransduktor *TD 1* entweder voll geschlossen, oder voll geöffnet. Der Abgriff an *T 1* wird dann durch eine Nachlaufregelung so verstellt, daß der Arbeitspunkt von *TD 1* in den linearen Bereich der Arbeitskennlinie wandert. Die Transduktoren dürfen mit ihrem Arbeitspunkt nicht am Anschlag liegen, da sonst Spannungsschwankungen nicht ausgeregelt werden können.

Den Meßkreis der Nachlaufsteuerung bilden R_1 und R_2, an denen die Spannungen U'_{td} und U_s liegen. Die Differenz beider Spannungen steigt stark an, wenn, wie in Abb. 18.03b gezeigt, der Vortransduktor aus seinem linearen Bereich hinauswandert. Je nach dem Vorzeichen der Differenzspannung wird das Relais *Re 1* oder *Re 2* erregt und steuert den Stellmotor *M* im die Sekundärspannung von *T 1* erhöhenden bzw. erniedrigenden Sinn. Die Stellgeschwindigkeit kann klein sein.

18.2 Transduktoren mit nichtlinearer Belastung

Wir wollen nun einige Anwendungsfälle betrachten, bei denen die Verbraucher nicht ohne weiteres an einer starren Speisespannung betriebsfähig sind. Sie besitzen, auf Grund ihrer fallenden Belastungskennlinie, einen mit zunehmendem Strom kleiner werdenden Innenwiderstand. Hierzu gehört die Glimmentladunggsstrecke und der elektrische Lichtbogen.

In zunehmendem Maße finden Elektrofilter zur Reinigung industrieller Abgase Anwendung. Das Gas strömt hierbei an großflächigen Elektroden vorbei, die sich gegenüber der Gegenelektrode auf einem möglichst hohen Spannungspotential befinden. Die Elektrode ist mit Spitzen versehen, an denen, infolge der kleinen Krümmungsradien, Korona auftritt. Die Staubteilchen werden dadurch aufgeladen und in Richtung des elektrischen Feldes bewegt. Die Wanderungsgeschwindigkeit der Teilchen ist annähernd dem Quadrat des Feldstärke proportional. Im Interesse eines guten Wirkungsgrades soll die Feldstärke so groß als möglich sein. Bei zu hohen Feldstärken erfolgt ein Überschlag. Der Grenzwert ist nicht konstant, sondern wird durch die augenblick-

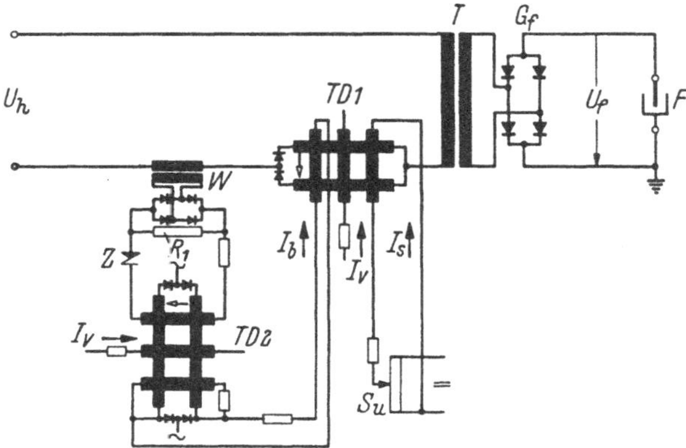

Abb. 18.04. Gesteuerte Spannungsversorgung für Elektrofilter mit Kurzschlußfortschaltung nach WEPPLER, SCHWARZ [249]

liche Beschaffenheit der Abgase bestimmt. Damit ergibt sich für die Spannungsversorgung folgende Aufgabenstellung: Die Gleichspannung muß einstellbar sein und bei Überschlägen soll sie plötzlich so stark abgesenkt werden können, daß der Lichtbogen verlöscht.

Die Abb. 18.04 zeigt die Schaltung der Spannungsversorgung eines Elektrofilters [*249*]. Die Transduktoren befinden sich auf der Niederspannungsseite des Hochspannungstransformators *T*. Die Einstellung der Hochspannung erfolgt durch den Transduktor *TD 1* mit Hilfe des Spannungsteilers *Su*. Der Transduktor *TD 1* muß die volle Speisespannung U_h aufnehmen können. Zur Strombegrenzung dient der Transduktor *TD 2*. Er öffnet, sobald die an R_1 liegende stromproportionale Spannung den durch die Zenerdiode *Z* festgelegten Grenzwert überschreitet. Der Strom I_b schließt den für die Spannung maßgeblichen Transduktor *TD 1*, bis der Lichtbogen erlischt.

Auf die Strombegrenzungsstufe kann verzichtet werden, wenn *TD 1* einen stromsteuernden Transduktor darstellt. Die Einstellung der Betriebsspannung erfolgt dann indirekt über den vom Filter aufgenommenen Strom. Bei einem Lichtbogen bricht der Innenwiderstand des Filters auf einen Bruchteil seines normalen Wertes zusammen; der stromsteuernde Transduktor hält den Strom konstant, so daß der Lichtbogen abreißt.

Ein weiteres Anwendungsgebiet der Transduktoren liefert die Schweißtechnik. Beim Lichtbogenschweißen muß der Schweißstrom auf einem einstellbaren Wert konstant gehalten werden. Hierfür bietet sich, auf Grund seiner Betriebseigenschaften, der stromsteuernde Transduktor an. Die Kurvenform des Stromes bei erzwungener Magnetisierung ist für den Schweißvorgang günstig. Der Steuerkreis muß dann bekanntlich für Wechselstrom gesperrt werden.

Bei größeren Leistungen ist die einphasige Belastung des Netzes unangenehm, außerdem ist der Aufwand für die Sperrdrossel erheblich. Beide Nachteile vermeidet die in Abb. 18.05 wiedergegebene Schaltung

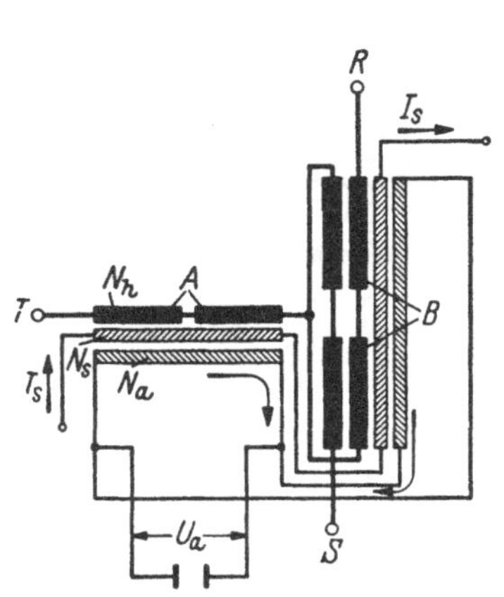

Abb. 18.05. Schweißstromumformer für symmetrische Belastung des Dreiphasensystems nach KRÄMER [113]

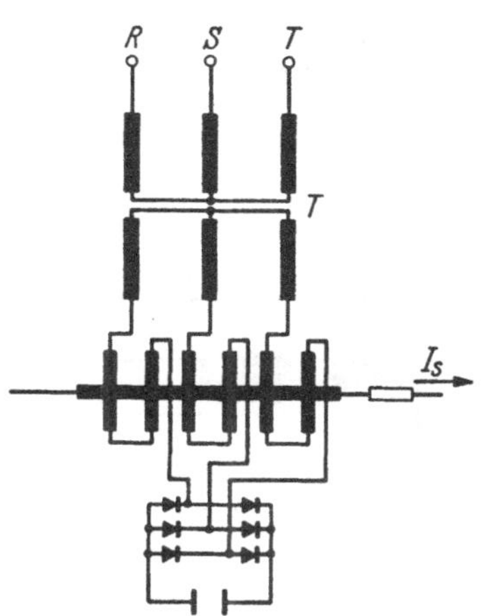

Abb. 18.06. Gesteuerter Schweißgleichrichter mit stromsteuerndem Transduktor

[*113*]. Sie besteht aus zwei Drosselreihenschaltungen, die, ähnlich der SCOTT-Schaltung, miteinander verbunden sind. Dadurch liegen die beiden Transduktoren A und B an um 90° versetzten Spannungen. Die geradzahligen Harmonischen beider Systeme haben dann eine Phasenverschiebung von $2k \cdot 90°$, heben sich also bei Hintereinanderschaltung der Steuerwicklungen N_s im Steuerkreis auf. In gleicher Weise sind die Arbeitswicklungen N_a verbunden. Für die Anschlüsse der Schweißelektroden sind dagegen die Arbeitswicklungen parallelgeschaltet. Die Ausgangsspannung U_a enthält nur geradzahlige Harmonische.

Bei der Gleichstromschweißung macht die Aufteilung der Belastung auf die drei Phasen keine Schwierigkeiten. Die Abb. 18.06 zeigt die Schaltung des dreiphasigen stromsteuernden Transduktors. Dabei ist die Drosselreihenschaltung wegen der kleineren Eigenzeitkonstante gegenüber der Drosselparallelschaltung vorzuziehen.

Auch in der Beleuchtungstechnik findet der Transduktor in steigendem Maße Anwendung. Er dient vor allen Dingen zur stufenlosen Einstellung der Lichtstärke der Beleuchtungskörper. Hier ist zwischen Glühlampen und Leuchtstofflampen zu unterscheiden. Am einfachsten gestaltet sich die Steuerung der Glühlampen. Ihre Lichstärke ist proportional einer höheren Potenz des Speisestromes. Durch verhältnismäßig kleine Stromänderungen läßt sich die Lichtstärke stark beeinflussen. Bei Leuchtstofflampen ist dagegen die Lichtstärke proportional dem Lampenstrom. Zur Verdunkelung ist eine weitgehende Herab-

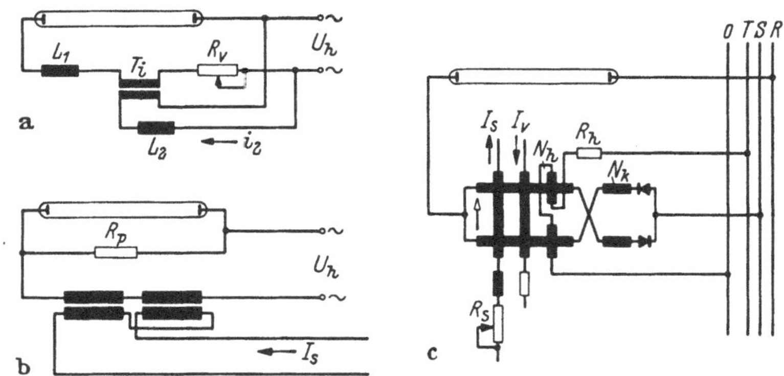

Abb. 18.07 a—c. Steuerbare Stromversorgung für Leuchtstoffröhren

setzung des Lampenstromes notwendig. Die eigentliche Schwierigkeit besteht darin, daß die Leuchtstofflampe in jeder Halbwelle neu gezündet werden muß und andererseits im unteren Spannungsbereich keine sichere Zündung mehr gewährleistet ist.

Die Abb. 18.07a zeigt eine Schaltung zur Helligkeitssteuerung von Leuchtstoffröhren [*242*). Die Drossel L_1 dient zur Stabilisierung der Röhrenkennlinie. Die Helligkeit wird über den Widerstand R_v eingestellt. Als Zündhilfe ist der sättigbare Impulswandler *Ti* vorgesehen. Er liegt auf der Sekundärseite über die lineare Induktivität L_2 an der Speisespannung. Der induktive Strom i_2 wird dem Wandler durch L_2 aufgezwungen und ist so groß, daß fast während der ganzen Periode sich *Ti* in Sättigung befindet. In der Umgebung des Strom-Nulldurchganges wird der Impulstransformator ummagnetisiert und in dem Hauptkreis ein Spannungsimpuls induziert, der, unabhängig von der an der

Leuchtstoffröhre liegenden Hauptspannung, eine sichere Zündung gewährleistet.

Zur Steuerung der Leuchtstoffröhren lassen sich sowohl stromsteuernde wie auch spannungssteuernde Transduktoren einsetzen. Die Anordnung a stellt eine Amplitudensteuerung dar, in der durch R_v die an der Röhre liegende Spannung herabgesetzt wird. Der Transduktor bietet über die steuerstromabhängige Verschiebung des Sättigungswinkels die Möglichkeit, die Brenndauer zu verändern. Selbst bei kleinem Stromflußwinkel ergeben sich verhältnismäßig hohe Spannungsspitzen, so daß die Zündspannung sicher überschritten wird.

Die Abb. 18.07 b zeigt die Steuerung einer Leuchtstoffröhre mit stromsteuerndem Transduktor. Parallel zur Röhre muß der Widerstand R_p liegen, über den der Magnetisierungsstrom des geschlossenen Transduktors fließt. Ein den besonderen Betriebsbedingungen angepaßter spannungssteuernder Transduktor [*244*] ist in Abb. 18.07 c wiedergegeben. Um den Aufwand für die Transduktoren möglichst klein zu halten, versorgt ein Transduktor mehrere Leuchtstoffröhren, die teilweise auch abschaltbar sein können. Die Lichtstärke der in Betrieb befindlichen Röhren soll bei einer bestimmten Stellung des Stellers R_s unabhängig von der Belastung sein. Die Belastungsunabhängigkeit erhalten wir durch die Stromrückkopplung über die Wicklungen N_k. Bei vollständig heruntergesteuertem Transduktor zünden die Leuchtstoffröhren nicht. Dann kann auch kein Magnetisierungsstrom fließen. Bei der Anordnung c sind deshalb besondere Magnetisierungswicklungen N_h vorgesehen, die über den Widerstand R_h an einer gegenüber der Speisespannung (U_{RS}) in der Phase um 90° versetzten Spannung (U_T) liegt. Die an der Röhre liegende Ausgangsspannung des Transduktors läßt sich dann vollständig zu Null machen.

18.3 Frequenzvervielfacher

Die Transduktoren werden fast immer mit Netzfrequenz betrieben. Es gibt aber Anwendungsfälle, bei denen der Übergang auf eine höhere Frequenz nicht zu umgehen ist. Es besteht dann der berechtigte Wunsch, auch bei dem Versorgungsgerät ohne bewegliche Elemente, wie Generatoren, auszukommen. Hierfür eignen sich statische Frequenzvervielfacher. Einige Grundschaltungen sind in Abb. 18.08 angegeben. Die Verdreifachschaltung a sieht drei im Stern geschaltete Sättigungsdrosseln vor. Der Verbraucher R_a liegt zwischen dem Sternpunkt und *MP*. Die nichtlinearen Drosseln L_R, L_S, L_T sind so bemessen, daß sie bei der anliegenden Wechselspannung weit in Sättigung geführt werden. Der Oberwellengehalt hängt von dem Verhältnis der Speisespannung U_h zur

Spannung U_{sg}, bei der die Drosseln gerade in Sättigung gehen, ab. Der Strom i_L enthält die Grundwelle und die ungeradzahligen Harmonischen. Bei einer Drossel aus kaltgewalztem Siliziumblech ergeben sich, wenn I_L den Gesamtstrom darstellt, für $U_h/U_{sg} = 1{,}2$ die Stromanteile: $I_{\mathrm{I}}/I_L = 0{,}75$; $I_{\mathrm{III}}/I_L = 0{,}55$; $I_{\mathrm{V}}/I_L = 0{,}30$; $I_{\mathrm{VII}}/I_L = 0{,}12$ und $I_{\mathrm{IX}}I_L = 0{,}04$. Die Stromamplitude nimmt mit steigender Ordnungszahl der Oberwelle stark ab. Wir wollen im vorliegenden Fall die dritte Harmonische (I_{III}) ausnutzen, wofür sich

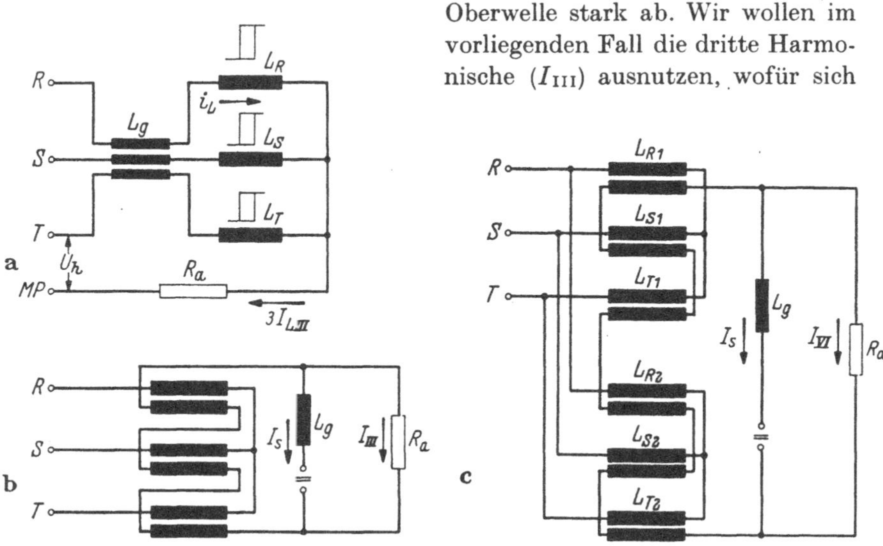

Abb. 18.08a–c. Dreiphasige Frequenzvervielfacher

die Sternschaltung besonders gut eignet, da die gewählte Harmonische in allen drei Drosselströmen in Phase ist und sich deshalb in der Sternpunktverbindung addiert. Die höheren Harmonischen sind unerwünscht; sie werden deshalb durch in Reihe mit den Sättigungsdrosseln liegenden linearen Drosseln weitgehend gesperrt. An Stelle von drei Drosseln läßt sich auch die in Abb. 18.08a gezeigte Drossel mit drei Wicklungen einsetzen [*243*]. Die beschriebene Schaltung zeichnet sich durch große Einfachheit aus, hat aber den Nachteil, daß die an R_a abfallende Ausgangsspannung sehr von der Speisespannung abhängt.

Verhältnismäßig unabhängig von Speisespannungsschwankungen erweist sich die Anordnung nach Abb. 18.08b [*108*]. Sie stimmt mit dem in Abb. 8.34a gezeigten dreiphasigen stromsteuernden Transduktor überein, wenn dort der Arbeitswiderstand zu null gesetzt wird. Der Vormagnetisierungsstrom I_s fließt über eine Glättungsdrossel L_g, während sich die Wechselstromkomponente über R_a schließt. Auch hier kommt es uns auf die am stärksten vertretende Harmonische I_{III} an. Die Drosseln sind so bemessen, daß sie ohne Vormagnetisierung die Speisewechselspannung gerade sperren. Da I_{III} proportional I_s ist, wird die Vormagnetisierung so hoch als möglich gewählt.

Durch Verwendung von zwei Sternschaltungen läßt sich nach Abb. 18.08c eine Versechsfachung der Frequenz erreichen. Die Steuerwicklungen sind so geschaltet, daß die Sättigung beider Drosselgruppen in verschiedenen Halbwellen erfolgt. Die Grundwellenströme beider Systeme haben eine Phasenverschiebung von 180°. Das gleiche trifft für die durch drei teilbaren Harmonischen zu, so daß die Zahl der über R_a fließenden Stromimpulse verdoppelt wird.

Außer den beschriebenen dreiphasigen Frequenzvervielfachern finden einphasige Frequenzvervielfacher Anwendung. Sie bestehen aus Resonanzkreisen, die nichtlineare Drosseln enthalten und so bemessen

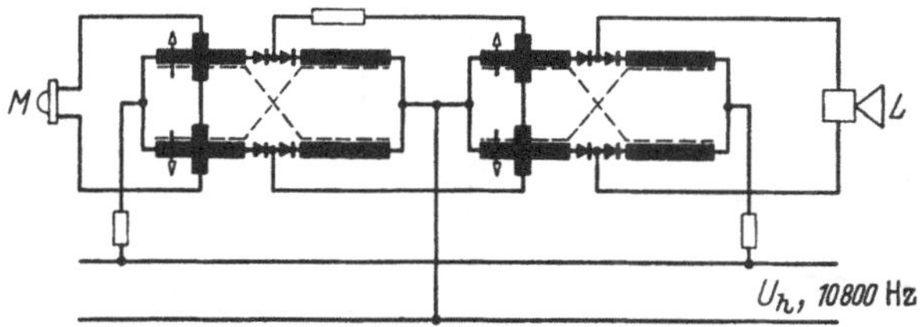

Abb. 18.09. Transduktor als Tonfrequenzverstärker nach SUOZZI, HOOPER [243]

sind, daß sich die gewünschte Harmonische besonders kräftig ausbildet. Durch Hintereinanderschaltung zweier derartiger Stufen läßt sich eine sehr hohe Vervielfachung, allerdings bei kleinem Wirkungsgrad, erreichen.

Abschließend soll noch eine Anwendung für Frequenzvervielfacher genannt werden. Die Abb. 18.09 zeigt die Schaltung eines magnetischen Tonfrequenzverstärkers [*243*]. Er ist als zweistufige Halbwellenschaltung aufgebaut. Da Frequenzen bis 4000 Hz übertragen werden sollen, ist eine Betriebsfrequenz von 10800 Hz notwendig. Sie wird durch Vervielfachung der Frequenz eines 400 Hz-Generators gewonnen. Dabei wird zunächst nach der Schaltung Abb. 18.08a eine Frequenzverdreifachung durchgeführt. Danach folgen zwei einphasige Verdreifacherstufen. Der Platzbedarf des Speisegerätes mit den Vervielfacherstufen ist wesentlich größer als der des eigentlichen Verstärkers.

19. Transduktoren mit Transistoren

Ganz neue Möglichkeiten eröffnen sich der Transduktortechnik durch die Kombination zwischen nichtlinearen Drosseln und Transistoren. Die bisher bekannt gewordenen Anordnungen gehen noch von den üblichen Transduktorschaltungen aus, in die der Transistor meist als gesteuerter Gleichrichter eingreift. Es ist aber zu erwarten, daß der Einsatz von Transistoren zu einer ganz neuen Schaltungstechnik führt. Beide Verstärkerelemente haben ihre Nachteile. Beim Transduktor ist

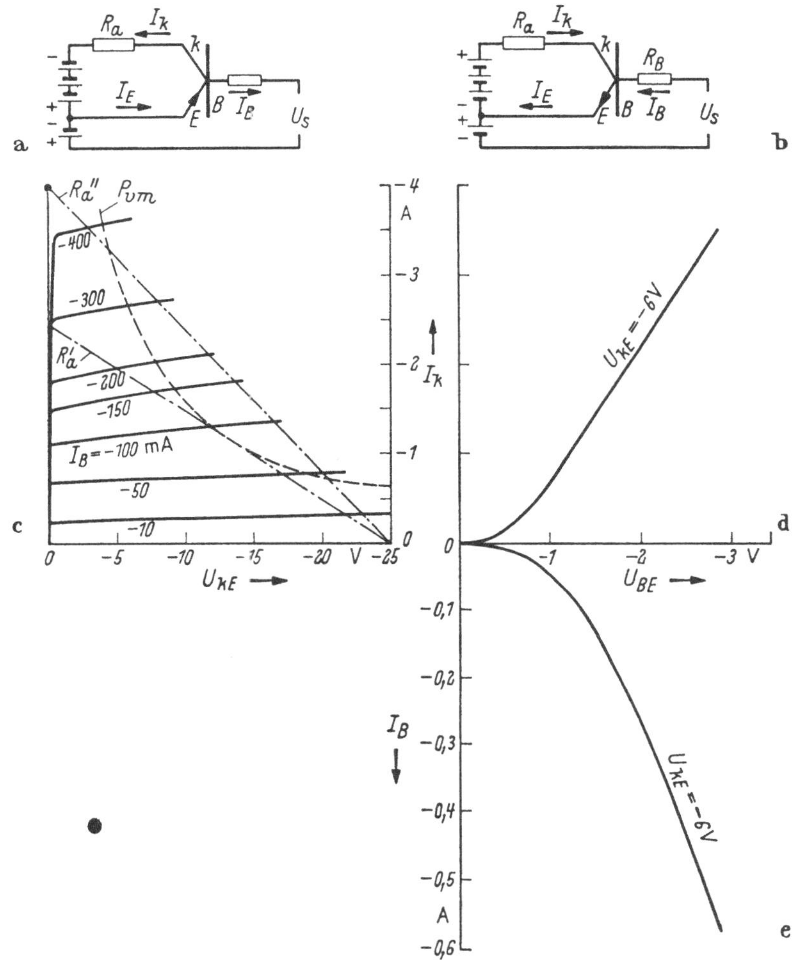

Abb. 19.01 a – e. Transistor-Kennlinien

in erster Linie die Eigenträgheit und die verhältnismäßig große Steuerleistung zu nennen, während beim Transistor die Temperaturabhängigkeit seines Arbeitspunktes und seiner Betriebsdaten stört. Durch die Kombination lassen sich die unerwünschten Eigenschaften in ihrem Einfluß auf das Gesamtgerät beseitigen oder doch zumindest abschwächen.

Die charakteristischen Eigenschaften des Transistors sind aus Abb. 19.01 zu ersehen. Der Transistor ist mit einer Hochvakuum-Triode zu vergleichen. An Stelle von Kathode, Anode und Gitter treten Emitter (E), Kollektor (K) und Basis (B). Der Transistor stellt die Gegeneinanderschaltung von zwei Dioden dar, von denen die E-B-Diode in Durchlaßrichtung, die B-K-Diode in Sperrichtung gepolt ist. Die Grenzschicht zwischen beiden Dioden ist sehr dünn, so daß Ladungsträger aus der E-B-Strecke in die B-K-Strecke übertreten können und dort einen entsprechenden Strom hervorrufen. Da an dieser Strecke eine größere Spannung liegt, ist eine Spannungsverstärkung vorhanden. Die beiden Dioden lassen sich bei der Herstellung in beiden Richtungen polen. Dann ergibt sich entweder der in Abb. 19.01a gezeigte *PNP*-Transistor oder der in b wiedergegebene *NPN*-Transistor (Emitterschaltung). Die an der Diode *EB* liegende Spannung ist in beiden Fällen so gepolt, daß die Transistoren geschlossen sind.

Die Abb. 19.01c zeigt das Belastungsdiagramm eines *PNP*-Transistors und zwar die Abhängigkeit des Kollektorstromes I_k von der an den Kollektor-Emitteranschlüssen liegenden Spannung U_{KE}. Als Parameter dient der Basisstrom I_B. Nach dem Verlauf der Kennlinien stellt der Transistor in dieser Schaltung eine Konstantstromquelle mit hohem Innenwiderstand dar. Aus der Kennlinie e ist der Eingangswiderstand der Verstärkerstufe zu ersehen. Er bleibt, vor allen Dingen bei größerer Aussteuerung, wesentlich niedriger als der Innenwiderstand. Schließlich zeigt die Kennlinie d die Abhängigkeit des Kollektorstromes von der Basis-Emitter-Spannung. Der Kleinstwert des Kollektorstromes, der Kollektor-Ruhestrom, erweist sich als sehr temperaturabhängig.

Die Abb. 19.01c zeigt gestrichelt die Verlusthyperbel, die nicht überschritten werden darf, soll keine unzulässige Erwärmung eintreten. Ihr Verlauf hängt wesentlich von den Abkühlungsverhältnissen, z. B. der Größe der Kühlfläche, ab. Bei stetigem Betrieb darf die Widerstandsgerade R_a' die Verlusthyperbel gerade tangieren. Eine höhere Belastung (R_a'') ist erlaubt, wenn das Gebiet hohen Innenwiderstandes schnell durchfahren wird; der Transistor also im Schaltbetrieb arbeitet.

Die meisten Vorschläge zur Steuerung von Transduktoren durch Transistoren sehen eine Beeinflussung der Abmagnetisierung vor. Die Abb. 19.02 zeigt eine Einphasen-Brückenschaltung [*263*]. Parallel zu den Selbstsättigungsgleichrichtern g_{ss} sind zwei komplementäre Transistoren in Emitterschaltung angeordnet. Dadurch kann, je nach Aussteuerung der Transistoren, in Sperrichtung der Selbstsättigungsgleichrichter ein veränderbarer Sperrstrom I_{gr} fließen, der die Drosseln abmagnetisiert. Besitzen die Drosseln eine rechteckige Hystereseschleife, so ist der Transduktor bei vernachlässigbarem Rückstrom I_{gr} voll geöffnet. Schließen dagegen die Transistoren die Gleichrichter kurz, so bleibt der Transduktor, wegen der vollständigen Rückmagnetisierung, geschlossen. Eine Steuerwicklung wird nicht benötigt. Nachteilig ist der Kollektorreststrom, der selbst bei $U_s = 0$ eine temperaturabhängige Abmagnetisierung erzeugt, so daß die maximale Ausgangsspannung nicht erreicht wird.

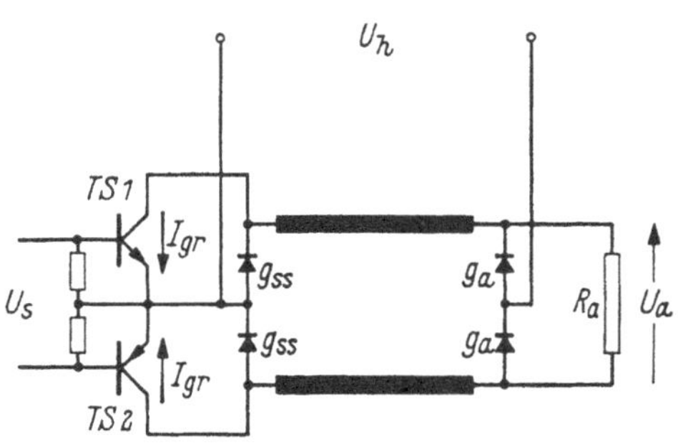

Abb. 19.02. Einphasen-Brückenschaltung mit gesteuerter Rückmagnetisierung nach MARENBACH [263]

Auch ein dreiphasiger Transduktor läßt sich durch Beeinflussung der Abmagnetisierung steuern. Die Abb. 19.03 zeigt eine Dreiphasensternschaltung, bei der parallel zu den Selbstsättigungsgleichrichtern oder auch an ihrer Stelle [*262*] Transistoren vorgesehen werden. Die Transistoren sind dabei in Basisschaltung ausgeführt, bei der der Basisanschluß sowohl am Steuer- wie auch am Ausgangskreis liegt. Diese Schaltung zeichnet sich durch einen besonders hohen Innenwiderstand aus, so daß bei geschlossenen Transistoren die restliche Abmagnetisierung sehr klein ist. Dafür ergibt sich ein um so kleinerer Steuerwiderstand, der aber, infolge der kleinen Steuerleistung, eher in Kauf genommen werden kann. Die Abb. 19.03b zeigt die Steuerkennlinie des Trans-

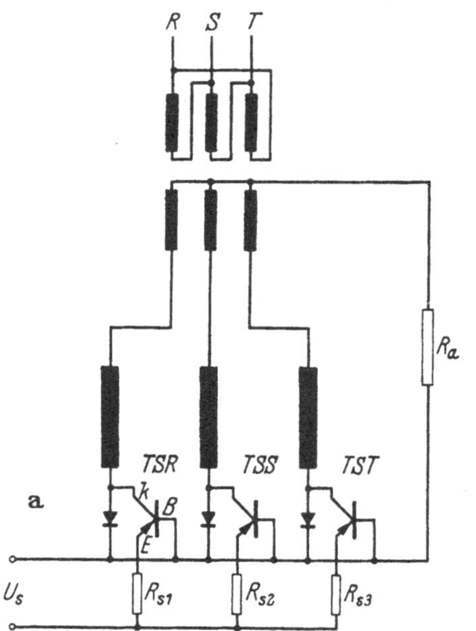

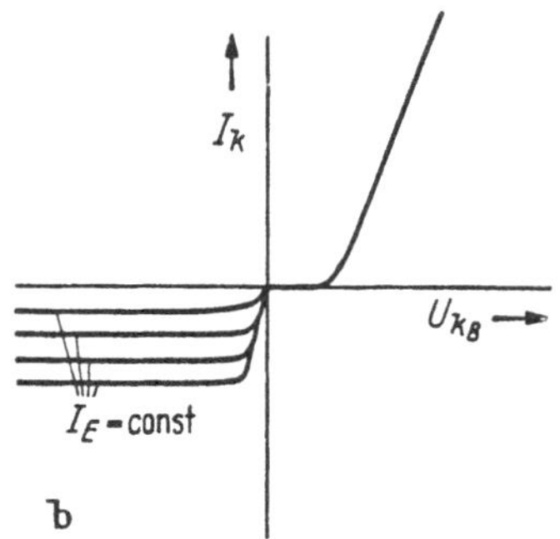

Abb. 19.03a u. b. Dreiphasen-Sternschaltung mit gesteuerter Rückmagnetisierung

duktors. Der Kollektorstrom I_k ist in Sperrichtung nahezu von der an der Kollektor-Basis-Diode liegenden Spannung unabhängig. Der Sperrstrom der Transistoren sorgt für eine, von der Steuerspannung U_s abhängige Abmagnetisierung der Drosseln. Dadurch wird in der Sättigungshalbwelle der Sättigungswinkel eingestellt.

Bei den bisher betrachteten Anordnungen diente der Transistor als Vor- und der Transduktor als Leistungsverstärker. In der Schaltung nach Abb. 19.04a ist es umgekehrt [*261*]. Die Steuerspannung U_s liegt im Steuerkreis des durchflutungsgesteuerten, spannungssteuernden Transduktors *TD* (Mittelpunktschaltung). Er wird mit einer rechteckigen Wechselspannung gespeist, deren Kurvenform b zeigt. Die an den Widerständen R_B abfallenden Spannungen haben ebenfalls die Form von Rechtecken, deren Breite gleich dem Stromflußwinkel α_i ist, den wiederum der Steuerstrom I_s bestimmt. Die Transistoren *TS* 1 und *TS 2* arbeiten im Schaltbetrieb und können deshalb nach Abbildung 19.01 c hoch belastet werden. In Abb. 19.04c und d ist die Ausgangsspannung U_a bei kleiner bzw. großer Aussteuerung wiedergegeben.

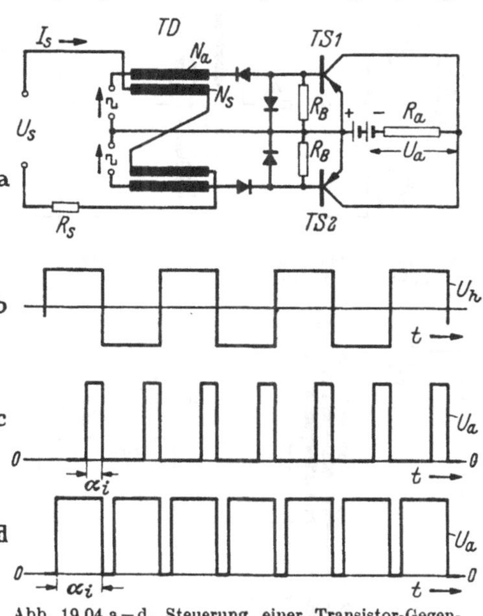

Abb. 19.04 a–d. Steuerung einer Transistor-Gegentaktstufe durch spannungssteuernden Transduktor nach COLLINS [261]

Einen ganz anderen Einsatz des Transistors zeigt Abb. 19.05. Der Arbeitskreis entspricht dem einer Einphasen-Bückenschaltung. Die Drosseln sind mit zwei Steuerwicklungen N_{S1} und N_{S2} versehen. Die Wicklungen N_{S1} liegen ständig an der Steuerspannung U_s, während die Wicklungen N_{S2} durch einen synchron mit der Speisewechselspannung U_h betätigten Schalter eingeschaltet werden. Dieser Schalter besteht aus den Transistoren *TS 1*, *TS 2*, den Widerständen R_1, R_2 und der Hilfswechselspannung U_h'. In einer Halbwelle von U_h' ist *TS 1*, in der anderen *TS 2* leitend, so daß die Steuerspannung durchgeschaltet wird. Bei geschlossenem Schalter heben sich die an N_{S1} und N_{S2} liegenden Spannungen auf, und die ganze Spannung-Zeitfläche der Steuerspannung sorgt für die Abmagnetisierung der zweiten Drossel, deren Wicklung N_{S2} abgeschaltet ist. Der Transistorschalter sorgt somit dafür, daß die Spannung-Zeitfläche der Steuerspannung nur auf die sich in Rückmagnetisierung befindliche Drossel wirkt, während bei der anderen, sich in Aufmagnetisierung befindlichen Drossel, eine unerwünschte Rückmagnetisierung unterbleibt.

Die Verwendung von Transistorschaltungen macht es möglich, Eintaktverstärker zu Gegentaktverstärkern auszubauen. Die Abb. 19.06 zeigt einen durchflutungsgesteuerten Gegentakttransduktor, der sich aus den beiden Mittelpunktschaltungen *TD 1* und *TD 2* zusammensetzt [*267*]. Die Speisespannungen sind U_h' und U_h''. Die eingezeichneten Pfeile kennzeichnen die Polung in der betrachteten Halbwelle. Zwischen den Speisespannungen und den Selbstsättigungsgleichrichtern sind gesteuerte Transistorschalter angeordnet. In der betrachteten Halbwelle sind die Transistoren *TS 1'* und *TS 2''* leitend, während in der nächsten Halbwelle die Transsistoren *TS 1''* und *TS 2'* Strom führen. Über den Arbeitswiderstand R_a fließt in beiden Halbwellen die Differenz der beiden Transduktorstöme ($I_{a1} - I_{a2}$). Der überwiegende Strom bestimmt das Vorzeichen der Ausgangsspannung. Sind die Transduktoren über den Vorstrom auf die Mitte ihrer Kennlinien eingestellt, so ist für $U_s = 0$ auch die Ausgangsspannung null und hat im Fall der Aussteuerung das gleiche Vorzeichen, wie die Steuerspannung.

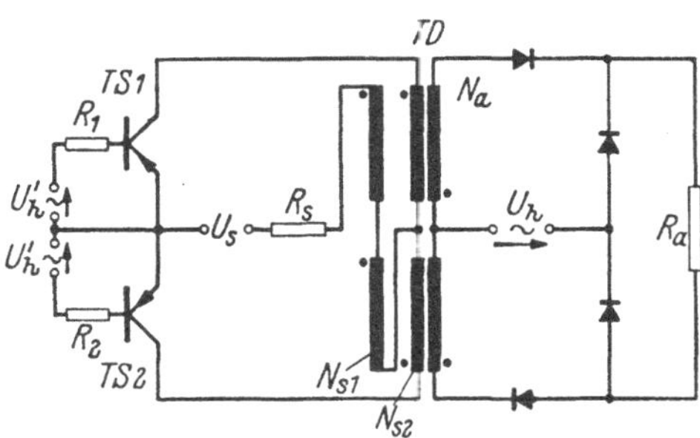

Abb. 19.05. Spannung-Zeitflächen gesteuerter Transduktor mit Transistorschalter nach LYNN [265]

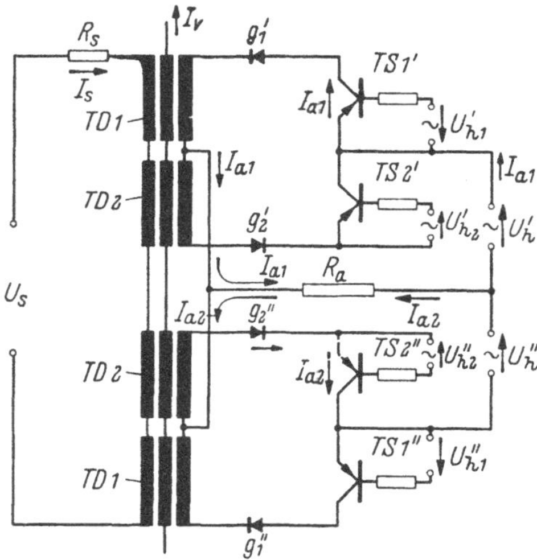

Abb. 19.06. Durchflutungsgesteuerter Gegentakt-Transduktor mit Transistorschaltern nach MILNES [267]

Ein Spannung-Zeitflächen gesteuerter Gegentaktverstärker mit gesteuerten Transistorschaltern ist in Abb. 19.07 wiedergegeben [*267*]. Diese Schaltung hatten wir im Prinzip in Abb. 10.09 — hier allerdings mit gesteuerten Gleichrichtern — kennengelernt. Die Winkungsweise der Schaltung in Abb. 19.07 ist die gleiche, nur kann bei Verwendung von

Transistoren auf vier Hilfsspannungen verzichtet werden, wodurch sich der Aufbau vereinfacht.

Neben dem Einbau von Transistoren in Transduktorschaltungen besteht noch die Möglichkeit, komplette Transistorverstärker mit Transduktoren zusammen arbeiten zu lassen. Der Transistorverstärker wird dann fast immer die Aufgabe des Reglers bzw. Vorverstärkers übernehmen, während die Leistungsstufe als Transduktor ausgeführt wird. Vor allen Dingen beim Regler, der ein definiertes Zeitverhalten haben soll, bietet der trägheitsfreie Transistorverstärker entscheidende Vorteile, wenn es gelingt, durch Gegentaktschaltungen und starke Gegenkopplungen die Temperaturabhängigkeit weit genug herabzusetzen. Bei sehr vielen Anwendungen aus dem Bereich der Regelungstechnik stellt die sinnvolle Kombination von Transistoren und Transduktoren die optimale Lösung dar.

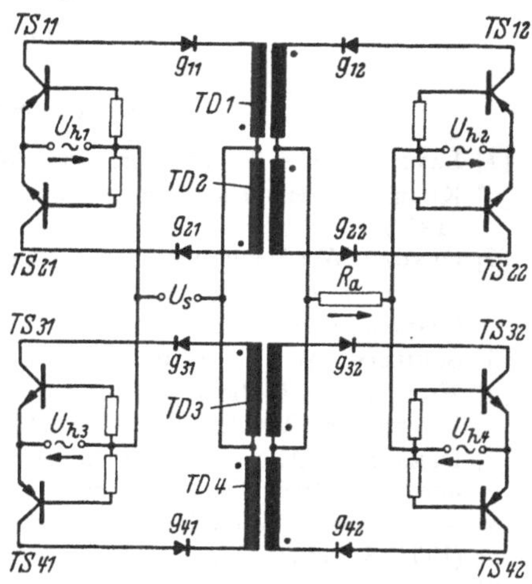

Abb. 19.07. Spannung-Zeitflächen gesteuerter Gegentakt-Transduktor mit Transistorschaltern nach MILNES [267]

Schrifttum

Transduktoren allgemein

[*1*] Lamm, U.: The Transductor, Acta Polytechnica **1/5** (1943).

[*2*] Krabbe, U. H.: The Transductor Amplifier, Lindska Bocktrycheried Oerebo 1947.

[*3*] Geyger, W.: Magnetverstärker-Schaltungen, Stuttgart: Berliner Union 1959.

[*4*] Frost-Smith, E. H.: The Theory and Desing of Magnetic Amplifiers. London: Chapman and Hall 1958.

[*5*] Schilling, W.: Transduktortechnik, München: Oldenbourg 1960.

[*6*] Miles, J. G.: Bibliography of Magnetic Amplifier Devices and the Saturable Reactor Art, Transactions AIEE (1951) S. 2104 ... 2123.

[*7*] Demjancik, A. N.: Verzeichnis der sowjetischen und ausländischen Literatur über Magnetverstärker, Awtomatika i Telemechanika **17** (1956) S. 929 ... 935.

[*8*] —: Magnetic Amplifier Bibliography 1951—1956, Transactions AIEE **77** (1958) S. 613 ... 627.

[*9*] —: Literaturverzeichnis über Magnetverstärker und magnetische Elemente, Awtomatika i Telemechanika 19 (1958) S. 379 ... 388.

[*10*] —: Magnetic Amplifier Bibliography Transactions AIEE **77** (1959) S. 1051 bis 1057.

[*11*] Kafka, W.: Der Transduktor — ein Baustein der Automatisierung, Hamburg: R. v. Decker's Verlag.

[*12*] Kümmel, F.: Grundlagen der Magnetverstärker-Technik, NTZ **10** (1957) S. 153 ... 159.

[*13*] Pflug, K. W.: Einführung in die Theorie und Praxis magnetischer Verstärker, Zeitschrift für Messen, Steuern, Regeln **1** (1958) S. 84 ... 89.

[*14*] Kratz, *P.*: Messungen und Prüfungen an magnetischen Verstärkern, AEG-Mitteilungen **49** (1959) S. 392 ... 408.

[*15*] Mohr, O.: Grundlagen und Theorie magnetischer Verstärker, AEG-Mitteilungen **49** (1959) S. 339 ... 352.

[*300*] DIN-Blatt 42630 Transduktoren-Begriffe und Benennungen.

1. Grundlagen der Magnetik

[*16*] Küpfmüller, K.: Einführung in die theoretische Elektrotechnik. 6. Aufl. Berlin/Göttingen/Heidelberg: Springer 1959.

[*17*] Becker, R.: Probleme der technischen Magnetisierungskurve. Berlin: Springer 1938.

[*18*] Becker, R. u. Döring, W.: Ferromagnetismus. Berlin: Springer 1939.

[*19*] Fahlenbach, H.: Grundlagen der Entwicklung weichmagnetischer Werkstoffe. ETZ Ausg. A **76** (1955) S. 449 ... 455.

[*20*] Gould, H. L. B. and D. H. Wenny: Supermendur a new Rectaugular-Loop Magnetic Material, Electrical Engineering (1957) S. 208 ... 209.

[*21*] Vacuumschmelze. Handbuch weichmagnetischer Werkstoffe, Ausgabe 1957.

2. *Transduktordrosseln*

[22] SCHWENK, W.: Der Kleintransformator in Fernmelde- und Starkstromtechnik. AEG-Mitteilungen **43** [1953) S. 355 ... 365.

[23] BEDFORD, B. D., WILLIS, C. H., and G. C. DODSON: An Analysis of Optimum Core Configuration for Magnetic Amplifiers Using a Simplified Approach. Transactions AIEE **74** (1955) I S. 62 ... 70.

[24] ROLF, E. u. DIETZ, H.: Neuzeitliche Kernwerkstoffe und Kernbauformen für magnetische Verstärker. Siemens-Zeitschrift **30** (1956) S. 73 ... 79.

[25] BOLL, R.: Einbettung weichmagnetischer Werkstoffe in Kunststoffen. ETZ Ausg. A **77** (1956) S. 483 ... 487.

[26] KRABBE, U. u. G. H. GIESENHAGEN: Eine neue Bauweise für hochwertige Transduktorkerne. ETZ Ausg. A **78** (1957) S. 712 ... 716.

[27] SØRENSEN, H. M. u. KRABBE, U. H.: Magnetischer Kern, insbesondere für Transduktoren und Drosselspulen, Deutsche Auslegeschrift 1030941.

[28] ANDRESON, R. E.: Magnetic Amplifier Design. Transactions AIEE **77** (1958) I S. 160 ... 175.

[29] KRATZ, P. u. A. LANG: Bauelemente und Typenreihen magnetischer Verstärker. AEG-Mitteilungen **49** (1959) S. 413 ... 434.

[30] SONESSON, G.: Geschichteter Magnetkern, Deutsche Auslegeschrift 106, 1915.

3. *Gleichrichter*

[31] WAHL, R. E.: Direct-Water-Cooled Germanium Power Rectifier. Transactions AIEE **75** (1956) I S. 832 ... 841.

[32] SEETHALER, K.: Der neue Siemens-Hochleistungs-Selengleichrichter. Siemens-Zeitschrift **31** (1957) S. 227 ... 230.

[33] NITSCHE, E. u. R. ZABEL: Eigenschaften und Anwendungen von Silizium-Leistungsgleichrichtern. ETZ Ausg. B **10** (1958) S. 108 ... 112.

[34] ARENDS, E.: Silizium-Leistungsgleichrichter der AEG. AEG-Mitteilungen **48** (1958) S. 61 ... 65.

[35] SPENKE, E.: Silizium als Baustoff für Leistungsgleichrichter. Siemens-Zeitschrift **32** (1958) S. 110 ... 115.

[36] PFAFFENBERGER, J.: Die Technik des Silizium-Gleichrichters, Siemens-Zeitschrift **32** (1958) S. 115 ... 122.

[37] ZENNECK, H.: Erfahrungen mit Silizium-Gleichrichtern, Siemens-Zeitschrift **32** (1958) S. 122 ... 128.

4. *Stromsteuernde Transduktoren*

[38] WASSERRAB, T.: Zur qualitativen Theorie gleichstromvormagnetisierter Eisendrosseln, Archiv f. Elektrotechnik **31** (1937) S. 814 ... 820.

[39] REUS, K.: Die Verstärkerdrossel, Archiv f. Elektrotechnik **33** (1939) S. 777 bis 800.

[40] BUCHHOLD, T.: Zur Theorie des magnetischen Verstärkers, Archiv f. Elektrotechnik **37** (1943) S. 197 ... 211.

[41] GALE, H. M. and P. D. ATKINSON: A Theoretical and Experimental Study of Series-Connected Magnetic Amplifiers, Proceedings IEE **96** (1949) S. 99 ... 124.

[42] SCHMIDT, W.: Der Transduktor mit wechselstrommäßig hochohmigen Abschluß d. Steuerwicklung, Archiv f. el. Übertragung **7** (1953) S. 574 ... 578.

5. Rückgekoppelte Transduktoren

[43] Buchhold, T.: Über gleichstromvormagnetisierte Wechselstromdrosselspulen u. deren Rückkopplung, Archiv f. Elektrotechnik **36** (1942) S. 221 ... 238.

[44] Milnes, A. G.: Magnetic Amplifiers, Proceeedings IEE **96** (1949) S. 89 ... 98

[45] Schmidt, W.: Das dynamische Verhalten des Transduktors, Archiv f. el. Übertragung **7** (1953) S. 249 ... 255.

[46] Johannessen, P. R.: Analysis of Magnetic Amplifiers by the Use of Difference Equations, Transactions AIEE **74** (1955) S. 700 ... 711.

6. Durchflutungsgesteuerte, spannungssteuernde Transduktoren

[47] Hedstroem, S. E. and F. B. Borg: Transductor Fundamentals, Electronics **21** (1948) 9 S. 88 ... 93.

[48] Harder, E. L. and W. F. Horton: Response Time of Magnetic Amplifiers Transactions AIEE **69** (1950) S. 1130 ... 1141.

[49] Butcher, F. E. and R. Willheim: Some Aspects of Magnetic Amplifier Technique, Proceedings IRE **40** (1952) S. 261 ... 270.

[50] Lamm, U : Transduktor, Deutsche Auslegeschrift A 16562.

[51] Kafka, W : Der Magnetverstärker, Siemens-Zeitschrift **27** (1953) S. 62 ... 73.

[52] Storm, H. F.: Theory of Magnetic Amplifiers with Sqare-Loop Core Materials, Transactions AIEE **72** (1953) I S. 629 ... 640.

[53] Lord, H. W.: The Influence of Magnetic Amplifier Circuitry upon the Operating Hysteresis-Loop, Transactions AIEE **72** (1953) I S. 721 ... 728.

[54] Schilling, W.: Verstärkungsziffer und Zeitkonstante des Transduktors, Elektrotechnik u. Maschinenbau **70** (1953) S. 261 ... 269.

[55] Lang, A.: Magnetische Leistungsverstärker für Steuer- und Regelzwecke, ETZ Aus. A **75** (1954) S. 753 ... 760.

[56] Lang, A.: Eine neue Typenreihe magnetischer Leistungsverstärker, Elektro-Post (1954) S. 438 ... 443.

[57] Storm, H. F.: Magnetic Amplifiers with Inductive DC Load, Transactions AIEE **73** (1954) I S. 466 ... 475.

[58] Dietz, H.: Die dynamischen Eigenschaften magnetischer Verstärker, VDE-Fachberichte **18** (1954).

[59] Finzi, L. A. and R. R. Jackson: The Operation of Magnetic Amplifiers with Varions Types of Load, Transactions AIEE **73** (1954) I S. 270 ... 291.

[60] Kümmel, F.: Probleme magnetischer Vorverstärker, ETZ Ausg. A **76** (1955) S. 113 ... 120.

[61] Sichling, G.: Magnetverstärker in Selbstsättigungsschaltung, Deutsche Auslegeschrift 1026362.

[62] Heinzerling, H. C.: Magnetverstärker mit Rückkopplung, Deutsche Auslegeschrift 1038117.

[63] Zabel, R.: Neue Magnetverstärker-Bauelemente, Siemens-Zeitschrift **30** (1956) S. 80 ... 91.

[64] Roberts, R. W. and C. C. Horstman: Core Tester Simplifies Ferro-Amplifier Design, Electronics 8 (1957) S. 150 ... 153.

[65] Bojajon, C. L.: Low-Impedance Operational Characteristic of Toriodal Cores Used in Magnetic Amplifiers Transactions AIEE **75** (1956) I S. 307 ... 313.

[66] Kümmel, F.: Der Eingangswiderstand von Magnetverstärkern und sein Einfluß auf die Betriebseigenschaften, VDE-Fachberichte **19** (1956).

[67] Oshima, S.: Steuerbare nichtlineare Drosselspulen, Deutsche Auslegeschrift 1059964.

[68] LOWRANCE, J. L. and J. D. DOLAN: Diode-Shunting in Magnetic Amplifiers, Transactions AIEE **75** (1956) S. 619 ... 624.

[69] FINZI, L. A. and CRITCHLOW: Dynamic Core Behavior and Magnetic Amplifier Performance, Transactions AIEE **76** (1957) I S. 526 ... 529.

[70] NEIDHARDT, H. U.: Magnetischer Verstärker, Deutsche Auslegeschrift 1067478.

[71] HUBBARD, R. M. and M. M. BISHOP: A Comprehensive Study of Magnetic Amplifier Design, Transactions AIEE **77** (1958) I S. 562 ... 583.

[72] WOLTSCHKOW, K. S.: Optimale Verhältnisse in einem idealen Magnetverstärker bei der Steuerung durch ein Wechselstromsignal, Awtomatika i Telemechanika **19** (1958) S. 85 ... 94.

[73] LANG, A.: Anordnung für Magnetverstärker mit Selbstsättigung und mit Wechselstromausgang, Deutsche Patentschrift 1012958.

[74] JENTSCH, W.: Das dynamische Verhalten des magnetischen Verstärkers, AEG-Mitteilungen **49** (1959) S. 353 ... 361.

[75] ALENTSCHIKOW, D. A.: Berechnung der statischen Kennlinien von Systemen mit Drosselsteuerung, Awtomatika i Telemechanika **20** (1959) S. 595 ... 605.

[76] SCHILLING, W.: Spannungssteuerung und magnetische Kennlinie des Zweiweg-Transduktors mit Wechselstromausgang, ETZ Ausg. A **80** (1959) S. 269 bis 273.

7. *Spannung-Zeitflächen gesteuerte Transduktoren*

[77] RAMEY, R. A.: On the Mechanics of Magnetic Amplifier Operation, Transactions AIEE **70** (1951) S. 1214 ... 1222.

[78] HOUSE, C. B.: Flux Preset High-Speed Magnetic Amplifiers, Transactions AIEE **72** (1953) I S. 728 ... 735.

[79] SYRBE, M.: Aus Drosseln mit Rückstellkreis für eine steuernde Spannungszeitfläche gebildeter Magnetverstärker, Deutsche Auslegeschrift 1056711.

[80] SCORGIE, D. G.: Fast Response with Magnetic Amplifiers, Transactions AIEE **72** (1953) I S. 741 ... 749.

[81] LORD, H. W.: Magnetic Amplifier Circuit with Full Wave Output and Half Wave Control Signals, Transactions AIEE **73** (1954) I S. 265 ... 270.

[82] LUFCY, C. W. and H. H. WOODSON: Designe Considerations of Half-Wave Bridge Magnetic Amplifier, Transactions AIEE **73** (1954) I S. 220 ... 226.

[83] MORGAN, R. E.: The Biased Rectifier Amplifier — A Pulse Magnetic Amplifier, Transactions AIEE **73** (1954) I S. 584 ... 590.

[84] HÜBNER-KOSNEY, R.: Magnetische Verstärkeranordnung, Deutsche Auslegeschrift 1018101.

[85] KOEHN, J.: Flußgesteuerter, wenigstens zweiphasiger magnetischer Verstärker, Deutsche Auslegeschrift 1024567.

[86] LOTT, H. G.: Mehrstufiger magnetischer Verstärker, Deutsche Patentschrift 1020367.

[87] LUHR, W.: Mehrstufiger magnetischer Verstärker, Deutsche Patentschrift 1020368.

[88] ROHR, H.: Mit Wechselspannung gesteuerte Magnetverstärkeranordnung, Deutsche Auslegeschrift 1067477.

[89] BARNHART, P. W.: A New Full-Wave Magnetic Amplifier Output Stage, Transactions AIEE **74** (1955) S. 139 ... 141.

[90] HERTZ-BONN, TH.: Verfahren zur Verminderung von Rückmagnetisierungsströmen bei magnetischen Verstärkern, Deutsche Patentschrift 1040081.

[91] BERNSTEIN, T. u. N. L. SCHMITZ: Alternating Current Control of the Half-Wave Bridge Magnetic Amplifier, Transactions AIEE **75** (1956) S. 433 ... 438.

[92] MARENBACH, K.: Spannungszeitflächengesteuerter magnetischer Verstärker, Deutsche Patentschrift 1046099.
[93] ECKERT, J. P.: Schaltungsanordnung für Magnetverstärker, Deutsche Patentschrift 1050379.
[94] LANG, A. u. P. KRATZ: Anordnung zur Steuerung der Rückmagnetisierung spannungszeitflächengesteuerter magnetischer Hauptverstärker, Deutsche Auslegeschrift 1064109.
[95] LEKTONEN, E. W. u. E. A. CRONAUER: AC-Controlled Magnetic Amplifiers, Transactions AIEE **77** (1958) S. 476 ... 480.

8. Dreiphasige Transduktoren

[96] MILNES, A. G.: Three — Phase Transduktor Circuits for Magnetic Amplifiers, Proc. Instn. electr. Engrs IV **99** (1952) S. 336 ... 357.
[97] ROSENSTEIN, A. B.: 160000 — Ampere High-Speed-Magnetic Amplifier Design, Transactions AIEE **74** (1955) I S. 90 ... 99.
[98] KAFKA, W.: Magnetverstärker, insbesondere für Regelzwecke, zur Speisung eines Gleichstromverbrauchers m. induktiv. Verhalten, Deutsche Auslegeschrift 1016308.
[99] ELLERT, F. J.: Dynamic Behavior of a 3-Phase Magnetic Amplifier, Transactions AIEE **75** (1956) S. 554 ... 561.
[100] FISS, K. u. W. KAFKA: Ölgekühlte Selen-Gleichrichter und Transduktoren für Breitband-Verzinnungsanlage, Siemens-Zeitschrift **32** (1958) S. 837 ... 844.
[101] BOLTON, D.: Mehrphasiger Magnetverstärker mit Gleichstromausgang, Deutsche Patentschrift 1060439.
[102] PISSAREW, A. L.: Über die Steuerkennlinie von Magnetverstärkern mit dreiphasiger Belastung, Awtomatika i Telemechanika **20** (1959) S. 622 ... 636.

9. Transduktoranordnungen

[103] RÖHR, H.: Einrichtung zur Verhinderung der Übersteuerung eines aus zwei Drosselspulen bestehenden Magnetverstärkers, Deutsche Patentschrift 972523.
[104] KAFKA, W.: Ruhender Frequenzwandler auf der Grundlage gleichstromvormagnetisierter Transformatoren, Deutsche Auslegeschrift 1049493.
[105] JOHNSON, L. J. u. S. E. RAUCH: Magnetic Frequency Multiplies, Transactions AIEE **73** (1954) S. 448 ... 451.
[106] MALICK, F. S.: Steuereinrichtung für Magnetverstärker, Deutsche Auslegeschrift 1017209 .
[107] KRABBE, U.: Magnetverstärker in Spannungsgegenkopplungsschaltung, Deutsche Auslegeschrift 1031833.
[108] MCMURRAY, W.: Magnetic Frequency Multipliers and Their Rating, Transactions AIEE **75** (1956) S. 384 ... 390; **76** (1957) S. 289 ... 293.
[110] FLEISCHMANN, W.: Anordnung zur Erzeugung und Einstellung der Vormagnetisierung bei Magnetverstärkern, Deutsche Patentschrift 1031352.
[111] WERNER, O.: Magnetischer Verstärker, Deutsche Patentschrift 1046684.
[112] KESSLER, G. u. P. GERLACH: Schaltungsanordnung zur Kompensation des Einflusses von Netzspannungsänderungen auf die Ausgangsspannung bei Magnetverstärkern, Deutsche Auslegeschrift 1067867.
[113] KRÄMER, W.: Die gesättigte Drossel als Frequenzwandler, AEG-Mitteilungen **49** (1959) S. 372 ... 385.
[114] KRANERT, W.: Transduktorschaltungen zur Frequenzvervielfachung, AEG-Mitteilungen **49** (1959) S. 443 ... 449.

[115] ZDROK, A. G.: Die Konstruktion von Magnetverstärkern mit Induktiver- u. Widerstandsbelastung des Gleichrichterausganges, Elektritschestwo **5** (1959) S. 25 ... 31.

10. Gegentakttransduktoren

[116] MILNES, A. G. u. T. S. LAW: Auto-Self-Excited Transductors and Pusch-Pull Circuit Theory, Proceedings IEE **101** (1954) S. 643 ... 662.
[117] MAINE, A. G.: High Speed Magnetic Amplifiers and some New Developments, Electronic Ingineering (1954) S. 180.
[118] CRITCHLOW, D. L.: An Analysis of Magnetic Amplifiers in Pusch-Pull, AIEE Special Publication T **98** (1956) S. 52 ... 73.
[119] KAFKA, W.: Nullstromverstärkeranordnung aus zwei im Gegentakt arbeitenden Magnetverstärkern, Deutsche Patentschrift 1055600.
[120] BOYAJIAN, C. L.: Hight Efficiency Pusch-Pull Magnetic Amplifier and Its Use as a DC-Shunt Motor Drive, AIEE Special Publication T **98** (1957) S. 35 ... 44.
[121] Fuchs, K.: Magnetverstärker zur richtungs- und amplitudenabhängigen Steuerung des Ausgangsstromes, Deutsche Auslegeschrift 1031354.
[122] KÜMMEL, F.: Gegentakterregung von elektrischen Maschinen durch Magnetverstärker, ETZ Ausg. A **77** (1956) S. 492 ... 498.

11. Schalttransduktoren

[123] MILNES, A. G.: Transductors With Four-Limbed Cores, Proceedings IEE **101** (1954) II S. 554 ... 558.
[124] RAHMIG, G.: Schaltungsanordnung für magnetische Verstärker, Deutsche Patentschrift 1000867.
[125] SCHLICK, K.: Magnetischer Kippverstärker, Deutsche Auslegeschrift 1031353.
[126] RAMEY, R. A.: Bistabile magnetische Kippschaltung, Deutsche Auslegeschrift 1061822.
[127] MONIN, C.: Als Relais arbeitender magnetischer Verstärker, Deutsche Patentschrift 1042652.
[128] SCHLICK, K.: Magnetischer Kippverstärker, Deutsche Patentschrift 1031353.
[129] STEUER, W.: Überkritisch mitgekoppelter Magnetverstärker mit Vorstrom- und Steuerwicklung m. Parallelkapazität, Deutsche Patentschrift 1040078.
[130] SHERLOCK, J. u. F. T. THORPE: Elektrische Schalteinrichtung zum wahlweisen Aus- und Einschalten einer Belastung mit einer Magnetverstärkeranordnung, Deutsche Auslegeschrift 1065877.
[131] POPPINGER, H.: Magnetischer Kippverstärker mit Gegentaktverhalten, Deutsche Patentschrift 1055051.
[132] ROSENBLAT, M. A. u. S. A. DOKHMAN: Kontaktloses magnetisches Relais zum Sortieren von Gegenständen, Elektritschestwo (1958) S. 45 ... 48.
[133] LANG, A.: Der Schalttransduktor, Wirkungsweise und Anwendung, AEG-Mitteilungen **49** (1959) S. 473 ... 483.
[134] DILLON, W. K.: Magnetische Kleinverstärker als Schaltungselemente, Bulletin SEV **50** (1959) 7 S. 341 ... 348.

12. Transduktor als Regelkreisglied

[135] RUDOLPH, G.: Magnetischer Verstärker mit Selbstsättigung, Deutsche Patentschrift 967889.
[136] WERNER, O.: Schaltung mit vormagnetisierten Drosseln für Regelkreise, Deutsche Patentschrift 965647.

[137] HUBEL, E.: Die selbsttätige Regelung von Stromrichtern mit Hilfe magnetischer Verstärker, AEG-Mitteilungen **41** (1951) S. 248 ... 251.

[138] TSCHERMAK, M., STEPKEN, G. u. W. KAFKA: Einrichtung zur Regelung der einzelnen Motoren eines Mehrmotorenantriebes auf ein vorgegebenes Geschwindigkeitsverhältnis, Deutsche Auslegeschrift 1061876.

[139] WALTER, W.: Anwendung von magnetischen Verstärkern in der Regelungstechnik, Elektrotechnik u. Maschinenbau **69** (1952) S. 255 ... 262.

[140] SICHLING, G.: Der Magnetverstärker für schnelle Regelungen, VDE-Fachberichte **18** (1954) III S. 55 ... 59.

[141] DECKER, R. O.: Alternation of the Dynamic Response of Magnetic Amplifiers bei Feedback, Transactions AIEE **74** (1955) S. 658 ... 665.

[142] TSCHERMAK, M. u. W. KAFKA: Magnetverstärker-Regelung in Anlagen der Starkstromtechnik, Siemens-Zeitschrift **29** (1955) S. 386 ... 395.

[143] CORDES, H.: Magnetverstärker und ihr Einsatz zur Lösung industrieller Regelprobleme BBC — Nachrichten **38** (1956) S. 3 ... 18.

[144] WASSILJEWA, N. P. u. M. A. BOJARTSCHENKOW: Der Einfluß von Rückführungen auf mehrstufige Magnetverstärker, Awtomatika i Telemechanika **17** (1956) S. 929 ... 935.

[145] AVEN, O. I.: Verkleinerung der Totzeit von Magnetverstärkern durch nachgebende Rückführung, Awtomatika i Telemechanika **18** (1957) S. 174 ... 181.

[146] OBRADOVIĆ, J.: Magnetverstärker-Anordnung m. Gegenkopplungskreis zur Bildung der Ableitung d. Eingangsgröße nach d. Zeit, Deutsche Patentschrift 1042654.

[147] KÜMMEL, F.: Stabilisierung von Magnetverstärker-Regelkreisen, Regelungstechnik **6** (1958) S. 209 ... 217.

[148] SYRBE, M. u. W. LATZEL: Aufbau und Berechnung stetiger Magnetverstärker-Regler, BBC-Nachrichten **41** (1959) S. 3. ... 9.

13. Transduktor-Stellantriebe

[149] WERNER, O.: Anordnung zur Regelung der Drehzahl von Drehstrom-Asynchronmotoren, Deutsche Patentschrift 972366.

[150] LUFCY, C. W., SCHMID, A. E. u. P. W. BARNHART: An Improved Magnetic Servo Amplifier, Transactions **71** (1952), S. 281 ... 289.

[151] WERNER, O.: Drehrichtungsumkehr-Asynchronmotor mit vormagnetisierten Drosselspulen, Deutsche Auslegeschrift 1058611.

[152] VAN ALLEN, R . L.: A Magnetic Amplifier for Synchrons, Transactions AIEE **72** (1953) S. 749 ... 756.

[153] JUCCHINO, M. B.: Magnetic Amplifiers for Synchronous Motors, Electronics **27** (1954), S. 133 ... 135.

[154] SCHMIDT, A.: Vorrichtung zur Umkehrsteuerung eines über zwei gegensinnig ausgesteuerte Magnetverstärker mit Wechselstrom gespeisten Universalmotors, Deutsche Auslegeschrift 1020401.

[155] RÖHR, H.: Anordnung zur Drehzahl- u. Drehrichtungssteuerung eines Induktionsmotors mit Hilfe gleichstromvormagnetisierter Drosselspulen, Deutsche Auslegeschrift 1020715.

[156] JOHNSON, L. J. u. S. E. RAUCH: Decicycle Magnetic Amplifier Systems for Servo Applikation, Transactions AIEE **74** (1955) S. 667 ... 672.

[157] GEYGER, W. A.: Measurements on High-Speed Magnetic Servo Amplifiers with 2-Phase Motor Load, Transactions AIEE **75** (1956) S. 242 ... 247.

[158] DEMJANCIK, A. N.: Schnellarbeitender Magnetverstärker für Folgesysteme mit Wechselstrommotoren, Awtomatika i Telemechanika **17** (1956) S. 250 bis 263.

[159] Spencer, F. L.: Magnetverstärker, Deutsche Auslegeschrift 1068761.
[160] Siskind, P.: Magnetverstärker, Deutsche Patentschrift 1051331.
[161] Kafka, W.: Eine neue Elektrodenregelung mit Magnetverstärkern, Stahl und Eisen **76** (1956) S. 381 ... 387.
[162] Lang, A.: Wert der Theorie bei der Entwicklung und beim Vergleich von Elektrodenregelungen, Regelungstechnik Oldenbourg (1957).
[163] Seegmiller, W. R.: High-Frequency Magnetic Servo Amplifier for Air-Borne Control System, Transactions AIEE **76** (1957) I S. 526 ... 529.
[164] Kafka, W. u. W. Döll: Der durch Magnetverstärker gesteuerte Asynchronmotor, ETZ Ausg. A **78** (1957) S. 884 ... 890.
[165] Davis, S.: Magnetic Amplifiers for Servo-Systems, Electronics **32** (1959) 11 S. 134 ... 135.
[166] Gruber, W.: Transduktorische Elektrodenregelung der Lichtbogenöfen, AEG-Mitteilungen **49** (1959) S. 552 ... 561.
[167] Bielefeld, K. H. u. H. Ch. Heinzerling: Magnetische Verstärker für Umkehrantriebe, AEG-Mitteilungen **49** (1959) S. 538 ... 542.

14. Ankerspeisung von Gleichstrommotoren

[168] Schuisky, W.: Das Drehzahlverhalten des Gleichstrommotors b. Speisung d. gittergest. Gleichrichter, Elektrotechnik u. Maschinenbau (1939).
[169] Vedder, E. H. u. K. P. Puchlowski: Theory of Rectifier DC Motor Drive, Transactions AIEE **62** (1943) I S. 863 ... 870.
[170] Harries, L. D.: Servomechanism. Characteristics of DC Motor Drives By Controlled Rectifiers, Transactions AIEE *70* (1951) II S. 1582 ... 88.
[171] Reiter, C. R. u. C. R. Ammerman: Increased Losses in a DC Motor When Operated from Grid-Controlled Rectifiers, Transactions AIEE **71** (1952) II S. 77 ... 82.
[172] Kusko, A. u. J. G. Nelson: Magnetic Amplifier Control of DC-Motors, Transactions AIEE **74** (1955) S. 326 ... 333.
[173] Bayrom, M.: Untersuchung d. Stabilitätsbedingungen der Leonard-Umformergruppe, Elektrotechnik u. Maschinenbau **73** (1956) S. 25 ... 31.
[174] Leonard, W.: Speed Control of a DC-Motor Using a Magnetic Amplifier, Transactions AIEE **76** (1957) S. 112 ... 119.
[175] Steiger, W.: Die Übertragungsfunktion des Gleichstrommotors mit thyratrongesteuertem Anker, Regelungstechnik **5** (1957) S. 45 ... 49.
[176] Borissow, K. N.: Drehzahlregelung eines Gleichstrommotors mittels Magnetverstärkern, Electricestwo **3** (1957) S. 40 ... 43.
[177] Rossenbauli, O. B. u. I. N. Scliwochin: Die Konstruktion der Characteristiken eines Gleichstrommotors m. Drosselsteuerung, Elektritschestwo (1958) S. 31 ... 34.
[178] Földi, I. u. H. Bühler: Kennlinien des thyratrongesteuerten Gleichstrommotors, Bull. Oerlikon (1958) S. 138 ... 146.
[179] Alentschikow, D. A. u. W. S. Külebakin: Berechnungsmethoden für die Charakteristiken von Gleichstrommotoren m. Drosselsteuerung, Awtomatika i Telemechanika **20** (1959) S. 908 ... 917.
[180] Kümmel, F.: Verhalten von Magnetverstärkern bei Motorbelastung, ETZ Ausg. A **80** (1959) S. 344 ... 349.
[181] Kranert, W.: Ein transduktorisch geregelter Gleichstromantrieb für 25 kW Ausgangsleistung, AEG-Mitteilungen **49** (1959) S. 542 ... 551.
[182] Winkler, H.: Ein neues Typenprogramm von transduktor-geregelten Antrieben für 2,8 bis 187 kW Gleichstromleistung, AEG-Mitteilungen **49** (1959) S. 530 ... 537.

[183] FRITZSCHE, W.: Anwendungen magnetischer Verstärker für Kleinantriebe, AEG-Mitteilungen **49** (1959) S. 524 ... 530.

15. Meßtransduktoren

[184] KRÄMER, W.: Ein einfacher Gleichstrommeßwandler mit echten Stromwandlereigenschaften, ETZ **58** (1937) S. 1309 ... 1315.

[185] KRÄMER, W.: Ein neuer Gleichspannungsmeßwandler zur Messung hoher Gleichspannungen, ETZ **58** (1937) S. 1295 ... 1298.

[186] GEYGER, W.: Grundlagen der magnetischen Verstärker für die Meß- und Regeltechnik, Wissenschaftl. Veröffentlichung Siemens **19** (1939) S. 226 ... 268.

[187] SPECHT, T. R.: The Theory of the Current Transductor and its Application in the Aluminium Industry, Transactions AIEE **69** (1950) S. 441 ... 452.

[188] WILLIAMS, O. B. E. u. S. W. NOBLE: The Fundamental Limitations of the Second-Harmonic Type of Magnetic Modulator, Proceedings IEE **97** (1950) II S. 445 ... 459.

[189] HOCHRAINER, H.: Magnetische Gleichstrommeßverstärker E und M 68 (1951) S. 293 ... 304.

[190] WENNERBERG, G.: A Simple Magnetic Modulator for Conversion of Millivolt DC-Signal, Electrical Engineering (1951) S. 144 ... 147.

[191] DUFFING, D. u. M. TSCHERMAK: Die „Zähldrossel" ein neues magnetisches Schaltungselement, Siemens-Zeitschrift **26** (1952) S. 16 ... 23.

[192] KÜMMEL, F.: Verstärkung kleiner Wechselspannungen mit dem magnetischen Verstärker, ETZ Ausg. A **75** (1954) S. 367 ... 372.

[193] ZAITSEV, I. A. u. A. V. KALYAEV: A Direct Current Instrument Transformer, Direct Current 1 (1954) S. 19 ... 21.

[194] DAVIS, B. E. u. I. H. SWIFT: An Analogue Computer Technique Using Magnetic Amplifiers, Transactions AIEE **73** (1954) I S. 635 ... 640.

[195] AUERBACH, I. L. u. S. B. DISSON: Magnetic Elements in Arithmetic and Control Circuits, Electrical Engineering **74** (1955) S. 766 ... 770.

[196] EVAN, W. G., HALL, W. G. u. R. I. NICE: Magnetic Logical Circuits for Industrial Control Systems, Transactions AIEE **75** (1956) S. 166 ... 171.

[197] RECHENBERGER, F.: Magnetischer Verstärker, Deutsche Auslegeschrift 1063647.

[198] KRATZ, P. u. A. LANG: Strombegrenzung mit Hilfe von Transduktoren, AEG-Mitteilungen **47** (1957) S. 140 ... 144.

[199] DANGER, R.: Temperaturregelung mit Schwenkspulregler und magnetischem Verstärker, AEG-Mitteilungen **47** (1957) S. 349.

[200] KRÄMER, W.: Gleichstromwandler für sehr hohe Stromstärken, Deutsche Auslegeschrift 1057736.

[201] DEPENBROCK, M.: Aus zwei Transduktorelementen mit gegensinnig in Reihe geschalteten, aus einer Wechselstromquelle gespeisten Sekundärwicklung bestehender Gleichstromwandler, Deutsche Patentschrift 1046762.

[202] SCHLICK, K.: Mit Gleichstrom und Wechselstrom aussteuerbare Eingangsstufe für Magnetverstärker, Deutsche Auslegeschrift 1064110.

[203] GEYGER, W. A.: Magnetic-Amplifier-Operated Ink Recorders, Transactions AIEE **77** (1958) S. 457 ... 471.

[204] BOITEL, GEOFFROY u. HETIER: „Cypak" System logique statique Firmenschrift, 1958 Schneider-Westinghouse.

[205] MELNIKOW, O. N.: Verwendung von Zweitaktmagnetverstärkern zur Messung hoher Gleichspannungen, Elektritschestow 8 (1959) S. 36 ... 40.

[270] SPÜHLER, R.: Eigenschaften und Verwendung von Magnetverstärkern in der Meßtechnik, ETZ A 81 (1960) S. 773 ... 779.

16. Transduktoren in der Antriebstechnik

[206] Harder, E. L.: Power Control With Magnetic Amplifiers, Electronics **25** (1952) S. 115 ... 117.

[207] Jentsch, W.: Drosselgeregelte Kleinantriebe mit großem Stellbereich und hoher Drehzahlkonstanz, AEG-Mitteilungen **43** (1953) S. 87 ... 89.

[208] Sichling, G. u. H. Watzinger: Magnetverstärker zur Regelung von Personen-Schnellaufzügen, VDI-Zeitschrift **96** (1954) S. 337 ... 340.

[209] Lühr, W.: Regelanordnung zur Konstanthaltung der Zugkraft eines Haspelantriebes, Deutsche Auslegeschrift 1064605.

[210] Bengtsson: The new Wire Rolling Mill at Fargesta, Sweden, ASEA-Journal **28** (1955) S. 143 ... 155.

[211] Wetzger, J.: Der Einsatz des Magnetverstärkers für schnelle Regelungen von Walzwerksantrieben, Stahl und Eisen **75** (1955) S. 478 ... 485.

[212] Heizmann, K.: Planung der Hilfsantriebe für Warmwalzwerke, BBC-Nachrichten (1956) S. 171 ... 180.

[213] Roch, A.: Der Cottonmaschinen-Antrieb mit Magnetverstärker, Siemens-Zeitschrift **31** (1957) S. 131 ... 132.

[214] Lott, H. G.: Die Verwendung des Magnetverstärkers zur Bremsung von Drehstrom-Asynchronmotoren, AEG-Mitteilungen **47** (1957) S. 19 ... 23.

[215] Kljutschew, W. J. u. W. I. Jakowlew: Die Anwendung von Magnetverstärkern zur Generatorregelung von Baggerantrieben, Elektritschestwo (1958) S. 59 ... 63.

[216] Kümmel, F.: Die Banddickenregelung bei Kaltwalzwerken, VDE-Fachberichte **20** (1958).

[217] Kümmel, F. u. F.-J. Wyputta: Geregelte Gleichstromantriebe für Kaltbandwalzwerke, Blech (1958) S. 84 ... 91.

[218] Kümmel, F.: Der geregelte Gleichstromantrieb von Kunststoffkalandern, Kunststoff-Rundschau **6** (1959) S. 52 ... 58.

[219] Taukert, S.: Haspelprobleme, besonders bei Tragwalzenumrollern, Steuerungen u. Regelungen elektr. Antriebe, VDE-Verlag 1959.

[220] Kümmel, F.: Einsatz von großen Leistungsmagnetverstärkern für moderne Industrieantriebe, Elektro-Welt **4** (1959) S. 49 ... 54.

[221] Wendt, M. u. R. Lappe: Antriebsregelung mit magnetischen Verstärkern, Elektrie **13** (1959) S. 255 ... 256.

[222] Fiebig, E. u. R. Jötten: Magnetische Verstärker in Walzwerksantrieben, AEG-Mitteilungen **49** (1959) S. 503 ... 509.

[223] Flöte, R.: Magnetische Verstärker für die Drehzahlregelung einer automatischen Gleichstrom-Fördermaschine, AEG-Mitteilungen **49** (1959) S. 509 bis 514.

[224] Bederkr, H. J.: Transduktorgesteuerte Papierwickelmaschinen, AEG-Mitteilungen **49** (1959) S. 515 ... 591.

[225] Lang, A.: Transduktorische Steuerungs- und Regelungseinrichtungen in der Schiffselektrotechnik, AEG-Mitteilungen **49** (1959) S. 593 ... 598.

[226] Augustin, H.: Anwendung magnetischer Verstärker bei Deckshilfsmaschinen, AEG-Mitteilungen **49** (1959) S. 598 ... 605.

17. Transduktoren zur Spannungsregelung

[227] Hedström, S. E.: The Use of Transductor Regulators with Booster Exciters, ASEA-Journal (1950) S. 23 ... 31.

[228] Leonhard, A.: Spannungsregelung von Gleichstromgeneratoren über magnetische Verstärker, ETZ **71** (1950), 307 ... 308, 387 ... 388.

[229] KALLENBACH, G. K., ROTHE, F. S. u. H. F. STORM: Performance of New Magnetic Amplifier Type Voltage Regulator, Transactions AIEE **71** (1952) III S. 201 ... 205.

[230] BARKLE, J. E., VALENTINE, C. E. u. J. T. CARLETON: New Magnetic Amplifier System Regulates Synchronions Machines, Electrical World (1952), S. 104 bis 105.

[231] LANG, A.: Synchron-Generatoren mit Selbstregeleinrichtung, Elektrotechnik **35** (1953) S. 5 ... 7.

[232] CARLETON, J. T., BOBO, P. O. u. W. F. HORTON: A New Regulator and Excitation System, Transactions AIEE **72** (1953) S. 175 ... 183.

[233] CARLETON, J. T., BOBO, P. O. u. D. A. BURT: Minimum Excitation Limit for Magnetic Amplifier Regulating System, Transactions AIEE **73** (1954) S. 869 ... 874.

[234] KÜMMEL, F.: Verbesserung der Betriebseigenschaften von kondensatorerregten Asynchrongeneratoren durch Sättigungsdrosseln, Siemens-Zeitschrift **29** (1955) S. 333 ... 341.

[235] GANN, F.: Kondensatorerregter Einphasen-Asynchrongenerator, Deutsche Patentschrift 1055109.

[236] JUNIOR, H.: Spannungsregelung großer Drehstromgeneratoren mit magnetischen Verstärkern und Verstärkermaschinen, VDE-Fachberichte **19** (1956) S. 160 ... 166.

[237] LANG, A. u. W. STEUER: Transduktorische Spannungsregelung von Transformatoren mit Stufenschaltern, AEG-Mitteilungen **47** (1957) S. 136 ... 140.

[238] DROSTE, W. u. H. JANZEN: Dreiphasige Transduktoren für die zusätzliche Spannungsregelung kompoundierter Synchrongeneratoren, AEG-Mitteilungen **49** (1959) S. 459 ... 462.

[239] JUNIOR, H.: Erregeranordnungen und Spannungsregler für Drehstromgeneratoren großer Leistung, AEG-Mitteilungen **46** (1959) S. 462 ... 467.

18. Speisung ruhender Verbraucher

[240] SONESSON, G.: Anordnung zur gleichzeitigen Regelung von Belastungen unter Verwendung selbsterregter Transduktoren, Deutsche Patentschrift 1045528.

[241] BAUDISCH, K.: Regelbare Trockengleichrichteranordnung, Deutsche Patentanmeldung S 37991.

[242] DIETZ, H. u. W. HARTEL: Helligkeitssteuerung von Niederspannungsleuchtstofflampen in Bühnenanlagen, Siemens-Zeitschrift **29** (1955) S. 4 ... 11.

[243] SUOZZI, J. J. u. E. T. HOOPER: An All-Magnetic Audio Amplifier System, Transactions AIEE **74** (1955) S. 297 ... 301.

[244] KAFKA, W. u. H. WATZINGER: Bühnenbeleuchtungseinrichtung, Deutsche Auslegeschrift 1019736.

[245] KAFKA, W.: Magnetverstärker mit innerer Selbstsättigung, Deutsche Auslegeschrift 1020679.

[246] WERNER, O.: Magnetischer Verstärker, Deutsche Auslegeschrift 1046684.

[247] ANDERSON, F. W.: A Line Voltage Regulator Having Magnetic-Amplifier Control, Transactions AIEE **75** (1956) S. 108 ... 112.

[248] BROSCH, L. u. R. ZAHORKA: Transduktorgeregelte Konstanthalter für Wechselstrom, AEG-Mitteilungen **47** (1957) S. 144 ... 146.

[249] WEPPLER, R. u. E. SCHWARZ: Magnetverstärker zur Stromversorgung von Elektrofilteranlagen, Siemens-Zeitschrift **32** (1958) S. 9 ... 17.

[250] KOLBE, A.: Die Siemens-Bühnenlichtsteuerung mit Magnetverstärkern, Siemens-Zeitschrift **32** (1958) S. 418 ... 427.

[251] SCHRÖTER, E.: Anwendung magnetischer Verstärker in Halbleiter-Gleichrichtergeräten, AEG-Mitteilungen **49** (1959) S. 488 ... 492.

[252] JENTSCH, W. u. W. REICHELT: Transduktoren in der Gittersteuertechnik für Stromrichter, AEG-Mitteilungen **49** (1959) S. 492 ... 495.

[253] MATTHES, W.: Magnetische Verstärker mit sinusförmiger Ausgangsspannung und ihre Anwendung beim transduktorgeregelten Spannungskonstanthalter, AEG-Mitteilungen **49** (1959) S. 483 ... 487.

[254] KLESS, K. u. E. RENZ: Transduktorische Schweißgeräte, AEG-Mitteilungen **49** (1959) S. 561 ... 570.

[255] KASSÜHLKE, B.: Anwendung von Transduktoren für Elektrofilteranlagen, AEG-Mitteilungen **49** (1959) S. 570 ... 576.

19. Transduktoren mit Halbleitergliedern

[256] SPENCER, R. H.: Transistorgesteuerter Magnetverstärker, Electronics **26** (1953) 8 S. 136 ... 140.

[257] DECKER, R. O.: Transistor Demodulator for High-Performance Magnetic Amplf. in AC Servo Applications, Transactions AIEE **74** (1955) S. 121 ... 123.

[258] LOTT, H. G.: Anordnung zur Steuerung magnetischer Verstärker, Deutsche Auslegeschrift 1033718.

[259] WERNER, O.: Magnetischer Verstärker, Deutsche Auslegeschrift 1046683.

[260] SCHAEFER, D. H. u. R. L. VAN ALLEN: Transcendental Function Analogues Computation with Magnetic Cores, Transactions AIEE **75** (1956) S. 160 ... 165.

[261] COLLINS, H. W.: Magnetic Amplifier Control of Switching Transistors, Transactions AIEE **75** (1956) S. 585 ... 589.

[262] LOTT, H. G.: Magnetischer Verstärker mit Rückstromsteuerung, Deutsche Patentschrift 1049429.

[263] MARENBACH, K.: Magnetischer Verstärker mit Spannungszeitflächensteuerung über Transistoren, Deutsche Auslegeschrift 1064107.

[264] WEISMANN, S. u. M. PORACUTT: Transistor magnetic amplifier for power motor control, Electr. Manufactory **59** (1957) S. 157 ... 163.

[265] LYNN, G. E.: A Fast Response Full-Wave Magnetic Amplifier, Transactions AIEE **77** (1958) I S. 37 ... 41.

[266] WERNER, O.: Magnetverstärkeranordnung zur Steuerung des Speisestromes eines Gleichstromverbrauchers, Deutsche Auslegeschrift 1061373.

[267] MILNES, A. G.: High-Efficiency Pusch-Pull Magnetic Ampl. with Transistors as Switshing Rectifiers, Transactions AIEE **77** (1958) I S. 327 ... 331.

[268] WOLODIN, W. S.: Schneller Zweitakt-Magnetverstärker mit Transistoren für Servoantrieb, Awtomatika i Telemechanika **20** (1959) S. 323 ... 330.

[269] SCHMITZ, N. L. u. T. BERNSTEIN: Reversible-Polarity DC Power Amplifier Using Magnetic-Amplifier-Controlled Switched Transistor, Transactions AIEE **77** (1959) S. 1058 ... 1061.

Sachverzeichnis

721/51/60

Zeitfracht Medien GmbH
Ferdinand-Jühlke-Straße 7
99095 Erfurt, Deutschland
produktsicherheit@kolibri360.de